U0193229

从数学的起源到
20世纪数学的发展趋势

数学简史

A History of Mathematics

[美] 卡约里◎著
李牧◎译

地震出版社
Seismological Press

图书在版编目(CIP)数据

数学简史 / (美) 卡约里著；李牧译 . -- 北京 : 地震出版社 , 2022.3

ISBN 978-7-5028-5415-7

Ⅰ . ①数… Ⅱ . ①卡… ②李… Ⅲ . ①数学史－普及读物 Ⅳ . ① O11-49

中国版本图书馆 CIP 数据核字 (2021) 第 256487 号

地震版　XM4791/O (6207)

数学简史

[美] 卡约里　著

李牧　译

责任编辑：范静泊

责任校对：凌　樱

出版发行：地震出版社

北京市海淀区民族大学南路 9 号　　邮编：100081

发行部：68423031　68467991　　传真：68467991

总编室：68462709　68423029

证券图书事业部：68426052

http：//seismologicalpress. com

E-mail：zqbj68426052@ 163. com

经销：全国各地新华书店

印刷：固安县保利达印务有限公司

版（印）次：2022 年 3 月第一版　2022 年 3 月第一次印刷

开本：710 × 960　1/16

字数：513 千字

印张：32.5

书号：ISBN 978-7-5028-5415-7

定价：88.00 元

再版前言

第二版重写了古代数学的部分内容，增添了与数学最新进展相关的章节，内容几乎全新。众所周知，普通读者无法专门投身于数学史研究，因而普遍渴望能有一本可靠的单卷本数学史。但是，概括数学从古至今的发展也并非易事。虽然本书一直坚持根据最可靠的资料编撰，但由于涉及领域广泛，疏漏在所难免。在篇幅允许的情况下，我们会尽可能指出本修订版中文献的引用出处，以帮助读者深入了解具体问题。另外，本书在未注明的情况下频繁引用了以下文献：

Annuario Biografico del Circolo Matematico di Palermo，1914；

Jahrbuch über die Fortschritte der Mathematik，Berlin；

J. C. Poggendorff's Biographisch-Literarisches Handwörterbuch，Leipzig；

Gedenktagebuch für Mathematiker，von Felix Müller，3. Aulfl.，Leipzig und Berlin，1912；

Revue Semestrielle des Publications Mathématiques，Amsterdam.

最后感谢加利福尼亚州奥克兰市的法勒卡·吉布森女士在本书校对中所提供的帮助。

卡约里

加利福尼亚大学

1919 年 3 月

前　言

近年来，各地的教师对精确科学历史的兴趣日益浓厚，美国各大院校在数学课堂和研讨班上也对数学历史研究给予了关注。这些变化使我不禁去想，如果有人能够写一部数学通史，应该会受到广大师生的欢迎。

本书“近期研究进展”[1]一章概括了19世纪的数学研究历史，内容虽高度浓缩，但这也是必需之举。在写作这一章的过程中，我花费了大量的时间，以确保内容的准确性和相对完整性，但仍不胜惶恐，担心无法胜任这一任务。幸运的是，内布拉斯加大学的戴维斯博士就此章提出了许多宝贵建议和意见。之后，我将这一章的修改稿交予威斯康星大学的达维斯博士和范·维尔泽教授，得克萨斯大学的哈尔斯特德博士，斯坦福大学的霍斯金教授以及艾姆赫斯特学院的奥兹教授。他们都给予了我有益的帮助。另外，我要特别感谢科罗拉多学院的罗德教授，他从头到尾校读了修订稿。于此，我希望向以上研究者以及盐湖城的卡洛·维尼西昂尼博士表示诚挚的感谢。维尼西昂尼博士阅读了我的书稿的第一部分并提出了意见建议。在向他们表示感谢的同时，我也确信，在修订稿中出现的任何错误都不应由他们承担责任。

卡约里

科罗拉多学院

1893年12月

---

[1] 作者1893年第一次出版《数学简史》，于1919年出《数学简史》修订版。在1893年的版本中，最后一章的标题为“近代数学”，即本处所指的“近期研究进展”；在1919年修订版中，本章增加了新的内容，标题为“十九和二十世纪的数学发展”。——译者注

目　录

Contents

导 语

历史上，人类通过种种方式获得了海量数学知识。其中的过程理所当然会受到数学家的关注。让人引以为豪的是，数学是最精确的科学。并且，几乎还没有发现数学在哪个方面显得一无是处。古代炼金术师的幼稚工作让化学家无奈苦笑，数学家却发现，同当代任何数学研究相比，古希腊几何学研究和古印度数学运算法则都不落下风，令人折服。令数学家高兴的是，尽管数学在历史上曾有过进展缓慢的时期，但总体上一直在不断进步。

数学的过往令人愉悦，但数学史的启发性也许不输其愉悦性。数学史不仅使我们意识到当前已取得的成就，并且教导我们如何继续进步。德·摩根（De Morgan）曾说：“学习数学早期历史能够帮助我们认识到自己的错误，因此，我们要读数学史。”数学史警示我们，作结论时不可仓促；数学史指出，在科学发展过程中，好的注解非常重要；数学史的经验表明，一些研究领域表面看起来风马牛不相及，却可能存在意料之外的联系。如此一来，研究者得避免过度专注于个别领域；数学史使学生免于浪费时间和精力去解决可能早已解决的问题或者使用其他数学家已证实不可行的方法。数学史告诉我们，攻克堡垒不一定非要正面进攻，当正面攻击被击退后，应当重新侦察，占领周边地带，并找到秘密路径以攻下看似固若金汤的碉堡。这一战略原则到底有多重要，违反这一原则又会如何，从下面的事例中可见一斑。

历史上，数学家们在化圆为方的问题上花费了无数精力，结果没有任何直接尝试有所斩获。自阿基米德（Archimedes）时代，数学家就开始研究这一问题。在无数次失败后，即使数学家拥有了有史以来最强大的工具——微分，一些优秀的数学家还是选择了放弃，而那些固执坚持的人，对该问题的过去一无所知，并且普遍误解了个中情况。正如德·摩根所说：“我们一直在试图用老方法也就是欧几里得假设来化圆为方，仅此而已。可是，请想一想，什么时候发生过这样的事呢？最优秀的研究者未能解决一个问题之后，其他研究者又尝试了相同方法，结果经历了成千上万次彻底失败后，最后反而解决了？”话说回来，化圆为方问题确实已在另一个方向取得了进展。1761 年，兰伯特（Lambert）证明了圆的周长与其直径之比是无理数。多年前，林德曼（Lindemann）证明，该比值为超越数，因此仅靠尺子和圆规不可能化圆为方。他用有力证据证实了敏锐的数学家早就有过的怀疑。原来，两千年来，化圆为方大军一直在进攻一座像大山一样坚不可摧的堡垒。

数学史研究的重要性还体现于对数学教师的帮助。如果他们在解题过程和几何证明的冰冷逻辑中能够穿插一些历史评论和轶事，学生的兴趣将会大大增加。在上数学课时，学生听到一些古巴比伦和印度的数学史会很高兴，比如“阿拉伯数字”的发现过程。他们会感到不可思议，人类历史上竟然有数千年没有将哥伦布鸡蛋也就是“0”引入数字；他们会大为震惊，现在一个月就可以学会的符号人们竟然花了这么长时间才发明出来。当他们学会等分定角后，告诉他们为了解决看似简单的角三等分问题，多少人曾用初等几何学做过无数徒劳的尝试，他们八成会被吓到。当他们知道了如何构造一个面积为给定正方形面积的 2 倍的正方形，告诉他们如果是立方体又该怎么办。告诉他们问题背后的神话渊源，为了平息太阳神阿波罗的怒火，古人试图建造给定立方体祭坛双倍体积的祭坛。并且，数学家们花了很长时间来解决这一问题。学生在学习勾股定理筋疲力尽之后，不妨向他们讲述其发现者的传说。据说，毕达哥拉斯（Pythagoras）为他的这一伟大发现欣喜若狂，向启发他的缪斯女神献上了百牲祭。如果有人对数学训练的价值提出质疑，请引用哲学家柏拉图的雅典学园的入口处题词：“通晓几何者方可入内。”学生学习解析几何学时应该对笛卡尔（Descartes）有所了解，在学习微积分之后，应该了解牛顿（Newton）、莱布尼茨（Leibniz）和拉格朗日（Lagrange）在这一工具发现过程中所起的作用。总而言之，教师大可通过畅谈数学史让学生明白，数学并非死气沉沉，而是一门生气勃勃、不断进步的科学〔1〕。

〔1〕 Cajori，F.，*The Teaching and History of Mathematics in the United States.* Washington，1890，p. 236.

亨利·怀特（Henry White）持有类似的观点[1]：“当今人们普遍接受的真理，甚至任何科学中最平常的真理，在过去都曾是疑问或者新颖的理论。确实，长期以来，一些至关重要的知识不被重视，几乎被遗忘。一开始阅读科学史，读者会对过去几个世纪的黑暗感到诧异，但最终却会对前辈所取得的成就产生敬仰。一开始，年轻的学生会轻易假设，每个代数方程式理所当然必须有一个根，最终，他却对征服虚数王国的缓慢过程感到欣喜，对年轻的天才高斯（Gauss）能够证明这一曾经晦涩难懂的基本命题感到高兴。”

意义重大的数学史，对文明史亦有重要贡献。人类的进步与科学思想息息相关。数学和物理研究是科学进步的可靠证明。数学史是一扇窗户，透过这扇窗户，哲学的眼睛可以回顾过往并追溯科学发展的路径。

---

〔1〕 *Bull. Am. Math. Soc.*, Vol. 15, 1909, p. 325.

古代数学

古巴比伦数学

幼发拉底河和底格里斯河流域的肥沃谷地是人类文明的发祥地之一。此地人类的历史起始于迦勒底亚（Chaldaea）和巴比伦尼亚（Babylonia）的一个由解体部落建成的王国。通过解读 cuneiform 或者说楔形文字，我们现在已经对当地的远古史有了深入了解。

关于古巴比伦数学，我们从数字表示法说起。在古巴比伦数字中，垂直的锲子𒁹代表“1”，𒌋和𒁹𒀸分别表示“10”和“100”。格罗特芬德（Grotefend）认为“10”的符号原本是两只祈祷时压在一起的手掌，四指并拢，大拇指伸出。古巴比伦数字表示法应用了两大法则——加法法则与乘法法则。小于 100 的数字需要用多个符号的值相加来表示。因此，𒁹𒁹表示“2”，𒁹𒁹𒁹表示“3”，𒁹𒁹𒁹𒁹表示“4”，𒌋𒌋𒁹𒁹𒁹表示“23”，𒌋𒌋𒌋表示“30”。此处，高位符号始终在低位符号的左侧。另一方面，在写百位数时，在“100”左侧放置了一个较小的符号，并且在这种情况下要乘以 100。因此，𒌋𒁹𒀸代表“10”乘以“100”，或者“1000”。但是代表“1000”的数字也被用于表示一个新单位，同样，在其左侧也需要放置一个较小的系数。因此，𒌋𒌋𒁹𒀸表示的不是“20”乘以“100”而是“10”乘以“1000”。在尼普尔（Nippur）的古代神庙图书馆的碑文上发现的一些楔形数字大小超过 100 万；此外，其中一些尼普尔数位板应用了减法法则（“20-Ⅰ”），类似于罗马符号“XIX”中所示。

像大多数权威专家所认为的那样，古苏美尔人是楔形文字的发明者，那么他们很可能也是数字表示法的发明者。在这方面，最令人惊讶的是，苏美尔碑文不仅揭示了上述十进制的用法，而且还介绍了六十进制的用法。后者主要用于构建度量衡表，历史意义重大。它在整数和分数表示上的重要发展，表现出了对数学高度的洞察力。现存的两块巴比伦石碑展示了其用途。其中之一可能写于公元前2300年至前1600年之间，其中包含最高达60^2的表。数字1、4、9、16、25、36、49分别作为前七个整数的平方给出。之后是$1 \cdot 4 = 8^2$，$1 \cdot 21 = 9^2$，$1 \cdot 40 = 10^2$，$2 \cdot 1 = 11^2$。这一部分目前仍然无法解读，除非我们假设这是六十进制运算。如果是这样的话，则有$1 \cdot 4 = 60+4$，$1 \cdot 21 = 60+21$，$2 \cdot 1 = 2 \cdot 60+1$。第二个石碑记录了月亮从新月到满月期间月相的大小，整个月盘被分为240份。前五天的月相为等比数列5，10，20，40，1·20（=80）之后，该数列变成等差数列，从第五天到第十五天分别是1·20，1·36，1·52，2·8，2·24，2·40，2·56，3·28，3·44，4。这个表不仅展示了六十进制的用法，还说明了巴比伦人对数列的熟悉。不容忽略的是，整数的六十进制表示法中遵循了“位值制”。因此，在“1·4（=64）”中，“1”相对于“4”的位置使它代表二阶单位“60”。引入这一原则的时间之早更加引人注目了，因为十进制中直到9世纪才固定引入这一原则。位值制原则在广泛、系统的应用中需要代表零的符号，那我们不禁要问，古巴比伦人有零吗？他们是否取得如此重大的突破，使用符号零表示单位的不存在？上述量表都没有回答这个问题，因为它们碰巧没有包含需要使用零的数字。古巴比伦在许多世纪后——约公元前200年的一份记录中包含了一个零符号，表示没有数字，但显然没有用于计算。它包含两个角度符号<，一个在另一个之上，大致类似于仓促写成的两个点。大约在公元130年，亚历山大的托勒密（Ptolemy，见图1-1）在《天文学大成》（*Almagest*）中使用了古巴比伦的六十进制分数，并使用希腊字母欧米克隆“O”（omicron）代表六十进制位数中的空缺。“O”并非作为常规的零使用。因此，从前面看来，古巴比伦人采用了位值制，并用零符号表示空位，但是并未将其用于计算。他们的六十进制分数被引入印度，位值制原则以及对零的有限使用可能也一并流传过去。

图1-1　托勒密

古巴比伦分数中也应用了六十进制。在古巴比伦碑文中，$\frac{1}{2}$和$\frac{1}{3}$分别由30和20表示，碑文的作者似乎认为，读者会自行在数字前加上“六十分之”。天文学家希帕克（Hipparchus）、几何学家希普西奇（Hypsiclcs）和天文学家托勒密借用了古巴比伦人的六十进制分数，并将其引入希腊。从那时起，六十进制分数在天文和数学计算中几乎占据了主导地位，直到16世纪被十进制取代。你可能会问，为什么会发明六十进制？为什么是60而不是其他数字？对此，目前尚无确切答案。十进制选择了数字10，是因为10代表我们手指的数目。但是，人体没有哪部分和60有关。那么，六十进制可能是起源于天文学吗？有一种说法是，起初，古巴比伦人推算，1年有360天，因此他们将圆划分成360份，每1度代表太阳每天绕地球旋转的量。他们可能也非常清楚，可以在圆周上作长度等于半径的6条弦，每条弦都恰好对应一个60度的弧度。可能当他们在思考这些角度时，产生了逢六十进一位的想法。因此，当计算精度要求提高，需要对度进一步细分时，1度被划分为60分。这样一来，六十进制在之前某个时间点应该已经出现。但是，现在已经知道，巴比伦人很早就知道1年不止360天。而且，他们极不可能首先选择360位，然后选择60位。正常情况下，数字系统应该是从低位发展到高位。另一种猜想是，六十进制是早期六进制和十进制的混合后的结果。[1] 毫无疑问，六十进制系统同天文学和几何学关系密切。古巴比伦人将1天分为24小时，1小时分为60分钟，1分钟分为60秒。有充分证据表明，他们认为1天也可以分为60小时。在数字符号、分数、角度和时间计量中应用六十进制展现了一种优美的和谐，数千年来一直未受破坏。直到印度数学家和阿拉伯天文学家开始使用正弦和余弦表示部分弦，结果，新的角度单位直角出现了。为了保持一致，本来应该将其按六十进制细分，但实际上并未如此处理。

---

〔1〕 M. Cantor, *Vorlesungen über Geschichte der Mathematik*, 1. Bd., 3. Aufl., Leipzig, 1907, p. 37. 这部著作分四卷出版，讲述了直到1799年之前的历史。第四卷（1908）是与德国、意大利、俄罗斯和美国的9名学者合作编写的。莫里茨·康托尔（Moritz Cantor）是19世纪最重要的数学史家。他出生于曼海姆，曾在海德堡学习，并曾在哥廷根大学跟随高斯和韦伯学习，在柏林跟随狄利克雷学习。他曾在海德堡授课，1877年，他成为普通荣誉教授。他的第一篇历史论文于1856年出版。但是直到1880年，他的这部知名历史著作的第一卷才出版。

如此看来，底格里斯–幼发拉底盆地的人们在算术上取得了非常可观的成就。他们的等差和等比数列知识我们已讨论过。杨布里柯（Iamblichus）认为，他们还发现了比例知识，甚至还有所谓的音乐比例。另外，虽然没有确凿的证据，但我们仍然有理由相信，他们在计算中使用了算盘。在中亚各种族中，甚至远至中国，算盘的历史都与寓言一样古老。而巴比伦曾是一个伟大的商业中心，许多城邦的大都市，因此，有理由认为这里的商人曾使用过这种多次改进的计算辅助工具。

1889年，希尔普雷希特（Hilprecht）开始在努法尔（古尼普尔）进行考古发掘，发现了含有乘法表、除法表、平方表、平方根表、一个等比数列和其他一些计算的石碑。1906年，他发表文章描述了他的发现。[1]

其中一块石碑中包含的除法运算有“60^4除以2等于每份6480000”“60^4除以3等于每份4320000”，等等，其中除数有2、3、4、5、6、8、9、10、12、15、16、18。该石碑上的第一个除法被解读为“60^4除以$\frac{3}{2}$等于8640000”。此处使用了$\frac{3}{2}$作为分母，非常奇怪，难以解释。也许，这里使用的$\frac{3}{2}$和阿默士（Ahmes）纸草书中发现的同时期古埃及使用的$\frac{3}{2}$相对应。应当指出，希尔普雷希特在尼普尔（Nippur）石书中发现的$60^4 = 12960000$神秘程度不输“柏拉图（Plato）数字”，也就是在柏拉图《理想国》一书中所提到的“众生之主”。多半是柏拉图从毕达哥拉斯（Pythagoras）学派得到了这个数字，而毕达哥拉斯学派则是从古巴比伦人那里知道了这个数字。[2]

古巴比伦人的几何学成就寥寥可数。除了根据半径将圆周划分为6等份，再划分为360度，他们也知道其他的一些几何知识，比如将三角形和正方形的

---

〔1〕 *Mathematical, Metrological and Chronological Tablets from the Temple Library of Nippur*, by H. V. Hilprecht. Vol. XX, Part I, Series A, Cuneiform Texts, published by the Babylonian Expedition of the University of Pennsylvania, 1906. 欲深入了解可查询 D. E. Smith in *Bull. Am. Math. Soc.*, Vol. 13, 1907, p. 392.

〔2〕 On the “Platonic number” consult p. Tannery in *Revue philosophique*, Vol. I, 1876, p. 170; Vol. XIII, 1881, p. 210; Vol. XV, 1883, p. 573. Also G. Loria in *Le scienze esatte nell'antica grecia*, 2Ed., Milano, 1914, Appendice.

几何知识，并在占卜中应用了这些知识。像希伯来人一样（《圣经》列王纪 7：23），他们将 π 值取为 3。此外，他们没有留下任何几何证明记录。“通常，在东方人的思维中，直觉的力量远大于理性和严密的逻辑。”

希尔普雷希特经研究总结出，古巴比伦人掌握了计算正方形、长方形、正三角形和梯形面积的规则。

古巴比伦的天文学成就引起了广泛关注。在人类历史的黎明时期，他们就开始崇拜天体。亚历山大大帝在阿尔贝拉（Arbela）战役（前 331 年）后占领了巴比伦，卡利斯泰尼斯（Callisthenes）在那里发现一块烧毁的石板，上面记载了一些天文知识，记录时间可以回溯至公元前 2234 年。根据波菲利乌斯（Porphyrius）的说法，这些都被送到亚里士多德那里。亚历山大的天文学家托勒密拥有一份古巴比伦人的日月食记录，时间可追溯至公元前 747 年。在古巴比伦一个古老的天文台上，人们发现了一些刻有楔形文字的石碑，埃平（Epping）和斯特拉斯麦尔（Strasmaier）解读了上面记载的公元前 123 年和公元前 111 年的两部历法，因而我们对古巴比伦年表和天文学有了相当了解。这些学者成功地描述了古巴比伦计算新月和满月的方法，并通过计算确定了各行星、黄道十二宫，以及 28 个正常恒星的古巴比伦名称，它们在某种程度上与古印度的“二十八宿”相对应。最后，我们将一份由奥佩尔（Oppert）翻译的亚述人的天文报告部分摘录于下：

致国王陛下大人，您忠实的仆人，玛·伊斯塔。

……第一天，当搭模斯月（Thammuz）的新月升起，月亮再一次出现在水星之上，非常清晰，就像我之前向您指出的那样。您看，我并没有说错。

古埃及数学

虽然关于古埃及文明的古老程度众口不一，但专家一般都同意，似乎无论往前追溯多远，都找不到古埃及社会的原始未开化时期。据记载，“古埃及第一任国王梅内斯改变了尼罗河的航道，建造了一座巨大的水库，并在孟菲斯（Memphis）建造了普塔神庙。”古埃及人很早就开始建造金字塔。既然经常建造此类规模浩大的工程，理所当然，他们必须了解一些数学知识，至少是实践方面的数学知识。

古希腊学者普遍认为，古埃及人率先发明了数学。不过话说回来，他们并不怎么羡慕古埃及。柏拉图在《菲德罗篇》（*Phcedrus*）中说：“在埃及的瑙克拉斯（Naucratis）有个著名的旧神，名叫南斯（Theuth）；有一种鸟，名为宜必思（Ibis），是南斯的圣鸟。南斯发明了算术、计算、几何、天文学、国际跳棋和骰子，但他最伟大的发明是字母。”

亚里士多德（Aristotle）说，数学诞生于古埃及，因为那里的神职人员有闲暇学习。希罗多德斯（Herodotus）、狄奥多罗斯（Diodorus）、第欧根尼·拉尔修（Diogenes Laertius）、杨布里柯（lamblichus）和其他古代学者尤为同意几何学源于古埃及的说法[1]。希罗多德斯（《历史》第2卷，第109段）曾说：“塞索斯特利斯（Sesostris）国王把土地分给埃及人，并确保每人都有一片大小相等的四边形土地，每年征收一定税款，作为国家财政收入。但是一些地区洪水肆虐，划定的土地界线被洪水冲毁，这些地区的人不得不再去找国王汇报情况。然后，国王会派遣监督者测量出百姓的土地变小了多少，以便土地所有者可以根据剩余土地的大小缴税。我认为，几何学就是这么产生的，并在之后传到了希腊。”

---

〔1〕 C. A. Bretschneider *Die Geometrie und die Geometer vor Euklides*. Leipzig，1870，pp. 6-8.

关于古埃及数学，我们将不再介绍其他古希腊人的看法或猜想。接下来，我们希望基于档案证据继续讨论。1877 年，艾森洛尔（Eisenlohr）解读了大英博物馆的莱茵德（Rhind）藏品中的纸草书，他发现这是一本包含算术和几何学问题的数学手册。它由阿默士于公元前 1700 年左右所写，基于一本更古老的据信为博奇（Birch）所写的书，该书的写作时间可追溯至公元前 3400 年。这本奇特的纸草书——已知最古老的数学手册——使我们得以接触到 3000 年乃至 5000 年前的古埃及人的数学思想。它的标题为“了解所有黑暗事物的方法”。从中我们可以看出，埃及人并不关心理论结果。书中根本找不到任何定理。它“几乎没有任何一般性的步骤规则，主要介绍的是计算结果，用途可能是课堂授课。”[1] 在几何学领域，埃及人的强项主要在建筑和计算面积方面。但是，在阿默士纸草书中，腰长为 10 开赫特（Khet，一说等于 16.6 米，另一观点认为是这一长度的 3 倍[2]），底边为 4 开赫特的等腰三角形的面积可算成底边乘以腰长的一半，即 20 平方开赫特。类似地，等腰梯形的面积可算成两平行边长度之和的一半乘以腰长，圆形面积可算成圆周长减去直径的$\frac{1}{9}$所得的差的平方，此处，π 取值为$\left(\frac{16}{9}\right)^2=3.1604\cdots$。这是一个非常合理的估计。另外，该纸草书也解答了另外一些问题，比如实地标出边长为 10 单位和 4 单位的正三角形或者是上下底边分别为 4 单位和 6 单位，腰长为 20 单位的等腰梯形。

该纸草书中的一些问题似乎表明埃及人已经掌握了基本比例知识。

金字塔的基线是南北和东西走向，但大概只有南北走向的基线通过天文观测所确定。再加上，我们知道埃及几何学家用“harpedonaptce”一词表示“司绳官”。由此我们可得出结论：古埃及人像古印度人和古代中国的几何学者一样，已经学会在给定线上构造直角三角形，他们将一条绳子绕在三根桩上，三部分长度比例为 3∶4∶5，从而构造一个直角三角形。[3] 如果这个解释是正确

[1] James Gow, *A Short History of Greek Mathematics*. Cambridge, 1884, p. 16.

[2] A. Eisenlohr, *Ein mathematisches Handbuch der alten Aegypter*, 2. Ausgabe, Leipzig, 1897, p. 103; F. L. Griffit in *Proceedings of the Society of Biblical Archaeology*, 1891.

[3] M. Cantor, *op. cit.* Vol. I, 3. Aufl., 1907, p. 105.

的，那么就说明埃及人在公元前 2000 年就掌握了直角三角形的这一众所周知的属性，至少在上述特殊情况下，即边长比例为 3：4：5 时，他们很熟悉。

伊德夫（Edfu）著名的荷鲁斯（Horus）神庙，人们发现神庙的墙上写着一些象形文字，时间大约在公元前 100 年，文字中列举了神职人员拥有的土地及其面积。四边形的面积不考虑是否规则，通过公式$\frac{a+b}{2}\cdot\frac{c+d}{2}$计算。因此，若一四边形边长分别为 5、8、20、15，则面积为 $113\frac{1}{2}\times\frac{1}{4}$。[1] 阿默士使用大约公元前 3000 年的不精确的计算公式得出了比伊德夫石碑上的方法更准确的结果，而伊德夫石碑的书写时间比《几何原本》（*Elements*，简称《原本》）的发表还要晚 200 年。

古埃及几何学主要是构造知识，但这远不能解释古埃及几何学中某些重大缺陷。古埃及在两个重要问题上都失败了，解决不了这两个问题，就谈不上存在真正意义上的几何学。首先，在这个地方，他们未能构建出基于公理和公设的严密几何逻辑体系。他们总结的许多几何学规则，尤其是立体几何规则，很可能根本没有找到证明方法，而是仅仅凭借观察或者认为是基本事实，就认定这些规则是正确的。他们的第二个重大缺陷是他们未能将众多特殊情况纳入更一般的视角，从而无法得出更广泛和更基本的定理。一些最简单的几何学真理被划分为无数特殊情况，每种特殊情况都需要单独处理。

在介绍古埃及几何学时，我们顺带介绍一些曾跟随古埃及祭司学习的古希腊数学家。

通过商博良（Champollion）、杨（Young）以及他们的继承者对古埃及象形文字的解读，我们对古埃及计数法有了更多了解。古埃及计数使用了以下符号：代表“1”，代表“10”，代表“100”，代表“1000”，代表“10000”，代表“100000”，代表“1000000”，代表“10000000”[2]。代表 1 的符号是一个垂直物体，代表 1 万的符号是一个指向某处的手指，代表 10 万的是一条淡水鳕鱼，代表 100 万的是一个震惊的男子。其余符号的意义则

[1] H. Hankel, *Zur Geschichte der Mathematik in Alterthum und Mittelalter*, Leipzig, 1874, p. 86.
[2] M. Cantor, *op. cit*. Vol. I, 3. Aufl., 1907, p. 82.

令人怀疑。用象形文字写这些数字非常烦琐，每个数位的单位有多大，该数位的符号就需要重复多少次，其中运用的运算法则是加法，因此，23 会写成∩∩|||。

除了象形文字，埃及人还有僧侣文字和通俗文字。但是由于篇幅有限，此处不做讨论。

关于古埃及的计算方式，希罗多德斯有一条重要论断。他说，他们“通过从右向左移动手来计算卵石，而希腊人则从左向右移动手来计算”。于此我们认识了一种古老的人们广泛使用的辅助计算方法。埃及人使用十进位制。既然他们在计数中水平移动他们的手，所以他们似乎使用了带有垂直栏的算板。在每个栏中，卵石不超过 9 个，因为 10 个卵石等于相邻左栏中的 1 个卵石。

阿默士纸草书显示，古埃及人使用分数的方式非常有趣。他们的操作方法与我们的方法截然不同。分数对这些古代人来说是非常困难的问题。他们通常避免同时改变分子和分母。在处理分数时，古巴比伦人保持分母（60）不变。类似地，古罗马人也保持分母不变，且等于 12。而埃及人和希腊人则保持分子不变，分母可变。阿默士使用的是狭义上的“分数”，因为他仅使用“单位分数”，即分子为 1 的分数。具体表示法是先写分母，接着在其上加一点表示分子。如果一个分数值无法用任何单位分数表示，则用两个或两个以上单位分数之和表示。因此，阿默士用$\frac{1}{3}\ \frac{1}{15}$表示$\frac{2}{5}$。另外，虽然他知道$\frac{2}{3}$等于$\frac{1}{2}\ \frac{1}{6}$，但令人奇怪的是，他经常将$\frac{2}{3}$用作单位分数，并使用了一个特殊符号表示。那么，首先自然而然就会有用单位分数的和表示任意分数的问题，这个问题借助纸草书中给出的一个表得以解决，在这个表格中$\frac{2}{2n+1}$（n 取最大到 49 的所有数字）代表的所有分数都用单位分数表示。因此，$\frac{2}{7}=\frac{1}{4}\ \frac{1}{28}$；$\frac{2}{99}=\frac{1}{66}\ \frac{1}{198}$。这份表格是何时何人如何计算出来的，我们不得而知。很有可能是由不同的人于不同时期以经验为依据编写的。接下来，我们将会看到，如果一个分数分子大于 2，且分母和该表中的某个分数的分母相同，那么通过重复应用这个表，就可以用想要的形式来表示分数。以 5 除以 21 为例。首先，由表可得，$\frac{2}{21}=\frac{1}{14}$

$\frac{1}{42}$，那么$\frac{5}{21}=\frac{1}{21}+\left(\frac{1}{14}\ \frac{1}{42}\right)+\left(\frac{1}{14}\ \frac{1}{42}\right)=\frac{1}{21}+\left(\frac{2}{14}\ \frac{2}{42}\right)=\frac{1}{21}\ \frac{1}{7}\ \frac{1}{21}=\frac{1}{7}\ \frac{1}{14}\ \frac{1}{42}$。纸草书中给出了一些数学难题，解决这些难题需要分数通过加法或者乘法增加到给定整数或者分数。例如，现在有一题要求把$\frac{1}{4}\ \frac{1}{8}\ \frac{1}{10}\ \frac{1}{30}\ \frac{1}{45}$加到1。古埃及人在这里采用的公分母应该是45，于是这些数字的分子表示为$11\frac{1}{4}$，$5\frac{1}{2}\frac{1}{8}$，$4\frac{1}{2}$，$1\frac{1}{2}$，1，这些数字的总和为四十五分之$23\frac{1}{2}\ \frac{1}{4}\ \frac{1}{8}$，然后加上$\frac{1}{9}\ \frac{1}{40}$，和为$\frac{2}{3}$，再加上$\frac{1}{3}$，得1，因此给定分数加到1的条件下，需要相加的数字为$\frac{1}{3}\ \frac{1}{9}\ \frac{1}{40}$。

阿默士给出如下例子，其中涉及等差数列：将100片树叶分给5个人后，后两人所得为前三人所得$\frac{1}{7}$，问差是多少。阿默士给出如下解答："令差为$5\frac{1}{2}$；23，$17\frac{1}{2}$，12，$6\frac{1}{2}$，1，乘以$1\frac{2}{3}$；$38\frac{1}{3}$，$29\frac{1}{6}$，20，$10\frac{2}{3}$，$\frac{1}{6}$，$1\frac{2}{3}$。"为什么阿默士会想到选择$5\frac{1}{2}$作为差呢？原因也许是这样：[1] 令a及$-d$作为所需等差数列第一项及公差，那么$\frac{1}{7}[a+(a-d)(a-2d)]=(a-3d)+(a-4d)$，而$d=5\frac{1}{2}(a-4d)$，即公差$d$为上一项的$5\frac{1}{2}$。设最后一项为1，即可得到第一个数列。数列和为60，但实际应该是100；因此，乘以$1\frac{2}{3}$，因$60\times1\frac{2}{3}=100$。此处所用的解法，也就是著名的"假位法"，它将会再次出现于古印度数学家、阿拉伯数学家和现代欧洲数学家的研究中。

阿默士还提到了一个等比数列，其中包含数字7、49、343、2401、16807。在这些7的幂旁边有这样一些词汇画："猫""老鼠""大麦""麦粒"。这些神秘的数字有什么含义？3000年后，斐波那契（Fibonacci，又称Leonard of Piza）

〔1〕 M. Cantor，*op. cit.*，Vol. I，3. Aufl.，1907，p. 78.

在考虑这个问题时，在他的《算盘书》（*Liber Abaci*）中给出了如下问题："7名老妇人去往罗马，每位妇人有7头骡子，每头骡子担着7个口袋。"莫里茨·康托尔（Moritz Cantor）如此解读阿默士之谜：有7个人，每人有7只猫，每只猫吃7只老鼠，每只老鼠吃7根大麦穗，从每根大麦穗中可以长出7颗大麦粒。一共有多少人、猫、老鼠、麦穗和麦粒？阿默士给出的这一等比数列的和为19607。因此，我们可以说阿默士纸草书既揭示了等差数列的知识，又介绍了等比数列的知识。

阿默士接着去求解一个未知数的方程。他将未知数称为"hau"或者说"堆"。他给出的一个问题为："堆的$\frac{1}{7}$与堆之和为19，求堆。"意即$\frac{x}{7}+x=19$，此题解答如下：$\frac{8}{7}x=19$；$\frac{x}{7}=2\ \frac{1}{4}\ \frac{1}{8}$；$x=16\ \frac{1}{2}\ \frac{1}{8}$。但是在解其他问题时，需要采用其他各类办法。这样看来，似乎代数的历史和几何学一样古老。

阿默士的时代是埃及数学的黄金时代，同时代的其他纸草书（发现时间更晚）也记载着相同方法。这些纸草书发现于伊拉洪（Illahun）金字塔以南的卡洪（Kahun），与阿默士的记录非常相似。此外，它们还包含二次方程的示例，这是已知最早的记录。其中一个是：假设给定平面面积为100单位，需用两个正方形的和来表示，正方形边长之比为$1:\frac{3}{4}$。用现代数学语言描述就是，$x^2+y^2=100$，且$x:y=1:\frac{3}{4}$，求x和y的值。解题需要用到假位法。首先尝试$x=1$，$y=\frac{3}{4}$，那么$x^2+y^2=\frac{25}{16}$，$\sqrt{\frac{25}{16}}=\frac{5}{4}$。但$\sqrt{100}=10$，且$10\div\frac{5}{4}=8$。剩余解题过程无法辨认，但很有可能应该是$x=8\times1$，$y=8\times\frac{3}{4}=6$。由此解答，我们可得关系式$6^2+8^2=10^2$。

阿赫米姆（Akhmim）纸草书同阿默士纸草书在某些方面类似[1]，该书成

---

〔1〕 J. Baillet, "Le papyrus mathématique d'Akhmirn", *Memoires publiés par les membres de la mission archéologique française au Caire*, T. IX, Paris, 1892, pp. 1-88. 另见 Cantor, *op*. cit. Vol. I, 1907, pp. 67, 504.

书于阿默士纸草书 2000 年之后，发现地点位于阿赫米姆——埃及尼罗河边的一座城市。该书用希腊文所写，据信成书于公元 500 年到 800 年，像阿默士纸草书一样其中包含数学例题以及解“单元分数”的表。与阿默士不同的是，这本书同时介绍了此类表是如何构造的。其中规则用现代符号表示就是：$\frac{z}{p\cdot q}=\frac{1}{q\frac{p+q}{z}}+\frac{1}{p\frac{p+q}{z}}$，当 $z=2$ 时，该公式即可生成阿默士纸草书中的表的一部分。

古埃及算术的主要缺陷是缺少简易、全面的符号系统，这一问题甚至连古希腊人都没解决。

阿默士纸草书和同一时期的其他纸草书代表了古埃及算术和几何学最先进的成就。值得注意的是，他们竟这么早地达到了如此高的数学水平。但是，同样令人奇怪的是，接下来的 2000 年里，他们竟没有取得任何进展。我们不得不得出这样的结论，他们的科学文化和政治制度发展逐渐陷入停滞。公元前 6 世纪希腊学者访问埃及时所拥有的所有几何知识，毫无疑问古埃及人早于他们 2000 年就已经熟知，因为正是在那时他们建造了那些惊人的庞大建筑——金字塔。

古希腊数学

古希腊几何学

大约在公元前7世纪，希腊和埃及之间商贸往来频繁。随着商品的交换，思想交流自然而然也在同时进行。渴求知识的希腊人经常跟随埃及祭司学习。泰勒斯（Thales）、毕达哥拉斯、恩诺皮德斯（Oenopides）、柏拉图、德谟克利特（Democritus）、欧多克索斯（Eudoxus）都曾去过埃及。埃及的思想因此漂洋过海来到希腊，刺激了希腊学术思想的发展，将其引向新的发展道路，并为希腊学术的进一步发展奠定了基础。因此，古希腊文化并非完全产生于本土。在数学、神话和艺术领域，古希腊人都学习了古埃及文明；虽然古希腊的初等几何研究受益于古埃及，但这并没有减少我们对古希腊人的景仰。古希腊哲学家给古埃及几何学带来了根本性变化。柏拉图说："无论我们希腊人得到什么，都会不断完善、完善，再完善。"但另一方面，希腊人又有强烈的推理欲，渴望发现现象背后的原因。他们喜欢思考理想情况下的事物关系，只热爱科学本身。

关于欧几里得（Euclid）之前的古希腊几何学，我们的参考资料仅有一些古代学者的零散记录。早期古希腊数学家泰勒斯和毕达哥拉斯的研究没有留下任何书面记录。亚里士多德的学生欧德莫斯（Eudemus）曾撰写过这段时期希腊几何学和天文学的完整历史，但已失传。普罗克鲁斯（Proclus）在对《几何原本》研究的批注中给出了欧德莫斯的摘要内容。该摘要现在是我们最可靠的研究文献。接下来，我们将以《欧德莫斯概要》为名经常引用这一文献。

伊奥尼亚学派

泰勒斯（见图1-2）是米勒图斯（Miletus）人，"七贤"之一，伊奥尼亚学派（Ionic School）创始人。他是将几何学引入希腊的功臣。中年时期，他因商业活动前往埃及。据说他在那里居住了一段时间，并跟随埃及祭司学习物理学和数学。普鲁塔克（Plutarch）称，泰勒斯很快就超越了他的老师。他通过测量金字塔的阴影去计算金字塔的高度，这令阿玛西斯（Amasis）国王大开眼界。按照普鲁塔克的说法，测量的依据是已知长度的垂直杆与其所投射的阴影长度之比，与金字塔高度及其阴影长度之比相同。这种解法需要了解比例知识，而阿默士纸草书表明，埃及人了解基础比例知识。第欧根尼·拉尔修则说，泰勒斯使用了其他方法测量了金字塔，即某物阴影等于其自身长度时，测出此刻金字塔的阴影长度。也许两种方法都采用了。

图 1-2　泰勒斯

《欧德莫斯概要》认为，泰勒斯发现了垂直角相等定理和等腰三角形底角相等。此外，泰勒斯还发现圆的直径等分圆，一边和两相邻角相同的两三角形全等。其中，（我们有理由怀疑）他将最后一个定理与相似三角形相关定理结合在一起，用于测量船舶到岸边的距离。因此，泰勒斯是首个将几何理论应用于实践的人。一些古代学者称，泰勒斯发现，所有内接于半圆的角都是直角，而另外一些学者则认为这是毕达哥拉斯的发现。泰勒斯无疑非常熟悉古人没有记录下来的其他定理。据推测，泰勒斯知道三角形三角之和等于两个直角，等角三角形的边长成比例。古埃及人必定在直线上运用了上述定理。我们在阿默士纸草书中找到了这些定理的示例。但最终是古希腊哲学家指出了其中的真理，用明确的、抽象的科学语言表达了出来，并给出了证明方法。其他人也意识到了这些发现，但却没有表述出来。据说，泰勒斯发现的线几何属于抽象科学，而埃及人的研究只涵盖了平面几何和立体几何基础，属于经验科学。

泰勒斯是第一位研究天文学的古希腊数学家。他在成功预言了公元前585年的日食后声名大噪。他究竟是准确预测了日期还是仅仅是年份，我们不得而知。据说他有一次在傍晚散步时望着星空深思而掉进沟里，照顾他的老妇人大叫道："如果你连脚下都不看，怎么知道天空的事情呢？"

泰勒斯有两个学生最为出色，他们是阿那克希曼德和阿那克西美尼。他们主要研究天文学和物理哲学。阿那克西美尼的学生阿那克萨戈拉是伊奥尼亚学派的最后一位哲学家，关于他我们了解得不多。我们只知道他被关在监狱时试图通过解决化圆为方问题打发时间。这是已知数学史上第一次有人提出化圆为方问题。这个让无数数学家栽了跟头的难题需要求出圆周率确切值。中国数学家、古巴比伦数学家、希伯来数学家和古埃及数学家都对这一值进行了估计。但是求出其精确值是一个棘手的问题，从阿那克萨戈拉时代到当代，这个问题已经引起了许多人的关注。阿那克萨戈拉没有给出任何解法，幸运地避免了得出某种谬论。但是之后，化圆为方问题很快引起了广泛关注。公元前414年，喜剧诗人阿里斯托芬（Aristophanes）在其戏剧《鸟》（*Birds*）中提到了这一问题。

大约在阿那克萨戈拉同时代，另一位数学家恩诺皮德斯同样成就非凡，但他与伊奥尼亚学派没有接触。普罗克鲁斯认为他解决了以下问题：过一点作给定直线的垂线，在线上作一角与给定角相等。解决诸如此类基本的问题即可获得声誉，这表明当时的几何学仍处于起步阶段，古希腊人尚未超越古埃及人的数学体系。

伊奥尼亚学派存在了100多年。与古希腊历史后期发展相比，该时期的数学进展缓慢。毕达哥拉斯的出现改变了这一状况。

毕达哥拉斯学派

毕达哥拉斯属于这样一种人，他们的成就超出了后人的想象，以致无法消除笼罩在他们身上的神话迷雾而发现历史真相。在排除了一些最让人怀疑的说法之后，我们得到了毕达哥拉斯的下列信息。他是萨摩斯（Samos）人，在锡罗斯岛跟费雪西底学习。之后，他拜访了年老的泰勒斯，泰勒斯极力鼓励他去埃及学习。他在埃及定居多年，也许还去过巴比伦。返回萨摩斯岛后，他发现萨摩斯处于波利克拉特斯（Polycrates）的暴政统治之下。由于未能在萨摩斯建立一所学校，他再次离开，并追随古希腊文明的潮流搬迁至意大利南部的大希腊（Magna Graecia）。他定居在克罗顿（Croton），并创立了著名的毕达哥拉斯学派。这个学派不仅是哲学、数学和自然科学的学派，而且是一个兄弟会般的团体，其成员终生团结一致，并且有着共济会一般的仪式。毕达哥拉斯学派禁止成员透露学派的研究发现和学说。因此，我们不得不将毕达哥拉斯学派作为一个整体来讨论，并且很难确定每个具体发现应归功于谁。毕达哥拉斯学派习惯将每项发现都归功于该学派的伟大创始人。

毕达哥拉斯学派发展迅速，获得了很高的政治地位。但是，他们模仿古埃及人引入了一些神秘仪式，并且存在贵族政治倾向，结果引起了人们的怀疑。南意大利的民主党起义并摧毁了毕达哥拉斯学院。毕达哥拉斯逃到塔伦图姆（Tarentum），之后又逃到梅塔蓬图姆（Metapontum），在那里他被杀害。

《欧德莫斯概要》称："毕达哥拉斯对几何学进行了彻底的研究，将几何学研究转变为通识教育。"他的几何学研究与他的算术研究紧密相连。他特别喜欢那些可以用算术表达式表示的几何关系。

像古埃及几何学一样，毕达哥拉斯的几何学研究也非常关注面积。毕达哥拉斯发现了重要的勾股定理，即直角三角形的斜边的平方等于其他两边的平方和。他可能此前从埃及人那里得知，在特殊情况下，即三角形三边边长分别为3、4、5时，这一陈述是成立的。传说中，这一发现令毕达哥拉斯异常兴奋，以至于他举行了一场百牲祭。这一故事的真实性曾令人怀疑，因为毕达哥拉斯学派的人反对杀戮。在新毕达哥拉斯学派（Neo-Pythagoreans）的后期传统中，"用面粉制成的牛"取代了血腥献祭。自此，人们不再质疑故事的真实性。欧几里得的《几何原本》第一卷第47命题中给出的勾股定理的证明由欧几里得本人给出，而非出自毕达哥拉斯学派。毕达哥拉斯的证明方法一直引发着众多猜想。

毕达哥拉斯学派采用欧几里得的方法证明了三角形的三角之和的定理（泰勒斯大概也了解这一定理）。他们还证明，围绕一个点的平面可以由6个等边三角形、4个正方形或3个正六边形完全填充，因此可以将一个平面分为其中任意一种图形。

四面体、八面体、二十面体和立方体等几何体都从等边三角形和正方形中产生，这些几何体除了二十面体，埃及人很可能都知道。在毕达哥拉斯学派哲学中，这四种几何体分别代表物质世界四种基本元素，也就是火、气、水和土。后来他们又发现了另一种规则几何体，即十二面体，在没有第五种元素的情况下，十二面体被用来代表宇宙本身。

毕达哥拉斯把球体看作最美丽的几何体，而圆则是最美丽的平面图形。他和他的学派对比例和无理数的问题的研究将在古希腊算术部分介绍。

根据欧德莫斯的说法，毕达哥拉斯学派发现了《原本》第六卷命题28、29所述的面积应用相关的数学问题，包括有缺失面积和多余面积的情况。

他们能够熟练构造与给定多边形面积相等或与之相似的多边形。解决这一问题依赖于几个重要且较先进的定理，这证明了毕达哥拉斯学派在几何学方面的成就不容小觑。

在通常认为是该意大利学派的定理中，有些定理的发现不能认为是毕达哥拉斯本人，也不能认为是他最早的继任者，因为从经验到逻辑的转变必定是缓慢的。值得注意的是，在圆领域，毕达哥拉斯学派未能发现任何重要定理。

尽管政治破坏了毕达哥拉斯学派的团体关系，但是毕达哥拉斯学派至少继续存在了两个世纪。晚期毕达哥拉斯学派学者中，菲洛劳斯（Philolaus）和阿契塔（Archytas）最为出名。菲洛劳斯写了一本关于毕达哥拉斯学派学说的书。该学派在一个世纪以来一直在进行秘密研究，是他首先向世界展示了该意大利学派的理论。塔伦图姆的阿契塔是一名杰出的政治家和将军，以其品德而广受赞誉，柏拉图开办学院时，他是希腊唯一的伟大几何学家。阿契塔是第一个将几何学系统应用于力学的人。他还发现了一个倍立方问题的非常巧妙的机械解法。他的解法包含了关于圆锥体和圆柱体产生的清晰概念。阿契塔将倍立方问题简化为求两条给定线段间的两个比例中项的问题。阿契塔从半圆柱截面得到了这两个值，比例学由此得到进一步发展。

有充足理由相信，晚期毕达哥拉斯学派对雅典的数学研究和发展产生了深远影响。智者学派在几何学方面借鉴了毕达哥拉斯学派，而柏拉图曾购买过菲洛劳斯的作品，并且是阿契塔的亲密朋友。

智者学派

公元前480年，萨拉米斯(Salamis)战役爆发，波斯人在薛西斯(Xerxes)的领导下被击败，之后，古希腊人组成同盟，以保卫解放的爱琴海（Aegaean）诸岛屿及海岸各城邦的自由。雅典人很快成为这个城邦的领导者和独裁者。雅典将联盟各城邦独立的财政合并用于发展壮大雅典。雅典也是一个伟大的商业中心，因此，雅典成了当时最富有、最美丽的城市。所有体力工作都由奴隶承担。雅典公民生活富裕，拥有大量闲暇时间。雅典政府是纯粹的民主政府，每个公民都是政客。为了提高公民个人在大众中的影响力，他必须接受教育。因此，教学需求顺势产生。雅典人的教师主要来自毕达哥拉斯学派学说广泛传播的西西里岛，这些老师被称为“苏菲学派”或“智者学派”。与毕达哥拉斯学派不同，他们付费教学。尽管修辞学是他们教学的主要内容，但他们也教授几何学、天文学和哲学。雅典很快成为古希腊学者特别是数学家的大本营。古希腊人的数学之乡首先在伊奥尼亚群岛，然后在南意大利，而我们目前讨论的是雅典的这段历史时期。

智者学派关注了毕达哥拉斯学派完全忽略的圆几何。他们所有的发现几乎都与为解决以下3个著名问题而进行的无数次尝试相关：

(1) 将弧或角三等分；

(2)“倍立方”，即找到一个体积为给定立方体2倍的立方体；

(3)“化圆为方”，即作一正方形或其他直线图形与给定圆面积完全相等。

这些问题可能是数学史上讨论和研究最多的数学问题。二等分角是几何学中最简单的问题之一。然而，三等分角却出乎意料地困难。毕达哥拉斯学派已经将直角分为3个相等的部分。然而，这一普通作图问题虽然看似简单，仅靠直尺和圆规却无法实现。最早试图攻克这一难题的是苏格拉底的同代人希庇亚斯。他出生于公元前460年左右。他和其他古希腊几何学家没有仅靠直尺和圆规解决这一问题，而是采取了其他手段。普罗克鲁斯提到，一个叫希庇亚斯的人发现了超越曲线（transcendetal curve）。后来，狄诺斯特拉托斯（Dinostratus）和其他人使用了这一曲线化圆为方。因此，它也被称为割圆曲线。可以这样描述该曲线：图 1-3 中正方形的边 AB 绕 A 旋转，点 B 沿着圆弧 BED 移动。同时，侧边 BC 从初始位置均匀地移动到 AD 位置，过程中始终平行于自身。这样移动时，AB 和 BC 相交处是割圆曲线 BFG，其当代方程式为 $y = x\cot\dfrac{\pi x}{2r}$。古人只考虑了位于圆弧象限内的那部分曲线。他们不知道 $x = \pm 2r$ 是渐近线，也不知道存在无穷的分支。根据帕普斯（Pappus）的说法，狄诺斯特拉托斯通过建立 $BED : AD = AD : AG$ 的定理来实现化圆为方。

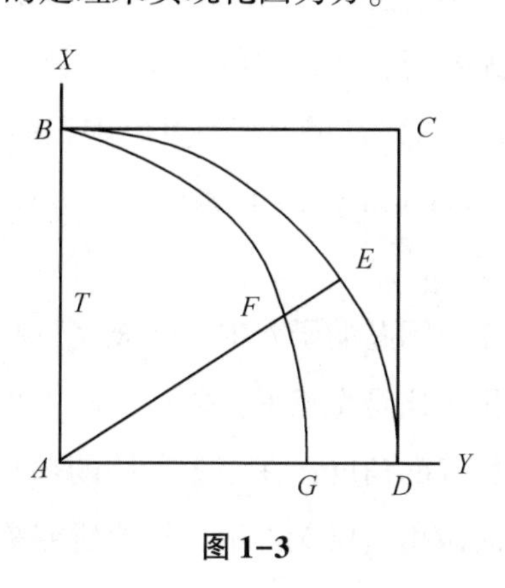

图 1-3

毕达哥拉斯学派表明，若一个正方形的边为另一正方形的对角线，则其面积是原始正方形的 2 倍。这表明他们也许在试图解决倍立方问题，即求出具有给定立方体体积 2 倍的立方体的边长。关于这一问题的起源，埃拉托塞尼（Eratosthenes）给出了另一种说法。提洛人（Delians）曾遭受瘟疫侵袭，神谕命令他们将某个立方坛的体积加大 1 倍。不假思索的工人只是简单地建造了一个边长为原立方体 2 倍的立方体，但像这样的愚笨工作却无法安抚诸神。发现错误后，提洛人就此事咨询了柏拉图。他和他的门徒们迫切想知道“提洛问题”的解法。希波克拉底对这个问题做出了重要贡献。他是位才华横溢的数学家，但财产被剥夺后，他明显变得反应缓慢且愚蠢。也有人说他是第一个进行付费教学的人。他证明，可以将“提洛问题”简化为求一条给定线段与另一条两倍长线段之间的两个比例中项问题。例如 $a : x = x : y = y : 2a$，于是 $x^2 = ay$，$y^2 = 2ax$，$x^4 = a^2y^2$，所以 $x^4 = 2a^3x$，由此可得 $x^3 = 2a^3$。虽然，他最后未能通过直尺和圆规的几何构造找到两个比例中项，但他在弓形面积方面的研究却让人们记住了他。根据辛普利修斯（Simplicius）的说法，希波克拉底认为他实际上已经成功地将求弓形面积方法应用于求圆的面积，但并非所有人都认为希波克拉底真正得出了这个谬论。

在第一次求出弓形面积时，希波克拉底做了一个等腰三角形 ABC，C 为直角，并在 AB 上绘制了一个直径为 AB 的半圆，半圆穿过 C。他还在 AC 上绘制了一个直径为 AC 的半圆，该半圆在三角形 ABC 之外。这样形成的弓形面积是三角形 ABC 面积的一半。这是第一个精确曲线求积的示例。希波克拉底也完成了其他弓形的求积，毫无疑问，他希望最终解决化圆为方问题。1840 年，托马斯·克劳森（Thomas Clausen）发现了其他可以求积的弓形，但在 1902 年，哥廷根的埃德蒙·兰道（Edmund Landau）指出，克劳森认为全新的四个弓形中，有两个为希波克拉底知晓。

在对化圆为方和倍立方问题的研究中，希波克拉底对圆几何发展做出了很大贡献。他证明了圆面积之比是直径平方之比，圆中相似的部分面积之比是弦的平方之比，并且包含相等的角度，在小于半圆的部分中，该角度是钝角。希波克拉底在几何逻辑方面做出了巨大贡献，他的研究是现存的最古老的“几何推理证明”。为了描述几何图形，他使用了字母，这种做法可能是从毕达哥拉斯学派引入的。

希波克拉底发展的相似图形问题涉及比例理论。迄今为止，比例仅被希腊人用于数字，他们从未成功地将数和量的概念统一起来，他们在有限的意义上使用术语“数”。我们所谓的无理数不包含在这个概念中，甚至有理分数都不被视为数字。在他们的语境中，“数”的含义与“正整数”的含义相同。因此，数被认为是不连续的，而量是连续的。因此，这两个概念看起来完全不同。欧几里得称：“量不可通约，彼此间没有与数字间相同的比例。”两者之间的鸿沟暴露无遗。《原本》将量的比例理论与数的比例分开讨论。比例理论从数到量（特别是长度）的转变是艰难而重要的一步。

在欧几里得的几何教科书《原本》写作完成后，希波克拉底的名声大噪。该书的出版表明，毕达哥拉斯学派的保密传统已被放弃。毕竟，保密与雅典人的生活理念格格不入。

希波克拉底同时代的智者学派学者安蒂丰（Antiphon）介绍了通过穷竭法

解决化圆为方的方法。他有一个值得赞扬的发现。他指出，在一个圆中内接一个正方形或等边三角形，然后在其边上作等腰三角形，使其顶点在圆周上，再在这些三角形的边上作新的三角形，如此重复，则可以连续得到规则多边形，每个多边形都比前一个多边形更接近圆的面积，直到圆最终穷尽为止。由此可得边与圆周重合的内接多边形。由于可以找到面积等于任意多边形的正方形，因此也可以找到等于最后一个内接多边形，并且等于圆本身面积的正方形。安蒂丰同时代的学者布莱森在作内接多边形的同时作外接多边形，大大推动了这一问题的研究。然而，他错误地认为圆的面积是外接多边形和内接多边形之间的算术平均值。与布莱森和其他希腊几何学家不同，安蒂丰似乎相信，通过不断加倍内接多边形的边长，可以获得与圆重合的多边形。这个问题在雅典引起了激烈争论。辛普利修斯说，如果一个多边形可以与圆重合，那么我们必须抛弃量无限可分的思想。这个困难的哲学问题导致了难以解释的悖论，并阻止了古希腊数学家将无限概念引入几何学。严格的几何证明要求排除晦涩的概念。著名雄辩家芝诺（Zeno）提出，运动不可能存在。芝诺没有任何著作流传至今，我们只能通过批评他的学者柏拉图、亚里士多德、辛普利修斯等人了解他的学说。亚里士多德在其《物理学》第六卷第九章中将芝诺的四个论点总结为“芝诺悖论”。(1)“二分法”：你不可能在有限的时间内遍历无数个点；想要通过一段距离，你必须先遍历其中一半的点，然而遍历这一半的点你需要遍历其中前一半的点，就这样这一过程会无休止地进行下去，因此（如果空间是由点组成的）在任何给定的空间中都有无限个点，而且它不能在有限的时间内遍历。(2)“阿喀琉斯”：阿喀琉斯不能超越乌龟，因为，阿喀琉斯必须首先到达乌龟的出发点，但到那里时，乌龟又会稍微向前移动一点。然后，阿喀琉斯必须再次追赶，此时乌龟仍在前面，这样一来它总是离它很近，但永远赶不上它。(3)“飞矢不动”：在其飞行时的任何给定时刻，箭必定处于静止状态，位于某一定点。(4)“运动场”：假设存在并列的平行点三行，如图 1-4 所示，B 无法移动，当 A 和 C 以相等的速度沿相反的方向移动，将进入图 1-5 中的位置。C 相对于 A 的运动将是其相对于 B 的运动距离的 2 倍，换句话说，任何给定的 C 中的点经过 A 中的点是经过 B 中的点的 2 倍。因此，不可能存在某一瞬间从一点到另一点。

图 1-4　　图 1-5

柏拉图说，芝诺的目的是“保护巴门尼德的观点免受那些取笑他的人的攻击”。芝诺辩称，“不存在许多”，并且，他否认复数的存在。自亚里士多德到 19 世纪中叶，学者普遍认为芝诺的推论是错误的。但是之后有学者提出，对芝诺的观点记录不完整且不准确，他的论证很严肃，逻辑严谨。库辛（Cousin）、格罗特（Grote）和坦纳（Tannery）[1] 提出了这种观点。他们声称芝诺并没有否认运动，但是他想表明，在毕达哥拉斯学派的空间观念下，由于空间是点的几何，运动是不可能的，他们提出，必须将这四个论点结合在一起，将其视作芝诺与对手之间的对话，并且这场争论中芝诺迫使对手陷入了两难。芝诺的论点牵扯到连续性、无穷大和无穷小的概念；与亚里士多德时代一样，它们也是当今数学界争论的话题，亚里士多德未能成功地解释芝诺的悖论，他没有回答学生心中出现的疑问：一个变量怎么能达到其极限？亚里士多德的连续统是一个可感知的物理实体。他认为，既然不能由点构成一条线，那么实际上不能将一条线细分为若干个点。“数量的连续二等分是无限的，因此无限可能存在，但实际上从未达到。”直到乔治·康托尔（Georg Cantor）提出连续统和集合理论，学者才能够对芝诺的论证给出令人满意的解释。

安蒂丰和布莱森在穷竭过程中使用了烦琐而又十分严密的“穷竭”法。在求两个曲线平面图形（例如两个圆）之间的面积比时，几何图形首先内接或外接相似的多边形，然后无限增加边数，几乎穷竭多边形和圆周之间的空间。根据定理：圆内接相似多边形面积比为直径上的正方形面积之比，几何学家可能会猜到希波克拉底提出的下面一条定理：与最后绘制的多边形有所差异但几乎相同的圆的面积之比为其直径的平方比。但是，为了排除所有模糊之处和疑问，之后的希腊几何学家应用了《原本》第十二卷第二章中类似中的推理，内容如下：设 C 和 c，D 和 d 分别为所讨论的圆和直径，那么，如 $D^2:d^2=C:c$

---

〔1〕 见 F. Cajori，“The History of Zeno's Arguments on Motion” in the *Americ*，*Math. Monthly*，Vol. 22，1915，p. 3.

不成立，则假设 $D^2 : d^2 = C : c^1$。如果 $c^1 < c$，则多边形 P 可以内接于圆 C 中，同 c^1 相比面积更接近 c。如果 P 是 C 中的对应多边形，则 $P : p = D^2 : d^2 = C : c^1$，且 $P : C = p : c$，由 $p > c^1$ 得 $P > C$。这一结果显然是荒谬的。接下来，他们同样用归谬法证伪了 $c^1 > c$。由于 c^1 不能大于或小于 c，因此它必须等于 c，证毕。汉克尔（Hankel）认为，希波克拉底是穷竭法的第一位使用者，但是并没有充分理由认为是他而不是更晚些的欧多克索斯发现了穷竭法。

尽管这一时期的几何学发展只能追溯到雅典的历史，但是伊奥尼亚，西西里岛，色雷斯（Thrace）的阿伯德拉（Abdera）、昔兰尼（Cyrene）都涌现出了一批数学家，他们为数学发展做出了令人称道的贡献。在这里，我们仅介绍阿伯德拉的德谟克利特（Democritus），他是阿那克戈拉斯的学生、菲洛劳斯的朋友和毕达哥拉斯的崇拜者。他曾去过埃及，甚至可能也到过波斯。他是一位成功的几何学家，并在不可公度线、几何学，数字和透视法方面都有所著述。但是他没有作品流传至今。他曾夸口说，没有人比他更擅长在附带证明的情况下构造平面图形，甚至埃及所谓的“harpedonaptae”（“司绳官”）也比不过他。这也算是他对古埃及人技巧和能力的认可。

柏拉图学派

伯罗奔尼撒战争（前 431—前 404）期间，几何学的发展受到阻碍。战后，雅典沦为次要政治势力，退居幕后，但雅典在哲学、文学和科学领域的领导地位却越来越突出。公元前 429 年，柏拉图出生于雅典，那一年恰好爆发了大瘟疫。他死于公元前 348 年。柏拉图是苏格拉底的学生和密友，但他的数学研究并非继承了苏格拉底的衣钵。苏格拉底去世后，柏拉图周游各地。在昔兰尼，他跟随西奥多罗斯（Theodorus）研究数学。之后，他去了埃及，然后去了南意大利和西西里岛，在那里他与毕达哥拉斯学派进行了交流。阿契塔和蒂迈欧后来成了他的亲密朋友。他在约公元前 389 年返回雅典后，在雅典学园的树丛中建立了自己的学院，余生倾心教学与写作。

柏拉图的物理哲学有部分基于毕达哥拉斯学派的哲学。像他们一样，他在算术和几何学中探索宇宙的奥秘。曾有人问他神的职业是什么，柏拉图答道：“他一直在研究几何学。”因此，几何知识是哲学学习的必要准备。为表示对数学的重视以及研究数学对高等推理的必要性，柏拉图在他的门廊上写上：“通晓几何者方可入内。”柏拉图的继任者色诺克拉底是雅典学园的老师，他紧随老师的脚步，拒绝接受未经数学训练的学生，并说：“哲学门外汉请离开。”柏拉图评论道，几何学训练能够使心灵学会准确而严密的思考。因此，《欧德莫斯概要》说：“他的著作中充满了新的数学研究成果，其中的各种问题都展示了数学与哲学之间的显著联系。”

因为有这样一位院长，所以我们不必奇怪柏拉图学派涌现出众多数学家。柏拉图几乎没有做过真正的原创工作，但他对几何学的逻辑和方法进行了重要改进。的确，智者学派的几何学家在证明方面相当严谨，但通常他们并不考虑所用方法的内在本质。他们使用公理却不给出明确的表达，他们使用一些几何概念比如点、线、面，但没有做出正式的定义，而是将点称为“位置统一体”，但这是哲学理论的陈述，而不是数学定义。柏拉图反对将点叫作“几何虚构物”，他将点定义为“线的起点”或“不可分割的线”，将线定义为“没有宽度的长度”。他分别将点、线、面称为线、面、体的“边界”。《原本》的许多定义和公理都可追溯到柏拉图学派。亚里士多德称，柏拉图提出了公理“等量减等量，其差仍相等”。

柏拉图和他的学派最大的成就之一就是发现了分析法作为数学证明方法。可以肯定，希波克拉底和其他人此前曾无意识地使用了这种方法。但是柏拉图像一个真正的哲学家一样，将逻辑直觉变成了一种有意识的合乎规范的方法。

术语“综合和分析”在数学中的使用比在逻辑学中更特殊。在古代数学中，它们与现在的含义不同。分析法的定义与综合法相反，最早在《原本》第十三卷命题5中给出，该定义极有可能由欧多克索斯提出：“分析法首先假设所寻求建立的命题成立，逐步推导结论成立的充分条件，最后归结至公认真理；综合法是通过逐步推理和证明推导出要建立的结论。”除非分析法中的所有操作已知可逆，否则它的结论不是决定性的。为了尽可能消除不确定性，希腊人一般在分析过程中会添加一个综合过程，其中包括对分析过程所有步骤的还原。因此可以说，分析法的目的是辅助发现综合法证明方法或综合法解法。

据说，柏拉图还解决了倍立方问题。但是，他的解法无法回应他对阿契塔、欧多克索斯和梅纳希姆斯（Menæchmus）的方案的怀疑。他认为，他们的解法不是几何解法而是机械解法，因为它们需要使用直尺和圆规以外的工具。他说："几何学的优点就这样被毁弃。我们再一次将几何学拉低到感官世界，而不是将其升华，注入永恒的无形思想图像。要知道，几何学是神的工具，它是神为神的原因。"柏拉图的这一反对意见表明，要么这一解法并非他提出，要么是他想强调，非几何解法可以轻松找到。当代数学家已经确定，倍立方问题、角三等分问题和化圆为方问题无法仅仅依靠直尺和圆规解决。

柏拉图对体积测定法的发展也起到了积极的推动作用。此前，这个问题一直被希腊人完全忽视。他们对球体和常规几何体在一定程度上都有所研究，但棱柱体、棱锥体、圆柱体、圆锥体等几何体的存在几乎不为人所知。所有这些几何体都成了柏拉图学派的研究对象。这些研究取得了一项划时代的成果——柏拉图的副手和学生梅纳希姆斯发现了圆锥曲线。仅在 1 个世纪的时间里，这一曲线的发现就将几何学的发展推到了古代数学所能达到的巅峰。梅纳希姆斯于圆锥体一侧垂直切开了 3 种圆锥体，分别是"直角的""锐角的"和"钝角的"圆锥体，并由此得到了我们现在所说的抛物线、椭圆及双曲线。利用这些曲线的交点，"提洛问题"得以解决。我们从这一优雅的解法得知，梅纳希姆斯在研究其属性方面必定取得了不小成功。他到底是以什么方式构造了这些曲线的图像的，我们不得而知。

另一位伟大的几何学家是狄诺斯特拉托斯，他是梅纳希姆斯的兄弟，也是柏拉图的学生。他使用希庇亚斯的割圆曲线设计的化圆为方的机械解法颇为知名。

欧多克索斯（Eudoxus）也许是"这一时期最杰出的数学家"。他出生于约公元前 408 年的尼多斯（Cnidus）。起初，他跟随阿契塔学习了一段时间，之后，他又跟随柏拉图学习了两个月。在跟随这些大师学习的过程中，他培养出了真正的科学探索精神。他被称作"天文观察之父"。埃德勒（Ideler）和席亚帕雷利（Schiaparelli）在后世学者的记录中找到了他的天文学研究的零星笔记，并成功重现了他的理论体系，其中以行星运动的"同心球"体系为代表。欧多克索斯在基齐库斯（Cyuzicus）开办了一所学校，他曾和学生一起去雅典拜访柏拉图，之后又回到了基齐库斯，他死于公元前 355 年。柏拉图学派的名望很大程度上得益于欧多克索斯的学生的努力，其中包括梅纳希姆斯、狄诺斯特拉托斯、阿忒纳乌斯（Athenaeus）和赫齐孔（Helicon）。第欧根尼·拉尔修将欧多克索斯描述为天文学家、医师、立法者和几何学家。《欧德莫斯概要》称，欧多克索斯“首次建立了一般性定理”，并且在已有的3个特殊比例值的基础上又添加了3个，并大大推进了柏拉图开创的“分割”研究，他在研究这一问题时应用了分析法。此处“研究”的意思毫无疑问指“黄金分割”（sectio aurea），“黄金分割”在极端比率和均值比率之间划出了界限。《原本》第十三卷中的前5个命题与线的黄金分割有关，通常认为是欧多克索斯发现了这些命题。欧多克索斯大大推动了立体几何的发展。阿基米德说，他证明了棱锥体体积是具有相同底和高的棱柱体的体积的$\frac{1}{3}$，圆锥体体积是具有相同底和高的圆柱体的体积的$\frac{1}{3}$。他很有可能也证明了球体体积之比等于半径立方之比。他经常熟练地使用穷竭法，因此也极有可能是此法的发现者。一位研究《原本》的学者（一般认为是普罗克鲁斯）曾说，《原本》第五卷的理论几乎都是欧多克索斯的成果。欧多克索斯还发现了两条给定线段之间的两个比例中项，但解法不明。

柏拉图被誉为数学家的缔造者。除了上述提到的学生外，《欧德莫斯概要》还提到以下内容：毫无疑问，《原本》第十卷、第十三卷以及对不可公度问题的研究应当归功于天才数学家泰阿泰德。勒俄达马斯（Leodamas）、内欧克莱兹（Neocleides）和他的学生里昂（Leon）为前代学者的研究做了大量补充。里昂经过精心研究写作了一卷《原本》，其中给出了大量问题的证明，并且很实用；修迪奥撰写了《原本》中的重要一卷，并证实了许多特殊命题的一般适用性；赫默提姆斯是《原本》许多命题的发现者，并且提出了一些轨迹相关命题；最后，还有阿米克拉斯、西日赛诺斯和菲利普斯。

另有一位优秀的数学家阿里斯特斯（Aristsæus），其生平和作品不详，他可能是与欧几里得同时代的一名重要数学家。他曾写过一本关于圆锥曲线的著作。因此，我们倾向于认为，在梅纳希姆斯执掌柏拉图学派时期，他们的研究取得了很大进展。阿里斯特斯还撰写了有关常规几何体的文章，并发展了分析法，他的作品可能囊括了柏拉图学派研究的概要。

亚里士多德则将演绎逻辑系统化。他虽然不是专业的数学家，但他改进了一些难以定义的数学概念，推动了几何学的发展。他的《物理学》一书的部分内容暗示了虚速度原理的存在。他对连续性问题的认识以及对芝诺反运动理论的反驳，是古希腊学者相关研究中最具价值的论述。大约在他同时期，出现了一本名为《力学》（*Mechanica*）的书籍，有人认为他是此书作者。但是，柏拉图学派完全忽略了力学的研究。

亚历山大第一学派

在前文中，我们见证了几何学在埃及的诞生，向伊奥尼亚群岛、南意大利和雅典的转移。之后，我们目睹了它在希腊从瘦弱的儿童长为强壮的男子汉的过程，接下来我们将看到它再次回到出生地，并重焕生机。

伯罗奔尼撒战争后，雅典走向了衰落，但同时却孕育了最伟大的科学家和哲学家。那是柏拉图和亚里士多德的时代。公元前 338 年，雅典在喀罗尼亚（Chaeronea）战役中被马其顿的菲利普（Philip）打败，自此，雅典彻底走向衰落。不久之后，菲利普之子亚历山大大帝（Alexander the Great）开始征服世界。11 年间，他建立了一个伟大的帝国，但这个帝国却在一天之内就崩溃了。帝国的各部分中，埃及落入托勒密一世手中，亚历山大在埃及建立了亚历山大海港。不久之后，这座海港将成为“最高贵的城市”。托勒密一世定都于亚历山大。接下来的 3 个世纪的埃及史主要是亚历山大城的历史。亚历山大城的学者们将在文学、哲学和艺术等领域勤奋耕耘。托勒密创办了亚历山大大学，建立了宏伟的大图书馆、众多实验室和博物馆、散步长廊以及一座动物园。亚历山大很快成了当时重要的学术中心。

高夫称，地美特利阿·法乐罗斯（Demetrius Phalereus）受邀从雅典赶来负责管理大图书馆，欧几里得（Euclid）很可能也收到邀请同他一起开办数学学院。根据沃格特（Vogt）的研究，欧几里得出生于大约公元前 365 年，并于公元前 330 年到公元前 320 年写作了《原本》。我们对欧几里得的生平知之甚少，除了普罗克鲁斯在《欧德莫斯摘要》中添加的内容。普罗克鲁斯称，欧几里得比柏拉图年轻，比埃拉托色尼和阿基米德年长，后者曾提起过他。欧几里得属于柏拉图学派，并对柏拉图学派的学说贡献颇大。他编撰了《原本》，整理了欧多克索斯的许多研究，并继续了泰阿泰德（Theætetus）的大量工作。他首次尝试将前代有缺陷的解法改进为无懈可击的证明。托勒密曾问他，是否有比研究《原本》更简单的方法来掌握几何学，欧几里得回应道："没有通往几何学的皇室捷径。"帕普斯称，欧几里得以其处事公正、善良而著称，特别是对那些愿意不惜一切促进数学发展的人。帕普斯显然是在把他和阿波罗尼奥斯（Apollonius）相比较，而且他说得相当直白。[1] 斯托巴乌斯（Stobaeus）曾讲述了这样一个小故事：一位刚开始学习几何学的年轻人问欧几里得："学这些东西我能得到什么?"欧几里得于是叫来一个奴隶，对他说："去给这个年轻人拿3便士，他必须从学到的知识中获利。"这些大概就是希腊学者记录的所有欧几里得的个人生活细节。一些叙利亚和阿拉伯的学者声称，他们了解得更多，但他们的记录并不可靠。有一段时期，他们曾普遍将亚历山大里亚的欧几里得与1个世纪前的梅加拉（Megara）的欧几里得混为一谈。

欧几里得的名气始终主要依靠他的几何学著作《原本》。到目前为止，这本书都优于希波克拉底、里昂和修迪奥撰写的《原本》，以至于后作在竞争中很快被遗忘。希腊人称呼欧几里得为"《原本》作者"。在几何学史上，一个了不起的事实是，欧几里得2000多年前所写的《原本》现在仍被一些人视为数学最佳入门书籍。在英国，直到19世纪末，它一直被广泛用作教科书。但是，《原本》的一些编辑倾向于将欧几里得不应得的荣誉也归功于他。他们试图让我们相信，欧几里得的头脑中诞生了一个完整且无懈可击的几何体系，"欧几里得是来自朱庇特（Jupiter）头部的全副武装的密涅瓦（Minerva）。"他们未能指出，欧几里得从更早的知名数学家那里搜集到了一些资料。《原本》中的命题和证明只有很少一部分是他自己的研究发现。实际上，只有"毕达哥拉斯定理"的证明可算作他的直接发现。奥尔曼（Allman）推测，《原本》第一卷、第二卷、第四卷的内容来自毕达哥拉斯学派，第六卷的实质内容应当归功于毕达哥拉斯学派和欧多克索斯，后者对适用于不可公度量的比例理论和"穷竭法"（《原本》第七卷）做出了相当大的贡献。泰阿泰德对第十卷和第十三卷做出了巨大贡献，而欧几里得本人的原创成果主要分布于第十卷。通过对

[1] A. De Morgan, "Eucleides" in *Smith's Dictionary of Greek and Roman Biography and Mythology*.

前代研究的仔细筛选，整理基于一些定义和公理的命题，他打造了一套引以为豪的崇高数学体系。他也没有将当时已知的所有基本定理都收入他的《原本》。阿基米德、阿波罗尼奥斯，甚至他本人也将一些未收入《原本》的定理称为众所周知的真理。

目前，学校经常使用的《原本》教材是希恩（Theon）整理的版本。欧几里得死后大约700年，希帕蒂亚（Hypatia）的父亲希恩整理了《原本》的一个版本，并对内容进行了一些修改。结果，后来此书的注释者，尤其是罗伯特·西姆森（Robert Simson），认定欧几里得的数学思想完美无缺，并把希恩当成书中发现的所有缺陷的替罪羊。但是，在一份拿破仑一世从梵蒂冈寄给巴黎的手稿中，发现了一份据信早于希恩版《原本》的版本。学者发现了该版本与希恩版本的许多差异，但这些差异无足轻重。这证明，希恩通常只修改语言。因此，被算到希恩身上的《原本》缺陷一定是欧几里得本人的责任。《原本》过去曾被视为严密证明的模范。从逻辑严谨的角度说，它确实可以与现代数学著作相提并论。但是如果依照严格的数理逻辑，按查尔斯·佩尔斯的说法就是，它“充满了谬误”。书中的结果是正确的，只是因为欧里几得的经验使他足够警惕。在许多证明中，欧几里得都部分依赖于直觉。

在《原本》最初的版本中，在“定义”部分，欧几里得给出了诸如点、线等概念的假设以及一些口头解释。之后，此书给出了3个公设或前提要求和12个公理（axiom）。事实上，欧几里得本人使用的并不是这个词，而是“普遍观念”（common notion）——所有人和所有科学公认的观念。普罗克鲁斯在描述《原本》时将欧几里得的“普遍观念”称为“公理”。古代和现代的评论家对公设和公理的争论很多。大量的手稿和普罗克鲁斯的证明都将直角和平行的相关“公理”视为公设，这种分类确实合适，因为它们实际上就是假设，而非所谓的普遍观念或公理。平行相关公设在非欧几何的历史中起着重要作用。可喜的是，欧几里得错过了重要的叠合公设。根据该假设，图形可以在空间中移动，而形式或大小不发生任何变化。

《原本》包含13卷著作，其中作者有欧几里得，还有2卷的作者一般认为是海普西克利斯（Hypsicles）和大马士革乌斯（Damascius）。前4卷讨论平面几何，第五卷将比例理论广泛地应用于量的一般研究。严谨的研究方法使这一卷倍受赞誉。初学者一般会觉得这一卷难以理解。欧几里得对比例的定义用现代符号表示为：设存在成比例的 4 个量 a、b、c、d，当 m、n 为任意整数，同时可得 $ma>nb$，则 $mc>nd$。托马斯·黑斯（Thomas Heath）说："可以确定，欧几里得对相等比值的定义和现代无理数理论［由戴德金（Dedekind）提出］之间存在几乎巧合一般的确切对应关系。泽森（Zeuthen）发现，欧几里得的定义与魏尔斯特拉斯（Weierstrass）对相等数的定义非常相似。第六卷发展了相似图形几何学，其中第 27 个命题是已知数学史上最早的最大值定理。第七卷、第八卷、第九卷是关于数论或算术的根据坦纳的说法，欧几里得认识到无理数存在这一点，必定极大地影响了《原本》的写作模式。古老的朴素比例理论被认为站不住脚，在前 4 卷中根本没有使用过比例，因为它的难度，欧多克索斯的理论被尽可能延后讨论。第七卷到第九卷是算术部分，是为第十卷全面讨论无理数所做的准备。第七卷通过辗转相除法（所谓的"欧几里得算法"）解释了两个数字的最大公约数。基于此定义，书中提出了（有理）数字比例理论："若存在一组数字，第一个数字和第二个数字之比与第三个数字和第四个数字之比相同，则四个数字成比例。"据信，这一比例理论是毕达哥拉斯学派提出的。第十卷讨论了不可公度理论。德·摩根认为，这是全书最美妙的部分。我们将在"古希腊算术"一节中对它进行更全面的介绍。接下来的 3 卷是关于体积测定法的，第十一卷包含了更基本的定理，第十二卷讨论了棱柱体、棱锥体、圆锥体、圆柱体和球体的度量关系，第十三卷研究规则多边形，尤其是三角形和五边形，然后将它们用作 5 个规则几何体的面，即四面体、八面体、二十面体、立方体和十二面体。柏拉图学派对规则几何体进行了广泛研究，所以它们被统称为"柏拉图图形"。普罗克鲁斯称，欧几里得撰写《原本》的最终目的是要构造规则几何体，这种说法显然是错误的。关于立体几何的第十四卷和第十五卷的真实性存疑。有趣的是，直觉上看，对于欧几里得乃至所有古希腊数学家来说，面积的存在是显而易见的，但是他们没有想过面积值不可开方的情况。

在欧几里得和阿基米德之前，希腊几何学有一个显著特征：避免测量。因此，欧几里得并不熟悉三角形面积等于底与高之积除以 2 的定理，这个定理对他来说是很陌生的。欧几里得的另一本已经失传的书，名叫《已知数》（*Da-*

ta)，它的目标读者似乎是那些已经看过《原本》，并且能够应用其中理论解决新问题的人。《已知数》是分析实践指导书籍，书中并没有或者说几乎没有什么聪明学生无法从《原本》中学到的内容，因此对科学的贡献不大。以下是其他一些通常认为是欧几里得所写的基本完整的著作：《现象》(*Phenomena*)，其中讨论了球面几何和天文学；《光学》(*Optics*)，其中假设称，光线由眼睛而非可见物体发出；《反射光学》(*Catoptrica*)，其中包含关于镜面反射的命题；《论图形分割》(*De Divisionbus*)，其中讨论了按给定比例划分平面图形；《卡农分割》(*Sectio Canonis*)，其中研究了音程。他的著作《衍论》(*Porisms*)已失传，但是罗伯特·西姆森和夏斯莱（Chasles）从帕普斯著作中发现的众多笔记中复原了其中的很多内容。术语"衍论"含义模糊。根据普罗克鲁斯的观点，衍论的目的不是陈述某些属性或真理（如定理），也不是为了实现构造（如问题），而是寻找并观察具有给定数字或给定结构的事物。例如，找到给定圆的中心，或找到两个给定数字的最大公约数。根据查尔斯的观点，衍论是不完整的定理，"表示事物间的某些关系根据一般规律是可变的"。欧几里得的其他失传作品还包括《纠错集》(*Fallacies*)，其中包含检测谬误的练习；《圆锥曲线》(*Conic Sections*)共4卷，是阿波罗尼奥斯在同一主题上开展工作的基础；还有《曲面轨迹》(*Loci on a Surface*，其标题的含义尚不清楚)，海伯格（Heiberg）认为它的意思是"曲面的轨迹"。

在欧几里得之后，继承了他在亚历山大数学学院职位的人可能是柯农(Conon)、多希修斯（Dositheus）和宙西普斯（Zeuxippus)，但我们对他们知之甚少。

古代最伟大的数学家阿基米德（Archimedes）生于叙拉古（Syracuse)。普鲁塔克称，他是希伦（Hieron）国王的亲戚，但是西塞罗（Cicero）的说法更加可靠，他告诉我们阿基米德出身卑贱，狄奥多罗斯（Diodorus）说他去过埃及。阿基米德是柯农和埃拉托塞尼的好朋友，所以他很有可能确实去过亚历山大。而且他对此前的数学研究有极为全面的了解，所以我们更有理由相信这一点。然而，后来他回到了叙拉古，在那里他运用非凡的才华建造了各种战争机器，帮助了他的仰慕者和保护人希伦国王。在此期间，他在马塞勒斯（Marcellus）围攻叙拉古时使罗马人损失很大。据说，当罗马军舰驶入城墙上的弓箭射程内时，他用镜子反射太阳光线，焚烧了罗马人的船只。这个故事很可能是虚构的，罗马人最终还是占领了这座城市，在随后的无差别屠杀中，阿基米德被杀害。传说，他当时正在研究画在沙子中的图形。当一名罗马士兵赶来时，他大声叫道："不要破坏我的圆。"那个士兵感觉受到了侮辱，冲上去杀死了他。我们无法因此怪罪当时领兵的罗马将军马塞勒斯，他钦佩阿基米德的才华，树起了一块墓碑纪念他，墓碑上刻着"圆柱容球"图形。后来西塞罗在叙拉古时，发现阿基米德的坟墓掩埋在了垃圾下。

阿基米德主要因为他的机械发明成就而受到同胞的钦佩，但是他本人对纯粹的科学研究更加重视。他宣称："与日常需求有关的每一种艺术都是愚昧无知的。"他的一些作品已失传，以下是大致按时间顺序排列的现存书籍：《平面图形的平衡或其重心》两卷，其间穿插了他关于《抛物线求积》的论著；《方法论》（*The Method*）；《球体和圆柱体》两卷；《圆的度量》；《螺线论》（*On Spirals*）；《劈锥曲面体和椭球体》两卷；《数沙器》（*Sand-Counter*）；《浮体》（*Floating Bodies*）两卷；《引理集》（*Fifteen Lemmas*）。

在《圆的度量》一书中，阿基米德首先证明了圆的面积等于以该圆周长为底、半径为高的直角三角形的面积。其中，他假设存在一条与圆周长相等的线。一些古代学者反对这一假设，依据是并不一定可以找到与所作曲线相等的线。无论如何，阿基米德接下来的任务是找到这样一条线。他首先找到周长与直径之比的上限或者说圆周率。为此，他从等边三角形出发，以等边三角形的底为切线、顶点为圆心，依次将中心对角平分，比较比率，并且无理平方根总是取过小的值。最终，他得出 $\pi<3\frac{1}{7}$ 的结论。接下来，他通过在圆内内接 6、12、24、48 和 96 个边的正多边形，求出了每个多边形的周长（这些多边形的周长总是小于圆周），从而确定了 π 的下限。最后，他得出结论："圆的周长超出其直径长度 3 倍还要多，多出的这一部分小于直径的$\frac{1}{7}$，但大于直径的$\frac{10}{71}$。这一估值对于大多数研究来说足够精确。

《抛物线求积》中针对抛物线求积问题给出了两种解法：一种是机械解法，另一种是几何解法。两种方法都使用了穷竭法。

值得注意的是，也许是受到了芝诺的影响，阿基米德在严格证明中并未使用无穷小（无穷小常数）。实际上，这个时期的大几何学家像欧多克索斯、欧几里得和阿基米德采用了一种激进的做法。他们接受了一条公设，从而将无穷小从几何证明中排除。《抛物线求积》的序言中包含所谓的“阿基米德假设”：“现有两个大小不相等的空间，较小空间不断加上两者之差，在加了足够多次数后，可能就会超出所有有限空间的大小。”阿基米德称，这一假设最初是欧多克索斯提出的。欧几里得以定义的形式给出了以下假设：“若一个量的几倍大于另一个量，这两个量彼此之间有一个比。”尽管如此，无穷小可能已被试用于数学研究。在阿基米德的《方法论》一书中明显如此。《方法论》此前曾一度被认为永久失传，但幸运的是，海伯格于 1906 年在君士坦丁堡发现了此书。书中内容表明，阿基米德认为无穷小足够科学，可以用于推出定理，但不能用于严格证明。在求抛物线图形面积、球台体积和其他旋转几何体时，他使用了机械解法，也考虑无穷小元素，他称其为直线或平面，但实际上是无限窄的线或无限薄的平面。无论在任何条件下考虑这些几何元素，其宽度或厚度均视为相同。在现代算术连续统创立之前，阿基米德假设没有引起数学家的兴趣。斯托尔茨（Stolz）表明，这是戴德金关于“截面”的假设的结果。

看来在阿基米德的伟大研究中，他的研究模式从力学（表面和几何体的重心）开始，并通过他的无穷小力学方法发现新结果，之后他再进行推论并发表严格的证明，这就表明阿基米德知道积分。

阿基米德也研究了椭圆并实现了化圆为方，但是对于双曲线，他似乎没有给予太多关注。据信，他写了一本关于圆锥曲线的书。

在阿基米德的所有发现中，他对自己在《球体和圆柱体》中的发现给予了最高评价。在书中，他证明的新定理包括：球面面积等于大圆面积的 4 倍；一个球缺的面积等于一个圆，该圆的半径是球缺顶点与其基圆的圆周上点的连线；球体体积和表面积分别是外接球体的圆柱体的体积和表面积的$\frac{2}{3}$。阿基米德希望在自己的墓碑上刻上第三个定理的证明图形，而马塞勒斯完成了他的愿望。

现在被称为“阿基米德螺线”的螺线在《螺线论》一书中也有所描述，

同样是阿基米德的发现，而不是有些人所认为的是他的朋友柯农的发现。[1]他在螺线问题上的论述也许是他最精彩的研究。今天，人们通过使用无穷小微积分，此类问题可以轻松解决。但古人使用的是穷竭法。其实，比起他对这种方法的精通，他的天分更为突出。在欧几里得和他的前辈们看来，穷竭法只是证明命题的手段，而这些命题必须在证明之前就已经能够看出或者是公认的观念。但是在阿基米德手中，这种方法或许与他无穷小的机械方法相结合，成为了他发现新知识的工具。

在《劈锥曲面体和椭球体》一书中，他用“劈锥曲面体”一词指抛物线或双曲线绕其轴旋转产生的几何体。“椭球体”由椭圆的旋转产生，并且随着椭圆围绕长轴或短轴旋转而变长或扁。这本书还提出了求这些几何体体积的方法。阿基米德和阿波罗尼奥斯通过“插入”法构造了一些几何图形。阿拉伯人认为阿基米德绘制出了如图 1-6 所示的角三等分示意图。“插入”法需借助刻度尺实现。要三等分角 CAB，则要先绘制弧 BCD。然后“插入”距离 FE 等于 AB，在穿过 C 的边上标记并移动 EFC 直到点 E 和 F 位置如图所示。所求角度为 EFD。

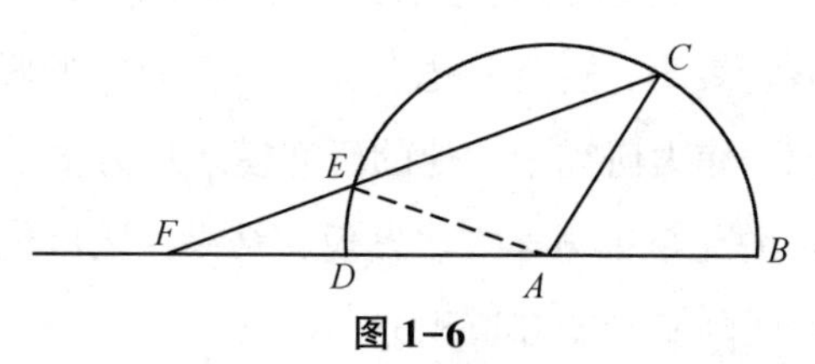

图 1-6

他的算术论文和其他相关研究将在之后讨论。我们现在将注意力放在他的力学著作上。阿基米德是第一个在该领域得出了可靠发现的学者。阿契塔、亚里士多德和其他人试图将已知的力学真理发展成一门科学，但是未能成功。亚里士多德了解杠杆的性质，但无法建立起真正的数学理论。胡威立（Whewell）认为，古希腊推理有一个致命的根本性问题，“尽管他们掌握了重要知识，产生了重要思想，但他们的思想并没有与时俱进。”例如，亚里士多德断言，当杠杆末端的物体移动时，可被视为进行两种运动：一种在切线方向上，一种在半径方向上。他说，前者符合事物的自然状态，后者则与之相悖。这些“自然

〔1〕 M. Cantor, op. cit., Vol. I, 3 Aufl., 1907, p. 306.

的”和“非自然的”运动的不当概念，加上决定这些推测的思维习惯，使得他们不可能理解力学属性的真实背景。甚至在阿基米德踏上正确的道路后，力学研究竟然陷入了停滞，直到将近2000年后伽利略的出现。不能不说，这让人有些诧异。

直到今天，许多教科书仍然收录了他在《平面图形的平衡》中给出的杠杆性质的证明。马赫（Mach）对这一证明提出了批评：“仅基于等距离上相等重量的平衡的假设就得出了重量和杠杆臂的反比例关系！怎么能这样?”阿基米德曾说：“给我一个支点，我可以撬动地球。”他对杠杆效率的估计由此可见一斑。

《平面图形的平衡》专注于几何体或几何体平衡的研究，《浮体》一书则讨论体静力学。当希伦国王要求他测试制造商声称是纯金的皇冠是否掺有银时，他开始对比重这个问题产生兴趣。传说，当真正的解决方法在他的脑海中闪现时，这位大哲学家正在洗澡，但是他立即裸奔回家，大喊道：“我想到了!”为了解决这个问题，他拿了一块金子和一块银子，重量均与王冠相同。根据一位学者的记录，他测定了分别由金子、银子和王冠置换的水的体积，并根据该体积算出了王冠中的金和银的含量。另一位学者则称，他在浸入水中的同时分别称量了金子、银子和王冠，从而确定了它们在水中的重量损失。从这些数据中，他很容易找到解法，他也有可能同时采用了这两种方法解决了该问题。

了解了阿基米德的著作之后，我们现在应该很容易理解，为什么在古代，“阿基米德问题”代表普通人无法解决的问题，“阿基米德证明”是“无可置疑的确定性”的代名词。阿基米德涉猎广泛，并且在每个问题上都展示出了深刻的见解。可以说，他是上古的“牛顿”。

埃拉托塞尼（Eratosthenes）是吉莱恩（Gyrene）人，比阿基米德小11岁。他生于亚历山大，长大后跟随诗人卡里马丘斯（Callimachus）学习之后，成了亚历山大图书馆的馆长。从他的作品中，可以看出他的兴趣广泛。他的作品包括《善与恶》（*Good and Evil*）、《测量地球》、《喜剧》（*Comedy*）、《地理学》（*Geography*）、《年代学》（*Chronology*）、《星座》（*Constellations*）和《倍立方》。他还是一位语言学学者和诗人。他测量了黄道的倾角，并发现了一种用于查找质数的方法，稍后我们将对其进行介绍。在他的几何著作中，目前仅存他写给托勒密三世（Ptolemy Euergetes）的一封信，其中介绍了倍立方问题的研究史，并描述了他自己巧妙的机械解法。年老的时候，他双目失明，据说他因此最后选择了绝食自杀。

阿基米德死后大约 40 年，佩尔盖的阿波罗尼奥斯（Apollonius）开始崭露头角，他的天分几乎与前辈不相上下。在古代数学家中，他无可争议地位居第二。阿波罗尼奥斯出生于托勒密三世统治期间，卒于托勒密四世（Ptolemy Philopator）统治时期。托勒密四世统治时间从公元前 222 年到公元前 205 年。他曾在亚历山大跟随欧几里得的接班人学习，并且也在帕加马王国（Pergamum）学习了一段时间，在那里，他结识了欧德莫斯。之后，他把《圆锥曲线》的前 3 卷献给了欧德莫斯。他的工作成就斐然，并因此获得了“伟大的几何学家”的称号。关于他的人生，我们只知道这么多。

他的《圆锥曲线》共 8 卷，其中前 4 卷流传下来的是原始希腊语版本。直到 17 世纪中叶，发现了译于约 1250 年的阿拉伯语译本，直到此时欧洲才了解到此书还有后 3 卷。目前，第八卷尚未找到。1710 年，牛津大学的哈雷（Halley）出版了前 4 卷的希腊语版本以及后 3 卷的拉丁语版本，并根据帕普斯的引理，对第八卷进行了推测性修复。前 4 卷只包含早期几何学家的最重要的研究。欧托奥基斯告诉我们，赫拉克利德斯（Heraclides）指责阿波罗尼奥斯的《圆锥曲线》抄袭了这位伟大的数学家的未公开发现。很难相信这一指控有足够的依据。欧托奥基斯引用吉米诺斯（Geminus）的回应称，阿基米德和阿波罗尼奥斯都没有声称自己发现了圆锥曲线，但是阿波罗尼奥斯提出了真正的改进建议。前 3 卷或前 4 卷是基于梅纳希姆斯、阿里斯泰俄斯（Aristæus）、欧几里得和阿基米德的研究成果，而其余部分几乎完全是新发现。前 3 卷定期送至欧德莫斯阅读，其余各卷（在欧德莫斯死后）则寄给了一位名为阿塔鲁斯（Attalus）的人。第二卷的前言很有趣，它展示了此时古希腊的书籍“出版”模式。前言内容如下：“我已安排我儿子阿波罗尼奥斯把《圆锥曲线》第二卷带给你（欧德莫斯）。请仔细阅读并与其他值得分享的人交流。如果我上次在以弗所给你介绍的那位几何学家菲洛尼德斯也在帕加马附近，请也让他过目。”

阿波罗尼奥斯在其序言中谈到了第一卷：“比起其他作者的著作，它更完整，更全面地包含了产生这三种圆锥曲线和共轭双曲线的方式及其主要特征。”我们记得，梅纳希姆斯和他的所有的继承者，直到阿波罗尼奥斯，都只在垂直于圆锥的侧面的平面上生成圆锥曲线，而三种圆锥曲线是从不同的圆锥中得到的。但阿波罗尼奥斯迈出了重要一步。他用垂直于或不垂直于同一个圆锥（直圆锥或斜圆锥均可）侧面的截面生成了所有类型圆锥曲线。这样一来，三种曲线的旧名称也不再合适。于是，阿波罗尼奥斯没有将这三种曲线称为“锐角”“直角”和“钝角”圆锥曲线，而是分别将其称为椭圆、抛物线和双曲线。事实上，我们在阿基米德的著作中也发现了“抛物线和椭圆”这两个词，但它们可能只是后世的补充。之所以使用“椭圆”一词，是因为 $y^2<px$，其中 p 是参数，引入“抛物线”一词是因为 $y^2=px$，引入术语“双曲线”则是因为 $y^2>px$。

阿波罗尼奥斯的论证基于圆锥曲线的独特属性，直接发现这些圆锥曲线的圆锥体的性质。夏斯莱[1]曾介绍过这种属性如何成为古代数学体系的关键。他说：“设想存在一斜圆锥，其底面为圆，过其顶点及底面圆心的直线为该圆锥体的轴，一个穿过该轴的平面垂直于底面，与圆锥体交于两条直线，并过底圆直径；以直径为底，两条线为其余两边的三角形称为过轴三角形：在构造圆锥曲线的过程中，阿波罗尼奥斯假定，有一平面垂直于过轴三角形所在的平面，该平面与三角形两边的交点是曲线的顶点；连接这两个点的线段是它的一个直径。阿波罗尼奥斯称这个直径为“横截线”（latus transversum）。在曲线的两个顶点之一上，作一条一定长度的垂线（latus rectum）垂直于过轴三角形所在平面，后面我们会具体介绍如何确定该垂线的长度。从该垂线的末端作一条直线连接曲线另一个顶点。现在，通过曲线直径任意一点绘制一条垂线：包含于直径和曲线之间的该垂线构造的正方形的面积等于直径和上述所作直线之间的垂线部分以及未作垂线的顶点和所作第二条垂线的垂足之间的直径部分所构造的矩形的面积，这就是阿波罗尼奥斯认识到的圆锥曲线的特别属性。并且，他通过巧妙的变换和演绎推理推导出了圆锥曲线的其余特征。正如我们将看到的那样，阿波罗尼奥斯认识到的这一属性在他的手中所起到的作用和笛卡尔解析几何系统中的两个变量（横坐标和纵坐标）的二次方程的作用几乎相同。阿

〔1〕 M. Chasles, *Gcschichte der Geometrie*. Aus dem Französischen übertragen durch, Dr. L. A. Sohncke, Halle, 1839, p. 15.

波罗尼奥斯和此前的梅纳西姆斯一样使用了坐标，夏斯莱继续说道："由此可见，根据曲线的直径和在曲线一顶点所作的垂线足以构造出曲线。这是古代人用来建立圆锥曲线理论的两个基础，这个问题中的垂线被称作'latus erectum'；现代人首先将此名称改为'latus rectum'，后来又改称为参数。"

阿波罗尼奥斯的《圆锥曲线》的第一卷几乎完全围绕于三种主要圆锥曲线的产生。第二卷主要研究渐近线、轴和直径。第三卷讨论了三角形、矩形或正方形的全等或成比例，具体研究了截线、弦和渐近线或切线等具体问题的决定性因素，而这些因素经常受多种条件的影响。这一卷也涉及了椭圆和双曲线的焦点问题。

在第四卷中，阿波罗尼奥斯讨论了线的调和分割。他还研究了由两个圆锥曲线组成的系统，并表明它们之间的交点不能超过四个。他研究了两个圆锥曲线的各种可能的相对位置，例如，当它们相互具有一个或两个接触点时。

第五卷最充分地展示了作者的才智，在早期数学著作中，我们几乎找不到研究棘手的最大值和最小值的问题的例子，但这一问题在这一卷得到极为充分的讨论。该卷的主题是找到从定点到圆锥曲线的最长和最短的线。这一卷还讨论了渐屈线和密切中心。

第六卷讨论了圆锥曲线的相似性，第七卷讨论了共轭直径，哈雷修复的第八卷继续讨论了共轭直径。

值得注意的是，阿波罗尼奥斯没有引入圆锥曲线准线的概念，尽管他偶然发现了椭圆和双曲线的焦点，但他并未发现抛物线的焦点。他的几何学研究还有一个引人注目的特点：缺少术语和符号，他的证明过程因此冗长而烦琐。阿基巴尔德（Archibald）声称阿波罗尼奥斯熟悉圆的相似中心，但通常认为是蒙日（Monge）发现了这一点。黑斯这样评论[1]："阿波罗尼奥斯以及早期几何学家所使用的主要理论都被归于几何代数之列，不过这么称呼这一领域也不能说不合适。"

夏斯莱说，阿基米德和阿波罗尼奥斯的发现标志着古代几何最辉煌的时代。历史上，各个时代的几何学家普遍关注两个问题，这两个问题可能起源于

〔1〕 F. Enriques, *Fragen der Elementargeometrie*, deutsche Ausg. v. H. Fleischer, II, Leipzig, 1907, p. 234.

这两位学者。第一个是曲线图形求积，这一问题的解决催生了无穷小微积分。第二个是圆锥曲线理论，它是任意次数曲线理论的前奏，是仅考虑图形形式和情况并且仅使用线和面的交点以及直角距离比率的几何学的前奏。可以用“测量几何学”和“形式几何学”或“阿基米德几何学”和“阿波罗尼奥斯几何学”分别来命名这两大几何分支。

除了《圆锥曲线》，帕普斯还将以下著作归到阿波罗尼奥斯名下：《论接触》（*On Contacts*）、《平面轨迹》（*Plane Loci*）、《倾斜》（*Inclinations*）、《截取面积等于已知面积》（*Section of an Area*）、《论确定的截点（或截线、截面）》（*Determinate Section*），并给出了引理，试图从这些引理中恢复失传的原稿。另有阿拉伯语版本的《截取线段成定比》（*De Sectione Rations*）。由韦达（Vieta）修复的《论接触》一书包含了所谓的“阿波罗尼奥斯问题”：平面上给定三个圆，构造出和这三个已知圆都相切的圆。

在未引入比旧的穷竭法更通用、更强大的方法前，欧几里得、阿基米德和阿波罗尼奥斯将几何学带到了当时的条件所能达到的最高境界。之后的几何学发展需要更简洁的符号体系，笛卡尔几何和无穷小微积分。古希腊思想不适合发现一般性方法。因此之后的古希腊几何学不仅没有达到更高的高度，反而陷入了停滞，他们开始四处搜寻此前进展飞速的研究中被忽略的细节问题。

尼科梅德斯（Nicomedes）是阿波罗尼奥斯研究最早的继承人。关于他的人生，我们只知道他发现了“蚌线”（形似贻贝），一种四阶曲线。此外，他设计了一种小型机器，借助这一机器可以轻易描述曲线。借助蚌线，他解决了倍立方问题。该曲线也可以以类似于阿基米德第八引理的方式用于三等分。普罗克鲁斯将这种三分法算作尼科梅德斯的研究成果，但帕普斯也声称这是他的研究成果。牛顿用蚌线构建三次曲线。

大约在尼科梅德斯同时代（例如公元前 180 年），蔓叶类曲线（因似“常春藤状”得名）的发现者迪奥克利兹（Diocles）也非常活跃。他用蔓叶类曲线寻找两条给定线段之间的两个比例中项。古希腊人实际上并没有考虑到蔓叶类曲线的伴随曲线，他们只考虑了位于构造曲线所用的圆内的固有蔓叶类曲线。当除去曲线分支的凹面的两个圆形区域时，剩下的圆形区域部分看起来有点像常春藤叶。这很可能就是蔓叶类曲线名字的由来。似乎是罗伯瓦尔（Roberal）

于1640年首次发现的，该曲线的两个分支会延伸到无穷大，之后斯劳斯(Sluse)也注意到了这一点。[1]

我们对珀尔修斯（Perseus）的了解像对尼科梅德斯和迪奥克利兹的了解一样少，只知道他生活于公元前200年至公元前100年之间。从海伦（Heron）和吉米诺斯（Geminus）口中，我们了解到，他曾写过一篇文章讨论螺旋。根据海伦的描述，这是由圆围绕一条弦旋转产生的环面。该曲面的截面会产生特殊的曲线，称为螺旋曲线。吉米诺斯认为这是珀尔修斯的发现。这些曲线似乎与欧多克索斯的套马索线一样。

海普西克利斯（Hypsicles，前200年—前100年）应该是《原本》的第十四卷和第十五卷的作者，但是近些年来，有研究者认为第十五卷由公元后几个世纪的学者所写。第十四卷包含7个关于规则几何体的优雅定理。海普西克利斯写作的一部著作名叫《星星的升起》(*Risings of Stars*)，内容很有趣。这本书按照古巴比伦的方式将圆周分为360度。

古代最伟大的天文学家希帕克（Hipparchus）是比提尼亚（Bithynia）的尼西亚（Nicaea）人，生活于公元前161年至公元前127年之间，他进行了天文观测活动。他归纳建立了著名的本轮和偏心轮理论。不出意外，他对数学很感兴趣，不过这种兴趣并非对数学本身，而是为了进行天文学研究。他的所有数学著作都已失传，但希恩告诉我们，三角学研究始于希帕克。他在12卷书中计算了“弦表”。此类计算要求必须对算术和代数运算有充分了解。他拥有用于解决平面和球面几何问题的数学和图形工具。他的研究表明，他已经掌握了我们在阿波罗尼奥斯著作中发现的坐标表示思想。

公元前100年左右，特西比乌斯（Ctesibius）的学生老海伦非常活跃。特西比乌斯以巧妙的机械发明而闻名，包括水力风琴、水钟和弹射器。有人认为，老海伦是特西比乌斯的儿子。他展现出了与老师相媲美的才华，发明了汽转球和一种名为“海伦的喷泉”的奇特装置。关于他的著作尚有很多问题待确定，大多数专家认为，他是《屈光学》这一重要的文章的作者，该文章有3份完全不同的手抄副本。但是玛利（Marie）认为，《屈光学》是生活于七八世纪

---

[1] G. Loria, *Ebene Curven*, transl. by F. Schütte I, 1910, p. 37.

的小海伦的作品。据说，老海伦还写了一本《大地测量学》（*Geodesy*），但是这本书只是复制了《屈光学》的内容，且存在很多缺陷。《屈光学》中包含一条重要公式，即用三角形三边长求出三角形面积的公式。推导过程相当艰难，但思路却非常巧妙。夏斯莱曾说："难以置信，这么美丽的定理竟然出现在老海伦这样古老的数学家的作品中，而其他古希腊几何学家竟然没有想到引用。"玛利认为古代学者的这种态度说明了重要问题，他据此辩称，真正的发现者必定是小海伦或比老海伦更晚一些的学者。但是没有可靠证据表明，当时确实存在两位名叫海伦的数学家。坦纳已证明，在应用此公式时，海伦发现无理根的近似值，$\sqrt{A} \sim \frac{1}{2}\left(a+\frac{A}{a}\right)$。$a^2$ 是最接近 A 的平方值。为了取得更精确的值，海伦将上述公式中的 a 取为$\frac{1}{2}\left(a+\frac{A}{a}\right)$。很明显，海伦有时候会用双假位法求平方根和立方根。

文丘里说："屈光仪"是与现代经纬仪非常相似的工具。《屈光学》一书借助这些仪器研究大地测量，其中对大量几何学问题进行了解答，例如，在只能到达一点的情况下测出两点间的距离，或者在两点都可见但无法到达的情况下测出两点间的距离；过一点作一条无法到达的直线的垂线；找出两点间的水平差；在不进入的情况下测量区域面积。

海伦非常重视研究应用，这也许可以解释为什么他的著作与其他古希腊学者的著作相似之处甚少，后者认为测量工作将科学拉低到应用几何的水平[1]。他的几何学研究不像古希腊的流派，倒像是毫无疑问的古埃及流派。更让人惊讶的是，海伦曾评论过《原本》，以证明他对欧几里得的研究非常熟悉。海伦的一些公式起源于埃及。除了上述用三角形边长求三角形面积的精确公式，海伦还给出了公式$\frac{a_1+a_2}{2}\times\frac{b}{2}$，这和伊德夫碑文中四边形的面积公式$\frac{a_1+a_2}{2}\times\frac{b_1+b_2}{2}$惊人相似。此外，海伦的作品和古老的阿默士纸草书之间还有其他相似之处。不过，阿默士仅使用单位分数，而海伦使用单位分数比其他分数更频繁一些。像

---

〔1〕 哥本哈根（Copenhagen）的阿克谢·安东·比恩博（Axel Anthon Björnbo）是一位历史学家。更多细节可查阅他的 *Bibliotheca mathematica*，3 S.，Vol. 12，1911-12，pp. 337-344.

阿默士和伊德夫的祭司一样，海伦通过画辅助线将复杂的图形简化。此外，他也像他们一样偏爱等腰梯形。

海伦的发现能够解决生活实际问题，因此被其他民族广泛学习。在罗马、中世纪的西方，甚至印度，都发现了他的研究成果的踪迹。

一些被归到海伦名下的作品，包括新发现的1903年出版的《度量论》(*Metrica*)，均由海伯格（Heiberg）、舍内（Schone）和施密特（Schmidt）修订。

吉米诺斯（Geminus）发表了一部天文学著作，但现已失传。他还写作了《数学研究整理》(*Arrangement of Mathematics*)，其中包含许多关于古希腊数学早期历史的宝贵注解，同样已失传。普罗克鲁斯和欧托奥基斯经常引用其中内容。西奥多修斯（Theodosius）是一本关于球面几何的小书的作者。坦纳和比恩博（Björnbo）的研究表明，数学家西奥多修斯并非先前以为的特里波利斯（Tripolis）的西奥多修斯，而是比提尼亚的居民和希帕克的同代人。本都（Pontus）阿米苏斯（Amisus）的数学家狄俄尼索多罗(Dionysodorus)应用抛物线和双曲线的相交，解决了阿基米德在其《球体和圆柱体》中未完全解决的问题，即“切割一个球体，使各部分符合给定比例”。

现在，我们已经勾勒出了公元前几何学的进展。遗憾的是，从阿波罗尼奥斯时代到公元元年的几何历史，我们知之甚少。我们提到了许多几何学家的名字，但是他们的作品极少流传至今。可以肯定的是，在阿波罗尼奥斯和托勒密之间，没有真正的天才数学家。当然，希帕克是例外，也许还有海伦。

亚历山大第二学派

从亚历山大的建造者托勒密一世开始，拉吉德王朝统治了埃及300年。埃及被罗马帝国吞并后，东西方之间的商贸关系更加密切。异教的逐渐衰落和基督教的传播对科学的发展产生了深远影响，亚历山大成为了学术研究的大本营。亚历山大也是当时的商业和文化中心。各个国家的商人奔忙于亚历山大繁华的街道上，东西方学者在宏伟的图书馆、博物馆和演讲厅高谈阔论。希腊人开始研究早期希腊文学并将其与当代文学进行比较。通过这种思想交流，希腊哲学与东方哲学逐渐相融合。新毕达哥拉斯学派和新柏拉图学派（Neo-Platonists）调整了原有学术体系，这些学术流派曾一度反对基督教。对柏拉图主义和毕达哥拉斯神秘主义的研究复兴了数论。分散四方的犹太人对希腊学术的传播也许在其中起到了助推作用，数论成为最受欢迎的研究领域。在这一新的数学研究分支上出现了一个新数学流派。毫无疑问，即使在此时，几何学仍然是亚历山大最重要的学术研究领域之一。据说，亚历山大第二学派始于公元初，其中的代表人物有克劳迪乌斯·托勒密、丢番图、帕普斯、希恩、杨布里柯和波菲利乌斯（Porphyrius）等。

此外，也许可以再加上塞莱纳斯（Serenus）的名字，他或多或少都与这一新学派有些关系。塞莱纳斯写了两本圆锥体和圆柱体的截面的书，其中一本书只讨论了过圆锥顶点的三角形截面。他解决了以下问题："给定一个圆锥体（圆柱体），找到一个圆柱体（圆锥体），以使两者在同一平面上的截面是相似的椭圆。"以下定理是现代谐波理论的基础，也很有趣。如图1-7所示，如果过 D 作 DF，分割三角形 ABC，然后选择上面的 H，则 $DE:DF=EH:HF$，如果作线 AH，则每个通过 D 的截线（例如 DG）都将被 AH 分割，那么 $DK:DG=KJ:JG$。亚历山大的梅涅劳斯（约98年）是《球面几何》（*Sphœrica*）的作者，该书流传下来的版本有希伯来语和阿拉伯语版本，但没有希腊语版本。书中，他证明了球面三角全等定理，并用与欧几里得处理平面三角形几乎相同的方式描述了它们的性质。书中还揭示了定理：球面三角形三条边边长的总和小于大圆周长，并且三个角度的总和超过两个直角。他的平面三角形和球面三角形的两个定理也非常有名，平面三角形上的定理是："如果三边被一条直线切开，那么没有共同端点的三线段的乘积等于其他三线段的乘积。"拉扎尔·卡尔诺提出了这一命题，即"梅涅劳斯引理"，这是他的截线理论的基础。球面三角形的相应定理也就是所谓的六量法则（regula sex quantitatum），则是用"三线段弦的两倍"代替了上述定理中的"三线段"。

克劳迪乌斯·托勒密（Claudius Ptolemy）是埃及著名的天文学家。139年，他在亚历山大非常活跃。125年，他在作品中记录了最早的天文观测资料。除此之外，我们对他的人生一无所知，他最晚的一份观测记录时间是在151年。

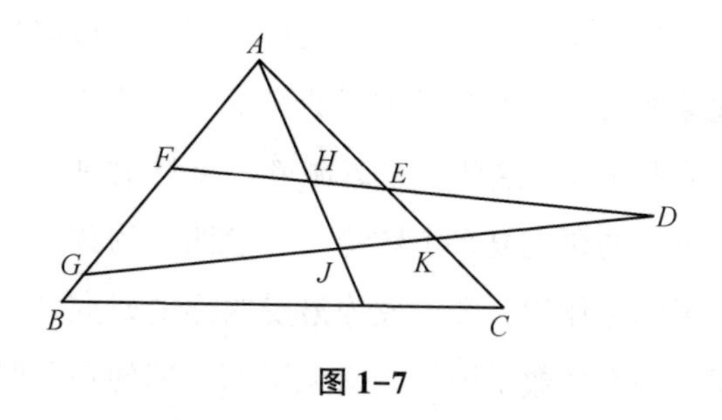

图 1-7

他的主要著作有《天文学大成》（*Syntaxis Mathematica*，阿拉伯人称之为 *Almagest*）和《地理学》（*Geographica*），目前都已失传。他以前的工作部分基于自己的研究，但主要是基于希帕克的研究。托勒密似乎不是一个独立的研究者，他的主要贡献是纠正和改进了前代学者的工作。其中，他的《天文学大成》[1]一书是哥白尼以前所有天文学研究的基础。"托勒密体系"的基本理念是，地球位于宇宙的中心，太阳和行星都绕地球旋转。托勒密的研究对数学发展也相当重要。为了研究天文学问题，他建立了形式完美的三角学理论体系。不过三角学理论的基础是杰出的数学家希帕克奠定的。

《天文学大成》共 13 卷，第一卷第 9 章介绍了如何计算弦表。圆分为 360 度，每一度再对半划分。直径分为 120 份，每份再分为 60 份，之后再细分为 60 个较小的部分。在拉丁语中，这些部分被称为"partes minutoe primoe"和"partes minutoe secundoe"，即"分"和"秒"。划分圆的六十进制法起源于古巴比伦，吉米诺斯和希帕克都了解这一方法，但是托勒密的弦计算方法似乎是他的原创。他首先证明了现在被附加到《原本》第六卷（定义）的一个命题，即"圆内接四边形的对角线所包矩形面积等于一组对边所包矩形面积"。然后，他展示了如何从两个弧的弦中找到它们之和与差的弦，以及从任何弧的弦中求出一半的和。这些定理适用于他的和弦表的计算。这些定理的证明非常漂亮。克拉维乌斯（Clavius）和马斯切罗尼（Mascheroni）后来提出了托勒密构造规则内接五边形和十边形的边的方法，现在被工程师大量使用。如图 1-8 所示，设半径 BD 垂直于 AC，$DE=EC$。使 $EF=EB$，则 BF 是五边形的边，而 DF 是十

[1] 欲详细了解《天文学大成》在天文学史上的重要性，请查阅 P. Tannery，*Recherches sur l'hisloire de l'astronomie*，Paris，1893.

边形的边。

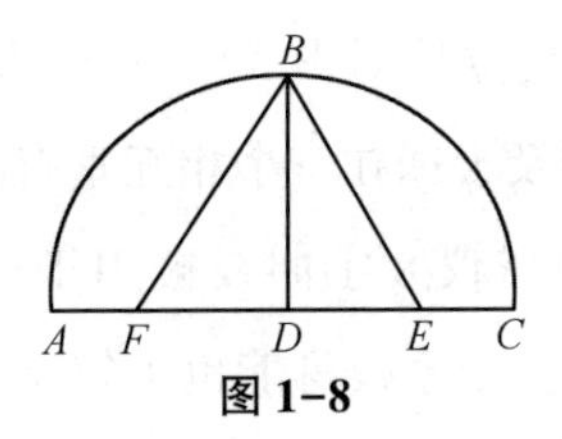

图 1-8

《天文学大成》第一卷的另一章专门讨论了三角学，尤其是球面三角学。托勒密证明了“梅涅劳斯引理”，并提出了“六量法则”。基于这些命题，他建立了他的三角学理论体系。在三角计算中，希腊人不像印度人那样使用两倍弧度的弦的一半（“正弦”）。希腊人改为使用两倍弧度的整个弦。稍后，我们将会介绍，托勒密和前代学者只在构造图形时使用两倍弧的弦的一半。托勒密并未明确指出平面三角学的基本定理，即三角形的边长之比为对角正弦之比，但这条定理隐含在他的其他定理中。他的球面三角学体系中的命题则更为完整。

这些三角学研究并非为了学科本身的发展，而是为了辅助天文学研究，这解释了一个令人吃惊的事实：球面三角学的研究比平面三角学起步更早。

《天文学大成》其余各卷是天文学部分。托勒密还写了一部关于几何学的著作，以及其他几本与数学几乎没有关系的著作。普罗克鲁斯对这本书的摘录表明，托勒密没有将欧几里得的平行公理视为理所当然，从古代到现代，托勒密是第一个不辞辛苦试图证明这一点的几何学家，当然，他的努力是徒劳的。他的论证中站不住脚的部分是他的断言：在平行的情况下，截线一侧的内角之和必然与截线另一侧的内角之和相同。在托勒密之前，波西多纽斯（Posidonius）曾试图改进平行理论，他将平行线定义为共面且等距的线。从阿拉伯学者内雷奇（Al-Nirizi，19 世纪）的记录看，辛普利修斯受朋友阿加尼斯（Aganis，一说为吉米诺斯）影响基于此定义给出了第五公设的证明。[1]

在绘制地球表面和天体时，托勒密学习希帕克使用了立体射影方法。他想

---

〔1〕 R. Bonola，*Non-Euclidean Geometry*，trans. by H. S. Carslaw，Chicago，1912，pp. 3-8. 罗伯特·博诺拉（Robert Bonola）是罗马一所学校的教授。

象眼睛位于两极之一，射影投射在赤道平面上。他设计了一种仪器，一种星盘状的平面天球图，是对天体的立体射影。[1] 托勒密写了一篇关于地球仪“8 字曲线”的专著，这是一个涉及天球在三个相互垂直的平面（水平面、子午圈和地平经圈）的正射射影。地球仪 8 字曲线被用于确定太阳的位置和星星的起落。希帕克和其他老一辈天文学家很可能也了解这一方法。它提供了一种解决球面三角学的图形方法，后来在 17 世纪后期被印度人、阿拉伯人和欧洲人使用。[2]

当时有两位杰出的数学家：尼科马霍斯（Nicomachus）和希恩，数论是他们最钟爱的研究。这一领域的研究之后，随着丢番图的代数研究，掀起了一阵高潮。但是在托勒密之后 150 年间，没有再出现重要的几何学家。这段时期曾出现过一位几何学家，名叫赛克图斯·朱利乌斯·阿菲利加努斯，他写了一篇关于军事技术的几何学著作，为《塞斯特斯》(*Cestes*)，不是非常重要。另有一位怀疑论者恩披里克，历经波折试图通过阐述另一个类似悖论，解释芝诺的“飞矢不动”。当然，他远未解决这一问题。他提出的悖论是：人永远不会死。因为在任一时间，他要么还活着，要么已经死了。因此，他永远不会死去。恩披里克还提出了另一个悖论，即当一条线段绕其一端在平面上旋转时，形成了由其每个点所构成的圆，这些同心圆的面积不相等，但每个圆的面积必须等于相邻圆的面积。[3]

数学家帕普斯（Pappus）大约生于 340 年的亚历山大。身为亚历山大学派最后一位伟大的数学家，他的才华不亚于阿基米德、阿波罗尼奥斯和欧几里得，这些数学家活跃于 500 年前。虽然当时的数学家对几何学的兴趣日益降低，主要研究几何学的帕普斯却在同辈数学家中出类拔萃，用一种说法形容就是“如同特内里费（Teneriffa）峰耸立于在大西洋之上”。他的著作有《〈天文学大成〉注》(*Commentary on the Almagest*)、《欧几里得〈原本〉注》(*Commentary on Euclid's Elements*)、《狄奥多罗斯日行迹注》(*Commentary on the Analem-*

---

[1] 见 M. Latham，“The Astrolabe”，*Am. Math. Monthly*，Vol. 24，1917，p. 162.

[2] 见 A. v. Braunmühl，*Geschichte der Trigonometrie*，Leipzig，I，1900，p. 11. 亚历山大·冯·布劳姆尔（Alexander von Braunmühl）是慕尼黑一所技术高中的教授。

[3] 见 K. Lasswitz，*Geschichte der Alamistik*，I，Hamburgund Leipzig，1890，p. 148.

ma of Diodorus)，这些作品都已失传。普罗克鲁斯称，帕普斯不认为等于直角的角度本身总是直角。他可能引用了《欧几里得〈原本〉注》中的话。

帕普斯唯一现存的著作是他的《数学汇编》(*Mathematical Collections*)。此书本包含 8 卷，但目前第一卷、第二卷缺失。《数学汇编》似乎由帕普斯编写，他在其中简要分析了当时内容最艰深的一些数学著作，并借助解释性引理辅助研究。但是这些引理选择得非常随意，并且经常与所讨论问题几乎没有任何关联。但是，他总结概括了他分析的数学著作，并且非常准确。《数学汇编》对我们来说是无价之宝。古希腊最重要的希腊数学家们的著述许多现已失传，而《数学汇编》提供了这些著述的丰富信息。19 世纪，有数学家认为仅通过帕普斯就能恢复这些著述的内容。

首先，我们将列举《数学汇编》一些相对更重要的定理，这些定理应该是帕普斯的个人发现。书中的定理中最重要的一条是古尔丁（Guldin）在 1000 多年后重新发现的优雅定理，即由完全位于轴的一侧的平面曲线的旋转所产生的体积等于曲线面积乘以用其重心描述的周长。帕普斯还证明，若一三角形的顶点位于另一个三角形的各边，且三顶点以相同比率将三边分割，则两三角形重心相同。第四卷中包含了关于割圆曲线的精彩新命题，这些命题表明他对曲面非常熟悉。他用如下方法构造割圆曲线。在直圆柱上画一条螺旋线；然后，过螺旋线各点作圆柱轴的垂直线，垂直线形成螺旋面。过其中一条垂线并且与圆柱底面成任意角的平面与螺旋面交于一曲线，该曲线在圆柱底面的正射投影即为割圆曲线。第二种产生方式同样令人叹为观止：如果将阿基米德螺线作为直圆柱的底，并想象一个旋转圆锥，其轴为通过螺线的起始点的圆柱的边，则该圆锥与圆柱体相交于一个双曲面。过此曲线中各点所作的轴的垂线形成螺旋面，帕普斯在此将其称为蝶形曲面。以任意角度通过其中一条垂线的平面与该面交于一曲线，该曲线在阿基米德螺线所在平面的正射投影正是所求割圆曲线。帕普斯还进一步考虑了双曲率曲线，他假设球的大圆绕其直径均匀旋转，那么沿大圆圆周均匀地移动的点形成球形螺旋。就这样，他找到了由球形螺旋求球面部分面积的方法。“自阿基米德时代以来，数学家们就不知道如何求得球体表面积，至于求其中的部分面积，比如球面三角形，在当时以及之后很长一段时间内都是一个悬而未决的问题。所以，帕普斯的这一曲面求积法更令人敬仰。"[1] 笛卡尔和牛顿曾提出一个重要问题，即"帕普斯问题"。给定一个平面中的几条直线，找到一个点的轨迹，使当从该点到给定直线作垂线（或者扩大范围，作给定角度的交线）时，其中某些垂线的乘积应与其余垂线乘积成给定比例。值得注意的是，帕普斯首先发现了抛物线的焦点，并提出了点对合的理论。他使用了准线，并且是第一个将圆锥曲线明确定义为到定点和定线距离之比为定值的点的轨迹。他解决了这一问题：过位于同一直线上的三点，作三条直线形成一个定圆的内接三角形。从《数学汇编》中，我们可以找出许多同样困难的定理，这些定理都是帕普斯的个人发现。但是，应该指出，关于上述三个研究发现，均有人指责他引用了他人的定理而未指出；在其他地方，他可能也这么做过。不过，即使这些指控属实，我们也没有资料来确定真正的发现者到底是谁。[2]

大约在帕普斯同时代，亚历山大的数学家希恩出版了一本带评注版《原本》，并且可能在课堂上将其作为教科书使用。他对《〈天文学大成〉评注》的注解包含了许多对过往数学研究的评论，非常宝贵，尤其是其中的希腊算术理论示例，更是异常重要。希恩的女儿希帕蒂亚（Hypatia）以美貌和谦逊而著称，她是亚历山大最后一位声誉卓著的大师。据说她是一位比她的父亲还要优秀的哲学家和数学家。她对丢番图和阿波罗尼奥斯著作的评注已经失传。415年，她不幸惨死。金斯利（Kingsley）的《希帕蒂亚》（*Hypatia*）详细地描述了当时的经过。

从此以后，亚历山大的数学研究停滞了，社会思想的主题成为基督教神学。异教的科学研究随着异教一起消失了。雅典的新柏拉图学派继续挣扎了一个多世纪。普罗克鲁斯、伊西多尔（Isidorus）和其他人延续了"柏拉图学派的传承金链"。叙利亚诺斯（Syrianus）之后，普罗克鲁斯成为柏拉图学派的领导人。他写了一本《原本》评论，但目前仅存第一卷的注解，其中包含的几何学历史信息具有重要价值。伊西多尔的学生大马士革乌斯现被认为是《几何原本》第十五卷的作者。伊西多尔的另一个学生是欧托奥基斯，他也对阿波罗尼奥斯和阿基米德的著作做了评注。辛普利修斯对亚里士多德·德·科洛（Aris-

---

〔1〕 M. Cantor, *op. cit.*, Vol. I, 3 Aufl., 1907, p. 451.

〔2〕 关于这些指控的反驳，见 J. H. Weaver in *Bull. Am. Math. Soc.*, Vol. 23, 1916, pp. 131-133.

totle De Coelo）的著作做了评注。辛普利修斯在介绍芝诺的理论时称："若一物被添加到另一物中不能使其变大，被从另一物中取走不能使其变小，则此物并不存在。"据此，否认无穷小的存在可以追溯到芝诺。几个世纪后，莱布尼茨再次遇到了这个问题，后者给出了不同的答案。辛普利修斯关于安蒂丰和希波克拉底对化圆为方问题的研究报告，是关于这一研究最好的历史信息源之一。529年，查士丁尼一世（Justinian）由于反对异教徒的研究，最后发布帝国法令关闭了雅典所有学院。

古希腊最后500年，几何学家普遍缺乏创造力，他们的著述中评注居多，原创成果较少。

古代几何的主要特征是：

（1）概念奇妙，含义清晰且确定，结论的逻辑严谨性几乎无可挑剔；

（2）完全缺乏一般性原理和方法。

古希腊几何学毫无疑问研究的都是非常特殊的问题，古希腊人并不具备求切线的一般方法。"求出三个圆锥曲线的切线，并不能够为绘制其他新曲线提供任何帮助，比如蚌线，蔓叶线等。"对于古老的几何学家来说，证明一个定理，线位于每一种位置的情况都需要单独证明。最伟大的几何学家也认为有必要彼此独立处理所有可能的情况，并给予同等充分的证明。古人无法设计出一种可以一次性处理各种情况的方法。"如果我们将一个数学问题比作一块巨大的岩石，并希望观察其内部，那么希腊数学家就像是一位健壮的石匠，他用坚定的毅力，用凿子和锤子将岩石一点点砸成碎片；当代数学家则像是一位出色的矿工，他首先在岩石上钻几个孔，然后通过一次大爆炸将其炸成碎片，从而发掘出其中的宝藏。"[1]

古希腊算术及代数学

希腊数学家习惯于将算术理论（数论）和计算方法研究区分开来。他们将前者称为"arithmetica"（算术），将后者称为"logistica"（计算）。这样区分非常自然且恰当。它们之间的差异就像理论和实践的差别一样大。智者学派最喜

〔1〕 H. Hankel, *Die Entwickelung der Mathematik in den letslen Jahrhunderten*. Tübingen, 1884, p. 16.

欢研究计算。而柏拉图则对哲学算术研究给予了相当多的关注，并且公开声称计算方法是一门粗俗幼稚的研究。

在介绍古希腊算术史前，我们将首先简要介绍古希腊的计数方式和数字书写方式。像埃及人和东方国家的人民一样，希腊人最早用手指或鹅卵石计数。在数字较大的情况下，鹅卵石可能按平行的垂直线排列。第一列鹅卵石代表个位，第二列鹅卵石代表十位，第三列代表百位，依此类推。后来，他们开始使用框架，并用绳子或金属丝代替线。传说，毕达哥拉斯在去埃及旅行后（很可能也去过印度），首次将这种宝贵的工具引入希腊。这种工具叫“Abacus”，不同历史时期的不同民族都有使用，在不同的历史阶段完备程度也不同。中国曾经也使用过这一工具，把它叫“算盘”。目前没有希腊算盘的外观或用法的任何具体记录。波爱修斯（Boethius）说，毕达哥拉斯学派把算盘和称为“顶点”的 9 个符号配合使用，这 9 个符号类似于 9 个“阿拉伯数字”。但这种说法的准确性受到了严重怀疑。

最古老的希腊数字符号是所谓的“赫洛黛安妮克（Herodianic）数字”（以赫洛黛安妮克命名，此人是约公元 200 年的拜占庭语法学家，他对这套数字系统进行了描述）。这些符号经常出现在雅典的铭文中，因此，通常被称为雅典数字。由于某种不明原因，这些符号后来被字母数字所代替，其中包含古希腊字母以及三个奇特、古朴的字母ζ、ϙ、ϡ和符号 M。显然，这种改动并不方便，因为旧的雅典数字包含的符号较少，更适合展示数字运算中的类比，而且记忆负担较小。下表是希腊字母数字及其各自的值：

α	β	γ	δ	ε	ϛ	ζ	η	θ	ι	κ	λ	μ	ν	ξ	ο	π	ϙ
1	2	3	4	5	6	7	8	9	10	20	30	40	50	60	70	80	90

ρ	σ	τ	υ	φ	χ	ψ	ω	ϡ	͵α	͵β	͵γ	……
100	200	300	400	500	600	700	800	900	1000	2000	3000	

M	$\overset{\beta}{M}$	$\overset{\gamma}{M}$	……
10000	20000	30000	

可以注意到，字母在 1000 处开始循环，但为了防止混淆，在字母之前（通常在字母下方）加了一画。在数字上绘制水平线有助于轻易地将其与词汇

区分开。M 的系数有时会放在 M 之前或之后，而不是 M 之上。因此，43678 写作$\overline{\delta\mathrm{M}\ \gamma\chi o\eta}$。另外，可以看到，希腊字母数字中没有零。

分数的表示方法是：首先写出重音符号的分子，分母则带两个重音符号并写两次。所以，$\iota\gamma'\kappa\theta''\kappa\theta''=\frac{13}{29}$。当分数分子相同时，$a'$省略，分母仅写一次，所以，$\mu\delta''=\frac{1}{44}$。

希腊人将比率$\frac{n}{n+1}$命名为“埃比莫隆”（epimorion）。

阿契塔证明，如果“埃比莫隆”$\frac{\alpha}{\beta}$被约分为$\frac{\mu}{\nu}$，那么$\nu=\mu+1$。这个定理在后来的欧几里得和波爱修斯的作品中都可以找到。欧几里得采用的算术形式，也许没有用线表示数字，在阿契塔时代就已经存在。[1]

希腊学者很少使用字母数字进行计算。加法、减法，甚至乘法，可能都是在算盘上进行的。专业数学家可能使用过这些符号。因此，6 世纪的评论家欧托奥基斯进行了许多乘法运算，以下是一个例子：[2]

右边所附的现代数字符号充分解释了该运算。如果带分数，则运算过程将会更冗长。我们在希恩的《〈天文学大成〉注》中发现了在这一问题上的分歧。可以想到，这一过程可能漫长而乏味。

$\overline{\sigma\zeta\xi}$	265
$\overline{\sigma\zeta\xi}$	265
$\overset{\delta}{\mathrm{M}}\overset{\alpha}{\mathrm{M}}\ {}_{\prime}\beta\ {}_{\prime}\alpha$	40000, 12000, 1000
$\overset{\alpha}{\mathrm{M}}\ {}_{\prime}\beta\ \overline{{}_{\prime}\gamma\chi\tau}$	12000, 3600, 300
${}_{\prime}\alpha\ \tau\ \kappa\ \varepsilon$	1000, 300, 25
$\overset{\zeta}{\mathrm{M}}\ \overline{\sigma\kappa\varepsilon}$	70225

我们在几何学部分中已经看到，当时的顶尖数学家已经会提取平方根。因

〔1〕 P. Tannery in *Bibliotheca mathematica*, 3 S., Vol. VI, 1905, p. 228.

〔2〕 J. Gow, *op. cit.*, p. 50.

此，阿基米德在他的《圆的度量》中确定了许多平方根。例如，他指出$\sqrt{3}<\frac{1351}{780}$且$\sqrt{3}>\frac{265}{153}$，但是他没有给出获得这些近似值的方法。早期古希腊数学家仅通过试验发现此平方根并非不可能。欧托基奥斯说，海伦、帕普斯、希恩和其他《天文学大成》注者给出了提取此平方根的方法。其中，我们只知道希恩的方法，此方法与我们今天使用的一种方法相同，除了使用了六十进制分数代替我们的十进制小数，该方法不使用六十进制分数时的模式是许多现代学者的热议话题。

在算术符号领域，阿基米德写了一本有趣的著作《数沙器》（*Sand Counter*，希腊语 *Arenarius*），这是阿基米德写给叙拉古国王盖隆（Gelon）的一篇文章。阿基米德在文中指出，人们错认为沙粒无法计数，或者即使可以计数，也无法用算术符号表示。他表明，即使一定数量沙粒的体积同整个地球一样大，甚至和整个宇宙一样大，这个数量仍然可以用算术符号表示。假设 10000 粒沙与罂粟种子同等大小，且罂粟种子的直径不小于手指宽度的$\frac{1}{40}$；之后进一步假设，宇宙的直径（假设直到太阳）小于地球直径的 1 万倍，而地球直径不小于 1000000 斯达地（stadia，古希腊长度单位“stadium”的复数）。阿基米德发现了一个超出宇宙范围的沙粒数量的数字。他进一步假设宇宙的范围扩大到固定恒星，他发现在以地球中心到固定恒星的距离为半径的球体中，其中包含的沙粒数少于 1000 万个第八级单位。这个数字用现代符号表示就是 10^{63} 或 1 后面跟 63 个零。几乎可以确定，阿基米德在进行这一计算时考虑了改进希腊数学符号，但我们并不清楚他是否发现了一种新的简短的符号体系来表示上述数字。

我们从帕普斯《数学汇编》第二卷的片段中得知，阿波罗尼奥斯曾建议改进希腊数字表示法，但是我们并不了解这种表示法的基本组成。因此，希腊人从未有过清晰、全面的数字符号体系。颇具讽刺意味的是，这一无上荣誉属于一个名不见经传的印度人。我们甚至不知道应该感谢谁做出了如此重要的贡献，推动了人类知识的全面进展。[1]

---

〔1〕 J. Gow, *op. cit.*, p. 63.

从“logistica”转移到“arithmetica”后，我们首先关注毕达哥拉斯的算术研究。毕达哥拉斯在建立他的学派之前，曾跟随埃及祭司学习多年，熟悉埃及的数学和神学。正如一些权威人士声称的那样，如果他曾去过巴比伦，他可能也学会了那里使用的六十进制数学符号，他可能已掌握了比例理论的大量知识，并且可能发现了大量有趣的天文观测结果。他被当时希腊人中弥漫的猜想精神所感染，他试图努力发现宇宙的同质性原理。在他之前，伊奥尼亚学派的哲学家有过相同的探索，但他们关注的是物质，而毕达哥拉斯则关注的是事物的结构。他观察到数字与宇宙现象之间的各种数值关系或相似之处。他深信他能在数字及其关系中发现真哲学的基础，因此他着手将万物的起源追溯到数字。他观察到，乐弦分别拉伸其长度的$\frac{1}{2}$、$\frac{2}{3}$、$\frac{3}{4}$时，产生的音阶分别为一个八度音、一个四度音和一个五度音。因此，和声取决于音乐的比例，它不过是一个神秘的数字关系，有和谐之处，即有数字。因此，宇宙的秩序和美丽源于数字。音阶有 7 个，而天空有 7 颗行星。前者所含的数字关系必定同后者有某种联系。有数字之处即有和谐。他用他的灵耳在行星运动中发现了奇妙的“球谐”。毕达哥拉斯学派赋予一些数字特别属性，他们认为，1 是事物的本质。它是一个绝对数字，因此，1 也是所有数字以及所有事物的起源。4 是最完美的数字，并且被认为以某种神秘方式与人类灵魂相呼应。菲洛劳斯认为，5 是颜色存在的原因，6 是寒冷的起因，7 是头脑、健康和光明，8 是爱和友谊存在的原因。[1] 在柏拉图的作品中，我们也找到证据能够证明，当时人们对数字与宗教关系的相似信念。甚至亚里士多德也将美德与数字相联系。

关于这些神秘主义猜测，我们已经说得够多了。这些猜测可以表明当时的数学家对他们创造发展的数学有多么浓厚的兴趣。如果不是他们开辟了这条数学探究的新道路，那么这一领域可能会一直无人问津。

毕达哥拉斯学派将数字分为奇数和偶数。他们观察到，从 1 到 $2n+1$ 的奇数级数的总和始终是一个完整的平方，并且通过加上偶数个数，得出了 2，6，12，20 的数列，其中每个数字都可以分解为两个不同的因数。比如，$6=2\times3$，$12=3\times4$，等等。这些后面的数字被认为非常重要，因此有了单独的名称：异

〔1〕 J. Gow, *op. cit.*, p. 69.

边（非等边）数。$\frac{n(n+1)}{2}$形式的数字称为三角数，因为它们总是可以这样排列 ∴∴ 。等于所有可能因子之和的数字（例如6、28、496），被称为完全数；超过此和的数字，被称为过度数；少于此和的被称为不足数。亲和数是指两数字等于对方因子之和。毕达哥拉斯学派非常重视比例问题。当$a-b=c-d$时，a，b，c，d成算术比例；当$a:b=c:d$时，a，b，c，d成几何比例；当$(a-b):(b-c)=a:c$时，a，b，c成谐波比例。毕达哥拉斯学派也熟悉音乐比例$a:\frac{a+b}{2}=\frac{2ab}{a+b}:b$。杨布里柯称，毕达哥拉斯从巴比伦引进了这一比例。

毕达哥拉斯在大量研究中将几何和算术相联系。他认为算术事实在几何中必有其相应情况，反之亦然。关于他的直角三角形定理，他设计了一条规则，通过该规则可以找到多个整数，使其中两个的平方和等于第三个数的平方。因此，若一边取奇数（$2n+1$），那么另一边$=\frac{(2n+1)^2-1}{2}=(2n)^2+2n$，而斜边$=2n^2+2n+1$。如果$2n+1=9$，则其他两个数字分别是40和41。但是，此规则仅适用于斜边与一边相差1的情况。在直角三角形的研究中，无疑会出现令人费解的微妙问题。因此，给定一个等于等腰直角三角形边长的数字，找出等于斜边边长的数字。该边边长可能等于1、2、$\frac{3}{2}$、$\frac{6}{5}$或任何其他数字，但是在每种情况下，寻找与斜边完全相等的数字的努力都必定是徒劳的。可能不断有数学家反复试图解决这个问题，终于，最后“有一位罕见的天才，在快乐的时刻，被允许像雄鹰一样展翅翱翔，超越人类思维的高度”，最后欣喜地发现，这个问题无解。无理数理论大概就是这样诞生的。欧德莫斯认为，是毕达哥拉斯学派发现了无理数理论。的确，数学家需要非凡的胆量才能接受线不仅可以长度（量）不同，而且性质也不同，尽管真实存在，但又绝对不可见。[1] 无需多想，毕达哥拉斯学派在无理数中看到了深刻的谜团和一种不可描述的符号。有说法称，毕达哥拉斯学派视无理数理论为机密，首先泄露了这个秘密的人最终因沉船而丧生，“因不可言说者、不可见者，不得为人所知”。这一发现

〔1〕 H. Hankel, *Zur Geschichte der Mathentalik in Mittelalter und Alterthum*, 1874, p. 102.

被归到毕达哥拉斯名下，但我们必须记住，毕达哥拉斯学派习惯将所有重要发现归到毕达哥拉斯名下。已知第一个不可公度比似乎是正方形的边与其对角线的比率，为 $1:\sqrt{2}$。西奥多勒斯（Theodorus）补充称，边长为$\sqrt{2}$，$\sqrt{3}$，$\sqrt{5}$，…，$\sqrt{17}$的正方形无法与线性单位通约。泰阿泰德将这一结论推广到边长为无理数的任意正方形的边。欧几里得（约公元前300年）在他的《原本》第十卷第九章进一步扩大了范围，若两个量的平方之比为（不为）平方数之比，则两个量可通约（不可通约）。在第十卷中，他详细讨论了不可公度量。他研究了各种可能由$\sqrt{\sqrt{a}\pm\sqrt{b}}$表示的线，$a$ 和 b 分别代表两条可公度线。最后，欧几里得得到了 25 种结果，每种结果的每个量都与其他所有量不可公度。德·摩根说："这一卷的重要性远超于其他卷（甚至连第五卷也是）。我们几乎可以怀疑，欧几里得在自己脑海中整理了自己的资料，并在第十卷完全阐述了他的观点后才写了先前诸卷，但他没有机会活到对它们进行彻底的修改。"[1] 直到 15 世纪，不可公度理论一直躺在第十卷。

回想一下，早期埃及人已对二次方程有一定了解，所以毕达哥拉斯时代的希腊学者有类似知识也就不足为奇。公元前 5 世纪，希波克拉底研究弓形面积时，假设二次方程解的几何等价形式为 $x^2+\sqrt{\frac{3}{2}}ax=a^2$，欧几里得在《原本》第六卷命题 27 至命题 29 中给出了完整的几何解法。他在第二卷命题 5、6 和 11 中以几何方法求解了某些二次方程式，欧几里得将《原本》的第七卷至第九卷用于讨论算术。这几卷中究竟有多少是欧几里得自己的发现，有多少是从前代借鉴的内容，我们无从得知。但毫无疑问，其中有很多欧几里得自己的发现。第七卷始于 21 个定义，毕达哥拉斯学派给出了除"素数"以外的所有数字的定义，接下来的任务是寻找两个或更多数字的最大公约数。第八卷研究成连续比例的，并且具有平方数、立方数和平面数之间的相互关系的数字。第二十二个定义为，如果 3 个数字成连续比例，并且第一个是平方数，那么第三个也是。在第九卷中，欧几里得继续讨论了相同主题，这个问题包含的一个命题是：质数的数量大于任何类给定数字。

---

〔1〕 A. De Morgan, "Eucleides" in *Smith's Dictionary of Greek and Roman*, *Biag. and Myth.*

欧几里得去世后，算术研究在其后400年几乎陷入停滞，几何占据了所有希腊数学家的注意力。目前只知道有两个人做过值得一提的算术研究。埃拉托塞尼发现了“埃拉托塞尼筛选法”，用于“筛选”所有素数：依次从3向上记下奇数。每隔3个数字删除1个数字，这样我们删除了3的所有倍数。5之后，每隔5个数字删除1个数字，这样我们删除了5的所有倍数。这样，通过清除7、11、13等的倍数，我们只剩下质数。海普西克利斯研究了多边形数量和算术级数，而欧几里得则在研究中完全忽略了这一点。在他的《星星的升起》研究中，他发现：(1) 在 $2n$ 项的算术级数中，后 n 个项的总和比前 n 个项之和大 n^2 的倍数；(2) 在这样的级数中对于 $2n+1$ 个项，各项总和是项数乘以中间项；(3) 在 $2n$ 项这样的级数中，各项总和是项数的一半乘以两个中间项。[1]

海普西克利斯之后两个世纪，算术从历史上销声匿迹。新毕达哥拉斯学派的尼科马霍斯在公元100年左右开启了古希腊数学的最后一段辉煌时期。从此以后，算术一直是人们最热衷的研究领域，而几何学却被渐渐忽视。尼科马霍斯写了一本名为《算术入门》(*Introductio Arithmetica*) 的作品，在当时非常有名。此书在当时大受欢迎，以至于为此书作评注者极多。波爱修斯将此书译成拉丁文。卢西安 (Lucian) 对计算者的最高称赞就是：“您的计算像尼科马霍斯一样好。”《算术入门》是第一本详尽讨论算术的著作，并且其中的算术研究独立于几何研究。他没有像欧几里得那样作线，而是用数字表示事物。可以确定，他在书中保留了过去的几何命名法，但是这种方法是归纳性的而不是演绎性的。“它唯一做的就是分类，而其中所有类别都来自数字，并用数字表示。”该书包含一些原创成果。书中指出，立方数必定可表示连续奇数之和。因此，$8=2^3=3+5$，$27=3^3=7+9+11$，$64=4^3=13+15+17+19$，依此类推。这很可能是尼科马霍斯自己的发现。该定理随后被用于求立方数之和。希恩曾写过一篇名为《柏拉图研究所必需的数学规则》的论文，但写得不是很好，价值寥寥。其中一个定理倒是很有趣：每个平方数本身或该数字减去1都可被3、4或两者同时整除。杨布里柯在评论毕达哥拉斯学派哲学时提出的一个命题也非常了不起。毕达哥拉斯学派分别称1、10、100、1000为第一、第二、第三、第四

[1] J. Gow, *op. cit.*, p. 87.

“道”的单位。基于此，杨布里柯提出定理：若任意 3 个连续数字中最大整数可被 3 整除，将 3 个连续数字的和的各个数位的数相加，然后得到的和的各个数位的数再次相加，依此类推，最终的和为 6。例如，$61+62+63=186$，$1+8+6=15$，$1+5=6$。这一发现令人瞩目。要知道看到这一点这并不容易，因为希腊数字符号不同于阿拉伯数字符号，很难从中看出数字的此类特点。

希波吕托斯（Hippolytus）似乎是 3 世纪初意大利罗马的主教。此处不可不提及此人，因为他在“证明”过程中使用了“弃九法”和“弃七法”。

尼科马霍斯、希恩和西玛利达斯（Thymaridas）等人的作品中有一些本质上是代数研究。西玛利达斯在一处使用了一个希腊词汇，意思是“未知数”。看到这种表述，读者大概觉得代数并不遥远。回顾代数发展时，我们在《帕拉丁选集》（*Palatine Anthology*，以下称《选集》）中看到了一些算术小诗，非常有趣。这本书中有约 50 个需要用线性方程式解决的问题。在引入代数之前，这些问题以谜语的形式呈现。例如下面一个据说是欧几里得给出的问题：一头骡子和一头驴满载玉米，并步前行。骡子对驴说：“如果把你的玉米分给我一些，我的负担就是你的 2 倍。而如果是我分给你同样重量的玉米，我们的负担就完全相同。请问博学的几何学家，骡子和马的负担各为多少？”

高夫说，可以肯定，无论这个问题是不是欧几里得提出的，他都能够解决，这个问题体现了古代几何学的魅力。另一个更加困难的难题是著名的“群牛问题”，阿基米德向亚历山大的数学家提出了这个问题。问题的答案是不确定的，因为从 7 个方程式中可以找到 8 个整数未知数。这个问题可以这么表述：太阳神有许多不同颜色的公牛和母牛。（1）在公牛中，白牛（W）的数量为蓝牛（B）和黄牛（Y）的$\left(\frac{1}{2}+\frac{1}{3}\right)$；$B$ 是 Y 和花斑牛（P）的$\left(\frac{1}{4}+\frac{1}{5}\right)$，$P$ 是 W 和 Y 的$\left(\frac{1}{6}+\frac{1}{7}\right)$。（2）母牛（$w$、$b$、$y$、$p$）颜色相同。$w=\left(\frac{1}{3}+\frac{1}{4}\right)(B+b)$，$b=\left(\frac{1}{4}+\frac{1}{5}\right)(P+p)$，$p=\left(\frac{1}{5}+\frac{1}{6}\right)(Y+y)$，$y=\left(\frac{1}{6}+\frac{1}{7}\right)(W+w)$，求公牛和母牛的数量。[1] 此题目中涉及的数字很大，再加上 $W+B$ 的和是平方数，以及 P

〔1〕 J. Cow, *op. cit.*, p. 99.

+Y的和是三角数的条件，问题变得更加复杂，出现了二次不定方程。《选集》中的另一个问题学生应该很熟悉："有四根水管，第一根在一天之内可以充满水箱，第二根在两天内可以充满水箱，第三根在三天内可以充满水箱，第四根在四天内可以充满水箱：如果所有管道一起运行，要多久才能填满水箱？"这些问题中有很多困扰了算术学家，但代数学家则很容易解决。他们在丢番图时代变得大受欢迎，无疑对丢番图产生了强大的刺激。

丢番图（Diophantus）是亚历山大第二学派最后一位也是最多产的数学家之一，在250年左右比较活跃。他享年84岁，他的墓志铭也记录了这一点：丢番图的童年时期占他人生的$\frac{1}{6}$，青年时期占他人生的$\frac{1}{12}$，之后的单身时期占他人生的$\frac{1}{7}$，结婚5年后他生了一个儿子，他去世前4年，儿子去世了，当时他儿子的年龄只有他的一半。丢番图的出生地和血统未知，如果他的作品不是用希腊语写成的，没人会想到它们是希腊思想的结晶。他的作品中没有什么内容能够勾起我们对古典时期希腊数学的记忆，他几乎是针对一个新主题提出了几乎全新的观点。在古希腊数学家圈子里他形单影只。我们也许可以说，对除他之外的希腊人来说，代数几乎是一门未知的科学。

他的作品中，《衍论》（*Porisms*）已失传，但《多边形数》（*Polygonal Numbers*）的部分内容，以及他的大作《算术》（*Arithmetica*）的7卷保留了下来。据说《算术》共包含13卷。经过历史学家坦纳、黑斯以及维特海姆（Wertheim）坚持不懈的努力，《算术》最新版已出版。

如果不考虑阿默士纸草书中涉及的代数符号和方程解的相关内容，那么《算术》就是现存最古老的代数论著。此书介绍了用代数符号表示代数方程的思想，其中研究纯粹是分析性的，完全脱离了几何方法。他指出"被减数乘以被减数得被加数"。这适用于差的乘积，例如（$x-1$）（$x-2$）。必须指出的是，丢番图没有负数的概念。他只知道差。例如，在"$2x-10$"中，他提出$2x$不能小于10，以避免出现荒谬的结果。他似乎是第一个可以不用几何方法进行$(x-1)\times(x-2)$之类运算的人。在欧几里得的著作中，作为高级几何定理的$(a+b)^2=a^2+2ab+b^2$等式，对丢番图来说，不过是代数运算律最简单的结果。他用 ⋔ 表示减法符号、ι 表示相等。对于未知数，他只用符号 ς 表示。他还给出了表示并列的符号，但没有给出加法符号。丢番图使用的符号很少，有时他甚至忽略这些符号，即使可以用符号表示，他也用文字描述运算。

在解联立方程时，丢番图只用一个符号表示未知数并得出答案，最常见的方法是通过试位法，该方法为一些未知数分配仅满足一个或多个条件的初始值，产生一些明显错误的表达式，但是借此通常可以发现某种策略可以找到满足问题所有条件的值。

丢番图也解决了二次定方程。欧几里得和希波克拉底用几何方法求解了这些方程。海伦似乎找到了代数解，他给出了方程 $144x(14-x)=6720$ 的近似解 $8\frac{1}{2}$。疑似同样是海伦求出了方程$\frac{11}{14}x^2+\frac{22}{7}x=212$ 的解：$x=\frac{\sqrt{154\times212+841}-29}{11}$。丢番图在解二次方程时从不给出解答过程。他只说结果。比如，“$84x^2+7x=7$，所以 $x=\frac{1}{4}$。”从不同来源搜集到的部分资料看，似乎丢番图把二次方程写成这种形式，是为了使所有项都为正。因此，从丢番图的观点看，存在三种具有正根的二次方程：$ax^2+bx=c$，$ax^2=bx+c$，$ax^2+c=bx$，每种情况都需要与其他两种稍稍不同的规则。注意，这里他只给出了一个根，他未能观察到二次方程有两个根，哪怕是两个正根，这一点颇为令人惊讶。但是，我们也要记得，无法察觉到问题可能有两个或两个以上解，在古希腊数学家中是一种常态。我们要记住的另一点是，丢番图他从不接受负数或无理数的答案。

丢番图仅在《算术》第一卷讨论了求解定方程。现存其余各卷主要处理形式为 $Ax^2+Bx+C=y^2$ 的二次不定方程，或相同形式的两个联立方程。他考虑了这些方程中可能出现的几种情况，但并非全部情况。高夫称，内塞尔曼（Nesselmann）对丢番图的解题方法看法如下：“（1）当且仅当缺少二次项或绝对项时，他才能完全处理二次不定方程：他对方程 $Ax^2+C=y^2$ 以及 $Ax^2+Bx+C=y^2$ 的解在很多方面都有局限。（2）对于联立的两个二次‘方程’，只有当两个表达式都缺少二次项时，他才能给出确定的解答。即使如此，他给出的解也不是通用解。更复杂的表达式只有在特别有利的情况下才会出现。”虽然如此，丢番图还是解出了 $Bx+C=y^2$，$B_1x+C_1^2=y_1^2$。

丢番图的非凡能力在另一个方面也有体现，他具备出色的创造力，能够将各种方程简化为他知道如何求解的特定形式。他所考虑的问题涵盖范围广阔，在丢番图的大作中，其中130个问题分属50多个不同类别，这些问题被放在一起而没有进行任何分类，但是，这些问题的解法比问题还要多。丢番图几乎不了解通用解法，因此每个问题都用了独特方法解答，一个问题的解法经常不能用于解决与其关系最相似的问题。汉克尔曾说过："对于现代人来说，即使研究了100种丢番图的解法，也很难解决第101个问题。"不过黑斯曾表示这种说法有些过头了。

尽管他的等式可能存在无限解，但他总是只满足于提出一种解法，这让他的工作失去了大部分科学价值。他的研究还有另一个重大缺陷，那就是他的解法并不通用。现代数学家，例如欧拉、拉格朗日、高斯不得不重新研究不定分析，并且没能从丢番图的研究中得到任何直接帮助。尽管存在这些缺陷，我们还是不得不钦佩丢番图在特定方程式的解法中表现出的天赋。

古罗马数学

古希腊和古罗马的思想差异在数学上最为明显。希腊人统治时期，数学研究兴盛，罗马人统治时期，则产出贫瘠。罗马人在哲学、诗歌和艺术方面，都模仿希腊人，但在数学方面，他们甚至没有模仿的想法。希腊天才数学家的研究发现近在眼前，他们却不屑一顾。在他们看来，一门与实际生活无直接关系的科学不值得任何关注。结果，不仅阿基米德和阿波罗尼奥斯的高等几何被忽视，甚至连欧几里得的《几何原本》也被遗忘了。罗马人所拥有的少数数学知识并非完全来自古希腊人，部分有更古老的源头。事实上，我们并不清楚，古罗马的数学知识到底来源于哪里，以及是如何传播至古罗马的。

似乎“罗马数字表示法”以及古罗马人早期的实用几何图形来自古老的伊特鲁里亚人（Etruscans）。我们能够追溯到的最早时期，伊特鲁里亚人居住在亚诺河（Arno）和台伯河（Tiber）间。

利维（Livy）称，伊特鲁里亚人每年会在密涅瓦圣殿中钉入一枚钉子，表示一年又已过去，罗马人延续了这种习俗。之后，罗马又出现了一种表示数字的方式，一种类似于当今“罗马数字表示法”的符号系统，大概也源于伊特鲁里亚人。值得注意的是，该系统包含其他符号表示法中很少出现的法则，即减法法则。如果一个字母放在另一个较大的值之前，则其值不应与较大的值相加，反而要从中减去。在表示大数时，在字母上加一水平杠以将其增加一千倍。罗马人用十二进制表示分数。

罗马人使用三种计算工具：手指、算盘和算数计算专用表[1]。普林尼（Pliny）说，手指表示法最早出现在努玛国王（King Numa）时期，因为他竖立了杰纳斯（Janus）的双面雕像，杰纳斯的手指数表示一年中的天数 365。罗

---

〔1〕 M. Cantor, *op. cit.*, Vol. Ⅰ, 3 Aufl., 1907, p. 526.

马学者的许多其他文章指出，手指可以辅助计算。实际上，早在公元初期，不仅是罗马，希腊以及整个东方都采用了几乎相同的手指表示法，并且这一方法中世纪期间继续在欧洲使用，目前并不清楚它于何时何地发现。算盘的第二种模式是罗马学校的基础教学内容。罗马学者的记载表明，最常用的算盘用细粉末覆盖，然后通过画直线将其分成几列。每列都装有卵石［卵石的拉丁文是 calculi，拉丁文的 calculare（计算）一词和英文中的 calculate（计算）一词即由此衍生而来］用于计算。

罗马人还使用另一种算盘。这种算盘有一块带凹槽的金属板，凹槽内有可移动珠子，它可用于表示 1 到 9999999 之间的所有整数以及一些分数。在两个相邻的图形中，线条代表凹槽，圆圈代表珠子。罗马数字表示凹槽下相应珠子的值，上方较短凹槽中的珠子具有下方珠子五倍的值。因⅂Γ= 1000000；因此，在使用时，下方长凹槽中的每个珠子代表 1000000，而上方短凹槽中的每个珠子代表 5000000。用罗马数字标记的其他凹槽也是如此，从左侧开始的第八个长凹槽（有五个珠子）表示十二进制分数，每个珠子表示$\frac{1}{12}$，而点上方的珠子表示$\frac{6}{12}$。在第九栏中，上方的珠子代表$\frac{1}{24}$，中间的代表$\frac{1}{48}$，下面的两个珠子每个都代表$\frac{1}{72}$。示例中图 1-9 表示运算开始前珠子的位置，图 1-10 表示数字 852 $\frac{1}{3}$ $\frac{1}{24}$。此处必须区分已使用的珠子和未使用的珠子。计数的是 c 上方的一个珠子（= 500），c 下方的三个珠子（= 300），x 上方一个珠子（= 50），I 下面的两个珠子（= 2）；•ℒ下面四个$\frac{1}{12}$的珠子$\left(=\frac{1}{3}\right)$；第九栏上方表示$\frac{1}{24}$的珠子。

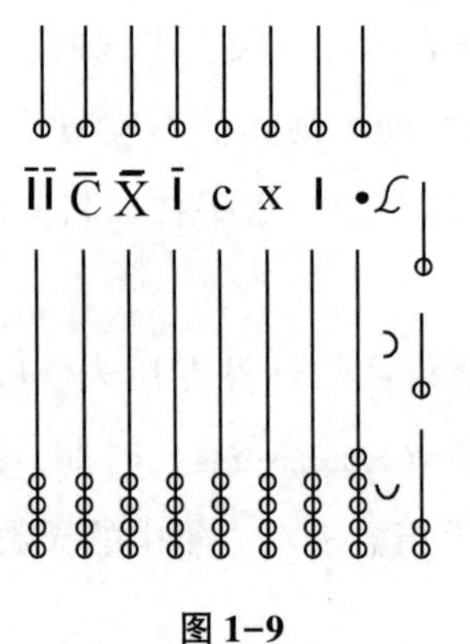

图 1-9

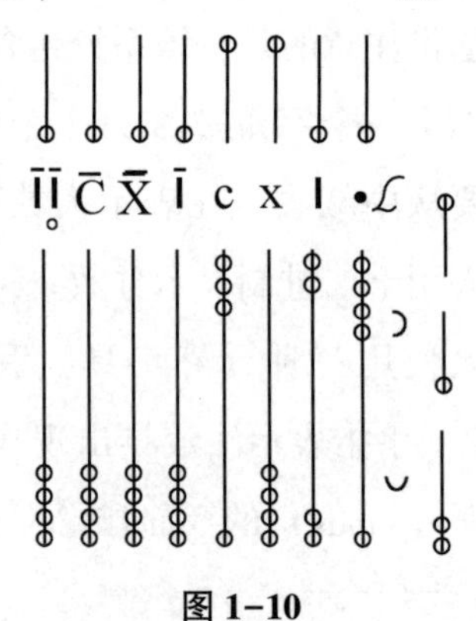

图 1-10

现在假设将 852 $\frac{1}{3}$ $\frac{1}{24}$加上 10 318 $\frac{1}{4}$ $\frac{1}{8}$ $\frac{1}{48}$。操作者可以根据自己的喜好，从最大单位或最小单位开始。自然，最困难的部分是加分数。在这种情况下，第九栏表示$\frac{1}{48}$的珠子，第八栏点上方的一个珠子和点下方的三个珠子用于表示总和$\frac{3}{4}$ $\frac{1}{48}$。若加 8，则需要用到 I 上方和下方的所有珠子，以加上 10 个单位。所以接下来，我们将珠子全部移回原位并在 x 下方的凹槽中向上移动一个珠子。接着再向上移动 x 下方的一个珠子，加 10；通过将 c 上方和下方的所有珠子移回原位（下方的一个珠子除外），并向上移动 $\bar{I}$ 上方的一个珠子，将 300 加至 800，向上移动 $\overline{X}$ 下方的一个珠子可再增加 10 000。减法操作相似。

乘法可以以多种方式进行。例如，38 $\frac{1}{2}$ $\frac{1}{24}$乘 25 $\frac{1}{3}$，算盘可能会依次显示以下值：

$$600(=30\times20),\ 760(=600+20\times8),\ 770\left(=760+\frac{1}{2}\times20\right),$$

$$770\,\frac{10}{12}\left(=770+\frac{1}{24}+20\right),\ 920\,\frac{10}{12}\left(=770\,\frac{10}{12}+30\times5\right),$$

$$960\,\frac{10}{12}\left(=920\,\frac{10}{12}+8\times5\right),\ 963\,\frac{1}{3}\left(=960\,\frac{10}{12}+\frac{1}{2}\times5\right),$$

$$963\,\frac{1}{2}\,\frac{1}{24}\left(=963\,\frac{1}{3}+\frac{1}{24}\times5\right),\ 973\,\frac{1}{2}\,\frac{1}{24}\left(=963\,\frac{1}{2}\,\frac{1}{24}+\frac{1}{3}\times30\right),$$

$$976\,\frac{2}{12}\,\frac{1}{24}\left(=973\,\frac{1}{12}\,\frac{1}{24}+8\times\frac{1}{3}\right),\ 976\,\frac{1}{3}\,\frac{1}{24}\left(=976\,\frac{2}{12}\,\frac{1}{24}+\frac{1}{2}\times\frac{1}{3}\right),$$

$$976\,\frac{1}{3}\,\frac{1}{24}\,\frac{1}{72}\left(=976\,\frac{1}{3}\,\frac{1}{24}+\frac{1}{3}\times\frac{1}{24}\right)。$$

在除法中，算盘用于表示被除数减去除数或除数的倍数的差，计算过程既复杂又困难。这些算盘计算方法清楚地显示了如何通过一系列连续的加法或减法来进行乘法或除法运算。在这方面，我们猜测他们必须依赖于心算和乘法表，可能也使用了手指计算。但无论采用哪种方法，大数的乘法都必然超出普通计算师的能力范围。为了避免这种困难，罗马人使用了算术表，如有需要可以立即从中获取所需乘积。这种表由维多利亚斯（Victorius）发现，他的表包含分数的特殊表示法，并在整个中世纪一直沿用。维多利亚斯以他发现的“canon paschalis”（复活节规则）方法而闻名，根据这一方法可以找到复活节的正确日期，他于457年公开了这一方法。

利息支付和利息问题在罗马的历史也很悠久。在罗马继承法下产生了许多算术实例，其中有一个尤其特别：一个男人临死前留下遗嘱，如果他怀孕的妻子生了一个儿子，儿子应获得他的遗产的$\frac{2}{3}$，而妻子应获得遗产的$\frac{1}{3}$；但是如果生了一个女儿，女儿应得到$\frac{1}{3}$，而妻子则应得到$\frac{2}{3}$。碰巧的是妻子生了一对双胞胎——一个男孩和一个女孩。那么应如何执行男子的遗嘱呢？著名的罗马法学家萨尔维亚努斯·朱利安努斯（Salvianus Julianus）决定将庄园划分为七等份，儿子得四份，妻子得两份，女儿一份。

接下来我们介绍罗马几何学。如果你期望在罗马几何学中找到成体系的定义、公理、定理和证明，恐怕你会大失所望。罗马人只有应用几何学，与古老的埃及人一样，他们的几何学仅包含经验规则，应用于勘测。由罗马测量师编撰的文献流传至今，他们在当时被称为“agrimensores”或“gromatici”（测量师）。人们自然而然地认为他们会制定清晰的规则，但实际并非如此，他们留给读者大量的数字示例，让读者自己总结规律。“总的印象是，似乎罗马的测量学比希腊的几何学要早数千年，而且似乎两段时期之间曾发生过大洪水。”他们的某些规则可能是从伊特鲁里亚人那里继承的，但其他规则与海伦的规则相同。其中，他们有一条规则是用三角形边长求三角形面积，以及求等边三角形面积的近似公式$\frac{1}{30}\times 13a^2$，a是边长。但是，后者的面积他们也会用公式$\frac{1}{2}(a^2+a)$和$\frac{1}{2}a^2$计算，前者海伦并不知晓。$\frac{1}{2}a^2$很有可能派生于埃及的四边形的面积公式$\frac{a+b}{2}\times\frac{c+d}{2}$。这个公式被罗马人用来求任意四边形的面积，不仅是矩形。的确，罗马测量师认为仅通过测量周长来确定不规则布局的城市区域就足够准确了。[1] 在朱利乌斯·恺撒（Julius Cæsar）时代，罗马人拥有的埃及几何学知识都被移植到了地中海，他下令在全国进行调查以确保征税方法的公平。恺撒还对日历进行了改革，并为此借鉴了埃及的知识。他获得了亚历山大天文学家索西琴尼（Sosigenes）的帮助。

两位罗马哲学家值得我们关注。哲学诗人卢克莱修（Lucretius）在他的《物性论》（*De Rerum Natura*）一书中提出了无穷多和无穷大的概念，并且和现代一样，将这些术语定义为常量而非变量。但是，卢克莱修的无穷并非由抽象事物构成，而是由物质粒子组成。他口中的无穷多是可数的。他利用了无穷量的整体属性。

几个世纪后，拉丁教会著名神父圣奥古斯丁（St. Augustine）在谈到芝诺时讨论了同类问题。有一次，他和别人讨论思想是否会随着身体的移动而移动，谈到最后，他们考虑了运动的定义。当时，他的表现略显轻浮。有人说，经院主义没有幽默感，这话也许不适合拿来说奥古斯丁。比如说，他当时就说了这样一个故事："我们的对话结束后，一个男孩从屋子里跑来叫我们吃饭。我就说，这个男孩不仅强迫我们定义运动，还强迫我们看到运动。所以咱们走吧，从这里到那里；因为，那个，如果我没记错的话，那个就是运动。"应当承认奥古斯丁接受了无穷的实际存在，并认识到它不是变量，而是常量。他认为正整数集是无限集。在这一点上，他的立场与他的先驱，拉丁教会的希腊神父奥里根（Origen）完全不同。乔治·康托尔（Georg Cantor）声称，奥里根对无穷实际存在的反对是有史以来针对这一问题最深刻的论断。

公元5世纪，西罗马帝国迅速瓦解。西班牙、高卢和非洲行省这三大分支从腐烂的帝国脱离。476年，西罗马灭亡，西哥特（Visigothic）首领奥多亚克（Odoacer）成为国王。不久之后，意大利在西奥多里克（Theodoric）的统治下被东哥特（The Ostrogothic Kingdom）征服。值得注意的是，这一时期在政治上虽然是一段屈辱历史，但应该是意大利最热衷于研究希腊科学的时期。希腊学者的数学研究文献被编撰整理，并用作教科书。虽然这些文献有许多不足，但却引起了人们的兴趣，直到12世纪，这些都是西方唯一的数学知识来源。在

---

〔1〕 H. Hankel, *op. cit.*, p. 297.

这些希腊学者中，最重要的是波爱修斯（Boethioes，见图 1-11）。起初，他是西奥多里克国王（King Theodoric）的宠臣。但后来，由于嫉妒他的廷臣指控他叛国，波爱修斯被监禁，最后被斩首。在监狱里，他写了《哲学的慰藉》。作为数学家，波爱修斯是罗马学者中的巨人，但在希腊大师身边只能算是小矮个。他写作了《算术原理》，本质上只是对尼科马霍斯算术研究的翻译。他还写了一本包含数卷内容的《几何学》。波爱修斯的算术研究没有保留尼科马霍斯的最优秀的一些发现。《几何学》第一卷摘自欧几里得的《几何原本》，其中除定义、公设和公理外，还包含前三卷中的定理，但没有给出证明。如何解释这种遗漏呢？有人认为，波爱修斯拥有的《几何原本》副本不完整；还有一些人认为，他只有希恩整理的版本，并相信其中只有定理来自欧几里得，而证明是由希恩提供的。第一卷，以及其他归于波爱修斯名下的《几何学》的其他各卷，都结合示例讲解了如何用测量室的方法测量平面图形。

图 1-11　波爱修斯

波爱修斯几何学研究中与算盘有关的部分颇为知名，这一部分据他说是毕达哥拉斯学派的研究成果。在这一部分中，波爱修斯介绍了大幅改进旧算盘的办法。他不再使用小石子，而是使用了“顶点”（可能是小圆锥），每个顶点上都有一个小于 10 的数字。这些数字的名称是纯阿拉伯文，或者几乎是纯阿拉伯文，但显然是由后人添加的。波爱修斯在著作中未提及“0”。这些数字与公认起源于印度的西阿拉伯的粉尘数字（Gubar-numerals）极为相似。以上这些问题一直以来争议不断，一些人争辩说，毕达哥拉斯曾去过印度，之后从那里把这 9 个数字带到了希腊，毕达哥拉斯学派一直在希腊秘密使用这些数字。该假设已被普遍否定，因为不能确定毕达哥拉斯或者他的门徒去过印度，也没有任何希腊学者的记录能够证明，希腊人知道这些顶点，或者他们将任何数字符号与算盘配合使用。而且，起源于印度符号的这些顶点不可能像毕达哥拉斯的时代那样古老。第二种理论则认为，波爱修斯的《几何学》是伪造的，真实写作时间不早于 10 世纪或可能是 9 世纪，并且其中的顶点来源于阿拉伯人。但是由卡西奥多拉斯（Cassiodorius，卒于约 585 年）所写的《百科全书》（*Encyclopædia*），提到了波爱修斯的算术和几何研究。对于如何正确解读《百科全书》中的一些内容，目前存在争论。无论如何，有充分证据表明，波爱修斯的几何学研究，或者至少是提到数字的那部分是伪造的。[1] 第三种理论“韦普克（Woepcke）的理论”称，亚历山大人于约公元 2 世纪直接或间接地从印度人那里获得了 9 个数字，一方面将它们交给罗马人，另一方面又将它们交给西方的阿拉伯人，这种解释最为合理。

值得一提的是，卡西奥多拉斯是第一位在著作中使用与当代算术和代数领域含义相同的“有理”和“无理”两个术语的学者。[2]

---

〔1〕学者就所谓的“波爱修斯问题”已经辩论了两个世纪。关于这个问题的讨论，推荐阅读 D. E. Smith and L. C. Karpinski in their *Hindu-Arabic Numerals*，1911，Chap. V.

〔2〕*Encyclopédie des Sciences Mathématiques*，Tome I，Vol. 2，1907，p. 2. An illuminating article on ancient finger-symbolism is L. J. Richardson “Digital Reckoning Among the Ancients” in the *Am. Math. Monthly*，Vol 23，1816，pp. 7-13.

玛雅数学

在中美洲和南墨西哥，玛雅人也发现了象形文字。这些文字发现于一些铭文和典籍抄本中，书写时间明显是公元初期。玛雅人的象形文字被誉为“可能是哥伦布发现美洲大陆前新世界最重要的智力成果”。玛雅数字系统和年代学早期发展良好。印度人系统阐述了十进制数字系统，并在其中采用了零和位值制原则，但在五六个世纪前，中美洲平原的玛雅人就已经发现了一个采用零和位值制原则的二十进制数字系统。抄本中发现的玛雅数字系统中，连续的单位增加的比率不像印度系统那样为10。除第三位外，其他所有数位均为20。也就是说，最低数位（金，或1天）的20个单位等于下一位（乌纳，或20天）的1个单位，18乌纳等于第三数位（盾，或360天）的1个单位，20盾等于第四数位（卡盾，或7200天）的1个单位，20卡盾等于第五数位（周期，或144000天）的1个单位，最后，20周期是1个包含2880000天的大周期。在玛雅典籍抄本中，我们发现了表示1到19的符号，用条和点表示。每个条代表5个单位，每个点代表1个单位，例如

1　2　4　5　7　11　19

“零”用一个看起来像半闭眼的符号表示。20的表示需要采用位值制原则，通过在符号上加零表示。数字垂直书写，最小的数位被分配到最低的位置。因此，37表示为“金”位17（三个条和两个点），“乌纳”位上1个点代表20，位于17的上方。玛雅人在第3位写两个零表示360，一个在另一个之上，两数之上还有一个点（$1\times18\times20+0+0=360$）。在玛雅抄本中找到的最大数字用十进制表示是12 489 781。

在玛雅铭文上还发现了第二个数字系统，它采用了零，但未采用位值制原则，此外，它使用了特殊符号表示不同单位，就像将203写为“百位”是2，“十位”是0，“个位”是3。

玛雅人有三种历法，圣年为260天，官年为360天，太阳年为365天以上。$18\times20=360$的事实似乎解释了玛雅数字系统的中断，使18（而不是20）乌纳等于1盾。260和365的最小公倍数18 980被玛雅称为一个“历法循环”，历时52年，是“玛雅历法中最重要的周期”。

此处还可以补充一点，北美印第安部落的数字虽然未应用零或位值制原则，但不仅应用了五进制、十进制和十六进制，甚至还采用了三进制、四进制和八进制，因此也引起了研究者的关注。[1]

---

〔1〕见W. C. Eells，“Number Systems of the North American Indians” in American *Math Monthly*, Vol. 20. 1913，pp：263-272，293-299；另见*Bibliotheca mathemalica*，3 S.，Vol. 13，1913，pp. 218-222.

中国数学[1]

中国现存最古老的数学著作是一本匿名出版物，名为《周髀算经》，据推算写于公元 2 世纪之前，也有可能比这个时间更早。有学者认为，书中的一段对话揭示了公元前 1100 年中国的数学和天文学发展状况。似乎早在那时，毕达哥拉斯直角三角形定理就已为中国人所知。

《九章算术》在时间上与《周髀算经》相近。《九章算术》通常称《九章》，是中国最知名的算术著作。此书作者身份和撰写时间都不得而知。秦朝时，在暴君秦始皇的命令下，公元前 213 年实行焚书坑儒。秦始皇去世后，中国的学术研究再次复兴。有说法称，一位名为张苍的学者偶然发现了一些古代数学文献，并以此为基础撰写了《九章》。大约 1 个世纪后，耿寿昌修订了此书。公元 263 年，刘徽和李淳风为这一经典著作作了注。今天流传的《九章》中到底哪些是公元前 213 年之前的成果，哪些是张苍和耿寿昌的研究，目前尚无定论。

《九章算术》首先讨论了测量问题。书中给出三角形的面积公式为 $\frac{1}{2}bh$，梯形面积公式为 $\frac{1}{2}(b+b')h$，圆面积公式分别为$\frac{1}{2}c\cdot\frac{1}{2}d$，$\frac{1}{4}cd$，$\frac{3}{4}d^2$，$\frac{1}{12}c^2$，其中 c 是圆的周长，d 是圆的直径。这里 π 取值为 3。弧田面积公式为 $\frac{1}{2}(ca+a^2)$，其中，c 是圆弧所对弦长，a 是半径长与圆心到弦的距离之差。之后是分数和商业相关算术问题，包括数字的百分比和比例，数字关系以及数字的平方根与立方根。书中通过将分子分母颠倒后相乘的方法进行分数除法运

---

[1] 本书所有的中国数学资料均来自 Yoshio Mikami's *The Development of Mathematics in China and Japan*, Leipzig, 1912, 以及 David Eugene Smith and Yoshio Mikami's *History of Japanese Mathematics*, Chicago, 1914.

算，运算规则的描述大多晦涩难懂。书中还给出了计算棱柱体、圆柱体、棱锥、截顶棱锥、圆锥体、四面体和楔形体体积的规则。此外，此书部分内容表明，作者使用了正数和负数。书中的一个问题格外有趣，几个世纪后，这个问题被印度数学家婆罗摩笈多（Brahmagupta）收录在书中。

一根竹子原高 10 英尺，一阵风将其吹折，竹顶恰好抵地，抵地处离竹子根部 3 英尺远。折断后的竹子有多高？在解答中，折断后的竹子高度取为 $\frac{12}{10}-\frac{3^2}{2\times10}$。还有另一个问题：今有一座正方形小城，各边中点分别有一处城门，从北门向北走二十步，有一棵树，从南门向南走 14 步，然后向西走 1775 步后也可以看到这棵树，求正方形边长。该问题需要用二次方程求解，即 $x^2+(20+14)x-2\times10\times1775=0$。该方程的推导过程和解在书中并未明确说明。有一种模糊说法认为，其答案是通过推演表达式的根得到的，但该根不是单项式的，而是有一个附加项［一次项 $(20+14)x$］。据推测，此处的步骤后来进一步发展后，与霍纳（Horner）求方程近似根的方法非常相似，并且该过程是通过使用计算板来进行的。书中另一个问题则需要一个二次方程求解，其求解规则符合二次方程的解法。

接下来，我们来了解公元 1 世纪的《孙子算经》。书中记载："凡算之法，先识其位，一纵十横，百立千僵，千十相望，万百相当。"这显然是在描述中国很早开始使用的类似算盘的计算方法，这种计算方法需要用到一些竹制或木制计算杆。在孙子的时代，计算杆长度相比以前有所增加，长约 1.5 英寸，有红色和黑色部分，分别代表正数和负数。根据孙子的说法，个位用垂直杆表示，十位用水平杆，接着，百位再次用垂直杆，依此类推。这样，五根杆足以满足需要。

数字 1 到 9 表示为𝍠，𝍡，𝍢，𝍣，𝍤，𝍥，𝍦，𝍧，𝍨，十位数字 10，20，…，90 表示为𝍩，𝍪，𝍫，𝍬，𝍭，𝍮，𝍯，𝍰，𝍱

例如，数字 6 728 表示为𝍮 𝍦 𝍪 𝍧。这些杆子被放在一块板上分栏列开，并随着计算的推进重新摆放。321 与 46 相乘的步骤大致如下所示：

321	321	321
138	1472	14766
46	46	46

将乘积放在被乘数和乘数之间。首先将46乘以3，然后乘以2，最后乘以1，46在每一步都右移一位。《孙子算经》中只讨论了除数只有一位数的除法运算。关于平方根，《九章算术》解释得更清楚。《孙子算经》中还描述了这样一个代数问题："今有妇人河上荡杯，津吏问曰：'杯何以多?''家有客。'津吏曰：'客几何?'妇人曰：'二人共饭，三人共羹，四人共肉，凡用杯六十五，不知客几何?'术曰：置六十五只杯，以十二乘之，得七百八十；以十三除之，即得。"

书中还有一个问题涉及不定方程："今有物不知其数，三三数之剩二，五五数之剩三，七七数之剩二，问物几何?"书中只给出了一个答案：二十三。

《海岛算经》由刘辉于3世纪的战争年代所写。他还曾为《九章算术》作注。他在书中提出了一些复杂问题，由此可看出他精通代数运算。此书的第一个问题如下：有两根高度同为三丈的木棒，相互之间距离为1000步，从较近（较远距离）木棒退后123步（127步）后，从水平地面看，两木棒与该山峰对齐时，峰顶与较近的木棒（较远的那根）顶部对齐，要求确定到孤岛的距离和孤岛上山峰的高度。书中给出的解题方法等同于从相似三角形产生的比例获得的表达式。

之后几个世纪的研究著作，只有少数流传至今。此处需要提及6世纪的《张丘建算经》。此书研究了比例、等差数列和测量的问题，并且给出了"百鸡术问题"，后世的中国学者再次提出了这个问题。问题如下："今有鸡翁一，直钱五；鸡母一，直钱三；鸡雏三，直钱一。凡百钱买鸡百只。问鸡翁母雏各几何?"

中国早期将π的值算为3和$\sqrt{10}$。刘辉计算了十二、二十四、四十八、九十二、一百九十二边形的规则内接多边形的周长，得出π=3.14+。5世纪，祖冲之取直径为108，算出π的上限和下限分别为3.1415927和3.1415926，并从中得出π的"密率"和"约率"分别为$\frac{355}{113}$和$\frac{22}{7}$。$\frac{22}{7}$是阿基米德给出的上限，这是中国历史上首次发现这一值。$\frac{355}{113}$的比率之后也为日本人所知。但在西方，直到1585年至1625年，艾德里安·梅蒂斯（Adriaen Metius）的父亲艾德里安·安托尼兹（Adriaen Anthonisz）才算出了这个比率。然而，库尔茨（Curtze）的研究似乎表明，瓦伦丁·奥托（Valent Otto）早在1573年就知道了这一比率。[1]

7世纪上半叶，数学家王孝通出版了《缉古算经》，书中出现了三次数值方程，这在中国数学史上是第一次出现三次方程。此时，距离第一位中国人研究二次方程问题已经过去七八个世纪了。王孝通给出了几个需要用三次方程解决的问题："某直角三角形两边长度乘积为 $706\frac{1}{50}$，斜边比一边长 $36\frac{9}{10}$，求三边长度。"书中给出了答案：$14\frac{7}{20}$、$49\frac{1}{5}$、$51\frac{1}{4}$。并得出以下规则：乘积（P）的平方除以多数（S）两倍，结果为实或者说常数项。多数折半，并使其为廉法或者说二次项系数，解三次方程得到第一条边边长，加上多数，即可得到斜边边长，将乘积除以第一条边边长，商即为第二条边边长。根据这条规则可建立三次方程式 $x^3+\frac{S}{2}x^2-\frac{P^2}{28}=0$。解题方法类似于开立方的过程，但是书中没有给出详细步骤。

1247年，秦九韶编写了《数书九章》，其中数值方程求解取得了重大的进步。早期，秦九韶过着军旅生活。在他生活的时代，蒙古人入侵了中原。此外，他曾遭受病痛折磨十年。康复后，他投身于数学研究。在解下面的问题时，他建立了一个十次方程：一个直径未知的圆形城堡，有4个城门。在北门以北3英里处有一棵树，从南门以东9英里处可以看到。发现未知直径为9。他超越了孙子，能够解出不定方程。当除以 m_1，m_2，…，m_n 时，该方程的剩余为 r_1，r_2，…，r_n。

秦九韶用与霍纳法几乎相同的过程来求解方程 $-x^4+763200x^2-40642560000=0$。但是，计算很可能是在计算板上进行的，分为几列，并使用计算棒。因此，

---

〔1〕*Bibliotheca mathemalica*，3 S.，Vol. 13，1913，p. 264. *Grunert's Archiv*. Vol. 12，1849，p. 98. 中给出了分数 $\frac{355}{113}=3+42\div(72+82)$ 的一种简洁构造，但没有给出构造者的姓名。惠更斯在 *Nature*，Vol. 93，1914，p. 110，中给出了一种构造与给定圆面积相等的三角形的方法，精度极高。

计算方式一定与霍纳法有所不同，但是执行的运算是相同的。根的第一位数为8（八百），进行变换后，得到 $x^4-3200x^3-3076800x^2-826880000+38205440000=0$，与霍纳法得到的方程相同。然后，以4为根的第二个数字，绝对项在运算中消失，根为840。因此，中国人比鲁菲尼（Ruffini）和霍纳早5个多世纪就发现了霍纳的解数值方程法。此后，李冶等人的著作中给出了高次数值方程解法。秦九韶超越了孙子，使用了0表示“零”。该符号很可能从印度引入。正数和负数通过使用红色和黑色计算棒区分。秦九韶第一次提出了一个问题，这个问题后来也成为中国数学最喜欢的一个问题：在选边方式受限的情况下三等分梯形。

我们已经提到过秦九韶同时代的李冶。他生活在一个敌对的国家，与秦九韶相距甚远，研究工作也彼此独立。他于1248年写作了《测圆海镜》，于1259年写作了《益古演段》。他使用符号“0”表示零。由于以不同的颜色书写和印刷正负数字的不便，他在数字上画一个取消标记来表示负数。因此，⊥0代表60，$\not\perp$0代表-60。未知数统一表示，在计数板上很可能用一根易与其他杆相区别的杆表示。方程各项都不是水平书写，而是垂直书写。在《益古演段》以及秦九韶的著作中，常数项都在最上方。但在《测圆海镜》中，各项顺序颠倒，常数项位于最底下，未知数的最高次幂位于最上。13世纪，中国代数研究相比以前大有进步，中国学者提出的求解数值方程的杰出方法（西方称“霍纳法”）被中国人称为“天元术”。

杨辉是13世纪中国第三位杰出的数学家，他的数本著作流传至今。他研究了算术级数1+3+6+⋯+（1+2+⋯+n）的总和 $=n(n+1)(n+2)\div 6$，$1^2+2^2+\cdots+n^2=\frac{1}{3}n\left(n+\frac{1}{2}\right)(n+1)$，他也研究了比例、联立线性方程组、二次方程和四次方程等问题。

半个世纪后，朱世杰《算学启蒙》和《四元玉鉴》分别于1299年和1303年问世，此时，中国代数研究达到了巅峰时期。《算学启蒙》中并没有新研究成果，但是极大地刺激了17世纪日本数学的发展。该书曾一度在中国失传，但1839年，一本印刷于1660年的该书副本在朝鲜发现，幸而得以恢复。《四元玉鉴》是一部较原始的作品。它充分研究了“天元术”，并且提到了一个古法中的三角形（西方称帕斯卡算术三角形），该三角形显示了二项式系数在三角形中的一种几何排列。这些系数在11世纪时为阿拉伯人所熟知，并且很可能已输入中国。朱世杰的代数符号与我们现代所使用的符号完全不同。例如，$a+b+c+d$ 的写法如图1–12所示。

与当代不同之处在于，在中间位置，我们使用星号代替了中文字符“太”（“极大”，绝对术语），并使用现代数字代替了方形棱柱。$a+b+c+d$ 的平方，即 $a^2+b^2+c^2+d^2+2ab+2ac+2ad+2bc+2bd+2cd$ 表示为图1–13。为了进一步说明朱世杰时代的中文符号，请看图1–14。

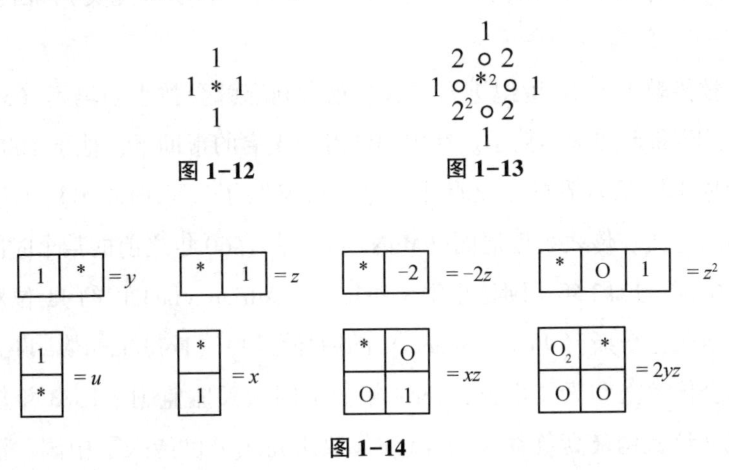

图1–12　　图1–13

图1–14

14世纪，中国对天文学和历法进行了研究，其中涉及几何学和球形三角学的基本知识。此外，在该领域也发现了从阿拉伯人传入的知识。

在13世纪取得了令人瞩目的成就之后，中国数学开始衰落。用于解高等方程的著名“天元术”被遗忘了。但是，此处必须提及数学家程大位。1593年，他出版了《算法统宗》，这是现存最古老的包含算盘以及其用法的著作。该工具在12世纪的中国广为人知，类似于古老的罗马算盘，结构为固定于木框中的一些杆子，上有可移动的珠子。算盘取代了旧的计算棒。《算法统宗》知名的另一个原因是其中包含的幻方和幻圆。关于幻方的早期历史我们知之甚少，传说，在中国历史早期，有一位明君禹，他在灾害频繁的黄河边看到一只神龟，其背部装饰着由1到9的数字组成的图形，以幻方或者说“洛书”的形式排列，见图1–15。

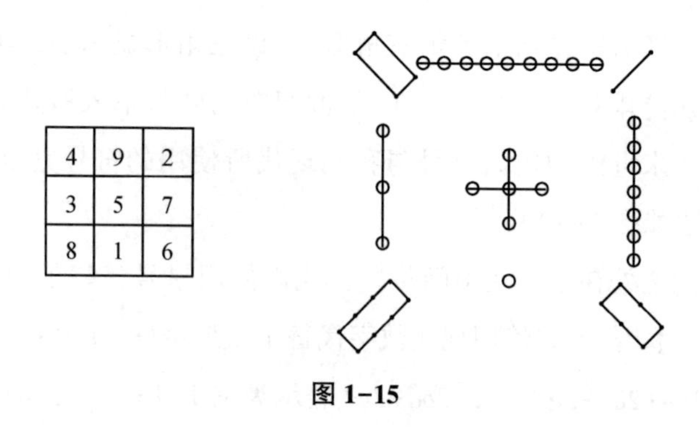

图 1-15

数字由字符串中的结表示：黑色结代表偶数（表示不完美），白色结代表奇数（完美）。

基督教传教士于 16 世纪进入中国。意大利耶稣会教士利玛窦（Matteo Rici）引入了欧洲天文学和数学。在中国学者徐光启的帮助下，他于 1607 年出版了《几何原本》前六卷的中文版本，紧接着又写了《几何原本》的续篇和一篇测绘学的论文。传教士穆尼阁（MuNi-ko）在 1660 年之前的某个时间点将对数引入了中国。1713 年，阿德里安·弗拉克（Adrian Vlack）的 11 位对数表再版。来自西弗兰德斯（West Flanders）的南怀仁[1]（Ferdinand Verbiest）是著名的耶稣会传教士和天文学家，1669 年任中国钦天监监副，1673 年任中国钦天监监正（该机构最高负责人），欧洲代数研究成果也传入了中国。清代数学家梅瑴成指出，欧洲代数的原理与被遗忘的“天元术”基本相同。得益于梅瑴成的努力，中国复兴了传统代数方法，但是并没有取代欧洲方法。之后，中国的数学研究主要涉及三个主题：利用几何学和无穷级数确定 π 的值，解数值方程以及对数理论。

中国最突出的数学研究成果是数值方程求解以及首次发现幻方和幻圆。我们已看到，中国数学在某种程度上既有索取也有给予。在欧洲近代科学传入之前，中国受到了印度和阿拉伯数学的影响。稍后我们将看到，中国数学也将推动日本和印度数学的发展。

---

〔1〕查阅 H. Bosmans, *Ferdinand Verbiest*, Louvain, 1912. Extract from *Revue des Questions scientifiques*, January-April, 1912.

日本数学[1]

传说，在远古时代的日本，存在着一种计数系统。该计数系统扩展到了十的高次幂，与阿基米德（Archimedos）的数沙器有相似之处。公元552年左右，佛教被引入日本。之后，圣德太子（见图1-16）在日本发起改革。圣德太子对各种知识都非常感兴趣，其中对数学尤为关注，以至于被称为“日本数学之父”。改革不久后，日本就采用了中国的度量衡体系。公元701年，日本建立了大学系统，其中数学研究占据了重要地位。同时，日本引进了中国科学研究成果。日本的官方正式记录中特别提及了九本中国数学著作，其中包括《周髀算经》、由孙子撰写的《孙子算经》和伟大的算术著作《九章算术》。但是，8世纪这段数学热很快消退。《九章算术》渐渐被遗忘，黑暗时代重新来临。直到17世纪之前，日本的数学研究活动只有日历推算和基本计算。由于使用的数字系统较粗略，没有应用位值制，也没有零，所以计算辅助工具必不可少。在这方面，日本和中国一样，都使用了某种形式的abacus（“算盘”）。中国将其改进，并称之为“算盘”，日本则称之为“十露盘”。通常认为，算盘在17世纪前传入日本。7世纪时，日本使用一种竹制计算杆。后来，这些圆形部件被方形棱柱（sangi pieces）所取代。日本学者按照中国学者的方式用这些竹杆表示数字。这些数字放置在像棋盘一样规则的正方形内，十露盘只是算盘的一种改进。

1600年至1675年是日本数学的繁荣时期，开创者是毛利重能，他普及了十露盘的使用。他的学生吉田光由1627年写作了《尘劫记》（*Jinkō-ki*）。该书

---

〔1〕此部分的资料来自David Eugene Smith and Yoshio Mikami's *History of Japanese Mathematics*, Chicago, 1914, Yoshio Mikami's *Development of Mathematics in China and Japan*, Leipzig, 1912, T. Hayashi's *A Brief History of the Japanese Mathematics*, 以及Overgedrukt uit het *Nieuw Archief voor Wiskunde* Ⅵ, pp. 296-361; Ⅶ, pp. 105-161.

图 1–16　圣德太子

广受欢迎，是现存最古老的日本数学著作。它介绍了十露盘的操作方法，包括如何用十露盘计算平方根和立方根。在此书后来的版本中，吉田光由将许多复杂数学问题追加到书中供其他数学家解决，他开创了这种发布问题方式的先例。这种做法有助于推进数学研究，一直被保留到 1813 年。

毛利还有一个学生叫今村知商。1639 年，他发表了一篇用古典中文撰写的论文，名为《竖亥录》（*Jugairoku*）。他研究了圆形、球体和圆锥体的测量。另一位学者矶村吉德在其 1660 年的《算法阙疑抄》（*Kelsugishō*，1684 年出版了第二版）中，在考虑测量问题时，提出了一种粗糙的积分法。他给出的奇数格和偶数格的幻方以及幻圆是当时日本人最喜欢讨论的话题。在 1684 年的版本中，矶村还给出了幻轮。田中纪信将 1 到 96 的整数排列在 6 个 42 格幻方中，使得每一行和每一列的数字总和为 194；他通过将 6 个正方形放在一个立方体上，得到“幻立方”。田中还构造出了“幻矩”。1663 年，村松[1]给出了一个包含多达 92 格的幻方和一个包含 129 个数字的幻圆。村松还以以下形式给出了著名的“约瑟夫问题”：“从前有个富裕的农民，他有三十个孩子，一半是他的第一任妻子所生，另一半是他的第二任妻子所生。他的第二任妻子希望她最爱的一个儿子继承所有财产，因此她有一天向丈夫请求：让咱们的孩子围一个圈，选择其中一个作为第一个，然后每隔十个挑出一个，直到最后只剩下一个，他就作为继承人，这样不是很好吗？丈夫同意了。于是该妻子对孩子做了安排，开始计数，结果她的 14 个继子继女，仅剩下一个。妻子信心满满，对丈夫说，接下来，我们反着来吧。丈夫再次同意，并且以相反的顺序开始计数，结果出乎意料的是，第二任妻子的所有子女都被挑出，最后只剩下她的一个继子，因此这名继子继承了农民的所有财产。”这个问题的起源尚不清楚。10 世纪的《艾恩西德伦法典》（*Codex Einsidel ensis*）已记载了这个问题，而罗马时代的拉丁文译本归到弗拉维乌斯·约瑟夫（Flavius Josephus）名下。故事的主角通常是身处同一条船的一群土耳其人和基督徒，他们必须牺牲船上一半的人避免沉船。早期印刷的欧洲算术书籍和数学娱乐书籍中经常出现这一问题。

1666 年，佐藤正兴的《算法根源记》（*Kongenki*）成书，与当时的其他作品一样，他考虑了 π（=3.14）的值。他是第一个在代数中采用中国“天元术”的日本人，将其应用于解答高达六次的方程。他的继任者泽口，与他同时代的野泽给出了类似于卡瓦利里（Cavalieri）的粗略演算。泽口超越了他所学习的中国数学家，提出方程可能存在多个根，但他宣称存在多个解的问题本质上是错误的。学者池田将中国数学家算出的 π 值$\frac{355}{133}$引入日本。从中，我们可以看到中国数学对日本数学的持续影响。

现在我们来介绍关孝和。日本人将他视为日本最伟大的数学家。他出生的那一年，伽利略（Galileo）去世，而牛顿（Newton）刚好出生。关孝和是一位

[1] Y. Mikami in *Archiv der Mathematik u. Physik*, Vol. 20, pp. 183-186.

出色的老师，吸引了许多有才华的学生。像毕达哥拉斯（Pythagorcos）一样，他不愿透露自己和门下学派的发现。因此，很难确定一些归于他名下的发现到底真正属于谁以及问题确切性质如何。据说，他留下了数百本手稿。其中一些笔记流传至今。1674 年，他出版了《发微算法》（*Hatsubi Sampō*）一书，解决了同时代学者提出的 15 个问题。关孝和的解释经常不甚完整且语言模糊。但他的学生建部贤弘曾强调，关孝和的思路非常清晰。有一种解释推测，关孝和是口述的解题过程，使用了计算棒或方形棱柱。在他的数学成就中值得注意的是傍书法和演段术，都属于对代数方法的改进。傍书法是对中国“天元术”的改进，并且涉及代数中的符号表示法，而演段术则是解释或分析方法。这两种方法的确切性质和价值尚不清楚。中国的“天元术”每次只能计算方程的根的一位。关孝和取消了此限制。关孝和在前代研究的基础上，给出了 $(2n+1)^2$ 格幻方的规则。在更麻烦的偶数格幻方情况下，关孝和首先给出了 4^2 格幻方的构造方法，接着给出了 $4(n+1)^2$ 格幻方和 $16n^2$ 格幻方的构造方法。他还简化了幻圆的处理。关孝和最重要、原创成分最多的发现也许是行列式，时间大约在 1683 年之前，虽然通常认为是莱布尼茨于 1693 年首次提出了行列式的概念。当时，莱布尼茨声称，只有当系数中产生的行列式消失时，x 和 y 的三个线性方程才会有相同比率。关孝和研究了方程数量为 n 的情况，给出了一个更普遍的处理办法。关孝和认为，n 阶行列式在展开时具有 $n!$ 项，且行列可互换。[1] 通常也认为，关孝和发现了“圆理”，或者说“圆原理”，据说，该函数有和微积分相同的功能。“圆理”的确切性质和起源目前都未确定，关孝和是否是它的发现者也存在疑问。关孝和的学生建部贤弘曾使用过“圆理”，可能是其主要发现者，但他的解释不完整且晦涩难懂。关孝和、建部贤弘及其同事研究了无穷级数，特别是圆和 π 研究相关的无穷级数。17 世纪左右，一些欧洲数学知识传入日本。众所周知，一个日本人以皮德鲁斯·哈特辛乌斯（Petrus Hartsingius）的名字在莱顿（Leyden）跟随范·舒滕（Van Schooten）学习过，但是没有明确的证据表明他之后回到了日本。1650 年，一位葡萄牙天文学家将一本欧洲天文学著作从葡萄牙语翻译成日语，他的笔名叫泽野忠庵，真名不详。

---

〔1〕更多细节，请查阅 Y. Mikami，“On the Japanese theory of determinants” in *Isis*，Vol. 11，1914，pp. 9-36.

18 世纪，关孝和的追随者受到控制。他们开始将精力主要用于解决数学问题、研究圆的测量和研究无穷级数。1757 年去世的久留岛义太留下了一些零星手稿，这些手稿显示了由 4 个 42 格幻方组成的“幻立方”，其中行和列的总和为 130，而 4 个幻方的各格总和同样为 130。这个“幻立方”显然与田中的“幻立方”不同。18 世纪末，“关流”衰落，“关流”的藤田贞资与会田安明之间发生了激烈的争论。会田年龄较小，才华横溢，反抗传统，反对旧的复杂的阐述方法，致力于求数值方程的近似解[1]。当时最受瞩目的工作是伊豆（Yedo）的一名隐士安岛直円的成果，他于 1798 年去世。他研究了丢番图分析，并解决了一个西方数学所谓的“马尔法蒂（Malfatti）问题”，即在三角形中内接三个两两相切的圆。1781 年，这个问题出现在日本。马尔法蒂的出版物出现在 1803 年，但 1744 年之前雅各布·伯努利（Jakob Bocnoelli）已考虑过等腰三角形的特殊情况。他改进了圆理，推动日本数学研究达到了 18 世纪的巅峰。

19 世纪初期，欧洲数学进一步渗入日本。和田宁进一步完善了圆理，发现了一种用于常规测量目的的积分计算法，并在前代通常只给出规则的地方给出解释。他主要研究最大值和最小值以及旋轮线。他那个时代的日本研究涉及椭圆和其他可以在折扇上绘制的数字。数学在日本的艺术设计中得到应用。

19 世纪中叶以后，本土数学让位于汹涌而入的西方数学。日本的数学研究成为国际大发展的一部分。1911 年，林鹤一主持创办了《东北数学期刊》，专门研究高等数学，其中包含多种主要现代语言撰写的文章，具有相当的国际性[2]。

回望历史，我们看到，日本曾涌现出一批杰出的数学家。但是由于地理和文化上的隔绝，日本的科学发现并未影响到西方数学。古巴比伦数学、印度数学、阿拉伯数学，甚至可以说中国数学都通过对印度数学的影响，对西方数学的发展产生了帮助，但是日本数学的孤立状态非常明显。

---

〔1〕 Y. Mikami, “On Aida Ammei's solution of an equation” in *Annaes da Academia Polyl. do Porto*, Vol. VIII, 1913. 这篇论文给出了古代日本和中国解方程研究的细节。另见 Mikarai's article on Miyai Antai in the *Tokoku Malh. Journal*, Vol. 5, Nos. 3, 4, 1914.

〔2〕 G. A. Miller, *Historical Introduction to Mathematical Literature*, 1916, p. 24.

印度数学

在古希腊人的时代，欧亚大陆上还生活着另外一个雅利安民族，并且它也是第一个对世界数学研究进程产生广泛影响的民族。但是，它不在欧洲，而在亚洲，身处遥远的印度。

与希腊不同，印度社会存在种姓制度。只有婆罗门和刹帝利享有特权和闲余时间深入学习和思考科学文化知识。婆罗门主要负责宗教和哲学工作，而刹帝利则负责军事和政治。

我们对印度数学史知之甚少。一些数学典籍表明，印度数学发展到了极高的程度，但是其中发展过程已无法追溯。希腊数学的研究条件似乎比印度更有利，因为在希腊，数学研究独立进行，数学家为数学而研究数学，而在印度数学始终只是天文学的工具。此外，在希腊，数学是一门人民的科学，所有有志于此的人都可以自由学习。但在印度，就像在埃及一样，数学研究主要是神职人员的工作。而且，印度数学家习惯于用诗歌来表达他们所获得的所有研究结果，并且用晦涩神秘的语言加以修饰。这些语言很适合帮助已理解问题的人记忆，但对于门外汉来说却犹如天书。尽管伟大的印度数学家无疑能展现出他们大部分乃至全部的发现，但他们并不习惯保留证明过程，因此现在只能看到一些单纯的定理和运算过程。希腊数学家在这些方面则截然不同，他们通常避免使用晦涩难懂的语言，并且给出的证明与定理本身一样，都属于已有知识。印度和希腊数学研究内容也存在显著差异。希腊数学思想以几何学为主，印度数学思想中则以算术为首。印度数学研究数字，希腊数学则研究形式。印度数学家在数字符号、数字科学和代数等领域的成就超过了希腊数学。然而，话说回来，印度的几何学只有测量，没有证明。当然，印度三角学有一定成就，但这些成就更多的是基于算术方法，而非几何方法。

回顾印度和古希腊数学之间的关系很有趣，但并不容易。众所周知，从古代开始，古希腊和印度之间一直有贸易往来。古埃及成为罗马的一个行省后，罗马和印度之间就通过亚历山大进行了更为活跃的商业往来。这样说来，随着商品的流通，双方之间也应该有文化上的交流。印度思想确实也传播到了亚历山大。这一点非常明显，因为摩尼教徒（Manicheans）、新柏拉图学派（Neo-Platonists）、诺斯底教派（Gnostics）的某些哲学和神学教义与印度思想教义极为相似，科学知识也从亚历山大传播到了印度。这一点同样也非常清楚，因为印度人使用的某些术语起源于希腊，印度天文学受到了希腊天文学的影响，他们拥有的一些几何知识可以追溯到亚历山大的数学家，尤其是海伦公式的研究。在代数方面，双方可能互有影响。

也有证据表明印度和中国数学之间有着密切的交流。公元 4 世纪及之后的几个世纪中，中国宫廷记录了前往中国访问的印度使节以及中国对印度的访问[1]。在本书稍后的章节中，我们将会看到中国数学研究成果流入印度的确切证据。

印度数学史可以分为两个时期：第一个是《绳法经》（*S'ulvasūtra*）时期，最晚不超过公元 200 年结束；第二个是天文学和数学时期，大约从公元 400 年到公元 1200 年。

“S'ulvasūtra”一词的意思是“绳索的规则”；这是对《劫波经》增补部分的统称。这一部分解释了祭坛的建造[2]。《绳法经》大约成书于公元前 800 年至公元 200 年之间的某个时间。当代学者通过三本相当现代的手稿得知了它的存在。他们的主要目标不是为了解决数学问题，而是为了宗教信仰。数学部分涉及正方形和矩形的构造，奇怪的是，这些几何构造都没有出现在后来的印度数学作品中，之后的印度数学竟然将《绳法经》遗忘了！

印度数学的第二个时期很可能始于从亚历山大传入西方天文学时。到公元 5 世纪，出现了一部匿名的印度天文学著作，《太阳的知识》（*Sūrya Siddhānta*），这本书逐渐被视为权威之作。

公元 6 世纪，瓦拉哈米希拉撰写了他的《五大历算全书汇编》（*Pañcha*

---

〔1〕 G. R. Kaye, *Indian Mathematics*, Calcutta & Simla, 1915, p. 38. 我们大量参考了此书的内容。这本书体现了印度数学研究的近期进展。

〔2〕 G. R. Kaye, *op. cit.*, p. 3.

Siddhāntā)，其中概述了《太阳的知识》和当时使用的其他四部天文学著作，其中包含一些数学问题。

1881年，位于今天巴基斯坦白沙瓦的巴克沙利（Bakhshālī）发现了一个埋于地下的匿名手稿。从其中诗句的特殊性推测，其时间可追溯到公元3世纪或4世纪之后。该文献写于白桦树皮上，是一份残缺的副本，可能是8世纪左右编写的较旧手稿[1]，其中包含算术运算。

著名的印度天文学家阿耶波多（Āryabhata，见图1-17）于公元476年出生于恒河上游的华氏城（Pāṭaliputra）。他的名气建立于《阿里亚哈塔历书》（*Āryabhaṭiya*），其中第三章专门介绍数学。大约一百年后，印度数学达到巅峰，当时有一位非常活跃的数学家婆罗摩笈多（生于598年）。他在628年，写作了《婆罗摩历算书》（*Brahma-sphula-siddhānta*），其中第十二章和第十八章讨论数学。

图1-17　阿耶波多

印度另一名重要的数学家摩诃毗罗（Mahāvira）很可能生活于9世纪，他研究了数学基础理论，但他的著作直到最近才引起历史学家的注意。其中，《计算精髓纲要》（*Ganita-Sāra-Sangraha*）介绍了印度几何学和算术。之后几个世纪，印度仅出现了两位重要的数学家：分别是写了《计算概要》（*Ganita-*

〔1〕The *Bakkshālī Manuscript*, edited by Rudolf Hoernly in the *Indian Antiquary*, xvii, 33-48 and 275-279, Bombay, 1888.

sara）的施里德哈勒（S'ridhara）和一本代数研究著作的作者波陀摩那跋（Padmanābha）。这段时期，数学似乎进步不大。婆什伽罗（Bhāskara）于1150年撰写了《天文系统的王冠》（*Siddhānta S'iromani*），但比500年前的婆罗摩笈多相比进步不大。这部著作中最重要的两卷是专门研究算术和代数的《莉沃瓦蒂》（*Līlāvatī*，意为“美丽之物”，即高贵的科学）和《算法本源》（*Vīja-gaṇita*，意为“求根”）。从此以后，婆罗门学派中的印度数学家似乎满足于研究前辈的杰作，新的研究发现不断减少。在近代，阿拉伯数学家16世纪所写的一本有缺陷的数学著作在印度也被视为权威之作。

1817年，科尔布鲁克（Colebrooke）在伦敦将《婆罗摩历算书》和《天文系统的王冠》的数学章节翻译成英文。博格斯（Burgess）翻译了《太阳的知识》，康涅狄格州纽黑文市的惠特尼（Whitney）于1860年为此书作了注。1912年，兰伽卡罗（Rangācārya）在金奈（Madras）出版了摩诃毗罗的《计算精髓纲要》。

我们从几何学开始讲起，这是印度人最不擅长的领域。《绳法经》表明，印度人可能早在公元前800年就将几何学应用于祭坛建造。卡耶（Kaye）[1]指出，在《绳法经》中发现了与以下问题相关的数学规则：（1）正方形和矩形构造；（2）对角线与边的关系；（3）等效矩形和正方形；（4）等效圆和正方形。书中还出现了一些关系式 $3^2+4^2=5^2$，$12^2+16^2=20^2$，$15^2+36^2=39^2$，这表明印度人知道毕达哥拉斯定理。但没有证据表明这些表达式是从通用规则得出的。应当指出，毕达哥拉斯定理的特例在中国早在公元前1000年就已为人所知，在埃及则早在公元前2000年就已发现。关于对角线与正方形的关系的一个奇特表达式，即 $\sqrt{2}=1+\frac{1}{3}+\frac{1}{3\times4}-\frac{1}{3\times4\times34}$，卡耶将其解释为“直接测量的一种表示方式”，可以通过使用《绳法经》一个手抄本中所述的量表并基于变化比3，4，34得到。值得注意的是，书中所使用的分数均为单位分数，并且该表达式得出的结果精确至小数点后五位。通过运用毕达哥拉斯定理，《绳法经》规则产生的结果是找到了一个等于两个正方形面积之和或差的正方形。它们产

〔1〕 G. R. Kaye, *op. cit.*, p. 4.

生了一个等于给定正方形的矩形，矩形的边为 $a\sqrt{2}$ 和 $\frac{1}{2}a\sqrt{2}$。它们通过几何构造得出等于给定矩形的正方形，并满足 $ab=\left(b+\frac{a-b}{2}\right)^2-\frac{1}{4}(a-b)$ 的关系，对应于《几何原本》第二卷第五章。在《绳法经》中，祭坛的建造仪式解释了等于给定圆的正方形的构造。令 a 为正方形边长，d 为等效圆的直径，则给定规则可以这样表示：$d=a+\frac{a\sqrt{2}-a}{3}$，$a=d-\frac{2d}{15}$，$a=d\left(1-\frac{1}{8}+\frac{1}{8\times29}-\frac{1}{8\times29\times6}+\frac{1}{8\times29\times6\times8}\right)$。借助于上面给出的 $\sqrt{2}$ 的近似值，可以从第一个表达式中获得第三个表达式。奇怪的是，这些几何构造都没有出现在之后的印度数学著作中，《绳法经》的数学内容被完全忽视了。

从阿耶波多到婆什迦罗的6个世纪，印度几何学主要研究测量问题。但印度人没有给出任何定义、公式或公理，没有任何逻辑推理链。他们的测量知识很多是通过不完善的交流渠道从地中海和中国学习而来。阿耶波多给出了规则三角形的面积公式，但仅适用于等腰三角形。婆罗摩笈多区分近似面积和精确面积，并给出了著名的海伦公式 $\sqrt{s(s-a)(s-b)(s-c)}$。摩诃毗罗也发现了海伦公式，他超越了他的前任，求出等边三角形面积公式为 $\frac{\sqrt{3}}{4}a^2$。婆罗摩笈多和摩诃毗罗进一步发展了海伦公式，求出四边形面积公式为 $\sqrt{s(s-a)(s-b)(s-c)(s-d)}$。其中，$a$、$b$、$c$、$d$ 为边长，s 为四边形半周长。根据康托尔（Cantor）[1] 和卡耶[2]的模糊解释，婆罗摩笈多承认，该公式仅适用于圆内接四边形。但其他印度数学家并没有理解这种局限性。婆什迦罗最后宣布，该公式并不可靠。但事实上，圆内接四边形的“婆罗摩笈多定理”非常了不起：$x^2=(ad+b)c\cdot\frac{(ac+bd)}{(ab+cd)}$，$y^2=\frac{(ab+cd)(ac+bd)}{ad+bc}$，其中 x 和 y 是对角线，a、b、c、d 为边长。此外，还有一个定理：如果 $a^2+b^2=c^2$，并且 $a^2+B^2=C^2$，则四边形（“婆罗摩笈多梯形”）（aC，cB，bC，cA）是圆内接四

〔1〕 Cantor, *op. cit.*, Vol. I, 3rd Ed., 1907, pp. 649-653.

〔2〕 G. R. Kaye, *op. cit.*, pp. 20-22.

边形并且其对角线成直角。卡耶称，评论者从三角形（3，4，5）和（5，12，13）中获得四边形（39，60，52，25），对角线为63和56，等等。卡耶表示，婆罗门笈多还介绍了托勒密定理的证明方法，并遵循丢番图《算术》（第3卷命题19）的方法从直角三角形（a，b，c）和（α，β，γ）构造新的直角三角形（$\alpha\gamma$，$b\gamma$，$c\gamma$）和（αc，βc，γc），并使用了丢番图给出的实际示例，即（39，52，65）和（25，60，65）。毫无疑问，这表明印度吸收了希腊的数学成果。

在几何体测量中，阿耶波多出现了明显的误差。他给出的棱锥的体积是底面积和高度的乘积的一半。球体的体积为$\pi^{\frac{3}{2}}r^3$。阿耶波多给出π的极精确值$3\frac{177}{1250}$（=3.1416），但他本人从未使用过这一值，在12世纪之前也没有任何其他印度数学家使用过。印度数学家常见做法是取$\pi=3$或$\sqrt{10}$。婆什伽罗给出了两个值，即上述“准确”的$\frac{3927}{1250}$和“不准确”的阿基米德值$\frac{22}{7}$。一位数学家在评论《莉沃瓦蒂》时称，这些值是通过从规则的内接六边形开始重复应用公式$AD=\sqrt{2-\sqrt{4-AB^2}}$计算出来的。其中，$AB$是给定多边形的边，$AD$是边数加倍的那个边。以这种方式获得了内接十二、二十四、四十八、九十六、一百九十二、三百八十四边形的周长。取半径为100，由最后一个多边形的周长得出阿耶波多给出的π的值。婆什伽罗对毕达哥拉斯定理的证明说明了印度几何学的经验性。他在直角三角形斜边构成的正方形中绘制了四次直角三角形，以便在中间保留一个正方形，其边等于直角三角形的两边之间的差。以不同的方式排列此正方形和四个三角形，可以将它们一起看成是两边的平方之和，见图1-18。婆什伽罗只说了一句，“注意看!”后就什么也没说，布莱资奈德（Bretschneider）推测毕达哥拉斯的证明与此基本相同。最近有证据表明，这个有趣的证明过程并非起源于印度，早在之前（公元早期），已经有中国学者在评论《周髀算经》[1]时给出。在另一处，婆什伽罗通过从直角的顶点绘制一

[1] Yoshio Mikami, “The Pythagorean Theorem” in *Archiv d. Math. u. Physik*, 3. S., Vol. 22, 1912, pp. 1-4.

个垂直于斜边的顶点，并将由此获得的两个三角形与它们相似的给定三角形进行比较，对该定理进行了第二次证明。直到沃利斯（Wallis）发现这一证明方法，这种证据才为欧洲人所知。关于圆锥曲线，只有摩诃毗罗的著作有所涉及，而且该书对椭圆的处理不准确。显而易见，印度对几何学兴趣冷淡。婆罗摩笈多的圆内接四边形是印度几何学中唯一的重要成果。

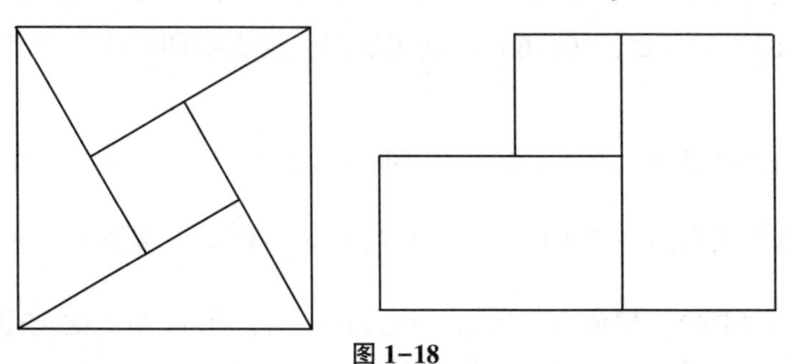

图 1–18

印度数学家最伟大的成就，也是所有数学研究中对人类知识发展的最大贡献，是对所谓“阿拉伯数字”的完善。现在，每个人都承认“阿拉伯数字”并非起源于阿拉伯人。但直到最近，专家才开始支持这样一种假说，即我们现在使用的数字表示法，包括位值制和符号零完全起源于印度。不过，公元前1600年至公元前2300年的巴比伦碑文上的六十进制数字就采用了位值制，并且在公元前的几个世纪中，巴比伦的文献记录中都包含零符号，虽然并未将其用于计算。这些六十进制分数出现在公元前130年托勒密的《天文学大成》中，在此书中，希腊字母欧米克隆“O”表示六十进制数字中的空位，但未被用作常规零。没有人否认印度天文学家使用的六十进制数字起源于巴比伦。印度零符号的最早形式是点，布勒（Bühler）称，“点通常在铭文和手稿中使用以表示空位”[1]。印度早期对零符号的有限使用有点类似于巴比伦人和托勒密，因此，很可能起初印度引入了一种不完善的数字表示法，其中包含位值制和零，并在之后从六十进制转换为十进制，然后在几个世纪的过程中逐步完善。如果进一步研究能够证实这一观点，那么称呼现行数字为“巴比伦—印度数字”将比“阿拉伯数字”或“印度-阿拉伯数字”更合适。似乎在印度，早

〔1〕史密斯和卡平斯基在他们的 *Hindu-Arabic Numerals*，Bostonand London，1911，p. 53. 引用了这句话。

在使用位值制和零之前使用了各种数字形式。

早期印度数字可归为三大类，其中一类数字形式可追溯到公元前3世纪[1]，据信我们当前使用的数字形式就起源于此。在锡兰岛（斯里兰卡）发现了保留了类似于印度数字形式的符号，但没有零，因此人们相信印度可能很早就引入了九个数字，后来又引入了位值制和零。我们知道，佛教和印度文化是在公元3世纪左右被移植到锡兰岛，之后在那里处于停滞的同时，在印度不断进步。因此，锡兰数字很可能是印度不完善的旧数字。在锡兰，当地人用九个数字表示个位的数字，九个数字表示一百以内十的倍数，一个数字表示100，一个数字表示1000。使用这20个字符，他们能够写出1到9999内的所有数字。因此，8725本会用以下六个数字符号表示：8、1000、7、100、20、5。这些锡兰数字符号，就像旧印度数字一样，最初被认为是相应数词的首字母。锡兰数字符号与阿耶波多在其作品的第一章中使用的数字符号之间存在明显的相似之处。尽管锡兰的学者不知道零和位值制，但是阿耶波多可能知道它们；因为，在阿耶波多著作第二章中，他给出了提取平方根和立方根的方向，这似乎说明阿耶波多了解它们。零符号被称为sunya（空位），它在目前尚未确定时间的巴克沙利算术中以点的形式出现。已知印度人最早提到“零”的时间在公元876年[2]。公元662年，叙利亚学者西弗勒斯·塞博赫特（Severus Sebokht）是印度以外最早提到印度数字的人，他谈到印度人的计算时，称“它优于口语，并且用9个符号完成。[3]”

印度各地区似乎使用了几种数字符号，但在原理上差别不大，只是符号形式有所不同。有趣的是他们的位值符号系统，其中数字通常不是由数词表达的，而是特定问题中反映数字的对象。因此，印度人会使用“月亮”“梵天”“造物主”或“形式”这些词表示1，用Veda（因为它分为四个部分）或“海洋”等词表示4。下面的示例摘自《太阳的知识》，说明了这种用法。数字1577917828从右到左表示如下：“婆苏吉”（八大龙王之一）+二+八+山（7个

[1] D. E. Smith and L. C. Karpinski, *op. cit.*, p. 22.

[2] *Ibid*, p. 52.

[3] M. F. Nau in *Journal Asiatique*, S. 10, Vol. 16, 1910; D. E. Smith in *Bull. Am. Math. Soc.*, Vol. 23, 1917, p. 366.

山链）+形式+数位（9 个数字）+七+山+阴历日（阴历日的一半等于 15）。通过使用这些符号，可以用几种不同的方式表示数字。这极大地方便了写作包含算术规则或科学常数的诗歌，因此更容易记住。

印度人很早就有了计算巨大数字的能力。印度人称，印度宗教的改革者佛陀在青年时期曾必须接受一次考验，才能迎娶他心爱的少女。在进行算术部分时，他说出了直到 53d 的所有数字周期，考官大吃一惊，问他是否可以求出基本原子与基本原子连成的 1 英里长的线中的基本原子数目。佛陀以这种方式找到了答案：7 个基本原子构成一个微尘颗粒，7 个微尘颗粒又产生了一个细尘颗粒，7 个细尘颗粒又变成一粒被风吹起的尘埃，以此类推。就这样，他一步步推算，直到最后基本原子的总长度终于达到 1 英里。所有因数相乘使 1 英里内的基本原子数目包含 15 位数字。看到这里，我们不禁想起阿基米德的“数沙器”。

数字符号完善后，计算难度大大降低。印度的许多运算方式与我们的运算方式不同。印度人一般倾向于按照书面形式从左向右运算。因此，他们首先添加左边的列，并在运算过程中进行必要更正。例如，他们这样把 254 加上 663：2+6=8，5+6=11，8 变成 9，4+3=7，因此总和为 917。减法有两种方法。例如，821−348，他们会这么算：8 距 11=3，4 距 11=7，3 距 7=4；或者这么算：8 距 11=3，5 距 12=7，4 距 8=4。若一个数乘以一个一位数，例如 569 乘 5，通常表示为：5×5=25，因为 5×6=30，25 变为 28，而 5×9=45，0 需加 4，所以，积为 2845。多位数相乘时，首先按照刚才的方式与乘数左起数字相乘，乘数写在被乘数上方，乘积写在乘数上方。与乘数下一位相乘时，所得乘积不像我们现在这样另写一行，而是纠正先前所得乘积，随着运算继续，不断擦除旧的数字并写上新数字，直到最终获得整个乘积。我们拥有现代铅笔和纸这类奢侈品，八成不会喜欢这种印度方法。但是印度人写字是“用涂有白色稀颜料的拐杖笔在一个小黑板上写。上面的符号很容易擦掉，或者是在一块不到一平方英尺的白板上撒上红面粉。用小棍子将数字写下来，使数字在红底上显示为白色。”[1] 由于数字必须足够大才清晰易读，而且木板很小，因此印度人希望

[1] H. Hankel, *op. cit.*, 1874, p. 186.

有一种方法可以不需要太多空间。这样就有了上面的乘法运算方法。在不牺牲整洁度的情况下，可以轻松擦除数字或用其他数字替换。但是印度人还有其他乘法运算方法，其中我们提到以下内容：数位板像棋盘一样分成正方形。如图1-19所示，还绘制了对角线。显示了 12×735=8820 的运算过程[1]。根据卡耶的观点[2]，这种乘法方式并非起源于印度人，因为阿拉伯人早已知晓。现存手稿没有发现印度人如何进行除法运算的信息。

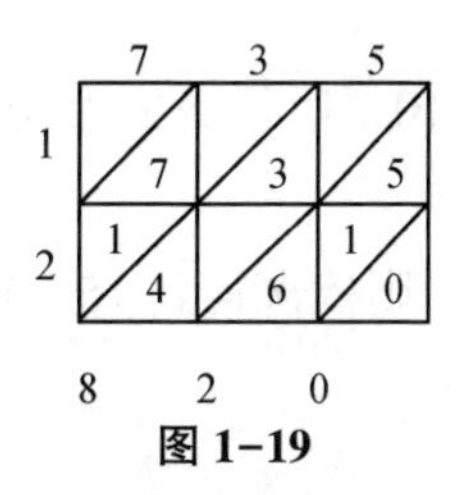

图 1-19

12 世纪，印度数学家通过“弃九法”检验算术计算的正确性，但是这个过程也并非起源于印度，罗马主教希波吕托斯（Hippolytos）3 世纪就知道了这种方法。

在巴克沙利手稿的算术问题中（作者假定读者对计算过程有所了解），分子写在分母上且无分数线。整数表示为分母为 1 的分数。混分数的整数部分写在分数部分上方。所以，$\begin{matrix}1\\1\\3\end{matrix} = 1\frac{1}{3}$。他们使用“phalam”（缩写为“pha”）表示“=”。单词“yu”（“yuta”的缩写）表示“+”。通常将要组合的数字括在一个矩形中。因此，pha12 $\boxed{\begin{matrix}5 & 7\\1 & 1\end{matrix}\ \text{yu}}$ 意思是$\frac{5}{1}+\frac{7}{1}=12$。“sunya”表示“未知数”，用加重的“·”表示。单词“sunya”的意思是“空”，也是表示零的单词，而类似地，零也用一点表示。“sunya”和点的这种双重使用基于这样的思想：如果一个位置未填充，则为“空”。只要尚未确定放置在此处的数字，也应将其视为“空”。

巴克沙利算术包含一些问题，这些问题可以通过简化统一或假位法来解

[1] M. Cantor, *op. cit.*, Vol. Ⅰ, 3 Aufl., 1907, p. 611.

[2] G. R. Kaye, *op. cit.*, p. 34.

决。例如：B 为 A 的 2 倍，C 是 B 的 3 倍，D 是 C 的 3 倍，A、B、C、D 总和为 132；求 A 为多少。解：未知数（sunya）取 1，然后 $A=1$，$B=2$，$C=6$，$D=24$，总和 33。将 132 除以 33，所得商 4 为 A 的值。我们早期的埃及人中曾发现假位法的应用。这对他们来说是一种本能，而印度人已经将其发展成一种有意思的方法，婆什迦罗就使用假位法。然而，虽然巴克沙利手稿倾向于将未知数假定为 1，婆什迦罗却偏向将未知数假定为 3。那么，如果将某数乘以 5，所得乘积减去自身$\frac{1}{3}$，所得差除以 10，所得商加上初始数字的$\frac{1}{3}$、$\frac{1}{2}$、$\frac{1}{4}$，得 68。问原数是多少。假定原数为 3，则依次得到 15、10、1 和 $1+\frac{3}{3}+\frac{3}{2}+\frac{3}{4}=\frac{17}{4}$，答案是$\left(68\div\frac{17}{4}\right)\times3=48$。

接下来，我们再来看一些算术问题和印度的求解方式。印度人最喜欢的方法是反演法，阿耶波多用简洁的语言描述了这一方法："乘法变除法，除法变乘法；收益变损失，损失变收益；反演。"阿耶波多提出的以下问题具体说明了这种方法，不过与上面引文的风格有很大不同："美丽的少女，请睁开眼。既然你了解正确的反演方法，请告诉我，若某数字乘以 3，所得乘积的$\frac{1}{4}$除以 7，所得商减去自身$\frac{1}{3}$，所得差与自身相乘后减去 52，所得差的平方根加 8，再除以 10，得 2，这个数字是多少？"该计算过程的关键是从 2 开始向前运算。那么，我们有 $(2\times10-8)^2+52=196$，$\sqrt{196}=14$，$14\times\frac{3}{2}\times7\times\frac{4}{7}\div3=28$。答案是 28。

下面的例子来自婆什伽罗伟大著作的《莉沃瓦蒂》一章："有这么一群蜜蜂，一部分飞过茉莉花丛，数目为总数一半的平方根，然而还有九分之八留在后面；另外一只雌性蜜蜂飞经一只雄性蜜蜂，这只蜜蜂在一朵荷花中嗡嗡作响，在这个夜晚它被花香所诱惑，现在被困在其中。请告诉我蜜蜂的数量。"答案是 72。这首令人愉悦的诗歌涵盖了所有的算术问题。当时印度所有教科书都写成了诗歌的形式。而且，当时人认为这些写入数学著作的题目难以解决，所以这些题目在当时的社交生活中也是受欢迎的娱乐项目。婆罗摩笈多说："这些问题只是为了娱乐；聪明人可以提出一千个这种问题，或者通过这个问题给出的规则解决其他同类问题。就像星星会因为太阳的光辉而黯淡，学者如果当众提出代数问题，将使其他人相形见绌，而如果他解决了代数问题，名声会更加响亮。"

印度人解决了利息、折扣、合伙关系、混合法、算术级数和几何级数求和的问题，并设计了求组合数和排列数的规则。这里还可以补充一句，所有游戏中最深刻的游戏象棋起源于印度。幻方的发现有时被错误地归到印度人名下，但幻方之前就已出现在中国和阿拉伯。在印度，幻方第一次出现是在印度北部伊汉西（Ihansi）的杜德海（Dudhai），人们在一片公元 11 世纪的寺庙废墟中发现了一块刻有幻方的石头[1]。婆什伽罗之后，印度学者开始在著作中提到幻方。

印度人经常使用"三法"。他们的"假位法"与丢番图的"试位法"几乎相同。这些方法和印度的其他方法适合解决大量问题。

现在我们开始介绍印度代数，首先来看一下运算符号。和丢番图一样，印度人用简单的并置表示加法；在减数之上加一个点表示减法；在因数之后加 bha（bhavita 的缩写，意为"乘积"）表示乘法；将除数置于被除数之下表示除法；在数字之前加 ka（karana 缩写，表示"无理数"）求平方根。婆罗摩笈多将未知数称为 yâvattâvat（等多）调用。如果同时有几个未知数，与丢番图不同，他给每个变量都赋予了不同的名称和符号。第一个未知数用通用术语"未知数"表示。其余按颜色名称区分，如黑色、蓝色、黄色、红色或绿色。每个颜色单词的第一个音节用于表示相应未知数的符号。因此，yâ 意为 x；kâ（kâlaka 缩写，意为"黑色"）意为 y；yâ kâ bha 意思是"x 乘以 y"；ka15 kȧ10 表示"$\sqrt{15}-\sqrt{10}$"。

印度数学家最早认识到了绝对负数的存在。他们将正数算为"所有"，负数算为"所欠"，从而区分两者。他们也将直线上的相反方向作为对正数和负数的解释。他们超越了丢番图，观察到二次方程总是有两个根。因此，婆什伽

[1] *Bull. Am. Math. Soc.*, Vol. 24, 1917, p. 106.

罗得出 $x^2-45x=250$ 的根为 $x=50$ 和 $x=-5$。"但是"他说，"在这种情况下，不能取第二个值，因为第二个值不能使用，人们并不认可负数根。"其他学者在注解此题时似乎虽然认识到负数根的存在，但并不承认。

汉克尔说，另一个重要的结论是，自阿耶波多以来，印度人就从未将算术运算局限于有理数。例如，婆什伽罗通过公式展示了 $\sqrt{a+\sqrt{b}}=\sqrt{\frac{a+\sqrt{a^2-b}}{2}}+\sqrt{\frac{a-\sqrt{a^2-b}}{2}}$ 可以找到有理数和无理数之和的平方根。印度人从来没有发现希腊人设定的数和量的区别。尽管这种区别的设定是科学精神的产物，但极大地阻碍了数学的发展。他们从量到数，又从数到量，却没料到连续和不连续之间存在着鸿沟。所以，印度数学家反而极大地促进了数学的总体发展。"其实，如果我们从代数的角度理解各种复杂量的算术运算，不管是有理数、无理数还是空间量，那么印度博学的婆罗门才是代数的真正发现者。[1]"

现在我们来更进一步研究印度代数。他们使用公式 $(a+b)^2=a^2+2ab+b^2$ 和 $(a+b)^3=a^3+3a^2b+3ab^2+b^3$，提取平方根和立方根。关于这一公式，阿耶波多曾提到，要将数字分为两位数和三位数。由此可知，他已经知道位值制和数字符号零。婆什伽罗有一个关于用零计算的有趣观点。他说，分母为零的分数，不论增加或减少，都不会发生任何变化。事实上，类似地，即使毁灭或创造了无数生物，当世界被摧毁或创造，无限和永恒也不会有任何变化。在此情况下，他显然提出了明确的数学概念，但在其他地方，他在计算以零为分母的分数时完全失败了。

康托尔认为，印度的定方程解法中可以看到丢番图方法的痕迹，一些术语背离了其希腊起源的原意。即使印度人确实是从希腊人那里借鉴而来，他们也做出了自己的贡献，印度人改进了线性方程和二次方程的解法，并且认识到了负数的存在，婆罗摩笈多能够统一处理丢番图考虑的三种形式的二次方程，即 $ax^2+bx=c$，$bx+c=ax^2$，$ax^2+c=bx$（a，b，c 都是正数），将这三种形式归纳为一种情况：$px^2+qx+r=0$。他说："正数的平方和负数的平方也是正数；正数有

---

〔1〕 H. Hankel, *op. cit.*, p. 195.

两个平方根，一正一负。负数不是平方数，所以没有平方根。”然而，卡耶指出，并非印度数学家首先给出了二次方程解二重根[1]。9世纪时，阿拉伯数学家花拉子米就给出了 $x^2+21=10x$ 的两个解。在高阶方程中，印度人仅解决了一些特殊情况，其中可以通过在方程的两边加上某些项来使其成为完美幂。

印度在处理不定方程方面的成就大大超过了定方程解法，不定分析和印度人的思维方式极为契合。我们已经看到，这个主题是丢番图的最爱，他的思维富有独创性，给出的解决特例的方法，几乎取之不尽。但是，在这一最微妙的数学分支中，发现通用方法的功劳属于印度人。印度数学不定分析不仅在方法上而且在目标上都与希腊数学不同。前者的目的是找到所有可能的整数解，而希腊的分析并不一定要得出整数解，仅要求得到有理数解。丢番图满足于单一解法，印度人竭力寻找所有可能的解法。阿耶波多解整数线性方程，形式为 $ax\pm by=c$，其中 a，b，c 都是整数，所采用的规则称为“磨粉机法”，为此，与其他大多数规则一样，印度人没有任何证明，他们的解法与欧拉的解法基本相同。欧拉将 $\frac{a}{b}$ 简化为连分数的过程与印度解法相同，后者是通过除法找到 a 和 b 的最大公约数，这通常被称为丢番图方法。汉克尔反对使用这一名称，理由是丢番图不仅不知道这种方法，甚至他也没有想过使用纯粹的积分法[2]。这些方程式可能是为了解决天文学问题，例如，它们被用于确定天上出现某些星座的时间。

讨论了含有两个以上未知数的线性方程，接下来我们来介绍印度的不定二次方程研究。他们给出了 $xy=ax+by+c$ 的解法，欧拉后来又重新发现了这一方法。印度人将 $ab+c$ 分解为两个整数 m 和 n 的乘积，并使 $x=m+b$，$y=n+a$。

印度数学家给出的二次方程 $cy^2=ax^2+b$ 的解法非常了不起。他们敏锐地注意到，在特殊情况下 $y^2=ax^2+1$ 是不定二次方程组的基本问题，并用循环法解决了这一问题。德·摩根说：“这个问题的关键是一条规则，根据这条规则可以利用一个给定的或已求出的解，并且用令 $y^2=ax^2+b$ 的一个解给出 $y^2=ax^2+b^2$ 的解的方法再得出一个解，从而求出 $y^2=ax^2+1$ 的无穷个解（a 是整数，但并

[1] G. R. Kaye, *op. cit.*, p. 34.

[2] H. Hankel, *op. cit.*, p. 196.

非平方数)。这一规则的等价定理是：如果 p 和 q 分别是 $y^2=ax^2+b$ 中 x、y 的值的集合，而 p'和 q'是相同集合或 x、y 的值的另一集合，则 $qp+p'q'$和 $pp'+qq'$分别是 $y^2=ax^2+b^2$ 的 x、y 值的集合。很明显，由此可得，$y^2=ax^2+1$ 的解可能是任意数字，并且如果 b 取任意值，$y^2=ax^2+b^2$ 都有解，且 x 和 y 都能被 b 整除，则可以求出 $y^2=ax^2+1$ 的预解。还有一种解法结合了前述方法与“磨粉机法”，这些计算方法被用于天文学。

毫无疑问，这种“循环法”是拉格朗日时代之前最伟大的数论研究。命运无常，人们现在却将方程 $y^2=ax^2+1$ 称为佩尔方程；此问题上第一项有启发性的工作是婆罗门的研究，不过他们也许得益于希腊研究。解决这一问题穷尽了当代一些顶尖分析学家的才能，他们重复了希腊人和印度人的工作，因为，非常不幸，西方人只知道现有的印度代数和印度手稿的一小部分。汉克尔将“循环法”完全放于印度数学家名下，但后来的历史学家坦纳、康托尔、黑斯和卡耶都支持希腊起源说。如果找到了丢番图的缺失部分，那么事实到底如何可能会得以确定。

印度在三角学上的成就比几何学更高。我们在公元 6 世纪瓦拉哈米希拉的《五大历算全书汇编》中找到一些有趣的论述。用现代符号描述就是，$\pi=\sqrt{10}$，$\sin 30°=\frac{1}{2}$，$\sin 60°=\sqrt{1-\frac{1}{4}}$。$(\sin\gamma)^2=\frac{(\sin 2\gamma)^2}{4}+\frac{[1-\sin(90°-2\gamma)]^2}{4}$

随后是一个包含 24 个正弦的表，角度以 3°45′（30°的八分之一）的间隔增加，这显然来源于托勒密的弦表。但是，他们没有像托勒密那样将半径分成 60 份，而是分成了 120 份，这样，他们能够将托勒密的弦表转换为正弦表，而无需更改数值。阿耶波多求出了一个不同的半径值，即 3438（份），他显然是通过 $2\times3.1416r=21600$ 求出的。印度人遵循了希腊人和巴比伦人的做法，将圆划分为四个象限，每个象限分为 90 度和 5400 份，将整个圆分为 21600 等份。每个象限被分为 24 等份，每等份包含 225 部分，并对应于$\frac{33}{4}$度。值得注意的是，印度数学家从来没有像希腊数学家那样用两倍弧来估算，而总是使用正弦和正矢，这在理论上很简单。90°的正弦等于半径，即 3438；30°的正弦显然是其一半 1719。应用公式 $(\sin a)^2+(\cos a)^2=r^2$，他们得到 $\sin 45°=\sqrt{\frac{r^2}{2}}=2431$，用

sin（90°−a）置换与其相等的 cos$a$，并使 $a=60°$，他们得到 $\sin 60° = \frac{\sqrt{3r^2}}{2} =$ 2978，他们分别以 90°、60°、45°和 30°的正弦为起点，得到 60°的正弦，他们计算出这些角度的一半的正弦的计算公式为 ver $\sin 2a = 2\sin 2a$，从而得到 22°30′，15°，11°15′，7°30′和 3°45′的正弦值。接下来，他们计算了这些角度的余角的正弦，即 67°30′，75°，78°45′，82°30′和 86°15′的正弦值；然后他们计算出这些角度的一半的正弦值；然后计算余角的正弦，再计算余角的一半正弦，以此类推。通过这个非常简单的过程，他们求出了间隔为 3°45′的角度的正弦值。在此表中，他们发现了一个独特定律：如果 a，b，c 为连续三个弧，且 $a-b=b-c=3°45'$，则 $\sin a-\sin b=\sin b-\sin c-\frac{\sin b}{225}$。此后，每当必须重新计算表时都使用此公式。目前没有任何印度三角学著作存世。在天文学中，他们解决了平面三角形和球面三角形的一些问题。[1]

由于中国数学有相当完整的记录，卡耶指出了印度数学与中国数学之间的相似之处。两者的相似表明印度数学受益于中国数学。中国的《九章算术》至少成书于公元前 200 年。263 年，中国学者张苍为此书作了注。《九章算术》给出了一个弧田面积的近似公式 $\frac{1}{2}(c+a)a$，其中 c 是弦，而 a 是垂线。此公式后来出现在了印度数学家摩诃毗罗的著作中。类似地，中国数学家曾提出一个问题：竹高 10 英尺，竹子的上端折断后，离竹茎 3 英尺，求折断后的竹子高度。6 世纪以后的所有印度数学著作都研究了这个问题。公元 1 世纪左右的中国算术著作《孙子算经》有这样一个例子：一个数字除以 3 得出余数 2，除以 5 得出余数 3，再除以 7 得到余数 2，求此数字。此类问题出现在了 7 世纪和 9 世纪的印度作品中，尤其是在婆罗摩笈多和摩诃毗罗的著作中。在上一页中，我们提请注意以下事实：中国先于婆什伽罗发现勾股定理的证明方法。卡耶列举了其他一些数学知识起源于中国的例子，这些例子在后来的印度数学书籍中都可以找到。

尽管印度的数学发展也得益于其他国家的影响，但印度数学同当代数学之

〔1〕 A. Arneth，*Geschichte der reinen Matheinatik*. Stuttgart，1852，p. 174.

接近仍令人瞩目。现代算术和代数的形式和精神本质上都来源于印度。想想印度人完善的数字符号，想想印度的算术运算几乎和我们的算术运算一样完美，想想他们优雅的代数方法，再去评判恒河两岸的婆罗门是否享有一些功劳。不幸的是，欧洲在印度数学著作中发现一些最优秀的不定分析研究之时，已经太晚了，如果早两三个世纪发现的话，就能产生更大的影响。

20 世纪初，现代数学开始在印度发展。1907 年，印度数学学会成立，1909 年《印度数学学会期刊》在金奈创刊〔1〕。

〔1〕 近年来，有三位学者试图否定阿拉伯数字起源于印度，包括（1）G. R. Kaye articles in *Scientia*, Vol. 24, 1918, pp. 53-55; in *Journal Asiatic Soc. Bengal*, III, 1907, pp. 475-508, also VII, 1911, pp. 801-816: in *Indian Antiquary*, 1911, pp. 50-56; （2）to Carra de Vaux article in *Scientia*, Vol. 21, 1917, pp. 273-282;（3）1908 年，尼科尔·巴布（Nikol Bub）出版的一本俄语著作，1914 年约瑟夫·雷西俄斯（Jos. Lezius）将其译成德语。卡耶称，阿拉伯数字起源于印度的证据大多数是传说，而且 Hindi（印度语）和 Hindasi（几何度量）两个词的混淆让这个问题更加复杂化。他还认为，阿拉伯数字是字母的变体。无论如何，我们现在仍然不可就此问题下定论，须找到更多的证据。

阿拉伯数学

公元622年，穆罕默德从麦加（Mecca）逃到了麦地那（Medina）。从此之后，这名默默无闻的闪族人开始在历史舞台中扮演重要角色。十年的时间里，阿拉伯半岛上分散的部落被宗教热情的熔炉融合成一个强大的国家，团结起来的阿拉伯人征服了叙利亚和美索不达米亚，遥远的波斯以及更远的地方甚至远至印度都被纳入撒拉逊人的统治。他们甚至征服了北非和几乎整个西班牙半岛，但在公元732年，他们在西欧被查尔斯·马特尔（Charles Martel）的坚定大手所阻止。穆斯林的统治现在从印度扩展到了西班牙，但是哈里发王朝的继承战争随后爆发。公元755年，穆罕默德帝国分裂，一支哈里发在巴格达统治，另一支在西班牙科尔多瓦（Cordova）统治。阿拉伯人的大征服令人瞠目结舌，但是，他们以更为惊人的速度放弃了以前的游牧生活，接受了更高等的文明，并开始统治农耕民族。阿拉伯语是帝国所有地区的书面语言，阿巴斯（Abbas）在东方的统治开启了一段科学繁荣时期。幼发拉底河上的首都巴格达位于两个古老的科学思想中心之间，即东方的印度和西方的希腊。因此，阿拉伯人注定将会在西方混乱时期保存希腊科学的火炬，并在动荡结束后重新将其点燃，送回欧洲，这句话也部分适用于印度科学，因此，科学从雅利安人传到闪族人，再回到雅利安人。以前认为阿拉伯人对数学的了解很少，但近期研究显示事实并非如此，一些被认为是较晚时间的发现，实际上属于他们。

在巴格达，阿巴斯为鼓励科学，邀请各国、各宗教的杰出学者前往宫廷，医学和天文学是他们最喜欢的领域，因此，最杰出的撒拉逊统治者哈伦·拉希德（Harun-al-Rashid）将印度医生吸引到了巴格达。公元772年，一名印度天文学家带着一些天文表来到哈里发·曼苏尔（Caliph Almansur）的宫廷，曼苏尔下令将这些表翻译成阿拉伯语。这些表被阿拉伯人称为《体系》（*Sindhind*），很可能是从《婆罗摩历算书》（*Brahmasphuta-siddhānta*）中摘取的，当时在阿拉伯被视为权威。它们包含重要的印度正弦表。

毫无疑问，此时，除了这些天文表，撒拉逊人还引入了带有零和位值制的印度数字。在穆罕默德时代之前，阿拉伯人还没有数字，数字用文字书写。后来，由于被征服土地的财务管理涉及大量计算，简短的符号变得不可或缺。在某些地方，曾经使用过一些文明程度较高的国家的数字。因此，在叙利亚，希腊符号被保留下来，埃及则保留了科普特文。在某些情况下，数字形容词在书面形式可能已经变成缩写形式。有观点认为，阿拉伯语-波斯语词典中的蒂瓦尼数字就是这样的缩写。渐渐地人们开始习惯用 28 个阿拉伯字母表示数字，这种数字类似于希腊数字，之后，又被印度数字所取代，后者在很早以前就为商人及算术学者所采用。除了天文学继续使用字母符号之外，印度数字的优越性得到了普遍认可。不过，字母表示法也没有什么大的缺点，在《天文学大成》的六十进制算术运算中，数字都是一到两位[1]。

阿拉伯学者比鲁尼（Al-Biruni）曾在印度生活多年，关于所谓阿拉伯数字的形式，他有一个很有趣的说法。他说，印度不同地区的数字及字母形状各不相同，而阿拉伯人从中选择的形式最为合适。阿拉伯天文学家说，人们使用的符号有很多不同，尤其是 5、6、7 和 8 的符号。阿拉伯人使用的符号可以追溯到 10 世纪。我们发现东方的撒拉逊人所用的符号与西方的撒拉逊人所用的符号之间存在实质性差异。但是，最令人惊讶的是，东方和西方阿拉伯人的符号与当今的印度天城数字有如此大的出入，而且它们与罗马学者波爱修斯的顶点极为相似。前者的差异和后者的相似都很难解释。最合理的理论是韦普克的理论。(1) 公元 2 世纪，零发现之前，印度数字传播到了亚历山大，之后传播到了罗马和西非。(2) 8 世纪，发现了零之后，印度数字得到了极大完善，巴格达的阿拉伯人从印度人那里获得了印度数字。(3) 西方的阿拉伯人向东方借来了哥伦布鸡蛋，即零，但保留了九个数字的旧形式，如果没有其他原因，完全是因为他们与东边的敌人对立。(4) 西方的阿拉伯人记得起源于印度的旧形式，这种旧形式被称为“粉尘数字”，以纪念婆罗门在板子上撒细灰或沙粒以进行计算的做法。(5) 8 世纪以来，印度数字进一步演变，采用了现代梵文数

---

〔1〕 H. Hankel，*op. cit.*，p. 255.

字的改进形式[1]，这是一个大胆的理论，但无论如何要优于其他关于顶点、粉尘数字、东阿拉伯和梵文数字之间的关系的任何解释。

有说法称，《婆罗摩历算书》772 年被带到巴格达，在那里被译成阿拉伯语。没有证据表明，在此之前或之后，阿拉伯和印度天文学家之间有过任何交流，比鲁尼的旅行除外。虽然，我们不应轻易认定不存在更多的交流。

事实上，我们更了解希腊科学如何连续不断地冲击和渗透阿拉伯土壤。在叙利亚，希腊基督徒发展出了诸多科学，尤其是哲学和医学。当时，安提阿（Antioch）和伊麦萨（Emesa，今叙利亚霍姆斯）的学派非常有名，最为知名的则是埃德萨（Edessa）的聂思脱里学派（Nestorian School）。来自叙利亚的希腊医师和学者被召到巴格达，开始翻译希腊文著作。哈里发·马门（Caliph Al-Mamum）从君士坦丁堡皇帝那里得到了大量希腊手稿，并转移到了叙利亚。马门的接班人继续开展了这一顺利启动的工作，直到 10 世纪初，希腊人更为重要的哲学、医学、数学和天文著作都有了阿拉伯语版本。首先，数学作品的翻译一定有很多不足，因为显然很难找到既精通希腊语又精通阿拉伯语的大师，同时又精通数学的译者。在译文能够满足要求之前，必须反复修订译文。第一批翻译成阿拉伯语的希腊著作是欧几里得和托勒密的作品，于著名的哈伦·拉希德（Harun-al-Rashid）统治期间完成的。马门下令对《几何原本》进行修订。由于此修订版仍然包含许多错误，因此，大学者侯奈因·伊本·伊斯哈格（Hunain ibn Ishak）或其儿子伊斯哈格·伊本·侯奈因（Ishak ibn Hunain）重新进行了翻译。“伊本”一词的意思是“儿子”。在《几何原本》十三卷后，增加了由希普克利斯撰写的第十四卷，以及归于大马士革乌斯名下的第十五卷。之后，塔比特·伊本·科拉（Tabit ibn Korra）又翻译了一版能够满足各种需求的阿拉伯语版《几何原本》。不过，阿拉伯学者在翻译《天文学大成》时却难以保证译文的准确性。其他重要的阿拉伯语译作还有阿波罗尼奥斯、阿基米德、海伦和丢番图的作品。我们可以看到，阿拉伯人在一个世纪中获得了打开希腊科学宝库大门的钥匙。

天文学研究最早在 9 世纪就已存在。伊斯兰教要求穆斯林遵守严格的仪

[1] M. Cantor, *op. cit.*, Vol. Ⅰ, 1907, p. 711.

式，结果给天文学家提出了一些问题。穆斯林的统治范围如此之大，在某些地方，需要天文学家确定“信徒”在面对麦加的祈祷过程中必须转向何方。祈祷和洗礼必须在白天和黑夜的特定时间进行，这样就需要更精确地测定时间。为了确定伊斯兰节日的确切日期，有必要更仔细地观测月球运动。除了所有这些之外，古老的东方迷信思想还指出，天上的大事以某种神秘的方式影响着人间，这加深了人们对日食预测的兴趣[1]。

出于以上原因，天文学取得了很大进展。天文表和仪器进一步完善，阿拉伯人架设了天文台，并整理了一系列相关观测资料。在整个阿拉伯科学时期，阿拉伯人对天文学和占星术热情不减。与印度一样，这里几乎找不到致力于纯数学研究的人，大多数所谓的数学家首先是天文学家。

第一位著名数学学者是穆罕默德·伊本·穆萨·花拉子米（Mohammed ibn Musa Al-Khowarizmi，见图 1-20），他生活于哈里发·马门统治时期（813—833）。有关花拉子米的信息主要来源于编年体史书《群书类述》（*Kitab Al-Fihrist*），由奈丁（Al-Nadim）写于公元 987 年左右，其中载有大学者的传记。在哈里发邀请下，花拉子米提取了《体系》的摘要，修订了托勒密的著作，并在巴格达（Bagdad）和大马士革进行天文学观测，测量了地球子午线的度数。他在代数和算术方面的工作非常重要，他的算术著作原文流传至今，不过直到 1857 年才发现它的拉丁语版本。其首句称：“Algoritmi（算术）已发话。给予我们的领袖和庇护者，神应得的赞美。”作者的名字“Al-Khowarizini”（花拉子米）成了“Algoritmi”的一部分，最后演化成现代“Algorithm”（算法）一词，表示任意形式的运算。乔叟（Chaucer）曾使用过的但如今不再使用的“augrim”（算术）一词也来源于此词。花拉子米的算术研究基于位值制以及印度的计算方法，一位阿拉伯学者称，花拉子米的算术研究比“其他所有人的方法都简洁明了，并且在他的一些最伟大的发现中，可以看到印度人的才智。”这本书之后，后来的学者进行了大量算术研究。它们与早期算术研究的不同之处主要在于方法的多样性。阿拉伯算术通常包含模仿印度方法的整数和分数的四则运算。他们介绍了弃九法，以及“regula falsa”（假位法）和“regula duo-

---

〔1〕 H. Hankel, *op. cit.*, pp. 226-228.

rum falsorum”（有时称为“双位法”或“双假位法”），利用这些规则可以不用未知数即可解决代数问题。“regula falsa”或者说“falsa posilio”（假位法）将假定值分配给未知数，如果有误，则通过“三法”之类的方法来纠正该值。印度人和埃及的阿默士很熟悉这种方法，丢番图也使用过几乎与此相同的方法。如下[1]：求解方程 $f(x)=V$，现在假设 x 的两个值，即 $x=a$ 和 $x=b$，$f(a)=A$，$f(b)=B$，算得误差 $V-A=E_a$ 和 $V-B=E_b$，所求 $x=\frac{bE_a-aE_b}{E_a-E_b}$，结果通常是一个近似值，但是如果 $f(x)$ 是 x 的线性函数，它就绝对准确。

图 1-20　花拉子米

现在我们回到花拉子米，了解一下他的《代数学》(*Algebra*)。这是第一本标题中包含“代数”这个词的书。实际上，标题由两个单词 al－jebr 和 w'almuqabala 组成，最接近的英语翻译 restoration（还原）和 reduction（对消）。“还原”是指将负项转移到等式的另一侧，“对消”指将相似项合并。因此，$x^2-2x=5x+6$ 通过 al－jebr（还原）变为 $x^2=5x+2x+6$，接着通过 w'almuqabala（对消）变为 $x^2=7x+6$。花拉子米的这一著作中只有很少的原创研究，它介绍了代数基本运算以及线性方程和二次方程的解法。作者是从谁那里借鉴来的代数知识呢？首先，不可能完全来自印度，因为印度人没有“还原”和“对消”这样的规则，他们没有将方程中所有项变为正项的习惯。丢番图曾给出过两个有些类似的规则，但是花拉子米也不大可能是从丢番图获得所有的代数知识，因为花拉子米认识到了二次方根有两个根，而丢番图只注意到了一个根。此

〔1〕 H. Hankel, *op. cit.*, p. 259.

外，希腊的代数学家与花拉子米不同，习惯性地拒绝无理数解。这么看来，花拉子米的代数既不是完全来源于印度，也并非完全来源于希腊。花拉子米在阿拉伯人中的声望很高，他在书中给出了以下例子：$x^2+10x=39$，$x^2+21=10x$，$3x+4=x^2$。这些例子被后世学者比如诗人和数学家奥马尔·哈雅姆（Omar Khayyam）再次使用。“方程 $x^2+10x=39$ 像一条贯穿于几个世纪的代数的金线。”卡平斯基（Karpinski）曾说。它出现在了阿布·喀米尔（Abu Kamil）的代数著作中，喀米尔广泛借鉴了花拉子米的工作。意大利数学家斐波那契在1202年的著作中又引用了喀米尔的文字。

花拉子米的代数著作也包含一些不甚重要的几何研究。他给出了直角三角形定理，但仅在最简单的直角三角形（等腰直角三角形）上证明了这一定理。此外，他计算了三角形，平行四边形和圆形的面积。他使用 π 的值是$\frac{31}{7}$及两个印度数学家给出的值，即 $\pi=\sqrt{10}$ 和$\frac{62832}{20000}$。奇怪的是，后来阿拉伯人忘记了最后一个值，而用其他较不准确的值代替了。花拉子米制作的天文表，由马斯拉马·马奇里第于公元1000年左右修订，非常重要，因为它不仅包含正弦函数，还包含正切函数[1]。前者显然起源于印度，后者可能是马斯拉马所加，不过此前被认为是阿布·韦法（Abu'l Wefa）的研究发现。

接下来，我们来介绍一下穆萨·萨基尔（Musa Sakir）的三个儿子，他们住在哈里发·马门在巴格达的宫廷，曾写过几本数学著作。我们曾提到，其中一本几何著作包含用三角形边长求三角形面积的知名公式。据说，萨基尔的一个儿子曾去过希腊，可能是为了收集天文和数学手稿。在返途中，他认识了塔比特·伊本·科拉（Tabit ibn Korra）。穆罕默德认为他是一位才华横溢且学识渊博的天文学家，在宫廷为他争取到了天文学家的工作。塔比特·伊本·科拉生于美索不达米亚的哈兰（Harran），不仅精通天文学和数学，而且精通希腊语，阿拉伯语和叙利亚语。他翻译的阿波罗尼奥斯、阿基米德、欧几里得、托

---

〔1〕见 H. Suter, “Die astronomischen Tafeln des Muūammed ibn Māsā Al Khwāirizmi in der Bearbeitung des Maslama ibn Ahmed Al Madjritī und der Latein. Uebersetzung des Athelhard von Bath,” in *Mémoires de l'Académie R. des Sciences et des Lettres de Danemark*, Copenhague, 7meS., Section des Lettres, t. III, no. 1, 1914.

勒密和西奥多修斯的作品属于最一流之列。他关于亲和数（两个数字，其中一个数字是另一个数字的真因数之和）的论文是已知第一部原创阿拉伯数学著作，这篇论文表明他熟悉毕达哥拉斯的数论。塔比特发现了以下寻找亲和数的规则，该规则与欧几里得完全数相关：如果 $p=3\times2^{n-1}$，$q=3\times2^{n-1}-1$，$r=9\times2^{2n-1}-1$（n 为整数）是三个质数，则 $a=2^{n}pq$，$b=2^{n}r$ 表示一对亲和数。因此，如果 $n=2$，则 $p=11$，$q=5$，$r=71$，$a=220$，$b=284$。塔比特·伊本·科拉是中国之外最早讨论幻方的学者，伊本·海塔姆（Ibn Al-Haitam）及之后的学者也研究了这一问题[1]。

9 世纪最重要的天文学家是巴塔尼（Al-Battani），拉丁人称他为“Albategnius”（天才巴特）。巴塔尼出生于叙利亚的巴丹（Batann），他的天文观测发现以精准而闻名。12 世纪，柏拉图·蒂伯蒂努斯（Plato Tiburtinus）将巴塔尼的著作《星相学》（*De Scientia Stellarum*）译成了拉丁文。在此拉丁语版本中，出现了“sinus”一词，作为三角函数的名称。阿拉伯语表示“正弦”的单词“jiba”源于梵语“jiva”，类似于阿拉伯语“jaib”，表示“缩进”或“鸿沟”。最后，就有了拉丁文中的“sinus”[2]。巴塔尼是托勒密的学生，和他关系亲密，但并未完全追随他的脚步。他引入了印度的“正弦”或“半弦”以代替托勒密的全弦，迈出了重要一步，他是第一个制作余切表的人。他研究了水平日晷和垂直日冕，相应地考虑了水平阴影和垂直阴影的问题，这两个问题分别是“余切”和“正切”问题。前者后来被拉丁学者称为“umbra recta”（直阴影）。巴塔尼很可能了解正弦定律。无论如何，可以确定巴塔尼知道这一定律的存在。阿拉伯人对希腊三角学的另一种改进也表明了印度人的影响。希腊人用几何方法处理的命题和运算，阿拉伯人用代数方法解决。因此，巴塔尼曾用 $\sin\theta=\dfrac{D}{\sqrt{1+D^{2}}}$，算出了方程 $\dfrac{\sin\theta}{\cos\theta}=D$ 中的 θ 值。这是一种古希腊人不知道的方法。他知道《天文学大成》给出的所有球面三角形公式，并且增添了一个重要的斜角三角形公式，即 $\cos a=\cos b\cdot\cos c+\sin b\sin c\cos a$。

---

〔1〕见 H. Suter，*Die Mathematiker u. Astronomen der Araber u. ikre Werke*，1900，pp. 36，136，139，140，146，218.

〔2〕M. Cantor，*op. cit.*，Vol. Ⅰ，3 Aufl.，1907，p. 737.

10世纪初左右，东方出现了政治动乱，阿巴斯家族失去了政权。土地接连被敌对势力占领，到945年，阿巴斯家族的所有财产都已被夺走。然而，幸运的是，巴格达的新统治者，波斯人布依德斯（Buyides）家族和之前的统治者一样对天文学感兴趣。科学的发展不仅不受阻碍，反而得到更大的支持。阿杜德·埃德道拉国王因其天文学研究而知名。他的儿子萨拉夫·埃德道拉（Saraf-eddaulaula）在其宫殿花园中架起了天文台，并在身边聚集了一大批学者[1]。其中有阿布·韦法（Abu'l Wefa），库希（Al-Kuhi）和萨加尼（Al-Sagani）。

阿布·韦法出生于乔拉斯桑（Chorassan）的布兹桑（Buzshan），该地区是波斯山地区。这里还诞生了其他许多阿拉伯天文学家。他的一个了不起的发现是注意到了月亮的变化规律，通常认为是第谷·布拉赫（Tycho Brahe）首先发现了这一变化。阿布·韦法翻译了丢番图的作品。他是最后一批翻译和评注希腊著作的学者之一。他认为花拉子米的代数研究值得他作注。由此可知，迄今为止，代数研究在阿拉伯几乎没有进展。阿布·韦法发现了一种计算正弦表的方法，该方法可将半度的正弦值精确到小数点后九位。他使用了正切并计算了正切表。在考虑日冕的阴影三角形时，他还介绍了正割和余割。不幸的是，这些新三角函数和对月亮的变化规律显然没有引起同时代和后代学者的注意。阿布·韦法的“几何构造”论著表明，当时正在努力改进制图。其中还包含球外接规则多面体的角的一种简洁构造方法。在这里，仅使用圆规构造的条件首次出现，后来，这一构造得到了西方学者的广泛研究。

库希是巴格达宫廷的天文台的第二位天文学家，他是阿基米德和阿波罗尼奥斯的学生，与他们关系亲近。他解决了以下问题：构造一个球体的一部分，使该部分体积与给定部分相等，且其曲面的面积与另一个给定球体部分的曲面相等。他与萨加尼和比鲁尼（Al-Biruni）研究了角三等分问题。优秀的几何学家阿布·朱德（Abu'l Jud）通过抛物线与等边双曲线相交解决了这个问题。

阿拉伯人已发现定理：两个正整数的三次幂的和永远不可能是一个正整数的三次幂，这是“费马大定理”的特例。阿布·穆罕默德·乔安迪（Abu Mohammed Al-Khojandi）认为他已经证明了这一点，他的证明方法现已失传，不

[1] H. Hankel, *op. cit.*, p. 242.

过，他的证明据说存在缺陷。几个世纪后，贝哈艾丁（Beha－Eddin）宣布 $x^3+y^3=z^3$ 不可能成立。

另有一位数学家卡尔克希（Al－Karkhi）在数论和代数领域做出了重要工作，他生活于11世纪初的巴格达，他关于代数的论文是阿拉伯人最伟大的代数著作。从他的著作内容看，他似乎是丢番图的门徒。他是第一个使用高等根运算并求解 $x^{2n}+ax^n=b$ 形式的方程的人，他给出了二次方程解法的算术和几何证明。他是第一位给出和证明以下级数求和定理的阿拉伯学者：

$$1^2+2^2+3^2+\cdots+n^2=(1+2+\cdots+n)\ \frac{2n+1}{3}$$

$$1^3+2^3+3^3+\cdots+n^3=(1+2+\cdots+n)^2$$

卡尔克希对不定分析也颇有研究。他在处理丢番图法时便显出一定技巧，但是并没有新的数学发现。令人惊讶的是，卡尔克希的代数没有任何印度不定分析研究的痕迹。但最令人惊讶的是他写作的一本算术著作完全排除了印度数字，它完全继承了希腊传统。同样在10世纪后半叶，阿布·韦法写了一本算术著作，其中找不到印度数字。这种做法与其他阿拉伯学者的做法截然相反。为什么如此杰出的学者会忽略印度数字呢？这无疑是一个谜。对此，康托尔的解释是，阿拉伯曾有过对立的学派，其中一派几乎完全遵循希腊数学传统，另一派则学习印度。

阿拉伯人熟悉二次方程的几何解法，到目前为止，他们已尝试以几何方式求解三次方程，在研究阿基米德之类问题的过程中，他们发现了几何解法。阿基米德问题要求用平面切割一个球体，以使两部分之比为给定值。第一个以三次方程形式陈述该问题的人是巴格达的马哈尼（Al－Mahani），而阿布·贾法尔·阿尔恰津则是第一个用圆锥曲线解方程的阿拉伯人，库希、哈桑·伊本·海塔姆等人也给出了他们的解法。还有一个难题是求正七边形的边，需要根据方程 $x^3-x^2-2x+1=0$ 构造正七边形的边，许多人都曾做过研究，最终，阿布·朱德解决了这个问题。

诗人奥马尔·哈雅姆（Omar Khayyam）是乔拉斯桑人，也是将圆锥曲线相交应用于解代数方程方法的最大功臣。他将三次方程分为两类，即三项式和四项式，每一类又分为科和种。每种都按照一套总体方案单独处理。他认为，三次方程无法通过计算求解，也无法通过几何方法求解四次方程。他拒绝接受负数根，并且常常未能发现所有正数根。阿布·韦法[1]尝试求解四次方程，最终用几何方法解出了方程 $x^3=a$ 和 $x^4+ax^3=b$。

通过圆锥线相交解三次方程是阿拉伯人在代数领域的最大成就。这项工作的基础是希腊人奠定的，因为梅纳希姆斯首先了给出了 $x^3-a=0$ 或 $x^3-2a^3=0$ 的根。他的目的不是找到与 x 对应的数字，而是要求体积为边长为 a 立方体的两倍的立方体的边 s。阿拉伯人有其他目标：求出给定数值方程的根，西方直到最近才知道三次方程的阿拉伯解法。笛卡尔和托马斯·贝克（Thomas Bake）重新发现了这些结构，哈雅姆（Al-Khayyam）、卡尔克希（Al-Karkhi）和阿布·朱德的研究表明，阿拉伯数学与印度数学渐行渐远，更直接地受到希腊数学的影响。

卡尔克希和奥马尔·哈雅姆将东方阿拉伯数学带入了巅峰时期，但之后就开始衰落。1100 年至 1300 年间，伴随着战争，欧洲基督徒通过与阿拉伯文化的接触获利颇多，当时，阿拉伯文化远优于西方文化。十字军不是阿拉伯人的唯一对手。13 世纪上半叶，他们被迫遭遇蒙古部落，并在 1256 年被旭烈兀（Hulagu）征服。巴格达的哈里发不复存在。14 世纪末期，帖木儿建立了另一个帝国。在如此全面的动荡中，科学的衰落不足为奇。科学不衰落才是一个奇迹。在旭烈兀王朝统治期间，有一位学者纳西尔丁，知识渊博，天资聪颖，他说服了旭烈兀在马拉加（Maraga）为他和他的同事建立了一个大型天文台。他写作了有关代数、几何和算术的论文，翻译了《几何原本》。他第一次在天文学之外以如此完美的方式精心阐释了三角学。如果 15 世纪的欧洲人了解这些成果的话就会省去大量精力。[2] 他尝试用技巧来证明平行假设，他的证明过程如图 1-21 所示，如果 AB 在 C 处垂直于 CD，并且如果另一条直线 EDF 形成一个锐角 EDC，则 AB 和 EF 之间并在 CD 的 E 侧绘制的 AB 的垂线距离越来越短。沃利斯在 1651[3] 年曾用拉丁语翻译发表过他的证明过程，即使在帖木儿

---

〔1〕 L. Matthiessen, *Grundzüge der Antiken und Modernen Algebra der Litteralen Gleichungen*, Leipzig, 1878, p. 923.

〔2〕 *Bibliotheca mathematica* (2), 7, 1893, p. 6.

〔3〕 R. Bonola, *Non-Euclidean Geometry*, transl. by H. S. Carslaw, Chicago, 1917, pp. 10-12.

的撒马尔罕（Samarkand）的宫廷，科学也丝毫没有被忽略。一群天文学家被请到这里，乌雷格·贝格（Uleg Beg）是帖木儿的孙子，他本人是天文学家，这时最著名的是算术作者卡西（Al-Kashi）。因此，在和平时期，东方在数个世纪以来不断发展科学，最后一位东方学者是贝哈艾丁（Beha-Eddin），他的算术研究精髓与大约800年前写成的花拉子米的作品水平相当。

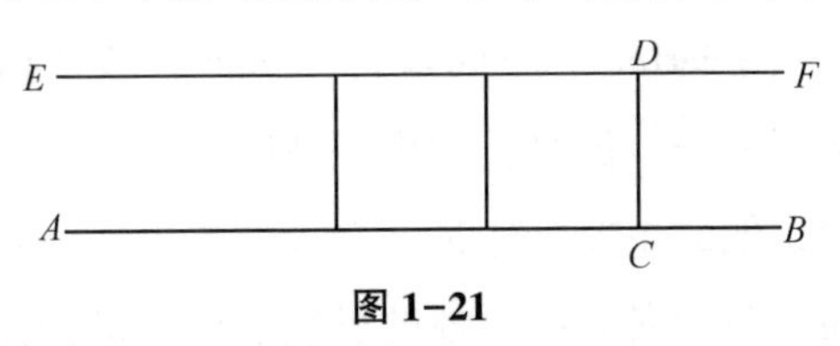

图 1-21

“东方民族的强大力量令人赞叹，他们乘风征服了半个世界。但更神奇的是，他们凭借着神秘的力量在不到两代人的时间里就从初级农耕文明中发展出了科学技术。”在这段时间，东方的天文学和数学研究大大超越了同时期西方的科学进步。

到目前为止，我们只谈到了东方的阿拉伯人。而西方的阿拉伯人，由于在不同的政府管辖下，与东方的阿拉伯人关系极其敌对。因此，虽然两个当时伟大的学术中心巴格达和科尔多瓦的宗教和书面语相同，但人们之间的科学交流要比我们预期的少。此外，两地相距遥远，也是原因之一。西班牙的科学进展与波斯完全不同，不过，向西前往科尔多瓦的途中，我们必须在埃及驻足停留，了解此处正在复兴的科研活动。亚历山大的辉煌成为了历史，开罗及其图书馆和天文台成了当地的学术中心。开罗的科学家中，最重要的是伊本·朱诺斯（Ibn Junos），他是阿布·韦法同时代的学者，解决了球面三角学的一些难题。另一位重要的埃及天文学家是伊本·海塔姆，他计算了抛物线绕任何直径或纵坐标旋转形成的抛物线体的体积；他使用了穷竭法，并给出了自然数的前四次幂的四个求和公式[1]。我们继续向西，在摩洛哥见到了阿布·哈桑·阿里（Abu'l Hasan Ali），他的论文《论天文仪器》显示出对阿波罗尼奥斯圆锥曲线的透彻了解。最终，我们到达了西班牙首都科尔多瓦，我们为她壮丽的建筑所震撼，在这个著名的学术中心，10世纪建立了学校和图书馆。

---

〔1〕 H. Suterin in *Bibliotheca mathematica*, 3. S., Vol. 12, 1911-12, pp. 320-322.

关于西班牙数学的进展我们知之甚少，我们只知道，西班牙最早的学者是马吉里蒂（Al-Majriti），他是一篇关于“亲和数”的神秘论文的作者。他的学生在科尔多瓦、达尼亚和格拉纳达建立了学校。西班牙撒拉逊人中唯一一个大天文学家是赛维拉（Sevilla）的贾比尔·伊本·阿夫拉（Jabir ibn Aflah），他经常被称为格伯（Geber），生活于11世纪下半叶，以前他被认为是代数的发现者。事实上，代数（algerbra）一词来自“Jabir”或“Geber”，他也是这个时代最杰出的天文学家之一。但是，与许多他同时代的人一样，他的著作也包含许多神秘主义思想，他的主要著作是九卷天文学著作，其中第一卷专门研究三角学。在他的球面三角学研究中，他的思想表现得极为独立，他与托勒密采用的历史悠久的“六量法则”展开斗争，并根据“四量法则”提出了一个新方法：如果 PP_1 和 QQ_1 是相交于 A 的两个大圆的弧，而 PQ 和 P_1Q_1 是垂直于 QQ_1 所作的大圆的弧，则有比例 $\sin AP : \sin PQ = \sin AP_1 : \sin P_1Q_1$，他由此得出球面直角三角形的公式。

塔比特·伊本·科拉等人可能早就知道了这个正弦公式[1]。在托勒密已经给出的四个基本公式之外，他添加了第五个公式，这是他自己的发现：如果 a，b，c 是边，而 A，B，C 是球面三角形的角度（与 A 成直角），则 $\cos B = \cos b \sin C$。这通常被称为“格伯定理”。虽然他在球面三角学中的创新激进而大胆，但在平面三角学研究中，他机械模仿希腊人的老套路。他甚至没有采用印度的“正弦”和“余弦”，仍然使用希腊语的“两倍角弦”。摆脱古老观念确实是一件痛苦的事，哪怕是对一个个性独立的阿拉伯人来说也是如此！

一个显著的事实是，早期的阿拉伯人中找不到算盘的任何使用痕迹。13世纪末，才有一位阿拉伯学者伊本·阿尔班纳（Ibn Albanna）在研究中混合使用了算盘和印度计算方法。伊本·阿尔班纳生活于非洲海港贝贾亚（Bugia）。很明显，他受到了欧洲的影响，所以对算盘有所了解。伊本·阿尔班纳和之前的亚伯拉罕·伊本·伊斯拉（Abraham ibn Esra）通过“双假位法”求解了一次方程。伊本·阿尔班纳之后，卡萨尔第（Al-Kalsadi）和贝哈艾丁也使用了这一方法[2]。如果 $ax+b=0$，则令 m 和 n 为任意两数字（“双假位法”），令

〔1〕 *Bibliotheca mathematica*, 2. S., Vol. 7, 1803, p. 7.

〔2〕 L. Matthiessen, *Grundzüge d. Antiken u. modernen Algebra*, Leipzig, 1878, p. 275.

$am+b=M$，$an+b=N$，则 $x=(nM-mN)\div(MN)$。

三次方程 $x^3+Q=px$ 的近似解也很令人感兴趣，它是从 $x=\sin 1°$的计算中得出的。该方法仅有这一个示例，是米拉木·切尔贝 1498 年在某些阿拉伯天文表的注释中给出的。该解法的发现者是阿塔贝德·贾姆希德（Atabeddin Jamshid）[1]。由原式可得 $x=(Q+x^3)\div P$。如果 $Q\div P=a+R\div P$，则 a 是第一近似值。那么我们有 $Q=aP+R$，因此 $x=a+(R+a^3)\div P=a+b+S\div P$。然后 $a+b$ 是第二近似值。那么有 $R=bP+S-a^3$ 和 $Q=(a+b)P+S-a^3$，因此 $x=a+b+S-a^3+(a+b)^3\div P=a+b+c+T\div P$，那么 $a+b+c$ 是第三近似值，依此类推。通常，计算量相当大，但这是个求出 $x=\sin 1°$的解的好方法。这个例子也是已知唯一一个阿拉伯学者求混方程（affected equation）的近似算术解的例子。将近 3 个世纪前，斐波那契提出了一个三次方程解法，近似精度更高，但没有公开他的方法。

卡萨尔第（Al-Kalsadi）是离我们最近的著名西班牙阿拉伯学者，他写作了《掀起古巴尔科学的面纱》。"古巴尔"一词原意是"粉尘"，在这里代表与心算相对的带有数字的书面算术。在加法、减法和乘法运算中，结果写在其他数上方。平方根由单词"jidre"的阿拉伯字母首字母表示，意思是"根"，尤其是"平方根"。卡萨尔第有代表未知数的符号，并且使用的代数符号相当多。顾芬特（Güfinther）相信，既然$\frac{4a^3+3ab}{4a^2+b}=a+\cfrac{b}{2a+\cfrac{b}{2a}}$，那么卡萨尔第在估计平方根$\sqrt{a^2+b}$即$\frac{(4a^3+3a)}{4a^2+b}$时使用了连分数法，虽然其中并没有使用现代数学符号。卡萨尔第的著作在使用的代数符号数量优于其他阿拉伯著作，在他之前的阿拉伯代数比印度代数使用的代数符号少得多。内塞尔曼[2]将代数按符号分为三类：(1) 文词代数，不使用符号，所有内容均以单词形式写成；(2) 简字代数，与修辞代数相同，所有内容均以文字形式写成，用于反复出现的运算和概念的符号除外；(3) 符号式代数，其中所有形式和运算均由充分完善的代数符号表示，例如 $x^2+10x+7$。按照这种分类，阿拉伯数学著作（后期西方的阿拉

---

[1] Cantor, *op. cit.*, Vol. Ⅰ, 3rd Ed., 1907, p. 782.

[2] G. H. F. Nesselmann, *Die Algebra der Griecken*, Berlin, 1842, pp. 301-306.

伯人除外)，希腊语版本的杨布里柯和西玛利达斯的著作，意大利早期学者和雷格蒙塔努斯等的著作使用文词代数。后来的西方阿拉伯人，丢奥丢图斯人以及 17 世纪中叶之前的欧洲学者的著作都使用了简字代数（韦达和奥特雷德除外)。印度数学家韦达和奥特雷德的著作以及 17 世纪中叶以来的欧洲人的著作都采用符号式代数。由此可以看出，西方阿拉伯人在代数表示法方面较先进，除印度人外，他们不逊于他们的前辈或同时代人。

哥伦布发现美洲的那一年，摩尔人在西班牙失去了最后的据点。阿拉伯科学的繁荣时代结束了。

我们已看到，阿拉伯数学家取得了令人称赞的成就，他们有幸遇到了大力支持科学发展的统治者。哈里发的宫廷为科学家们提供了图书馆和天文台，阿拉伯学者撰写了大量的天文学和数学著作。有人说，阿拉伯数学家非常博学，但原创发现不多，现在我们了解了阿拉伯数学历史，应当认识到这一说法并不准确。阿拉伯人有一些实实在在的新发现，他们通过几何构造解出了三次方程式，推动了三角学研究，并在数学、物理学和天文学领域取得了一定进展，他们对科学研究成果的保护尤其重要，他们学习借鉴希腊和印度的研究成果，并精心保存，当西方人再次对科学研究产生兴趣，他们便将西方的宝贵财富再次交还给欧洲人。因此，我们可以说，闪族人在黑暗时替雅利安人保管了宝贵的知识财富。

中世纪欧洲数学

公元3世纪，欧洲各民族进入大迁徙时代。强大的哥特人（Goth）离开了北部的沼泽和森林，沿着平缓的河流向西南进军。他们赶走了汪达尔人（Vandal）、苏伊夫人（Sueve）和勃艮人（Burgundian），穿越罗马领土，最后抵达地中海沿岸。来自乌拉尔山脉的野蛮人席卷了多瑙河流域。罗马帝国土崩瓦解，黑暗时代骤然降临。然而，这个时代看似黑暗，却是现代欧洲制度和国家雏形萌发的时期。条顿人（Teutonic）在与凯尔特人（Celtic）和拉丁人（Latin）混合后日渐强盛，逐步演变为现代欧洲文明。几乎所有欧洲国家都是雅利安人，希腊和印度古代的大思想家们也是雅利安人。到了现代，阿尔卑斯山和意大利北部的国家成了科学发展的先锋。

中世纪罗马数学

接下来，我们将会看到来自欧洲北部的蛮族逐渐占据了古代遗留的知识财富。随着基督教的传播，拉丁语不仅被引入教会，还被用于科研记录和重要的日常生活记录。因此，中世纪的科学发现主要为拉丁文文献。实际上，在这一时期的早期，西方世界只读过罗马学者的著作。尽管他们并非对希腊语一无所知，但在13世纪之前，还没有希腊文著作被读过或翻译成拉丁文。实际上，罗马学者的科学发现非常稀少，我们必须再等待几个世纪才能看到数学研究的实质性进展。

波爱修斯和卡西奥多拉斯之后，意大利的数学研究就停止了。从北方迁徙而来的那些部落的最早的一个科研成果是一本名为《词源》（*Origenes*）的百科全书，由伊西多尔（Isidorus）撰写，不算非常重要。这本书的写法模仿了卡西奥多拉斯和乌尔提亚努斯·卡佩拉（Martianus Capella）的罗马百科全书。它有一部分专门介绍了四边形、算术、音乐、几何学和天文学。此外，伊西多尔给出了一些术语的定义和语法解释，但没有描述当时流行的计算方式。伊西多尔之后，数学经历了一个世纪的黑暗。最后，学者比德（Bede）的出现开启了数学研究的新黎明。比德是英格兰威尔茅斯（Wearmouth）人，是当时最博学的学者之一，他的作品包含复活节时间的计算方法以及手指计算法。似乎在当时，手指符号被广泛用于计算。确定复活节的准确时间在当时是一个让教会焦躁不安的难题，人们希望每个修道院至少有一名僧侣可以测算宗教节日的日期并计算日历，这种计算需要一定的算术知识，因此，我们总能在僧侣的课程中发现计算方法的教学。

比德去世的那一年，阿尔昆（Alcuin）刚好出生。阿尔昆曾在爱尔兰接受教育，并被召至查理曼大帝的宫廷，管理法兰克帝国的教育事业。查理曼大帝对教育和学术研究都给予了鼎力支持，他在帝国的大教区和修道院中创办学校，教授诗歌、写作、声乐、算术和语法等课程。算术课程不仅包含复活节时间的计算教学，通常还包含计算方法教学。当时究竟采用了哪种计算方式，我们无从知晓。阿尔昆不太可能会熟悉波爱修斯顶点和罗马算盘的计算方法，和很多其他学者一样，他将数论引入神学中。根据他的说法，数字 6 是由创造了完美世界的上帝创造的，因为 6 是一个完全数（其因数之和为 $1+2+3=6$）；另一方面，8 是不完全数（$1+2+4<8$）。因此，人类的第二个起源是数字 8，数字 8 据说是诺亚方舟中存在的灵魂数量。

当时还有一本名为《益智问题大全》（*Propositiones ad Acuendos Iuvenes*）的书，成书时间无疑可追溯至公元 1000 年，甚至更早。康托尔认为，此书成书于更早时间，作者便是阿尔昆。书中一个问题如下：一只狗在追逐一只兔子，二者相距 150 英尺，兔子每跳跃 7 英尺，狗跳跃 9 英尺。若要求狗跳多少次能赶上兔子，需将 150 除以 2。在这本书中，三角形和四角形的土地面积用近似面积公式求出。该公式与埃及人使用的公式相同，波爱修斯在其几何学著作也给出了这个公式。书中还给出了古老的“水箱问题”（已知几个水管单独装满一个水箱的时间，计算它们共同装满一个水箱的时间），该问题之前在海伦的《希腊诗选》（*Greek Anthology*）和印度数学家的著作中出现过。书中的许多问题表明，该书的编纂主要收集了罗马文献，其中一个问题颇为特殊，能够最有力地证明该书引用了罗马文献。该问题是在生双胞胎的情况下如何执行遗嘱，除了遗产分配比例不同外，该问题与罗马人给出的问题完全相同。书中还有一些用于消遣娱乐的问题，其中一个是关于狼、山羊和白菜的问题：要带一只狼、一只山羊和一棵白菜划船过河，但每次只能载一个，问应如何携带它们过河，使山羊不会吃掉白菜，狼也不会吃掉山羊。[1] 解决《益智问题大全》中的问题只需要了解一些测量公式，会解线性方程，懂整数四则基本运算。书中没有问题需要开方，分数也基本没有出现[2]。

查理曼大帝逝世后，法兰克帝国几乎立即四分五裂，战争与混乱随之而来，科学研究中止。直到10世纪末，德国在撒克逊人统治下，法国在卡佩（Capetian）王朝统治下，重新迎来了和平时代。无知的阴影开始褪去，僧侣对数学研究的热情大增。其中，吉尔伯特（Gerbert）投入精力最多，影响力最大。吉尔伯特出生于奥弗涅（Auvergne）的欧里亚克（Aurillac），在修道院接受教育之后，他主要在西班牙从事数学研究。回国后，他在兰斯（Rheims）任教十年，并因其学术成就而闻名。他极受国王奥托一世（King Otto Ⅰ）及其继任者敬重。他先后当选为兰斯和拉文纳（Ravenna）的主教，最后被前皇帝奥托三世（Emperor Otho Ⅲ）任命为教皇，受封为西尔维斯特二世（Sylvester Ⅱ）。在经历了许多政治和宗教纷争之后，他于1003年去世。这就是10世纪欧洲最伟大的数学家的一生，同时代的人认为他在数学领域知识渊博，许多人甚至为此指控他与恶魔做过交易。

吉尔伯特经常购买稀有书籍扩大知识储备，就这样，他在曼托瓦（Mantua）发现了波爱修斯的几何学著作。尽管这本书科学价值不大，但在历史上却意义重大。彼时，此书是欧洲学者学习几何理论的重要书籍，吉尔伯特抱着极大热情研究了这本书。一般认为，他本人也写过一本几何学著作。不过，魏森博恩（Weissenborn）称，此书并非他本人所写，并且，这本书包含的三部分不可能是同一位作者所写。然而，最新研究更倾向于认为此书作者确是吉尔伯特，不过其中包含了他从不同文献整理的内容[3]。这本几何学著作中几乎没有多少内容是波爱修斯的著作没有提及的，但是，吉尔伯特纠正了后者的一些偶发错误。由此可知，吉尔伯特对波爱修斯的研究理解透彻了。汉克尔说："中世纪的第一篇数学论文是吉尔伯特写给乌得勒支（Utrecht）主教阿达尔博尔德

---

〔1〕 S. Günther, *Geschichte des mathem. Unterrichts im deuischen Mittelalter*. Berlin, 1887, p. 32.

〔2〕 M. Cantor, *op. cit.*, Vol. Ⅰ, 3. Aufl., 1907, p. 839.

〔3〕 S. Günther, *Geschichte der Mathematik*, 1. Teil, Leipzig, 1908, p. 249.

(Adalbold) 的一封信，这种说法非常公允。”在这封信中，吉尔伯特解释了为什么“用几何方法”与“用算术方法”算三角形面积会得出不同的结果，即底与高乘积的一半，与测量师使用的公式 $\frac{1}{2}a(a+1)$（a 表示等边三角形的边长）结果不同。他给出了正确解释：在后一个公式中，三角形被划分成大量小正方形，即使某些正方形的一部分在三角形之外，这些正方形在计算中按完整正方形计算。学者史密斯（Smith）[1] 将“里思莫马恰”（Rithmomachia），一个伟大的中世纪数字游戏带入学界视野。有人声称此问题起源于希腊，这个游戏一直存在，直到 16 世纪，它要求游戏者具有强大的算术能力。吉尔伯特、奥朗斯·费奈（Oronce Finé）、托马斯·布拉德沃丁（Thomas Bradwardine）等人都熟悉这一游戏，该游戏使用一块类似于棋盘的板子，涉及诸如 81=72+72 的$\frac{1}{8}$和 42=36+36 的$\frac{1}{6}$之类关系。

吉尔伯特审视了波爱修斯的算术研究，随后出版了以下两本书中的第一本，或许两本都出版了：《数字除法小书》（*A Small Book on the Division of Numbers*）和《算盘计算规则》（*Rule of Computation on the Abacus*）。这两本书介绍了欧洲在引入印度数字之前使用的计算方法。阿尔昆可能不知道吉尔伯特使用算盘计算。吉尔伯特的学生伯尼利努斯（Bernelinus）描述称，算盘为一块光滑的木板，几何学家在使用时习惯在木板上撒上蓝色的沙子，然后绘制图表。为方便计算，该板分为 30 栏，其中 3 栏留给小数部分，其余 27 栏每三栏为一组，每组中，列分别用字母 C（百），D（十）和 S（个）或 M（单个）标记。伯尼利努斯给出了当时使用的 9 个数字，这 9 个数字均用波爱修斯顶点表示，伯尼利努斯接着指出可以用希腊字母代替它们。通过使用这些栏，可以在不引入零的情况下写出任何数字，并且所有算术运算都可像那些不使用这些栏但使用符号零的计算方式一样进行。事实上，当时的算术学家中流行的加法、减法和乘法与今天使用的方法基本一致。不过有一点很大不同，早期的除法规则似乎需要满足以下三个条件。(1) 应尽可能限制乘法表的使用；至少，绝不能要求使用者在心中将两位数字乘以一位数字。(2) 应尽可能避免减法，并以加法

[1] *Am. Math. Monthly*, Vol. 28, 1911, pp. 73-80.

代替。(3) 运算应以纯机械方式进行，不能进行验证[1]。这看起来似乎很奇怪，但我们必须记住，中世纪的僧侣上学或者说学习乘法表的时候并不是记忆力比较好的童年时期。吉尔伯特的除法规则是现存的最古老的运算规则。这些规则非常简短，对于初学者来说晦涩难懂。它们的作用可能只是辅助回忆后续计算步骤。后来，有些研究手稿给出了这套规则更加详细的说明。在将任何数字除以一位数（例如 668 除以 6）时，除数首先加到 10[2]。接下来，我们必须想象出那些被划掉，被删除，然后被下面的数字替换的各数位数字。具体如下所示。600÷10=60，但是为纠正偏误，必须加上 4×60 或 240。200÷10=20，接着又必须加上 4×20 或者 80。现在，60+40+80 的总和为 180。然后继续：100÷10=10，现在必须再做一次校正，加上 4×10 或 40，将其加到 80 上得到 120；接下来，100÷10=10，4×10 以作校正再加上 20 得 60。如上，60÷10=6，为校正偏误 4×6=24。现在 20÷10=2，为校正偏误 4×2=8。在单位栏中，我们现在有 8+4+8 或者说 20。和前面一样，20÷10=2；为校正偏误 2×4=8，它不能除以 10，只能除以 6，结果得商 1 和余数 2。所有得出的商加在一起：60+20+10+10+6+2+2+1=111。所以，668 除以 6，商为 111，余数为 2。

除数涉及两位及两位以上数字时计算类似但更复杂。如果除数为 27，则将采用除数 10 的第三个较高的倍数，即 30，但是需要对倍数 3 作额外的校正。一个人如果有耐心将这种除法一直进行到最后，就会明白为什么有人说吉尔伯特“给出的规则，让用算盘的人满头大汗，感到难以理解”。他还将理解为什么阿拉伯除法在首次引入时被称为“黄金除法”，而算盘上的除法运算称为“黑铁除法”。

在有关算盘的书中，波爱修斯的著作有一章专门讨论了分数。当然，这些分数都是十二进制数字。罗马人最早使用了十二进制数字。由于缺少合适的符号，即便我们像早期的算盘专家一样习惯表达它们，不是用分子或分母来表达它们，而是使用名称，例如 uncia 表示$\frac{1}{12}$，quincunxf 表示$\frac{5}{12}$，dodrans 表示$\frac{9}{12}$，我们使用它们进行计算也是非常困难。

---

〔1〕 H. Hankel, *op. cit.*, p. 318.

〔2〕 M. Cantor, *op. cit.*, Vol. Ⅰ, 3. Aufl., 1907, p. 882.

10 世纪，吉尔伯特是学者中的中心人物。在他的时代，西方人完全掌握了古罗马时代的所有数学知识（中世纪西方世界既有的拉丁文古文献）。11 世纪，人们对古罗马的知识进行了认真的研究。尽管写了大量算术和几何著作，西方的数学知识仍然微不足道。他们从古罗马文献获得的数学知识极其稀少。

阿拉伯手稿翻译

凭借着出众的学问和令人瞩目的研究，吉尔伯特为数学研究注入新生，更将其纳入了哲学研究的范畴。来自法国、德国和意大利的学生聚集在兰斯跟随他学习。到他们自己当老师时，他们自然不仅会教给学生算盘和几何学的用法，还会教给他们亚里士多德的哲学。起初，研究者只能通过波爱修斯的著作了解亚里士多德的哲学，但是他们的热情越来越高，希望能够得到他的完整著作。当时，希腊文献缺乏，但是拉丁人听说阿拉伯人也是亚里士多德学派的伟大仰慕者，并且有亚里士多德著作的译本和评论。于是，他们开始四处搜寻、翻译阿拉伯手稿。在搜寻过程中，一些数学著作也引起了他们的注意，并被翻译成拉丁文。尽管一些不重要的作品可能早些时候已被翻译过，但最活跃的翻译时期始于1100年左右。自8世纪开始，他们就开始去发掘希腊和印度科学的宝库，他们对穆罕默德知识宝库的热情甚至超过了阿拉伯人自己。

阿特拉德（Athelard）最早将阿拉伯手稿翻译成了拉丁文，他生活于12世纪早期，曾在小亚细亚、埃及四处周游，很可能也去过西班牙，途中曾经历千难万险，最后，他学会了阿伯拉语，了解了阿拉伯科学研究。他是最早翻译《几何原本》阿拉伯语版本的人。他还翻译了花拉子米的天文表。1857年，人们在剑桥的图书馆中发现了一份手稿，这份手稿是用拉丁语写成的花拉子米的算术证明，很可能是阿特拉德的翻译成果。

大约在同一时间，蒂沃利的柏拉图或称柏拉图·蒂伯蒂努斯（Plato of Tivoli or Plato Tiburtinus）非常活跃，他翻译了的巴塔尼的一本天文学著作和西奥多修斯的《球面学》。

大约在12世纪中叶，在当时的托莱多（Toledo）大主教雷蒙德（Raymond）的领导下，一群基督教学者聚集在托莱多进行研究。这些人中，来自塞维利亚的约翰（John）最为杰出，他主要翻译亚里士多德哲学的相关作品。对我们而言，最重要的是他从阿拉伯学者那里搜集并整理出的一本算术书籍。一个分数除以另一分数的规则证明如下：$\frac{a}{b}\div\frac{c}{d}=\frac{ad}{bd}\div\frac{bc}{bd}=\frac{ad}{bc}$。

13世纪的德国学者约旦努斯·内莫拉里乌斯（Jordanus Nemorarius）也做了同样的解释。在将这些作品与算盘学家的作品进行比较时，我们很快注意到极其显著的差异，这种差异表明双方借鉴的文献并不相同。有说法称，吉尔伯特的顶点和算术知识并非来自波爱修斯，而是来自西班牙的阿拉伯人，而且波爱修斯的几何学著作部分乃至全部都是伪造的，时间只能追溯到吉尔伯特的时代。如果是这种情况，那么吉尔伯特的著作应该会出现阿拉伯文献的痕迹，就像约翰的著作那样。但是我们没有发现吉尔伯特的著作和阿拉伯文献的相似之处，所以吉尔伯特不可能从阿拉伯人那里学到算盘的用法，因为所有证据都表明他们不使用算盘。他也不太可能是从阿拉伯人那里学习到顶点，因为欧洲人只在算盘上使用顶点。在举例说明除法时，10世纪和11世纪的数学家用罗马数字介绍了一个示例，画一个算盘并在其中插入带有顶点的必要数字。这样看来，算盘和顶点的来源似乎相同。我们将约翰这样学习阿拉伯文献的学者和算盘学家们比较后发现，他们的区别在于：与后者不同，前者提到了印度人，使用术语“算法”，用零进行计算，但不使用算盘。前者教授求根，而算术学家则不介绍；前者介绍阿拉伯人使用的六十进制分数，而算术专家则使用罗马人的十二进制数[1]。

比约翰稍晚一些，克雷莫纳的学者杰拉德（Gerard）在伦巴第（Lombardy）非常活跃。为了找到《天文学大成》，他去了托莱多，并在1175年翻译了托勒密的这部伟大著作。感叹于阿拉伯文献之丰富，他开始全身心投身于这些作品研究，将70多本阿拉伯作品翻译成拉丁文。在数学论文中，除了《天文学大成》，他还翻译了15卷《几何原本》、西奥多修斯的《球面学》、梅内劳斯（Menelaus）的一部著作、花拉子米的《代数学》、贾比尔·伊本·阿夫拉（Jabir ibn Aflah）的天文学著作，以及其他不那么重要的研究。杰拉德将术语“sinus”（三角函数）引入了三角学，罗伯特（Robert）翻译了花拉子米的《代数学》，他的翻译可能早于克雷莫纳的翻译。

---

〔1〕 M. Cantor, *op. cit.*, Vol. Ⅰ, 3. Aufl., 1907, p. 879, chapter 40.

13 世纪时，阿拉伯语热持续不减。当时，对科学支持力度最大的是霍亨斯陶芬王朝（Hohenstaufen）的腓特烈二世（Frederick Ⅱ）。他经常与阿拉伯学者交流，对阿拉伯科学逐渐熟悉，还聘请了许多学者翻译阿拉伯手稿。多亏了他，我们才有了《天文学大成》的新译本。阿拉伯皇室的学术支持者中有一位特别值得一提，即卡斯提尔（Castilla）王国的阿方索十世（Alfonso Ⅹ）。在他周围聚集了许多犹太和基督教学者，他们翻译和整理了阿拉伯天文著作。其中两个犹太人制作的天文表在西方迅速传播，是 16 世纪之前所有天文计算的基础。众多学者共同努力将阿拉伯科学移植到了基督教的土壤，但是于此我们只提一人，乔瓦尼·坎帕诺（Giovanni Campano），他重新翻译了《几何原本》，该译本淘汰了之前的所有版本，成为之后印刷版的样本[1]。

12 世纪中叶，西方人拥有了所谓的阿拉伯数字，在 12 世纪末，印度计算方法开始取代继承自罗马的烦琐方法，拉丁人已知道代数及求解线性方程和二次方程的规则，欧几里得的《几何原本》、西奥多修斯的《球面学》和托勒密的《天文学》以及其他作品都有了拉丁文版本。大量的新科学文献传播到了基督徒手中，并且，他们并不缺少能够理解外来科学知识的天才，其中，斐波那契是 13 世纪前期最重要的学者。

但必须要注意，15 世纪之前，西方没有直接翻译过任何希腊文数学或天文学著作。

〔1〕 H. Hankel，*op. cit.*，pp. 338，339.

第一次数学复兴和结果

迄今为止，法国和不列颠群岛一直是基督教欧洲的数学研究大本营，但是在13世纪初，意大利出现了一位学者，他以一举之力让意大利成为新的数学研究中心。这个人不是比德、阿尔昆或吉尔伯特这样的僧侣，而是一个外行，只在业余时间进行科学研究，他就是比萨的莱昂纳多，开启了西方第一次数学复兴的人。他又被称为斐波那契（Fibonacci），意即“波纳奇奥（Bonaccio）之子”。当时，地中海南部和东部的沿海地区分布着众多工厂，他的父亲就是其中一个工厂的秘书。斐波那契小时候，父亲就让他学习了算盘的用法，斐波那契对数学产生了浓厚的兴趣。后来，他在周游埃及、叙利亚、希腊和西西里岛的过程中，从各个民族尽可能地收集了大量的数学知识。他发现，在所有计算方法中，印度方法无疑是最好的。回到比萨，他于1202年出版了他的伟大著作《算盘书》。1228年，该版本有了一本修订本。这本书包含了阿拉伯人的算术和代数研究，并以独立的视角审视了阿拉伯学者的研究。这本书和斐波那契的其他著作表明，他并不是像中世纪的其他学者那样仅仅翻译和整理，机械地复现这些问题的原本形式。因为目前无法确定他的文献来源，所以我们还无法知晓他的著作有多少是原创成分。卡平斯基（Karpinski）证明斐波那契广泛借鉴了阿布·喀米尔的代数研究，斐波那契的《几何实践》（*Practica Geometriæis*）部分借鉴了萨瓦索达（Savasorda）的《面积计算》（*Liber Embadorum*）。萨瓦索达是巴塞罗那（Barcelona）的一个博学的犹太人，和蒂沃利是同事。

斐波那契（见图2-1）是第一个倡导采用“阿拉伯数字”的伟大数学家。基督徒最早采用的阿拉伯数学部分是用零计算，经过长期使用算盘和顶点，人们已经能够在思想上接受这一方法，并渐渐放弃了用栏进行计算，而“abacus”（算盘）一词的含义也发生了改变，成为算法的同义词。拉丁语借用了阿拉伯语“sifr”（意为“空的”），用“zephirum”（与sifr读音相似）表示

图 2-1　斐波那契

“0”，“zephirum”之后又演变成英文单词“zero”（零）。新的表示法为开明的大众所接受，但是，起初却遭到了学术界的抵制。意大利商人早在 13 世纪就使用这种表示法，而修道院中的僧侣则遵循旧形式。1299 年，斐波那契的《算盘书》出版近 100 年之后，法律禁止佛罗伦萨商人用阿拉伯数字记账。当权者下令要么使用罗马数字，要么将数字形容词完整形式写出来。该法令的出台可能是由于某些数字形式多样从而导致歧义，引发误解和欺诈。西方数学家使用印度-阿拉伯数字的最早日期引起了我们的关注。当时的学者缺乏手稿和铭文的解读经验，给出的许多日期是错误的或者令人可疑。印度-阿拉伯数字最早出现在 10 世纪的手稿中，但直到 13 世纪初才广为人知[1]，1275 年左右，才开始被广泛使用。最早的包含印度-阿拉伯数字的阿拉伯手稿写于公元 874 年至 888 年，970 年发现于波斯的设拉子（Shiraz）。距离埃及耶利米斯修道院（Jeremias Monastery）不远处有一个教堂柱子，上面的印度-阿拉伯数字的日期可以追溯到伊斯兰历 349 年（公元 961 年）。可以确定，已知最古老的包含印度-阿拉伯数字的欧洲手稿是《维基拉努斯法典》（*Codex Vigilanus*），于公元 976 年在西班牙的阿尔贝尔达修道院（Albelda Cloister）成书。此外，伊西多尔在他写于 992 年的《词源》的西班牙语副本的附录中给出了除 0 之外的九个印度-阿拉伯数字。现藏于苏黎世大学图书馆的圣加尔手稿中有一份 10 世纪的手稿，其中也有印度-阿拉伯数字，但形式与《维基拉努斯法典》不尽相同。1077 年的一份梵蒂冈手稿，1139 年的西西里（Sicily）的一枚钱币上，1138 年

[1] G. F. Hill, *The Development of Arabic Numerals in Europe*, Oxford, 1915, p. 11. 此部分的日期信息来自此书和 D. E. Smith and L. C. Karpinski's *Hindu-Arabic Numerals*, Boston and London, 1911, pp. 133-146.

和 1197 年的雷根斯堡（Regensburg，即巴伐利亚）编年史中都发现了印度–阿拉伯数字。含有印度–阿拉伯数字的法语手稿的最早出现时间约为 1275 年，藏于大英博物馆中。一份有阿拉伯数字的英语手稿的最早出现日期约为 1230 年到 1250 年，另一份是 1246 年。最早出现阿拉伯数字的墓碑无疑是在 1371 年的巴登（Baden）的普福尔茨海姆（Pforzheim）和 1388 年的乌勒姆（Ulm）。各国用阿拉伯数字标注钱币的最早时间如下：瑞士 1424 年，奥地利 1484 年，法国 1485 年，德国 1489 年，苏格兰 1539 年，英国 1551 年。最早的阿拉伯数字日历是 1518 年的科博尔（Köbel）历，数字的形式差别很大，5 是最怪异的一个数字，竖立的 7 在公元前的几个世纪中很少见。

15 世纪，西班牙和意大利不再使用算盘及其筹码，但法国仍然在使用，英国和德国则使用到了 17 世纪中叶[1]。算盘计算的方法最后一次出现在英国国库是 1676 年。亨利一世统治时期，国库（exchequer）作为特殊机构独立运作，王室财政也在这里处理。“exchequer”最初是指覆盖表的方格布。假设王室代表被传唤，国库要求他回答是以“付现金还是记账”的方式来缴纳年度应缴款项。“王室代表的债务和实际支付款项通过在表格中放置筹码结算。表一侧的筹码代表王室代表给出的担保、钱币和记账的价值，另一侧代表王室应负担的债务”，这样就很容易看出他是否履行了应尽义务。在都铎王朝时代，“笔和墨点”取代了筹码，这些点一直使用到 1676 年[2]。记账的“账本”是一根去皮的木杆，木杆被劈开以分开此前在木杆上切出的 V 形缺口。账目的一部分由支付者保管，另一部分由国库保管，将两部分放在一起，观察缺口是否相吻合，就可轻松验证交易，这种账本一直沿用至 1783 年。

在《冬天的故事》第四幕第三场（*Winter's Tale* Ⅳ. 3）中，莎士比亚让小丑为一个问题感到尴尬，如果没有筹码，他就无法做到这一点。伊亚戈（Iago）在《奥赛罗》第一幕第一场（*Othello I 1*）中称呼真正的数学家迈克尔·卡西欧（Michael Cassio）为“打算盘的”[3]，以示蔑视。皮考克（Peacock）说，

---

〔1〕 George Peacock, “Arithmetic” in the *Encyclopædia of Pure Mathematics*, London, 1847, p. 408.

〔2〕 Article “Exchequer” in Palgrave's *Dictionary of Political Economy*, London, 1894.

〔3〕 更多信息请查阅 F. P. Barnard, *The Casting-Counter and the Counting-Board*, Oxford, 1916. 这部著作给出了 159 份提到了计数板和筹码的清单的英语摘要以及纽伦堡贝思兰的计算表和慕尼黑的计算布。

这种算术工具的使用极其广泛，它的使用规则和原理是当时算术论文的重要研究内容。真相似乎是，即使在印度数字广泛普及以后，旧方法仍然使用了很长时间。人类啊，就是这样顽固守旧！

几个世纪以来，《算盘书》就是一处仓库，学者从那里获得了算术和代数著作的素材。《算盘书》中列出了当时已知的最完美的整数和分数计算方法，解释了平方根和立方根。此前，西方从未考虑过立方根的问题；一次和二次定方程或不定方程问题通过“单位法”或“双位法”以及实代数求解。斐波那契意识到二次方程 $x^2+c=bx$ 可能有两个解，但他没有认识到负根和虚根的存在。这本书包含许多数学问题，下面是君士坦丁堡的一名教师向斐波那契提出的一个难题：如果 A 从 B 处获得 7 第纳尔，则 A 的钱财总和是 B 的 5 倍。如果 B 从 A 处得到 5 第纳尔，则 B 的钱财总和是 A 的 7 倍。请问 A、B 各有多少钱。《算盘书》中还有另一个古老的问题，这个问题是 3000 年前阿默士的问题的变体：7 个老妇去了罗马；每位妇人都有 7 只骡子，每只骡子驮着 7 个麻袋，每个麻袋装着 7 个面包，每个面包上有 7 把小刀，每把小刀的刀鞘有 7 层。题目中提到的全部事物的总数是多少？答案是 137 256[1]。斐波那契延续了阿拉伯、希腊和埃及学者的习惯，经常使用单位分数。中世纪的其他欧洲学者也是如此。他解释了如何将分数分解为单位分数之和。他是最早用分数线将分子与分母分开的人之一。在他之前，用印度-阿拉伯数字书写分数时，分母写在分子下面，中间没有任何分隔符号。

1220 年，斐波那契发表了《实用几何》（*Practica Geometriæ*），其中包含了他从前代数学家学习到的所有几何学和三角学知识，他还知道欧几里得的著作和一些其他希腊大师的作品，无论是直接从阿拉伯手稿学习而来，还是从他的同胞克雷莫纳的杰拉德和蒂沃利的柏拉图（Plato of Tivoli）的译作中了解到的。如前所述，蒂沃利的柏拉图在 1116 年将亚伯拉罕·萨瓦索达（Abraham Savasorda）的《面积计算》的希伯来语版本翻译成拉丁语版本，斐波那契的几何知识主要来源于此[2]。斐波那契的《几何学》将三角形面积公式看作三边的函

---

〔1〕 M. Cantor, *op. cit.*, Vol. II, 2. Aufl., 1900, p. 26. 在阿默士纸草书中发现了一个问题，应该和这个问题是同一类型的问题。

〔2〕 见 M. Curtze, *Urkunden zur Geschichte der Mathematik*, I Theil, Leipzig, 1902, p. 5.

数，优雅地证明了海伦三角形面积公式。他的证明过程类似于海伦的研究。斐波那契以娴熟的技巧、高度独创性和欧几里得一般的严谨态度研究了大量他所得到的文献。

比起斐波那契之前的数学研究，更令人感兴趣的是那些包含斐波那契原创研究的著作。在开始介绍之前，我们必须先介绍下面的事。《算盘书》出版后，在天文学家多米尼库斯（Dominicus）引荐下，腓特烈二世会见了斐波那契。当时，皇帝的公证人巴勒莫的约翰（John of Palermo）向他提出了几个问题，斐波那契迅速解决了这些问题。第一个（对他来说可能是一个老生常谈的问题）是找到一个数字 x，使 x^2+5 和 x^2-5 都是平方数。答案是 $3\frac{5}{12}$。因为 $\left(3\frac{5}{12}\right)^2+5=\left(4\frac{1}{12}\right)^2$，$\left(3\frac{5}{12}\right)^2-5=\left(2\frac{7}{12}\right)^2$，他的高明解法在《求积计算》（*Liber Quadratorum*）中给出。这本书只有手稿，没有印刷本，但《算盘书》第二版中提到了这本书。不过，这个问题也并非约翰原创，阿拉伯人已经解决了类似的问题。斐波那契解法的部分可能部分借鉴了阿拉伯数学，但是将奇数相加构建平方数的方法应该是他自己的发现。

在这场著名的科学巡回赛中，巴勒莫的约翰之后提出了第二个问题，求解方程 $x^3+2x^2+10x=20$。随后，斐波那契，这位著名的代数学家向腓特烈二世，伟大的学者保护者给出了解法，此时，三次方程还没有用代数方法解的先例。斐波那契没有顽固地思考这个棘手的问题。在反复失败后，他仍然心怀希望，并改变了研究方法，最后通过清晰严格的论证表明，该方程的根不能用欧几里得的无理数表示，也就是说，仅用直尺和圆规无法构造。但是，他求出了根的近似值，对此，他感到非常满意。我们在弗洛斯（Flos）的著作中找到了他对这个三次方程的研究，以及约翰提出的下面第三个问题的解法：三个男人共同拥有一笔数额未知的钱财，总数为 t；第一个男人的份额为 $\frac{t}{2}$，第二个为 $\frac{t}{3}$，第三个为 $\frac{t}{6}$。由于三个人希望将钱财存入较安全的位置，每个人都冒险取出了一部分；第一个取出了 x，但只存入了 $\frac{x}{2}$；第二个取出了 y，但存入了 $\frac{y}{3}$；第三

个取出了 z，并存入了$\frac{z}{6}$。每个人都必须刚好得到存款的$\frac{1}{3}$，才能得到个人在总款项中的应占份额。求 x，y，z。斐波那契证明，这个问题的解是不确定的。假设每个人从存款中提取的总和为 7，他求出 $t=47$，$x=33$，$y=13$，$z=1$。

在 14 和 15 世纪，数学研究几乎停滞，连年战争耗尽了人民的精力，阻碍了科学的发展。1254 年，腓特烈二世去世后，德国陷入混乱。德国皇帝和教皇争执不休，意大利不可避免地卷入了圭尔夫人（Guelph）和吉卜力人（Ghibelline）之间的斗争。百年战争（1338—1453）在法兰西和英格兰之间爆发。之后，英格兰爆发了玫瑰战争，科学的发展不仅受到战争的阻碍，而且受到经院哲学的消极影响。那个时代的知识领袖就形而上学和神学的鸡毛蒜皮的问题争执不休，诸如“针尖上能站多少个天使?”这样无意义的问题却引起了学者的极大兴趣，这一时期的研究的推理过程模糊且混乱。数学学者人数不多，而且经院哲学的思维方法影响了他们的研究。尽管他们拥有欧几里得的《几何原本》，但是数学证明的真正本质却鲜为人知，汉克尔毫不夸张地说：“斐波那契之后，当时满足所有必要条件的证明没有一个不是从欧几里得的著作中借鉴而来的。”

这段时期唯一值得注意的进步是数值运算的简化和更广泛的应用，意大利数学家的研究中有算术早已成熟的证据。皮考克说：“托斯卡纳人，尤其是佛罗伦萨人，因其对算术和簿记的了解而受到赞誉，这对他们的广泛的商业覆盖面至关重要。”[1] 另外，值得一提的是，佛罗伦萨是十三、十四世纪文学和艺术的发源地。意大利远先于欧洲其他国家熟悉商业算术，他们正式引入了算术书籍，并将算数问题归到单双三法、损益、合伙关系、交换、单利、复利和折扣等类别。

代数符号的改进也很缓慢。印度代数符号虽不先进，但尚可使用。不过阿拉伯人却完全忽略了代数符号。在这一点上，阿拉伯代数和丢番图的研究路径更为接近，而丢番图几乎不存在系统使用代数符号的情况。斐波那契没有提到过代数符号，像早期的阿拉伯人一样，他用线条或文字表示数量关系。但是在许凯（Chuqet）、温德曼（Widmann）和卢卡·帕乔利（Luca Pacioli）的数学

〔1〕 G. Peacock, *op. cit.*, 1847, p. 429.

著作中，开始出现代数符号。帕乔利的符号只包含意大利语单词的缩写，例如用 p 表示 piu（更多），m 表示 meno（更少），co 表示 cosa（未知数 x），ce 表示 censo（x^2），cece 表示 censocenso（x^3）。不同写作者习惯使用的缩写标志不同，我们现在所使用的表示方法是在不知不觉中普及开来的。借助于这一套完美的符号语言，我们能够一目了然地理解最复杂的数量关系。这种语言是一系列微小改进的结果。

接下来，我们将提及一些十三世纪，十四世纪和十五世纪上半叶的学者。

我们从托马斯·阿奎那（Thomas Aquinas）的哲学著作开始说起。托马斯·阿奎那是中世纪意大利的伟大哲学家，他以最完整的形式阐述了奥里根（Origen）的无穷大思想。无穷大实际上无法进行除法运算，但阿奎那的连续统概念，特别是线性连续统的概念使它有可能被无穷大整除，因此，他没有最小线的概念。另一方面，在他看来，点不是线的组成部分，因为它不具有线的任意部分都具有的无限可分性，也不能用点构造连续统。然而，一个点通过其运动就具有产生一条线的能力[1]，这一连续统理论相对于古代原子论有极大的优势。原子论认为物质是由极小的、不可分割的粒子组成的，托马斯·阿奎那的连续统理论是 19 世纪之前最优秀的连续统理论。阿奎那还解释了芝诺反对运动的论点，他和亚里士多德的观点类似，几乎没有提出任何新观点。英国学者罗杰·培根（Roger Bacon）同样反对存在与点不同的不可分割的连续统，他重申了希腊数学家和早期阿拉伯数学家的观点，即在大小一致的不可分割部分的理论中，正方形对角线将与其边公度。同样，如果通过圆的不可分割的一段弧的末端绘制圆的半径，则这些半径会在半径较小的同心圆上截取出等长圆弧。这样一来，内圆周长与外圆周长相同，但这是不可能的。培根反对无穷大的存在，如果时间是无限的，就会得出部分等于整体的荒谬观点。作为托马斯·阿奎那在神学和哲学上的反对者，邓斯·司各脱（Duns Scotus）进一步传播了培根的观点，但是，两者都反对不可分割部分（点）的存在。邓斯·司各脱讨论了芝诺悖论，但没有给出新的观点。后来，意大利神学家弗朗西斯·德·皮蒂吉亚尼斯（Franciscus de Pitigianis）对他的评论进行了注解，赞成接

---

〔1〕 C. R. Wallner, in *Bibliotheca mathematica*, 3. F., Bd. IV, 1903, pp. 29, 30.

受实际的无穷大的存在来解释“二分法”和“阿喀琉斯”的悖论，但未能充分阐述该主题，英国渊博博士（Doctor Profundus）布拉德沃丁的著作中也讨论了无穷大和连续统[1]。

大约在斐波那契的同时代（约公元1200年），居住在德国的僧侣约旦努斯·尼莫拉留（Jordanus Nemorarius）曾写过一本关于数字性质的著名书籍，该著作于1496年印刷，模仿了波爱修斯的《算术原理》。此书的数字性质研究内容极为琐碎，且学究气重，内容冗长啰唆到令人厌恶，尼莫拉留还写了一本关于阿拉伯数字的实用算术著作。约翰·哈利法克斯（John Halifax，又称Sacro Bosco）当时在巴黎任教，他摘取了《天文学大成》的最基本内容，此摘要近四百年来广受欢迎，并被视为权威之作。他的算术著作《数字艺术论》（*Tractatus de Arte Numerandi*）也得到了同等认可。当时的其他著名学者还有德国的阿尔伯特·马格努斯（Albertus Magnus）和乔治·皮尔巴赫（Georg Peurbach）。现代思想中似乎处处都有中世纪学者已经预料到的观点。诺曼底的主教尼可·奥雷斯姆（Nicole Oresme）首先构想了分数指数幂的概念，之后，史蒂芬（Stevin）再次提出了这一概念，并给出了表示符号，由 $4^3=64$，$64^{\frac{1}{2}}=8$，奥雷斯姆得出结论 $4^{1\frac{1}{2}}=8$，$4^{1\frac{1}{2}}$用他的记号表示为$\boxed{\mathrm{IP}\cdot\frac{1}{2}}\,4$ 或者$\boxed{\frac{\mathrm{P}\cdot 1}{1\cdot 2}}\,4$。中世纪的一些数学家对函数有一些概念，奥雷斯姆甚至尝试了函数的图形表示，但是，他们没有任何涉及一个量随着另一个量的变化，直到笛卡尔发现这一点[2]。

奥雷斯姆在一份未出版手稿中发现了无穷级数$\frac{1}{2}+\frac{2}{4}+\frac{3}{8}+\frac{4}{16}+\frac{5}{32}+\cdots$，而以前认为这样的循环无穷级数首次出现于18世纪。1509年，葡萄牙数学家阿尔瓦鲁斯·托马斯（Alvarus Thomas）在《三重运动》（*Liber de Triplici Motu*）中也解释了无穷级数的使用[3]。他将线段分为多个部分，分别表示收敛的几何级数，即分割线段 AB 使得 $AB:p_1B=p_1B:p_2B=\cdots=p_iB:p_{i+1}B$。纳皮尔借助运

---

〔1〕 F. Cajori, *Americ. Math. Monthly*, Vol. 22, 1915, pp. 45-47.

〔2〕 H. Wieleitner in *Bibliotheca mathematica*, 3. S., Vol. 13, 1913, pp. 115-145.

〔3〕 见 *Éludes sur Léonard da Vinci*, Vol. III, Paris, 1913, pp. 393, 540, 541, by Pierre Duhem (1861—1916) of the University of Bordeaux；另见 Wieleitner in *Bibliotheca mathematica*, Vol. 14, 1914, pp. 150-168.

动学理论讨论对数时也应用了这种线段的划分过程来说明。

坎特伯雷大主教托马斯·布拉德沃丁（Thomas Bradwardine）研究了星形多边形。最初研究这种多边形的是毕达哥拉斯和他的学派，之后，波爱修斯的《几何学》也涉及了此类多边形，阿特拉德（Athelard）翻译的阿拉伯语版本《几何原本》也提到了这一点。英国有幸产生了欧洲最早的三角学学者，布拉德沃丁（Bradwardine）、牛津大学的教授沃灵福德（Wallingford）的理查德（Richard）和约翰·毛迪斯（John Maudith）、温切康（Winchecombe）的西蒙·布莱登（Simon Bredon）的著作都包含借鉴自阿拉伯语著作中的三角学研究。

希腊神父马克西姆斯·普兰努德斯（Maximus Planudes）的作品也非常重要，他的作品表明，印度数字当时在希腊广为人知。曼努埃尔·马特斯波洛斯（Manuel Moschopulus）和普兰努德斯（Planudes）一样属于拜占庭学派，14世纪初，他住在君士坦丁堡，似乎是他将幻方引入欧洲，他就这个问题写了一篇论文。在此之前，阿拉伯人和日本人就知道了幻方，幻方起源于中国，中世纪的占星家和医师相信，刻在银板上的幻方具有神秘的力量，可以用以对抗瘟疫。

法国犹太人列维·本·格森（Levi ben Gerson）出版了一本希伯来语算术著作，该书写于1321年[1]，在当时有几份副本传播开来，该书涉及在 n 个物体中取出 k 个物体的排列和组合数量的公式。值得一提的是，1478年，在意大利的特雷维索（Treviso），已知最早的印刷版实用算术著作是以匿名形式出版的，这本书被称为“特雷维索算术”。四年后（1482年），第一本德国算术印刷出版物在班贝格诞生，这本书由纽伦堡的数学老师乌尔里希·瓦格纳（Ulrich Wagner）所写，印在了羊皮纸上，但现在只留存下来一份副本的一部分[2]。

根据埃内斯托（Eneström）的说法，第一篇印有“零”一词的论文于1491年在佛罗伦萨出版，是卡兰德里（Calandri）的《算术小作》（*De Arithmetrica*

---

〔1〕 *Bibliotheca mathematica*, 3. S., Vol. 14, 1916, p. 261.

〔2〕 见 D. E. Smith, *Rara arithmelica*, Boston and London, 1908, pp. 3, 12, 15; F. Unger, *Methodik der Praktischen Arithmetik in Historischer Entwickelung*, Leipzig, 1888, p. 39.

Opusculum)。这份论文发现于14世纪的多份手稿中。

1494年，托斯卡纳的僧侣卢卡·帕乔利（Luca Pacioli）撰写的《算术、几何、比例和比例性》(*Summa de Arithmetica*, *Geometria*, *proportione et proportionalita*) 一书出版。帕乔利引入了多个代数符号。书中包含了他那个时代的算术、代数和三角学的所有知识，并且是继斐波那契的《算盘书》之后出现的第一部综合数学著作。书中包含的重要内容不多，绝大部分在三个世纪前的斐波那契的伟大著作中都可以找到。莱奥纳多·达·芬奇（Leonardo da Vinci）[1] 和皮耶·德拉·弗朗切斯卡（Pier della Francesca）是朋友，他们两个人既是艺术家也是数学家。达·芬奇在圆中作出了内接规则多边形，但没有区分精确构造和近似构造。有趣的是，达·芬奇对希腊语版本的阿基米德的《圆的度量》很感兴趣。皮耶·德拉·弗朗切斯卡推动了透视理论的发展，并留下了一份关于规则几何体的手稿，1509年，帕乔利出版了该手稿，并将其命名为《神圣比例》(*Divina Proportione*)。

阿拉伯学术涌入的最大影响也许是大学的建立。当时大学对数学的态度是怎样的呢？12世纪初，巴黎大学在阿贝拉德（Abelard）的领导下远近闻名，但在中世纪时人们却很少关注数学。几何学被忘记了，亚里士多德的逻辑学是当时学者最喜欢的研究领域。1336年，巴黎大学引入一条新规：任何学生若不听讲数学课程就不能获得学位，并且从1536年的一份《几何原本》前六卷的评论来看，文科硕士学位的候选人似乎不得不宣誓他们聆听了有关这六卷的课程[2]。不过如果有考试的话，一般也不会超出第一卷的范围。当时，毕达哥拉斯定理有一个绰号“数学硕士”，就说明了这一点。毕达哥拉斯定理是《几何原本》第一卷的最后一部分内容。建立于1348年的查理大学更加重视数学，当时，要获得学士学位，学生必须就沙卡罗·波斯科（Sacro Bosco）著名的天文学著作进行演讲。文科硕士学位的候选人不仅需要了解《几何原本》前六卷，而且需要学习应用数学的其他知识。布拉格大学还有《天文学大成》的课程，与查理大学联系密切的莱比锡（Leipzig）大学和科隆（Cologne）大学，对学生的数学要求低一些。直到16世纪，这两所大学对学生的这些要求与14世

---

〔1〕 请查阅 P. Duhem's *Études sur Leonard de Vinci*, Paris, 1909.

〔2〕 H. Hankel, *op. cit.*, p. 355.

纪布拉格大学的要求相同。博洛尼亚（Bologna）大学、帕多瓦（Padua）大学和比萨大学的情况与德国的大学类似，只是占星术课程代替了天文学大成课程。15 世纪中叶，牛津大学要求学生读《几何原本》前两卷[1]。

综上所述，当时的大学对数学研究的态度并不认真，没有能够激励学生的伟大数学家和老师，学生精力大多花在了鸡毛蒜皮的哲学问题上。斐波那契的天才并没有留下任何永久的印记，时代呼唤另一场数学复兴。

---

〔1〕 J. Gow，*op. cit.*，p. 207.

十六、十七和十八世纪的欧洲数学

我们不妨将土耳其人占领君士坦丁堡作为中世纪的落幕和现代的开端。1453年，土耳其人炮轰了这座著名大都市的城墙，并最终占领了这座城市，拜占庭帝国沦陷后，再也没有崛起。这是东方的灾难，却推动了西方的科学发展。大量希腊学者逃到意大利，并带来了古希腊科学家的珍贵手稿，极大地促进了古典学术的复兴。在这之前，西方仅通过陈旧的阿拉伯手稿了解希腊科学研究，但是，从现在开始，西方开始研究希腊科学的原始文献以及本国语言的译本。《几何原本》的第一版英文译本是1570年由亨利·比林斯雷爵士在约翰·迪伊（John Dee）的协助下翻译的希腊语原文[1]。大约在15世纪中叶，印刷术问世，书籍变得便宜又丰富，印刷机将欧洲变成了一个大讲堂。15世纪末期，欧洲人发现了美洲大陆。不久之后，麦哲伦成功环游地球，世界历史前进的步伐开始加快，学者思想更加独立，学者的逻辑思维也更加清晰。中世纪的模糊学术思想随着理论数学和天文学的不断发展逐渐被澄清。教条主义遭到抨击，教会和哲学流派之间产生了长期斗争。哥白尼体系与历史悠久的托勒密体系相对立，两者之间长期激烈的竞争最终导致了伽利略时代的学术危机。最后，新体系获胜，社会思想慢慢从旧码头起锚，向着广阔的蓝海起航，寻找新的真理大陆。

文艺复兴时期

随着16世纪的到来，科研活动开始增加，人类为争取思想自由付出了无数努力。曾有人试图反抗教会权威的束缚，但是他们的努力被扼杀。第一次伟大的胜利发生在德国，人们开始希望能够由自己判断宗教问题，社会中的科学探索精神也随之不断增强，就这样，德国引领了这一时期的科学发展。此时，

---

[1] G. B. Halsted in *Am. Jour. of Math.*, Vol. Ⅱ, 1879.

法国和英格兰还没有出现任何伟大的科学思想家，而德国则培养了雷格蒙塔努斯（Regiomontanus）、哥白尼（Copernicus）、雷蒂库斯（Rhæticus）和开普勒（Kepler）。毫无疑问，这一时期德国的科学繁荣很大程度上得益于德国发达的商业。物质繁荣是知识进步的必要条件，但凡个人需要自己获取生活必需品，就没有闲暇时间追求更高层次的生活。而此时，德国已积累了可观的财富，汉萨同盟控制了北方的贸易，德国和意大利之间也存在密切的商业关系。意大利在商业活动和企业经营方面也很出色，在这里只需提到威尼斯和佛罗伦萨就足以说明。威尼斯的兴盛起始于十字军东征，佛罗伦萨则以银行家和丝绸羊毛制造商著称，这两个城市成了当时的大学术中心。因此，意大利在艺术、文学和科学领域也出现了一批伟人，他们的成就光辉灿烂，事实上，意大利是文艺复兴的发源地。

因此，在回顾数学的第一批重大发现时，我们必须将目光放到意大利和德国。在意大利，代数取得巨大飞跃，而在德国，天文学和三角学则有重大发展。

在这个新时代的开端，我们在德国遇到了约翰·穆勒（John Mueller），他的笔名为雷格蒙塔努斯（Regiomontanus），他是三角学复兴的主要功臣。在著名的皮尔巴赫的带领下，他在维也纳学习了天文学和三角学。皮尔巴赫认为，当时的《天文学大成》的拉丁语译本漏洞百出，阿拉伯文译者并没有忠实于希腊文原文。因此，皮尔巴赫开始直接将希腊语《天文学大成》翻译成拉丁语，但是他直至去世都没有完成这项工作。雷格蒙塔努斯继续了他的工作，并超越了他的老师。雷格蒙塔努斯跟随贝萨里翁（Bessarion）学习了希腊语，之后和他一起去了意大利，在那里他待了八年，从逃离土耳其的希腊人那里收集手稿。除了翻译和评论《天文学大成》外，他还准备翻译阿波罗尼奥斯的《圆锥曲线》、阿基米德的著作以及海伦的力学著作。雷格蒙塔努斯和皮尔巴赫用印度正弦代替希腊两倍角弦，希腊人和后来的阿拉伯人将半径分成 60 等份，每份都再分成 60 等份。印度人用圆周的一部分来表示半径的长度，称若圆周分为 21600 份，测出半径长度需要 3438 份。为确保更高精度，雷格蒙塔努斯将半径分为 600000 份，构造了一张正弦表，又将半径分为 10000000 份，构造了另一张正弦表。他强调了正切在三角学中的应用，他发展了他老师的一些数学思想，计算了一张正切表。德国数学家并非首批使用此函数的数学家，一个世纪前，英格兰的布拉德沃丁和约翰·毛迪斯（John Maudith）已经知道了这一函数，布拉德沃丁曾经提到过 umbra versa（正切）和 umbra recta（余切），甚至在更早的12世纪，意大利克雷莫纳的学者杰拉德（Gerard）翻译的查尔卡利（Al-Zarkali）作品《托莱多天文表》（*Toledian Tables*）中使用了术语 umbra versa 和 umbra recta。他将该书从阿拉伯语翻译成了拉丁语，此书作者查尔卡利（Al-Zarkali）生活于1080年左右的托莱多。雷格蒙塔努斯写了一本算术著作和一篇三角学论文，其中包含平面三角形和球面三角形的问题。此前认为是雷格蒙塔努斯提出的三角学发现，现在已确定是他之前的阿拉伯人引入的。尽管如此，他还是获得了很多荣誉。他完全掌握了此前的天文学和数学研究成果，并且研究热情极高。他对整个德国的数学研究都产生了深远影响。他的声望如此之高，以至于教皇西克斯图斯四世（Sixtus IV）召唤他去意大利改进日历。雷格蒙塔努斯于是离开了心爱的纽伦堡（Nürnberg）前往罗马，次年死于罗马。

在皮尔巴赫和雷格蒙塔努斯时代之后，三角学尤其是表的计算仍然是德国学者的研究对象。他们制造了更多精密的天文仪器，提升了观测值的精确度。但是如果没有相应精度的三角表，这些改进将毫无用处。在计算出的几份表中，应特别注意蒂罗尔（Tyrol）的费尔德基希（Feldkirch）的乔治·约阿希姆计算出的几张表，通常约阿希姆称为雷蒂库斯（Rhæticus）。他以半径为10000000000，计算了一个间隔为10″的正弦表；后来，又以半径为1000000000000000，计算了一个间隔为10″的表。他还开始构造具有相同精度的正切和正割表，但是他在完成之前就去世了。他死后12年中，多名学者继续计算这些表。终于，1596年，他的学生瓦兰蒂尼·奥托完成了这些表的计算。这项研究工作确实浩大，记录了德国学者的勤奋和毅力。这些表最后由海德堡（Heidelberg）的巴特罗茂斯·皮提斯楚斯在1613年重新出版。他竭尽全力修正其中的错误。皮提斯楚斯可能是第一个使用“三角学”一词的人。此前，希腊人、印度人或阿拉伯人从未奢望能有如此精确的天文表。雷蒂库斯对三角形各边的观点表明，雷蒂库斯不仅有优秀的计算能力这一个优点，直到他的时代，三角函数一直被认为与弧有关，他是第一个构造直角三角形并使其直接取决于其角度的人。雷蒂库斯从直角三角形开始有计算斜边的想法，或者说，他是第一个打算计算正割表的人。韦达和罗曼努斯（Romanus）也在三角学方面有深入的研究。

现在我们将离开三角学的主题，回顾代数方程解的进展，为此，我们必须离开德国前往意大利。最早出版综合代数著作的是卢卡·帕乔利。他在书的结尾说，方程 $x^3+mx=n$，$x^3+n=mx$ 在当时的科学条件下和化圆为方问题一样不可能得出解。这句话无疑激发了当时学者的思考，博洛尼亚大学的数学教授希皮奥内·德尔·费罗（Scipione del Ferro）迈出了找出三次方程代数解的第一步，他解出了方程 $x^3+mx=n$。1505 年，他教授了他的学生弗罗里达斯（Floridas）解法，但没有发表。在当时和之后的两个世纪中，学者一直是这样做的，即不公开发现，以便通过提出无法解决的问题来超越竞争对手，从而获得优势，这种做法引起了关于发现优先权的无数争议。布雷西亚（Brescia）的尼科洛（Nicolo）给出了三次方程的第二种解法。尼科洛 6 岁时，被一名法国士兵严重割伤舌头，从此再也无法灵活使用。因此，有人蔑称他为“塔塔里亚”（Tartaglia)，意即“结巴”。他的父亲早逝，家庭贫困，无法负担学费，但他通过自学掌握了拉丁语、希腊语和数学知识。他能力出众，从小就能够担任数学老师。他先在威尼斯（Venice）教书，之后在布雷西亚教书，后来又回到了威尼斯教书。1530 年，一个名叫科拉（Colla）的人向他提出了几个问题，其中一个需要解方程 $x^3+px^2=q$。塔塔里亚找到了一种不太完善的方法，但是拒绝公开。虽然如此，他还是在公开场合谈到了这一秘密的存在，结果德尔·费罗（Del Ferro）的学生弗罗里达斯（Floridas）宣称，自己了解 $x^3+mx=n$ 形式的方程。塔塔里亚认为他能力平平，不过是在吹嘘，向他发起挑战，要求他在 1535 年 2 月 22 日进行一场公开讨论。与此同时，塔塔里亚听说，他的竞争对手是从已故大师那里得到的方法，担心会在比赛中被击败。于是，塔塔里亚竭尽全力寻找方程式的规则，他本人很谦虚地说，他是在指定日期的十天前才取得了成功[1]。毫无疑问，最困难的一步是从过去使用的二次无理数根转换为三次无理数根。塔塔里亚发现，使 $x=\sqrt[3]{t}-\sqrt[3]{u}$，$x^3=mx-n$ 的根是有理数根，且 $n=t-u$，但是由最后一个等式连同 $\left(\frac{1}{3}m\right)^3=tu$，可立即得出

[1] H. Hankel, *op. cit.*, p. 362.

$$t=\sqrt{\left(\frac{n}{2}\right)^3+\left(\frac{m}{3}\right)^3}+\frac{n}{2},\quad u=\sqrt{\left(\frac{n}{2}\right)^3+\left(\frac{m}{3}\right)^3}-\frac{n}{2}$$

这是塔塔里亚给出的 $x^3+mx=n$ 的解。2 月 13 日，他为 $x^3+mx=n$ 找到了类似的解法。比赛于 2 月 22 日开始。每个参赛者提出了 30 个问题，谁能在 50 天内解决最多的问题就是胜利者。塔塔里亚在两个小时内解决了弗罗里达斯提出的 30 个问题，而弗罗里达斯未能解决塔塔利亚提出的任一问题。从此开始，塔塔利亚开始欣然研究三次方程，1541 年，他通过将三次方程 $x^3\pm px^2=\pm q$ 转化为 $x^3\pm mx=\pm n$ 的形式，求出了 $x^3\pm px^2=\pm q$ 的通解。塔塔格里亚大获全胜的消息传遍了意大利，人们渴望塔塔里亚透露他的方法，但被他拒绝，他说，他完成希腊文的《几何原本》和阿基米德著作的翻译后，将出版一本包含他的方法的大代数著作。但是，来自米兰的一位名叫西罗尼莫·卡当（Hieronimo Cardan）的学者反复恳求，并给出了最庄严神圣的保密承诺，结果他成功地从塔塔里亚获得了相关方法。卡当是天才、愚蠢、自负和神秘主义的神奇混合体，他先后在米兰（Milan）、帕维亚（Pavia）和博洛尼亚任数学和医学教授，1570 年，他因欠债而入狱，后来他去了罗马，进入了一所医学院，并获得了教皇提供的退休金。

此时卡当正在写他的《大术》(*Ars Magna*)，在他看来，学者极力寻找的三次方程解法放入此书是为此书锦上添花的最好方法。因此，卡当违背了誓言，于 1545 年在《大术》中发表了塔塔里亚的解法。虽然卡当在书中明确表示发现者是“他的朋友塔塔里亚”，然而，塔塔格里亚仍然因卡当公布了他的发现感到绝望。他的毕生夙愿便是献给世界一部不朽之作，以记录他深刻的思考和强大的原创研究能力，但现在，卡当却剥夺了他的梦想。三次方程解法本应是他自己著作的点睛之笔。于是，接下来，他公布了他发现这一解法的过程。但是，为了彻底击垮敌人，他向卡当和他的学生罗德维科·费拉里（Lodovico Firrai）发起一场挑战：每一方都提出 31 个问题，对方要在 15 天内解决。塔塔里亚在 7 天内解决了卡当一方提出的大多数问题，而卡当一方在第十五天前还没有送出他们的解法；而且，他们最终给出的解法中只有一个对的，剩下都是错误的。随后，他们继续反复提出问题并解答，双方提出并解决的问题不计其数。这场争端给当事各方带来了很多烦恼和忧伤，尤其是塔塔里亚在生活方面也颇不如意。重新振作起来之后，1556 年，塔塔里亚出版了一部他构思了很长时间的作品，但是在出版他的三次方程式研究之前，他就去世了，因此，他一生中最大的心愿最终也未能实现。三次方程的代数解到底有多少功劳属于塔塔里亚，有多少属于德尔·费罗（Del Ferro），目前尚无法确定。德尔·费罗的研究从未发表过，并且已经失传。我们知道德尔·费罗也提出了解法，是因为卡当和他的学生费拉里曾经说过的话，他们说德尔·费罗和塔塔里亚的方法类似。可以肯定的是，这个一般习惯称之为“卡当公式”的解法应该是卡当的两位前辈中的一个提出的。

三次方程解法的提出令整个意大利兴奋起来，学者的兴趣被激发。在经历这一大胜之后，数学家自然而然应该尝试解决四次方程。和三次方程研究一样，科拉迈出了第一步，他在 1540 年提出了求解方程 $x^4+6x^2+36=60x$ 的方法[1]。可以肯定的是，卡当早在 1539 年就研究了四次方程的一些个例，他用类似于丢番图和印度数学家的方法解出了方程 $13x^2=x^4+2x^3+2x+1$。也就是说，他通过在两边都加 $3x^2$，从而使两个数字都成为完全平方数。虽然卡当未能找到通解，但他在博洛尼亚大学的学生罗德维科·费拉里对四次方程的通用解有了出色的发现。费拉里将科拉的方程转化为 $(x^2+6)^2=60x+6x^2$ 的形式。为了给等式右边一个完全平方数的形式，他在两边都加了表达式 $2(x^2+6)y+y^2$，其中包含一个新的未知数 y，得到 $(x^2+6+y)^2=(6+2y)x^2+60x+(12y+y^2)$。等式右边是完整平方数的条件是三次方程 $(2y+6)(12y+y^2)=900$。提取四次方的平方根，得 $(x^2+6+y)=x\sqrt{2y+6}+\dfrac{900}{\sqrt{2y+6}}$。他得出了二次方程的平方根，用解三次方程求出 y 值并代入，接下来就是解出二次方程中的 x，费拉里使用了类似的方法解了其他四次数值方程。卡当在 1545 年将这一方法发表在他的《大术》中，费拉里的解法有时会归到邦贝利（Bombelli）名下，但正如卡当并非“卡当公式”的发现者，邦贝利跟这一解法也毫无关系。

事实上，卡当对代数研究也有不小贡献。在《大术》中，他注意到方程有负根。他将负根描述为虚构的根，而将正根称为真实的根。他对负数的平方根

---

〔1〕 H. Hankel, *op. cit.*, p. 368.

的计算也有一定研究，但未能认识到虚根的存在。卡当还注意到了三次方程简化的困难，这个问题像化圆为方一样，自此“极大地耗尽了任性的数学家的天赋”，但是他不了解这种方法的本质。直到1572年，博洛尼亚的拉斐尔·邦贝利（Raphael Bombelli）出版了一部颇具价值的代数著作，才指出看似是虚值的根式其实是实值，并且当其为有理值时对其赋了值，从而为进一步研究打下了基础。卡当是个老牌赌徒，1663年，他发表了赌徒手册《骰子游戏》（*De Ludoaleæ*），其中包含在投掷两三个骰子的情况下出现特定数字的概率的研究。卡当还考虑了另一个概率问题，概括地说就是：如果赌博中断，且此时一位玩家赢得s_1分，另一位玩家s_2分，如何正确地在两名玩家间分配赌注？赢得积分需要s分[1]。卡当给出比率$\frac{1+2+\cdots+(s-s_2)}{1+2+\cdots+(s-s_1)}$，塔塔里亚给出$\frac{s+s_1-s_2}{s+s_2-s_1}$。这两个答案都是错误的，卡当还考虑了后来被称为“圣彼得堡悖论”的问题。

在成功解出三次和四次方程之后，可能已经没有人再怀疑，借助更高次的无理数可以求解任何阶数的方程组。但是，所有尝试求五次方程代数解的数学家都失败了。最后，阿贝尔（Abel）证明，所有高于四次的方程都不可能有代数解。

由于找不到高次方程的解，除了设计可近似地找到数值方程的实数根的过程外，别无他法。在这一点上，西方并不了解中国人早在13世纪就使用的方法。此前，我们已看到，在13世纪初期，斐波那契得出了三次方程的高度近似解，但是我们并不知道他使用的方法。在西方，尼古拉斯·许凯（Nicolas Chuquet）最早发现了求必须含一次项的数值方程的根的近似解的方法。1484年，他在里昂（Lyons）撰写了一部优秀著作《算术三编》（*Le Triparty en la Science des Nombres*），但直到1880年才出版[2]。如果$\frac{a}{c}>x<\frac{b}{d}$，那么许凯取中值$\frac{a+b}{c+d}$，作为更接近于根$x$的值，他发现了一系列连续的中间值。前面我们曾

---

〔1〕 M. Cantor，II，2 Aufl.，1900，pp. 501，520，537.

〔2〕 收录于*Bulletino Boncompagni*，T xiii，1880；见pp. 653-654. 另见F. Cajori，“A History of the Arithmetical Methods of Approximation to the Roots of Numerical Equations of one Unknown Quantity” in *Colorado College publication*，General Series Nos. 51 and 52，1910.

说过，阿拉伯学者米拉木·切尔贝（Miram Chelebi）在1498年提出了$x^3+Q=Px$的一种解法，他称是阿塔贝德（Atabedd）发现了这一方法。这个三次方程在$x=\sin 1°$的计算中出现。

最早出现在印刷品中的混方程（affected equation）近似法是卡当的方法，该方法1545年在《大术》的“黄金比例”部分中给出。这个方法是“假位法”的巧妙应用，并且适用于任意次数的方程。这种近似法非常粗糙，但即使是这样，也很难解释为什么克拉维乌斯、史蒂芬和韦达没有提到过这种方法。

法国人波勒蒂埃（Peletier，1554），意大利人邦贝利，德国人乌索斯（Ursus，1601），瑞士人约斯特·比尔吉（Joost Bürgi），德国人皮提斯楚斯和比利时人西蒙·史蒂芬（Simon Stevin）也给出了求近似解的过程。但是，比这些人的工作更重要的是法国人弗朗西斯·韦达（Francis Vieta）的发现，他的这一研究开创了数学的新时代。经韦达同意，编辑马力诺·吉达蒂（Marino Ghetaldi）1600年在巴黎发表了这一发现，标题为“论用注解学求二次以纯方程和混方程的数值解”。他的方法类似于一般根提取方法，和卡当和比尔吉使用的“双假位法”在本质上不同。假设$f(x)=k$，其中k为正，韦达从其余部分中分离出所需根，然后用近似值替代它，并表明可以通过除法获得另一个根。重复此过程将得到下一个数字，以此类推。因此，在$x^5+5x^3+500x=7905504$中，他取$r=20$，然后计算$7905504-r^5+5r^3-500r$，将计算结果除以一个值，该值用现代符号表示就是$|f(r+s_1)-f(r)|-s_1n$，其中n是方程的次数，而s_1是下一个需要求的数位值的单位。因此，如果所求根为243，并且r已取为200，则s_1为10；但是如果r取为240，则s_1为1。在我们的示例中，$r=20$，除数为878 295，商即根的下一位，等于4，这样我们求出了根$x=20+4=24$。韦达的方法受到了同时代数学家的钦佩，尤其是英国数学家哈里奥特（Harriot）、奥特雷德和沃利斯都对此方法做了一些小的改进。

我们暂停片刻，大概了解一下16世纪最杰出的法国数学家韦达（Vieta，见图3-1）的人生。他出生在普瓦图（Poitou），死于巴黎。在亨利三世和亨利四世的统治下，他一生都为国家服务。他并非专业的数学家，但是他痴迷于科学，经常连续几天在房间里研究，只保持最低程度的饮食和睡眠。考虑到他生活的时代政治和宗教动荡不断，这种对科学的狂热就更令人瞩目。在与西班牙的战争中，韦达帮助亨利四世解密了西班牙宫廷致荷兰总督的一封加密信件。西班牙人认为法国人是靠魔法解密了这些信件。

图 3–1 韦达

1579 年，韦达出版了他的《数学规则（附录三角几何研究）》，其中包括一些杰出的教学研究发现。借助六个三角函数，韦达于其中系统地阐述了计算平面和球面三角形的方法，这在西方还是第一次[1]。他还特别重视测定角度法，得出关系式：$\sin\alpha = \sin(60° + \alpha) - \sin(60° - \alpha)$，$\csc\alpha + \cot\alpha = \cot\frac{\alpha}{2}$，$-\cot\alpha + \csc\alpha = \tan\frac{\alpha}{2}$可以用小于 30°或 45°的角度的函数计算出其余小于 90°的角度的函数，基本上仅需要用到加法和减法。韦达是第一个将代数变换应用于三角学，尤其是多分角的数学家。他令 $2\cos\alpha = x$，当整数 $n<11$，将 $\cos n\alpha$ 表示为 x 的函数；令 $2\sin\alpha = x$，$2\sin 2\alpha = y$，用 x 和 y 表示 $2x^{n-2}\sin n\alpha$。据此，韦达声称："所以，这些斜剖面分析涉及的几何学和算术学秘密直到现在才被揭示。"

荷兰大使告诉亨利四世，法国没有一个几何学家能够解决比利时数学家阿

[1] A. v. Braunmühl, *Geschichte der Trigonometry*, I, Leipzig, 1900, p. 160.

德里安·罗曼努斯（Adrianus Romanus）向几何学家提出的问题。问题是解四十五次方程：$45y-3795y^3+95634y^5+\cdots+945y^{41}-45y^{43}+y^{45}=C$。亨利四世传唤了韦达，此前，他已经进行了类似研究，因此一眼就看出，这个方程看似有些可怕，实际上只是一个用 $y=2\sin\frac{1}{45}\varphi$ 表示 $C=2\sin\varphi$ 的方程；他发现，因为 $45=3\times3\times5$，所以可通过相应的五次和三次方程，将角度首先划分为五等份，然后连续将每一部分划分为三等份。韦达的发现非常瞩目。他发现此方程有 23 个根，而不只是一个。他之所以没有找到 45 个解法，是因为其余的解法都带有负数的原罪，对他来说难以理解。韦达详细研究了将角等分为奇数份这个经典问题，他发现了三次方程卡当不可约情况的三角函数解法。他将方程 $\left(2\cos\frac{1}{3}\phi\right)^3-3\left(2\cos\frac{1}{3}\phi\right)=2\cos\phi$ 应用于方程 $x^3-3a^2x=a^2b$，当 $a>\frac{1}{2}b$ 时，他通过令 $x=2a\cos\frac{1}{3}\phi$，通过 $b=2a\cos\phi$ 求得 ϕ。

他使用的主要解方程方法是归约法，他通过适当代入解出二次方程，将包含 x 的项约为一次项。像卡当一样，他将三次方程的一般形式简化为 $x^3+mx+n=0$ 的形式；然后，假设 $x=\left(\frac{1}{3}a-z^2\right)\div z$，代入，从而得到 $z^6-bz^3-\frac{1}{27}a^3=0$。令 $z^3=y$，就得到一个二次方程。在解四次方程时，韦达仍然使用归约法，结果得到了如今众所周知的三次预解式。自始至终，他都始终坚持使用自己最喜欢的方法，在代数中引入了一种令人赞叹的通用方法。在韦达的代数研究中，我们发现了方程项系数和根之间关系的部分知识。他表明，如果二次方程中第二项的系数是两个乘积为第三项的数字之和的相反数，则这两个数是方程根。韦达只接受正数根。因此，他不可能完全理解他所研究的关系。

韦达的代数研究是最具划时代意义的发现，它用字母表示通用或不确定的量。可以肯定的是，德国的雷格蒙塔努斯和施蒂费尔（Stifel）以及意大利的卡当都在他之前使用过字母，但是韦达发展了这一想法，并首先使其作为代数的重要部分。新代数被他称为代数运算（logistica speciosa），以与旧的算术运算（logistica numerosa）相区别。韦达使用的符号体系与当今的有很大的不同，等式 $a^3+3a^2b+3ab^2+b^3=(a+b)^3$ 他写成“a cubus+b in aquadr. 3+a in b quadr. 3+b

cubo æqualia $\overline{a+b}$ cubo"。

在数值方程中，未知数由 N 表示，其平方由 Q 表示，其立方由 C 表示。因此，方程 $x^3-8x^2+16x=40$ 记为 $1C-8Q+16N$ æqual 40。韦达用过“系数”一词，但这一术语在 17 世纪末之前很少使用[1]。他有时也用“多项式”一词。指数和我们用于表示相等的符号“=”当时尚未使用，但韦达已将马耳他十字“+”用作加法的简写符号，将“-”用作减法的简写符号。在韦达之前，这两个符号的应用并不普遍。哈拉姆（Hallam）说：“很奇怪，这种最为便利并且显然不超过乡村学校校长水平的符号，塔塔里亚、卡当和费拉里这样思维敏锐的数学家都忽视了；同样让人奇怪的是，拥有这样的敏锐的心灵的他们放弃使用在我们看来对代数表达极为有用的一些发现。”即使他们曾经提出一些对符号的改进办法，但这些办法推广过程极其缓慢，因为往往只是偶然的想法，而非有意设计的结果，他们的作者对他们所作的改变会产生何种影响缺少概念。似乎是德国人引入了“+”和“-”符号，尽管他们在文艺复兴时期没有像意大利人那样产生伟大的代数研究成果，但仍然抱着极大的热情研究。约翰·威德曼（John Widmann）1489 年在莱比锡（Leipzig）出版了一本算术著作，是已知最早包含“+”和“-”符号的印刷书籍。“+”符号不仅仅适用于普通加法，它还有更宽泛的含义“和”（and），如标题“regula augmenti+decrementi”（加法和减法规则）。“-”符号用于表示减法，但并非经常如此，威德曼的著作中没有出现“加”一词，“减”一词仅使用两三次。1521 年，维也纳大学的教师格拉马托伊斯的算术著作中频繁使用了“+”和“-”符号[2]。他的学生克里斯托夫·鲁道夫（Christoff Rudolff）是第一本德语代数教科书（1525 年印刷）的作者，书中也采用了这些符号。施蒂费尔也是如此，他在 1553 年推出了鲁道夫《代数》（*Coss*）的第二版。就这样，慢慢地这些符号得以普及。一些学者对 14 和 15 世纪的拉丁手稿进行了几次独立考据，他们的发现让我们几乎可以确定，符号“+”来自拉丁文的“et”，是在印刷术发现之前草草地写在手稿上

---

〔1〕 *Encydopédic des sciences mathématiques*, Tome I, Vol. 2, 1907, p. 2.

〔2〕 G. Eneström in *Bibliotheca mathematica*, 3. S., Vol. 9, 1908-09, pp. 155-157; Vol. 14, 1914, p. 278.

的[1]。符号“-”的起源仍然不确定，另一种简写形式的发现也要归功于德国人。在15世纪出版的一份手稿中，在数字前放置一个圆点表示该数字的求根。这个点是我们当前所用平方根符号的萌芽。克里斯多夫·鲁道夫在他的代数著作中指出：“为简便起见，平方根（radix quadrata）在其算法中被指定为$\sqrt{\ }$，表示为比如$\sqrt{4}$。”这本书中的点已经非常接近现代的点，施蒂费尔使用了相同的符号，相等符号的发现者是罗伯特·雷科德（Robert Record），他是《励智石》（*Whetstone of Witte*）的作者，这本书是第一本英语代数著作。他之所以选择使用等号，是因为最相等的符号就是两条平行线。瑞士数学家约翰·海因里希·拉恩（Johann Heinrich Rahn）于1659年在苏黎世发表了他的德语著作《代数》（*Teutsche Algebra*），其中首次使用了除法符号“÷”。1668年，托马斯·布兰克（Thomas Brancker）翻译了拉恩（Rahn）的书并将其引入英国。

迈克尔·施蒂费尔（Michael Stifel）是16世纪德国最伟大的代数学家，出生于埃斯林根（Esslingen），死于耶拿（Jena）。他在故乡的修道院中接受教育，之后成为新教的牧师。对《启示录》（*Revelation*）和《但以理书》（*Daniel*）中神秘数字意义的研究使他进入了数学领域，他研究了德国和意大利的数学著作，并于1544年以拉丁文出版了名为《整数算术》（*Arithmetica Integra*）的数学著作。梅兰希通（Melanchthon）为此书作了序。此书三卷分别讨论有理数、无理数和代数。施蒂费尔在书中给出了一个表，其中包含低于18的幂的二项式系数的数值。他注意到将几何级数与算术级数相对应将简化计算，并得出了用数字表示整数幂的方法。这是指数和对数理论的萌芽。1545年，施蒂费尔发表了一本德语算术著作，他的版本的鲁道夫的《代数》包含求解三次方程的规则，这些规则是从卡当的著作中借鉴来的。

接下来，我们来了解文艺复兴时期的几何学发展。与代数学不同，几何学几乎没有取得任何进展。这段时期最大的研究收获是对希腊几何学有了更深入的了解。实际上，在笛卡尔时代之前，几何学没有任何实质性进展。雷格蒙塔努斯，奥格斯堡的数学家克胥兰德（Xylander）[2]、意大利乌尔比诺（Urbino）

---

[1] 相关资料见 M. Cantor, *op. cit.*, Vol. II, 2. Ed., 1900, p. 231; J. Tropfke, *op. cit.*, Vol. I, 1902, pp. 133, 134.

[2] Xylander，又称威廉·霍尔兹曼（Wilhelm Holzmann）。

的数学家佛德里戈·科曼迪诺（Federigo Commandino）、塔塔里亚、莫洛里科斯（Maurolycus）和其他人翻译了希腊几何学著作。著名的画家和雕塑家，纽伦堡的数学家阿尔布雷希特·丢勒（Albrecht Dürer）在《尺规测量法》（*Underweysung der Messung mit dem Zyrkel und Rychtscheyd*）中描述了新曲线“外摆线”的特征和构造方法。这样的曲线至少可以追溯到希帕克（Hipparchus），他在天文学本轮理论使用了这个曲线。直到德萨格和拉·哈尔（La Hire）的时代，外摆线才再次出现在历史中。丢勒（Dürer）是最早将幻方带入人们视野的西方学者，一个简单的幻方出现在了他的著名画作《忧郁症》（*Melancholia*）中。

纽伦堡的数学家约翰内斯·维尔纳（Johannes Werner）于1522年出版了基督教欧洲的第一部圆锥曲线著作。与过往几何学不同，他研究了与圆锥体有关的曲线，并直接从中推导出其特性。墨西拿的数学家弗朗西斯库斯·莫洛里科斯（Franciscus Maurolycus）遵循了这种研究圆锥曲线的模式。毫无疑问，后者是16世纪最伟大的几何学家。他试图从帕普斯的笔记中恢复失传的数学著作。他的主要贡献是对圆锥曲线的精巧的原创性处理，他比阿波罗尼奥斯更全面地讨论了切线和渐近线，并将它们应用于各种物理和天文问题。数学的归纳法的发现者也是莫洛里科斯[1]，这一方法1575年出现在他的数学著作《数学小品》（*Opuscula Mathematica*）的介绍部分中。后来，帕斯卡（Pascal）在他的《算术三角》使用了数学归纳法。类似于数学归纳法的过程在莫洛里科斯之前就已经有人提出，其中一些方法会在呈现方式或视角上引入了一些细微变化，最终产生了现代数学归纳法。意大利诺瓦拉（Novara）的数学家乔瓦尼·坎帕诺在他修订的《几何原本》（1260年版）中，通过反复推断的方式证明了黄金分割的无理性，归谬法由此产生。但是他并没有从 n 到 $n-1$，$n-2$ 这样规律地下降，而是每次不规则地跨越几个整数，坎帕诺的方法后来被费马再次使用。学者在婆什伽罗解不定方程组时所用的“循环法”中找到了反复推断，在希恩（Theon）和普罗克鲁斯的研究中找到了代表正方形的边和对角线的数字，在欧几里得的证明（《几何原本》第9卷第20命题）中发现存在无穷个素数。

---

〔1〕 G. Vacca in *Bulletin Am. Math. Society*, 2. S., Vol. 16, 1909, p. 70. 另见 F. Cajori in Vol. 15, pp. 407-409.

葡萄牙最重要的几何学家是佩德罗·努涅斯（Pedro Nunes 或 Pedro Nonius）[1]，他证明了航线与子午线成相同角度的船并非直线行驶，也不是沿着大圆弧行驶，而是沿着一条被称为"恒向线"的路径行驶。努涅斯发现了游标（nonius），并在1542年在里斯本出版的《论暮光》（*De Crepusculis*）中对其进行了描述。它包含两个并置等弧，一个弧分为 m 等份，另一个弧分为 $m+1$ 等份。努涅斯取 m 值为89，法国人皮埃尔·维尼埃尔（Pierre Vernier）1631年再次发现这一工具之后，这一工具也被称为游标（vérnier）。韦达之前最重要的数学家是法国数学家是彼得·拉姆斯（Peter Ramus），他在圣巴托洛缪大屠杀中丧生。韦达对古代几何学非常熟悉。他用字母代表普通数字，赋予代数新形式，因而得以更容易地指出三次方程的根竟然取决于著名的古老问题——倍立方问题和角三等分问题。他得出了一个有趣的结论，即前一个问题包括一些特定三次方程的解，这些三次方程用塔塔里亚公式去解，根都是实数，而后一个问题仅包括导致不可约情况的三次方程解。

化圆为方问题死灰复燃，甚至连当时的一些才华横溢的数学家也在热心研究这个问题。17世纪，化圆为方大军势力最为浩大。最早复兴这一问题的数学家是德国的尼古拉斯·库萨努斯（Nocolaus Cusanus），他作为出色的逻辑学家而知名。雷格蒙塔努斯充分揭示了他的错误之处，类似地，其他每一位研究化圆为方问题的数学家都引起了一位反对者的关注：奥朗斯·费恩（Oronce Fine）遭到了让·布泰欧（Jean Buteo）和努涅斯（P. Nunes）的怀疑，约瑟夫·斯加里杰（Joseph Scaliger）遭到了韦达的反对，阿德里安努斯·罗曼努斯（Adrianus Romanus）受到了克拉维乌斯的抨击，开库（Quercu）被阿德里安·安托尼茨所驳斥。荷兰的两位数学家阿德里安努斯·罗曼努斯和鲁道夫·范·库伦（Ludolph Van Ceulen）都忙于研究圆周与直径之间的比例。前者将 π 的值算到小数点后第15位，后者算到第35位。因此，π 的值通常被称为"鲁道夫数"。他的研究极为出色，以至于鲁道夫算出的 π 值被刻到莱顿的圣彼得教堂墓地的墓碑上（现已丢失）。这些人曾使用阿基米德绘制圆的内接和外接多边形的方法，威勒布罗德·斯内李斯（Willebrord Snellius）在1621年改进了这

---

[1] 见 R. Guimaraes，*Pedro Nunes*，Coĩmpre，1915.

一方法，他展示了如何在不增加多边形边数的情况下逼近 π 的极限），斯内李斯使用了等效于$\frac{1}{3}(2\sin\theta\tan\theta)<\theta<\frac{3}{2\csc\theta+\cot\theta}$的两个定理。惠更斯《论求圆的大小》，圣安德鲁斯和爱丁堡的教授詹姆斯·格里高利（James Gregory）的《几何习题》（1668）和《论圆和双曲线的求积》（*Vera circuli et hyperbolae quadratura*）提出了对阿基米德几何方法的最大改进。格里高利给出了几个求 π 近似值的公式，并在《论圆和双曲线求积》中大胆尝试用阿基米德的方法证明化圆为方是不可能的，惠更斯证明格里高利的证明并不成立，尽管他本人也认为化圆为方是不可能的。巴黎的托马斯·法特·德拉尼（Thomas Fautat De Lagny），约瑟夫·索林（Joseph Saurin）在 1727 年，华林和欧拉在 1771 年都试图证明化圆为方不可能。1720 年，牛顿《自然哲学的科学原理》第一卷第六章第二十八引理也试图证明这一点。

只要不对代数数和超验数进行区分，几乎可以预料到这些证明必然不够严谨。

韦达发现了通过无限次运算得到的最早的 π 的清晰表达式，研究了单位半径圆内接的 4，8，16，…，n 个边的正多边形，他发现圆的面积是

$$2\frac{1}{\sqrt{\frac{1}{2}}\sqrt{\frac{1}{2}+\frac{1}{2}\sqrt{\frac{1}{2}}}\sqrt{\frac{1}{2}+\frac{1}{2}\sqrt{\frac{1}{2}+\frac{1}{2}\sqrt{2}\cdots}}}$$

由此得 $\frac{\pi}{2}=\frac{1}{\sqrt{\frac{1}{2}}\sqrt{\frac{1}{2}+\frac{1}{2}\sqrt{\frac{1}{2}}\cdots}}$。也可以从欧拉公式[1] $\theta=\frac{\sin\theta}{\cos\frac{\theta}{2}\cdot\cos\frac{\theta}{4}\cdot\cos\frac{\theta}{8}\cdots}$（$\theta<\pi$）中推导出这一表达式，取 $\theta=\frac{\pi}{2}$。

如前所述，荷兰鲁汶的阿德里安努斯·罗曼努斯提出的四十五次方程被韦达解出。在收到韦达的解法后，罗曼努斯前往巴黎，与这位大师相识，韦达向他提出了阿波罗尼奥斯问题，即作一个与三个给定圆相接的圆。阿德里安努斯·

〔1〕 E. W. Hobson, *Squaring the Circle*, Cambridge, 1913, pp. 26, 27, 31.

罗曼努斯通过令两个双曲线相交解决了这个问题，但是这个解法不具备古代几何学的严谨性。韦达向他指出了这一点，然后他提出了一种具有完美的严谨性的解法[1]。罗曼努斯利用一些射影将当时研究的三角形的 28 种情况归纳为 6 种，在简化球面三角学研究方面做了很多工作。

这里必须提到儒略历的改进。长期以来，每年对日期不定的节日的时间的确定都出现了无数混乱，天文学的飞速发展使学者开始研究这一问题，他们提出了许多新的历法。教皇格里高利十三世召集了大批数学家、天文学家和主教，他们决定采用罗马的耶稣会士克里斯托弗鲁斯·克拉维乌斯（Christophorus Clavius）提出的历法。为了纠正儒略历的错误，人们同意将新历法的 10 月 15 日紧紧安排在 1582 年 10 月 4 日之后，格里高利历受到科学家和新教徒的强烈反对。身为几何学大师的克拉维乌斯极其利落地打消了前者的怀疑，而后者的偏见则随着时间的流逝而消失。

古代对数字的神秘属性的研究热情被现代人所继承，即使是像帕乔利和施蒂费尔这样的杰出人物，也写了很多关于数字神秘主义的文章。彼得·邦格斯（Peter Bungus）的《数秘术》包含 700 张四开纸的内容，他带着极大的热情，付出大量精力研究了“666”，这是《启示录》第十三章第十八节中野兽的编号，它是基督敌人的象征。他将“不敬神”的马丁·路德（Martin Luther）的名字简化为可以表示这个强大数字的形式。令字母表前十个数字等于 1 到 10，$a=1$，$b=2$，以此类推，之后的数字分别相隔 10，$k=10$，$l=20$，以此类推。他发现，将路德的名字错拼为 $M_{(30)}$ $A_{(1)}$ $R_{(80)}$ $T_{(100)}$ $I_{(9)}$ $N_{(40)}$ $L_{(20)}$ $V_{(200)}$ $T_{(100)}$ $E_{(5)}$ $R_{(80)}$ $A_{(1)}$ 之后，即构成所需的数字。他对这位伟大的宗教改革者的攻击并非无缘无故，因为路德的朋友迈克尔·施蒂费尔是德国早期最敏锐、原创成果最多的数学家，他同样巧妙地证明了上述数字和教皇利奥十世（Pope Leo X）相关，这个证明让施蒂费尔感到难以言喻的惬意[2]。

占星术仍然是最受欢迎的研究。众所周知，卡当、莫洛里科斯、雷格蒙塔努斯和许多其他著名科学家（他们的生活时间甚至晚于此）都深入研究了占星

〔1〕 A. Quetelet, *Histoire des Sciences mathématiques et physiques chez les Belges*. Bruxelles, 1864, p. 137.

〔2〕 G. Peacock, *op. cit.*, p. 424.

术。但是，除了刚才说过的神秘学之外，当时的人们还从事星形、多边形和幻方神秘学研究。浮士德（Faust）对墨菲斯托菲尔斯（Mephistopheles）说："五角星给你带来痛苦。"开普勒这样伟大的科学家，在第一页纸上用严格的几何方法证明一个星形多边形定理，却在下一页解释它们作为护身符或在祈祷中的用法。这从心理学的角度看非常有趣。普雷费尔（Playfair）把卡当说成是占星术士。他说，卡当是一个"令人哀叹的证明，他的事迹说明，无论是多愚蠢的研究，都可能在优秀的科学家手下大量出现。"[1] 不过，我们也不要太苛刻，这段时期太接近中世纪了，即使是科学家也无法完全摆脱神秘主义的束缚。开普勒、纳皮尔和阿尔布雷希特·丢勒等学者虽然在进步，但他们只有一只脚踩在真理之上，另一只脚仍停留在旧时代。

---

〔1〕 John Playfair, "Progress of the Mathematical and physical Sciences" in *EnCyclopædia Britannica*, 7th ed. , continued in 8th Ed. , by Sir John Leslie.

从韦达到笛卡尔

在无知的年代，教会对科学是纯粹的帮助，但在开明的时代，教会却成了阻碍科学发展的邪恶力量。在法国亨利四世统治之前的时期，神学精神占主导地位。瓦西（Vassy）和圣巴托洛缪惨案表明了这一点。宗教纠纷让人们对科学和世俗文学感到无所适从。因此，亨利四世时期之前，法国人写出的所有作品哪怕全部烧毁对欧洲来说也没有损失。另一方面，英格兰没有发生宗教战争，人们对宗教纷争漠不关心，他们将精力集中于世俗事务。16 世纪，莎士比亚和斯宾塞（Spencer）才华横溢的文学作品问世。在英格兰这个伟大的文学时代之后是一个伟大的科学时代，16 世纪末，法国摆脱了教会权威的束缚，亨利四世即位后，1598 年，南特法令颁布，给予胡格诺派宗教信仰自由，宗教战争结束，法兰西民族的天才自此开始结出硕果。黎塞留（Richelieu）在路易十三统治期间奉行了不偏袒任何宗教派别的做法，全力维护国家利益。这个时代以科学文化的进步而著称，产生了伟大的世俗文学，而英格兰要等到 16 世纪才能迎来这样的辉煌时刻。伟大的法国数学家罗伯瓦尔（Roberval）、笛卡尔（Descartes）、德萨格（Desargues）、费马和帕斯卡（Pascal）让 17 世纪的光芒更加闪耀。

德国的情况更加令人沮丧。16 世纪的大变革彻底改变了世界，英格兰开始崛起，德国却就此衰落。宗教改革的最初效果是有益的。15 世纪末和 16 世纪，德国以科学追求著称，并且是天文学和三角学研究的领导者。在韦达的时代之前，除了三次方程研究领域的发现之外，德国数学家在代数的一些领域也处于领先地位。但是到了 17 世纪初，科学的太阳开始在法国升起，在德国落下。随后，德国发生了神学纠纷和宗教冲突。三十年战争（1618—1645）的结果是毁灭性的，德意志帝国被粉碎，成了众多小专制君主的松散联盟。商贸往来被打断，民族认同消失，艺术也不复存在，文学上则只会机械模仿法国文学。这之后两百年，德国一直在低谷徘徊。因为1756年，德国开始了另一场战争，那就是“七年战争”。这场战争让普鲁士变成了一片焦土。结果，在17世纪初，德国只出现了一位杰出数学家——伟大的开普勒。而开普勒和高斯之间的两百年间，除莱布尼茨外，德国没有其他大数学家。

现在，我们先了解计算方法的改进。古代数学家对数字符号进行了数千年的试验，最后碰巧遇到了所谓的“阿拉伯数字”。印度引入的简单的零，最终成了数学研究最强大的辅助工具之一。乍一看好像是我们一旦彻底理解了“阿拉伯数字”，小数部分就会作为数字的延伸立即出现。但是“神奇的是，有多少科学家进行了研究，又有多少人对数字进行了深入思考之后，才发现无所不能又简单的‘阿拉伯数字’在无限递增和递减数列中一样重要，一样能够为数学家所用。”〔1〕在我们看来，十进制小数很简单，但十进制小数的发现需要不止一个甚至一个时代的数学家，它们几乎是在不可察觉的情况下得到普及。最早的历史学家没有意识到他们的本质和重要性，因此未能发现出合适的符号。十进制小数的概念首次出现在估计数字平方根的方法中。塞维利亚的约翰（John）将$2n$个零加到数字上，然后求平方根，并将其作为分数的分子，而分母为1且后接n个零。他大概是在模仿印度数学家的规则。卡当也采用了相同方法，但意大利同时代的数学家没有普遍采用他的方法。否则，皮特罗·卡塔尔第（Pietro Cataldi）肯定会在他的专门介绍提取根的著作中至少提到过它。皮特罗·卡塔尔第和他之前的邦贝利（1572）都用连分数求平方根，这是一种巧妙而新颖的方法，但不如卡当的方法实用。法国的奥朗斯·费恩（Ornce Fine，也称为Orontius Finaeus）和英格兰的威廉·巴克利（William Buckley）用卡当和塞维利亚的约翰方法提取平方根。经常有说法称，雷格蒙塔努斯发现了小数，理由是他不像希腊人那样令半径为60的倍数，而是将其设置为100000，但是在这里三角边是整数而不是分数表示。尽管他按照十进制划分半径，但他和他的继任者并没有在三角学之外应用这个想法，他们也确实没有小数的概念。比利时布鲁日的西蒙·史蒂芬（Simon Stevin）在多个不同科学领域中有大量研究，他首次系统研究了十进制小数。他在《十进制算术》（*La*

〔1〕 Mark Napier, *Memoirs of John Napier of Merchiston*. Edinburgh, 1834.

Disme）中用非常明确的术语描述了十进制小数和度量衡应用十进制的优点，将小数“应用于一般算术的所有运算。”[1] 他没有合适的表示法，于是用零代替了我们现在所用的小数点，分数中的每个位置也均附有相应的分数指数，因此，数字 5.912 用他的符号表示就是：

$$\overset{0}{5}\overset{1}{9}\overset{2}{1}\overset{3}{2} \text{ 或者 } 5⓪9①1②2③$$

这些分数指数在应用中虽然烦琐，但却很有趣，因为它们体现了数字幂的概念。史蒂芬也考虑了分数指数幂，他说，放在圆中的“$\frac{2}{3}$”表示 $x^{\frac{2}{3}}$，但实际上并没有这样的符号。奥里斯梅（Oresme）早就提出了这个概念，但至今尚未引起人们的注意。史蒂芬通过连除法的过程找到了 x^3+x^2 和 x^2+7x+6 的最大公约数，就这样将欧几里得求数字最大公约数的方法用于多项式，如《几何原本》第七卷中所述。史蒂芬不仅对小数充满热情，而且对度量衡中的十进制除法也很感兴趣，他认为政府有责任推广后者。他主张对度数进行十进制细分，直到 17 世纪初，小数表示法都没有改进。史蒂芬之后，瑞士出生的约斯特·比尔吉（Joost Bürgi）使用了小数，他在 1592 年后不久就编写了算术手稿，而约翰·哈特曼·贝叶（Johann Hartmann Beyer）则认为该发现属于他。1603 年，他在法兰克福出版了《十进制逻辑》（*Logistica Decimalis*）。到底应将发现小数点或数字中的逗号的荣誉授予谁，数学史学家至今仍未达成一致。我们考虑的人选包括裴罗思（Pellos）、比尔吉、皮提斯楚斯、开普勒和纳皮尔。之所以会产生分歧，主要是因为判断标准不同，如果要求候选人不仅实际使用了小数点和逗号，而且能够证明，在使用小数点或逗号作为分隔符之外，他们的数字实际上也确实是小数，并且要求确实在包括小数的乘法和除法运算中使用了小数点，那么这份荣誉是约翰·纳皮尔的。他在 1617 年发表的《小棒计算法》（*Rabdologia*）中展示了这种用法。也许纳皮尔是接受了皮提斯楚斯的建议，根据恩内斯特勒姆（Eneström）的说法[2]，皮提斯楚斯在《三角学》（*Trigonometria*）的 1608 年和 1612 年版本中将点用作普通分隔符，而非小数点。纳皮

---

[1] A. Quetelet, *op. cit.*, p. 158.

[2] *Bibliotheca mathematica*, 3. S., Vol. 6, 1905, p. 109.

尔的小数点没有被立即采用。奥特雷德 1631 年用$0|\underline{56}$.表示小数 0.56。史蒂芬的学生阿尔伯特·吉拉德（Albert Girard）在 1629 年曾使用过一次小数点。约翰·沃利斯 1657 年曾在著作中表示小数时使用$12|\underline{345}$这样的表达方式，但后来在他的代数著作中采用了更常用的点。德·摩根表示："到 18 世纪前期，取得最终的彻底胜利不仅是小数点，还有现在正在使用的除法运算和提取平方根的通用方法。"[1] 我们对小数表示法的进展进行了一定的讨论，因为"语言的历史……极为瞩目且实用：这些历史的意义对善于反思的人来说是最好的一课。"

现代计算的神奇力量可以归因于三项发现：阿拉伯数字、小数和对数。开普勒当时正在研究行星轨道，而伽利略则刚刚将望远镜转向恒星，这是 17 世纪前期发现对数的绝佳时机。文艺复兴时期，德国数学家计算出了非常精确的三角表，但是其更高的精度极大地增加了计算者的工作量。毫不夸张地说，对数的发现"缩短了天文学家的工作时间，让他们的寿命翻了一番"。对数由苏格兰默奇斯顿男爵约翰·纳皮尔（John Napier）发现，纳皮尔在指数使用之前就建立对数是科学史上最奇特的事件之一。可以肯定的是，施蒂费尔和史蒂芬尝试用指数来表示幂，但是这种表示方法并不为人所知，甚至连哈里奥特也不知道。纳皮尔去世很久之后，他的代数著作才发表。更晚一些时候，学者才意识到对数会从指数中自然而然产生。那么，纳皮尔当时是怎么想的呢？

如图 3-2，令 AB 为定线，DE 线从 D 开始无限延伸。想象两点在同一时刻开始运动，一点从 A 向 B 运动，另一点从 D 到 E 运动，两点初始时刻速度相同。DE 上的点速度不变，AB 上的点的速度则如此下降：到达任意一点 C 时的速度与剩余距离 BC 成比例。当第一个点移动距离 AC 时，第二个点移动距离 DF。

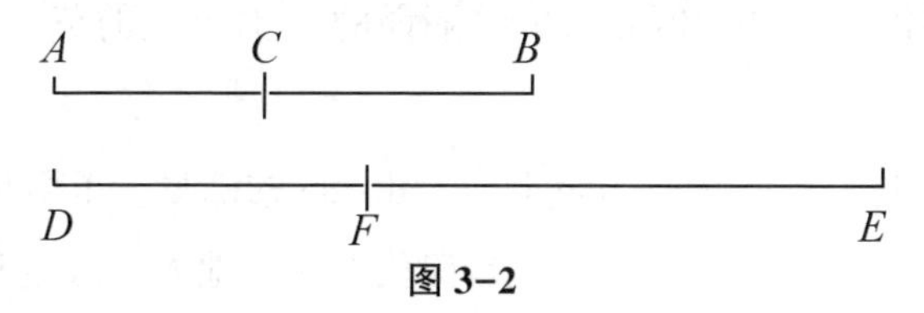

图 3-2

[1] A. De Morgan, *Arithmetical Books from the Invention of Printing to the Present Time*, London, 1847, p. xxvii.

纳皮尔称 DF 为 BC 的对数。

他首先只是求正弦的对数。线 AB 为 90°正弦，取 $AB=107$，BC 是弧的正弦，DF 是 BC 对数。我们注意到，随着运动的进行，BC 值呈等比数列，不断下降，而 DF 值则呈等差数列，不断上升。令 $AB=a=10^7$，设 $x=DF$，$y=BC$，然后 $AC=a-y$。C 点的速度是 $\frac{\mathrm{d}(a-y)}{\mathrm{d}t}=y$。则有 $-nat.\log y=t+c$。当 $t=0$ 时，$y=a$ 且 $c=-nat.\log a$。再次令 $\frac{\mathrm{d}x}{\mathrm{d}t}=a$ 作为点 F 的速度，那么 $x=at$. 用它们的值代入 t 和 c，而 $a=10^7$，根据定义 $x=Nap.\log y$，我们得到 $Nap.\log y=10^7 nat.\log\frac{10^7}{y}$。

从该公式可以明显看出，纳皮尔对数与自然对数不相同。纳皮尔对数随着数字本身的减少而增加。他取 sin 90°的对数值为 0，即 10^7 的对数等于 0。随着 a 从 90°开始减少，$\sin a$ 的对数从 0 开始增加。纳皮尔对数概念起源于两个动点，这使我们想起了牛顿的流数术。纳皮尔巧妙地利用了等比数列和等差数列之间的关系，阿基米德、施蒂费尔等人已经观察到了这种关系。纳皮尔对数的底数是什么？为此，我们的回答是，他从没有想到过“底数”这一概念，而且这个概念和他的理论体系不相容。“底数”的概念需要 0 作为 1 的对数。在纳皮尔理论体系中，0 是 10^7 的对数。纳皮尔 1614 年发表的《美妙的对数法则的描述》（*Mirifici logarithmorum canonis descriptio*，以下简称《描述》）是一部伟大著作。他在其中解释了对数的性质，并给出了一个象限的自然正弦表，间隔为一分。纳皮尔死后，1619 年，他的《美妙的对数法则的构造》（*Mirifici logarithmorum canonis constructionio*，简称《构造》）出版，其中解释了他计算对数的方法。麦克唐纳（W. R. Macdonald）翻译的《构造》的英文译本于 1889 年在爱丁堡出版。

“cosine（余弦）”一词是 complemental sine 的缩写。正切和正割的发现者是托马斯·芬克（Thomas Finck），他是弗伦斯堡本地人，医生和数学家。1583 年，巴塞尔（Basel）在《圆的几何》（*Geometria rotundi*）中使用了它们。甘特在工程师中以他的“猎人之链”而闻名。据他说：“当他在基督学院读书时，有一次轮到他进行讲道。我确定，他的言语确实传到了一些古老的神灵耳朵里，但他们说，当时大学里有人说，自他讲道以来，救世主从未遭受过如此痛苦，真是可悲啊。"[1] 生命的最后几年，布里格斯致力于计算更多的布里格斯三角函数对数，但 1631 年去世前仍然未完成他的工作。最终，亨利·格里布兰登（Henry Gellibrand）在伦敦的格雷舍姆学院（Gresham Collegein）完成，弗拉克自费出版了这张新对数表。布里格斯将度数分为 100 份，罗伊（N. Roe）在 1633 年，奥特雷德在 1657 年，约翰·牛顿在 1658 年也是这样做的，但是由于弗拉克出版的是根据旧的六十进制构造的三角函数表，因此布里格斯的创新并未得到推广。布里格斯和弗拉克发表了四项基本著作，其中记载的研究结果直到最近才被之后的其他计算所取代。

对数中使用的"首数"一词于 1624 年首次出现在布里格斯（Briggs）的《对数算术》（*Arithmetica logarithmica*）。约翰·沃利斯 1693 年在他的拉丁文版《代数学》（*Algebra*）第 41 页中引入"尾数"一词。欧拉 1748 年在《无穷小分析引论》（*Introductio in analysin infinitorum*）第 85 页中使用了这个词。

在对数发现中，约翰·纳皮尔（John Napier）只有一名竞争对手，瑞士数学家约斯特·比尔吉（Joost Bürgi）。1620 年，他在布拉格发表了一个对数表，即《算术和几何数列》（*Arithmelische und Geometrische Progresstabulen*）。他独立于纳皮尔构造了自己的表，但忽略了发表，直到纳皮尔对数表在整个欧洲广为人知并受到赞美。

在纳皮尔的各种发现中，"纳皮尔圆部法则"可以用于解决球面直角三角形，也许是"已知人类历史中最幸福的例子"。纳皮尔在《描述》中证明了他的规则。后来，兰伯特（Lambert）和莱斯利·埃利斯（Leslie Ellis）给出了证明[2]，球面斜三角的四个公式中虽然被称为"纳皮尔类比"，但其中只有两个是纳皮尔本人的成果，在他的《构造》中给出。布里格斯在他的注释中将另外两个添加到了《构造》中。

伦敦数学老师约翰·斯彼得尔（John Speidell）对纳皮尔的对数进行了修改，他于 1619 年在伦敦出版了《新对数》（*New Lgoarithmes*），其中记载有正弦、正切和正割的对数。斯彼得尔没有提出新理论，他只是想通过使所有对数

---

〔1〕 Aubrey's *Brief Lives*, Edition A. Clark, 1898, Vol. I, p. 276.

〔2〕 R. Mortiz, *Am. Math. Monthly*, Vol. 22, 1915, p. 221.

均为正数来改进纳皮尔的表。为此，他从 10^8 中减去了纳皮尔的对数，接着舍弃了最后两位。纳皮尔给出了 $\log \sin 30' = 47413852$。从 10^8 减去这个数得到 52586148。斯彼得尔写道 $\log \sin 30' = 525861$。有人说，斯彼得尔的 1619 对数是自然底数 e 的对数，这么说并不准确。因为斯彼得尔表中的对数值都写成了整数，类似地，自然三角函数值（未印刷在斯彼得尔表中）也写成整数。结果，问题就变得复杂起来。如果将斯彼得尔对数的最后五个数字取为小数（尾数），则该对数是三角函数值的自然对数（每个负首数加 10），假设后者用小数表示成比率。例如，纳皮尔给出 $\sin 30' = 87\ 265$，基数为 10。实际上，$\sin 30' = 0.0087265$。该小数的自然对数约为 5.25861，而加上 10 就可以得到 5.25861。如上所示，斯彼得尔写道 $\log \sin 30' = 525861$，公式 $Sp.\log x = 10^5\left(10+\log_e \frac{x}{10^5}\right)$ 显示了自然对数与斯彼得尔三角函数表中的对数之间的关系。

对于正割和正切的后半部分，加 10 被略去。在斯彼得尔的表中，$\log \tan 89° = 404812$，tan 89°的自然对数为 4.04812。在他的《新对数》的 1622 年版本中，斯彼得尔还收录了一个从 1 到 1000 的对数表。除了省略小数点外，该表中的对数是真正的自然对数。因此，他给出对数 $\log 10 = 2302584$；用现代符号表示就是，$\log_e 10 = 2.302584$。格莱舍（Glaisher）指出[1]，这并非最早的自然对数。爱德华·莱特（Edward Wright）翻译的纳皮尔的《描述》的第二版（1618 年版）中包含一个匿名附录，该附录很可能由威廉·奥特雷德（William Oughtred）撰写，其中描述了借助包含 72 个正弦对数的表进行插值的过程。后者是省略了小数点的自然对数。因此，$\log 10 = 2302584$，$\log 50 = 3911021$。该附录也值得注意，因为它包含最早计算对数的基数的方法。在斯彼得尔时代之后，直到 1770 年才有新的自然对数表发表。兰伯特在他的《对数和三角函数表附录》（*Zusātzesu den Logarithmischen und Trigonometrischen Tabellen*）中提出了一个 1~100 的自然对数表，保留了七位数字。大多数对数的早期计算方法起源于英国，纳皮尔最初通过构造包含大量项的等比数列计算他 1614 年发表的对数表，第一项是 10^7，公比是 $\left(1-\frac{1}{10^7}\right)$，最后一项是 9999900.0004950。这一数

〔1〕 *Quarterly Jour of Pure & Appl. Math.*，Vol. 46，1915，p. 145.

列构成了他的《构造》中给出的“表一”。他省略了上一项的小数部分，把 9 999 900 作为包含 51 项的新数列的第二项，而这个数列的第一项是 10^7，公比为$\left(1-\frac{1}{10^5}\right)$，最后一项为 9995001. 222927（实际应为 9995001. 224804）。第三个包含 21 项的等比数列级数的第一项是 10^7，其第二项为 9995000，公比为$\left(1-\frac{1}{2000}\right)$，9900473. 57808 为最后一项，这个级数构成了纳皮尔《构造》“表三”中前 69 列数字的第一列。每列都是一个 21 个项的几何级数，公比皆为$\left(1-\frac{1}{2000}\right)$，69 列中的 69 个首数或末数本身也构成公比为$\left(1-\frac{1}{100}\right)$的等比数列，第一个首数是 10^7，第二个首数是 9900000，以此类推。第 69 列的最后一个首数是 4998609. 4034。因此，“表三”给出了一系列非常接近但不是完全按等比数列排列的数字，介于 10^7 和一个非常接近$\frac{1}{2}10^7$ 的数字之间。赫顿（Hutton）说，这些表“是用最简单的方式求出的，简单的减法而已”。这些数字被视为 90°和 30°之间的角度的正弦值。他研究正弦值对数值的变化，给出了给定正弦值的对数的上限和下限，利用这些极限，他可以得到“表三”中每个数字的对数。要求 0°和 30°之间正弦的对数，纳皮尔给出了两种方法。他用其中一种方法，借助“表三”和公式 $\sin 2\theta = 2\sin\theta\sin(90°-\theta)$，计算出了 $15° < \theta < 30°$时 $\log \sin\theta$ 的值，重复此过程可得出直到 $\theta = 7°30'$时的正弦值的对数，以此类推。

比尔吉的计算方法比纳皮尔的方法更原始。在他的表中，对数用红色印刷，被称为“红色数字”，反对数用黑色。表达式 $r_n = 10n$，$b_n = b_{n-1}\left(1+\frac{1}{10^4}\right)$表示计算方式，其中 $r_0=0$，$b_0=100000000$，$n=1，2，3，\cdots$，几何级数的任何一项 b_n 均可通过将前一项 b_{n-1} 加上其$\frac{1}{10^4}$，即该项的一部分获得。因此，比尔吉得出$r=230270022$ 和 $b=1000000000$，这最后一对数字通过插值获得。

《构造》的附录中描述了三种计算对数的方法，这可能是纳皮尔和布里格斯的共同工作成果。第一种方法基于五次方根的连续提取。第二种方法仅要求提取平方根。取 $\log 1=0$ 和 $\log 10=10^{10}$，求出 1 和 10 之间的平均比例的对数。那么下面可以得到 $\log\sqrt{1\times10}=\log 3.16227766017=\frac{1}{2}\times10^{10}$，那么 $\log\sqrt{10\times3.16227766017}=\log 5.62341325191=\frac{3}{4}10^{10}$；开普勒在他 1624 年发表的对数著作中实质上使用了这种方法。另外，弗拉克也使用了这种方法。《构造》的附录中的第三种方法为：$\log 1=0$，$\log 10=10^{10}$，令 2 与 10^{10} 相乘，得到一个包含 301029996 的数字；因此，$\log 2=0.301029996$。

计算对数的一种著名方法是所谓的“基数法”。这种方法需要借助基数表或包含 $1\pm\frac{r}{10^n}$ 形式的数字及其对数的表。通过将数字分解为 $1\pm\frac{r}{10^n}$ 形式的因子找到数字的对数，然后加上因子的对数。这种方法最早出现是在爱德华·莱特（Edward Wright）翻译的纳皮尔的 1618 年版的《描述》[1] 的匿名“附录”中（很可能是奥特雷德所写）。该方法由布里格斯在他的《算术对数》（*Arithmetica Logarithmica*）中充分描述。他在书中给出了一个基数表。该方法被之后的数学家不断重新发现并以各种形式给出[2]。罗伯特·弗拉沃（Robert Flower）在文章《基数，一种计算对数的新方法》[3] 中用这三种方法中的一种方法简化了布里格斯的计算过程。他将一个给定数字除以一个 10 的幂和一个个位数，以将第一个数字约分到 0.9，然后乘以一列基数，直到所有数位的数字都变为 9。1786 年，“阿特伍德机器”的发现者乔治·阿特伍德（George Atwood）在《论因子算术》（*An Essay on the Arithmetic of Factors*）中重新给出了基数法，然后泽奇尼·莱昂内利（Zecchini Leonelli）在 1802 年，剑桥大学凯斯学院（Caius College）托马斯·曼宁（Thomas Manning）在 1806 年，托马斯·威德尔在 1845 年，赫恩（Hearn）在 1847 年，奥查德（Orchard）在 1848 年又再次发现了基数法。曾讨论过寿险精算的学者彼得·格雷（Peter Gray），托曼和艾利斯（Ellis）等拓展并发展出了基数方法的变体。布里格斯应用了这三种各不相同的方法，弗拉沃（Flower）和威德尔（Weddle）计算常用对数的另一种方法是

---

〔1〕 J. W. L. Glaisher, in *Quarterly Jour. of Math's*, Vol. 46, 1915, p. 125.

〔2〕 见 J. W. L. Glaisher in *Quarterly Journal of Pure and Appl. Math's*, Vol. 47, 1916, pp. 249-301.

〔3〕 *The Radix a new way of making Logarithms*, London, 1771.

重复插入几何平均数。如果 $A=1$，$B=10$，则 $C=\sqrt{AB}=3.162278$，对数为 0.5，$D=\sqrt{BC}=5.623413$，对数为 0.75 等。这种方法可能是纳皮尔在《构造》中的建议，不过这种方法是一些法国学者的发现，其中一位学者雅克·奥扎南（Jacques Ozanam）最为知名的著作是《物理和数学游戏》（*Récréations Mathématiques et Physiques*）[1]。

布鲁克·泰勒（Brook Taylor）、约翰·郎（John Long）、威廉·琼斯（William Jones）、罗杰·科特斯（Roger Cotes）、安德鲁·雷德（Andrew Reid）、詹姆斯·多德森（James Dodson）、阿贝尔·布尔贾（Abel Bürja）等都发现了其他对数计算方法[2]。

在完成对数计算的工作之后，无穷级数的简便计算方法渐渐被发现。詹姆斯·格里高利（James Gregory）、威廉·布朗克勋爵、尼古拉斯·墨卡托（Nicholas Mercator）、约翰·沃利斯（John Wallis）和埃德蒙·哈雷（Edmund Halley）都是开拓者。墨卡托 1668 年推导出了等于 log（$1+a$）的无穷级数。该级数转化后会产生迅速收敛的结果。沃利斯 1695 年得到 $\frac{\frac{1}{2}\log(1+z)}{\log(1-z)}=z+\frac{1}{3}z^3+\frac{1}{5}z^5+\cdots$，维加在他的 1794 年的《索引典》(*Thesaurus*)一书中令 $z=\frac{1}{2y^2-1}$。

17 世纪，研究者用矩形坐标和极坐标表示了变量和变量对数的图形，拓宽了对数的理论视角。对数曲线和对数螺线被发现出来。此前认为，意大利数学家埃万杰利斯塔·托里拆利（Evangelista Torricelli）在 1644 年的一封信中最早提到了对数曲线，但保罗·坦纳已证实，笛卡尔早在 1639 年就知道这一曲线[3]。笛卡尔在 1638 年写给梅森（Mersenne）一封信中描述了对数螺线，但没有给出方程式，也没有与对数相联系。他将其描述为与过原点绘制的与所有半径成相等角度的曲线。“对数螺线”这个名称是由皮埃尔·伐里农（Pierre

---

〔1〕 *Récréations mathématiques et physiques*，1694 见 J. W. L. Glaisher in *Quarterly Journal of pure and Appl. Math's*，Vol. 47，1916，pp. 249-301.

〔2〕 更多细节见 Ch. Hutton's Introduction to his *Mathematical Tables*，also the *Encyclopédie des sciences mathématiques*，1908；I，23，“Tables de logarithmes.”

〔3〕 见 G. Loria，*Bibliotheca math.*，3. S.，Vol. I，1900，p. 75；*L'intermédiaire des mathématiciens*，Vol. 7，1900，p. 95.

Varignon）在1704年提交给巴黎学院的论文中提出的，这篇论文于1722年发表。[1]

16世纪最优秀的代数研究成果是找到了三次方程和四次方程的解法。解决更高次代数方程的所有尝试均无济于事，但数学家也因此逐渐开辟了一条新的探索领域：方程的性质及其根。我们已看到，韦达对根和系数之间的关系有部分了解。雅克·佩莱蒂埃（Jacques Peletier）是一位法国文人，诗人和数学家，他早在1558年就注意到方程的根是最后一项的除数。顺便说一句，他写的方程的所有项都位于等号一侧，另一侧等于零，布泰欧和哈里奥特也是这样做的。洛林的数学家阿尔伯特·吉拉德（Albert Girard）进一步扩展了韦达的方程理论的范围。像韦达一样，这位独具匠心的学者将代数应用于几何，并且是第一位了解负根在解决几何问题中的用法的数学家。他谈到虚数，并通过归纳法推断出，每个方程式的根数与方程最高次的次数一样多，并率先说明了如何用方程各项系数表示根的幂的和。英国的托马斯·哈里奥特（Thomas Harriot）也是一位相当优秀的代数学家，他加入了沃尔特·拉莱（Walter Raleigh）爵士派到弗吉尼亚州的第一个殖民团体，在考察了当地之后，他回到了英国。作为数学家，他是祖国的骄傲，他全面研究了方程理论，并彻底解决了一些韦达和吉拉德只得出粗略结论的问题，即在最简单形式的方程中，符号改变后的第二项的系数等于方程根之和；第三个系数等于根两两相乘后的乘积之和，等等。他是第一个将方程分解为简单因子的人，但是，由于他没有认识到虚根甚至是负根的存在，他也未能证明每个方程都可以这样被分解。哈里奥特改变了代数表示法，采用小写字母代替韦达使用的大写字母。他引入的不等符号“>”和“<”，“≥”和“≤”符号在大约一个世纪后由巴黎水文学家皮埃尔·布格（Pierre Bouguer）首次使用[2]。哈里奥特去世十年后，他的作品《解析法练习》（*Artis Analyticae Praxis*）于1631年出版。威廉·奥特雷德1631年发表了论文《数学之钥》（*Clavis Mathematicæ*），后来的拉丁语版本有1648年、1652

〔1〕更多细节和资料见 F. Cajori “History of the Exponential and Logarithmic Concepts”, *Am. Math. Monthly*, Vol. 20, 1913, pp. 10, 11.

〔2〕P. H. Fuss, *Corresp. math. phys.*, I, 1843, p. 304; *Encyclopédie des sciences mathématiques*, T. I, Vol. I, 1904, p. 23.

年、1667年、1693年版本，英语版本有1647年版本和1694年版本，1632年发表了《比例圆》(*Circle of Proportion*)，1657年发表了《三角学》(*Trigonometrie*)，为英格兰的数学知识的传播做出了巨大贡献[1]。奥特雷德是伦敦附近的奥尔伯里（Albury）的主教，他为有兴趣的学生免费提供私人课程。数学家约翰·沃利斯和天文学家塞思·沃德（Seth Ward）是他最著名的学生，奥特雷德非常重视数学符号的使用，他总共使用了150多个数学符号，现代仍然使用的只有三个，即乘法符号“×”，比例符号“::”，“差”的符号“~”。“×”符号出现在《数学之钥》中，但与“×”极为相似的字母“X”在爱德华·莱特（Edward Wright）翻译的纳皮尔的《描述》[2]（*Descriptio*）中的匿名者所写的“对数附录”中作为乘法符号出现。他将比例$A:B=C:D$写成$A\cdot B::C\cdot D$。奥特雷德的比例和比率的表示法在英格兰和欧洲大陆广泛使用，但是早在1651年，英国天文学家文森特·温（Wincent Wing）就开始使用“:”表示比率[3]，这种表示法得到了发展，点“.”被解放出来，被用作小数点分隔的符号。莱布尼茨对其中一些符号的态度也很有趣，1698年7月29日，他在给约翰·伯努利的一封信中写道：“我不喜欢‘×’作为ZC·LM的乘法符号。因此，在表示比率时，我使用的不是一个点，而是两个点，并且我也用两个点表示除法；因此，您的$\mathrm{d}y\cdot x::\mathrm{d}t\cdot a$，我写成$\mathrm{d}y:x=\mathrm{d}t:a$。因为d$y$相对$x$就如同d$t$相对于$a$，也就是，d$y$除以$x$等于d$t$除以$a$，然后从这个等式中衍生出所有比例规则。”比率和比例的概念远远领先于现代算术，在克里斯蒂安·沃尔夫（Christian Wolf）的努力下，点在18世纪被广泛用作乘法符号。据推测，莱布尼茨不知道哈里奥特在他1631年发表的《实用分析学》中用点进行乘法运算，如$aaa-3\cdot bba=+2\cdot ccc$。哈里奥特的点没有受到关注，甚至沃利斯也没有关注。

奥特雷德和他的同时代的英国人理查德·诺伍德（Richard Norwood），约翰·斯彼尔德等在介绍三角函数的缩写方面很出名：s，si或sin代表“正弦”，s co或者si co代表“正弦补充”或余弦，se表示“正割”。奥特雷德没有使用

---

[1] 见F. Cajori, *William Oughtred*, Chicago and London, 1916.

[2] F. Cajori, in *Nature*, Vol. XCIV, 1914, p. 363.

[3] *Ibid.*, p. 477.

括号，他在要括起来的项两边加上冒号，如$\sqrt{A+E}$写成$\sqrt{q}$ ：$A+E$：，有时省略最后两个点，因此，C：$A+B-E$：意思是$(A+B-E)^3$。在奥特雷德之前，克拉维乌斯于1608年，吉拉德于1629年都曾建议使用括号。事实上，早在1556年塔塔里亚就将$\sqrt{\sqrt{28}-\sqrt{10}}$写作℞ v（℞28 men ℞10），其中℞ v表示“通根”（radix universalis），但他没有使用括号来表示两个表达式的乘积[1]。艾拉德·德·巴勒杜克（Errard de Bar-le-Duc），雅各布·德·比利（Jacobo de Billy），理查德·诺伍德（1631），塞缪尔·福斯特（Samuel Foster）也使用了括号；但是，在莱布尼茨和伯努利时代之前，括号在代数中并不流行。

值得注意的是，奥特雷德用符号$\frac{\pi}{\delta}$表示圆周与直径的近似比——$3\frac{1}{7}$和$\frac{355}{113}$。这一符号出现在了《数学之钥》的1647年版本及之后的版本中。奥特雷德的表示法被艾萨克·巴罗广泛采用。它是$\pi=3.14159\cdots$的先驱，最早由威廉·琼斯（William Jonesin）1706年在其《新数学引论》（*Synopsis palmariorum matheseos*，伦敦，1706）第263页中使用。1737年，欧拉第一次使用了$\pi=3.14159\cdots$。在他的时代，这个符号得到了广泛采用。

作为圆形计算尺和直计算尺的发明者，奥特雷德成就突出。圆形滑尺在他的著作《比例圆》中有描述，《比例圆》1633年的增补部分中描述了直计算尺。但是奥特雷德并不是第一个在印刷物中描述圆形计算尺的人。第一个这么做的是他的一个学生理查德·德拉玛（Richard Delama），他在1630年的一本名为《数学计算环》（*Grammelogia*）的小册子中完成的[2]。德拉玛与奥特雷德之间发生了一场激烈争论，双方都指责对方窃取了自己的发现。事实上，两个人可能各自独立发明了这一工具。对于直计算尺的发明，奥特雷德具有明确的声索权。他指出，他早在1621年就设计了计算尺。计算尺在17世纪和18世纪在英国得到了改进，并受到了广泛的使用[3]。

奥特雷德的有些故事无疑是杜撰的，有说法称，他在晚上会点蜡烛读书，

---

〔1〕见F. Cajori，*William Oughtred*，Chicagoand London，1916，p. 46.

〔2〕见F. Cajori，*William Oughtred*，Chicagoand London，1916，p. 46.

〔3〕见F. Cajori，*History of the Logarithmic Slide Rule*，New York，1909.

还有说法称，王政复辟后，他高兴过度最终猝死。据说，他当时提议为了国王陛下的健康而干杯，结果喝了酒之后就死了。他的妻子否认了这些说法，对此，德·摩根悠悠地说："其实有个现成的借口就可以用，奥特雷德怎么说当时也已经 86 岁了。"

到目前为止，代数已得到充分发展，正因为此笛卡尔和其他人才能够迈出之后重要的一步，开启数学历史上最重要的纪元之一。代数分析被用来定义代数曲线的本质和研究代数曲线的性质。

在几何学方面，在此期间，人们认真研究了曲线求积的方法。瑞士数学家保罗·古尔丁（Paul Guildin）重新发现了以下定理，该定理发表在以他的名字命名的《论重心》（*De Centro Gravitatis* 或 *Centrobaryca*）中：旋转几何体体积等于生成图形的面积乘以用重心描述的周长。这一定理最早在帕普斯的《数学汇编》中就有介绍，我们将会看到这种方法相比开普勒和卡瓦列里（Cavalieri）的方法更加精确和自然，但是缺点是必须求重心，这可能比求体积本身更困难。古尔丁尝试证明他的定理，但是卡瓦列里指出了他的论证的不足。

约翰尼斯·开普勒（Johannes Kepler）是符腾堡州人，在图宾根大学（University of Tübingen）学习了哥白尼的学说。他对科学的追求一再被战争、宗教迫害，经济窘迫，一直被频繁迁居和家庭问题所干扰。1600 年，他在布拉格附近的天文台担任了丹麦天文学家第谷·布拉赫（Tycho Brahe）的一年助理。不过，这两位大天文学家之间的关系并不和睦。开普勒出版的著作很多，1596 年，他第一次尝试描述太阳。当时，他认为自己发现了五种常规几何体与行星的数量和距离之间的奇特关系，这项伪发现的发表使他声名鹊起。一次，他试图用椭圆曲线表示火星轨道，他的结论我们现在用极坐标表示就是，$\rho = 2r(\cos\theta)^3$。通过成熟的反思，再加上与布拉赫和伽利略的交流，他充分发挥出了自身的天赋，发现了"开普勒定律"。他推动了理论数学和天文学的研究。他对数学很感兴趣，并不令人意外，因为数学给了他很多帮助。"如果希腊人没有研究圆锥曲线，开普勒就不可能取代托勒密。"[1] 希腊人做梦也没有想过这些曲线会有什么实际用处，安泰俄斯和阿波罗尼奥斯所进行的研究只是为了追

---

〔1〕 William Whewell, *History of the Inductive Sciences*, 3rd Ed., New York, 1858, Vol I, p. 311.

逐理想。然而，圆锥曲线帮助开普勒追踪了行星在其椭圆轨道上的运动。开普勒还扩展了对数和十进制小数的使用，并热衷于传播相关知识。有一次，在买酒时，他对确定桶内物体的一般方法的准确性感到震惊。于是，他开始研究旋转固体的体积，并在 1615 年出版了《求酒桶体积新法》(*Sterometria Doliorumin*)。书中，他首先研究了阿基米德所知的几何体，接着又研究了其他几何体。开普勒广泛应用了一个古老但被忽略的想法，即无穷大和无穷小。希腊数学家通常回避这个概念，但是现代数学家掀起了科学领域的革命。在比较直线图形时，古代人采用叠加法，但是在将直线图形和曲线图形相互比较时，此方法失败了，因为直线图形的加法或减法都无法产生曲线图形。为了解决这个问题，他们设计了一种穷竭法，该方法冗长而困难，是一种纯粹的综合法，通常要求研究者一开始就知道结论。新的无穷概念催生了一些无比强大的数学方法。开普勒认为圆是由无数个三角形组成的，这些三角形的共同顶点在圆心，其底边在圆周上。球体由无数个棱锥组成。他将这种概念应用于求以任何直线为轴旋转的曲线生成的图形的面积和体积，但是这只成功解决了他在《求酒桶体积新法》中提出的 84 个最简单的问题中的几个。

开普勒著作中其他有趣的数学研究还有：(1) 他断言一个椭圆的周长（其轴为 $2a$ 和 $2b$）接近 $\pi(a+b)$；(2) 从这段论述中，我们可以推断开普勒知道函数在其靠近其最大值时变量消失了；(3) 关于连续性原理的假设（这一观念将现代与古代几何学区分开），当他表明抛物线在无穷远处有一个焦点时，从该“盲焦”发散出的线是平行的，并且在无穷远处没有其他点。

意大利耶稣会士卡瓦列里阅读了《求酒桶体积新法》之后，开始研究无穷小量。博纳文图拉·卡瓦列里（Bonaventura Cavalieri）是伽利略的一名学生，也是博洛尼亚大学的教授，他凭借《用新的方法促进连续不可分量的几何学》(*Geometria Indivisibilibus Continuorum Nova Quadam Ratione Promota*) 一书而闻名。这一作品介绍了他的“不可分量”方法，该方法在希腊人的穷竭法和牛顿、莱布尼茨的微积分之间起着承上启下的作用。亚里士多德和经院派哲学家讨论了“不可分量”，引起了伽利略的注意。卡瓦列里没有定义该术语。他从布拉德沃丁和托马斯·阿奎那的学术哲学中借用了这一概念，在这个概念中，点是线的不可分割部分，直线是面的不可分割部分，以此类推，点移动会生成线等。然后，可以简单地通过一系列平面或线的求和得出两个几何体或平面的相对大小。例如，卡瓦列里求出构成三角形的所有线的平方和等于构成平行四边形的底线和高度相等的所有线的平方和的三分之一；如果在三角形中，从顶点开始第一条线是1，则第二条线是2，第三条线是3，以此类推；它们的平方和是 $1^2+2^2+3^2+\cdots+n^2=(n+1)(2n+1)\div 6$。在平行四边形中，每条线为 n，其数目为 n，其平方的总和为 n^3，因此这两个和之比为 $n(n+1)(2n+1)\div 6n^3=\frac{1}{3}$，$n$ 是无穷大。由此他得出结论，棱锥或圆锥的体积分别是底面和高度相等的棱柱或圆柱的体积的$\frac{1}{3}$，因为像平行于底边的线的平方从三角形的底边到顶点不断减少，组成棱锥或圆柱的多边形或圆以相同的方式从底面到顶点不断减少。卡瓦列里用不可分量方法解决了开普勒提出的大多数问题。尽管迅速得出了正确结果，但他的方法缺乏科学依据。如果一条线绝对没有宽度，那么增加任何数量的线都不会产生面积；如果一个平面没有任何厚度，那么即使是无限多个平面也无法形成几何体。虽然缺少科学性，但作为一种积分使用了五十年，解决了一些难题。古尔丁激烈批评了卡瓦列里的方法。古尔丁死后，卡瓦列里于1647年出版了名为《六个几何练习》的专著，他在其中回应了反对者的批评，并试图澄清其方法。除了通过形而上学的推理，古尔丁一直无法证明以他命名的定理，但是卡瓦列里用不可分量法证明了这一定理。1653年，《六个几何练习》的修订版问世。

当时的学者开始以极大的热情研究一条古人不知道的重要曲线，罗伯瓦尔将其命名为trochoid（摆线，或称旋轮线），帕斯卡将其命名为roulette，伽利略将其命名为cycloid。该曲线的发现者似乎是查尔斯·布维尔斯（Charles Bouvelles）。1501年，他在巴黎发表了一本几何学论著，其中提到了这一曲线。该曲线与化圆为方问题有关。伽利略非常重视该曲线赋予建筑拱门的优美形式。他将纸做的摆线与纸做的生成该摆线的圆相比较以求其面积，结果发现前者的面积几乎是但并非恰好是后者的三倍。他的学生埃万杰利斯塔·托里拆利（Evangelista Torricelli）为此进行了计算。不过，更多时候，他被称为物理学家，而不是数学家。

通过“不可分量”法，托里拆利证明了其面积是旋转圆的三倍，并发表了他的解法。法国的吉勒·佩尔松·德·罗伯瓦尔早在几年前（1636年左右）就用同一方法求出这一面积，但托里拆利并不知道他的解法。罗伯瓦尔是个脾气暴躁的人，他不公正地指责温和友善的托里拆利窃取了他的证明。这一指控让托里拆利极为愤怒。有观点认为这是他早逝的原因之一。伽利略的另一个优秀学生温琴佐·维维亚尼（Vincenzo Viviani）试图计算摆线的切线。但这一工作最终由笛卡尔和费马在法国完成。

此时，在法国，几何学研究即将取得无与伦比的成就，罗伯瓦尔、费马和帕斯卡使用了不可分量法，并对其进行了改进。罗伯瓦尔在巴黎法兰西学院担任数学系教授40年。他宣称，他才是不可分量法的发现者。但由于他的完整著作直到他去世后才出版，因此很难确定这一方法到底是谁发现的。蒙图克拉（Montucla）和夏斯莱认为，罗伯瓦尔独立于卡瓦列里发现了该方法，并且时间更早，尽管后者先于罗伯瓦尔发表了该发现。玛利发现，很难相信罗伯瓦尔没有借鉴卡瓦列里的研究，因为两个人不可能都偶然间想到 Indivisibles（不可分量）这个词。按卡瓦列里的设想，这个词适用于无穷小，但罗伯瓦尔认为并非如此。罗伯瓦尔和帕斯卡改进了不可分量法的理论基础，方法是将面积视为由无穷数量的矩形（而非线）组成，几何体由无穷数量的无穷小的几何体（而不是面）组成。罗伯瓦尔将这种方法应用于求面积、体积和重心。他求出了任意度数的抛物线 $y^m = a^{m-1}x$ 的面积。我们已经提到过他求摆线图形面积。罗伯瓦尔最著名的研究成果是他的切线绘制方法。然而，托里拆利在同一时间（甚至更早时候）也发现了这种方法。

托里拆利于1644年发表了《几何论著》（*Opera Geometrica*）。罗伯瓦尔对其中研究的问题给出了更全面的阐述。他的理论的一些特殊应用早在1644年就在巴黎学者梅森（Mersenne）的《物理数学反思》（*Cogitata Physico-mathematica*）上发表。罗伯瓦尔于1668年向法国科学院介绍了该学科的全部进展，并在法国科学院的议事录中将其发表。该学院源于一场巴黎举行的科学会议，梅森也参与了这一会议。1635年，黎塞留（Richelieu）建立了法国科学院。1666年，法国财政大臣科尔贝特（Colbert）重组了法国科学院。马林·梅森（Marin Mersenne）为科学的发展做出了卓越贡献。他为人彬彬有礼，交友广泛，笛卡尔和费马都是他的朋友。他鼓励科学研究，进行广泛的科学通信，在当时是科研信息交流的媒介。

罗伯瓦尔的切线绘制方法与牛顿的流数术有关。阿基米德认为他的螺旋是由双重运动产生的。罗伯瓦尔的想法扩展到了所有曲线。平面曲线，例如圆锥曲线，可以由两个力作用的点产生，是两个运动的合量。如果将合量在曲线的任何点分解为其分量，则由它们确定的平行四边形的对角线就是该点处曲线的切线。这种巧妙方法的最大困难在于将合量分解成具有适当长度和方向的分量。罗伯瓦尔并非总是能成功做到这一点，但他的这一想法是巨大的进步。他摆脱了切线的旧定义的束缚，不再将切线视为仅与一条曲线有一共同点的直线。如果采用这种定义，当时可用的一些方法并不适合呈现高次曲线切线，甚至是二次曲线的特性，也不适合在曲线生成中使用。切线问题也受到费马、笛卡尔和巴罗（Barrow）的特别关注，并且在微分学的发现之后达到了最高峰。费马和笛卡尔将切线定义为两个交点，与曲线重合的割线。巴罗把曲线看作多边形，称其边之一为切线。

皮埃尔·德·费马（Pierre de Fermat）是一位在所有领域都成就卓越的学者，而且是一位杰出的数学家。他在图卢兹（Toulouse）学习法律，1631 年成为图卢兹议会议员。他热情极高，业余时间主要用来研究数学。与笛卡尔和帕斯卡不同，他过着安静而积极的生活。费马的才华在当时已知的所有数学领域都留下了印记。他的“求最大值和最小值的方法”对几何学做出了巨大贡献。大约二十年前，开普勒首先观察到，变量的增量（例如曲线的纵坐标）在极接近变量最大值或最小值时突然消失。提出这个想法后，费马发现了求极大值和极小值的规则。他在给定函数中将 $x+e$ 代入 x，然后令函数的两个连续值相等，从而得一方程，然后将方程除以 e。如果将 e 取为 0，则该方程的根就是 x 的值，相对应的函数值则是最大值或最小值。费马在 1629 年发现此规则。它与微分法之间的主要区别在于，它引入了不定量 e，而不是无穷小的 dx。费马将其作为他求切线的基础，该方法涉及求曲线给定点对应的次切距。

由于表述不明确，费马求最大值、最小值以及切线的方法遭到了同时代的伟大学者笛卡尔的严厉抨击，不过笛卡尔的功劳在当时也从未得到公正评价。双方随后发生争执。在这场冲突中，罗伯瓦尔和帕斯卡的父亲热心替费马辩护。迈多治（Mydorge）、德萨格和克劳德·哈迪（Claude Hardy）则支持笛卡尔。

由于费马引入了函数的连续值间无穷小差异的概念，并得出了找到最大值和最小值的方法，因此拉格朗日、拉普拉斯和傅里叶坚持认为，费马可被视为微分学的第一位发现者。从泊松（Poison）的话中可以看出，不是所有人都这么认为。泊松本人就是一名法国人。他准确指出，微分“是指求所有函数微分的一套规则，而非在个别孤立问题的解法中使用无穷小变量的方法”。

布莱斯·帕斯卡（Blaise Pascal）是一位同时代数学家，其天资也许与伟大的费马相当。他出生于奥弗涅（Auvergne）的克莱蒙（Clermont）。他的父亲于1626年在巴黎退休。退休后，他将全部精力投入儿子的教育，因为他不放心让别人教育他。布莱斯·帕斯卡的几何天分在他12岁的时候就有所展露。他的父亲精通数学，但不希望儿子在完全熟悉拉丁语和希腊语之前学习数学。因此，所有数学书籍都被他父亲藏了起来。帕斯卡曾问父亲如何研究数学，父亲总是回答说：“它是一种用于精确构造数字，并找出彼此之间相对比例的方法。”同时，父亲禁止他再谈论或思考数学，但是他的天分却无法被束缚住。在了解到数学是精确无误地构造数字的方法后，他从这一简单事实出发，自主思考，并用一块木炭在人行道的瓷砖上绘制图形，例如，他尝试绘制了精确的圆或等边三角形。他自己给这些图形起了名字，建立了公理，简而言之，就是进行了证明。据说，他以这种方式独立证明了三角形内角和定理，即三角形三内角之和等于两个直角。他的父亲发现他在研究这个定理，惊讶于他的天赋，以至于喜极而泣。之后，父亲开始让他看欧几里得的《几何原本》。在无人帮助的情况下，他轻易地掌握了其中内容。他的固定学习内容是语言，只在消遣时研究几何学。但是，他的领悟力如此之强，以至于在16岁的时候就写出了一篇圆锥曲线论文。这篇论文表现出的天分极高，有人称自阿基米德时代之后，没有其他研究的深度能与之相提并论。笛卡尔拒绝相信这篇论文是帕斯卡这么年轻的人所写。该论文从未发表过，现已失传。当时，莱布尼茨生活在巴黎，他介绍了其中的一部分内容。早熟的帕斯卡在所有科学领域都取得了一定成就，但是在如此幼小的年龄不断运用脑力，大大损害了他的健康。虽然如此，但他仍然继续工作，并在19岁时发明了著名的算术机，这一机器可用于机械执行算术运算。过度劳累造成的持续压力导致了永久的不适感，他有时会说，自18岁起，他没有哪一天不是痛苦的。24岁那年，他决定放弃对人文科学的研究，将他的才华全部献给宗教。他针对耶稣会士所写的《致外省人信札》（*Provincial Letters*）在当时非常有名。但是时不时，他会重新拾起青年时代的最爱。有一次，由于牙痛，他一夜未眠，一些关于旋轮线或者说摆线的想法出乎意料地浮现在他的脑海中。他思如泉涌，发现了该曲线的性质，并且给出了证明。他和费马的部分学术通信应该是概率论研究的开端。帕斯卡病情加重后不久逝于巴黎，当时年仅39岁。帕斯卡用清晰的形式描述了卡瓦列里不可分量法的目标像罗伯瓦尔一样，他用“直线的和”表示“无穷小矩形的总和”。帕斯卡大大推动了摆线研究。他求出了由平行于底线的任何一条线产生的截面的面积，摆线围绕其底部或绕轴旋转产生的几何体的体积，产生的几何体的重心以及被对称面分开的部分的体积的一半。在发表结果之前，他于1658年向当时的所有知名数学家发出挑战，并为前两个提出解法的数学家提供奖励。只有沃利斯和拉鲁夫（LaLouvé）参与了竞争。后者能力不足，前者则由于时间紧迫，犯了许多错误，没有人获得奖金。帕斯卡发表了自己的解法，在科学界引起极大轰动。沃利斯也发表了他的解法，惠更斯（Huygens）、雷恩和费马也解决了一些问题。伦敦圣保罗大教堂（St. Paul Cathedral）的著名建筑师克里斯托弗·雷恩（Christopher Wren）的主要发现是摆线弧的校正和重心的确定。费马找到了求摆线弧产生的区域面积的方法，惠更斯发明了惠更斯摆。

17世纪初，综合几何学开始复兴。笛卡尔的朋友，克劳德·迈多治（Claude Mydorge）仍然使用古代方法研究圆锥形，但大大简化了阿波罗尼奥斯的许多证明。里昂的吉拉德·德萨格（Girard Desargues）和帕斯卡没有选择这条已被踏过无数次的道路，而是另辟蹊径引入了透视法。这一方法颇为重要，具有圆形底面的圆锥上的所有圆锥曲线从圆锥顶点处看起来都呈圆形。所以，德萨格和帕斯卡将圆锥曲线的处理视为圆的射影。德萨格给出了两个重要而美丽的定理：一个是“六点对合”定理：截线和一圆锥曲线以及一内接四边形相交；另一个是：如果两个三角形的顶点在空间中或一个平面上都位于交于一点的直线，则它们的边交于一条直线上的三点；反之亦然。后一个定理被布里安桑（Brianchon）、施图姆、热尔岗（Gergonne）和彭赛列所采用。彭赛列将此定理作为他美丽的同源图形理论的基础。德萨格提出了回旋理论和截线理论，他还提出了一种优雅的思想，即一条直线的两个末端可以视为在无穷大处相交，并且平行线与其他线的区别仅在于它们的交点在无穷大。他重新发明了外摆线，并展示了其在齿轮构造中的应用，拉·哈尔后来详细阐述了这一点。帕斯卡在他的《论圆锥曲线》（*Essais Pour les Coniques*）中肯定了德萨格的研究成果，他说："应该承认，我对这一问题的一点点了解全都来自他的著作。"帕斯卡和德萨格的著作包含了现代综合几何学的一些基本思想。帕斯卡 16 岁时写的圆锥曲线论文中给出了一条非谐比例的定理，该定理最早出现在帕普斯的著作中。同时，该著作还证明了一个神秘的六角形的命题，即"帕斯卡定理"：圆锥曲线内接的六边形的对边在共线的三个点处相交。这个定理成为帕斯卡理论的基石。他本人说，仅凭此定理，他就得出了 400 多个推论，包括阿波罗尼奥斯的圆锥曲线研究成果和许多其他结果。菲利普·德·拉·哈尔（Philippe de la Hire）的天分稍逊于德萨格和帕斯卡。他起初是一名画家，后来投身于天文学和数学的研究，并成为巴黎法兰西学院的教授。他共撰写过三部圆锥曲线著作，分别于 1673 年、1679 年和 1685 年出版其中最著名的是《圆锥曲线》（*Sectiones Conicae*）。德·拉·哈尔给出了圆的配极属性，并通过射影将他的配极理论从圆拓展到了圆锥曲线。在地图绘制中，德·拉·哈尔使用了"球形"射影，其中眼睛不像托勒密立体射影中那样位于球的极点，而是通过距离球 $r \sin 45°$处的极点产生的半径。球形射影的优势在于，在地图上的每个地方，距离的放大程度大致相同。他的同胞帕朗特（Parent）改进了这种射影方式。德·拉·哈尔还讨论了摆线图形方法外摆线蚌线和幻方。德萨格和帕斯卡的才华以及德·拉·哈尔的辛勤付出给我们留下了现代综合几何学的宝贵财富，但是笛卡尔的解析几何和后来的微分学引起了数学家浓厚的兴趣，直到 19 世纪之前，综合几何几乎被完全忽略了。

从丢番图和印度数学家的时代一直到 17 世纪初，数论在一千年间才取得有科学价值的新成果。但是，接下来，数论即将迎来一个辉煌的发展时期，杰出的数学家从神秘主义和迷信的枷锁中解救了这门科学。学者开始重新以科学方式研究数字的性质。由于欧洲学者没有印度的不定分析，他们不得不重研究婆罗门发现的许多美妙成果。因此，法国人巴赫·德·梅斯里亚（Bachet de

Méziriac）重新求出了线性不定方程组的整数解。他是最早并且也是最为知名的欧洲丢番图主义者。1612 年，他出版了《令人愉悦的有趣数字问题》（*Problemès plaisants et délectables qui se font par les nombres*），并在 1621 年出版了希腊文版本的丢番图的《算术》（*Diophantus*），并且加上了注释。当时的学者对质数的兴趣，发现了所谓的“梅森数”，这种数字形式为 $M_p=2^p-1$，其中 p 是素数。马林 · 梅森（Marin Mersenne）在他的《物理数学随感》（*Cogitata Physico-Mathematica*，1644）的序言中断言，使 M_p 成为质数的唯一不大于 257 的 p 值是 1，2，3，5，7，13，17，19，31，67，127，257。现在，在梅森的分类中发现了四个错误，即 M_{67} 可分解，但 M_{61}、M_{89} 和 M_{107} 却是素数。此外，我们现已发现 M_{181} 可分解。1644 年，梅森给出了前八个完全数，分别为 6、28、496、8128、23550336、8589869056、137438691328、2305843008139952128。在《几何原本》第九卷第三十六命题中给出了完全数公式：2^{p-1}（$2p-1$），其中 $2^{p-1}-1$ 是质数。通过令 $p=2$、3、5、7、13、17、19、31，可以得出上述八个完全数。1885 年，希尔霍夫（Seelhoff）找到了第九个完全数，其中 $p=61$。在 1912 年，由帕沃斯（Powers）找到了第十个，其中 $p=89$。现代数论之父是费马，他不爱与人交流，经常隐瞒自己的研究方法，只公布结果。在某些情况下，后世的分析学家在试图证明的过程中经常感到极为困惑。费马拥有一本巴赫作注的《算术》，他在其中又加了许多边注。在 1670 年，这些笔记被收录到他儿子出版的《算术》新版本中。其他费马发现的数论定理也收录在了他的《作品集》（*Opera varia*）和沃利斯 1658 年发表的《通信集》（*Commercium epistolium*）中。在费马《算术》边注中发现了以下定理中的前七个定理[1]。

1. 当 $n>2$ 时，x，y 和 z 为整数值时，$x^n+y^n=z^n$ 不可能成立。费马将这个著名的定理附在了《算术》第二卷第八章的“将给定平方数分解成两个平方数”问题之后。费马的边注是：“话说回来，不可能将一个立方数分成两个立方数，或者将一个四次方数分解成两个四次方数，或者除了平方以外，通常没有任何幂次方能够被分解成两个具有相同指数的幂次方。我想到了一个绝妙的证明方法，可惜这里空太小了，写不下。”费马究竟是否找到了证明方法，令

---

〔1〕 费马的丢番图定理和问题的更详细介绍，见 T. L. Heath，*Diophantus of Alexandria*，2. Ed.，1910，pp. 267–328. See also *Annals of Mathematics*，2. S.，Vol. 18，1917，pp. 161–187.

人怀疑。目前为止，尚无通用方法证明这一命题。欧拉证明了 $n=3$ 和 $n=4$ 时该定理成立；狄利克雷（Dirichlet）证明了 $n=5$ 和 $n=14$ 时的情况，拉梅（Lamé）证明了 $n=7$ 时的情况，库默尔（Kummer）证明了 n 等于其他许多值时的情况。该定理反复地被学术界作为悬赏问题提出，巴黎科学院于 1823 年和 1850 年，布鲁塞尔科学院于 1883 年都对此问题给出了悬赏。之后就是我们现在的研究现状。

2. $4n+1$ 形式的素数只是一个直角三角形的斜边，$4n+1$ 的平方是两个直角三角形的斜边，$4n+1$ 的立方是三个。例如：$5^2=3^2+4^2$；$25^2=15^2+20^2=7^2+24^2$；$125^2=75^2+100^2=35^2+120^2=44^2+117^2$。

3. $4n+1$ 形式的素数可且仅可以一种形式表示为两个平方数之和。证明者是欧拉。

4. 由两个立方数构成的数字可以以无限多种方式分解为另外两个立方数。

5. 任意一个数字要么是三角数，要么是两或三个三角数之和；要么是一个平方数，要么是两个、三个或四个平方数的总和；要么是五边形数，要么是两个、三个、四个或五个五边形数之和；类似地，多边形数一般也是如此。费马承诺将证明此定理和其他定理，但从未给出证明方法。这个定理也是其他人给出的证明，证明方法在一位学者写给帕特·梅森的信件中给出。

6. 选取任意多个数字，使每个数字的平方加上或减去所有这些数字之和后仍然是一个平方数。

7. $x^4+y^4=z^2$ 不可能成立。

8. 在 1640 年的一封信中，他给出了著名的“费马定理”，用高斯的符号表示就是：如果 p 是质数，而 a 相对 p 是质数，则 $a^{p-1}\equiv 1$（$mod\ p$）。莱布尼茨和欧拉证明了这一点。

9. 费马临去世时仍然坚信他找到的公式“$2^{2^n}+1=$质数”就是人们期待已久的质数定理，但他承认他无法给出严格的证明。欧拉举出了 $2^{2^5}+1=4294967297=6700417\times641$ 的例子证明了该命题不正确。有着“闪电计算器”之称的泽拉·科伯恩（Zerah Colburn）还是一个小男孩的时候，轻易地找到这些因数，但他无法解释他到底是用的什么方法完成了这奇迹般的运算。

10. 奇质数可以且仅可以表示为两个平方数的差。该定理在《数字科学发现中的关系》(*Relation des Déouvertes en la Science des Nombres*) 中给出，被费马用于因数分解大数。

11. 如果整数 a，b，c 代表直角三角形的边，则其面积不可能为平方数。拉格朗日给出了证明方法。

12. 求解 $ax^2+1=y^2$，其中 a 是整数但不是平方数。费马本人仅给出了极为简略的大致思路。他在 1657 年向法国人伯恩哈德·弗莱尼科·德·伯赛 (Bernhard Frenicle de Besse)，和当时的所有数学家提出了这个问题。在英格兰，沃利斯和布龙克勋爵 (Lord Brouncker) 一起找到了一个费力的解法，该解法于 1658 年发表。1668 年托马斯·布兰克 (Thomas Brancker) 翻译的拉恩的《代数》(*Algebra*) 中也包含一种解法。约翰·佩尔 (John Pell) 的"改变和增加"一文中同样给出了一种解法。事实上，这个问题的第一个解法是印度人提出的。尽管佩尔只是给出了一个解法，但这一问题仍被称为"佩尔问题"。佩尔曾在阿姆斯特丹的一所大学担任过数学教授在与号称解决了化圆为方问题的隆戈蒙塔努斯 (Longomontanus) 的争论中，佩尔首次使用了现在我们已经很熟悉的三角公式 $\tan 2A=\dfrac{2\tan A}{1-\tan^2 A}$。我们不确定费马是否能够给出他的所有定理的严格证明。他的证明方法一直失传，直到 1879 年，在莱顿图书馆 (Library of Leyden) 的惠更斯手稿中发现了一份文件，名为《数字科学发现中的关系》。从这份文件看来，他使用了一种归纳法。他称，这种方法特别适用于证明某些关系不可能存在，例如上述定理 11，但他也成功地使用了该方法来证明了一些肯定性陈述。比如，在证明定理 3 时，他假设存在一个不具有该性质的素数 $4n+1$，那么将存在一个不具有该性质的较小素数 $4n+1$；那么又将存在第三个不具有该性质的较小素数；以此类推。这样无限推算，最后将到达数字 5，这是 $4n+1$ 形式的最小素数。根据以上假设，可以得出结论 5 不是两个平方的和，这与事实相悖。因此，该假设错误，所以定理成立。费马在大量定理中成功应用了这种下降法。通过这种方法，欧拉、勒让德 (Legendre) 和狄利克雷证明了以上一些观点和许多其他数论命题。

费马对幻方颇感兴趣。中国数学家和阿拉伯数学家偏爱幻方研究，但幻方直到 15 世纪才传播到西方。库尔茨在一份德国手稿中发现了一个由 25 个方格构成的幻方。艺术家阿尔布雷希特·丢勒于1514年在其名为《忧郁症》的绘画中画出了一个16格的幻方，上面提到的伯恩哈德·弗莱尼科·德·伯赛写出了880个四阶幻方，从而指出幻方的数量随阶数增加而大大增加。费马给出了一个求n阶幻方的数量的通用规则，对于$n=8$，幻方数量是1004144995344；但他似乎自己也意识到了这一规则并不正确。巴赫·德·梅斯里亚（Bachet de Méziriac）在《令人愉悦的有趣数字问题》中给出了一个求奇数阶幻方数量的规则“阶梯法”（des terrasses）。德·伯赛给出了求偶数阶幻方数量的方法。17世纪，安东尼·阿诺德（Antoine Arnauld）、让·普莱斯特（Jean Prestet）和奥扎南研究了幻方。18世纪，普瓦尼亚（Poignard）、德·拉·哈尔、索沃尔（Sauveur）、帕尧特（Pajot）、拉里埃·德·乌赫梅（Rallier des Ourmes）、欧拉和本杰明·富兰克林（Benjamin Franklin）研究了幻方。富兰克林在一封信中谈到他的16^2格的幻方，“我毫不怀疑，您会同意，16阶幻方是有史以来最具魔力的幻方”。

帕斯卡和费马关于概率赌博的通信是概率论的萌芽，卡当、塔塔里亚、开普勒和伽利略的研究已经有此理论的预兆。舍瓦里埃·德·梅莱（Chevalier de Méré）向帕斯卡提出了基本的“点数问题”[1]，即求出每个玩家在赌博的任意给定阶段赢得赌博的概率。帕斯卡和费马假设玩家得到某点数的机会相同。

前者将这个问题转述给了费马，费马怀着浓厚的兴趣进行了研究，并通过组合理论解决了这一问题。他和帕斯卡都努力研究了这一理论。概率计算也引起了惠更斯的注意，并且他发现的最重要的概率定理是，如果A赢得金额a的机会为p，赢得金额b的机会为q，那么他可以预期最终赢得金额为$\frac{ap+bq}{p+q}$。惠更斯在他的一本概率论论文（1657年）中发表了他的研究成果，直到詹姆斯·伯努利发表《猜度术》（*Ars Conjectandi*）之前，惠更斯的研究都是对这一问题最好的解释。《猜度术》中也给出了惠更斯的论文全文，约翰·克雷格（John Craig）研究了证词概率，这是对数学的荒谬滥用。

与概率理论相关的实际问题有死亡率和保险方面的研究。古人似乎对死亡

---

〔1〕 *Oeuvres complétes de Blaise pascal*, T. I, Paris, 1866, pp. 220-237. 另见 I. Todhunter, *History of the Mathematical Theory of probability*, Cambridge and London, 1865, Chapter II.

率表的使用并非一无所知。但是在提到这方面的研究时，一般提到的第一位研究者是约翰·格朗特（John Graunt）上尉，1662年，他在伦敦发表了《自然与政治观察》（*Natural and Political Observations*），此书根据伦敦1592年以来的死亡记录写成，最初是为了让公众了解瘟疫的进展。格朗特在发布他的研究所基于的数据时非常谨慎。他说，自己这么做，就像一个“愚蠢的男孩”给全世界（一个脾气暴躁的老师）讲课，而后者带来了一大堆戒尺[1]。格朗特之后，在这一领域一直没有任何重要研究。直到1693年，埃德蒙·哈雷（Edmund Halley）在《哲学汇刊》（*Exercitationes Geometrioe*）上发表了他著名的备忘录《人类死亡率》（*Degrees of Mortality of mankind*），其中他尝试计算生命年金的价格。为了求出年金的价值，他将相关个人在 n 年后的存活率乘以 n 年末到期的年付现值，然后将 n 从1取到极大的年龄值，得出的结果求和。哈雷还研究了共同生活的年金。

古代数学家中，阿基米德是唯一对理论静力学有清晰正确认识的人。他已经牢固掌握了力学的基础概念——压力。但是他的思想在20个世纪间无人问津，直到史蒂芬（Stephan）和伽利略·伽利莱的时代。史蒂芬精确求出了平面上支撑一个与水平面成任意角度物体所需的力。他发展出了一套完整的平衡理论。在史蒂芬研究静力学的同时，伽利略主要在研究动力学。一般认为，亚里士多德曾提出，物体越重，下降速度越快，下降速度与重量成比例。伽利略率先对这一观点提出反对，建立了第一运动定律以及自由落体定律。在对加速度有了清晰认识并且了解了不同运动的独立性之后，他证明了，抛射物沿着抛物线运动。在此之前，人们认为炮弹首先向前直线移动，最后突然垂直落至地面。伽利略对离心力也有所了解，并给出了正确的动量定义。尽管他建立了静力学基本原理，即力的平行四边形定则，但他并未完全认识到这一定则的适用范围。吉多·乌巴尔多（Guido Ubaldo）构思了虚速率的部分理论，伽利略进一步完善了此理论。

伽利略是动力学的创始人。他在星空中的发现使他在同时代的学者中享誉盛名，但拉格朗日则认为，他的天文学发现只需要望远镜和毅力，而从现象中

---

〔1〕 I. Todhunter, *History of the Theory of Probability*, pp. 38, 42.

总结出规律则需要非凡的天分。对此，我们可以举出很多例子，但是在早期的哲学家中，这一点普遍没有得到体现。伽利略关于力学的对话收录在了《论数学证明》（*Distorsie Demostrazioni Matematiche*）中，其中讨论了无穷集合问题。伽利略在此书中展现出了敏锐的观察力和独创性，在戴德金和康托尔时代之前的数学家中独一无二。对话一方的萨尔维亚蒂（Salviati）通常代表伽利略的想法，他说："无穷和不可分割本质上无法理解。"[1] 亚里士多德学术哲学的代言人辛普利西奥（Simplicio）曾说："线段中有无穷多的点，但较长线段中点的数量多于较短线段中点的数量。"萨尔维亚蒂回应："当我们尝试用有限思想讨论无穷，将有限和无限的属性赋予无穷时，就会出现类似这种难题；但是我认为这么做是错误的，因为我们不能说无穷大大于或小于或等于另一个——我们只能推断出所有数字的总数是无限的，并且平方数是无限的，并且根数是无限的；我们不能推断平方数的数量不小于所有数字的数量，或者后者大于前者；最后，属性'等于''大于'和'小于'不适用于无穷大，只限于有限数量——一条线不包含与另一条线相同或更多或更少的点，但是每条线都包含无穷个点。"从伽利略和笛卡尔到威廉·哈密尔顿爵士（Sir William Hamilton）的时代，就一直有学说认为，由于思维的有限性，人类没有办法想象出无穷大。对此，德·摩根嘲讽说："想骑肥牛得先变胖。"

无穷级数在微分和积分学问世之时引起了人们的关注，在此之前，一些学者已经使用过无穷级数。博洛尼亚的皮埃特罗·蒙哥利（Pietro Mengoli）[2] 在1650年出版的《算术求和新法》（*Novæ Quadrature Arithmeticæ*）一书中研究了无穷级数。他将调和级数各项划分为无数组，每一组中的项之和都大于1，从而证明了调和级数的发散性。调和级数的发散性的证明最早由雅各布·伯努利于1689年给出。蒙哥利证明了三角数倒数的收敛性。而过去错误认为是惠更斯、莱布尼茨或雅各布·伯努利最早得出了这一发现。蒙哥利在无穷级数求和上取得了可靠结果。

---

〔1〕 I. Todhunter, *History of the Theory of Probability*, pp. 38-42.

〔2〕 见 G. Eneström in *Bibliotheca mathematica*, 3. S., Vol. 12, 1911-12, pp. 135-148.

从笛卡尔到牛顿

17 和 18 世纪，思想家们就开始同旧观念及其上层建筑展开进攻，其中一位便是笛卡尔（Descartes，见图 3-3）。虽然他自称信仰东正教，但在科学领域，他是一个顽固的怀疑论者。他发现，世界上最优秀的思想家都曾长期研究形而上学，却未得出任何定论，甚至他们的结论彼此之间水火不容。他大受刺激，决定找到一个彻底的答案。于是，他不再将任何理论视作权威，而是根据新的研究方法重新审视所有思想。由于几何学和算术学结论的确定性，他开始试图将数学推理应用于所有科学，比较追求真理的正确与错误方式。“他将自然中的谜团与数学法则相比较，竟寄希望于用同一把钥匙打开两个秘密宝库。”就这样，他建立了所谓的笛卡尔主义哲学体系。

图 3-3　笛卡尔

虽然笛卡尔是知名的形而上学哲学家，但可以说，他更重要的身份是伟大的数学家。他的哲学理念早已被其他哲学体系替代，但笛卡尔的解析几何是人类永远的宝贵财富。21 岁时，笛卡尔加入了奥兰治的莫里斯亲王的军队。服兵役时，他闲暇时间很多，因此他得以抽出时间学习。当时，数学是他最喜欢的学科。但是在1625年，他放弃了理论数学研究。威廉·哈密尔顿爵士[1]说，笛卡尔认为只局限于学科内部的数学研究是绝对有害的。这么说并不准确。在给梅森的一封信中，笛卡尔说："德萨格在我身上增添了一份义务，这份义务让他喜悦，却让我痛苦。他跟我说，他很遗憾我不愿再继续研究几何学，但我已下定决心停止抽象几何学研究，不再研究只能锻炼头脑而没有实际用途的问题。我已下定决心研究另一种几何学，这种几何学的目的是解释自然现象……你知道我所有的物理学研究都没有超出几何学的范畴。"1629年至1649年，他在荷兰主要从事物理学和形而上学的研究。他居住在荷兰时，荷兰正处于最辉煌的历史时期。1637年，他发表了《方法论》（*Discours de la Méthode*），其中包括关于几何的106页论文。他的《几何学》（*Géométrieis*）一书阅读难度大。于是，该书的另一个版本出版。在这个版本中，他的朋友德·伯恩（de Beaune）为此书做了注释，以消除其中的理解障碍。笛卡尔的《几何学》具有划时代的意义。尽管如此，我们不能接受米歇尔·查斯特（Michel Chastes）的说法，他称这个工作是"proles sine matre creata"，即"一个没有母亲的孩子"。笛卡尔的思想部分可见于阿波罗尼奥斯。韦达、盖达尔第（Ghetaldi）、奥特雷德甚至阿拉伯数学家的研究都发现了代数在几何中的应用。笛卡尔同时代的数学家费马在他的《平面和立体轨迹入门》（*Ad locos planos et solidos isagoge*）的论文中提出了类似思想，该思想进一步发展了解析几何学。但这一论文直到1679年才在《作品集》中现世。《几何学》没有对分析方法进行系统研究，但该方法必须根据论文不同部分中的孤立陈述来构造。在32个演示几何图形中，在任何情况下均未明确指出坐标轴。

该论文包含"三卷"。第一卷研究"只能借助圆和直线才能构造的问题"。第二卷是"论曲线的本质"。第三卷论述了"几何体构造和其他构造问题"。第一卷中明确指出，如果一个问题具有有限数量的解，则根据问题构造的最终方程将只有一个未知数；如果最终方程具有两个或多个未知数，则该问题"不

---

〔1〕 威廉·哈密尔顿（William Hamilton）爵士抨击了将数学作为心智的练习的研究。他的批评发表于1836年的《爱丁堡评论》（*Edinburgh Review*）。布莱德索（Bledsoe）在1877年7月的《南方评论》（*Southern Review*）中称，哈密尔顿歪曲了笛卡尔和其他学者的观点。另见密尔的《威廉·哈密尔顿爵士哲学研究》（*Examination of Sir William Hamilton's philosophy*）。

会有完全确定的解"[1]。如果最终方程有两个未知数，那么由于总是存在满足需求的无限个不同的点，因此需要找到过所有这些点的线。为此，笛卡尔选择了一条直线，他有时将其称为"直径"，并且将该直线的每个点都与一个点相对应，当"直径"的点已知时，我们就可以构造出对应的点。他说："我选择了一条直线 AB 和曲线 EC 的所有点相联系。"在这里，笛卡尔遵循了阿波罗尼奥斯的方法，用距离（纵坐标）将圆锥曲线的点与直径的点相关联，该距离与直径成恒定角度，并且长度由直径上点的位置确定。在笛卡尔的研究中，该定角通常呈直角。笛卡尔引入的新特征是使用了一个具有多个未知数的方程，这样（在有两个未知数的情况下），用一个未知数（横坐标）的任意值都可以计算出另一个的长度（纵坐标）。他使用字母 x 和 y 表示横坐标和纵坐标。他明确指出，x 和 y 可以用他选择的距离之外的其他距离表示，例如，x 和 y 形成的角度不一定是直角。值得注意的是，直到 18 世纪中叶，笛卡尔和费马及其继承者使用斜坐标系比之后的数学家更加频繁。

同样值得注意的是，笛卡尔并没有正式引入第二个轴，即 y 轴。正式引入 y 轴要等到克莱默（Cramer）1750 年发表的《代数曲线分析引论》（*Introduction à L'analyse des Lignes Courbcs algébriques*）。更早一些时候，德·古阿（de Gua）、欧拉和默多克（Murdoch）等人的早期出版物中，偶尔用过 y 轴。笛卡尔没有使用过"横坐标"和"纵坐标"这两个词。莱布尼茨 1694 年使用了"纵坐标"一词，表示严格解析学意义上的一点的坐标。但是，如果不是严格意义上说，诸如应用坐标（ordinatim applicatæ）之类的表达更早的时候出现在了科曼迪努斯等人的论述中。18 世纪的沃尔夫等人开始将"横坐标"作为术语使用。卡瓦列里早在他的《用新的方法促进连续不可分量的几何学》中就用这个术语表示一个更宽泛的含义——"距离"，罗马数学教授斯特凡诺·德利·安格利（Stefano degli Angeli）也在论述中使用过这个词。莱布尼茨在 1692 年引入了坐标（coördinatx）一词。为了避免对历史的误解，我们有必要在此处引用坦纳的一句话："经常有人错以为是笛卡尔引入了正负坐标。"但事实是，

[1] Descartes' *Géométrie*, ed. 1886, p. 4. We are here guided by G. Eneström in *Bibliotheca mathematica*, 3. S., Vol. 11, pp. 240 - 243; Vol. 12, pp. 273, 274; Vol. 14, p. 357, and by H. Wieleitnerin Vol. 14, pp. 241-243, 329, 330.

1637 年的《几何学》只是对方程的真根或假根（正根或负根）作了解读评论。“如果我们仔细研究了笛卡尔在他的《几何学》中给出的规则以及它们的应用，我们可以注意到，他坚信，几何轨迹的方程只在其构造时所处的坐标角度（象限）内有效。同时代的数学家都持有相同观点。在特定的情况下，我们可以将方程自由扩展到其他角度（象限），以解释方程负根；虽然这种做法是为了照顾某些习惯（例如，将距离估算为正值和负值），但是，实际它的接受过程非常漫长。因此，我们不能将这一荣誉归因于任何一位几何学家。”

笛卡尔的几何学被称为“解析几何学”，部分原因是，与古代的综合几何学不同，笛卡尔的几何学实际上在逻辑学意义上是分析性的。另外，部分原因也是已经有了用术语“解析”来表示具有一般数量的演算的惯例。

笛卡尔在他的几何学中解决的第一个重要例子是“帕普斯问题”，即“给出一个平面上的几条直线，求一个点的轨迹，使得从该点到给定直线的垂直线（或更一般地说，过该点的直线与给定直线成特定角度），应满足以下条件：其中一部分的乘积应与其余部分的乘积成给定比例。”在这个著名问题中，希腊人仅解决了给定直线数为 4 时的特例，在这种情况下，该点的轨迹被证明是圆锥曲线。笛卡尔彻底解决了该问题，并给出了一个很好的可以说明他的分析方法在轨迹研究中的应用的例子。后来牛顿在《自然哲学的数学原理》一书中提出了另一种解法。笛卡尔还用现在以他的名字命名的椭圆形说明了他的分析方法：“你们看到的一些椭圆对光的反射理论非常有用。”笛卡尔可能早在 1629 年就研究了这些曲线。他打算将它们用于会聚透镜的构造，但没有任何有实际价值的成果。在 19 世纪，这些曲线受到了众多关注[1]。

之后，玻茨曼（Boltzmann）生动地阐述了笛卡尔的解析法在几何学中的强大作用，他说这一方法有时比发现它的人还要聪明。在他通过笛卡尔几何学解决的所有问题中，没有一个比他的切线构造方法给他带来更多乐趣。这一方法的发表要早于前文中提到的费马和罗伯瓦尔的方法。

笛卡尔的方法首先要找到法线。通过曲线的给定点（x，y），他画了一个圆，其圆心在法线和 x 轴的交点处。然后，他加了这样一个条件，即圆在两个

---

〔1〕见 G. Loria，*Ebene Curven*（F. Schötte），I，1910，p. 174.

重合的点（x，y）处分割了曲线。1638年，笛卡尔在一封信中表明，可以用一条直线代替上面的圆。德·伯恩在他对笛卡尔《几何学》的1649年版本的注释中详细阐述了这一想法。在寻找法线与x轴的交点时，笛卡尔使用了他自己发现的待定系数法。他还使用待定系数法来求解四次方程。笛卡尔的切线方法深刻且有效，但不如费马的方法。在《几何学》第三卷中，他指出，如果一个三次方程（具有有理系数）有一个有理根，那么就可以将其分解，并且仅使用直尺和圆规就可以以几何方式求解该三次方程。他推导出决定角的三等分的三次方程$z^3=3z-q$。他借助抛物线和圆来三等分角，但没有考虑方程的可约性。因此，他没有解决这个问题的"不可解决性"。直到19世纪，人们才有决定性的证据证明纯几何方法不可能解决角三等分和倍立方问题。1895年，这个问题的研究达到顶峰。克莱因（Klein）在他的《初等几何精选问题集》（*Ausgewählte Fragen der Elementargeometrie*）中给出了这一问题简单明了的证明。1897年波曼（Beman）和史密斯（Smith）将其译成英文。笛卡尔证明，每一个可以归为解三次方程问题的几何问题都可以简化为倍立方或角三等分问题。韦达先前已经意识到了这一事实。

费马对笛卡尔的屈光度和几何学研究提出了尖锐批评，他对前者提出了反对意见，并发表了自己的论文《求最大值和最小值的方法》，以表明笛卡尔的几何学理论中存在遗漏。笛卡尔因此对费马的求切线方法进行了抨击。笛卡尔的这次攻击是错误的，但他固执地继续争论。在1638年写给梅森并被转交给费马的一封信中，笛卡尔表示$x^3+y^3=axy$表示的曲线，即今天所谓"笛卡尔叶形线"不适用费马的求切线方法[1]。笛卡尔给出的该曲线图形表明笛卡尔并不知道该曲线的正确形状。那时，数学家尚未就坐标的代数符号达成一致，只使用有限值的变量，因此仍然未能注意到曲线的无限分支。一些调查人员认为该曲线有四片叶子，而不是只有一片。惠更斯在1692年准确描述了该曲线的形状和渐近线。

笛卡尔在1638年7月13日的信中提到了高阶抛物线$y^n=p^{n-1}x$，其中考虑了质心和通过旋转获得的体积。罗伯瓦尔、费马和卡瓦列里也进行了同样的研

〔1〕 *Oeuvres de Descartes*（Tannery et Adam），1897，I，490；II，316. 另见 G. Loria，*Ebene Curven*（F. Schütte），I，1910，p. 54.

究。显然，他们没有研究这些曲线的形状。最后是麦克劳林（Maclaurin）在1748年，洛必达在1770年分别指出，n 为正整数或负整数时曲线形状完全不同。

笛卡尔和罗伯瓦尔在摆线问题上产生冲突。由于该曲线的优美特性和其发现引起的争议，该曲线被称为“几何学家的海伦”。罗伯瓦尔曾将求其面积视为一个杰出的成就，但笛卡尔称，任何精通几何学的人都可以做到这一点。然后，他给出了自己的简短证明。罗伯瓦尔暗示，笛卡尔提前知道了解法，于是笛卡尔构造了这一曲线的切线，并向罗伯瓦尔和费马发出挑战，要求他们完成同样的任务。费马挑战成功，但罗伯瓦尔则始终未能成功地解决这一问题，不过这一问题的解决到底也需要像笛卡尔这样的天才数学家，虽然他付出的精力并不多。

将代数应用于曲线理论，反过来也推动了代数研究。笛卡尔引入现代指数表示法，改进了作为抽象科学的代数。1637年，他在《几何学》中写道：“aa 或者 a^2 表示 a 相乘，而 a^3 表示三个 a 相乘。”因此，虽然史蒂芬用一个小圆圈中的数字“3”表示“x^3”，韦达用“A cubus”表示 A^3，但最终是笛卡尔率先使用了 a^3。在他的《几何学》中，他没有使用负数指数幂和分数指数幂，也没有使用文字指数幂。他的符号体系是对之前的学者采用符号的补充和改进。尼古拉斯·许凯的手稿《算术三编》（*Tri Tripart en la Science des Nombres*，1484）[1] 分别以 12^3、10^5 以及它们的乘积 120^8 表示 $12x^3$、$10x^5$ 和 $120x^8$。许凯更进一步用表示 12° 和 7^{1m} 表示 $12x^\circ$ 和 $7x^{-1}$；他用 56^2 表示 $8x^3$ 和 $7x^{-1}$ 的乘积。比尔吉、雷默（Reymer）和开普勒用罗马数字作为指数符号。所以，比尔吉将 $16x^2$ 写成 $\overset{\text{II}}{16}$。而托马斯·哈里奥特选择重复字母，在《解析法练习》（*Artis analyticae praxis*，1631）中，他把 $a^4-1024a^2+6254a$ 写成：$aaaa-1024aa+6254a$。笛卡尔的指数表示法迅速传播。1660年或1670年左右，正整数指数幂在代数表示法中取得了无可争议的地位。1656年，沃利斯在他的《无穷算术》（*Arithmetica infinitorum*）提到了负指数和分数指数幂，但他实际上并没有将 $\frac{1}{a}$

[1] Chuquet's “Le Triparty”, *Bullettino Boncompagni*, Vol. 13, 1880, p. 740.

写成 a^{-1} 或者将 $\sqrt{a^3}$ 写成 $a^{\frac{2}{3}}$。

牛顿在1676年6月13日写给奥登伯格（Oldenburg）的著名信件中宣布了二项式定理，这项定理首先使用了负指数和分数指数。笛卡尔始终只用字母表示正数。1659年，约翰·许德（Johann Hudde）首次用字母表示负值。

笛卡尔还建立了方程的一些定理。他的“符号规则”非常著名，可以用来确定方程正负根的数量。他指出了方程式 $x^4-4x^3-19x^2+106x-120=0$ 的根2、3、4、-5和相应的二项式因数后，给出了该规则。他的原话如下：

“另外，由此可判断每个方程中有多少真根和假根。要知道有多少真根，就去看有多少次‘+’之后是‘-’；要知道有多少假根，就去看是有多少次连续两项的符号都是‘+’或是‘-’。在最后一个方程中，$+x^4$ 之后是 $-4x^3$，符号由‘+’变成了‘-’，且 $-19x^2$ 之后是 $+106x$，$+106x$ 之后是 -120，符号又发生了两次变化，因此，我们就知道有三个真根。并且，我们还知道存在一个假根，因为 $4x^3$ 和随后的 $19x^2$ 的符号都为‘-’。”

该说法不够完整，他为此经常受到批评。沃利斯声称，笛卡尔未能注意到该规则在虚数根的情况下会失效，是笛卡尔并没有说方程总是有虚数根，他说方程可能有许多根。笛卡尔是否收到了早期学者提出的对他的规则的任何建议？他可能从卡当那里得到了建议，恩内斯特勒姆[1]对卡当的论点做了如下总结：在二次、三次或四次方程中，(1) 若最后一项为负，那么符号仅变化一次，表示有且仅有一个正根；(2) 若最后一项为正，那么符号变化两次，表示要么有多个正根，要么没有任何正根。卡当没有考虑方程式具有两个以上变量的情况。莱布尼茨是第一个错误地将符号规则归到哈里奥特名下的学者。沃利斯甚至指责笛卡尔未经说明就使用了哈里奥特的研究成果，包括哈里奥特的方程理论，特别是他的方程生成方式。但他的指控似乎依据不足。

很难说，笛卡尔在力学领域超越了伽利略。毕竟，后者推翻了亚里士多德的力学思想，而笛卡尔的理论简直是“建立于敌人的理论之上”，而它们早已“溃不成军”。他对第一和第二运动定律的研究只是形式上的改进，他提出的第三运动定律则是错误的。伽利略没有完全理解物体受到碰撞后的运动，而笛卡

---

〔1〕 *Bibliotheca mathematica*, 3rd S., Vol. 7, 1906-7, p. 293.

尔对此问题的描述则是错误的。事实上，最后是雷恩、沃利斯和惠更斯给出了这一问题的准确描述。

腓特烈五世（Frederick V）的女儿，博学的伊丽莎白公主（Princess Elizabeth）是笛卡尔最忠实的学生之一，她将解析几何用于解决“阿波罗尼奥斯问题”。笛卡尔的第二位皇室追随者是古斯塔夫·阿道夫（Gustavus Adolphus）的女儿克里斯蒂娜女王（Queen Christina）。她力劝笛卡尔前往瑞典宫廷工作。在犹豫了一段时间后，他于1649年接受了邀请。

一年后，他死于斯德哥尔摩（Stockholm）。他的一生是与偏见不断斗争的一生。最值得注意的是，笛卡尔的数学和哲学本应得到他同胞的肯定，而不是其他国家研究者的欣赏。但不幸的是，笛卡尔脾气粗暴，同时代法国伟大的数学家罗伯瓦尔、费马、帕斯卡都与他相疏远。他们继续自己的研究，并强烈反对笛卡尔的某些观点。法国的大学由于受到教会的严格管理，从未介绍过笛卡尔的数学和哲学研究。因此，反倒是在历史不长的荷兰大学中，笛卡尔主义的影响最为直接而强烈。

紧随大师笛卡尔之后，当时还有另一位重要的数学家弗洛里蒙德·德·伯恩（Florimond de Beaune）。他是最早指出曲线的特性可以从其切线的特性推导出来的人之一。这种方式被称为切线反推法。他首次考虑了数值方程根的上下限，为方程理论发展做出了贡献。

在荷兰，许多杰出的数学家很快为笛卡尔几何所折服。其中最重要的是范·舒藤（van Schooten）、约翰·德·威特（John de Witt）、范·休雷特（van Heuraet）、斯劳斯（Sluse）和许德。莱顿的数学教授弗朗西斯·范·舒藤引入了笛卡尔的《几何学》一个版本以及德·伯恩为其所作的注解。他的主要研究成果是1657年的《数学习题》。在书中，他用解析几何解决了许多有趣且棘手的问题。高尚的约翰·德·威特是荷兰的君主，以政治家的身份和悲剧性的人生结局而闻名。他是一位热忱的几何学家，构思了一种新颖的原创圆锥曲线生成方法。该方法与现代综合几何中的射线束基本相同。但他并不是从综合法的视角研究这个问题，而是借助了笛卡尔的解析分析。雷内·弗朗索瓦斯·斯劳斯（René Françoisde Sluse）和乔安·许德（Johann Hudde）对笛卡尔和费马的切线绘制方法以及最大值和最小值理论进行了一些改进。许德首次在解析几何中使用三个变量。他发现了一条求方程等根的巧妙规则。我们用等式 $x^3-x^2-8x+12=0$ 举例说明。取等差数列 3，2，1，0，其中最高项等于等式的阶数，然后将等式各项分别乘以相应的级数，得到 $3x^3-2x^2-8x=0$，或 $3x^2-2x-8=0$。后一个等式比原始等式低一次。找到两个方程式中的最大公约数。最大公约数是 $x-2$，因此 2 是两个相等的根之一。如果没有公约数，那么原始方程式就没有相等的根。许德给出了证明方法[1]。

此处必须提及海因里希·范·休雷特（Heinrich van Heuraet），这是在曲线校正方面取得成功的最早几何学家之一。他曾有过这样的评论，曲线求积和曲线校正这两个问题实际上是相同的，并且一个问题可以简化为另一个问题。因此，双曲线校正问题被他带回了求双曲线图形面积问题上。约翰·沃利斯命名为“半三次抛物线”的曲线 $y^3=ax^2$，这是第一条被绝对校正的曲线。这似乎是由法国的费马、荷兰的范·休雷特和英国的威廉·内尔（William Neil）各自独立发现的。根据沃利斯的说法，最先得出这一发现的人是内尔。此后不久，雷恩和费马校正了摆线。

比利时人格里高利·圣文森特（Gregory St. Vincent）是位数学家，他曾在罗马跟随克拉维乌斯（Clavius）学习，并在布拉格任教两年。在战争期间，他的几何学和静力学研究手稿丢失。其他手稿保存十年后才被运回他在根特（Ghent）的家中。这些手稿后来成为了他伟大的著作《求圆与圆锥曲线面积》（*Opus Geometricum Quadrature Circuli et Sectionum Coni*）。它包含 1225 对开页的内容，共分为十卷。圣文森特提出了四种化圆为方的方案，但实际上他并没有去尝试。该作品受到笛卡尔、梅森和罗伯瓦尔的批评，但受到耶稣会士阿尔方·安东·德·萨拉萨（Alfons Anton de Sarasa）和其他学者的支持。该书尽管错误地认为化圆为方是有可能的，但仍然取得了令人瞩目的成就，因为在当时，西方人只知道阿波罗尼奥斯《圆锥曲线》七卷中的四卷。圣文森特从一个新视角研究了圆锥曲线、面和体。此外，他采用的无穷小方法可能会比卡瓦列里的著作获得更多的支持。圣文森特很可能是第一个在几何学意义上使用单词 exhaurire（穷竭）的人。从这个词衍生出了“穷竭法”这个名称。欧几里得和

〔1〕 Heinrich Suter, *Geschichte der Mathematischen Wissenschaften* Zürich, 2. Theil, 1875, p. 25.

阿基米德都应用了这种方法。圣文森特提出了将一种圆锥曲线转换为另一种圆锥曲线的方法，他将这种方法称用弦（per substendas），其中包含解析几何的萌芽。他还创造了另一种特殊方法，他称之为平面增生（Ductus plani in planum），并将其用于几何体研究[1]。阿基米德不断划分距离，直到每个部分小到一定程度。圣文森特和他不同，他允许细分继续进行直到每个部分趋于无穷小，从而获得了一个无穷几何级数。但是，在他之前，其他学者已经获得了无穷几何级数，比如里斯的阿尔瓦鲁斯·托马斯（Alvarus Thomas）已经在他的著作《三重运动》(1509)[2] 得出了无穷数列。但是，圣文森特是第一个将几何级数应用于解释“阿喀琉斯问题”的人，并且将该悖论视为无穷级数求和的问题的学者。此外，圣文森特是第一个说明了乌龟超越阿喀琉斯的时间和地点的人。在他的描述中，极限像一堵高墙一样阻碍了进一步研究，但他并没有因此而感到困扰，在他的理论中，变量没有达到极限。之后一个多世纪的学者，包括莱布尼茨，对他的“阿喀琉斯”悖论的解释给出了一致好评。19 世纪之前，著名的法国怀疑论者皮埃尔·贝勒（Pierre Bayle）在他的《历史与批判词典》（*Dictionnaire historique et critique*，1696）中完整揭示了芝诺提出的运动悖论[3]。

荷兰的哲学王子海牙人克里斯蒂安·惠更斯（Christian Huygens）也是 17 世纪最伟大的科学家之一。他是物理学家、天文学家和数学家，是艾萨克·牛顿爵士的杰出前辈。在范·舒藤的带领下，他在莱顿学习。他早期提出的一些定理让笛卡尔赞叹不已，笛卡尔预言他将会成为一名伟大的数学家。1651 年，惠更斯写了一篇论文，指出了格雷格里·圣文森特（Gregory St. Vincent）的谬误。他本人给出了圆弧长度非常接近和实用的近似值。1660 年，他去了巴黎，1663 年，他去了伦敦。1666 年，他被路易十四任命为法国科学院的成员。从那时起，他被劝说留在巴黎，直到 1681 年才返回故乡，部分原因是考虑到他的健康状况，部分原因是南特法令的撤销。

---

[1] M. Marie, *Histoire des sciences math.*, Vol. 3, 1884, pp. 186-193; Karl Bopp, *Kegelschnitte des Gregorius a St. Vincento in Abhandl. z. Gesch. d. math. Wissensch.*, XX Heft, 1907, pp. 83-314.

[2] H. Wieleitner, in *Bibliotheca mathematica*, 3. F., Bd. 1914, 14, p. 152.

[3] 见 F. Cajori in *Am. Math. Monthly*, Vol. 22, 1915, pp. 109-112.

尽管他有时使用卡瓦列里、费马和笛卡尔的几何学理论，但他的大部分重大发现都是借助古代几何学得出的。因此，就像他最好的朋友艾萨克·牛顿爵士一样，他总是对古希腊几何学表现出偏爱。牛顿和惠更斯思想相似，彼此互相极为钦佩。牛顿总是称他为“最伟大的惠更尼斯”（Summus Hugenius）。

在先前校正的两条曲线（三次抛物线和摆线）之外，他还校正了第三种曲线——蔓叶线。法国医生克劳迪乌斯·佩罗（Claudius Perrault）提出了一个问题：若一个重点与一条拉紧的弦的一端相连，弦的另一端沿平面上的一条直线移动，求该重点在该平面上的轨迹。惠更斯和莱布尼茨在1693年研究了这个问题并对其进行了推广，从而得到了“曳物线”[1]。惠更斯解决了悬链线问题，求出了抛物线劈锥曲面和双曲线劈锥曲面，并且发现了对数曲线和由其旋转产生的几何体的体积。他的作品《论摆钟》（*De Horologio Oscillatorio*）在重要性上仅次于牛顿的《原理》，并且曾经也是一本了解《原理》的必读书籍。该书开篇描述了惠更斯发明的摆钟，随后讨论自由落体的加速运动，以及在倾斜平面上或给定曲线上滑动的物体的加速运动，最终得出了一个重要发现，即摆线是等时曲线。他在曲线理论中加入了重要的“渐屈线”理论。在揭示了渐屈线的切线垂直于渐伸线之后，他将该理论应用于摆线，并通过简单的推理证明了该曲线的渐屈线是等长的摆线。接下来，他完整讨论了摆动中心。梅森提议对这个问题进行研究，笛卡尔和罗伯瓦尔对此进行了讨论。惠更斯在研究中假设，一组物体绕水平轴摆动，其共同重心会上升至其原始高度，但不会更高。这是此后得名“动量守恒定律”的第一次表述。这一定律是动力学中最优雅的原理之一。此书结尾提出的第十三条定理与圆周运动中的离心力理论有关，这一理论帮助牛顿发现了万有引力定律[2]。

惠更斯写了第一篇正式讨论概率论的论文，提出了光的波动理论，并以高超的技巧将几何学应用于该理论的发展。长期以来，这一理论一直被忽略，但一个世纪后，托马斯·杨（Thomas Young）和菲涅尔（Fresnel）对其进行了重新阐述。惠更斯和他的兄弟设计了一种更好的镜片研磨和抛光方法，从而改善了望远镜性能。他用更高效的仪器确定了土星环的性质，并解决了其他天文学

---

〔1〕 G. Loria, *Ebene Curven* (F. Schütte) II, 1911, p. 188.

〔2〕 E. Dühring, *Kritische Geschichte der Allgemeinen principien der Mechanik*, Leipzig, 1887, p. 135.

问题。惠更斯的作品集于1703年出版。

组合理论的原始概念可以追溯到古希腊。该理论在16世纪受到了剑桥大学国王学院的威廉·巴克利（William Buckley）的关注以及布莱斯·帕斯卡的关注，布莱斯·帕斯卡在《算术三角》中对其进行了论述。不过，在帕斯卡之前，塔塔里亚和施蒂费尔已经构造出了帕斯卡三角。费马将组合理论应用于概率研究。莱布尼茨最早的数学著作是《论组合的艺术》（*De Arte Combinatoria*）。

约翰·沃利斯（John Wallis）是当时原创成果最多的数学家之一。他在剑桥接受了教会教育，并承担了圣职。但是他的天赋主要体现在数学研究方面。1649年，他被任命为牛津大学的塞维利亚几何学教授。他是成立于1663年的皇家学会的创始成员之一。他被誉为世界上最伟大的解密学家之一[1]。沃利斯掌握了卡瓦列里和笛卡尔的数学方法。从他的《圆锥曲线》开始，圆锥曲线不再被视为圆锥的截面，而是二次曲线，并且用笛卡尔坐标进行解析。沃利斯在这部著作中对笛卡尔不吝溢美之词，但是在他的《代数学》中，他没有充分理由指责笛卡尔窃取了哈里奥特的成果。有趣的是，沃利斯在他的《代数学》中讨论了四维空间存在的可能性。沃利斯说虽然大自然不容许三个以上（局部）维度的存在——但是这样做也很不合适，即讨论几何体——被划分出第四维、第五维、第六维或更多的维度——我们也无法想象出除了这三个维度之外的第四个局部维度[2]。实际上，第一个热心探索空间维度数量的人是托勒密。沃利斯认为需要一种用图形表示虚数的方法，但他未能发现一种系统的一般性的表示方法[3]。他发表了纳西尔艾丁（Nasir-Eddin）对平行假设的证明，并且根据每个图形都有一个任意大小的相似图形的公理给出了自己的证明[4]。他没有采用等距思想，而此前，科曼迪努斯、卡塔尔第（Cataldi）和伯莱利（Borelli）都试图使用等距思想辅助研究，但均未取得任何成果。早在沃利斯时代的1000年前，阿加尼就假设了相似三角形的存在。阿加尼可能是辛普利修

---

〔1〕 D. E. Smith in *Bull. Am.*, *Math. Soc.*, Vol. 24, 1917, p. 82.

〔2〕 G. Eneström in *Bibliotheca mathematica*, 3. S., Vol. 12, 1911-12, p. 88.

〔3〕 见 Wallis' *Algebra*, 1685, pp. 264-273；另见 Eneström in *Bibliotheca mathematica*, 3. S., Vol. 7, pp. 263-269.

〔4〕 R. Bonola, *op. cit.*, pp. 12-17. 另见 F. Engelu, P. Stäckel, *Theorie der Payallellinien von Euclid bis auf Gauss*, Leipzig, 1895, pp. 21-36. 这部著作将萨切里德的研究和兰伯特、陶里努斯和高斯的信件翻译成了德语。

斯的老师。我们已经在其他地方提到过，沃利斯给出了一则摆线悬赏问题的解法，这个问题的提出者是帕斯卡。

1655 年出版的《无穷算术》(*Arithmetica Infinitorum*) 是沃利斯最伟大的著作。通过将解析应用于不可分量法，他极大地提高了这种方法的求积能力。他考虑了在研究特定比率时构造的连分数，提出了极限的算术概念。这些分数的值稳定地接近极限值，因此，当无限接近无穷大时，分数之间的差小于任何可分配分数，并最终消失。通过更广泛地使用“连续律”，并完全依靠这一定律，他超越了开普勒。根据这条规律，他将分数的分母视为具有负指数的幂，因此有递减等比数列 x^3，x^2，x^1，x^0，如果继续，则给出 x^{-1}，x^{-2}，x^{-3}，以此类推。这与$\frac{1}{x}$，$\frac{1}{x^2}$，$\frac{1}{x^3}$相同。

此等比数列的指数成连续等差数列，分别为 3，2，1，0，−1，−2，−3。但是，沃利斯在这里实际上并未使用符号 x^{-1}，x^{-2} 等。他只是提到了负指数。他还使用了分数指数。分数指数与负指数一样，很久以前就已发现，但未被广泛采用。他还发现了无穷符号∞。沃利斯引入了术语“超几何级数”用于指代不同于 a，ab，ab^2，…的级数。他并没有把这个新级数看作幂级数，也没有把它看作 x 的函数。

卡瓦列里和前述法国几何学家求出了任意次抛物线的求积公式：$y=x^m$，其中 m 为正整数。通过对无穷算术级数各项的幂进行求和，他发现曲线 $y=x^m$ 和底高相同的平行四边形面积之间的关系与 1 和 $m+1$ 之间的关系相同。利用连续律，沃利斯得出结论，该公式不仅当 m 为正数和整数时成立，且当 m 为负数或小数时也成立。因此，若 $m=\frac{1}{2}$，则有抛物线 $y=\sqrt{x}$，抛物线段围成的面积与外接矩形面积之比为 $1:1\frac{1}{2}$ 或 $2:3$。若 $m=-\frac{1}{2}$，则产生的曲线是一种被称为 $y=x^m$ 的渐近线的双曲线，并且曲线与其渐近线之间的双曲空间和对应的平行四边形之间的比为 $1:\frac{1}{2}$。若 $m=-1$（如常见的等边双曲线 $y=x^{-1}$ 或 $xy=1$），则该比率为 $1:(-1+1)$ 或 $1:0$，这表明该渐近空间面积无穷大。但是当 m 小于−1 的情况下，沃利斯无法正确地解释他的结果。例如，如果 $m=-3$，则该比率变为1∶-2。这是什么意思？不过，沃利斯得出如下结论：如果分母趋近于零，则该面积已经无穷大；但是，如果小于零，则必然不止于无穷大。但是，伐里农后来指出，如果取负数，即以相反方向测量，则沃利斯认为的面积应该超过无穷大的这个空间面积，且确实是有限的[1]。通过对每一项分别求积，然后将结果相加，沃利斯的方法能够轻易拓展为$y=ax^{\frac{m}{n}}+bx^{\frac{p}{q}}$。

沃利斯用一种特殊方法研究了化圆为方问题并得出π值的表达式。他发现轴之间的面积，x对应的纵坐标，以及方程$y=(1-x^2)^0$，$y=(1-x^2)^1$，$y=(1-x^2)^2$，$y=(1-x^2)^3$…表示的曲线，能够在边长为x和y的外接矩形的函数中用构成下列级数的量表示：

$$x,$$

$$x-\frac{1}{3}x^3,$$

$$x-\frac{2}{3}x^3+\frac{1}{5}x^5,$$

$$x-\frac{3}{3}x^3+\frac{3}{5}x^5-\frac{1}{7}x^7,$$

$$\cdots$$

当$x=1$时，这些值分别变为1，$\frac{2}{3}$，$\frac{8}{15}$，$\frac{48}{105}$…，现在，由于圆的纵坐标为$y=(1-x^2)^{\frac{1}{2}}$，其指数为$\frac{1}{2}$(0和1之间的平均值)，因此该求积问题简化为：如果为0，1，2，3，…，根据特定定律进行运算，会分别得出得出1，$\frac{2}{3}$，$\frac{8}{15}$，$\frac{48}{105}$，…。如果按照相同的定律运算，那么$\frac{1}{2}$根据特定定律会得出什么值呢？他试图通过插值法解决这一问题。插值法也是通过他首次广为人知，这种方法通过高度复杂和困难的分析得出以下引人注目的表达式：

$$\pi=\frac{2\times2\times4\times4\times6\times6\times8\times8\cdots}{1\times3\times3\times5\times5\times7\times7\times9\cdots}$$

---

〔1〕 J. F. Montucla, *Histoire des mathématiques*, Paris, Tome 2, An Ⅶ, p. 350.

他没有成功完成插值本身，因为他没有使用文字指数或一般指数，并且无法想出一个具有一个以上但少于两项的级数，在他看来，这是插值的级数必须具有的特性。后来，牛顿也考虑这一难题，发现了二项式定理。此处正好可以谈一谈牛顿的发现。牛顿假定，要插入的表达式也应当满足上面给出的面积通用表达式所基于的条件。首先，他观察到，在每个表达式中，第一项是 x，以奇数幂增加，符号交替为+和-，第二项$\frac{0}{3}x^3$，$\frac{1}{3}x^3$，$\frac{2}{3}x^3$，$\frac{3}{3}x^3$ 成算术数列。因此，插入级数的前两项必须为 $x-\frac{\frac{1}{2}x^3}{3}$。

接下来，他考虑了成等差数列的分母 1，3，5，7，并且每个表达式中分子的系数都是数字 11 的某个幂的各个数位上的数字，即，对于第一个表达式，为 11^0 或 1；第二个是 11^1 或 1，1；第三个，11^2 或 1，2，1；对于第四个，11^3 或 1，3，3，1，以此类推。接着，他发现，若给定第二位数字（称为 m），可以通过级数$\frac{m-0}{1}$，$\frac{m-1}{2}$，$\frac{m-2}{3}$，$\frac{m-3}{4}$，…各项连乘找到剩余数位的数字。因此，如果 $m=4$，则 $4\cdot\frac{m-1}{2}$得 6；$6\cdot\frac{m-2}{3}$得 4，$4\cdot\frac{m-3}{4}$得 1。将此规则应用于所求级数，既然第二项是$\frac{\frac{1}{2}x^3}{3}$，我们有 $m=\frac{1}{2}$，并得到之后的分子中的系数分别为 $-\frac{1}{8}$，$-\frac{1}{16}$，$-\frac{5}{128}$，…，因此，所求圆弧面积为 $x-\frac{\frac{1}{2}x^3}{3}-\frac{\frac{1}{8}x^5}{5}-\frac{\frac{1}{16}x^7}{7}\cdots$。他发现插值表达式是一个无穷级数，而不是像沃利斯认为的那样具有一个以上但少于两个的项。于是，牛顿将 $(1-x^2)^{\frac{1}{2}}$或更一般的形式 $(1-x^2)^m$ 扩展为一个级数。他观察到，他只需要忽略刚刚发现的分母 1，3，5，7…，将 x 的每个幂降低，就可以得到所需表达式。在写给奥登伯格的信中（1676 年 6 月 13 日），牛顿将此定理描述如下：

$$(P+PQ)^{\frac{m}{n}}=p^{\frac{m}{n}}+\frac{m}{n}AQ+\frac{m-n}{2n}BQ+\frac{m-2n}{3n}CQ+\cdots$$

这一定理简化了求根过程。其中，A 为第一项 $p^{\frac{m}{n}}$，B 为第二项，C 为第三项，以此类推。他又通过乘法运算验证了这一点，但没有给出一般性证明。他将此定理应用于任意指数，但没有区分指数为正数和整数的情况与其他情况。

此处应该提到，很久之前，数学家们就对二项式定理有了极为粗略的了解。印度和阿拉伯数学家通过展开 $(a+b)^2$ 和 $(a+b)^3$ 求方程根。韦达知道 $(a+b)^4$ 的展开式。但是这些是他们通过简单的乘法运算得出的结果，他们没有发现任何定律。此外，一些阿拉伯和欧洲数学家了解正整数指数的二项式系数。帕斯卡根据所谓的“算术三角形”方法推导出二项式系数。卢卡斯·德·伯格（Lucas de Burgo）、施蒂费尔、史蒂芬努斯（Stevinus）、布里格斯和其他人都有一些研究成果。看到他们的研究成果，一个人可能会感觉，他们再加把劲就能发现二项式定理。所以说，“我们并不明白这样看似简单的关系式事实上是很难发现的。”

尽管沃利斯求出了全新的 π 表达式，但他对此并不满意。因为它并非能够产生一个绝对值的有限个项，而是包含一个无穷大的数字。因此，他劝说他的朋友，皇家学会第一任主席布龙克勋爵研究这一问题。当然，布龙克勋爵没有找到他们想要的东西，但是他获得了下面的美丽等式：

$$\pi=\cfrac{4}{1+\cfrac{1}{2+\cfrac{9}{2+\cfrac{25}{2+\cfrac{49}{2+\cdots}}}}}$$

希腊数学家和印度数学家似乎知道递增连分数和递减连分数，尽管不是用我们现在的表示法表示的。布龙克的表达式催生了连分数理论。

沃利斯的学生认真研究了沃利斯的曲线求积法。布龙克勋爵求出了等边双曲线$xy=1$ 的渐近线之一，和 $x=1$ 和 $x=2$ 对应的纵坐标所围成的面积的第一个无穷级数，$\frac{1}{1\times2}+\frac{1}{3\times4}+\frac{1}{5\times6}+\cdots$，经常有人认为尼古拉斯·墨卡托的《对数术》（*Logarithmotechnia*）包含级数 $\log(1+a)=a-\frac{aa}{2}+\frac{a^3}{3}\cdots$，实际上，它只包含取 a

$=0.1$ 和 $a=0.21$ 时该级数的前几项的值。他在阐述时倾向于由特殊情况得出通用公式。沃利斯是第一个用通用符号描述墨卡托对数级数的人。墨卡托从格里高利·圣文森特（Gregory Vincent）的作品《几何著作》（*Opus geometricum*）第七卷中推导的双曲线的伟大属性中得出了他的结果。这一属性，即若在双曲线和其渐近线之间作其中一条渐近线的平行线，并且这样形成的混边四边形面积连续相等，则平行线长度成等比数列。显然，第一个用对数语言陈述该定理的学者是比利时耶稣会士阿尔方·安东·德·萨拉萨（Alfons Anton de Sarasa），他曾驳斥过梅森对格里高利·圣文森特的批评。墨卡托展示了如何将对数表的构造简化为双曲线空间求积问题。威廉·内尔听从了沃利斯的建议，成功校正了三次抛物线，而雷恩校正了任意摆线弧。格里高利·圣文森特在其作品的第十部分中描述了某些四次曲线的构造，这些曲线通常被称为圣文森特虚拟抛物线，其中之一的形状非常像双纽线，用笛卡尔坐标系描述就是 $d^2(y^2-x^2)=y^4$。惠更斯与斯劳斯、莱布尼茨的通信中提到了这种类型的曲线。

艾萨克·巴罗（Isaac Barrow）是一位杰出的与沃利斯同时代的英国数学家。他曾在伦敦一所大学担任数学教师，后来去了剑桥。但在1669年，他将自己的讲席让给了他杰出的学生艾萨克·牛顿，并放弃了神学中的数学研究。作为数学家，他以切线法而著称。他引入了两个无穷小而不是一个，简化了费马的方法，并且给出了接近于牛顿的最终比理论的论证过程。巴罗的著作包括：《几何讲义》（*Lectiones geometric*）和《数学讲义》（*Lectiones mathemati*）。

他认为无穷小的直角三角形 ABB' 的边分别为两个连续坐标之间的差，它们之间的距离以及它们所截取的曲线部分，如图3-4所示。该三角形类似于由纵坐标、切线和次切距构成的 BPT。因此，如果我们知道 $B'A$ 与 BA 的比率，那么就能知道纵坐标与次切线的比率，并且可以立即构造切线。对于任何曲线，假设 $y^2=px$，则 $B'A$ 与 BA 的比率由以下方程确定。如果 x 获得无穷小增量 $PP'=e$，则 y 获得增量 $B'A=a$，而纵坐标 $B'P'$ 的方程为 $y^2+2ay+a^2=px+pe$。由于 $y^2=px$，我们得到 $2ay+a^2=pe$；忽略无穷小的高次幂，我们得到 $2ay=pe$，进而得到

$$a:e=p:2y=p:2\sqrt{px}。$$

但是 $a:e=$纵坐标：次切距，因此有

$$p : 2\sqrt{px} = \sqrt{px} : \text{次切距}。$$

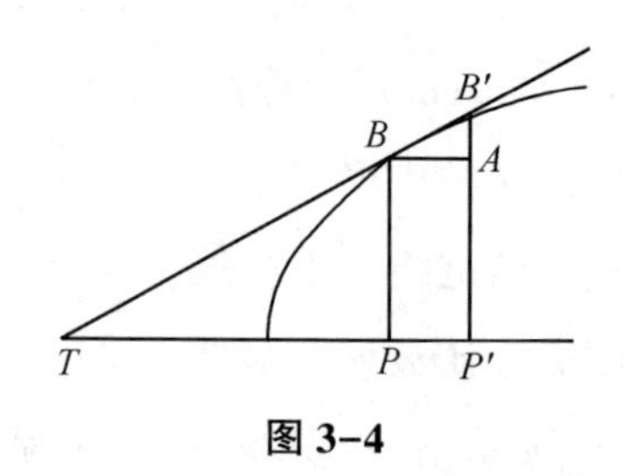

图 3–4

2x 是次切距的值。该方法与微积分不同之处在于使用的符号有区别。实际上，最近有研究者断言："艾萨克·巴罗是无穷小微积分的第一位发现者。"[1]

在微积分发现之前的求积研究中，最困难的一个问题来自墨卡托地图相关的实际导航问题。1599 年，爱德华·莱特（Edward Wright）发布了一张纬度表，其中给出了一些表示航海子午线弧长的数字。该表通过连续添加 1″，2″，3″等的正割值用现代符号表示就是 $r\int_0^\theta \sec\theta \, d\theta = r \log \tan \frac{90^\circ - \theta}{2}$。1645 年左右，亨利·邦德（Henry Bond）在研究中注意到莱特的表是对数切线表。詹姆斯·格里高利在 1668 年，艾萨克·巴罗在 1670 年，沃利斯在 1685 年，埃德蒙·哈雷在 1698 年给出了上面公式的证明，并且事实上建立了上述的定积分[2]。詹姆斯·格里高利和巴罗还给出了积分 $\int_0^\theta \tan\theta \, d\theta = \log \sec\theta$；卡瓦列里在 1647 年建立了积分 $\int_0^a x^n dx$。托里拆利、格里高利·圣文森特、费马、罗伯瓦尔和帕斯卡也得出了类似结果。[3]

---

[1] J. M. Child, *The Geometrical Lecture of Isaac Barrow*, Chicagoand London, 1916, Preface.

[2] 见 F. Cajori in *Bibliotheca mathematica*, 3. S., Vol. 14, 1915, pp. 312–319.

[3] H. G. Zeuthen, *Geschichte der Math.* (deutsch v. R. Meyer), Leipzig, 1903, pp. 256 ff.

从牛顿到欧拉

我们已看到17世纪初和中期的法国在科学领域取得了重大进步。亨利四世和路易十三的怀柔政策使科学文化繁荣起来，人类开始对自身头脑的力量充满信心。笛卡尔、费马和帕斯卡的大胆科学探索丰富了数学宝库，为其增添了不朽的财富。但这段繁荣时期于路易十四统治初期结束，随之而来的是科学的长夜。路易十四统治时期没有出现一位伟大的科学思想家。原因可能很简单，也许是因为没有天才诞生。但是，按照布克尔（Buckle）的说法，真正的原因是当时法国的家长制、依赖服从以及缺乏宽容的精神，这些是路易十四的政策的标志性特点。

在法国本土缺少伟大思想家的情况下，路易十四周围聚集了一批著名的外国学者。当时，在他的宫廷里数学家和天文学家人才济济，其中有来自丹麦的罗默（Römer）、来自荷兰的惠更斯、来自意大利的多米尼克·卡西尼（Dominic Cassini）。在去巴黎之前，他们已经享有崇高的声望。不过，虽然他们在巴黎从事科学工作，这并不意味着他们的研究成果就属于法国，就像笛卡尔的研究不仅仅属于荷兰，拉格朗日的研究不仅仅属于德国，欧拉（Euler）和彭赛列的发现不仅仅属于俄罗斯。要了解17世纪后期的伟大学者，我们必须把目光投向法国以外的其他国家。

大约在路易十四执政时期，查理斯二世成为英国国王。此时，英国正在发展海外贸易，开发航线，经济极为繁荣。与此同时，英国发生了激烈的思想运动，国王在无意间支持了这一运动。紧随诗歌时代后的是科学和哲学的时代。在随后的两个世纪中，英国向世界献上了莎士比亚和牛顿！

这一时期，德国仍然处于分裂状态。三十年战争瓦解了整个帝国，生灵涂炭。然而，在这个德国历史上最黑暗的时期却产生了现代最伟大的天才之一——莱布尼茨。过去的数学研究路线开始汇聚在一起，形成若干个焦点，其中散发出的光芒推动了之后数学的巨大进步。这是牛顿和莱布尼茨的时代。在这个时代之前的五十年中，几位当时最为聪明敏锐的数学家朝着同一个方向努力。最终，牛顿和莱布尼茨发现了微积分。卡瓦列里、罗伯瓦尔、费马、笛卡尔、沃利斯等人也都为新几何做出了贡献。他们所取得的进步是如此之大，而他们发现无穷小分析的方法又相差甚远，以至于拉格朗日和拉普拉斯（Laplace）都认为他们的同胞费马才是无穷小分析的首位发现者。因此，微积分不是哪一个人发现的，而是不同研究发现相继得出后的巨大成果。确实，没有哪一个重大发现能直接出现于学者的脑海中。尽管牛顿的发现将影响人类直到世界末日，但是必须承认，教皇对他的评价仍然带有一份“诗意的想象”：“自然法则在黑暗中潜伏。上帝说，让牛顿来吧，于是一切都变得明亮起来。”

艾萨克·牛顿（Isaac Newton，1642—1727，见图 3-5）出生于林肯郡的伍尔索普（Woolsthorpe），同年伽利略死去。他出生时如此瘦弱，以至于父母对他的人生不抱有期望。他的母亲在他很小的时候就把他送进了一所乡村学校，并在他 12 岁的时候将他送到了格兰瑟姆（Grantham）的公立学校。起初，他似乎对学业并不用心，在学校的表现也很差。但是有一天，当一个成绩优异的男孩朝小艾萨克的肚子狠狠踢了一脚之后，他开始奋发图强，直到在学校的成绩排名高过他的对手。从那时起，他不停进步，成了学校最优秀的男生。[1]在格兰瑟姆，艾萨克表现出对机械发明的强烈兴趣。他建造了一个水钟、一个风车、一个由乘客推动的马车以及其他玩具。15 岁时，母亲带他回家，让他协助她管理农场，但由于他对农场工作极为抗拒，对学习则有不可抗拒的热情，于是她将他送回格兰瑟姆，在那里他一直待到 18 岁。1660 年，他进入剑桥三一学院学习。在剑桥，牛顿发现了自己的天赋。由以下事实可以看出他强大的直觉：他将古代几何定理视为不言而喻的真理，并且，在无任何预先研究的情况下，他就成了笛卡尔几何学领域的大师。此后，他认为对初等几何学的忽视是他数学研究中的一个疏忽，他对彭伯顿博士诉说了他的遗憾，说：“我研究了笛卡尔和其他代数学者的著作，此类学者应该得到极大的关注。”除笛卡尔的几何学外，他还研究了奥特雷德的《数学之钥》、开普勒的《光学》、范·

〔1〕 D. Brewster, *The Memoirs of Newton*, Edinburgh, Vol. I, 1855, p. 8.

舒藤的《杂论》(*Miscellanies*)、韦达的著作、巴罗的课程讲义和沃利斯的著作。他对沃利斯的《无穷算术》(*Arithmetic of Infinites*) 尤为欣赏。该论文充分包含了丰富多样的研究建议。牛顿有幸成为著名的巴罗博士的学生和好朋友。巴罗博士于1660年当选为希腊教授，并于1663年被任命为卢卡斯数学教授。牛顿比他的老师拥有更高的权力，之后的研究领域也更广阔。沃利斯发现了纵坐标由 $(1-x^2)$ 的任何整数和正数指数幂表示的曲线图形面积的求法。我们已经看到了，沃利斯曾经尝试在他求出的这种曲线的面积和其他曲线的面积（例如圆的面积）之间插值，但未能成功。而牛顿成功解决了这一问题，并发现了二项式定理。相比插值法，用它求曲线图形面积更直接也更简单，因为即使纵坐标的二项式表达式是分数或负数指数幂，二项式也可以立即扩展为级数，并且该级数中每一项求积可以通过沃利斯的方法来实现。牛顿引入了文字指数系统。

图 3-5　牛顿

牛顿的曲线求积研究很快将他引向了另一个影响更深远的发现。他本人说过，在1665年和1666年，他构思了流数术，并将其应用于曲线求积，但直到1669年他才向他的朋友介绍这项发现。当时，他将一篇论文交给巴罗，标题为《运用无穷多项方程的分析学》(*De Analysi per Æquationes Numero Terminorum Infinitas*)。巴罗将这篇论文又转交给约翰·柯林斯 (John Collins)，后者对牛顿钦佩不已。论文尽管明确提出了流数术，但仅对其进行了部分展开和解释。假设横坐标与时间成比例地增加，他把曲线面积看作新生量，随着纵坐标长度比例的不断变化而变化。他将流数术求出的表达式扩展为一个单项式的有限级数或无穷级数，沃利斯的规则在此处适用。巴罗敦促牛顿发表这一论文。“但是谦虚的作者没有听从，这种过度谦虚即使无法责备，也无疑是非常不幸的。”[1] 如果这篇论文当时就发表，而不是等到 42 年后，牛顿和莱布尼茨之间就不会出现长期的可悲争论。

长期以来，除了他的朋友和与他通信的学者以外，其他学者仍然不了解牛顿的方法。在 1672 年 12 月 10 日给柯林斯的信中，牛顿举例介绍了他的发现，然后说：“这是一种通用方法的一个特殊情况或者说必然推论。使用该方法时，无需进行任何棘手的计算，即可作出任何曲线的切线，不论是几何曲线还是机械曲线，抑或是和直线或其他曲线成任意关系的曲线。而且这种方法还可以应用于解决其他抽象的曲度、面积、长度、重心等问题；并且，它并非（像许德的最大值和最小值法那样）只能用于没有无理数的方程式。通过将方程式简化为无穷级数，我已将此方法与其他在方程式使用中的方法融合使用。”

这些话与他在 1671 年撰写的题为《流数术》的论文有关，他的目的是将这种方法发展为一种独立的完整的微积分体系。他打算在这篇研究中介绍数学家金科休生（Kinckhuysen）的著作《代数》（*Algebra*）。“但是，由于担心卷入这一新发现可能引发的争议，或者可能是希望进一步完善他的研究，或者是希望这一方法只用于他本人的物理研究，他放弃了发表的想法。”[2]

除了两篇关于光学的论文，他的所有作品似乎都是在朋友的极力劝说下才出版的，并非他本人所愿。他对光的研究遭到严厉批评，他在 1675 年写道：“我提出的光理论遭到了猛烈抨击，我不禁为自己的鲁莽感到懊悔，我竟然抛弃了幸福的安静生活，主动选择走入阴影。”

科尔森（Colson）翻译了牛顿用拉丁语写成的《流数术》（*The Method of Fluxions*），译文于 1736 年首次出版，也就是此书成书的 65 年后。其中，牛顿首先解释了分数和无理数级数的扩展，这是他在研究的头几年关注最多的领域。然后，他着手解决以下两个问题，这两个问题构成了抽象微积分的核心：

一、所描述空间的长度连续（即在任意时间）给定，求任意时间的运动速率。

---

〔1〕 John Playfair, “Progress of the Mathematical and physical Sciences” in *Encyclopædia Britannica*, 7th Edition.

〔2〕 D. Brewster, *op. cit.*, Vol. 2, 1855, p. 15.

二、运动速率连续给定，求所给任意时间内的空间的长度。

为接下来求解做铺垫，牛顿说："因此，在等式 $y=x^2$ 中，如 y 代表任意时间描述的空间长度，x 代表另一匀速增加的空间，增长速率为 x，那么 $2xx$ 代表接下来同一时刻描述空间 y 的速度。反之亦然。"

"但是，在这里，我们最多只需考虑局部匀速运动所说明和衡量的时间；且只有相同类型的量能够相互比较，它们增减的速度也是如此。因此接下来，我将不再正式考虑时间，但是我将假设，我所提出的相同类型的量中有一种将稳定增加流数，增加的流数可由其他量指代，时间也可由其他量指代。况且，称之为'时间'可能不太合适。"牛顿的这段陈述中，包含了他对这种方法的反对意见的回应。这种方法将其他运动思想体系引入了分析之中。他口中的均匀增加流数的量现在称为自变量。

牛顿继续说："我认为这些量是无限增加的。在下文中，我将称为流量或流动量，并用字母表的最后几个字母 v、x、y 和 z 表示它们每种流量根据其生成运动而增加的速率（我可以将其称为流数，或为速率或速），这些速率我也将用 v、x、y、z 表示。换句话说，我将用 v 表示 v 的速率，用 x、y 和 z 表示 x、y 和 z 速率。"在此须注意，牛顿并没有将流数值取为无穷小。但之后进一步引入的术语"流数瞬"则是无穷小量。在"流数术"中定义和使用的"瞬"是牛顿的方法和莱布尼茨方法的实质区别。德·摩根指出，1704 年之前，除了牛顿和乔治·奇恩（George Cheyne）之外，所有英格兰学者在使用流数术一词和 x 表示法时都出现了不小的混乱。[1] 奇怪的是，哪怕是在英国皇家学会为裁定牛顿和莱布尼茨争端而发布的《通报》（*Commercium epistolicum*）中，瞬和流数的含义也似乎相同。

举例说明了如何解决第一个问题后，牛顿证明了他的解法：

"流动量的瞬（即流动量的无穷小的一部分）在无穷小的一部分时间中，随着瞬的增加，流动量也不断增加，就像它们流动或增加的速度一样。

"因此，如果任何一个流动量（如 x）的瞬由其速率乘以无穷小量 0（即 $\dot{x}_0$）表示，则 v、y、z 的瞬将由 $\dot{v}_0$、$\dot{y}_0$、$\dot{z}_0$ 表示，因为 $\dot{v}_0$、$\dot{x}_0$、$\dot{y}_0$ 和 $\dot{z}_0$ 之间的

〔1〕 De Morgan, "On the Early History of Infinitesimals", in *philosophical Magazine*, November, 1852.

关系与 v、x、y 和 z 之间的关系相同。

“现在，由于瞬（$\dot{x}0$ 和 $\dot{y}0$）是流数 x 和 y 的无穷小的一部分，且这些量在几个无限小的时间间隔内增加，这些流动量 x 和 y 在任意无限小的时间间隔之后将变成 $x+\dot{x}0$ 和 $y+\dot{y}0$。因此始终不变地表示流动量关系的方程式也可表示 $x+\dot{x}0$ 和 $y+\dot{y}0$ 间的关系，它们之间的关系和 x 和 y 之间的关系相同；$x+\dot{x}0$ 和 $y+\dot{y}0$ 可以代入相同的方程式中的 x 和 y。因此，给出任意方程式 $x^3-ax^2+axy-y^3=0$，都可以将 $x+\dot{x}0$ 代入 x，$y+\dot{y}0$ 代入 y，那么我们有：

$$\left.\begin{array}{r} x^3 + 3x^2\dot{x}0 + 3x\dot{x}0\dot{x}0 + \dot{x}^3 0^3 \\ - ax^2 - 2ax\dot{x}0 - a\dot{x}0\dot{x}0 \\ + axy + ay\dot{x}0 + a\dot{x}0\dot{y}0 + ax\dot{y}0 \\ - y^3 - 3y^2\dot{y}0 - 3y\dot{y}0\dot{y}0 - \dot{y}^3 0^3 \end{array}\right\} = 0$$

“现在，假设 $x^3-ax^2+axy-y^3=0$ 被消除，剩余项除以 0，将得到 $3x^2\dot{x}-2ax\dot{x}+ay\dot{x}+ax\dot{y}-3y^2\dot{y}+3x\dot{x}^2 0-a\dot{x}^2 0+a\dot{x}\dot{y}0-3\dot{y}^2 y0+\dot{x}^3 00-\dot{y}^3 00=0$。但是，尽管零应该是无穷小，并且可以代表量的瞬，但乘以零的项相比于其他项可以忽略不计（termini in eam ducti pro nihilo possunt haberi cum aliis collati）。因此，这些与零相乘的项没有留下来，方程最终形式是 $3x^2\dot{x}-2ax\dot{x}+ay\dot{x}+ax\dot{y}-3y^2\dot{y}=0$。”牛顿在这里使用了无穷小。

解决第二个问题时遇到的困难比第一个要大得多，因为第二个问题涉及逆运算。牛顿之后最好的分析学家也对逆运算一筹莫展。牛顿首先给出了第二个问题的特殊情况的解法。他的解法基于一条他没有给出证明的规则。

在求解第二个问题的一般情况时，牛顿假设流数是均匀的，然后考虑了三种情况：（1）当方程包含两个流数，但是只包含一个流量；（2）当方程式既涉及流量又涉及流数；（3）当方程包含三个或更多流量和流数。第一种情况最简单，因为它只需要求 $\frac{dy}{dx}=f(x)$ 的积分，牛顿的“特殊解法”适用于这种情况。第二种情况只要求求出一阶微分方程的通解。这一问题还需要数学家进行全面研究，因此尽管牛顿要求助于无穷级数形式的解法，那些了解这一问题的人也不会贬低牛顿的工作。牛顿的第三种情况现在看来属于求解偏微分方程。他采

用了方程 $2\dot{x}-\dot{z}+x\dot{y}=0$，并成功求出了该方程的一个特定积分。

该论文的其余部分专门用于求最大值和最小值、曲线的曲率半径以及他的流数术微积分的其他几何应用。所有这些工作都是在 1672 年之前完成的。

必须注意，在《流数术》中（以及他的《分析》和所有此前论文中），牛顿所采用的方法是严格的无穷小分析方法，与莱布尼茨的方法实质上相同。因此，英国以及欧洲大陆的微积分的最初概念是基于无穷小的。流数微积分的基本原理最早是在《原理》中提出的。但是它的特殊含义直到 1693 年沃利斯的《代数》第二卷出版时才出现。在《原理》（1687）的第一版中，对流数的描述同样基于无穷小，但在第二版（1713）中有所改变。在第一版的第二卷引理二中，他写道："但是要注意无穷小量。*增加的量最一开始是瞬，但之后不再是瞬。在某种意义上瞬不断增加就会变成无穷小量，有限小量不断减少会变成瞬。我们应把瞬看作是无穷小量最一开始生成的份额。*"在第二版中，我们标成斜体的两句话换成了"无穷小量不是瞬，而是瞬所产生的量"。从这两个版本的摘录中可以明显看到，瞬在第一个版本中是无穷小量，在第二个摘录中的性质尚不清楚。[1] 在 1704 年的《曲线求积》中，无穷小量被完全抛弃。"流数术"已经表明，牛顿拒绝涉及 0 的项，因为它们与其他项相比无穷小。这种推理并不令人满意。只要 0 是一个数，尽管它是如此之小，但在不影响结果的情况下就不能拒绝。牛顿似乎感觉到了这一点，因为他在《曲线求积》中指出，"在数学中，误差再小也不可忽略"。

牛顿和莱布尼茨理论体系之间的早期区别在于，牛顿坚持速率或流数的概念，使用无穷小增量作为求速率的方法，而对于莱布尼茨，无穷小增量的关系本身就是要求出的对象。两者之间的区别主要取决于生成量方式的差异。

牛顿在《曲线求积》（*Quadrature of Curves*）的介绍中，对流数术或速率法做了说明："我认为这里的数学量并非由极小的部分组成，而是应该被描述为连续运动。线不应该被描述为并置的极小部分的集合，而是应该被描述为点的连续运动。线由点的连续运动产生，面由线的运动产生，体由面的运动产生，角由边的旋转产生，一段时间由时间流动产生：其他的量也是如此。这是事物

〔1〕 A. De Morgan, *loc. cit.*, 1852.

的本质，在物体运动中随处可见。

“流数尽可能地（quam proxime）接近随着时间的流逝而产生的增量，彼此相等且尽可能小，并且准确地说，它们和初生增量成最初比，但是它们可以用与它们成比例的任意线条表示。”

牛顿用相切问题来举例说明最后一个论断，如图 3-6 所示。令 *AB* 为横坐标，*BC* 为纵坐标，*VCH* 为切线，*Ec* 为纵坐标增量，在 *T* 点与 *VH* 相交，*Cc* 为曲线增量。作线 *Cc* 延长到 *K*，这样就形成了三个小三角形，即直线三角形 *CEc*、混线三角形 *CEc* 和直线三角形 *CET*。其中，第一个显然最小，最后一个最大。现在假设坐标 *bc* 移到 *BC*，则点 *c* 与点 *C* 重合、*CK* 与切线 *CH* 重合，切线 *Cc* 与切线 *CH* 重合，*Ec* 绝对等同于 *ET*，并且混线瞬逝三角形 *CEc* 的最后形式与三角形 *CET* 相似；其瞬逝边 *CE*、*Ec*、*Cc* 与三角形 *CET* 的边 *CE*、*ET* 和 *CT* 成比例。由此可得出结论，线 *AB*、*BC*、*AC* 的流数与其瞬逝增量成最终比与三角形 *CET* 的边成比例，或者与之相似的全部是三角形 *VBC* 的边。只要 *C* 和 *c* 点有一定间隔（不过很小），线 *CK* 就会与切线 *CH* 成一个极小的角。但是，当 *CK* 与 *CH* 重合时，线 *CE*、*Ec*、*cC* 达到其最终比，点 *C* 和 *c* 准确重合，并且相同。牛顿随后补充说：“在数学中，误差再小也不可忽略。”这显然是拒绝了莱布尼茨的方法所基于的假设。就这样，牛顿放弃使用了无穷小量。他的这种做法可能让人以为他自己从未使用过无穷小量。因此，似乎牛顿的学说在不同时期有所变化。尽管按照上述推理，我们避免了陷入无穷小的卡律布狄斯旋涡，但是海妖斯库拉仍然在一旁盯着我们垂涎三尺，因为按照牛顿的推理，我们必须相信点可以被认为三角形，或者可以将三角形内接于一个点。三个互不相似的三角形在同一点时其最终形式将相似且相等。

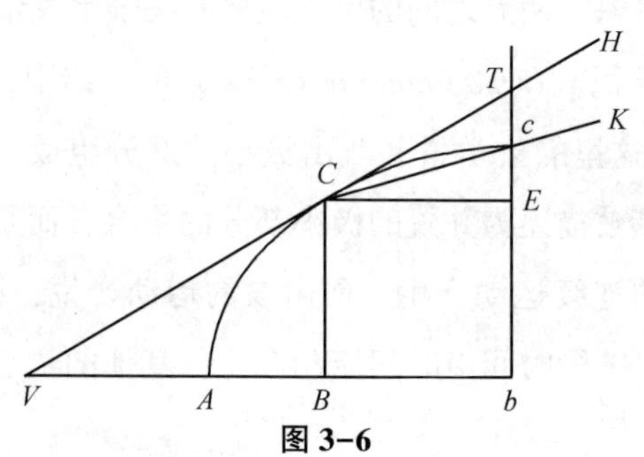

图 3-6

在《曲线求积》中，牛顿求出 x^n 的流数如下：

"x 通过流动变成 $x+0$ 的同时，幂 x^n 变成（$x+0$）^{n}，其中使用了无穷级数的方法 $x^n+n0x^{n-1}+\frac{n^2-n}{2}0^2x^{n-2}+\cdots$。增量 0 和 $n0x^{n-1}+\frac{n^2-n}{2}0^2x^{n-2}+\cdots$之间的关系为 1 到 $n0x^{n-1}+\frac{n^2-n}{2}0^2x^{n-2}+\cdots$。

"现在让增量消失，它们的最后比例将是 1∶(nx^{n-1})，因此，量 x 的流数与数量 x^n 的流数的比为 1∶(nx^{n-1})。

"在任何情况下，直线或曲线的流数，以及表面角度和其他量的流数，都可以通过最初比和最终比的方法以相同的方式获得。但是如果以这种方式分析无穷量，或者研究质数和有限量的最终比（不管是初生量还是瞬逝量），那么这实际上与古代几何学的思路是一致的；我努力证明，在流数术中，没有必要将无穷小量引入几何学。"这种区分方法并不能消除与该问题有关的所有障碍。当 0 消失时，我们得到比率$\frac{0}{0}=nx^{n-1}$。但这还需要进一步解释。确实，牛顿本人所提阐释的方法充斥着问题，也遭到大量反对。稍后我们将介绍伯克利主教对他的推理的反对。即使在牛顿最有才华的崇拜者中，也有数学家就他的"基本比和最终比"顽固地争执。

所谓的"极限法"通常被归于牛顿名下，但他从未将纯粹的极限法用于构造微积分。他所做的只是在《原理》中建立了适用于该方法的一些原则，但他也将其用于其他目的。《原理》第一卷的第一个引理已成为极限法的基础："数量和数量之比在任意有限时间内不断收敛直到相等，并且在该时间结束之前，彼此之间的距离比任何给定的差都要小，并最终相等。"

此定理以及随后的引理中都存在一些模糊之处和难以理解的地方。牛顿似乎在告诉我们，变量及其极限最终会重合并相等。

牛顿《原理》一书的全称是《自然哲学的数学原理》（*Philosophiæ Naturalis Principia Mathematica*）。它于 1687 年在埃德蒙·哈雷（Edmund Halley）的资助和指导下印刷。第二版于 1713 年问世，进行了许多修改和改进，并附有罗杰·科特斯所作的序言。第二版在几个月内就被抢购一空，但是阿姆斯特丹出版的盗版满足了当时的需求。牛顿在世时的第三版，也是最后一版，由亨利·彭伯顿（Henry Pemberton）于1726年出版。《原理》包含三卷，其中前两卷构成了本书的大部分内容，讨论了自然哲学的数学原理，即运动和力的定律和条件。在第三卷中，他根据上述原理推导出宇宙的结构。这项不朽工作的伟大原理是万有引力。第一卷于1686年4月28日完成。在短短三个月的时间之后，第二卷就完成了。第三卷是接下来90个月的工作。实际上，这本书只是一份草图，牛顿有进一步详细论述的计划，但至死都未完成。

第一卷阐明了万有引力定律。它的发现将牛顿的名字笼罩在永恒的光环中。该发现的最新版本如下：罗伯特·胡克、惠更斯、哈雷、雷恩、牛顿和其他人都猜想，如果开普勒的第三定律是正确的（当时它的绝对准确性受到怀疑），那么地球与太阳系其他成员之间的吸引力就随距离的平方成反比。但是，当时缺少能证明这一猜想的真伪性的证据。如果 g 表示地球表面的重力加速度，r 为地球半径，R 为月球与地球的距离，T 为月球公转时间，a 为赤道度数，那么，如果万有引力定律是正确的，$g\dfrac{r^2}{R^2}=4\pi^2\dfrac{R}{T^2}$或者 $g=\dfrac{4\pi}{T^2}\left(\dfrac{R}{r}\right)^3\cdot 180a$。

牛顿令 $R=60.4r$，$T=2360628$ 秒，但是，他令 a 为60英里而不是 $69\dfrac{1}{2}$英里。如实际测量所知，该错误值会导致 g 的计算值小于其真实值。似乎平方反比定律不是真正的定律，牛顿将计算结果放在了一边。1684年，他在皇家学会的一次会议上说，让·皮卡德（Jean Picard）测量了子午线的弧度，获得了更精确的地球半径值。以 a 的校正值为基础，他找到了与已知值相对应的 g 值，接着证明了平方反比定律。牛顿在《自然哲学的数学原理》的一个批注中承认他在计算中使用的离心力定律得益于惠更斯。

天文学家亚当斯（Adams）仔细阅读了大量未出版的牛顿书信和手稿，这批文献被称为“朴次茅斯收藏品”（该藏品一直是私有财产。直到1872年，藏品所有者将其交给剑桥大学处理）。文献内容表明，牛顿似乎在上述计算中遇到了各种困难。根据亚当斯的说法，牛顿在1666年已验证了相当一部分数值，但是牛顿无法确定球形壳在某外部点上的吸引力。他写给哈雷的信表明，他并没有在研究中假设地球全部质量集中于其中心。因此，他不可能断言，当时仍然是假设的重力定律已得到数据证实。尽管对于长距离的情况他可能声称，重力定律得出了近似结果。哈雷在1684年拜访牛顿时，请求牛顿研究如果万有引力定律是反平方定律，行星的轨道将是什么样子的问题。牛顿在1679年为胡克解决了类似的问题，于是当时立即回答说是椭圆形。哈雷来访后，牛顿根据让·皮卡德算出的地球半径的新值回顾了他的早期计算，并证明，如果太阳系中各个物体之间的距离如此之大，以至于可以将这些物体视为点，那么它们的运动就符合他提出但未证明的万有引力定律。1685年，牛顿完成了他的发现。他证明，如果一个球在任何点上的密度仅取决于其距中心的距离，那么这个球对一个外部点的吸引力就好像其整体质量集中在中心一样。

"朴次茅斯收藏品"中的牛顿的未出版手稿表明，他通过流数和流量方法对月球相关问题的计算比《原理》中给出的近似值更准确，但他无法用几何学解释其结果。该合集中的论文阐明了牛顿得出《原理》中的某些结果的方法。例如，第二卷第三十五命题的边注中给出了著名的求通过阻力最小介质旋转的几何体的解法。该解法在《原理》中未给出证明，但我们在"朴次茅斯收藏品"中发现，牛顿在致牛津大学大卫·格里高利的信件的草稿中给出了证明。[1]

牛顿的名气主要来源于《原理》。大卫·布鲁斯特（David Brewster）称其为"人类理性最辉煌的一页"。牛顿的追随者中有一部分致力于解决万有引力影响下行星运动的细微问题。拉普拉斯是其中最重要的学者。他评论称："牛顿已经确定，他发现的原理是存在的。但是这位伟大的数学家没有深入研究这些原理的影响和作用，他的继任者承担了这些工作。起初发现无穷小微积分的不完善之处时，他并没完全解决他的理论中的这些难题。他经常被迫仅仅给出一些不确定的、需要严格证明的暗示。尽管存在这些不可避免的缺陷，《原理》在人类思想宝库中仍然具有不朽的地位，这不仅是因为他的宇宙体系研究重要且普遍适用，还因为他提出了大量有趣的自然哲学观点，更是因为他提出了大量意义深远的原创思想。上个世纪的所有英国数学家最了不起的发现都来源于他的思想，并且，这些数学家的演示方法极为优雅。"

牛顿的《通用算术》（*Arithmetica universalis*）是他在剑桥大学担任教授的

---

〔1〕 O. Bolza，in *Bibliotheca mathematica*，3. S.，Vol. 13，1913，pp. 146-149. 关于最小阻力曲面的"牛顿问题"的研究，可查阅 *L'Interméiaire des mathémathImaticiens*，Vol. 23，1916，pp. 81-84.

前九年期间发表的代数授课讲义的汇总，于1707年出版，此时距稿子完成已有三十多年。这本书由威廉·惠斯顿（William Whiston）出版。我们并不了解惠斯顿如何得到了这些讲稿。但据一些权威人士称，这本书的出版是惠斯顿对牛顿的信任的背叛。惠斯顿接替了牛顿在剑桥的卢卡斯教授职位。

《通用算术》包含方程理论的重要新成果。牛顿以精确形式描述了笛卡尔符号法则，并且给出了表示根的一直到六次的幂的总和的公式，并在最后加上了“等等”，以表明这个公式可以扩展到任意更高次的幂。牛顿公式采用隐式，而阿尔伯特·吉拉德（Albert Girard）早些时候给出的类似公式采用显式，华林后来推导的一般公式也是如此。牛顿用他的公式修正了实根的上限。所有根的任意偶数次幂之和必然超过任何一个根的相同偶数次幂。他还求出另一个极限：如果一个数字代入 x，结果赋予 $f(x)$ 及其导数相同的符号，则该数字是一个上限。1748年，科林·麦克劳林证明，将方程最大负系数绝对值加1可以获得上限。牛顿表示，在具有实系数的方程中，虚根总是成对出现。他还得出了确定虚根数量的下限以及正负根数的上限的规则。其中，他的天赋得到了最充分的展示。牛顿的方法虽然不如笛卡尔的方法那么迅速，但它给出的对正负根的数量的限度通常更接近。牛顿并没有证明他的方法。

乔治·坎贝尔（George Campbell）和科林·麦克劳林在1728年和1729年的《哲学汇刊》中提出了一些观点。但是，一个半世纪以来，没有学者给出任何完整证明。直到最后，西尔维斯特建立了一个引人注目的一般性定理，而牛顿的定律只是其中的特殊情况。牛顿提出，既然蚌线可用于解决倍立方和角三等分问题，而任何涉及三次或四次曲线的问题都可以简化为这两个问题之一，那么蚌线和直线、圆一样可用于几何构造。这也引起了其他学者的关注。

牛顿的“流数术”包含数值方程根的近似法。在他的《运用无穷多项方程的分析学》中，他给出了大致相同的方法。他以著名的三次方程[1] $y^3-2y-5=0$ 为例说明了这一点。这个例子最早出现在了沃利斯《代数》（1685）第九十四章中。牛顿假设，已经知道一个近似值，它与真实值相差不到该真实值的十分之一。他取 $y=2$，并将 $y=2+p$ 代入方程，得到 $p^3+6p^2+10p-1=0$。忽略 p 的

〔1〕关于牛顿的引文，可查阅 F. Cajori，“Historical Note on the NewtonRaphson Method of Approximation”，*Amer. Math. Monthly*，Vol. 18，1911，pp. 29-33.

高次幂，得到 $10p-1=0$。取 $p=0.1+q$，得到 $q=3+6-3q^2+11.23q+0.061=0$。由 $11.23q+0.061=0$，他得到 $q=-0.0054+r$，并且通过相同过程得出 $r=-0.00004853$。最后 $y=2+0.1-0.0054-0.00004853=2.09455147$。牛顿按一套范式整理了他的方法。他似乎很清楚自己的方法可能会失败。他说，如果对 $p=0.1$ 是否足够接近真值有疑问，就求出 $6p^2+10p-1=0$ 中的 p 值。但是他也没有证明这一种方法是否有效。牛顿用同样的方法，用一个快速收敛的级数求出了方程 $y^3+axy+aay-x^3-2a^3=0$ 中用 a 和 x 表示的 y 值。

1690 年，伦敦皇家学会（Royal Society of London）的约瑟夫·拉夫森（Joseph Raphson）发表了论著《一般方程分析》（*Analysis æquationum universalis*）。他在其中提出的一个方法非常类似于牛顿的方法。唯一的不同之处在于，牛顿从一个新方程推导出逼近根的每一步 p、q、r，而拉夫森每次都通过代入原始方程式来求根。在牛顿的三次方程中，拉夫森不会通过 $x^3+6x^2+10x-1=0$ 找到第二个校正值，而是将 $2.1+q$ 代入原始方程，从而求出 $q=-0.0054$。然后，他将 $2.0946+r$ 代入原始方程，得出 $r=-0.00004853$，以此类推。拉夫森没有提到牛顿。他显然认为他们之间的差异很明显，他的方法应当被单独归类。此处需要强调的是，现代文献中以“牛顿近似法”命名的方法实际上不是牛顿发现的方法，而是拉夫森对牛顿方法的修改。现在很熟悉的形式 $a-\dfrac{f(a)}{f'(a)}$ 中的 a，牛顿并没有使用，但拉夫森使用了 a。可以肯定的是，拉夫森没有使用这种表示法。他将 $f(a)$ 和 $f'(a)$ 完全写成多项式。值得怀疑的是，该方法是否应以牛顿一个人命名。尽管这一方法与韦达的方法不尽相同，它类似于韦达的方法。主要区别在于使用的除数不同。除数 $f'(a)$ 比韦达的除数简单得多，并且易于计算。拉格朗日认为拉夫森的方法是对牛顿方法的改进。他认为这个方法“比牛顿的方法更简单”。[1] 也许，称之为“牛顿—拉夫森方法”将更接近历史事实。另外，可以补充的一点是，托马斯·贝克（Thomas Baker）和埃德蒙·哈雷分别在 1684 年和 1687 年用几何方法研究了数值方程求解。1694 年，哈雷“非常希望用算术方法求解数值方程”。哈雷和牛顿的方法之间的唯一区别是，哈雷在每一步都求解了一个二次方程，而牛顿在每一步都求解了一个线性方

〔1〕 Lagrange, *Résolution des equal. num.*, 1798, Note V, p. 138.

程。哈雷还修改了某些代数表达式，求出了三次方程和五次方程的近似根。这些表达式是法国数学家托马斯·范特·德·拉尼（Thomas Fantt de Lagny）在1692年给出的。1705年和1706年，拉尼概述了一种差分法。英国数学家约翰·柯林斯（John Collins）先前介绍过此法较不完善的版本。使用这种方法时，如果a，b，c，…成等差数列，则可以从$f(a)$，$f(b)$，$f(c)$，…的第一项、第二项和更高项的差中求出近似根。

牛顿的流数术还包含“牛顿平行四边形”。这使他在$f(x, y)=0$的情况下能够找到与变量y相等的x幂级数。此规则的重要用处在于求级数的形式；因为，一旦知道了级数指数变化的定律，就可以通过待定系数法展开。时至今日，该规则仍用于求曲线的无穷个分支。但牛顿没有给出该规则任何证明，也没有给出他发现这一规则的过程的任何线索。半个世纪后，卡什纳（Kästner）和克莱默（Cramer）各自独立给出了证明方法。[1]

1704年，《三次曲线枚举》（*Enumeratio linearum tertii ordinis*）作为《光学》（*Opticks*）的附录出版，其中包含一些曲线相关定理。牛顿将三次方程分为七十二种，并分成了几个大类。后世的注者又加上了“属”和“类”的名称，分成十四个“属”和七个“类”。事实上，按牛顿的分类规则，还应该有六种方程，但他却忽略了，后来斯特林、威廉·默多克（William Murdoch）和克莱默添加了这六种方程。牛顿阐述了一个引人注目的定理，即他命名为“发散抛物线”的五种曲线通过射影能够产生任意三次曲线。和他的许多研究一样，这篇论文没有给出任何证明。经常有学者去推测牛顿的论证过程。最近，我们已经了解到一些细节。在“朴次茅斯收藏品”的四份手稿中，我们发现了牛顿使用过的许多分析方法以及一些其他的定理。卢斯·巴尔（Rouse Ball）在《伦敦数学协会学报》（*Transactions of the London Mathematical Society*，第20卷，104~143页）上发表文章介绍了这四份手稿对牛顿的这一定理的研究。牛顿研究三次曲线分类的过程颇为有趣，他一开始用代数方法研究，但是发现颇为费力，又改用几何学方法，成功解决了问题，但之后他又再次用分析法尝试。

---

〔1〕 S. Günther, *Vermischte Untersuchungen zur Geschichle d. math. Wiss.*, Leipzig, 1876, pp. 136-187.

由于篇幅限制，我们将不再介绍牛顿在其他科学领域的长期研究。他曾进行一系列光学实验，并且是光的粒子说的提出者。在他 1687 年为英国皇家学会撰写的有关光学的论文中，最后一篇阐述了“拟合”的理论。他解释了光的分解和彩虹的产生原理，还发明了反射望远镜和六分仪。后来费城（Philadelphia）的托马斯·戈弗雷（Thomas Godfrey）和约翰·哈德利（John Hadley）也独立发明了这些器械。他推导出了空气中声速的理论表达式，并且进行了化学、弹性、磁性和冷却定律的实验，并对一些地质学问题提出了猜想。

在 1692 年之后的两年中，牛顿患有失眠症和神经过敏性疾病。有人认为他是在暂时的精神失常的情况下工作的。尽管他恢复了健康，但是伟大发现的时代结束了。他会研究向他提出的问题，但他不再愿意研究新的领域。他生病后最著名的研究是用皇家天文学家弗拉姆斯蒂德（Flamsteed）的观察结果来检验他的月球理论。1695 年，他被任命为监狱长。1699 年，他被任命为铸币局局长，直到他去世。他的遗体安葬在威斯敏斯特大教堂（Westminster Abbey）。那里于 1731 年竖立了一座宏伟的纪念碑，碑文的结尾是“人类欢呼吧，这世间竟存在如此璀璨的人类之光。（Sibi gratulentur mortale tale tantumque exstitisse humani Generis decus。）”

现在，我们开始了解第二位独立发现微积分的数学家——莱布尼茨。戈特弗里德·威廉·莱布尼茨（Gottfried Wihelm Leibniz，1646—1716）生于莱比锡。在任何文明国家的历史中，没有哪个时期文学和科学发展环境比 17 世纪中叶的德国更糟糕了。幸运的是，莱布尼茨所处的环境让他在这个德国历史上最黑暗的时期获得了宝贵的受教育机会。他很早就接触到当时最优秀的文化。15 岁那年，他进入了莱比锡大学就读。尽管法律是他的主要研究内容，他竭尽全力地学习各个领域的知识。当时德国大学的教学水平很低，没有大学教授高等数学。有说法称，约翰·库恩（John Kuhn）讲过《几何原本》，但他的授课内容太晦涩，以至于除莱布尼茨之外，没有人能听懂。后来，莱布尼茨在耶拿聆听了当地著名的哲学家和数学家厄哈德·魏格尔（Erhard Weigel）为期半年的课程。莱布尼茨在 1666 年发表了《论组合的艺术》（*De Arte Combinatoria*）一书，作品没有超越数学的基础范围，但其中包含了数理逻辑理论的非凡规划。数理逻辑是一种具有形式规则的符号方法，用这种方法可以避免在某些情况下的思考。笛卡尔和皮埃尔·厄里岗（Pierre Hérigone）曾就建立数理逻辑提出过建议。在莱布尼茨未发表的手稿中，他阐明了现被称为逻辑乘法、逻辑加法、否定、同一性、类归纳和空类等概念的主要属性。[1] 他此时所写的其他论文具有形而上学和法学的性质。莱布尼茨幸运地得到了一次出国的机会。1672 年，他被波恩伯根男爵（Barine Boineburgon）派去巴黎进行政治访问。他在那里结识了当时最杰出的学者，惠更斯就是其中之一。他向莱布尼茨展示了他的钟摆振荡的研究，并带领这位才华横溢的德国年轻人步入高等数学研究。1673 年，莱布尼茨去了伦敦，从 1 月一直待到 3 月。他在那里意外地与数学家约翰·佩尔（John Pell）结识。莱布尼茨向他解释了自己发现的一系列数字求和方法。佩尔告诉他，加布里埃·穆顿（Gabriel Mouton）早在 1670 年就发表了类似的公式，并让他注意墨卡托（Mercator）在修正抛物线方面的工作。在伦敦期间，莱布尼茨向皇家学会展示了他的算术机，该算术机与帕斯卡的算术机类似，但效率更高且更完美。返回巴黎后，他有了时间去更系统地学习数学。带着充沛精力，他开始了解高等数学。惠更斯是他的主要老师。莱布尼茨研究了笛卡尔、赫诺拉李斯·法布里（Honorarius Fabri）、格里高利·圣文森特和帕斯卡的几何作品。仔细研究无穷级数后，他发现了一个周长与圆直径之比的公式（詹姆斯·格里高利先前已经发现）：

$$\frac{\pi}{4}=1-\frac{1}{3}+\frac{1}{5}-\frac{1}{7}+\cdots$$

这一级数的发现过程与墨卡托级数的发现过程相似。惠更斯对此深感满意，并敦促他进行新的研究。1673 年，莱布尼茨发现由级数

$$\operatorname{arc}\tan x = x - \frac{1}{3}x^3 + \frac{1}{5}x^5\cdots$$

可获得大多数 π 的实用计算方法。詹姆斯·格里高利先前也已经发现该级数，并且亚伯拉罕·夏普（Abraham Sharp）在哈雷的指导下也使用了这种方法，将 π 计算到第 72 位。1706 年，伦敦格雷海姆学院的天文学教授约翰·麦肯（John Machin）通过用格里高利的无穷级数替换了关系式

---

〔1〕见 Philip E. B. Jourdain in *Quarterly Jour. of Math.*, Vol. 41, 1910, p. 329.

$$\frac{\pi}{4}=4\arctan\frac{1}{5}-\arctan\frac{1}{239}$$

中的 $\arctan\frac{1}{5}$ 和 $\arctan\frac{1}{239}$，将 π 计算到了第 100 位。1874 年，威廉·香克斯（William Shanks）使用了麦肯的公式将 π 计算到第 707 位。

莱布尼茨对曲线求积进行了详尽研究，因此对高等数学非常熟悉。莱布尼茨的论文中有一份曲线求积的手稿，写于 1676 年他离开巴黎之前，但从未被他发表过。它的重要部分出现在后来发表在《教师学报》（*Acta eruditorum*）上的文章中。

在笛卡尔几何学的研究中，莱布尼茨的注意力转向了正切线和反切线问题。笛卡尔仅解决了最简单的曲线正切线问题，而反切线则完全超越了他的分析能力。莱布尼茨研究了任意曲线的这两个问题。他构造了他所谓的“特征三角形”，即与切线重合的曲线的无穷小部分同纵坐标和横坐标之差之间的无穷小三角形。曲线在这里作为多边形考虑。特征三角形与由切线、切点纵坐标、次切线形成的三角形相似，且与纵坐标、法线和次法线形成的三角形相似。英国数学家巴罗使用了特征三角形，但莱布尼茨声称，巴罗是从帕斯卡获得的方法。莱布尼茨从中观察到正反切线之间的联系。他还看到，反切线问题可以转化为曲线求积的问题。所有这些结果都包含于莱布尼茨 1673 年的手稿。他用来曲线求积的方法如下：由次法线 p 和一个元素 a（即横坐标的无穷小的一小部分）形成的矩形等于纵坐标 y 和该纵坐标的元素 l 组成的矩形；或者用符号表示，$pa=yl$。但是这些矩形从零开始累加，最终产生了一个直角三角形。该直角三角形等于纵坐标构成的正方形的面积的一半。因此，使用卡瓦列里的符号，他得到：

$$\text{omn. } pa=\text{omn. } yl=\frac{y^2}{2}(\text{omn. 是 omnia 缩写，意即“所有”})$$

但是 $y=\text{omn. } l$，所以

$$\overline{\text{omn. }\overline{\text{omn. } l}\,\frac{l}{a}}=\overline{\frac{\text{omn. } l^2}{2a}}$$

这个方程式特别有趣，因为莱布尼茨在这里率先引入了一种新的表示方

法。他说："用$\int$表示 omn 很有帮助，$\int l$表示 omn. l。因此，他写出了方程

$$\frac{\int \overline{l^2}}{2a} = \int \int \overline{\bar{l}\, \frac{l}{a}}$$

由这个方程，他推导出了一些最简单的积分，比如

$$\int x = \frac{x^2}{2},\ \int x + \int y = \int (x + y)$$

由于求和符号$\int$提高了维数，因此他得出结论，相反的运算或差 d 的运算都将降低它们的维数。因此，如果$\int l = ya$，那么$l = \frac{ya}{\mathrm{d}}$。莱布尼茨最初将符号 d 放在分母的位置，因为一般除法运算会降低项的幂。上面给出的手稿的日期是 1675 年 10 月 29 日[1]，新微积分符号出现的纪念日。莱布尼茨的表示法极大地促进了微积分的快速发展和完善。

接下来，莱布尼茨将他的新微积分应用于某些特定问题的研究。这些问题当时被归为反切线问题。莱布尼茨发现，三次抛物线可解决以下问题：求次法线与纵坐标成正比的曲线。他通过将雷内·弗朗索瓦·德·斯劳斯（René François de Sluse）男爵的切线方法应用于结果并向前推论到原始假设，检验了他的解法的正确性。在解决第三个问题时，他将表示法从$\frac{x}{\mathrm{d}}$更改为现在常用的 dx。值得注意的是，在这些研究中，莱布尼茨始终没有解释 dx 和 dy 的意义，只是在一处批注中提到："此外，dx 和$\frac{x}{\mathrm{d}}$都表示两个相邻的 x 的差。"他也没有使用"微分"一词，而是始终使用"差"来描述。直到十年后，他才在《教师学报》中对这些符号做了进一步解释[2]。他的主要目的是确定当$\int$或 d 置于表达式前时，表达式会出现什么变化。辛苦学习微分的学生可能会感到一丝安慰，因为莱布尼茨这样的大数学家竟然也经过相当的思考才能确定 dxdy 是

---

[1] C. J. Gerhardt, *Entdeckung der höheren Analysis*, Halle, 1855, p. 125.

[2] C. J. Gerhardt, *Entdeckung der Differenzialrechnung durch Leibniz*, Halle, 1848, pp. 25, 41.

否等同于 $\mathrm{d}(xy)$，以及$\frac{\mathrm{d}x}{\mathrm{d}y}$是否等同于 $\mathrm{d}\left(\frac{x}{y}\right)$。

在第一篇手稿结尾，他考虑了这些问题，并得出结论，尽管他不能给出每个表达式的真正值，但这些表达式并不相同。十天后，在 1675 年 11 月 21 日的手稿中，他求出了方程 $y\mathrm{d}\bar{x}=\mathrm{d}\overline{xy}-x\mathrm{d}\bar{y}$，给出了 $\mathrm{d}(xy)$ 的表达式，他观察到，这一表达式对所有曲线来说都是正确的。他还成功地从微分方程中消除了 $\mathrm{d}x$，使微分方程只包含 $\mathrm{d}y$，从而解决了他研究的另一个问题。他说："注意，这种方法是解决反切线法问题的最优雅方式，或者至少可以将此类问题简化为求积问题！"从这里可以看出，他清楚地认识到，反切线问题可通过求积，或者换句话说，通过积分解决。在半年的时间里，他发现他的新微积分也能够解决正切线问题，并且可以得到比笛卡尔的方法更通用的解法。他成功地解决了笛卡尔未能解决的此类问题中的特殊情况。在这些特殊情况中，前面我们只提到过德·伯恩向笛卡尔提出的一个著名问题：求一条曲线，其纵坐标与次切线的关系，与给定直线和该纵坐标的特定部分关系相同，特定部分位于曲线与过曲线顶点以给定斜率绘制的直线之间。

简而言之，这就是莱布尼茨在巴黎逗留期间进行的新微积分研究的进展过程。1676 年 10 月，离开前，他已经掌握了无穷小微积分的最基本规则和公式。

莱布尼茨从巴黎途径伦敦和阿姆斯特丹，回到汉诺威（Hanover）。在伦敦，他遇到了约翰·柯林斯（John Collins）。柯林斯向莱布尼茨展示了他的部分学术通信。关于这一点，我们之后还会提到。在阿姆斯特丹，他与斯劳斯讨论了数学问题。让他感到满意的是，他的切线构造方法不仅完成了斯劳斯所做的所有工作，而且还完成了更多任务，因为他的方法可以扩展到三个变量，从而可以找到与面的切面。而且，无理数和分数都不妨碍他的方法的应用。

在 1677 年 7 月 11 日的一篇论文中，莱布尼茨纠正了和、积、商、幂和根的微分规则。早在 1676 年 11 月，他就给出了一些负数和分数幂的微分，但犯了一些错误。对于 $\mathrm{d}\sqrt{x}$的值，他给出了错误的$\frac{1}{\sqrt{x}}$。在另一处，又给出了$-\frac{1}{2}x^{-\frac{1}{2}}$的值。对于 $\mathrm{d}\,\frac{1}{x^2}$的值，先是错误地给出了$-\frac{2}{x^2}$。然而，接着在同一页下面又给出了正确的$-\frac{2}{x^3}$。

1682年，《教师学报》在柏林创刊。这份期刊有时也被称作《莱比锡学报》。它部分模仿了法国的《萨凡斯杂志》(*Journal des Savans*，创刊于1665年）和在德国出版的《文学和科学评论》。莱布尼茨经常出钱资助该期刊。曾在巴黎与莱布尼茨学过数学并且熟悉莱布尼茨的新分析法的钦豪森(Tschirnhausen）在《教师学报》发表了关于求积分的论文，该论文主要讨论了莱布尼茨和钦豪森在一次争执中讨论的主题。莱布尼茨担心，钦豪森可能会声称自己发现了微积分的概念和规则并且发表该概念和规则，于是决定公开他的发现。1684年，也就是新的微积分第一次出现在莱布尼茨的脑海中之后的第九年，牛顿开始研究十九年之后，牛顿《原理》出版三年前，莱布尼茨在《教师学报》发表了他的第一篇微积分论文。他不愿将自己的财富与世界分享，因此只发表了他的研究中最深奥、最不易理解的部分。这份只有六页内容却具有划时代意义的论文是《一个不会受无理数和分数影响的求最大值、最小值和切线的新方法以及一种上述内容的演算》(*Nova methodus pro maximis et minimis*, *itemque tangentibus*, *qux nec fractas nec irrationales quantitates moratur*, *et singulare pro illis calculi genus*)。他简要说明了计算规则，但没有给出证明，并且论文中使用的dx和dy的含义模糊不清。此外，打印错误也增加了理解难度。据此推断，莱布尼茨本人对此问题没有明确的解决办法。dy和dx是有限量还是无穷小？实际上，起初它们似乎确实是有限量。莱布尼茨曾说：“我们现在调用在dx处任意选择的线dy，令该线与dx的关系与y和次切距的关系相同，dy为y的差值。”莱布尼茨通过他的微积分确定了通过两种不同折射介质的光线如何能够最轻易地从一点传播到另一点。然后，他用几句话给出了对德·伯恩问题的解法，结束了他的文章。两年后(1686年)，莱布尼茨在《教师学报》上发表了包含积分学基本理论的论文。其中，dx和dy被视为无穷小。他表明，使用他的表示法，曲线的性质可以完全由方程式表示。比如，方程

$$y=\sqrt{2x-x^2}+\int\frac{dx}{\sqrt{2x-x^2}}$$

可以表示摆线的特征。[1]

莱布尼茨的伟大发现如今已通过其在《教师学报》上的文章而公开，但对数学家的整体影响并不大。在德国，除了钦豪森（Tschirnhausen）之外，没有人理解他的微积分理论。文章中的介绍太过简短，不足以使微积分得到普遍理解。首先研究这个问题的是两个外国人，即苏格兰人约翰·克雷格和瑞士的雅各布·伯努利。后者在 1687 年给莱布尼茨写了一封信，希望进入新分析法的世界。莱布尼茨当时在国外旅行，因此这封信直到 1690 年都没有得到回复。与此同时，雅各布·伯努利全身心投入研究，在没有帮助的情况下成功地发现了微积分的秘密。他和他的兄弟约翰·伯努利的研究表明，他们都是非凡的数学家。他们对这门新理论的应用非常成功，连莱布尼茨都宣称他们和他自己对这一理论了解得一样多。莱布尼茨与他们以及其他数学家进行了广泛的交流。在致约翰·伯努利的一封信中，他建议，将积分简化回某些基本不可约形式可以改进积分法。这样，对数表达式的积分得到了研究。莱布尼茨的著作包含许多原创成果，以及对此方法作用的预期。他利用可变参数，为原位分析奠定了基础，并在 1678 年的手稿中引入了行列式的概念（日本人以前使用过），以简化对线性方程组消元产生的表达式。为了简化积分，他采用了将某些分数分解为其他分数之和的办法。他明确接受了连续性原理；他给出了“奇解”的第一个实例，并在两篇论文中奠定了包络理论的基础，其中第一篇首次包含了术语“坐”和“坐标轴”。他还讨论了密切曲线，但他的论文有一个错误（约翰·伯努利指出了这个错误，但莱布尼茨没有承认），一个密切圆必然会与一条曲线交于四个连续点。他提出的关于一个变量的两个函数的乘积的第 n 个微分系数的定理非常有名。他的许多力学论文中，有些有价值，而另一些却存在严重错误。莱布尼茨于 1694 年引入了“函数”一词，但不是现代意义上的用法。同年晚些时候，雅各布·伯努利也使用了这个词，所表达的意义与莱布尼茨相同。在 1698 年 7 月 5 日给莱布尼茨的一封信的附录中，约翰·伯努利在一个更接近现代用法的意义上使用了这个词：“用到 *PZ* 的任何此类函数的应用”。1718 年，约翰·伯努利将函数定义为“由一个变量和任意数量常数以某种方式

〔1〕 C. J. Gerbardt, *Geschichte der Mathemalik in Deutschland*, München, 1877, p. 159.

构成的量”。(On appelle ici fonction d'une grandeur variable, une quantité composée de quelque manière que ce soit de cette grandeur variable et de constantes.)

莱布尼茨为数学符号的发展也做出了重要贡献。他不仅发现了微分和积分的表示方法，而且在书写比例时使用了等号，因此 $a:b=c:d$。在莱布尼茨的手稿中，~表示“相似”，而≃表示“相等且相似”或“全等”。[1] 鲁赫丹(Jourdain)称:[2]“莱布尼茨自称，他所有的数学成就都要归功于他对表示方法的改进。”

在探讨微积分的进一步发展之前，我们将概述英国和欧洲大陆的数学家之间关于微积分发现的长期的激烈争论。争论的关键是：莱布尼茨到底是独立发现了微积分，还是剽窃了牛顿的研究成果？

我们首先从争议各方的早期通信说起。牛顿从 1665 年开始使用流数术。[3] 1669 年，巴罗将牛顿的论文《运用无穷多项方程的分析法》寄给了约翰·柯林斯。

1673 年 1 月 11 日到 1673 年 3 月，莱布尼茨第一次去了伦敦。他有在学术通信中交流重要科学成果的习惯。1890 年，杰哈特(Gerhardt)在汉诺威皇家图书馆的手稿中发现了莱布尼茨在旅途中所做的笔记。[4] 笔记标题为《1673 年年初英国旅行哲学观察》(*Observata philosophica in itinere Anglicano sub initium anni* 1673)。该笔记用水平线分为几部分。其中，“化学”“力学”“磁器”“植物学”“解剖学”“医学”“杂论”等部分包含大量莱布尼茨的备忘录，而专门用于数学的部分注释很少。在“几何学”部分中他只说：“图形的所有切线用运动线的运动点解释几何图形。”我们由此怀疑莱布尼茨读了巴罗的课程讲义内容。只有“光学”部分提到了牛顿。显然，莱布尼茨在这次伦敦期间没有获得流数术的知识，也没有声称他的对手得到了。

直到 1676 年初，牛顿、柯林斯等人的信件都指出，牛顿发现了一种方法，

---

[1] Leibniz, *Werke Ed.* Gerhardt, 3. Folge, Bd. V, p. 153. See also J. Tropfke, *op. cit.*, Vol. I, 1903, p. 12.

[2] P. E. B. Jourdain, *The Nature of Mathematics*, London, p. 71.

[3] J. Edleston, *Correspondence of Sir Isaac Newton and Professor Cotes*, London, 1850, p. xxi; A. De Morgan, “Fluxions” and “Commercium Epistolicum” in the *Penny Cyclopædia*.

[4] C. J. Gerhardt, “Leibniz in London” in *Sitzungsberichte der K. preussischen Academie d. Wissensch. zu Berlin*, Feb., 1891.

可以通过这种方法来绘制切线，而不必将其方程式从无理数的术语中解放出来。莱布尼茨于1674年向当时的皇家学会秘书长奥登伯格（Oldenburg）宣布，他拥有非常通用的分析法。通过这种方法，他发现了有关通过级数化圆为方的重要定理。对此，奥登伯格称，牛顿和詹姆斯·格里高利也发现了曲线求积的方法，并将这些方法扩展到圆上。莱布尼茨渴望获得这些方法。牛顿应奥登伯格和柯林斯的要求，给莱布尼茨写了几封著名的书信，书信时间在1676年6月13日至10月24日之间。第一封信包含二项式定理以及与无穷级数和曲线求积有关的各种其他问题，但没有直接涉及流数术。莱布尼茨在回信中，对牛顿的研究给出了最高评价，并要求他进一步进行解释。牛顿在第二封信中解释了他得出二项式定理的方法，并且以字谜的形式传达了他的流数术，句子中的所有字母都按字母顺序排列。按牛顿的说法，他的切线绘制方法是

6a cc d œ 13e ff 7i 3l 9n 40 4qrr 4s 9t 12vx

解码之后就是："Data æuatione quotcunque fluentes quantitates involvente fluxiones invenire，et vice versa"。（"现有从未涉及这么多流动量的给定方程，求流数，反之亦然。"）当然，牛顿对这个字谜没有给出任何暗示。莱布尼茨给约翰·柯林斯写了回信，他在没有任何隐瞒的情况下解释了微积分的原理、表示法和用法。

奥登伯格去世后，他们之间的通信便结束了。直到1684年，莱布尼茨在《教师学报》发表关于他的第一篇微积分论文时，什么都没有发生。因此，尽管应当承认牛顿率先发现了微积分，但也必须承认莱布尼茨是第一个与世界分享微积分的重要的学者。因此，尽管牛顿的发现仍然是个秘密，他只与几个朋友交流，但莱布尼茨的微积分却遍布整个欧洲。两位杰出的科学家之间没有任何竞争或敌意。牛顿对莱布尼茨的发现表示非常赞同，他通过上文得到的与奥登伯格的往来书信中了解了莱布尼茨的发现，这些书信记录在后来的著名的批注之中（《原理》，第1版，1687年，第2卷，第7命题，批注）。

"十年前，我和最优秀的几何学家莱布尼茨之间有通信往来，我向他表示，我了解求最大值和最小值和绘制切线，以及类似问题的解决方法。我将这些话（如上引用的'现有……求流数，反之亦然'）加密隐藏在一封信中。这封信经人转交给了莱布尼茨。这位最杰出的学者回信说，他也使用了相同的方法，

并向我介绍了他的与我的方法几乎相同的方法，只是措辞和表示法有所不同。”

基于这些文字，我们将看到牛顿之后变得底气不足，正如德·摩根所说："首先，牛顿否认了这些文字明显而清楚的含义，其次，《原理》第三版中完全删除了这些文字。”在欧洲大陆，伟大的莱布尼茨和他的助手雅各布·伯努利、约翰·伯努利兄弟和德·洛必达伯爵（Marquis de l'Hospital）在微积分学上取得了重要进展。1695 年，约翰·沃利斯写信给牛顿说："他听说他的流数概念在荷兰得到了热烈称赞，但却被称为莱布尼茨的微积分。”因此，沃利斯在其著作的前言中指出，微积分学是牛顿的方法，莱布尼茨是从奥登伯格的信件中了解了这一方法的。沃利斯在 1696 年的《教师学报》中对他的作品的回顾使读者想起，牛顿在上述引用的批注中曾经承认莱布尼茨发现了相同的方法。

在那之前的 15 年，莱布尼茨一直是无可争议的微积分发现者。但是 1699 年，在瑞士定居的瑞士人法蒂奥·德·杜里埃（Fatio de Duillier）在一份数学论文中表示，他向皇家学会提出，牛顿是微积分的第一位发现者。他补充说，至于第二位发现者莱布尼茨是否借鉴了他人的研究，这应该由那些看过牛顿书信和手稿的人来判断。这是第一次有学者在明显暗示莱布尼茨剽窃了牛顿的研究。似乎一段时间以来，英国数学家一直对莱布尼茨有不利的猜疑。毫无疑问，长久以来，有些人认为，莱布尼茨在 1676 年第二次访问伦敦时，曾经或至少可能在约翰·柯林斯的论文中看到了牛顿的《运用无穷多项方程的分析学》这篇论文中包含流数术但却没有方法的系统研究和阐释。莱布尼茨肯定确实看到了这些内容中的至少一部分。在伦敦度过的一周，他注意到柯林斯的信件和文件中任何他感兴趣的东西。杰哈特在 1849 年在汉诺威图书馆中发现莱布尼茨的备忘录整整有两张纸。[1] 其中与剽窃问题有关的一个部分是“牛顿《运用无穷多项方程的分析学》摘要”。这些笔记非常简短，只有《论混方程求解》（*De resolutione æquationum affectarum*）一部分除外，这一部分几乎有完整的副本。这部分内容显然对他来说是新内容。如果他研究了牛顿的整篇论文，那么其他部分并没有给他留下特别深刻的印象。这样看来，他似乎并没有获得任何与无穷小微积分有关的发现。通过先前引入自己的对数，他取得了巨

[1] C. J. Gerhardt, "Leibniz in London", *loc. cit.*

大进步，并且超过了他在伦敦所了解的知识。他所获得的任何数学知识在之后的一段时间都没有刺激他的思考，因为在返回荷兰时，他就力学问题进行了一场漫长的对话。

法蒂奥·德·杜里埃的暗示点燃了一场危险的火焰，这场大火足足燃烧了一个世纪。莱布尼茨从未对牛顿先发现微积分提出异议，而且牛顿在批注中承认莱布尼茨曾向牛顿介绍过相同方法。这一点似乎也让莱布尼茨颇为满意。但现在，他开始陷入争议。他在《教师学报》中做了生动的答复，并向皇家学会抱怨他遭到的不公待遇。

这件事平息了一段时间。1704 年出版的《曲线求积法》正式公开了曲线求积法和流数术。1705 年，《教师学报》出现了对牛顿不利的评论，其中指出牛顿一直在使用流数代替莱布尼茨的微分。牛顿的朋友认为这是在指控他们的首领抄袭，而莱布尼茨始终坚决抵制这种说法。牛津大学天文学教授约翰·基尔（John Keill）对牛顿进行狂热辩护。1708 年在《哲学汇刊》发表的一篇论文中，他声称牛顿是流数术的第一位发现者，并且认为“莱布尼茨后来发表了相同的微积分，只是其名称和表示法发生了变化”。莱布尼茨向皇家学会秘书长投诉他遭到的不公待遇，并要求该机构进行干涉，劝说基尔撤消称莱布尼茨有实施剽窃的意图的言论。约翰·基尔并没有撤回他的指控。相反，牛顿和皇家学会授权他进一步解释和自我辩护。他为此发出了一封长信。莱布尼茨抱怨说，现在指控比以前更加公开了，并呼吁英国皇家学会和牛顿本人伸张正义。于是，皇家学会作为法官，任命了一个委员会，该委员会收集并上报了大量文件，其中大部分是牛顿、莱布尼茨、沃利斯、柯林斯等人的通信。该报告被称为《通报》（*Commercium epistolicum*），分三次发布，分别是在 1712 年、1722 年和 1725 年。其中 1722 年和 1725 年的版本在报告名称前加了“调查”（Recensio）一词，并附有基尔的其他笔记。该委员会没有冒险地正式宣布委员会相信莱布尼茨是窃者。《通报》的最后结论是牛顿是“第一位发现者”。但这不是重点。问题不在于牛顿是否是第一个发现者，而是莱布尼茨是否窃取了该方法。在下一句话中，他们暗示莱布尼茨确实采用了或可能采用了牛顿的方法：“我们发现，在牛顿 1677 年 6 月 21 日之前的信件中，没有一处文字提到莱布尼茨曾经拥有与牛顿不同的微分法，此时距 1672 年 12 月 10 日牛顿先生的信件副本被寄给巴黎已经一年，距柯林斯先生开始向其他保持通信的学者转达这封信中的内容已经四年。其中的流数术描述任何聪明人都能看懂。”

1850年左右，有研究者证实，奥登伯格寄给莱布尼茨的信并非牛顿在1672年12月10日写的信，而是这封信件的摘录，其中省略了牛顿绘制切线的方法，因此信件无论如何也不可能传达流数术的构想。奥登伯格的这封信是在汉诺威皇家图书馆的莱布尼茨手稿中找到的，并由杰哈特分别于1846年、1848年、1849年和1855年[1]以及之后出版。

此外，埃德斯顿（Edleston）1850年出版了艾萨克·牛顿爵士和科特斯教授的书信后，人们发现，英国皇家学会在1712年实际上拥有两包而不是一包柯林斯的书信。其中一包包含了詹姆斯·格里高利的信件和牛顿1672年12月10日的信；另一个包裹标有“致莱布尼茨，1676年6月14日，格里高利先生遗物”，其中部分内容在第一个包裹的信件中被删减，这部分删除的内容只是对牛顿1672年12月10日信件中所描述的方法的暗示。《通报》完整收录了牛顿的信，但却没有提及第二个标有“致莱布尼茨……”的包裹。因此，这份报告给人的印象是，牛顿在1672年12月10日写的信送到了莱布尼茨手中，并且信件未经删减。这封信对流数术的描述为“任何聪明人都能看懂”。而事实上，莱布尼茨收到的信根本没有对流数术的描述。

莱布尼茨仅在私人信件中抗议了皇家学会的调查程序，宣布他不会回应这种没有依据的指控。约翰·伯努利在写给莱布尼茨的一封信中（后来以匿名形式发表）的说法对牛顿来说也绝对算不上公平。话说回来，牛顿的朋友的说法对莱布尼茨也是如此。约翰·基尔回复称，之后牛顿和莱布尼茨在寄给其他学者的几封信中都互相指控对方。1716年4月9日，莱布尼茨在写给当时居住在伦敦的意大利牧师安东尼奥·辛纳拉·康蒂（Antonio Schinella Conti）的一封信中提醒牛顿，他曾经在《原理》的边注中承认莱布尼茨独立发现了自己的方法，现在牛顿却矢口否认。莱布尼茨还说，他一直相信牛顿，但是看到他放任他人提出他知道必然虚假的指控，他（莱布尼茨）自然应该开始怀疑。牛顿没

---

[1] 见 *Essays on the Life and Work of Newton* by Augustus De Morgan, edited, with notes and appendices, by Philip E. B. Jourdain, Chicago and London, 1914. 鲁赫丹在102页给出了牛顿和莱布尼茨出版物的目录。

有回复这封信，但在和自己的朋友私下交流时做了辩解。之后，莱布尼茨去世。他听说后，于1716年11月14日立即发表了自己的辩解理由。其中对他的那段受到质疑的批注是这样解释的："他装作好像我在《原理》中承认了他也独立发现了微积分，并且我要独揽这项荣誉是自相矛盾。但是在那段批注中，我没找到一个字支持他的说法。"在1726年的第三版《原理》中，牛顿删除了这段批注，并用另一个批注代替，其中没有出现莱布尼茨的名字。

在民族自豪感和派系主义的影响下，英格兰数学家拒绝采纳更为公正的判断。但如今几乎所有对此事熟悉的人都普遍认为，莱布尼茨独立发现了微积分。也许最有说服力的证据是对他的数学论文的研究。该研究指出，莱布尼茨独立发现了微积分，他在头脑中逐渐地构思出了微积分规则。德·摩根说："贯穿整个争议前后，都存在着流数或微分与流数积分或微分之间的混淆，这是一种从一般规则提炼出的方法。"

英国和大陆数学家之间因此产生了长期而痛苦的疏离，这一争议将令人遗憾。英国人只使用牛顿的方法，直到1820年左右，他们不了解欧洲大陆的大多数优秀数学成果。在科学优势方面的损失几乎完全在英国一边。如果非要说，这种争论推动了数学研究的进步，那大概就是各方为了挑衅，各自向对方提出挑战性的问题。但是这对数学研究的帮助并不算大。

莱布尼茨复活了发出挑战性问题的惯例。起初，这些问题并不是为了表示轻视，仅仅是对刚刚出现的微积分法的练习。其中一个问题是等时曲线问题(找到一条物体以均匀速度下落的曲线)。1687年，他向笛卡尔提出了这个问题，最终由雅各布·伯努利和约翰·伯努利解决。雅各布·伯努利在1690年的《教师学报》中提出了一个问题：求悬挂在一端的一条重量均匀的链条在重力作用下形成的曲线（悬链线)。惠更斯、莱布尼茨、约翰·伯努利和雅各布·伯努利都解决了这个问题。牛津大学的大卫·格里高利[1]和雅各布·伯努利系统地研究了悬链线的性质。1696年，约翰·伯努利向欧洲最好的数学家发起挑战，以解决这一难题：找到一条曲线（摆线)，使物体在该曲线上在最短时间内从一点落到另一点。莱布尼茨在收到这道题当天就解决了它。牛顿、洛必

---

〔1〕 *Phil. Trans.*, London, 1697.

达和两位伯努利也给出了解法。牛顿的名字匿名出现在《哲学汇刊》中，约翰·伯努利承认，牛顿的解法表现出了强大的思考能力，他说，约翰·伯努利在1694年写给莱布尼茨的一封信中提出了正交轨线的问题（用根据给定规则描述的曲线系统，描述与该系统中所有曲线成直角切割的一条曲线）。这封信后来发表于《教师学报》，但起初并没有引起太多关注。1716年，莱布尼茨再次提出这一问题，这一次引起了英国数学家的热烈回应。

这个问题也许可以被认为是第一个针对英国数学家发出的挑战。牛顿在收到问题的当天晚上就解决了这个问题，尽管在造币厂一天的工作让他非常疲倦。不过，他发表的解法只是研究的总体方案，而非问题实际解法，因此，约翰·伯努利批评他给出的解法没有任何价值。布鲁克·泰勒对此进行了辩护，但辩护到最后却开始非难约翰·伯努利。约翰·伯努利也并非善茬，做出了激烈的回应。不久之后，泰勒就一个复杂形式的流数积分问题公开挑战欧洲大陆的数学家，这一问题在英国鲜为人知，因此泰勒以为这超出了他们的对手的能力。但是，他的选择并不明智，约翰·伯努利早就解释了这种积分法和类似的积分法。结果，这个问题只是给莱布尼茨追随者提供了展示的舞台，增长他们的气势而已。约翰·基尔提出了最后一个也是最笨拙的挑战，问题是求一种阻力与速度平方成正比的介质中的抛射物的路径。基尔在未能确保自己能解决这个问题的情况下，就大胆向约翰·伯努利提出了挑战。后者在很短的时间内解决了这个问题，并且，他不仅解决了阻力与平方成正比的情况，还解决阻力与速度的任何幂成正比的情况。约翰·伯努利怀疑对手解决不了这一问题，于是一再提出要把解法发送给伦敦的中间人，但前提是基尔也会这样做。基尔没有回应，让基尔吃了大苦头的约翰·伯努利欣喜若狂。[1]

牛顿和莱布尼茨对微积分基本原理的解释都不够明确和严谨，因此遭到了各方的反对。1694年，荷兰的伯恩哈德·尼文太（Bernhard Nieuwentijt）否定了高阶微分的存在，并反对忽略无穷小量的做法。莱布尼茨未能回应这些反对意见。他在回复中说，$\frac{dy}{dx}$可以表示为有限量的比率。对于 dx 和 dy 的解释，莱

---

〔1〕 John Playfair, "Progress of the Mathematical and Physical Sciences" in *Encyclopædia Britannica*, 7th Ed., continued in the 8th Ed. by Sir John Leslie.

布尼茨摇摆不定。[1] 在他的著述中，有一处 dx 和 dy 作为有限直线出现；之后，莱布尼茨又将它们称为无穷小量以及根据连续性定律由可分量而生的不可分量。在后一种观点中，莱布尼茨的立场最接近于牛顿。

在英格兰，著名的形而上学物理学家乔治·伯克利主教（George Berkley）在名为《分析学家》（*Analyst*，1734）的出版物中大胆地抨击了流数术原理。他非常敏锐地指出，除了其他问题之外，认为绝对瞬逝的项之间存在有限比例的基本思想很荒谬且难以理解。因此，伯克利把绝对瞬逝的项称为“已逝量的幽灵”。伯克利声称，第二和第三流数比第一流数更加神秘。他的论点是几何数不能通过除法穷尽，这与芝诺的“二分法”主张，以及不能实现实际无穷的主张相一致。大多数现代读者都认为，这些论点站不住脚。伯克利宣布，一个涉及假设转换的引理是公理：如果 x 增加量 i，其中 i 已明确是某个数字，那么 x^n 的增量除以 i 等于 $nx^{n-1}+\frac{n\ (n-1)}{2}x^{n-2}i\cdots$。如果现在令 $i=0$，则假设发生变化，很明显应该保留在 i 不为零的假设下获得的任何结果。伯克利的引理直到 1803 年罗伯特·伍德豪斯（Robert Woodhouse）公开接受后才受到英国数学家的青睐。伯克利在“误差补偿”上的理论解释了为什么在微积分中不正确的推理会获得正确结果。拉格朗日和拉扎尔·卡尔诺后来也提出了这一理论。伯克利的《分析学家》的出版是 18 世纪英国最重要的数学事件。实际上，英国当时有关流数概念的所有讨论都涉及伯克利提出的问题。伯克利撰写《分析学家》的目的是表明流数的原理并不比基督教的教义更清晰。他曾提到一位“异教徒数学家”（埃德蒙·哈雷）。传说[2]，当这位数学家拿神学问题开玩笑时，曾遭到牛顿的驳斥，牛顿说：“我研究了这些东西，但你还没有。”伯克利的一个朋友病重卧床时，拒绝了神父的安慰，因为在伟大的数学家哈雷的说服下，他最终承认，基督教教义无法让人信服。这一事件促使伯克利撰写了《分析学家》。

剑桥三一学院的詹姆斯·朱林（James Jurin）以化名菲拉莱特斯·康塔布里根希斯（Philalethes Cantabrigiensis）回应了《分析学家》一书，都柏林的约

---

〔1〕 详细了解可查阅 G. Vivanti，*Il concetto d'Infinitesimo. Saggio storico*. Nuova edizione. Napoli，1901.

〔2〕 Mach *Hechanics*，1907，pp. 448-449.

翰·沃尔顿（John Walton）也对此书做了评论，随后又有几位数学家加入。朱林对牛顿流数的辩护没有得到数学家本杰明·罗宾斯（Benjamin Robins）的认可。在《文学界》（*Republick of Letters*）和《学者著作》（*Works of the Learned*）上，先是朱林与罗宾斯之间，之后在朱林与时任牛顿《原理》第3版的编辑亨利·彭伯顿（1694—1771）之间展开了长期而激烈的争论。问题是牛顿著作中某些段落的确切含义：牛顿是否认为存在达到极限的变量？朱林回答“是”；罗宾斯和彭伯顿则回答“不是”。朱林和罗宾斯之间的辩论在极限理论历史中很重要。尽管罗宾斯对极限的概念的看法非常狭隘，但他拒绝了所有无穷小量的概念，并且在一本小册子中用通俗易懂的语言介绍了流数术。这些做法值得称赞。该小册子被称为《关于艾萨克·牛顿爵士的流数术的性质和确定性的论述》（*A Discourse Concerning the Nature and Certainty of Sir Issac Newton's Methods of Fluxions*，1735）。伴随着微积分的发现，罗宾斯的这部著作与1742年的麦克劳林的《流数》（*Fluxions*，1742）标志着18世纪数学严谨性的最高水平。在八年时期（1834—1842）之前和之后，18世纪的大不列颠混杂使用大陆和英国的微积分概念，将英国符号和措辞与旧大陆概念混用。牛顿的表示法和莱布尼茨的微积分哲学都很糟糕。所以这种混杂代表了两个系统最不相容时的过渡期。之后，牛顿、朱林、罗宾斯、麦克劳林、达朗贝尔（d'Alembert）和后来的学者所发展的极限概念以及莱布尼茨的表示法和命名被混合使用。

伯努利家族是大陆上最有力的微积分推广者。他们和欧拉使瑞士的巴塞尔成为大数学家的摇篮。伯努利家族在一个世纪中涌现了八位杰出的数学家。他们的族谱关系表如图3-7所示。

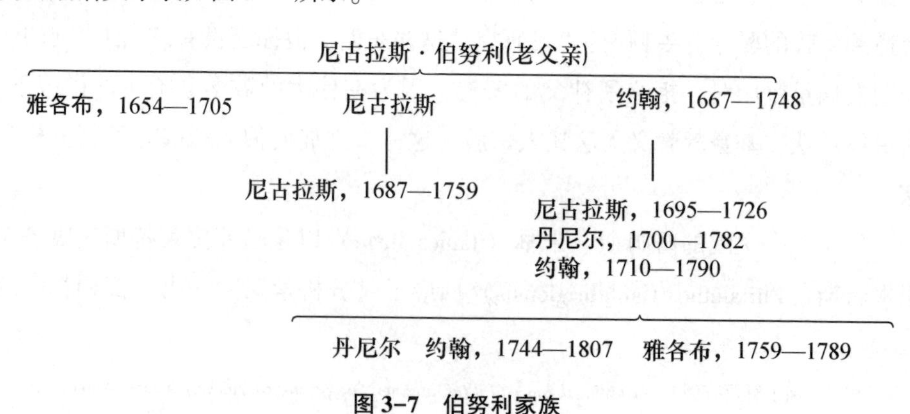

图3-7 伯努利家族

最著名的是雅各布（Jacob，James，或称詹姆斯）和约翰（Johann，或John，1667—1748）两兄弟，以及约翰的儿子丹尼尔。雅各布和约翰是莱布尼茨的坚定朋友。雅各布·伯努利（Jacob Bernoulli）出生于巴塞尔。他对微积分很感兴趣，他在没有老师帮助的情况下精通了微积分。从1687年直到他去世，他一直担任巴塞尔大学的数学系主任。他是第一个解决莱布尼茨等时曲线问题的人。在他的解法（于1690年在《教师学报》上发表）中，我们首次发现了“integral”（积的）一词。莱布尼茨称“integral calculus”（积分）为“calculus summatorius”，但在1696年，莱布尼茨和约翰·伯努利一致同意使用积分这个术语。雅各布·伯努利在1694年的《教师学报》中用直角坐标表示曲率半径的公式。同时，他也用极坐标表示这一公式。他是最早将极坐标应用于一般情况，而不是仅仅应用于螺旋状曲线的研究者之一。[1] 雅各布·伯努利提出了悬链线的问题，然后证明了莱布尼茨的构造此曲线方法的正确性。后来，他假设一条绳子（1）密度不一，（2）可伸缩，（3）在每个点都受到指向定心的力的作用，提出了更多复杂的问题。对这些问题，他给出了答案，但没有给出解释。而他的兄弟约翰给出了他们的理论。求出了一端固定的弹性板或杆另一端施加重量使其弯曲后形成的“弹性曲线”。他还求出了 lintearia（悬垂板）和 velaria（天幕）的形状。“lintearia”是一种有弹性的矩形板，两侧水平固定在同一高度，并装有液体。“velaria”是一个被风鼓满的矩形帆。在1694年的《教师学报》中，他提到了双纽线。据他说，这条曲线的形状让人想起一些已知的“8”字形曲线，像是纽带或者缎带。之后，很长一段时间，数学家都没有意识到该曲线是卡西尼椭圆的特例。最后是皮埃特罗·费罗尼（Pietro Ferroni，1782）和萨拉蒂尼（Saladini，1806）最先指出了这一点。雅各布·伯努利研究了斜驶螺线和对数螺线，欣喜地发现，对数螺线在不同条件下会自我复制。他想像阿基米德一样，在他的墓碑上刻上这个曲线，再加上碑文“升起又改变了，但仍然一样”。1696年，他提出了等周图形的著名问题，并于1701年发表了自己的解法。1713年，他去世8年后，他的《猜度术》（*Ars Conjectandi*）发表。此书由四部分组成。第一部分包含惠更斯的概率论论文，并附有重

〔1〕 G. Eneström in *Bibliotheca mathentatica*，3. S.，Vol. 13，1912，p. 76.

要评论。第二部分是排列和组合。在指数为正整数的情况下，他在二项式定理的证明中使用了排列和组合。这一部分还有前 n 个整数的 r 次幂之和的公式，还有所谓的“伯努利数”。雅各布·伯努利可以夸口说，他算出了前 1000 个整数的 10 次幂之和。第三部分包含概率问题的解法。第四部分是最重要的，但是并不完整。这一部分包含“伯努利定理”：若 $(r+s)^{nt}$ 中的字母都是整数，且 $t=r+s$，那么 $(r+s)^{nt}$ 由二项式定理展开，然后使 n 取足够大的值，则 u（表示最大项，n 个最大项之前的项以及 n 个之后的项之和）与剩余项的比率想要多大就可以有多大。令 r 和 s 与单次试验中事件发生和失败的概率成比例，那么 u 对应的就是 nt 次试验中事件发生的次数介于 $n(r-1)$ 和 $n(r+1)$ 之间的概率（包括两者）。伯努利定理“将确保伯努利在概率论历史上永远占据一席之地。”[1] 同时代的概率论领域的杰出数学家还有法国的蒙特莫尔（Montmort）和英格兰的棣莫弗（de Moivre）。雅各布·伯努利的《猜度术》（1713）在柏林出版两百年后，1913 年 12 月，彼得格勒科学院专门庆祝“大数法则”两百年诞辰。他的作品集分为三册，一册于 1713 年出版，另外两册在 1744 年出版。

约翰·伯努利［Johann（John）Bernoulli，1667—1748］在兄弟的引导下开始从事数学研究工作。后来，他去了法国。在那里与尼古拉斯·马累布兰奇（Nicolas Malebranche）、乔瓦尼·多梅尼科·卡西尼（Giovanni Domenico Cassini）、德·拉·哈尔、伐里农和洛必达（l'Hospital）相识。他在格罗宁根（Groningen）大学担任了十年的数学系主任，然后在巴塞尔大学继承了他兄弟的职位。他是当时最热情的老师和最成功的原创研究者之一。他几乎是欧洲所有学会的成员。他身上的争议几乎和他的发现一样多。他对朋友很热心，但对所有他不满的人——包括他自己的兄弟和儿子——都很不公道，非常刻薄甚至可以说有些粗暴。他与雅各布就等周问题发生了激烈争执。雅各布指控他剽窃自己的研究成果。雅各布去世后，约翰试图将他的兄弟的解法打扮一番代替自己不正确的解法。约翰欣赏莱布尼茨和欧拉的研究，但对牛顿的研究却视而不见。他的研究迅速丰富了积分学。他的发现包括指数微积分、最速降线以及它

---

〔1〕 I. Todhunter, *History of Theor. of Prob.*, p. 77.

与射线穿过不均匀密度层的路径的关系。1694 年，他在给洛必达的信中解释了不定形式$\frac{o}{o}$的评估方法。他通过分析法研究三角函数，研究焦散曲线和焦散轨迹，多次获得巴黎科学院颁发的奖项。

他的儿子尼古拉斯（Nicolaus）和丹尼尔（Daniel）同时被任命为圣彼得堡学院的数学教授。前者不久英年早逝，后者于 1733 年返回巴塞尔大学。在那里，他担任了实验哲学讲席教授。他的第一本数学出版物讨论了里卡蒂（Riccati）提出的微分方程的解。他还写了一篇关于水动力学的著作。此外，他是第一个找到反三角函数适当表示法的人。1729 年，他使用了 AS 代表反正弦，欧拉 1736 年用 At 表示反正切[1]。丹尼尔·伯努利对概率的研究以大胆和独创性而著称。他提出了道德期望理论，他认为道德期望理论比数学上的概率论更符合我们的普遍观念。他将道德期望应用于所谓的“彼得堡问题”。A 投出一枚硬币，如果在第一次掷出后是人头一面朝上，则他要从 B 处获得 1 先令；如果直到第二次才出现人头，则应获得 2 先令；如果第三次之前才出现人头，则要获得 4 先令，以此类推，求 A 能够得到多少钱。根据概率论，A 的期望是无限大的，但这一结果自相矛盾。给定金额对每个人来说并非同等重要，所以应该考虑的是相对价值。假设 A 开始时拥有 a 金钱，那么根据丹尼尔·伯努利的说法，彼得堡问题中的参与者的就是有限的。当 $a=0$ 时为 2，当 $a=10$ 时约为 3，当 $a=1000$ 时约为 6[2]。拉普拉斯、泊松和克莱默讨论了彼得堡问题。丹尼尔·伯努利的“道德期望”研究已成为经典，但没人应用过它。他将概率论应用于保险业，以求出在生命的各个阶段中由天花引起的死亡率；求给定出生人数中活到给定年龄的幸存者人数；求疫苗可以延长平均寿命多久。他展示了如何在概率论中使用微分。他和欧拉荣幸地获得或分享了至少 10 项来自巴黎科学院的奖项。一次，他在旅行途中与一位学问渊博的陌生人结伴同行，陌生人问起他的名字，他说：“我是丹尼尔·伯努利。”那位陌生人难以相信这位同伴竟然就是有名的大数学家丹尼尔·伯努利，于是回应道“我是艾萨克·牛顿”。

---

〔1〕 G. Eneström in *Bibliotheca mathematica*, Vol. 6, pp. 319-321; Vol. 14, p. 78.

〔2〕 I. Todhunter, *Hist. of the Theor. of prob.*, p. 220.

伯努利家族另有两位约翰·伯努利。其中一位约翰·伯努利（Johann Bernoulli，生于1710年）继承了他的父亲约翰·伯努利（生于1667年）在巴塞尔大学担任数学教授的职位，并且曾获得巴黎科学院的三项大奖（奖励他在绞盘光的传播和磁铁等方面的研究）。他的兄弟尼古拉斯·伯努利（Nicolaus Bernoulli，生于1687年）曾在伽利略担任过的数学讲席上任教过一段时间，并且在1742年证明了$\frac{\partial^2 A}{\partial t \partial u}=\frac{\partial^2 A}{\partial u \partial t}$。这位约翰·伯努利（生于1710年）的儿子约翰·伯努利（Johann Bernoulli，生于1744年）19岁时被任命为柏林皇家天文学家，之后担任皇家科学院数学系主任。他的兄弟雅各布·伯努利曾任巴塞尔大学实验物理学系主任，这一职位此前由其叔叔，伯努利家族的另一个雅各布·伯努利担任。后来，这位小雅各布·伯努利又被任命为圣彼得堡学院的数学教授。

接下来，我们将简要介绍牛顿、莱布尼茨和老伯努利时期的其他一些数学家。

前面已经提到，约翰·伯努利的学生纪尧姆·弗朗索瓦·安东尼·洛必达（Guillaume François Antoine l'Hospital）参加了莱布尼茨和伯努利提出的挑战。他通过其著作《无穷小分析》（*Analyze des infiniment petits*，巴黎，1696年）帮助广大数学家了解莱布尼茨的理论。在这一论著中，他给出了求分子、分母同时趋于0的分数的极限值的方法，这一方法的发现者是约翰·伯努利。

另一位法国热心的微积分的倡导者是皮埃尔·伐里农（Pierre Varignon）。1722年，他追随雅各布·伯努利，在《巴黎议事录》使用极坐标ρ和ω。令$x=\rho$和$y=l\omega$，转换后的方程式表示完全不同的曲线。例如，抛物线$x^m=a^{m-1}y$成了费马螺线。约瑟夫·索林（Joseph Saurin）解决了如何确定代数曲线的多个点的切线的微妙问题。弗朗索瓦·尼科尔（Francois Nicole）在1717年发表了关于有限差分的论文，他在其中求出了大量有趣级数的和。他还写了关于摆线的文章，特别是球形摆线及其校正。皮埃尔·雷蒙德·德·蒙特莫尔（Pierre Raymond de Montmort）也对有限差分感兴趣。概率论是他的主要论述领域。他的继任者，棣莫弗比他更为知名。棣莫弗受到了他的著作的积极影响。蒙特莫尔给出了得分问题的第一个一般解法。德·古阿（de Gua）证明了笛卡尔符号法则，此前已在本书中给出。这位优秀的几何学家在1740年的一部著作中讨论了解析几何。他试图表明，用笛卡尔的分析方法分析大多数曲线都可以像对微积分一样轻松。他展示了如何求所有次数曲线的切线、渐近线和各种奇点，并用透视法证明了这些点中的哪几个可以无穷大。米歇尔·罗尔（Michel Rolle）证明了一个以他的名字命名的定理。该定理在他的1690年的《代数》（*Traitéd'algébre*）没有找到，但是在他1691年发表的《方程解法》（*Methode pour résoudre les egalitez*，巴黎，1691）中出现[1]。莱比锡的德罗比什（Drobisch）在1834年最早使用了"罗尔定理"这个名字，吉亚斯托·贝拉维蒂斯（Giusto Bellavitis）1846年再次使用了这个名称。他的《代数》包含他发现的"级联法"。他对一个v的方程进行了变换，以使其符号变为交替正负。他令$v=x+z$并根据x的幂降序排列结果。当x^n，x^{n-1}，…的系数等于0时，称其为"级联"。级联是v原始方程的连续导数，每个级联都等于零。这样得出了一个定理，用现代符号表示就是：在$f'(v)=0$的两个连续实根之间，$f(v)=0$不可能有一个以上的实根。为了求给定方程的根的极限，罗尔从最低次的级联开始，然后逐步提高次数，逐步求解。这个过程非常费力。

在意大利数学家中，必须提及里卡蒂和法尼亚诺（Fagnano）。雅各布·弗朗西斯科（Jacopo Francesco）即里卡蒂伯爵以其对现在所谓的里卡蒂方程的研究而知名。他的研究发表在了1724年的《教师学报》中。他成功地求出了某些特殊情况下的微分方程的积分。很久之前，雅各布·伯努利曾尝试解决这个问题，但没有成功。当时的意大利数学家朱尼奥·卡洛（Giulio Carlo），即德·法尼亚诺伯爵也是优秀的几何学家。他发现了以下公式：$\pi=2i\log\frac{1+i}{1-i}$。他在其中使用了虚数指数和虚数对数，比欧拉使用的时间要早。他对椭圆和双曲线校正的研究是椭圆函数理论的起点。例如，他证明可以以无限种方式求出椭圆的两个弧，它们的差异可以用直线表示。在校正双纽线的过程中，他得出了与椭圆函数有关的结果。他表示，如果n为$2\cdot2^m$、$3\cdot2^m$或$5\cdot2^m$，则可以用几何学方法将其弧分成n等份。他向罗马教皇本尼迪克特十四世（Benedict XIV）

〔1〕见F. Cajori on the history of Rolle's Theorem in *Bibliotheca mathematica*, 3rd S., Vol. II, 1911, pp. 300–313.

就罗马圣彼得教堂穹顶的安全性提供了专业的建议。作为回报，教皇答应发表他的数学著作。但由于某种原因，诺言未能兑现，直到1750年，他的著作才得以出版。法尼亚诺的数学著作分别在1911年和1912年由意大利科学促进会重版。

在德国，与唯一一位莱布尼茨同时代的知名科学家，埃伦弗里德·沃尔特·钦豪森（Ehrenfried Walter Tschirnhausen）发现了反射的焦散面，并在金属反射镜和大型凸透镜上进行了实验。此外，他给出了一种以他命名的转换方程的方法。他通过除方程第一项和最后一项之外的所有项来解任意次的方程。法国数学家弗朗索瓦·度劳伦斯（François Dulaurens）和苏格兰数学家詹姆斯·格里高利曾尝试过此方法。格里高利的《论圆和双曲线的求积》值得一提。此书中，格里高利第一次尝试证明在没有代数工具帮助的情况下无法化圆为方。他的想法在他的时代没有得到理解，甚至惠更斯和他在这个问题上也有争议。现在我们也不认为詹姆斯·格里高利的证明具有说服力。钦豪森认为最简单的方法（如古代人的方法）是最正确的，因此得出结论，在与曲线的特性有关的研究中，微积分也可以不用。

莱布尼茨去世后，德国没有其他值得注意的数学家。哈勒大学的教授克里斯蒂安·沃尔夫（Christian Wolf）雄心勃勃，希望能成为莱布尼茨的继承者。但是他“把莱布尼茨的巧妙想法强行发展为充满学究气的经院哲学。此外，他以欧几里得的方式整理了自文艺复兴以来算术学、代数学以及分析学发展成果的概要，但是却缺乏深入研究，因为他无力参透其中的思想精神。他因这一整理工作而为人所知，但是如此得来的名声却让人无法羡慕。”（汉克尔）

牛顿的同时代英国数学家和他的直接接班人都是伟大的数学家。我们已经提到了科特斯、布鲁克·泰勒、麦克劳林和棣莫弗。据说，在罗杰·科特斯逝世时，牛顿大叫道：“如果科特斯还活着，我们不会一无所知。”应本特利（Bentley）博士的要求，科特斯着手出版了第二版牛顿的《原理》。他去世后，三一学院普朗宾教授职位的继任者罗伯特·史密斯（Robert Smith）出版了他的论文。这一著作标题为《调和计算》（*Harmonia Mensurarum*）。标题的来源是书中包含的以下定理：如果在每个径矢上取一点 R，过一定点 O 作 OR，使 OR 长度的倒数为 OR_1，OR_2，OR_n 长度的倒数的算术平均值，则 R 的轨迹为一条直线。在这项工作中，对数和圆的性质的应用推动了流数术的研究进展。科特斯发现了一项三角学定理，该定理取决于 x^n-1 因子的形成。1714 年出版的《哲学汇刊》中，他得出了一个重要公式，并在他的《调和计算》中重新发表。该公式用现代符号表示就是 $i\varphi=\log(\cos\varphi+i\cdot\sin\varphi)$。通常认为，该公式的发现者是欧拉。科特斯研究了曲线 $\rho^2\varphi=a^2$，他将曲线命名为“连锁螺线”。牛顿的仰慕者中最杰出的数学家是布鲁克·泰勒和麦克劳林。英国和大陆数学家之间争执不断，结果他们在研究中排斥海峡另一边的同时代的伟大数学家。

布鲁克·泰勒（Brook Taylor）对许多研究领域都感兴趣，而他一生的后半段主要从事宗教和哲学研究。他的主要著作是《正反增量方法》（*Methodus incrementorum directa et inversa*，伦敦，1715—1717）。他发现的“有限差分”成了数学的新分支。他对“有限差分”进行了许多重要的应用，特别是在研究振动弦的运动形式方面。他率先尝试将这一问题简化为力学原理问题。该作品还包含“泰勒定理”，以及作为“泰勒定理”特例的现称为“麦克劳林定理”的内容。泰勒在出版的至少三年前就发现了他的定理。他在 1712 年 7 月 26 日给约翰·麦肯（John Machin）的信中就给出了定理的内容。五十多年来，分析学家们一直没有意识到它的重要性，直到拉格朗日指出了它的强大功能。他对此定理的证明没有考虑收敛性的问题，因此没有什么价值。一个世纪后，柯西（Cauchy）给出了更严谨的一个证明。泰勒给出了微分方程的奇解和一种通过微分方程的微分找到解法的方法。泰勒的著作还包含第一个对天文折射的正确解释。他还写了一篇点透视法的论文，和他的其他著作一样，表述不够清晰完整。23 岁时，他提出了一个出色的解决振荡中心问题的解法，该解法于 1714 年发表。约翰·伯努利声称，他首先发现了该解法。不过，伯努利的说法并不公道。1717 年，泰勒在《哲学汇刊》（第 30 卷）发表文章，将“泰勒级数”应用于解数值方程。他假设已找到 $f(x)=0$ 的根的近似值 a。令 $f(a)=k$，$f'(a)=k'$，$f''(a)=k''$，$x=a+s$。他根据定理展开 $0=f(a+s)$，舍弃所有 s 二次以上的幂，代入 k，k'，k''的值，然后求解 s。通过重复此过程，可以确保近似逼近。他评论称，他的方法还可用于求涉及根和超验函数的方程。托马斯·辛普森（Thomas Simpson）在他的《论猜度数学和混合数学领域中的几个奇特且有价值的问题》（*Essays on Several Curious and Useful Subjects in Speculative and*

Mixed Mathematics，伦敦，1740）中首次将牛顿—拉夫森法用于解超越方程。

最早提出用循环级数求根的是丹尼尔·伯努利（Daniel Bernoulli），他在1728年将四次方程转换为 $1=ax+bx^2+cx^3+ex^4$ 的形式，然后任意选择了四个数字 A、B、C、D，通过 $E=aD+bC+cB+eA$ 得到第五个数字，接着通过同一递归公式的应用得到第六个数字 $F=aE+bD+cC+eB$，依此类推。如果由此找到的最后两个数字为 M 和 N，则 $x=M\div N$ 为近似根。丹尼尔·伯努利没有给出任何证明，但是他知道最后的结果并非总是收敛于根。此方法由欧拉在《无穷小分析引论》（1748，第1卷）中进行了完善，约瑟夫·拉格朗日在他的《数值方程解》注释六中也进行了完善。

布鲁克·泰勒在1717年以无穷级数的形式表示二次方程的根。弗朗索瓦·尼科尔（François Nicole）和克莱罗（Clairaut）分别在1738年和1746年用类似方法表示了三次方程的根。克莱罗在他的《代数概论》（*Elements d'algébre*）中描述了这一方法。托马斯·辛普森分别在1743年用级数反演，1745年用无穷级数求方程根。康迪维农侯爵（Marquis de Courtivron）也以无穷级数的形式表示了方程根。欧拉就该主题也发表了几篇文章。[1]

此时，无穷级数收敛性并未得到应有的重视，极少数情况除外。爱丁堡的詹姆斯·格里高利在他的《论圆和双曲线求积》（1667）中首先使用了术语"收敛"和"发散"级数。而威廉·布龙克提出了一个论证，该论证等同于证明了上面提到的他的级数趋于收敛。

柯林·麦克劳林（Colin Maclaurin）在19岁时即通过选拔成为阿伯丁大学（Aberdeen）数学教授，并于1725年在爱丁堡大学继承了詹姆斯·格里高利的教席。他和牛顿是好朋友。他在牛顿的启发下，于1719年发表了《构造几何》（*Geometria Organica*），其中包含一种现以他的名字命名的新颖且引人注目的圆锥曲线生成方法，并且提到了后被称为"克莱默悖论"的事实，即确定 n 阶曲线不一定总是需要 $\frac{1}{2}n(n+3)$ 个点确定，需要的点可能更少。他的第二篇作品《论线的几何属性》（*De Linearum geometricarum proprietatibus*，1720），以证明的优雅性而著称。它基于两个定理第一个是科特斯定理；第二个是麦克劳林定

〔1〕相关资料见 F. Cajori，in *Colorado College Publication*，General Series 51，p. 212.

理：如果通过任意点 O 作一条线与曲线在 n 个点相交，在交点处绘制切线，并且如果其他经过 O 的线与曲线相交于 R_1，R_2…并与 n 个切线组交于 r_1，r_2，…，那么 $\sum \frac{1}{OR} = \sum \frac{1}{Or}$。该定理和科特斯定理是牛顿定理的推广。麦克劳林在处理二次和第三次曲线时使用了这些定理，最后推出了一个引人注目的定理：如果四边形顶点以及其对边的两个交点在一个三次曲线上，则在两交点处绘制的切线相交于该三次曲线。他独立地推导了帕斯卡的六边形定理。爱丁堡的神职人员威廉·布雷肯里奇（William Braikenridge）也独立得出了一些麦克劳林的研究成果，其中包括“布雷肯里奇-麦克劳林定理”：如果要求多边形的边必须通过定点，而除一个顶点之外的其他所有顶点都位于固定直线上，则该自由顶点描述的是圆锥曲线或直线。麦克劳林的一个涵盖范围更广的表述（《哲学汇刊》，1735）是：如果一个运动的多边形每一边都经过一个定点，并且除了一个顶点之外的所有顶点分别描述 m 次、n 次、p 次的曲线，则剩余顶点沿 $2mnp$ 次曲线移动。这一曲线会简化为 mnp 次曲线，当然，这是当所有定点都位于一条直线时。麦克劳林是第一个讨论“垂足曲线”的人，这条曲线的命名者是奥雷·特奇姆（Olry Terquem）。麦克劳林还写了一本《代数》著作。他的著作《流数》的主旨是按照古代的方式用几何方法证明流数术。因为伯克利攻击称，该方法基于错误的推理，因此，麦克劳林希望通过严谨的论述回应伯克利的攻击。《流数》首次包含了区分最大值和最小值的正确方法，并解释了它们在多点理论中的使用。“麦克劳林定理”先前已由泰勒和詹姆斯·斯特林（James Stirling）给出，但这只是“泰勒定理”的一个特例。麦克劳林发现了三等分角曲线 $x(x^2+y^2)=a(y^2-3x^2)$，类似于笛卡尔叶线。在《流数》的附录中，他给出了许多几何学、力学和天文问题的优雅解法，其中，他采用了古老的方法，并运用了精湛的技巧，以至于克莱罗放弃了分析法，用纯粹几何学研究地球形状的问题。拉格朗日对他的解法由衷钦佩。麦克劳林研究了旋转椭球的吸引力，他表明，在重力作用下绕轴匀速旋转的均匀液体必然呈现旋转椭球的形式。牛顿给出了这个定理但没有给出证明。尽管麦克劳林具有非凡的天赋，但不幸的是，他对英国数学发展的影响是消极的。因为，他的同胞数学家以他为榜样，忽略了分析法，并且对欧洲大陆的高等分析所取得的惊人进展漠不关心。

詹姆斯·斯特林（James Stirling）在格拉斯哥和牛津接受了教育。我们曾提到，他和麦克劳林定理和牛顿列举的72种形式的三次曲线（斯特林添加了4种形式）都有联系。他被牛津大学开除，原因是他与詹姆斯二世党人有通信往来。他在威尼斯学习了十年，和牛顿是朋友。他的《微分法》（*Methodus differentialis*）于1730年发表。

接下来，我们要介绍的是亚伯拉罕·棣莫弗（Abraham de Moivre）。棣莫弗出生于法国，但由于南特法令的撤销，被迫在18岁时离开法国。后来，他定居在伦敦，在那里他学习数学。他是一流的数学家。牛顿晚年时，如有人向他请教数学问题，乃至《原理》相关问题，他经常这样回答："去问棣莫弗先生吧，他比我更清楚。"棣莫弗活到了87岁，晚年患上了嗜睡症。后来，他主要靠解决概率游戏和概率问题维持生计。他总是在圣马丁巷的小酒馆里给出问题的解法。去世前不久，他宣布每天都有必要再多睡一二十分钟。后来有一天，他的睡眠时间总计达到23个小时。第二天，他刚好睡了24个小时。在沉睡中，他溘然长逝。棣莫弗是牛顿和哈雷的朋友。他的数学才能主要用在了分析学而不是几何学研究。他发现了现以他的名字命名的定理，并将扇形的乘法和除法定理从圆推广到双曲线，彻底改变了高等三角学。他在概率论方面的工作超越了除拉普拉斯以外的任何其他数学家。他的主要贡献是《游戏时间》（*Duration of the Play*）中的相关研究，循环级数理论以及对丹尼尔·伯努利定理的应用的扩展（借助斯特林定理）。[1] 他的主要著作是《概率学说》（*Doctrine of Chances*，1716），《分析学杂论》（*Miscellanea Analytica*，1730），他的论文发表在了《哲学汇刊》上。不幸的是，他没有在《概率学说》中公布证明过程。五十多年后，拉格朗日将此问题作为练习，并求出了证明方法。由惠更斯首先提出的问题的泛化问题被称为"棣莫弗问题"：给定n个骰子，每个骰子有f面，求抛出任意给定点数的概率。它由棣莫弗、蒙特莫尔、拉普拉斯和其他人解决。棣莫弗还在《游戏时间》中将这一问题推广到普遍情况：假设A有m枚筹码，而B有n枚筹码；让他们在一场比赛中获胜的机会定为a与b；每

---

〔1〕 T. Todhunter, *A History of the Mathematical Theory of Probability*, Cambridge and London, 1865, pp. 135-193.

场比赛的输家都要对他的对手进行反击。求在完成一定数量的游戏时或之前，某位玩家赢得对手的所有筹码的概率。棣莫弗对这个问题的解法是他在概率论中最实质的成就。他在研究中采用了普通有限差分法，或者按照他自己的说法，循环级数法。

托马斯·贝叶斯（Thomas Bayes）提出了逆概率的著名理论。1761 年，他去世后，该理论发表在伦敦的《哲学汇刊》（第 53 卷，1763 年；第 56 卷，1764 年）。这些研究开启了从观察结果推导原因的概率的讨论，拉普拉斯对这一问题进行了更充分的研究。贝叶斯的基本定理使用现代符号可以这样表述[1]：如果一个事件发生了 p 次，失败 q 次，则它在下一次试验中介于 a 和 b 之间概率是 $\int_a^b x^p(1-x)^q \mathrm{d}x \div \int_0^i x^p(1-x)^q \mathrm{d}x$。

1767 年，伦敦《哲学汇刊》（第 571 卷）发表了约翰·米歇尔（John Michell）的研究报告《论视差概率和固定恒星的大小》（*On the Probable Parallax, and Magnitude of the Fixed Stars*）。其中一条著名的观点，即像昴星团中的恒星如此靠近，可以证明设计者的存在。我们假设这些亮度最强的恒星与亮度最弱的恒星数量相等，均为 1500 颗左右，并从昴星团中选出六颗最亮的恒星。然后，我们发现，如果我们从整片星空中随机选择恒星，再没有六颗恒星像昴星团的六颗恒星那样靠得如此之近，像昴星团这种情况出现的几率只有五十万分之一。

---

〔1〕 I. Todhunter, *op. cit.*, p. 295.

欧拉、拉格朗日、拉普拉斯

18世纪，数学研究发展迅速。但是数学研究的引领者不是大学，而是科学院。其中以柏林科学院和彼得格勒的俄国科学院尤为著名。这种情况其实很奇怪，因为当时德国和俄国本身并没有产生大数学家。这些科学院的重要数学家主要来自瑞士和法国。直到法国大革命后，大学在学术研究中的地位才渐渐凸显。

1730年到1820年，瑞士的数学家有欧拉；法国有拉格朗日、拉普拉斯、勒让德和蒙日。路易十四时代，法国数学平平无奇，但到了18世纪，法国数学进入黄金时代。在法国数学产出贫乏的时代，英格兰有伟大的牛顿，但在德国，除年轻的高斯外，也没有其他重要数学家。在法国优秀数学家涌现的时代，英格兰却没有出现一位大数学家。法国开始引领数学的发展。英国和德国的数学研究陷入了最低谷。毕竟，英国和德国数学家最初选择了错误的研究方向。前者过分偏爱古代的几何方法，后者产生了组合数学学派，但是这一学派没有产生任何有巨大价值的成果。

欧拉、拉格朗日和拉普拉斯在高等分析中投入了大量精力，并大大推动了这一领域的发展。在他们的努力下，分析学完全脱离了几何学。此前，不仅是英格兰的数学家，在某种程度上，甚至整个欧洲大陆的数学家都致力于研究数学问题的几何方法，并且通常将计算结果简化为几何形式。现在情况不一样了。欧拉致力于从几何学中解放解析运算，并将其建立为一门独立的科学。拉格朗日和拉普拉斯严格坚持分离两者。欧拉在牛顿和莱布尼茨打好高等分析和力学基础之上，凭着世间罕见的天赋，建立了严谨的数学理论。后世分析学家所研究的重要理论中的大部分，欧拉或者有所贡献，或者曾经提及。拉格朗日也许没有什么发现热情，但是他的天赋更全面，推理更加深刻。拉格朗日发现了无穷小微积分，并将分析力学改进成了如今所知的形式。拉普拉斯将微积分和力学应用于阐述万有引力理论，极大地扩展和补充了牛顿的工作。此外，他全面分析讨论了太阳系。他还撰写了划时代的概率论著作。此外，这段时期，欧拉和拉格朗日开创了新数学分支——变分法，勒让德和拉普拉斯发现了球谐函数，勒让德发现了椭圆积分。

将此时的分析学发展与高斯、柯西和最近的数学家的研究进行比较，我们发现了一个重要的区别。在前一个时期，我们主要目睹了形式的发展。当时几乎总是默认计算结果可信，数学家经常在得出一些一般性命题时给出的证明并不够严谨，其中一些被证实仅在特殊情况下为真。德国组合数学学派把这种趋势带到了极端。这个学派崇拜形式主义，却不注意实质内容。但是近年来，在努力保留这种灵活性的同时，研究者在正式处理问题时开始试图给出严格证明。事实上，这是极为必要的。这种严格性提高的一个很好的例子是，与欧拉和拉格朗日早期著作相比，如今的学者的著作中无穷级数的使用开始增加。

这个时期的思想家对几何学的排斥是不可能持久的。的确，在此期间结束之前，法国出现了一种新的几何学派。拉格朗日不允许在他的《分析力学》中出现任何图形，但是在拉格朗日去世的 13 年前，蒙日发表了具有划时代意义的《画法几何学》(*Géométrie descriptive*)。

莱昂哈德·欧拉（Leonhard Euler）生于巴塞尔。他的父亲是一名牧师，是他在数学上的启蒙老师，并将他送到巴塞尔大学读书。在那里他成为约翰·伯努利最钟爱的学生。19 岁那年，他撰写了一篇关于船舶桅杆的论文，获得了法国科学院的二等奖。约翰·伯努利的两个儿子丹尼尔（Daniel）和尼古拉斯(Nicolaus）前往俄国后，在他们的力劝下，凯瑟琳一世在 1727 年邀请他们的朋友欧拉前往圣彼得堡。1733 年，丹尼尔被任命为俄国科学院数学主席。1735 年，俄国数学院提出了一个天文学问题，当时多名著名数学家都要求用几个月的时间解决这个问题，但欧拉用自己改进的方法在三天内就将其攻克。但是他因此也发了一场烧，从此右眼失明。后来，高斯用更高明的方法在一小时内就解决了这个问题![1] 安妮一世（Anne Ⅰ）执政后，她的专制统治使温和的欧拉不愿再参与公共事务，将全部时间投入科学研究。1741 年，腓特烈大帝

[1] W. Sartorius Waltershausen, *Gauss*, *zum Gedächtniss*, Leipzig, 1856.

（Frederick the Great）召唤他去了柏林之后，普鲁士王后热情接待了他。王后很好奇为何这样一位知名学者竟如此害羞和沉默。对此，欧拉天真地回答道："女士，那是因为我来自一个说错话就可能被绞死的国家。"在达朗贝尔的推荐下，腓特烈大帝邀请了欧拉前往柏林。腓特烈（Frederick）并非数学家的仰慕者，在致伏尔泰（Voltaire）的一封信中，他轻蔑称呼欧拉为"独眼几何学巨人"。1766年，凯瑟琳二世（Catharine Ⅱ）召他前往圣彼得堡，欧拉艰难获准后离开了柏林。返回俄国后不久，他就失明了，但这并没有阻止他大量写作，他坚持继续写作17年，直到他去世为止。1770年，他还向仆人口述了《代数之美》（*Anleitung zur Algebra*），虽然这本书只讨论了初等代数，但作为代数奠基工作的最早尝试之一，意义非凡。

传说，法国哲学家丹尼斯·狄德罗（Denis Diderot）访问俄国宫廷时，与宫廷的年轻人大谈无神论。有人告诉他，一位博学的数学家能够用代数证明上帝的存在，如果他有兴趣，那位数学家会在宫廷所有人面前证明给他看。狄德罗同意了。之后，欧拉向狄德罗走去，正言道："先生，$\frac{a+b^n}{n}=x$，所以上帝存在，您说呢！"对代数一无所知的狄德罗颇为难堪，周围人却笑成一片。之后，狄德罗立即申请调回法国，申请获得了批准。[1]

欧拉是一位多产的学者。20世纪之前，一直没有一部著作包含他的所有研究。1909年，瑞士自然科学协会投票决定以原始语言出版欧拉的著作。该项目得到了德国、法国、美国和其他数学组织以及许多个人的资助。由于彼得格勒最近又发现了大量欧拉手稿，出版费用大大超出原先估计的40万法郎。

他的主要著作有[2]：《无穷小分析引论》（1748），该著作引起了分析学的一场革命，此前从未有学者如此广泛系统地讨论该问题；1755年出版的《微分学原理》（*Institutiones Calculi Differentialis*）和1768—1770年出版的《积分学原理》（*Institutiones calculi integralis*），这两本书不仅是当时最完整、最准确的微积分著作，也包含了当时该领域所有发现的完整总结，此外还包括了Beta和

---

〔1〕引自De Morgan's *Budget of Paradoxes*, 2. Ed., Chicago, 1915, Vol. II, p. 4.

〔2〕见G. Eneström, *Verzeichniss der Schriften Leonhard Euler*, I. Lieferung, 1910, 2. Lieferung, 1913, Leipzig.

Gamma 函数和其他原创研究；1744 年出版的《求最大值和最小值的曲线方法》（*Method Inveniendi Lineas Curvas Maximi Minimive proprietate Gaudentes*）展示了欧拉世间罕见的数学天赋，其中包含他的变分法研究。他的这一研究是在约翰·伯努利和雅各布·伯努利的研究的刺激下进行的。牛顿的最小阻力旋转几何体是变分法问题的最早的相关问题之一。1686 年，牛顿曾将最小阻力旋转几何体问题简化为一个微分方程（《原理》第 2 卷，第 7 部分，第 34 命题，批注）。1697 年，欧拉解决了约翰·伯努利的最速降线问题。同年，约翰的兄弟雅各布也解决了这一问题。不过更重要的是，这一问题激发了欧拉对变分法的思考。对等周曲线、存在黏滞阻力的最速降线以及大地测量学理论的研究（此前老伯努利等人研究过）带来了新数学分支，即变分法。欧拉的方法本质上是几何方法，因此，较简单的问题的解法非常清晰。他关于天文学的主要著作有《行星和彗星运动理论》（*Theoria motuum planetarum et cometarum*，1744）、《月球理论》（*Theoria motus lunæ*，1753）、《月球运动理论》（*Theoria motuum lunæ*，1772）。另外，他的《与一位德国王子关于物理学与哲学问题的通信》（*Ses lettres à une princesse d'Allemagne sur quelques sujets de physique et de philosophie*，1770）一书也广受欢迎。

我们继续了解欧拉的主要研究和发现。在他的《无穷小分析引论》（1748 年）中，x 的每个“解析表达式”，即每个幂函数、对数函数和三角函数等表达式被称作 x 的函数。有时欧拉使用“函数”的另一种定义，即 x-y 平面中用任意绘制（libero manus ductu）的曲线表示 y 与 x 的关系。[1] 这两个相互对立的定义的改进形式可追溯到之后的所有历史中。因此，拉格朗日继续研究了第一个定义所涉及的观点，傅里叶继续研究了第二个定义所涉及的观点。

欧拉将三角学视为分析学的一个分支，并始终将三角函数值视为比率值。“三角函数”一词由一本数学词典的作者哈勒的乔治·西蒙·克鲁格尔（Georg Simon Klügel）于 1770 年引入。[2] 欧拉发展并系统化了三角函数公式的书写方式，例如他通过简单的方法简化了公式，用 A，B，C 和 a，b，c 分别指定了三角形的角度及其对边。在此之前，我们只发现了一位数学家曾使用过这种表示

---

〔1〕 F. Klein，*Elementarmathematik v. höh. Standpunkte aus.*，I，Leipzig，1908，p. 438.

〔2〕 M. Cantor，*op. cit.*，Vol. IV，1908，p. 413.

方法。牛津大学的罗林森（Rawlinson）大约在1655年至1668年之间制作的小册子中使用了这种表示方法。欧拉与英格兰的托马斯·辛普森同时再次引入了这种符号。[1] 此外，1734年，欧拉用符号 $f(x)$ 表示"x 的函数"，他在1728年引入 e 作为对数自然基数的符号[2]，1750年他使用 S 来表示三角形边和的一半，在1755年他引入 $\sum$ 表示"求和"，在1777年他用 i 表示 $\sqrt{-1}$，后来高斯也使用了这种表示方式。

我们先停下脚步了解一下一位欧拉同时代的数学家，托马斯·辛普森（Thomas Simpson）。他是一位优秀的英国数学家，自学成才，曾在伍利奇（Woolwich）的皇家军事学院（Royal Military Academy）担任教授多年。他是多本教科书的作者，并且积极致力于将三角学完善为一门科学。他于1748年在伦敦发表的《三角学》（*Trigonometry*），包含平面三角形两个公式的优美证明：$(a+b):c=\cos\frac{1}{2}(A-B):\sin\frac{1}{2}C$ 和 $(a-b):c=\sin\frac{1}{2}(A-B):\cos\frac{1}{2}C$，但这一成就却被归功于德国天文学家卡尔·布兰登·莫尔维德（Karl Brandan Mollweide）。事实上，莫尔维德是之后才发现这两个公式的。此外，牛顿的《通用算术》也给出了第一个公式，只是使用的符号不同。弗里德里希·威廉·奥波林（Friedrich Wilhelm Oppelin）甚至早在1746年给出了全部两个公式。

欧拉建立了空间坐标变换规则，对平面曲线和二阶曲面进行了系统解析处理。他是第一个研究了三元二次方程的数学家，并对它所表示的曲面进行了分类。通过类似于圆锥曲线分类的标准，他得到了五种曲线。他通过假设 $x=\sqrt{p}+\sqrt{q}+\sqrt{r}$ 求解四次方程，并且希望能够借此求出代数方程的通用解。他发现了线性方程组消元法（贝祖也独立发现了这种方法）和对称函数消元法。欧拉的对数研究意义深远。欧拉将对数定义为指数[3]，这意味着他放弃了旧的对数研究视角，将其作为与几何级数一一对应的算术级数。指数和对数概念之间的这种结合发生较早。约翰·沃利斯在1685年，约翰·伯努利（Johann Bernoulliin）在1694年认识到了将对数定义为指数的可能性，但直到1742年，加德纳

---

〔1〕见 F. Cajori in *Nature*, Vol. 94, 1915, p. 642.

〔2〕G. Eneström, *Bibliotheca mathematica*, Vol. 14, 1913—1914, p. 81.

〔3〕见 L. Euler, *Introductio*, 1748, Chap. VI, p. 102.

（Gardiner）的《对数表》（*Tables of Logarithms*，伦敦，1742）的引言部分才基于此思想给出了对数的系统阐释。在欧拉的影响下，研究者开始采用新定义，但是一些学者怀疑欧拉的这一观点。可以肯定的是，将对数定义为指数将引发严重的理论问题。欧拉向人们揭示了负数和虚数的对数。在1712年和1713年，莱布尼茨和约翰·伯努利之间的通信也讨论了这个问题[1]。莱布尼茨认为，正对数对应大于1的数，而负对数对应于小于1的正数，因此对数不是实数，而是虚数，并且没有对数的比率$-1\div 1$本身就是虚数。此外，如果确实存在对数，那么它一般将是$\sqrt{-1}$的对数。莱布尼茨认为，这一结论很荒谬。在莱布尼茨的表述中，虚数的“虚”有两种含义：（1）不存在的；（2）$\sqrt{-1}$这种数。约翰·伯努利认为，-1有对数。由于$dx : x = -dx : -x$，因此由积分可得$\log(x) = \log(-x)$因此，对数曲线$y=\log(x)$具有两个与$y=a$轴对称的分支，就像双曲线一样。莱布尼茨与约翰·伯努利之间的往来书信于1745年首次出版。1714年，罗杰·科特斯在《哲学汇刊》（*Philosophical Transactions*）中证明一个重要定理，该定理在他的《调和计算》（*Harmonia mensurarum*，1722年）中再次给出。这个定理用现代符号表示是$i\varphi=\log(\cos\varphi+i\sin\varphi)$。欧拉在1748年又发现了它的指数形式。科特斯知道三角函数的周期性。如果他将此思想应用到他的公式中，那么他可能已经预料到多年后，欧拉表明一个数的对数具有无穷多个不同的值。关于负数对数的第二次讨论是在年轻的欧拉和他尊敬的老师约翰·伯努利之间进行的。在1727年到1731年[2]，伯努利像以前一样认为$\log x=\log(-x)$。欧拉发现了自己和伯努利的观点所处的困境和矛盾之处，但他当时还无法提出令人满意的理论。他证明，可由约翰·伯努利的扇形面积公式得出四分之一圆的面积公式$\dfrac{2^2\log(-1)}{4\sqrt{-1}}$。这一公式与伯努利声称的$\log(-1)=0$相矛盾。在1731年至1747年之间，欧拉在虚数关系研究方面不断取得进步。在1740年10月18日写给约翰·伯努利的信中，他说$y=2\cos x$及

〔1〕见 F. Cajori，“*History of the Exponential and Logarithmic Concepts*”，*American Math. Monthly*，Vol. 20，1913，pp. 39-42.

〔2〕见 F. Cajori in *Am. Math. Monthly*，Vol. 20，1913，pp. 44-46.

$y=e^{x\sqrt{-1}}+e^{-x\sqrt{-1}}$都是微分方程$\frac{dy^2}{dx^2}+y=0$的积分，彼此相等。欧拉还了解 $\sin x$ 相应的表达式。这两种表达式他分别在《柏林杂论》（*Miscellanea Berolinensia*）和《无穷小分析引论》（1748，第 1 卷，第 104 页）中给出。早在 1746 年，在写给克里斯蒂安·哥德巴赫（Christian Goldbach）的一封信中，他就给出了$\sqrt{-1}^{\sqrt{-1}}$的值 0.2078795763，但他并未在此处提及这种虚数表达式具有无穷多个值。[1] 这一问题似乎是在 1747 年解决的。在这一年和之后一年，欧拉和达朗贝尔在通信中讨论了该问题，欧拉的信件只有少部分保留至今[2]。在 1747 年 4 月 15 日的一封信中，欧拉证明了达朗贝尔坚持的结论：$\log(-1)=0$，并介绍了自己另外得出的一些研究结果。这些额外的发现表明，现在他已经彻底理解了该问题；n 有无穷多个对数值，且都是虚数，除非 n 为正数。在这种情况下，这无穷多个对数值中有一个是实数。1747 年 8 月 19 日，他说他已向柏林艺术学院寄了一篇文章。毫无疑问，他说的是 1862 年发表的《论负数和虚数的对数》（*Sur les logarithmes des nombres négatifs et imaginaire*）的文章。欧拉为什么不在撰写此文后立即发表，我们无从得知。我们只能猜测，欧拉对这篇文章不太满意。不管怎样，他在 1749 年写了一篇新文章，《论莱布尼茨先生与伯努利先生之间关于负数和虚数的对数的争论》（*De la Controverse entre Mrs. Leibnitz et Bernoulli sur les logarithmes negatifs et imaginaires*）。在 1747 年，他基于关系式 $i\varphi=\log(\cos\varphi+i\sin\varphi)$ 证明，任意一个数字都拥有无穷多个对数；1749 年，他假设 $\log(1+\omega)=\omega$，ω 为无穷小，再次证明了这一点。他在 1749 年发表的《求方程虚根》（*Recherches sur les racines imaginaires des équations*）中第三次提出复数对数理论。他 1749 年所写的两篇论文发表于 1751 年的《柏林议事录》（*Berlin Memoirs*）。后者的主要目的是证明每个方程都有根。高斯于 1799 年在其就职论文中对此问题进行了讨论。

欧拉的论文尚未被完全理解，也未被打入冷宫。达朗贝尔认为问题尚未解决。当时的形而上学、分析学和几何学的超前观点使该主题笼罩在更浓密的阴霾之中，争议一直延续至 18 世纪末。1759 年，拉格朗日的年轻朋友，达维

---

〔1〕 P. H. Fuss, *Corresp. math. et phys. de quelques célebres géomètres du xviiiéme siècle*, I, 1843, p. 383.
〔2〕 见 F. Cajori, *Am. Math. Monthly*, Vol. 20, 1913, pp. 76-79.

特·德·方森奈（Daviet de Foncenex）讨论了这个问题。1768 年，比兹夫（Bützow）的教授卡尔斯滕（Karsten），后来在哈勒（Halle）写了一篇长篇论文，其中包含了一个有趣的虚数对数图形表示法。[1] 意大利数学家也热情讨论了欧拉的研究成果。

无穷级数问题在欧拉这里获得了新生。他在级数研究中，发展出了所谓的欧拉积分，定积分理论得以建立。他偶尔警告读者不要使用分散级数，但他自己也很粗心。如今，对无穷级数进行的严格处理就不再是梦寐以求的目标了。关于什么级数是收敛级数，当时没有明确的概念。无论是莱布尼茨，还是雅各布和约翰·伯努利都没有对$\frac{1}{2}=1-1+1-1+\cdots$的正确性产生任何严肃质疑。比萨的吉多·格兰迪（Guido Grandi）得出的结论是$\frac{1}{2}=0+0+0+\cdots$在对级数的研究中，莱布尼茨提出了一种形而上学的证明方法，这种方法一直在老伯努利，甚至欧拉的思想中占据一席之地。这种推理方式得出的结论在阿贝尔和凯利的追随者看来非常荒谬。这种研究方式有多不严谨从下面的例子中就可以很好地看出。在欧拉那篇告诫不要使用发散级数的论文中，其中提到$\cdots\frac{1}{n^2}+\frac{1}{n}+1+n+n^2+\cdots=0$的证明如下：

$$n+n^2+\cdots=\frac{n}{1-n},\quad 1+\frac{1}{n}+\frac{1}{n^2}+\cdots=\frac{n}{n-1}$$

相加得零。欧拉毫不犹豫地写出 $1-3+5-7+\cdots=0$，除约翰和雅各布以及他们的侄子尼古拉斯·伯努利之外，没人反对这样的结果。奇怪的是欧拉终于成功说服尼古拉斯·伯努利接受了他的错误观点。此外，我们也很难相信欧拉竟然自信地写出了 $\sin\phi-2\sin2\phi+3\sin3\phi-4\sin4\phi+\cdots=0$，这种例子说明了当时某些分析学研究方面缺乏科学依据。欧拉关于负指数和分数指数的二项式公式的证明是错误的，但却在 19 世纪的基础教科书中广泛采用。欧拉还有一项他称之为“超几何级数”的了不起的发现。他观察到这种级数之和取决于一个二阶线性微分方程的积分。后来，高斯指出，当该方程的字母取一些特殊值时，该级数

[1] *Am. Math. Monthly*, Vol. 20, 1913, p. III.

能够代表当时已知的几乎所有函数。

欧拉在 1779 年给出了 arctan$x$ 的一个级数，这一级数与詹姆斯·格里高利的级数不同。欧拉将该级数应用于公式 $\pi=20\arctan\frac{1}{7}+8\arctan\frac{8}{79}$，以计算 π 的值。该级数发表于 1798 年。欧拉在自然数的倒数幂求和上取得了令人瞩目的成果。在 1736 年，他发现所有平方数倒数之和为$\frac{\pi^2}{6}$，所有四次方数倒数之和为$\frac{\pi^2}{90}$。在 1743 年的一篇文章中（直到最近才开始被学者注意）[1]，欧拉求出了自然数偶数幂直到 26 次幂的倒数之和。后来，他证明了雅各布·伯努利发现的“伯努利数”与这些和的系数的关系。

欧拉《微分学原理》第一章中讨论了有限差分，然后从中推导出了微积分。他建立了以他的名字命名的齐次函数定理，并且对微分方程理论的发展做出了极大贡献，该领域受到了牛顿、莱布尼茨和伯努利的关注，但未得到充分研究。克莱罗、亚力克西·方丹·德·伯汀（Alexis Fontaine des Bertins）和欧拉大约同时观察到了可积性的标准，但是欧拉还说明了应该如何利用这些标准来求积分因子。该标准所依据的原则在某种程度上含混不清。欧拉是第一个系统研究一阶微分方程奇解的人。在 1736 年、1756 年和 1768 年，他研究了令克莱罗困惑的两个悖论：第一，可以通过微分而不是积分求出方程解。第二，通解中不包含奇解。欧拉尝试建立一条先验规则以确定通解中是否包含这种方程的解法。受德·法尼亚诺伯爵的椭圆积分研究的启发，欧拉建立了著名的椭圆积分的加法定理。他发现了一种连分数的新算法，并将其用于求解不定方程 $ax+by=c$。我们现在知道，印度教徒在 1000 年前就给出了基本相同的解法。欧拉找到了 62 对亲和数，其中 3 对之前已知：毕达哥拉斯发现了一对，费马发现了一对，而笛卡尔则发现了第三对[2]。他给出了 $n=5$ 时 2^{2n+1} 的因数，进而指出，这种表达式并不总是像费马所认为的那样代表质数。他率先给出了“费马定理”的证明，并给出了费马的另一个定理的证明，该定理指出，$4n+1$ 形式

〔1〕 P. Stäckel in *Bibliotheca mathematica*, 3. S., Vol. 8, 1907-8, pp. 37-60.

〔2〕 见 *Bibliotheca mathematica*, 3. S., Vol. 9, p. 263; Vol. 14, pp. 351-354.

的素数都可以且仅可以表示为一种形式的两个平方之和。此外，欧拉证明，“费马最后的定理”（$x^n+y^n=z^n$ 在 n 值大于 2 时无整数解，又称费马大定理）在 n 等于 3 或 4 时成立。另外，欧拉发现了四个定理。这些定理共同证明了伟大的二次互反律，勒让德也独立了发现这一定律。[1]

1737 年，欧拉证明所有素数的倒数之和为 $\log_e \log_e \infty$，由此开启了一条素数分布研究的新分支，通常认为，最早研究素数分布的数学家是勒让德。[2]

在 1741 年，欧拉讨论了数字拆分问题［《数的拆分》（*Partitio numerorum*）］。1782 年，他发表了关于来自六个不同军团的六个不同级别的 36 名军官的问题。这些军官站成正方形队列，每一行和每一列中都有六名军官，且每一行中和每一列中的军官都属于不同的级别和团。欧拉认为，当队列的阶数为 2mod. 4 时，无任何解。亚瑟·凯利在 1800 年回顾了此问题的研究，麦克马洪（MacMahon）在 1915 年解决了这个问题。这一问题被称为“拉丁方格”问题，因为欧拉的表示法中使用了“n 个拉丁字母”。欧拉阐述并证明了一个众所周知的定理，这个定理给出了某些多面体的顶点、面和边的数量之间的关系。不过，笛卡尔也知道这种关系的存在。欧拉也研究了概率论问题，解决了一些概率论难题。

欧拉在分析力学方面的工作同样不容忽视。胡威立（Whewell）曾说：“还有一位数学家在提高分析学的通用性和系统性上做出了最多的贡献，此外，他也让力学研究成为分析性研究，这位数学家就是欧拉。”[3] 他提出了绕定点旋转的刚体的理论，建立了自由刚体运动的一般方程，以及流体动力学的一般方程。他解决了无数种各种各样的机械问题，这些问题在他的脑海中无时无刻不在出现。因此，读到维吉尔的台词，“船锚被抛下，疾驶的龙骨停了下来。”他不禁问道，这艘船在这种情况下的运动是什么样子。大约在这个时候，丹尼尔·伯努利出版《面积守恒》（*Conservation of Areas*）的同时，并且为莫培督（P. Maupertius）提出的“最小作用量”原理辩护。他还研究了潮汐和声音。

在天文学方面，欧拉发现了任意常数变易法。他用这种方法研究了摄动问

〔1〕 Oswald Baumgart, *Ueber das Quadralische Reciprocitätsgesetz*, Leipzig, 1885.

〔2〕 G. Eneström in *Bibliotheca mathematica*, 3. S., Vol. 13, 1912, p. 81.

〔3〕 W. Whewell, *History of the Inductive Sciences*, 3rd Ed., Vol. I, New York, 1858, p. 363.

题，解释了在只涉及两个行星的情况下，偏心率、交点等的长期变化。他率先通过求“三体问题”近似解，成功建立了月球运动理论，为月球表的计算奠定了良好基础。这些月球运动研究成果获得了两项大奖，是他失明时在他的儿子和两个学生的帮助下得出的。1731 年，他发表了《力学或运动学的分析学阐释》(*Mechanica sive motus scientia analytice exposita*) 第一卷，1736 年他发表了第二卷。这部著作用拉格朗日的话说就是，“第一部将分析学应用于运动研究的伟大著作”。

他对地球极点的运动研究富有先见之明。他表明，如果地球自转围绕的轴与形状轴不一致，则地球的旋转轴在可预测周期内绕形状轴旋转。他证明，假设地球是完全刚性的，则该周期为 305 天。不过，我们现在已经知道地球是弹性的。根据 1884 年、1885 年的观察，哈佛大学的钱德勒（Chandler）发现周期为 428 天。[1] 如果地球完全由钢铁构成，则周期为 441 天。

欧拉在 1748 年的《无穷小分析引论》中对四次曲线进行了分类，日内瓦的数学家加布里埃·克莱默（Gabriel Cramer）在其《代数曲线分析引论》(*Introduction à l'analyse des lignes courbes algebraiques*，日内瓦，1750）中也对四次曲线进行了分类。两位数学家都将曲线在无穷远处的变化作为分类标准，从而获得八个类别，这些类别被进一步分为更多种类。华林在他的《分析学杂论》(1702）中给出了另一种分类方法，该分类产生 12 类 84551 种曲线。以上分类几乎不依赖于与较新的射影法相一致的思想，因此已被放弃。克莱默研究了四次曲线 $y^4-x^4+ay^2-ax^2=0$，后来，穆瓦诺（Moigno，1840)、查尔斯·布里奥特（Charles Briot)、让·克劳德·布凯（Jean Claude Bouquet）和尼温格罗斯基（Nievenglowski，1895）也研究了这一曲线。这一曲线由于其特殊的形式被法国人称为“courbe du diable”（魔鬼曲线)。克莱默还给出了五次曲线的分类。

欧拉的大部分议事录都收录在圣彼得堡科学院和柏林科学院的期刊中。从 1728 年到 1783 年间，这两份学院的学报中有很大一部分论文都是他的研究。他向圣彼得堡科学院递交的研究报告足以供其发表二十年，大大超过了他曾经

---

[1] 更多细节见 *Nature*，Vol. 97，1916，p. 530.

承诺提交的数量。到1818年，几乎每一卷圣彼得堡科学院的期刊都包含他的一篇或多篇论文，而且他的许多论文至今仍未出版。欧拉的工作方式是，首先将精力集中在一个具体问题上，然后分别解决其他所有问题。他解决特殊问题时表现出来的灵巧性无与伦比。不难看出，数学家们不可能延续欧拉的这种写作和发表习惯。欧拉的继任者拉格朗日的做法几乎和欧拉相反，这一点也不让人意外。伟大的法国人喜欢一般和抽象问题，而不是像欧拉一样对特殊和具体问题感兴趣。他的著作简明扼要，简述了欧拉详细描述的内容。

达朗贝尔（d'Alembert）还是婴儿时，他的母亲把他遗弃在了巴黎圣母院附近的圣·让·勒·郎德教堂（St. Jean-Le-Rond），他的教名即由此而来。他的养母是一位贫穷的玻璃匠的妻子。据说，当他开始表现出卓越的才华时，他的母亲与他联系，但他答复说："你只是我的继母，玻璃匠的妻子才是我的母亲。"父亲每年给他提供固定资助。达朗贝尔后来从事了法律研究，但是对数学的热爱使他很快就放弃了法律。24岁时，他以数学家的身份进入法兰西科学院。1754年，他被任命为法兰西学会的常任秘书长。生命的最后几年，他的主要工作是编撰了伟大的《法国百科全书》，该百科全书最初由戴尼斯·狄德罗编写。1762年，凯瑟琳二世邀请达朗贝尔去教育他的儿子，但他拒绝了。后来，腓特烈大帝力邀他去柏林，他去了柏林，但拒绝在那里永久居留。1743年，他发表了《动力学论》（*Traité de dynamique*），它建立在以他的名字命名的重要一般原理之上：强迫力等于有效力。达朗贝尔原理似乎已得到方丹（Fontaine）的认可，并且在某种程度上也得到约翰·伯努利和牛顿的认可。达朗贝尔给出了此原理清晰的数学形式，使其得到了广泛应用。它使运动定律及其所依据的推理能够用分析语言以最通用的形式来表示。达朗贝尔在1744年将其应用于流体平衡和运动专著中，1746年将其应用到风的产生一般原因的专著上，该论文获得了柏林科学院的奖励。在这两篇论文以及1747年的一篇论文中，他讨论了著名的弦振动问题，最后使用了偏微分方程解决这个问题。他是偏微分方程研究的先驱之一。对弦振动研究中产生的方程$\frac{\partial^2 y}{\partial t^2}=a^2\frac{\partial^2 y}{\partial x^2}$，他给出了通解

$$y=f(x+at)+\phi(x-at)$$

并表明若 $x=0$ 和 $x=1$ 时，y 会消失，则只有一个任意函数。丹尼尔·伯努利从布鲁克·泰勒给出的特定积分开始，表明该微分方程满足三角级数

$$y=\alpha\sin\frac{\pi x}{l}\cdot\cos\frac{\pi t}{l}+\beta\sin\frac{2\pi x}{l}\cdot\cos\frac{2\pi t}{l}+\cdots$$

并声称此表达式是最通用的解法。因此，丹尼尔·伯努利是第一个将“傅里叶级数”引入物理学的人。他声称他的解法由所有可能强度的无穷数量的基音和陪音组成的，是该问题的一般解法。欧拉否认他的解法通用，理由是，如果他的方法真的是通用解法，那么就会得出令人怀疑的结论，即上述级数可以表示任意的一个变量的函数。傅里叶消除了这些疑虑。拉格朗日找到了上述级数的总和，但达朗贝尔拒绝了他的方法，因为它涉及发散级数。[1]

达朗贝尔在他的原理帮助下得出的最优秀的研究成果是彻底解决了分点岁差的问题。这个问题曾经困扰了最聪明的数学家。

1747 年，他将三体问题的解法送到了法兰西学院，同一天，克莱罗也把他的解法送了过去。三体问题此时已得到数学家的普遍关注，每个人都想率先给出解法。牛顿完全解决了双体问题。双体问题要求求出两个天体相互作用力与它们之间距离的平方成反比时的运动状态。三体问题要求求出三个天体在根据万有引力定律相互吸引的情况下的运动状态。此时的分析学还无法给出完整解法。拉普拉斯给出了运动的通用微分方程，但在积分中遇到了困难。当时给出的“解法”只是某些特殊情况下的简便近似法。在这些特殊情况中，或者其中一个天体是太阳，干扰了月亮绕地球的运动，或者一个行星在太阳和另一个行星的影响下运动。18 世纪最重要的三体问题研究成果是拉格朗日的研究。1772 年，巴黎科学院因他的《论三体问题》一文颁给了他一份奖项。他表示，要完全解决这一问题，只需要每时每刻都知道由三个物体形成的三角形的边，解此三角形依靠两个二阶微分方程和一个三阶微分方程的解。他找到了三角形相似时的特殊情况的解法。

在讨论负数的意义、微积分的基本过程、复数的对数以及概率论时，达朗贝尔特别关注了数学哲学。在微积分研究中，他赞成极限理论。他把无穷大看成有限的极限。在批评别人时，他有时并不怎么友善。有一次，他的学生被微

---

〔1〕 R. Reiff，*op. cit.*，II. Abschnitt.

积分的逻辑难题难住，达朗贝尔对他们说："继续努力，信仰会帮助你的。"他声称，如果事件发生的概率极小，则应视为 0。抛掷硬币 100 次，如果人头一面直到最后一次试验才出现，则 A 应当向 B 支付 2^{100} 克朗。达朗贝尔认为，按照通常看法，B 应在开始时给 A1 克朗，但实际上不应给，因为 B 肯定会输。德·蒲丰伯爵也持这种看法。达朗贝尔对概率原理提出了其他反对意见。

博物学家德·蒲丰伯爵（Comte de Buffon）写了《道德算术论》（*Essai d'arithmatique morale*，1777）。在研究圣彼得堡问题时，他带着一个孩子投了 2084 次硬币，最终产生的奖金总数是 10057 克朗。在 1061 场投掷中，产生的奖金是 1 克朗，另有 494 次投掷中，产生的奖金是 2 克朗，其余此处不再详述[1]。他是最早强调通过实际试验来验证理论的人之一。他考虑了需要几何学方法解决的概率问题，引入了所谓的"局部概率"。约翰·阿布斯（John Arbuth）和英格兰的托马斯·辛普森早些时候已经进行了一些研究。德·蒲丰伯爵算出了一根针落在画有等距且平行的直线的平面之后与其中一条直线相交的概率。

让·安东尼·尼古拉斯·卡里塔特·孔多塞（Jean-Antoine Nicolas Caritat de Condorcet）研究了在数学研究中以少数服从多数判断正确性的可能性。他最后得出结论，选民必须是受过良好教育的人，以确保我们能够信任他们的决定。不过这一结论并不重要，他认为应该废除死刑。理由是，无论个人决定正确的可能性有多大，在许多裁决中，都存在无辜者受罚的可能性。[2]

亚力西斯·克劳德·克莱罗（Alexis Claude Clairaut）小时候就是一个神童。他在 10 岁的时候就读过洛必达（l'Hospital）的著作，其中涉及无穷小微积分和圆锥曲线。1731 年，他发表了他的《双曲线研究》（*Recherches sur les courbes à double courbure*）。实际上，16 岁时，他就已经完成了这本书。这是一部非常出色的著作。凭借此著作，他在还未达到法定年龄时，就被法兰西科学院录取。1731 年，他证明了牛顿给出的定理：每个五次曲线都是五个特定发散抛物线之一的射影。后来，克莱罗与皮埃尔·路易·莫罗·德·莫培督（Pierre Louis Moreau de Maupertius）相识，并陪同他一起去拉普兰测量子午线

---

〔1〕相关资料，可查询 I. Todhunter，*History of Theory of Probability*，p. 346.

〔2〕I. Todhunter，*History of Theory of Prob.*，Chapter 17.

的长度。当时，关于地球的形状存在严重的分歧。牛顿和惠更斯从理论上得出结论，地球在两极扁平。大约在 1712 年，让·多米尼克·卡西尼（Jean-Dominique Cassini）和他的儿子雅克·卡西尼（Jacques Cassini）测量了从敦刻尔克（Dunkirk）到佩皮尼昂（Perpignan）的弧线，并得出了一个令人震惊的结论：地球在两极是细长状。为了解决分歧，学者重新进行了测量。莫培督在拉普兰的调查反驳了卡西尼的学说，并证明了牛顿的观点是正确的，从而赢得了"地球扁平化者"的称号。克莱罗在 1743 年回国后发表了一部作品《地球形状理论》(*Théoriede la Figure de la Terre*)，该著作基于麦克劳林的同质椭球研究。书中包含一个以克莱罗命名的著名定理：表示椭圆度和极点处重力增加值的分数的和等于表示赤道处离心力的分数的 $2\frac{1}{2}$倍。其中力的单位由赤道位置的重力表示。该定理完全独立于关于相邻地层的密度定律的任何假设，体现了克莱罗的大部分研究成果。托德亨特（Todhunter）说："在地球形状问题上，没有其他人能像克莱罗那样取得如此多的成就，自他离开之后，对这个问题的研究实质上没有什么变化，除了形式上的区别。拉普拉斯提供出色的分析，却没有真正改变了从克拉罗的创造力开始的理论。"

1752 年，他因发表论文《月球理论》(*Théorie de la Lune*) 而获得了圣彼得堡学院颁发的奖项，该论文首次将现代分析法应用于月球运动研究，其中包含了对月球拱点运动的解释。牛顿没有解释这一运动。他在一开始似乎就觉得牛顿定律无法解释这一运动。他当时正要提出关于引力的新假设，并且着手提高他的近似方法的精确度。他得出了与观察一致的结果。欧拉和达朗贝尔研究了月球的运动。克莱罗预测，当时预计会返回的"哈利彗星"将在 1759 年 4 月 13 日到达离太阳最近的位置，这一预测晚了实际日期一个月。他将微分方法应用于以他的名字命名的微分方程，并发现了其奇解。此前，布鲁克·泰勒曾在研究中使用同一方法。

克莱罗和达朗贝尔之间存在着激烈竞争，并且这种竞争并不怎么友好。克莱罗日益渴望在社会中出人头地，他在当时确实备受瞩目，但是这却影响了他后半生的科学研究。

我们上面提到的天文学家让·多米尼克·卡西尼（Jean-Dominique Cassini）是四次曲线的发现者，该曲线曾于1749年在其儿子写作的《天文学基础》（*Eléments d´astronomie*）中发表。该曲线的名称为“卡西尼椭圆”或“一般双纽线”，源于天文学研究[1]，其方程为$(x^2+y^2)^2-2a^2(x^2-y^2)+a^4-c^4=0$。

约翰·海因里希·兰伯特（Johann Heinrich Lambert）生于阿尔萨斯的米尔豪森（Mühlhausen），是一位裁缝的儿子。在父亲从事贸易的同时，他通过自己的不懈努力掌握了基础数学知识。30岁时，他成为一个瑞士家庭的家庭教师，并获得了闲暇时间以继续学业。在与学生穿越欧洲旅行时，他结识了当时顶尖的数学家。1764年，他定居在柏林，在那里他成为该柏林科学院的一员，并加入了欧拉和拉格朗日的团体。他获得了少量退休金，后来成为《柏林星历表》（*Berlin Ephemeris*）的编辑。他在多个领域都有所研究，不禁让人想起莱布尼茨。不过不能说他是个谦虚的人。第一次拜见腓特烈大帝时，皇帝问他最精通哪门科学，他的回答很简单：“所有。”

皇帝又问他，是如何能够如此精通，他回答道：“靠我自己，就像大名鼎鼎的帕斯卡一样。”

他的《宇宙论》（*Cosmological Letters*）针对恒星系统做了一些非凡的预言。他计划完成莱布尼茨曾概述过的一个数学符号逻辑体系。在数学上，他取得了几项发现，这些发现被他同时代的大数学家所推广，并且被他们的光芒所遮盖。兰伯特的第一个纯数学研究是利用无穷级数求出了方程$x^m+p^x=q$的根x。既然每个$ax^r+bx^s=d$形式的方程都可以通过两种方式简化为$x^m+p^x=q$，则由此产生的两个级数中的一个总是收敛，并且能够给出x的一个值。兰伯特的结果启发了欧拉，后者将他的方法扩展到了四次方程。他的研究对拉格朗日的影响更大，他发现$a-x+\phi(x)=0$的一个根的函数可以表示为一个现以他的名字命名的级数。兰伯特在1761年交给柏林科学院的议事录（出版于1768年）中严格证明了π的无理性。勒让德在他的《几何学》（*Géométrie*）注释四中以简化形式给出了证明，并且将证明扩展到了π^2。兰伯特证明，如果x是有理数，但不是零，那么e^x和$\tan x$都不是有理数；由于$\tan\frac{\pi}{4}=1$，因此得出$\frac{\pi}{4}$或π不能

[1] G. Loria, *Ebene Curven* (F. Schütte), I, 1910, p. 208.

为有理数的结论。兰伯特的证明依赖于欧拉[1]给出的连分数形式的 e 的表达式，欧拉在 1737 年已基本证明了 e 和 e^2 的非理性。当时研究化圆为方的数学家如此之多，以至于 1775 年时，巴黎学院发现有必要通过一项决议，即不再需要研究化圆为方问题。这一决议也适用于倍立方和角三等分问题。越来越多的学者认为，化圆为方问题不可能解决，但是直到一个世纪后研究人员才发现无可辩驳的证据。兰伯特的《弗雷耶透视法》(*Freye Perspective*，1759—1773）研究了画法几何学，使他有幸成为蒙日的先驱。为了简化彗星轨道的计算，他在几何学中引入了一些引人注目的圆锥曲线定理，例如："如果在两个具有相同长轴的椭圆中，我们取两个这样的弧，其弦相等，并且从椭圆两个焦点到圆弧端点分别绘制的径矢之和彼此相等，则由该圆弧和两个径矢在每个椭圆形中形成的扇形区域的比为椭圆参数的平方根之比。"[2]

兰伯特还讨论了双曲线函数问题，他用 sinh$x$、cosh$x$ 等表示双曲线函数。但是，他并不是第一个将它们引入三角学的人。这份荣誉属于雅各布·里卡蒂（Jacopo Riccati）的儿子文森佐·里卡蒂（Vincenzo Riccati）。[3]

1770 年，兰伯特发表了包含数字 1~100 的 7 位数的自然对数表。1778 年，他的学生约翰·卡尔·舒尔茨（Johann Karl Schulze）发表一些范围更大的表，其中包括一份一直到 10009 的素数和其他数字的 48 位的自然对数表。这一对数表由荷兰炮兵军官沃尔夫拉姆（Wolfram）计算得出。比沃尔夫拉姆的研究更引人注目的一项研究是，约克郡的亚伯拉罕·夏普（Abraham Sharp）曾在英国皇家天文台担任弗拉姆斯蒂德的助手，他计算了数字 1 到 100 和 100 到 1100 间的所有素数的常用对数，计算到了第 61 位。它们发表于夏普的《改进几何学》(*Geometry Improv'd*，1717）中。

查尔斯·赫顿（Charles Hutton）在英国数学教学中颇具影响力。他担任伍利奇皇家军事学院教授多年。1785 年，他出版了《数学表》(*Mathematical Tables*)，并在 1795 年出版了《数学和哲学词典》(*Mathematical and Philosophical Dictionary*)，这是同类英语作品中最好的。他的《圆锥曲线基础》(*Elements of*

---

[1] R. C. Archibald in *Am. Math. Monthly*, Vol. 21, 1914, p. 253.

[2] M. Chasles, *Geschichte der Geometrie*, 1839, p. 183.

[3] M. Cantor, *op. cit.*, Vol. IV, 1908, p. 411.

Conic Sections，1789）是引人注目的作品，这部著作的引人注目之处在于，此书首次将每个方程都单列一行书写以使其更加醒目。[1]

众所周知，从17世纪开始流传下来的牛顿-拉夫森方法可用于求近似数值方程根，但此方法存在不稳定的缺陷。因此，后续的修正并不总能产生收敛于所求根的真值。通常认为，是傅里叶消除了这种缺陷。但实际上，半个世纪前，雷姆·穆拉雷在他的《一般方程求解论》（*Traité de la résolution des équations en général*，马赛和巴黎，1768）中就做到了这一点。穆拉雷于1768年担任马赛科学会秘书长，后来他成为马赛市市长。与牛顿和拉格朗日不同，穆拉雷和傅里叶还介绍了几何方法。穆拉雷得出结论，如果选择第一个近似值 a 时，使曲线在 a 和根的区间朝 x 轴靠近，则可以确保结果的可靠性。但他同时表示，这是一则充分条件，但并非必要条件。[2]

18世纪，数学家给出了笛卡尔符号规则的证明。当初，笛卡尔在阐述该规则时未给出任何证明。莱布尼茨指出了一条证明思路，但并未实际给出证明。1675年，让·普莱斯特在巴黎出版了他的证明方法，不过，后来他承认，他的证明不够充分。1728年，约翰·安德烈亚斯·塞格纳（Johann Andreas Segner）在耶拿（Jena）发表了一个仅有实根的方程的证明。1756年，他认识到多项式乘以（$x-a$）后，变化将增加至少一次。在考虑了这一点之后，他给出了一种一般证明。德·古阿（1741）、伊萨克·米尔纳（1778）、弗里德里希·威廉·斯图博纳、亚伯拉罕·哥特海夫·卡斯特纳（1745）、爱德华·华林（1782）、格鲁内特（1827）、高斯（1828）给出了其他证明方法。高斯证明，如果正根的数目少于符号变化次数，那么数量差值就是偶数。之后，拉盖尔将规则扩展到具有分数和不可通约指数的多项式，并扩展到无穷级数[3]。德·古阿确定连续缺少 $2m$ 项表示有 $2m$ 个虚根，连续缺少 $2m+1$ 表示有 $2m+2$ 个或2个虚根，具体是何种结果取决于缺失项两边的两项相同或不同。

爱德华·华林（Edward Waring）出生于什鲁斯伯里（Shrewsbury），曾在

---

〔1〕 M. Cantor，*op. cit.*，Vol. IV，1908，p. 465.

〔2〕 见 F. Cajori in *Bibliotheca mathematica*，3rd S.，Vol. 11，1911，pp. 132–137.

〔3〕 关于这些研究者的出版物，见 F. Cajori in *Colorado College Publication*，General Series No. 51，1910，pp. 186，187.

剑桥的麦格达伦学院（Magdalen College）学习。1757 年，他以第一论辩人的身份毕业，自 1760 年起担任卢卡斯数学讲席教授。他出版了《分析学杂论》（*Muscellanea analytica*，1762）、《代数沉思录》（*Meditationes algebraice*，1770）、《代数曲线性质》（*Proprietatis algebraicarum curvarum*）和《分析学沉思录》（*Meditationes analyticæ*）。这些作品包含许多新成果，但由于他措辞简洁，论述晦涩，因此难以理解。据说，他没有在剑桥大学开授课程，因为他的研究被认为不适合授课。他自己也承认，他从未听说过剑桥以外的任何英格兰人曾阅读并理解过他的研究。

在他的《代数沉思录》中，代数是一些新的定理。其中最重要的是由他的朋友约翰·威尔逊（John Wilson）发现的一个定理，通常被称为“威尔逊定理”。华林给出了现称为“华林定理”的定理：任意整数要么本身是立方数，要么是 2、3、4、5、6、7、8 或 9 个立方数的和，并且要么本身是四次方数，要么是 2、3、1、8 或 19 个四次方数的和。目前，华林定理尚未得到完全证明。华林另一个还没有给出证明的定理是：任意偶数都可以表示为两个素数的和；任意奇数要么本身是素数，要么可以表示为三个素数的和。前者通常称为“哥德巴赫定理”，但最早由华林发表。克里斯蒂安·哥德巴赫于 1742 年 6 月 30 日写信将该定理告诉了欧拉，但该信直到 1843 年才发表 [《数学通信》（*Corr. math.*），福斯（Fuss）]。

华林对级数收敛性的一些观点超越了时代[1]。他说，当 $n>1$ 时，$1+\frac{1}{2^n}+\frac{1}{3^n}+\frac{1}{4^n}+\cdots$ 收敛；当 $n<1$ 时，$1+\frac{1}{2^n}+\frac{1}{3^n}+\frac{1}{4^n}+\cdots$ 发散。他给出了一种现在众所周知的收敛性和发散性测试方法。不过，这一测试方法经常被算在柯西名下。这种方法考虑了第 $(n+1)$ 与第 n 项之比的极限。早在 1757 年，他就发现，四次方程和五次方程的系数之间必然存在的两个虚根和四个虚根的必要和充分的关系。这些标准是通过一种新变换得到的，即生成一个方程，该方程的根是给定方程根的差的平方。为了解决根分离的重要问题，华林将数值方程转换为一种特定方程，该方程的根是给定方程根的差的倒数。变换后的方程的最大根的倒数小

---

〔1〕 M. Cantor，*op. cit.*，Vol. IV，1908，p. 275.

于在给定方程的任意两个根之间的最小差 D。如果 M 是给定方程的根的上限，则从 M 中减去 D、$2D$、$3D$ 等将得出所有实根分开的值。在 1770 年的《代数沉思录》中，华林首次提出了一种估计虚根值的方法。如果 x 近似为 $a+ib$，则代入 $x=a+a'+(b+b')i$，展开并拒绝 a' 和 b' 的高次幂。实数彼此相等，虚数彼此相等，得到两个方程，从而求出 a' 和 b' 的值。

艾蒂安·贝祖（Etienne Bezout）是多本法国流行数学教科书的编者。他在 1779 年的《代数方程一般理论》（*Théorie générale des Equations Algébriques*，1779）中提出了用线性方程消元的方法（欧拉也发现了这一方法）。1764 年，他在研究报告中首先发表了这一方法，在该研究报告中，他使用了行列式，但未涉及行列式理论。有一个结式次数的美丽定理以他的名字命名。他和欧拉都给出了结式次数的一般形式 $m \cdot n$，即相交轨迹的阶数的乘积，两人都将问题简化为从一组线性方程中消元的问题，从而证明了该定理。贝祖方法产生的行列式就是西尔维斯特和后来的学者所说的贝祖行列式。贝祖还求出了许多特殊情况下的消元式次数。“可以说，他求出了代数曲线轨迹的有限交点的数量，还确定奇异点、奇异线和奇异面在无穷远处时，代数曲线轨迹特定交点也移动到了无穷远处。而当时的学者甚至还未能确定此类奇异性的本质。”[1]

阿尔萨斯的路易斯·阿波加斯特（Louis Arbogaste）是斯特拉斯堡的数学教授。他的主要著作《求导》（*Calcul des Dérivations*，1800）给出了一种以他的名字命名的方法。通过这种方法，当表达式较为复杂时，展开式的连续系数可以相互求导。德·摩根指出，求导的真正本质是伴随着积分的微分。此书首次将运算符号与数量符号分开。他首次用符号 $D_x y$ 表示 $\frac{dy}{dx}$。

米兰的玛丽亚·加埃塔娜·阿涅西（Maria Gaetana Agnesi）因语言学家、数学家和哲学家的身份而著称，在其父亲生病期间担任了博洛尼亚大学的数学教席。阿涅西患有梦游症，有好几次，她在梦游中去了书房，开了灯，并且解决了一些她清醒时没有解决的问题。到第二天早上，她惊讶地发现书房的纸上写有细致的解法[2]。1748 年，她发表了自己的《分析规则》（*Instituzioni Anal-*

[1] H. S. White in *Bull. Am. Math. Soc.*, Vol. 15, 1909, p. 331.

[2] *L'Inlermédiaire des mathématiciens*, Vol. 22, 1915, p. 241.

itiche)，该书在1801年被翻译成英文。阿涅西在这本书中研究了“箕舌线”(versiera)，即三次曲线$x^2y=a^2(a-y)$，由于“versiera”在意大利语中和“女巫”谐音，这一曲线又被称为“阿涅西女巫”。但此前，费马也发现了这种曲线，不过是以$(a^2-x^2)y=a^3$的形式给出的。吉多·格兰迪在《双曲线和圆求积》(*Instituzioni Analitiche*)中讨论了该曲线[1]。1713年，格兰迪在写给莱布尼茨的两封信中，讨论了类似花朵的曲线；1728年，格兰迪在佛罗伦萨出版了他的《几何之花》(*Flores geometrici*)。他考虑了$\rho=r\sin n\omega$类型的平面曲线，还考虑了球面曲线。博德·海本希特（Bodo Habenicht，1895）、海德(Hyde，1875）和威雷特纳（Wieleitner，1906）也研究了这一曲线。

18世纪著名的数学史学家让·埃蒂安·蒙图克拉（Jean Etienne Montucla）出版了两卷《数学史》(*Histoire des mathématiques*，1758，巴黎)。这两卷的第二版于1799年问世。此书第三卷在他去世时出版了一部分；天文学家约瑟夫·杰罗姆·勒·弗朗索瓦·德·拉兰德（Joseph Jérôme le François de Lalande）出版了其余部分，并增添了第四卷。第四卷主要是关于天文学的历史[2]。

约瑟夫·路易斯·拉格朗日（Joseph Louis Lagrange）是有史以来最伟大的数学家之一。他出生于都灵（Turin），死于巴黎。他是法国人。他的父亲曾经是撒丁岛的军队指挥官，一度很富有，但在赌博中输了所有家产。不过，拉格朗日认为，这对他来说是一种幸运。若非如此，数学可能不会成为他一生的追求。在都灵的一所大学学习期间，这位天才并没有立即投入数学研究。起初，西塞罗（Cicero）和维吉拉（Virgil）对他的吸引力超过阿基米德和牛顿。但他很快就开始欣赏起了古代几何学家。细读哈雷的著作之后，他的心中燃起了对分析法的热情。在这一领域的发展中，拉格朗日注定要获得不朽的荣耀。从那以后，他开始专心研究数学，17岁时就成为都灵皇家军事学院的数学教授。在无人指导的情况下，他开始了学习，结果两年之内就达到了同时代最伟大的数学家的水平。在他的学生的帮助下，他建立了一个社团，这一社团随后发展成

[1] G. Loria, *Ebene Curven*(F. Schütte), I, 1910, p. 79.

[2] 关于其他数学史学家的详细介绍，见S. Günther's chapter in Cantor, *op. cit.*, Vol. IV, 1908, pp. 1-36.

为都灵学会（Turin Academy）。都灵学会的学报前五卷刊登了他早期论文中的大部分。19 岁时，他向欧拉介绍了处理“等周问题”的一般性方法，该方法现在称为变分法。欧拉对此极其钦佩。他礼节性地暂时放弃发表他对该问题所做的研究，以便年轻的拉格朗日能够完成他的研究并对此方法拥有发现权。在创建变分法的过程中，拉格朗日做出了和欧拉同等的努力。这种方法来自欧拉，可缺乏分析学基础，拉格朗日则为此方法奠定了分析学基础。他将这种微积分原理与前代数学家所基于的几何理论相区分。欧拉假定积分的极限，即待求的曲线端点为固定值，但拉格朗日取消了此限制，并允许曲线的所有坐标同时变化。欧拉于 1766 年引入了“变分法”的名称，并按照拉格朗日的方法大大改进了该方法。拉格朗日对变分法的研究分别发表于 1762 年、1771 年、1788 年、1797 年和 1806 年。

声音的传播也引起了拉格朗日的注意。在他发表于《都灵科学论丛》（*Miscellanea Taurinensia*）的关于这一主题的论文中，这位年轻的数学家似乎批评了牛顿的观点，并且对欧拉和达朗贝尔之间的争执做出了仲裁。他只考虑直线上的质点，将问题简化为表示弦振动的相同偏微分方程。

布鲁克·泰勒、约翰·伯努利的儿子丹尼尔·伯努利、达朗贝尔和欧拉讨论了弦振动。在求解偏微分方程时，达朗贝尔只接受可由泰勒级数展开的函数，而欧拉认为可以突破此限制，这些函数可以是任意且不连续的函数。拉格朗日熟练地解决了这个问题。他提出了新观点，但最终决定支持欧拉。后来，孔多塞和拉普拉斯站在了达朗贝尔一边，因为他们认为对函数类型的限制是必要的。从现代的观点来看，达朗贝尔和欧拉都不完全正确：达朗贝尔坚持对具有无穷数量导数的函数进行不必要的限制，而欧拉则认为微分和积分可以应用于任何函数〔1〕。

丹尼尔·伯努利称，他的解法才是通用解法（达朗贝尔、拉格朗日和欧拉反对此解法），现在看来完全合理。弦振动问题刺激了基于自变量倍角的三角函数的展开理论的发展。伯克哈特（Burkhardt）指出，由这个问题还衍生出了另一个问题，那就是摄动问题。其中，欧拉开始按照行星矢径之间的角度的倍

---

〔1〕 更多细节见 H. Burkhardt's *Entwicklungen nach oscillirenden Funktionen und Integration der Differential gleichungen der matlientatischen physik*, Leipzig, 1908, p. 18. 这本重要著作全面介绍了这一问题。

角余弦研究两个行星的反距离的变化。

经过九年的不断研究，年仅 26 岁的拉格朗日站在了欧洲数学界之巅。但是身体本不强壮的他，在过度繁忙工作之后，体质越来越弱。尽管他的医生力劝他多休息，增加锻炼，但他的神经系统从未完全恢复正常。从此，他的抑郁症经常发作。

1764 年，法国科学院将月亮运动理论作为悬赏问题，要求研究者根据万有引力定律说明为什么月亮在绕地球旋转时总是以一面对着地球，并且只有细微的变化。拉格朗日获得了这一奖项。这一成功鼓励科学院又为木星的四颗卫星的相关理论提出奖励，这是一个六体问题，比之前由克莱罗、达朗贝尔和欧拉研究过的三体问题更为困难。拉格朗日通过近似法克服了困难。24 年后，拉普拉斯进一步推动了这一问题的研究。拉格朗日后来的天文学研究涉及彗星摄动（1778 年和 1783 年）以及开普勒的问题。他关于三体问题的研究以前已经提到过。

拉格朗日渴望结识顶尖数学家，于是去了巴黎。在那里，他结识了克莱罗、达朗贝尔、孔多塞、阿贝·玛利（Abbé Marie），并相谈甚欢。他曾计划去伦敦，但在巴黎吃过晚饭后患了重病，被迫返回都灵。1766 年，欧拉离开柏林前往圣彼得堡。离开前，他表示，只有拉格朗日能够接替他在巴黎的位置。

达朗贝尔同时推荐了他。腓特烈大帝随即向都灵发送了一封信，信中称，“欧洲最伟大的国王”的宫廷希望能够拥有“最伟大的数学家”。拉格朗日随后去了柏林，在那里待了二十年。他发现所有同事都已结婚，并且他们所有的妻子都向他保证，婚姻本身就会带来幸福，于是他结婚了。但是，他的婚姻并不快乐。婚后不久，他的妻子就离世。腓特烈大帝非常尊敬他，经常与他探讨规律生活的好处。拉格朗日因此也养成了规律生活的习惯。经验教会他，长时间工作，他的身体可能会崩溃，于是他绝不超出经验允许外的时间。他习惯于在深思熟虑后才写作，当他写作时，不做任何修正。

在柏林的二十年间，柏林学会的学报充满着他的议事录。他还撰写了划时代的著作《分析力学》（*Mécanique Analytique*）。他的方程解研究丰富了代数。直接求解代数方程的方法有两种——代入法和组合法。前一种方法由费拉利、韦达、钦豪森（Tchirnhausen）、欧拉、贝祖和拉格朗日发现，后者由范德蒙

(Vandermonde) 和拉格朗日提出[1]。在代入法中，方程原始形式进行了转换，求根取决于更简单的函数（预解式）。在组合法中，用辅助量代入方程未知根的特定简单组合（"型"），并借助给定方程式的系数获得这些量的辅助方程(预解式)。1770 年和 1771 年，拉格朗日在柏林学会的议事录中发表了《方程代数解反思》(*Réflexions sur la résolution algébrique des équations*) 一书，将所有已知的方程代数解法都统一为一种方法，该方法需要建立和解出较低次的方程。这些方程的根是所求根和单位根的线性函数。同时，他表明，五次方程不能以这种方式还原，其预解式为六次方程。在这种情况下，拉格朗日有必要考虑当有理函数的变量以各种可能方式排列时，有理函数可取值的数量。这些研究是群理论的开端。一个组的子组的阶数是该组的阶数的除数，这个定理已经确立，现被称为"拉格朗日定理"，尽管它的完整证明约在三十年后才由意大利摩德纳（Modena）的皮埃特罗·阿巴提（Pietro Abbati）给出。拉格朗日离开柏林后，继续研究方程式理论。他在《数值方程解》中证明了，即每个方程式都必须有一个根，这一定理在此之前通常被认为是不言而喻的结论。阿尔冈(Argand)、高斯和柯西也提供了其他证明方法。在上述著作的一个注释中，拉格朗日在求任意二项式方程的完整代数解时使用了费马定理和高斯建议的方法。

拉格朗日在 1767 年的《柏林议事录》中发表了一篇论文《论数值方程解》(*Sur la resolution des equations numeriques*)。他将数列 0，D，$2D$，…的各项代入 x 解释实根的分离，其中 D 必须小于根之间的最小差。拉格朗日分别于 1767 年、1795 年和 1798 年提出了三种 D 的计算方法。第一种方法取决于给定方程式根的平方差的方程式。华林在此之前已经求出了这一重要等式，不过在 1767 年，拉格朗日还没有读到华林的著述。拉格朗日通过计算 $f(x)$ 和 $f'(x)$ 之间的最大公因数来找到等根。他着手研究出了一种应用连分数的新近似方式。此前，卡塔尔第（Cataldi）在求平方根时使用了连分数。拉格朗日在 1767 年发表的论文补充中进一步详述了细节。与旧的近似方法不同，拉格朗日方法中没有失败的例子。"在我看来，这种方法已经解决了所有问题。"但是，以连分数

[1] L. Matthiessen, *op. cit.*, pp. 80-84.

的形式求出根，这在实践中并不可取，尽管理论上是完美的。

在柏林时，拉格朗日发表了几篇有关数论的论文。1769 年，他给出了一个二阶不定方程组的整数解，使用的方法类似于印度教循环法。他在 1771 年率先证明了“威尔逊定理”，该定理由英国人约翰·威尔逊阐明，并由华林首次在他的《代数沉思录》中发表。他在 1775 年研究了在什么条件下±2 和±5（华林讨论了-1 和±3）是二次剩余，在什么条件下不是奇质数 q 的剩余。他在 1770 年证明了梅奇利亚克定理，即每个整数都等于四个或更少个平方的和。他还证明，$n=4$ 时 $x^n+y^n=z^n$ 成立。此外，他还证明了费马的另一个定理，如果 $a^2+b^2=c^2$，则 ab 不是平方数。

在 1773 年，拉格朗日发表一份关于角锥体的研究报告，其中他大量使用了三阶行列式，并证明了行列式平方也是行列式。但是，他从未直接或者说很明显地研究过行列式。他只是偶然得到了现被视为行列式之间的关系式的恒等式。

拉格朗日在微分方程方面著述颇多。尽管历史上最伟大的数学家（欧拉、达朗贝尔、克莱罗、拉格朗日、拉普拉斯）都研究过这个问题，但是，与其他数学分支研究相比，他们在微分方程研究中更抗拒系统应用固定方法和原理。拉格朗日研究了拉普拉斯在 1771 年和 1774 年所研究的奇解问题，他从通解以及微分方程本身推导出了奇解。拉格朗日揭示了奇解与包络线之间的关系。然而，他未能消除解开这个微妙主题的所有奥秘。他提出的定理之间也存在不一致，因此 1870 年左右，数学家对整个奇解理论进行了重新研究。拉格朗日的研究在他的《函数微积分讲义》第 14 到 17 课中给出。他概括了欧拉对两个变量的九阶微分方程的研究。他还给出了一阶偏微分方程的解（《柏林议事录》，1772 和 1774），并讨论了它们的奇解，并在 1779 年和 1785 年的研究报告中将解扩展到包含任意数量变量的方程。年轻的数学家保罗·查比特（Paul Charpit）对 1772 年和 1774 年的研究报告进行了一些修订。查比特的解法首先发表在拉克鲁瓦的《微积分论》（*Traité du calcul*，第 2 版，巴黎，1814，第 2 卷，第 540 页）。达朗贝尔、欧拉和拉格朗日对二阶偏微分方程的讨论，我们此前在介绍达朗贝尔时已提及。

在柏林时，拉格朗日写了他最伟大的作品《分析力学》（巴黎，1788）。他从虚速度原理出发，借助变量法建立了一个优雅而和谐的力学体系，这一体系用威廉·哈密尔顿爵士的话说，就是“一首科学的诗”。这一体系是分析学通用性的最完美例子，没有使用任何几何图形。“在此书中找不到任何点。”书中前四部分都以类似的方式研究了力学的两个分支——静力学和动力学，并且每个部分在开头都有一个前言，介绍相关原理的大致历史。拉格朗日建立了最小作用量原理。运动方程在其原始形式中涉及系统中不同质点 m 或者 $\mathrm{d}m$ 的坐标 x、y、z。但是 x、y、z 通常不互相独立，因此拉格朗日引入变量 ξ、ψ、ϕ 取代它们，从而确定了质点在某刻的位置。这些“通用坐标”可被视为互相独立。这样一来，运动方程可表示为以下形式

$$\frac{\mathrm{d}}{\mathrm{d}t}\frac{\mathrm{d}T}{\mathrm{d}\xi^{1}}-\frac{\mathrm{d}T}{\mathrm{d}\xi}+\Xi=0,$$

或当 Ξ、ψ、ϕ、…是相对于 ξ、ψ、ϕ 的统一函数 V 的偏微分系数时，则有

$$\frac{\mathrm{d}}{\mathrm{d}t}\ \frac{\mathrm{d}T}{\mathrm{d}\xi^{1}}-\frac{\mathrm{d}T}{\mathrm{d}\xi}+\frac{\mathrm{d}V}{\mathrm{d}\xi}=0。$$

后者是运动方程的最优拉格朗日形式。拉格朗日曾评论，力学可被看作四维几何。他将位势引入了动力学。拉格朗日急于在巴黎出版他的《分析力学》。该作品准备在1786年开始印刷，但直到1788年他才找到出版商，前提是几年后他将购买所有未售出的书籍。勒让德是此书的编辑。

腓特烈大帝死后，科学家在德国的地位下降，于是，拉格朗日接受了路易十六（Louis XVI）的邀请移居巴黎。法国王后对他也很尊敬，并在卢浮宫为他提供了住所。但是他长期被抑郁症困扰，对数学研究的兴趣下降。他在《分析力学》上花了25年时间，但是拿到一本崭新的《分析力学》之后，他放在了他的办公桌上，两年时间里都没有打开这本书。在拉瓦锡（Lavoisier）的影响下，他对化学产生了兴趣。他发现化学“像代数一样容易”。法国大革命爆发后，法国陷入危机之中，他开始再次活跃起来。大约在这个时候，天文学家勒莫尼埃（Lemonnier）年轻有为的女儿对悲哀而孤独的拉格朗日充满同情心，坚持要嫁给他。夫妻二人感情深厚，妻子去世后，他深陷痛苦无法自拔。

他被任命为度量衡委员会的委员之一，当时的政府要求度量衡的单位的标准以自然现象为基础。拉格朗日强烈建议使用十进制。拉格朗日性格温和，德

高望重，因此，哪怕雅可比派（Jacobins）清理了度量衡委员会，赶走了拉普拉斯、拉瓦锡和其他人，拉格朗日的主席身份仍然得以保留。但拉瓦锡的遭遇让拉格朗日警醒，他打算返回柏林，但在1795年共和历三年师范学校成立时，在他人劝说之下，他担任了这所学校的教授。在学校关闭之前，他几乎没有时间向年轻的学生介绍算术和代数基础知识。此时他已准备好对欧拉的代数研究进行补充。1797年，巴黎综合理工学院（École Polytechnique）成立。拉格朗日担任了这所大学教授，该机构最早的成就便是拉格朗日恢复了分析学研究。之后，拉格朗日的数学活动再次进入巅峰。他发表了《解析函数论》（*Théoriedes fonctions analytiques*，1797）、《函数微积分讲义》（*Leçonssur le calcul des fonctions*，1801；这部著作是《解析函数论》研究的继续）和《数值方程解》（*Résolutiondes Equations numeriques*，1798），其中包括较早出版的论文。他的研究报告《数列解文字系数方程新法》（*Nouvelle méthode pour résoudre les équations littérales par le moyen des séries*）出版于1770年，其中用ψ'表示$\frac{d\psi}{dx}$。然而，更早一些时候，弗朗索瓦·达维埃·德·方塞雷（François Daviet de Foncene）1759年发表在《都灵科学论丛》的研究报告中就出现了这一符号，这一符号是拉格朗日为方塞雷所写[1]。1810年，他开始对他的《分析力学》进行彻底修改，但在完成之前就去世了。

拉格朗日1772年的研究报告中就有了《解析函数论》的萌芽。此书旨在澄清极限的概念，为微积分原理打下良好基础。不过他不知道的是，约翰·兰登的残数计算也讨论了类似的问题。拉格朗日在1759年11月24日给欧拉的信中说，他相信自己已经发展出了真正的微积分的形而上学。那时，他似乎已确信，在研究中使用无穷小没有问题。他“一生中同时使用了无穷小方法和导数函数的方法”（鲁赫丹）。拉格朗日试图用简单的代数方法证明泰勒定理（他最先指出了这一定理的强大之处），然后从定理中发展出整个微积分。在他的时代，微积分的原理牵扯到哲学难题。莱布尼茨的无穷小没有令人满意的形而上学依据。欧拉等人在处理微分时，将无穷小视为绝对零。牛顿的最终比则无

〔1〕 Philip E. B. Jourdain in *Proceed. 5th Intern. Congress*, Cambridge, 1912, Cambridge, 1913, Vol. II, p. 540.

法求出大小，因为在它们等值且应捕捉的那一刻，既没有弧也没有弦。牛顿并没有将弦和弧的值在临近消失前——而是在它们完全消失的那一刻——取为相等。拉格朗日说："这种方法考虑数量不再是数量时的情况，这种做法极为不便。因为尽管始终可以很好地思考两个数量之比，但前提是它们仍然是有限的，一旦一个比率的各项在同一时间都变成零，那么我们就对它的值无法产生清晰准确的概念。"达朗贝尔的极限法与最初比和最终比的方法基本相同。拉格朗日求助于普通代数，努力摆脱微积分学的形而上学困境，虽然避免了卡律布迪斯的旋涡，但还是撞向了斯库拉的礁石。欧拉留给他的代数研究是建立在对无穷大的错误认识之上的。当时还没有建立严格的无穷级数理论，拉格朗日提议通过泰勒定理将 $f(x)$ 相对于 x 的微分系数定义为 $f(x+h)$ 展开时的 h 系数，从而避免提到极限。但是他使用无穷级数时没有确保它们是收敛级数，并且他给出的 $f(x+h)$ 总是可以展开为 h 的递增幂级数的证明有很严重漏洞。尽管拉格朗日的微积分方法起初得到了广泛认可，但其缺陷却是致命的。如今，他所谓的"导数法"已被普遍放弃。拉格朗日还引入了自己的符号体系，但使用起来不方便。在《分析力学》第二版中，他放弃了这些符号。同样是在这本书中，他使用了无穷小。《解析函数论》的主要目的并未实现，但其次要成果却有深远影响。除了对几何学和力学研究的影响之外，此书研究函数的模式是一种纯粹抽象的模式。在高等分析学的进一步发展中，函数成为主导思想，而拉格朗日的工作可视为柯西、黎曼（Riemann）、魏尔斯特拉斯等建立的函数理论的起点。

柏林的学者阿贝尔·布尔扎（Abel Burja）首先怀疑拉格朗日对微积分阐释的严谨性，两位波兰数学家朗斯基（Wronsk）和斯尼阿德基（Sniadecki）和波希米亚人波尔查诺（Bolzano）也表示了怀疑，但是他们的知名度和影响力都有限，要进一步提高数学研究的严谨性还要等到柯西。

皮卡德（Picard）对拉格朗日时代的概括令人深思："令人钦佩但同时也令人困惑的是，在这个时期，尤其是在 18 世纪下半叶，数学家们发现的方法固为重要，但是其理论基础却并不牢固。思考一些问题时会让人意识到这一点。比如，有人提出像弦振动积分的任意性的次数这样的问题时，就引起了无休止的讨论。拉格朗日在发表他的《解析函数论》时意识到了这些不足。他竭力为分析学提供可靠的理论基础。我们不能不佩服他对函数（他称之为解析函数）即将扮演角色的预感，但我们也许要承认，在他介绍泰勒级数中发展函数的可能性时，我们被他的证明方法所震惊。"[1]

拉格朗日的早期著作在研究无穷级数时并不严谨，那个时代的数学家普遍存在这一问题，不过，尼古拉斯·伯努利二世和达朗贝尔除外。但是拉格朗日后期的著作则开启了数学的严格证明时期。因此，在《函数微积分讲义》中，他给出了泰勒定理的极限的定理。拉格朗日还涉猎了其他问题，包括概率、有限差分、递增连分数、椭圆积分等。处处都可看到他强大的概括和抽象能力。他在这方面的能力举世无双，但同时代的伟大数学家拉普拉斯在应用数学方面的研究超越了他。拉格朗日乐于将其他研究的应用留给他人研究。拉格朗日的作品包含了拉普拉斯的部分最重要的研究（尤其是关于声速和月球的长期加速度的研究）。

拉格朗日为人谦逊，不愿与人争执，言语之间甚至会有些害羞。他说话时语气总是好像不太确定，开场白一般是"我不知道"。他从不许别人画自己的肖像，他唯一的一幅画像是有人在一场学术会议中悄悄绘制的。

皮埃尔·西蒙·拉普拉斯（Pierre Simon Laplace）生于诺曼底的博蒙特·昂日（Beaumont-en-Auge）。关于他的早期人生经历，我们知之甚少，他成名之后不愿过多提及自己的童年时代。不过我们知道的是，他出身贫寒，父亲是个小农民。但他的邻居生活富裕，因为欣赏他的天赋而资助他读书。拉普拉斯曾在博蒙特的军事学校作为走读生就读，并且很早就成为一名数学老师。18岁时，他带着一封推荐信去巴黎见达朗贝尔。达朗贝尔此时业已成名，这些推荐信没有引起他的注意。但是年轻的拉普拉斯无所畏惧，亲自写了一封信给这位伟大的几何学家，其中谈了他对一些力学原理问题的看法。达朗贝尔的回信热情洋溢："您无需他人推荐，您自己就足以做自己的推荐人，我的支持是您应得的。"达朗贝尔帮助他在巴黎大学的军事学院获得了数学教授的职位。在前途有了保障之后，他开始专心研究。凭借着这些研究，他最终获得了"法国牛顿"的称号。凭借着出色的分析能力，拉普拉斯解决了将万有引力定律应用到

[1] *Congress of Arts and Science*, St. Louis, 1904, Vol. 1, p. 503.

天体运动这一悬而未决的问题。在随后的十五年中，他发表了他人生中的大部分天文学研究成果。他的职业生涯中硕果不断。1784 年，他接替贝祖担任皇家炮兵学院的考官。次年，他成为巴黎科学院院士。之后，他又被任命为经度局局长，他推动引入了十进制，并与拉格朗日一起在共和历三年师范学校教学。法国大革命期间，公众强烈要求彻底改革旧制度，历法也不例外。于是，拉普拉斯建议新历法从 1250 年开始计算，根据他的计算，地球轨道的长轴垂直于二分线。一年始于春分点，本初子午线将位于巴黎以东百分制象限的 185.30 度。按照他提议的子午线，新时代的开始将是在午夜。但是，革命党人没有接受他的提议，而是将光荣的法兰西共和国诞生的日期作为新时代的开端[1]。

拉普拉斯曾被誉为全欧洲最睿智、思考最深刻的科学家，但不幸的是，他不仅仅追求科研成就，还渴求政治权力。这位科学家一生成就突出，但他的从政经历被奴性和顺从所玷污。雾月 18 日（即拿破仑登基的那一天）之后，拉普拉斯对共和的热爱突然让位给皇帝。作为回报，拿破仑授予他内政部长一职。但仅 6 个月后，拉普拉斯就因不称职被解雇。拿破仑说："从他的视角理解不了任何问题，他总是关注细枝末节的问题，并且他的看法都有问题。他把对无穷小的关注带到了行政工作。"为了保住他的忠心，拿破仑将他委派为议员，并授予他各种其他荣誉。尽管如此，1814 年，拉普拉斯对这位保护人有些担忧，迅速投靠了波旁王朝，并获得了侯爵头衔。从他的作品中也可以看出他为人势利。法国大革命期间，他将《宇宙体系论》（*Systèmedu monde*）的第一版献给了五百人理事会。拿破仑统治时期，在《天体力学》（*Mécanique Célesteis*）第三册的前言中，他表示，对他来说，书中的所有事实中，最重要的是他对欧洲和平缔造者的感激和忠诚，其中感情似乎临表涕零。然而，我们惊讶地发现，波旁王朝复辟后，在他发表的《概率分析论》中，他对拿破仑的忠诚消失了。

尽管在政治中拉普拉斯习惯于逢迎巴结，但必须承认，在宗教和科学领域他从未歪曲或掩饰自己的信念，无论多么令人反感。在数学和天文学领域，他的天赋光芒四射，无与伦比。他为科学界献出了三项伟大的著作：《天体力学》

[1] Rudolf Wolf, *Geschichte der Astronomie*, München, 1877, p. 334.

《宇宙体系论》和《概率分析理论》。除了这些，他还向法国科学院议事录投稿了一些重要论文。

我们首先简单回顾一下他的天文学研究。1773 年，他发表了一篇论文，证明了行星的平均运动或平均距离不变，或仅有较小的周期性变化。这是他建立稳定的太阳系第一步，也是最重要的一步。牛顿和欧拉认为，太阳系有如此多的力，并且这些力的位置、强度各不相同，太阳系是否能永久保持平衡似乎值得怀疑。牛顿认为，必须不时进行一次有力的干预，以纠正天体相互影响造成的混乱。这篇论文是拉格朗日和拉普拉斯关于行星轨道各要素的变化范围的一系列深入研究的开端。两位伟大数学家你追我赶，研究成果相互补充。拉普拉斯的第一篇论文确实源于对木星和土星理论的研究。欧拉和拉格朗日对这些行星的运转进行了研究，但未获得令人满意的解释。令人奇怪的是，天文观察发现，月球和木星平均运动在稳定加速，土星平均运动在减速。看起来，土星最终可能会离开行星系统，木星会落入太阳中，而月球会落在地球上。拉普拉斯最终在 1784 至 1786 年的一篇论文中成功地证明了这些变化（他称之为“中心差”）属于一般周期性摄动，取决于万有引力定律。他在两个行星的平均运动的可公度性中发现了产生影响极大的摄动的原因。

在研究木星系统时，拉普拉斯能求出卫星的质量。他还发现了这些天体运动之间存在着一些非常显著、简单的关系，现在称之为“拉普拉斯法则”。这些天体理论在 1788 年和 1789 年的论文中得到了完善。这些论文以及此处提到的其他论文都发表在《学者研究报告汇编》（*Mémoirs présentés par divers savans*）中。1787 年是值得纪念的一年。这一年，拉普拉斯宣布，月球加速度取决于地球轨道偏心率的长期变化，消除了当时对太阳系稳定性的所有怀疑。当时似乎已经确定，万有引力定律能够有效解释太阳系中所有运动。最后，人们将会发现太阳系是一个完整的系统。

1796 年，拉普拉斯发表了《宇宙体系论》。这是一本天文学的科普著作，并不涉及深度数学知识，以科学史的草图作为结尾。在这项工作中，他首次阐述了他著名的星云假说。康汀（Kantin，1755）和斯威登包格（Swedenborg）先前曾提出过类似的理论。但拉普拉斯似乎并未意识到这一点。

拉普拉斯曾构思一部作品。在他的设想中，该作品应包含太阳系力学问题的完整解析，并且无需从观察中获得任何必不可少的数据。于是就有了《天体力学》。这本书系统地介绍了牛顿、克莱罗、达朗贝尔、欧拉、拉格朗日和拉普拉斯本人在天体力学方面的所有发现。此书第一和第二册于 1799 年出版，第三册于 1802 年出版，第四册于 1805 年出版，第五册第十一卷和十二卷于 1823 年出版，第十三卷、十四卷、十五卷于 1824 年出版，第十六卷于 1825 年出版。前两册包含天体运动和形状的一般理论，第三册和第四册给出了天体运动的特殊理论，特别是彗星、月球和其他卫星的运动的理论。第五册开头简要介绍了天体力学的历史，后来在附录中加入了作者的新研究结果。《天体力学》是当之无愧的大师之作，并且内容完整，拉普拉斯之后的学者能够增补的东西并不多。约翰·卡尔·伯克哈特（Johann Karl Burkhardt）将此书的大部分翻译成德语，并于 1800 年至 1802 年出版于柏林。纳撒尼尔·鲍迪奇（Nathaniel Bowditch）于 1829 年至 1839 年在波士顿出版了英文版，并给出了详细注解。《天体力学》理解起来难度大，困难往往不在于问题本身，而在于没有口头解释的话难以理解，有些复杂的推理过程经常没有什么解释。比奥（Biot）曾协助拉普拉斯修订此书。他说，他曾请拉普拉斯解释此书中的一处“此处易得”应当如何理解。当时《天体力学》刚成书不久，但是拉普拉斯花了一个小时才复现了推理过程。虽然《天体力学》中有大量重要的拉普拉斯自己的天文学研究，但它也包含前代学者的研究成果。此书中的理论体系是一个世纪以来学者汗水的结晶，但是拉普拉斯经常忘记指出他的引用来源，让读者以为，前人发现的定理和公式实际上是他的发现。

有说法称，当拉普拉斯向拿破仑赠送一份《天体力学》的副本时，后者说：“拉普拉斯先生，他们告诉我，你写了这本宇宙体系的大书，但是里面一句都没有提到上帝。”拉普拉斯直言不讳道：“我不需要这个假设。”乍一看，拉普拉斯似乎是要表达对有神论的不屑，但或许拉普拉斯就是在传达字面的含义。牛顿未能用万有引力定律解释所有天体力学问题，他无法证明太阳系是稳定的，并且事实上也怀疑太阳系就是不稳定的。于是，他提出，太阳系需要一只有力的大手施加特殊干预来维持这一系统。但是现在，拉普拉斯认为，他已经通过万有引力定律证明了太阳系是稳定的，从这个意义上说，他的太阳系理论确实不需要上帝这个假设。

现在我们开始介绍更纯粹的数学研究。其中最著名的是概率论。拉普拉斯在推进这一主题方面所做的工作比其他任何一位研究者都多。他发表了一系列论文，主要成果收集在他的《概率分析论》（1812）中。第三版（1820年）包括引言和两卷内容。引言以《论概率哲学》（*Essai philosophique sur les probabilités*）为标题单独出版，是一个令人钦佩的大师之作。这部作品没有借助概率论的原理和应用的解析公式。第一卷包含生成函数的理论，第二卷将其应用于概率论。拉普拉斯在概率研究中，给出定积分值近似法。他将线性微分方程的解简化为定积分，与拉格朗日大约在同一时间将偏微分方程引入了概率研究。这项工作中最重要的部分之一是将概率论应用于最小二乘法，这一方法已证明可以最方便地提供可能性最大的结果。

拉普拉斯的概率研究理解难度大，尤其是最小二乘法的部分。毫无疑问，他的分析过程并不清晰，并且存在错误。“没有人能给出比他更精确的结果，但是也没人像他这样对各种影响精确性的小问题毫不在意。”（德·摩根）。拉普拉斯的著作包含了他所有的研究成果，以及很多其他学者的研究。他很好地阐述了点数问题、伯努利定理、贝叶斯和德·蒲丰伯爵提出的问题。在《天体力学》中，拉普拉斯并不习惯于给予前代学者应有的赞誉。德·摩根[1]这么说拉普拉斯：“他自己的研究成果就很丰富，任何一个读者都会奇怪，他本可以大大方方地承认引用了他人的研究，但却为别人对他做同样的事树下了如此危险的榜样。”

拉普拉斯的椭球体吸引力论文中，最重要的是一篇发表于1785年的论文。这篇论文在很大程度上收纳《天体力学》第三册的内容。它详尽地处理了椭球体对于其外或其表面的颗粒的引力一般问题。球谐函数，或所谓的“拉普拉斯系数”，成了吸引力和电磁学理论的强大分析工具。勒让德先前已经给出了二维球谐函数的理论。拉普拉斯未能对此做出应有的承认。因此，两位伟人之间的关系“不只冷漠”而已。拉普拉斯大量使用了位势函数 V，并证明该函数满足偏微分方程 $\frac{\partial^2 V}{\partial x^2}+\frac{\partial^2 V}{\partial y^2}+\frac{\partial^2 V}{\partial z^2}=0$。这就是所谓的拉普拉斯方程，他最初给出的是极坐标的形式，更为复杂。但是，拉普拉斯并未将位势概念引入分析，这份荣

[1] A. De Morgan, *An Essay an probabilities*, London, 1838 (date of preface) p. II of Appendix I.

誉属于拉格朗日。

关于拉普拉斯方程，皮卡德1904年说："很少有方程式像这个著名方程式那样成为许多著作的研究对象。极限处的条件可能有多种形式，最简单的情况是将物体表面元素热平衡保持在给定温度；从物理角度看，可以认为，由于没有热源，温度很明显在内部是连续的，在表面是确定的。一个更普遍的情况是可能在某一部分交代了温度，而在另一部分给出了热能，这些问题极大地推动了偏微分方程理论朝着正确方向发展，结果，学者开始关注求积分的不同类型，在纯粹抽象数学研究中，学者不会注意到这个问题。"[1]

拉普拉斯也有一些重要性稍次的发现。他发现了一些求解二次、三次和四次方程的方法。他发表了一些微分方程奇解、有限差分和行列式的相关论文，他还建立了特殊情况下的行列式展开定理（范德蒙此前已给出），求出了二阶线性微分方程的完整积分。在《天体力学》中，他将拉格朗日的一则函数展开为级数的定理推广到一般情况，推广后的定理现称为拉普拉斯定理。

拉普拉斯在物理学方面也涉猎广泛。他考虑了热胀冷缩引起的弹性变化以校正牛顿的空气中声速的公式。此外，他还研究了潮汐理论，提出了毛细现象的数学理论，解释了天文折射，并给出了用气压计测量高度的公式。

拉普拉斯的作品与拉格朗日的作品形成鲜明对比，因为拉普拉斯的作品不够优雅和系统。拉普拉斯将数学视为解决物理问题的工具，一旦得到了结果，他就不愿意花过多时间详细解释分析过程或进一步完善他的推导过程。人生的最后几年，他在亚捷（Arcueil）的乡村度过了大部分的平静的退休时光。在那里，他以一贯的精力继续研究，直到去世。他对欧拉极为仰慕，他常说："多读欧拉，多读欧拉，他值得我们所有人学习。"

18世纪下半叶，学者开始研究虚数的图形表示法，当时这些问题都还没有怎么引起注意。在笛卡尔、牛顿和欧拉的时代，负数和虚数被接受为数字，但后者仍被视为代数的虚构物。沃利斯尝试研究虚数的图形表示法，但没有成功。一百多年后，"谦虚的科学家"亨利·多米尼克·特鲁尔（Henri Dominique Truel）用表示实数的直线的垂线表示虚数。特鲁尔没有发表过任何论

[1] *Congress of Arts and Science*, St. Louis, 1904, Vol. I, p. 506.

文和手稿。我们对他的了解仅限于柯西[1]的简要介绍。柯西说，特鲁尔早在1786年就发现了虚数的图形描述方法，并且在1810年左右将研究手稿交给了阿弗尔的造船商奥古斯丁·诺马弗（Augustin Normauf）。卡尔斯藤1768年给出的方法仅限于虚对数。$\sqrt{-1}$ 和 $a+b\sqrt{-1}$ 的图形表示最早在卡斯帕·魏塞尔（Caspar Wessel）1797年的论文《求平面和球面多边形情况为主的方向的解析表示》（*Essay on the Analytic Representation of Direction, with Applications in Particular to the Determination of plane and Spherical polygons*）中给出，他将这篇论文寄给了丹麦皇家科学院，最终发表在了1799年的丹麦皇家科学院议事录的第五卷。魏塞尔出生于挪威的琼斯鲁德（Jonsrud）。他在丹麦科学院作为研究员的身份工作多年，他的论文尘封于丹麦科学院的议事录中近一个世纪。1897年，丹麦科学院出版了他的研究的法语译本[2]。另一本值得注意的出版物是日内瓦的让·罗伯特·阿尔冈（Jean Robert Argand）于1806年出版的《随笔》（*Essay*）[3]，其中包含 $a+\sqrt{-1}b$ 的几何表示。他的论文的某些部分不如魏塞尔的对应部分严谨。阿尔冈在三角学几何学和代数学中应用了他的研究，并且极为精彩。阿尔冈首次使用了表示矢量 $a+\sqrt{-1}$ 的长度的术语“模数”。魏塞尔和阿尔冈的著作鲜为人知，最后是高斯打破了数学家对虚数最后的反对。高斯似乎早在1799年就找到图形表示法，但更全面的阐述要等到1831年。

法国大革命期间，引入了公制。十进制细分系统思想起源于1788年托马斯·威廉姆斯出版于伦敦的作品。1790年4月14日，马图林·雅克·布里森（Mathurin Jacques Brisson）向巴黎学院提议建立一种基于自然长度单位的系统。1791年由波达（Borda）、拉格朗日、拉普拉斯、蒙日、孔多塞组成的委员会向科学院提交的报告中详细说明了一种方案，该方案最初包括圆象限的十进制细分。弗朗索瓦·卡雷（Francois Callet）1795年的对数表以及法国和德国发布的其他表中采用了十进制。然而，在象限划分中，十进制并没有占上风[4]。由

---

[1] Cauchy, *Exercices d'Analyse et de phys. math.*, T. IV, 1847, p. 157.

[2] 另见 an address on Wessel by W. W. Berman in the *Proceedings of the Am. Ass'n Adv. of Science*, Vol. 46, 1897.

[3]《虚数及其几何表示》（*Imaginary Quantities. Their Geometrical interpretation*）翻译自 French of M. Argand by A. S. Hardy, New York, 1881.

[4] 更多细节见 R. Mehmke in *Jahresb. d. d. Math. Vereinigung*, Leipzig, 1900, pp. 138–163.

波达、拉格朗日、拉普拉斯、蒙日和孔多塞组成的委员会决定将地球象限的十万分之一部分作为长度的原始单位。秒的钟摆长度也一直是考虑对象，但最终被否决了，因为它取决于两个不同的要素，即重力和时间。1799 年，完成了对地球象限的测量，并将其确立为自然长度单位。

亚历山大·泰奥菲勒·范德蒙（Alexandre-Théophile Vandermonde）年轻时在巴黎学习音乐。当时有一种理论认为所有艺术都决定于一套通用规则，掌握了这一规则，任何人都可以借助数学成为作曲家。他是这种理论的支持者。此外，他最早给出了行列式理论合乎逻辑的连贯阐释，因此，几乎可以说他是该理论的奠基人。他和拉格朗日提出了求解方程组的组合方法。

阿德里安·玛利·勒让德（Adrien Marie Legendre）曾在巴黎马萨林学院（Collège Mazarin）接受教育，在那里，他跟随阿贝·约瑟夫·弗朗索瓦·玛利（Abbé Joseph François Marie）研究数学。凭借其数学天分，他成为巴黎军事学校的数学教授。在那里，他写了一篇关于弹丸投掷到有阻力介质后的曲线（弹道曲线）的论文，该论文获得了柏林皇家学院提供的奖项。1780 年，他辞去教职，以便为研究高等数学留出更多时间。后来，他被任命为多个公共委员会的成员。1795 年，他当选为共和历三年师范学校的教授，后来又担任了一些次要政府职位。由于他内向的个性以及拉普拉斯的敌视，他担任的职位中大多远在他的能力之下。

作为分析学家，勒让德仅次于拉普拉斯和拉格朗日，他在椭圆积分、数论、椭球引力和最小二乘法方面作出了重要贡献。勒让德最重要的作品是他的《椭圆函数》（*Fonctions elliptiques*），分为两卷，分别于 1825 年和 1826 年出版。他重新拾起了欧拉、兰登和拉格朗日丢在一旁的问题，四十年间，只有他在研究这个新的分析学分支，直到雅可比（Jacobi）和阿贝尔加入进来，他们也得出了一些令人钦佩的发现[1]。勒让德将该问题梳理出一门独立科学的组织和结构。他从取决于 x 四次多项式的平方根的积分开始研究起，证明了这些积分可以返回三种标准形式，分别由 $F(\phi)$、$E(\phi)$ 和 $\Pi(\phi)$ 表示。根数用 $\Delta(\phi)=\sqrt{1-k^2\sin^2\phi}$ 表示。他还计算了不同幅度和偏心率的椭圆的弧表。他的这一研

〔1〕 M. Élie de Beaumont，“Memoir of Legendre”. 翻译于 C. A. Alexander，*Smithsonian Report*，1867.

究给出了积分大量微分的方法。

较早的出版物《积分》(*Calcul integral*) 中也有他的部分椭圆函数研究，分布于三卷中（1811、1816、1817)，其中他还仔细研究了由欧拉命名的两类定积分。他列出了 p 在 1 和 2 之间时 $\log\Gamma(p)$ 的值。

椭球体的引力是勒让德最早的研究问题之一。此外，他在研究椭球引力时发现了现以他的名字命名的函数 P_n。他的论文于 1783 年提交给法国科学院。麦克劳林和拉格朗日的研究假设椭球体所吸引的点在球体表面或内部，但勒让德指出，为求出椭球体对任何外部点的引力，只需要令描述于相同焦点的另一个椭球体的表面通过该点。后来，他出版了椭球体的其他论文。

勒让德在 1788 年发表的一篇论文中再次给出了在变分法中区分最大值和最小值的标准。拉格朗日 1797 年证明该标准不够准确，卡尔·古斯塔夫·雅可比于 1836 年校正了这一标准。勒让德默默地沉迷于他的椭圆函数和数论的世界。他系统整理了他的数论研究和前代学者在数论上的众多零散研究，并分两卷出版，标题是《数论》(*Théoriedes nombres*)。1830 年，在此作品出版之前，勒让德曾多次发表预备性论文。这本著作中的最重要成果是二次互易定理，欧拉曾给出这一定理，但并不明确，且没有给出证明方法，勒让德首次清晰表述了这一定理，并给出了部分证明[1]。

作为格林威治和巴黎的大地测量学研究联络委员会的委员之一，勒让德重新进行了法国的大地三角测量。在此研究中，他通过对角度进行一定校正，将球面三角形视作平面三角形，并应用最小二乘法，最终建立了一些测地线公式和定理。他在 1806 年首次发表了这一研究。但是当时没有给出证明。

勒让德 1794 年写的《几何学基础》(*Éléments de Géométrie*) 受到广泛欢迎，在欧洲大陆和美国普遍采用，以代替欧几里得的《几何原本》。《几何原本》的这一有力竞争对手无数次再版，其中一些版本包含三角学内容，以及 π 和 π^2 的无理性证明。勒让德预言说："π 甚至有可能并不在代数无理数之列，也就是说，它不可能是包含有限个有理数系数项的代数方程的根。"勒让德对平行线问题给予了大量关注。在《几何学基础》的早期版本中，他直接呼吁根

〔1〕 O. Baumgart, *Ueber aas Quadratische Reciprocitälsgestz*, Leipzig, 1885.

据常识承认“平行公理”的正确性。然后，他试图证明这一“公理”，但他的证明甚至说服不了他自己。巴黎科学院议事录第十二卷包含一篇勒让德的论文，其中载有他为解决这一问题所做的最后一次尝试。如果可以允许三个内角之和始终等于两个直角，则可以严格推导平行理论。因此，他假设空间是无限的，并以令人满意的方式证明了三角形的三角之和不可能超过两个直角之和。且若任一三角形内角之和为两个直角之和，则所有三角形内角之和同样为两个直角之和。但是在下一步证明内角和不能小于两个直角之和时，他的论证失败了。事实上，这一失败也是必然的。

为初等几何做出贡献的另一位作者是意大利的洛伦佐·马斯切罗尼（Lorenzo Mascheroni）。1797 年，他在帕维亚出版了《圆规几何》（*Geometria del compasso*），1903 年在巴勒莫出版了此书的修订版[1]。卡雷特（Carette）修订的法文版出版于 1798 年和 1825 年，格鲁森（Grüson）1825 年出版了德文修订版。在此书中，所有几何构造均使用一对圆规完成，但无给定半径限制。他证明了，任何直尺和圆规能够构造出的图形只用圆规均可实现。彭赛列于 1822 年证明，给定一个圆并使其中心在构造平面中，同样仅靠直尺就可以完成圆规和直尺的所有构造。维也纳的学者阿德勒（Adler）1890 年证明，仅靠边平行的直尺或边缘交于一点的直尺就可以实现这些构造。马斯切罗尼声称，使用圆规的构造比使用直尺的构造更精确。拿破仑向法国数学家询问，如何仅用圆规将圆的圆周分成四个相等部分。马斯切罗尼解决了这一问题，他在圆周上三次应用半径，得到弧 AB、BC、CD，则 AD 是直径，其余过程易得。霍布森等人［《数学公报》（*Math. Gazette*），1913 年 3 月 1 日］证明，所有欧几里得构造都可以仅通过使用圆规来完成。

1790 年，马斯切罗尼发表了欧拉《积分》注解。此前，达朗贝尔曾提出过“默认微积分”（le calcul en défaut），他表示，当 $x=-1$ 变化到 $x=1$，y 取正值时，星形线 $x^{\frac{2}{3}}+y^{\frac{2}{3}}=1$ 产生的弧长度为 0。马斯切罗尼在他的注中添加了另一个悖论，即对于 $x>1$，曲线是想象出来的，但具有真实的弧长[2]。由于变化区

〔1〕 A list of Mascheroni writings is given in *L'Intermédiaire des mathématiciens*, Vol. 19, 1912, p. 92.

〔2〕 M. Cantor, *op. cit.*, Vol. IV, 1908, p. 485.

域没有充分确定，这些悖论当时没有得到充分解释。

约瑟夫·傅里叶（Joseph Fourier）出生于法国中部的欧塞尔，8 岁那年他成为孤儿。在朋友的帮助下，他被送进了故乡由圣马可修道院的本笃会主办的军事学校。他在那里完成了他的学业，取得了令人惊讶的成功，尤其是在数学方面。他希望成为炮兵，但由于出身平民（裁缝之子），他的申请被否决。他收到的答复如下："虽然傅里叶是第二个牛顿，但他并非贵族，不能成为炮兵的一员。"[1] 不久后，他成为他曾就读的军事学校的数学讲席教授。21 岁时，他去了巴黎，向巴黎科学院提交了一篇数值方程解的论文，改进了牛顿的逼近法。年轻时的这项研究，他牢记终生。他在理工学院讲课时介绍了这一研究，在尼罗河沿岸，他继续研究了这个问题。这一研究收录在了他的《定方程分析》（*Analyze des equations defined*，1831）中。当他去世时，该著作正在印刷中。这项工作包含"傅里叶定理"，涉及两个选定极限之间的实根数。法国医生布丹（Budan）在 1811 年提供了一个原理基本相同的证明，并于 1822 年发表了此证明。傅里叶在 1796 年、1797 年和 1803 年在理工学院向他的学生传授了他的定理；他于 1820 年首次印刷了该定理及其证明。目前已经确定他先于布丹发现了这一定理。

傅里叶的两个重要成果先前已有人研究。穆拉雷（Mourraille）早先改进了牛顿-拉夫森（Newton-Raphson）迭代法，消除了该方法在实施时失败的可能性；傅里叶曾研究等式边界线附近两根是否相等，是否有些许不同，还是可能是虚数。他给出的解法穆拉雷此前已经给出。这些定理被 1835 年出版的施图姆定理所替代。

大约在这个时候，数学家们发现了实根的新上限和下限。1815 年，让·雅克·布雷特（Jean Jacques Bret）教授在格勒诺布尔（Grenoble）发表了三个定理，其中以下几点最为人所知：构造一种分数，分数的分子是一个方程的一个负系数的绝对值，分母是该负系数之前的正系数之和，分数整体再加一，则如此构造出的数字中最大的比方程的任意根都要大。1822 年，法国工程师韦恩（Vène）表示，如果 P 是最大的负系数，并且 S 是在第一个负项之前的正项中

---

〔1〕 D. F. J. Arago, "Joseph Fourier", *Smithsonian Report*, 1871.

最大的系数，则 $P \div S+1$ 是方程根的上限值。

傅里叶是法国大革命的支持者。在法国大革命时期，艺术和科学似乎繁荣了一段时间。当时，新政权构思了宏大的度量衡改革。1795 年，巴黎建立了共和历三年师范学校，傅里叶一开始是这所学校的学生，后来成为学校的讲师。他的辉煌成就使他成为巴黎综合理工学院的一名讲席教授，后来他辞去了职务，与蒙日和贝托莱（Berthollet）陪同拿破仑一起参加埃及战役。拿破仑创立了埃及研究所，傅里叶成为研究所秘书长。在埃及，他不仅从事科学工作，还担任了重要政治职位。返回法国后，他在格勒诺布尔居住了 14 年。在此期间，他对固体中的热传播进行了详尽研究，该研究于 1822 年发表在他的《热的解析理论》（*La Théorie Analylique de la Chaleur*）中。这项工作代表了这个时代的理论数学和应用数学研究。它是数学物理学中所有涉及边界值固定问题（“边界值问题”）的偏微分方程的积分的现代方法的源泉。这种类型的问题涉及欧拉对“函数”的第二种定义，在这种定义中，函数关系不一定能够用解析法表示。函数概念极大地影响了狄利克雷，“傅里叶级数”是傅里叶著作中的瑰宝。这一研究结束了长期争论，它让学者认识到，实数变量的任何任意函数（即任何图形给定的函数）都可以用三角级数表示。1807 年，傅里叶在法国科学院首次公布了这项重大发现。三角级数 $\sum_{n=0}^{n=\infty}(a_n \sin nx + b_n \cos nx)$ 表示每个 x 值对应的函数 $\phi(x)$，并且系数 $a_n = \frac{1}{\pi}\int_{-\pi}^{\pi} \phi(x) \sin nx \mathrm{d}x$ 和 b_n 等于一个相似的积分。傅里叶的分析的不足之处在于他未能普遍证明三角级数实际上收敛于函数的值。威廉·汤姆森（后来的开尔文勋爵）在 1840 年 5 月 1 日（那时他才 16 岁）说：“我把傅里叶的著作从大学图书馆带了出来。两周之内，我就完全吃透了这些书。”开尔文的整个职业生涯都受到傅里叶在热力学方面的工作的影响，他说：“这些研究极为值得称道，它们思路独特，对于超越函数研究具有重要意义，并且对物理学长期发展也具有重要指导作用。”[1] 克拉克·麦克斯韦（Clerk Maxwell）称其为一首伟大的数学诗。1827 年，傅里叶接任拉普拉斯担任巴黎综合理工学院理事会主席。

---

〔1〕 S. P. Thompson, *Life of William Thomson*, London, 1910, pp. 14, 689.

大约在布丹和傅里叶的时代，意大利和英格兰的数学家发现了重要的数值方程求解方法。1802 年，意大利科学会为改进此类方程式提供了一枚金牌作为悬赏。1804 年，这枚金牌授予了帕奥洛·鲁菲尼（Paolo Ruffuni）。他借助微积分建立了一种将一个方程式转化为另一个方程式的理论，后者的根相较前者全部减少了一个常数[1]。然后，遵循实用计算的思路，鲁菲尼得出了一个比霍纳 1819 年提出的方案更简单的方法，并与现被称为霍纳法的方法基本相同。霍纳对鲁菲尼的论文一无所知。霍纳抑或是鲁菲尼都不知道他们的方法早在 13 世纪中国人就已提出。霍纳的第一篇论文于 1819 年 7 月 1 日提交到英国皇家学会，并发表于 1819 年的《哲学汇刊》。现代读者阅读这篇研究时，可能会非常惊讶，因为其中涉及非常复杂的论证。这与现代论文中的简单的基本解释形成鲜明对比。不过，也许这是一种幸运，如果写得较简单的话，这篇论文可能会被《哲学汇刊》拒稿。事实是，许多人对收录霍纳的论文的做法提出了怀疑。戴维斯（Davies）曾评论说："这篇论文的主题的基本特征就是会遭到坚决反对，霍纳的晦涩表述是他自制的通行证。"霍纳的第二篇文章被《哲学汇刊》拒稿，并在霍纳逝世后于 1865 年发表于《数学家》（*Mathematician*）。第三篇文章发表于 1830 年。霍纳和鲁菲尼都首先通过高等分析解释了他们的方法，然后通过基本代数解释了他们的方法。两者都提供了代替旧的求数的根的方法。鲁菲尼的论文被忽视和遗忘，霍纳很幸运地找到了他的方法的两个有影响力的拥护者，贝尔法斯特（Belfast）的约翰·拉德福德·杨（John Radford Young）和德·摩根。鲁菲尼—霍纳方法已在英国和美国得到广泛使用，在德国、奥地利和意大利得到的应用较少，在法国则完全没有。在法国，牛顿-拉夫森法一家独大[2]。

在探讨现代几何学的起源之前，我们将简要介绍高等分析被引入英国的过程。这发生在 19 世纪初期，与欧洲大陆的日新月异相比，英国人开始为英格兰在科学上取得的很小进步感到遗憾。最早敦促研究大陆学者的英国人是剑桥凯斯学院的罗伯特·伍德豪斯（Robert Woodhouse）。1813 年，"分析学学会"

---

[1] 见 F. Cajori, "Horner's method of approximation anticipated by Ruffni", *Bull. Am. Math. Soc.* 2dS., Vol. 17, 1911, pp. 409-414.

[2] 关于具体资料，见 *Colorado College Publication*, General Series 52, 1910.

在剑桥成立。这是一个由乔治·皮考克、约翰·赫歇尔（John Herschel）、查尔斯·巴贝奇（Charles Babbage）和其他一些剑桥学生建立的小俱乐部，宗旨是践行纯粹的“D主义”原则。“D主义”是巴贝奇的幽默说法，意思是结束“点（dot）时代”，不再使用牛顿的表示法，在微积分中推广莱布尼茨的表示法。这场斗争的最后，莱布尼茨的符号的表示法被引入剑桥，流数符号被抛弃。这是英国向前迈出的重要一步，原因并不是因为莱布尼茨主义比牛顿主义具有任何优越性，而是采用前者后，英国学生发现了欧洲大陆的新天地。威廉·汤普森爵士、泰特爵士（Sir Tait）和其他一些现代学者发现同时使用这两种表示法很方便。赫歇尔、皮考克和巴贝奇于1816年将法国人拉克鲁瓦（Lacroix）撰写的《微积分简述》翻译成英语，并在1820年的版本中增加了两卷实例。拉克鲁瓦更重要的著作《微积分论》，首次给出了术语“微分系数”以及“定”积分和“不定”积分的定义。它是当时微积分中最好也是使用最广泛的著作之一。作为“分析学学会”的三位创始人之一，皮考克大部分工作是纯粹数学研究。他因参与发明一种优于帕斯卡的算术机而出名，由于和政府之间的误解，他未能获得资金支持，结果这项工作一直没有完成。著名的天文学家约翰·赫歇尔在向英国皇家学会介绍有关数学分析的新应用的论文中，以及投稿到《百科全书》的光学、气象学和数学史的论文中，展示了他对高等分析的精通。在1813年，他引入了 $\sin^{-1}x$、$\tan^{-1}x$ 表示 $\arcsin x$、$\arctan x$，并用 $\log^2 x$、$\cos^2 x$ 表示 $\log(\log x)$、$\cos(\cos x)$。但是曼海姆的海因里希·伯曼（Heinrich Burmann）此前就已使用过这种表示法。伯曼是德国辛德伯格（Hindenburg）的组合分析的支持者。

乔治·皮考克（George Peacock）在剑桥三一学院接受教育，并成了剑桥大学的郎丁（Lowndean）教授，后来成为伊利（Ely）学院的院长。他的主要出版物是《代数》（*Algebra*，1830和1842）和《数学分析的最新进展报告》（*Report on Recent Progress in Analysis*）。这一报告是英国协会出版的有关科学进展的宝贵摘要中的第一篇文章，是最早认真研究代数基本原理，并充分认识其纯符号性质的人之一，尽管有些不完美，但他提出了“等价形式永久性原则”。这种原则适用于算术代数符号的规则，也适用于符号代数学。大约在这个时候，剑桥三一学院的研究员邓肯·法克哈森·格里高利（Duncan Farquharson

Gregory）写了论文《论符号代数的真实本质》，其中清楚地提出了交换律和分配律。这些定律早在几年前就已被微积分的符号表示法的发现者所注意到。塞尔乌瓦（Servois）引入热尔岗的《理论数学与应用数学年鉴》（*Les Annales de Mathématiques Pures et Appliquées*，第 5 卷，1814—1815，第 93 页）中的术语“交换”和“分配”。“结合”一词的发明者似乎是哈密尔顿。皮考克在代数基础上的研究得到了德·摩根和汉克尔的极大支持。

詹姆斯·伊沃利（James Ivory）是苏格兰数学家，从 1804 年开始的 12 年中，他在马洛（Marlow）的皇家军事学院（现在在桑德赫斯特）担任数学讲席教授。他是一名自学成才的数学家，几乎是英国分析学学会成立之前唯一一位精通大陆数学的人。他发表于 1809 年的《哲学汇刊》的一篇论文非常重要，其中将均质椭球体对外部点引力的问题简化为椭球体对到其对应内部点引力的问题。这就是所谓的“伊沃利定理”。他对拉普拉斯的最小二乘法的解决方法提出了过分严厉的批评，并给出了该原理的三个证明，而没有诉诸概率，这些证明远远不能令人满意。

大约在这个时候，学者开始积极研究“追踪曲线”。意大利画家达·芬奇（da Vinci）似乎是第一个直接关注这种曲线的人。巴黎学者皮埃尔·布格于 1732 年首先研究了这一曲线，法国海关官员杜波依斯·艾姆（Dubois-Aymé）在《巴黎综合理工学院学术通讯》（*Corrésp. sur l'école polyt*. 第 2 卷，1811，第 275 页）的一篇论文中也研究了这一曲线。他的研究启发了圣托马斯·德·洛朗（St. Thomas de Laurent）、施图姆，让·约瑟夫·凯勒（Jean Joseph Querrel）和特德纳（Tedenat）的研究。

在笛卡尔的研究和微积分的发现影响下，解析几何在一个多世纪中备受关注。尽管德萨格、帕斯卡、德·拉·哈尔、牛顿和麦克劳林努力复兴综合法，但解析法几乎保持了无可争议的至高无上的地位。综合几何学再登上台要等到天才的蒙日开辟新的发展途径。蒙日的《画法几何》标志着现代几何学的开端。

在画法几何的两个主要问题中，一个是绘制几何量表示的问题，这一问题在蒙日时代之前已被充分研究。另一种是通过平面构造解决空间中的图形问题，也受到了相当多的关注。在他之前，最著名的描述几何研究者是法国人阿梅迪·弗朗索瓦·弗莱兹（Amédée François Frézier）。但是，是蒙日将几何的通用性和优雅性赋予画法几何，将其发展为一门独立数学分支。以前以特殊的、不确定的方式处理的所有问题都被总结为一些通用原理。他首次将水平平面和垂直平面的相交线作为射影轴，并将一平面绕此轴或地线旋转至另一平面，这种做法相比其他方法有很多优势[1]。

加斯帕德·蒙日（Gaspard Monge）生于博恩（Beaune）。尚未成年时，他就绘制了一份故乡的建筑规划图，结果受到了一位上校工程师的注意。上校为他争取到了梅济耶尔大学工程学院的一个岗位。由于年龄很小，他无法在军队中任职。但是他被允许进入学校附楼，在那里教授测绘。在那里，他注意到建造防御工事计划的所有相关运算都非常冗长。于是，他用一种几何方法代替了这种计算方法。指挥官起初甚至拒绝看一眼新方案。但是，之后，工程师经过短暂训练后，开始试验这种方法。结果，蒙日的方法最终受到热烈欢迎。蒙日进一步发展了这些方法，从而创造了画法几何。由于当时法国军事学校之间的竞争，他不被允许向该机构以外的任何人透露自己的新方法。1768 年，他被任命为梅济耶尔大学的数学教授。1780 年，当他与他的两个学生拉克鲁瓦和巴黎的盖伊·德·弗农（Gay de Vernon）交谈时，他被迫告诉他们："我在这里所做的一切都是通过计算得出的，我本可以用直尺和圆规来完成的，但有人不允许我向你们揭示这些秘密。"不过，拉克鲁瓦本人亲自进行了研究，发现了这些方法，并于 1795 年发表了这些方法。同年，蒙日发表了相同方法，但是起初只是发表了速记员记录的他在师范学校上课时的内容。此时，他已当选共和历三年师范学校的教授。后来，他在修改了授课记录后再次发表在《师范学校学报》（*Journal des écoles normates*）上。1798 到 1799 年，他又出版了修订版。短短四个月后，共和历三年师范学校于 1795 年关闭。同年，巴黎综合理工学院成立，蒙日积极参与建校工作。他在那里教过画法几何，直到离开法兰西，去陪同拿破仑参加埃及战役。他是埃及研究所的第一任负责人。蒙日是拿破仑的忠实追随者，因此，路易十八剥夺了他的所有荣誉。这件事和巴黎综合理工学院被摧毁深深地困扰了他，在屈辱之中，他很快死去。

---

〔1〕 Christian Wiener, *Lehrbuch der Darstellenden Geometric*, Leipzig, 1884, p. 26.

蒙日的大量论文没有局限于画法几何。他在数学分析方面同样有令人瞩目的成就。他将直线方程方法引入解析几何，为二次曲面研究做出了重要贡献（先前由雷恩和欧拉进行过研究），并且发现了曲面理论与偏微分方程的积分之间的隐秘关系，进一步阐释了两个主题。他给出了非直线曲线的微分，建立了曲率的一般理论，并将其应用于椭球面。他发现，如果辅助数中有虚数，解的有效性不会受到影响。通常认为蒙日发现了圆的相似中心和其他一些定理，然而，阿波罗尼奥斯可能已经知道了这些定理[1]。蒙日发表了下列著作《静力学》（*Statics*，1786）、《几何中的代数应用》（*Applications de l'algèbre à la géométrie*，1805）、《几何中的数学分析应用》（*Application de l'analyse à la gémétrie*）。最后两本书包含了他大部分各类论文。

蒙日是一位善于激励学生的老师，在他周围聚集了一大群学生，其中包括杜平（Dupin）、塞尔乌瓦、布里安桑、哈切特（Hachette）、比奥和彭赛列。巴黎的法国学院（Collége de France）教授让·巴蒂斯特·比奥（Jean Baptiste Biot）年轻时就与拉普拉斯、拉格朗日和蒙日相识。1804 年，他与盖伊·卢萨科（Gay-Lussac）一起乘坐热气球升空。他们证明，在地球表面上方的区域中，地球磁场强度并未明显降低。比奥撰写了一本关于解析几何的书籍，广受欢迎，此外他在物理数学和大地测量学领域也有很多研究。他与拥护菲涅尔的光的波理论的阿拉戈（Arago）之间发生过争执。比奥是一个个性很强，影响力很大的人。

查尔斯·杜平（Charles Dupin）在法国国立工艺学院担任了多年的力学教授，他于 1813 年发表了重要著作《几何学发展》（*Développements de géométrie*），其中引入了曲面一点的共轭切线和特征曲线的共轭切线的概念，书中还包含现被称为“杜平定理”的定理[2]。让·尼古拉斯·皮埃尔·哈切特（Jean Nicolas pierre Hachette）研究了二次表面和画法几何学，并取得了丰富成果。蒙日离开巴黎综合理工学院前往罗马和埃及后，他成为学校的画法几何教授。1822 年，他发表了《画法几何论》（*Traité de géométrie descriptive*）。

德国建立理工大学时引入了法国的理工大学中出现的画法几何。施莱伯

---

〔1〕 R. C. Archibald in *Am. Math. Monthly*, Vol. 22, 1915, pp. 6-12; Vol. 23, pp. 159-161.

〔2〕 Gino Loria, *Die Hauptsächlisten Theorien der Geometrie* (F. Schütte), Leipzig, 1888, p. 49.

(Schreiber) 是卡尔斯鲁厄一所大学的教授。1828 年至 1829 年间，他发表了一部著作，首次将蒙日的几何学著作引入德国[1]。在美国，1816 年，克劳德·克罗泽 (Claude Crozet) 将画法几何引入西点军校，他曾是巴黎综合理工学院的学生。克罗泽发表了该问题的第一本英语著作。[2]

拉扎尔·尼古拉斯·马格利特·卡尔诺 (Lazare Nicholas Marguerite Carnot) 生于勃艮第的诺莱 (Nolay)，在故乡接受教育。他参军后继续了数学研究，并于 1784 年写了一篇关于机器的著作，其中包含最早的证据表明动能在天体碰撞中损失。随着革命的来临，他投身政治事业。1793 年，欧洲联合对付法国百万士兵时，他完成了组织十四支军队与敌人会战的艰巨任务。他因反对拿破仑政变而于 1796 年被放逐。这位难民去了日内瓦，1797 年，他在日内瓦发表了现在仍经常被引用的题为《无穷小微积分的形而上学的反思》(*Réflexions sur la Métaphysique du Calcul Infinitésimal*)。他宣称自己是“国王的死敌”。在俄国战役之后，他提出要为法国而战，但不是为帝国而战。王政复辟后，他被流放了。他死于马格德堡 (Magdeburg)。他的《位置几何》(*Géométrie de position*, 1803) 和《论横截线》(*Essay on Transversals*, 1806) 对现代几何做出了重要贡献。蒙日主要研究三维几何，而拉扎尔·卡尔诺的研究仅限于二维几何。他努力解释几何中负号的含义，建立了“位置几何”(geometry of position)，但是，它与今天的“位置几何”(Geometrie der Lage) 不同。他建立了一类图形射影性质的一般定理，彭赛列、夏斯莱等学者大大发展了这一类定理。

多亏了拉扎尔·卡尔诺的研究[3]，达布说：“直到解析几何的发现，笛卡尔和费马提出的概念才从莱布尼茨和牛顿的微积分那里夺回了属于自己的阵地，这片阵地永远都没有理由放弃。”拉格朗日在谈到蒙日时说：“这位大师的几何学研究将使他永垂不朽。”

在法国，蒙日的学派创建了现代几何，罗伯特·西姆森 (Robert Simson) 和马修·斯图尔特 (Matthew Stewart) 在英格兰努力复兴古希腊几何。斯图尔特是西姆森和麦克劳林的学生，并在爱丁堡继承了他们的研究。18 世纪，他和

---

[1] C. Wiener, *op. cit.*, p. 36.

[2] F. Cajori, *Teaching and History of Mathematics in U. S.*, Washington, 1890, pp. 114, 117.

[3] *Congress of Arts and Science*, St. Louis, 1904, Vol. 1, p. 535.

麦克劳林是英国仅有的杰出数学家。他的天赋用在了错误的方向。当时英国主流数学家忽略了高等分析。1761 年，他发表了《物理与数学的四篇论文》(*Four Tracts, Physical and Mathematical*)，其中将几何学应用于解决天文学难题。在欧洲大陆上，解析法获得了更大的成功。他于 1746 年出版了《一般定理》(*General Theorems*)，并于 1763 年出版了他的《几何命题传统证明》(*Propositiones geometricæ, more veterum demonstrate*)。前者包含六十九个定理，其中只有五个定理有证明，并且还给出了许多圆和直线的有趣新发现。斯图尔特拓展了意大利数学家乔瓦尼·塞瓦（Giovanni Ceva）提出的一些关于横截线的定理。塞瓦于 1678 年在麦迪奥拉尼（Mediolani）发表了《论截线》(*De lineis rectis se invicem secantibus*)，其中包含现以他的名字命名的定理。

十九和二十世纪的数学发展

引　言

19 世纪和 20 世纪出现了前所未有的数学研究热。和以前一样，数学研究的进展没有局限于一两个国家。在前一时期取得进步的法国和瑞士继续前进并取得了巨大成功，而来自其他国家的研究者大军也开始崭露头角。德国从沉睡中醒来，产生了高斯、卡尔·古斯塔夫·雅各比、狄利克雷以及其他一些离我们的时代更近的学者。大不列颠产生了乔治·布尔（G. Boole）、哈密尔顿、凯利和西尔维斯特，以及其他一些如今仍然在世的数学家。进入了这场竞赛的还有俄罗斯的罗巴切夫斯基（Lobachevski），挪威的阿贝尔，意大利的克雷莫纳，匈牙利的两个波尔约（Bolyai），美国的本杰明·佩尔斯（Benjamin Pierce）和维拉德·吉布斯（Willard Gibbs）。

瓦萨学院（Vassar College）的怀特（White）估计了 1870 年至 1909 年间数学出版物的年增长率，并确定了不同研究主题最受重视的时期。[1] 他选取了 1871 年以来出版的《数学进步年鉴》[*Jahrbuch über die Fortschritte der Mathematik*，由柏林国王学院的卡尔·奥特曼（Karl Ohrtmann）创立，自 1885 年起由柏林理工大学的埃米尔·郎波（Emil Lampe）担任总编辑）]，以及自 1893 年以来出版的《半年评论》[*Revue Semestrielle*，由阿姆斯特丹数学学会（Mathematical Society of Amsterdam）主办] 统计了数学论著标题的数量，在某些情况下还包括专门研究某一主题的书籍和文章的评论所占据的页数，并得出了以下估计结果。(1) 在 40 年中，每年的出版物总数增加了一倍。(2) 在 40 年中，30%的出版物是应用数学，25%是几何学，20%是分析学，18%是代数学，7%是历史和哲学。(3) 几何学在“普吕克，他的聪明学生克莱因、克利福德和凯利”的领导下，从 1870 年到 1890 年论文产出翻了一番，然后下降了三分之

[1] H. S. White, “Forty years' Fluctuations in Mathematical Research”, *Science*, N. S., Vol 42, 1915, pp. 105-113.

一，1899 年后又慢慢恢复回来。综合几何在 1887 年达到最大值，然后在随后的 20 年中不断下降。解析几何研究的数量始终超过综合几何，自 1887 年以来最为明显。（4）分析学论文在四十年间出现三倍增长，在 1890 年达到最高点。“几何学的深化研究、微积分、虚构代数，以及‘数学王国的仆从和国王’抽象逻辑等的发展都同样推动了分析学的崛起。将分析学研究推到最高潮的很可能是魏尔斯特拉斯，柏林的数学家福赫（Fuchs），哥廷根的数学家黎曼，巴黎的数学家赫尔密特，斯德哥尔摩的数学家米塔格·勒夫勒（Mittag-Leffler），意大利数学家蒂尼（Dini）和布里奥希（Brioschi）”；1887 年之前，分析学论文的大部分增长是由于函数理论的发展。函数论文数量在 1887 年左右达到最大值。1900 年之后，由于积分方程理论和希尔伯特的影响，函数论文数量曲线再次向上倾斜。（5）包括级数和群理论在内代数研究四十年来经历了稳步增长，达到原始产出的 2.5 倍；与代数形式不变量等有关的代数研究在 1890 年之前达到顶峰，然后令人惊讶地下降。（6）1870 年开始，微分方程论文的数量缓慢而稳定地增加，“在魏尔斯特拉斯，达布和李（Lie）的共同影响下”，在 1886 年出现了小幅下降，但“随后，在福赛斯、皮卡德、古赫萨（Goursat）和潘勒维（Painlevé）的课程讲义内容出版期间出现了显著的恢复和发展”。（7）电磁数学理论的论文仍然不到所有应用数学论文的四分之一，但在 1873 年以后，在克拉克·麦克斯韦，开尔文勋爵和泰特的努力下稳步上升到四分之一。（8）数学研究方向不断变化部分原因是受到了潮流的影响。

数学学会的组织定期发行期刊，极大地促进了数学的发展。主要学会有：1865 年组建的伦敦数学学会（London Mathematical Society），1872 年组建的法兰西数学学会（La société mathématique de France），1883 年组建的爱丁堡数学学会（Edinburgh Mathematical Society），1884 年组建的巴勒莫数学学会（Circolo matermatico di palermo），1888 年成立了美国数学学会（American Mathematical Society）的雏形——纽约数学学会（New York Mathematical Society），并在 1894 年改成了现在的名字[1]。德国数学学会（Deutsche Mathematiker Veieinigung）在 1890 年成立，印度数学学会（Indian Mathematical Society）在 1907 年

[1] Consult Thomas S. Fiske address in *Bull. Am. Math. Soc.*, Vol. 11, 1905, p. 238. Dr. Fiske himself was a leader in the organization of the Society.

成立，西班牙数学学会（Sociedad Metematica Espahola）在1911年成立，美国数学学会（Mathematical Association of America）在1915年成立。

在过去的一个世纪中，数学期刊的数量已大大增加。根据菲利克斯·穆勒（Felix Müller）[1] 的说法，直到1700年，世界上只有17种期刊包含数学论文，在18世纪有210个，在19世纪950个。

数学家的国际代表大会极大地促进了数学的发展。1889年国际数学文献学大会（Congrüs international de bibliographie des sciences mathématiques）在巴黎举行。1893年，在哥伦比亚博览会期间，芝加哥举办了国际数学大会（International Mathematical Congress）。但是，经商议后，1897年在瑞士苏黎世举行的数学会议被称为“第一届国际数学大会”。第二届于1900年在巴黎举行，第三届于1901年在海德堡举行，第四届于1908年在罗马举行，第五届于1912年在英国剑桥举行。这些大会的目的是促进友好交流，对数学的不同分支的进展和现状进行回顾，并讨论术语和文献问题。

当时有许多出版物努力旨在将现代研究成果进行总结摘要，《数学百科知识》（*Encyklopädieder Mathematischen Wissenschaften*）便是其中之一。该出版物的出版始于1898年，由柯尼斯堡（Königsberg）的威廉·弗朗兹·梅耶（Wilhelm Franz Meyer）担任编辑，此外另一联合主编海因里希·伯克哈特（Heinrich Burkhardt）也是知名数学家，他一开始居住在苏黎世，后来去了慕尼黑。1904年，在南锡大学（University of Nancy）的于勒·莫尔克（Jules Molk）的主持下，该出版物开始出版法文修订版和增补版。

关于现代学者的研究能力，凯利在1883年时曾说[2]：“很难描述现代数学的领域到底有多广泛。不过，‘领域’一词并不准确：我的意思是，在这一领域到处都是动人的细节，不是像空荡荡的平原那种单调，而是最初，在远处就看到一片美丽的乡村，但走近之后，可以观察到山坡、山谷溪流、岩石和花草树木。数学家颇为得意的是，和其他学科不同，数学中的新发现很少会否决旧的研究成果；很少有研究被放弃或被浪费。每个时代的数学研究发现都是不

---

[1] *Jahresb. d. deutsch. Mathem. Vereinigung*, Vol. 12, 1903, p. 439. 另见 G. A. Miller in *Historical Introduction to Mathematical Literature*, New York, 1916, Chaps. I, II.

[2] Arthur Cayley, Inaugural Address before the British Association, 1883, *Report*, p. 25.

朽的财富。”

如果有人要问，某些现代数学发现到底有什么实际用途？那么必须承认，目前很难看到其中一些成果如何能够应用于一般生命科学或物理科学问题。但是，不应因此就反对数学研究。首先，我们既不知道这些抽象科学研究将在力学、物理科学或其他数学分支中何时能够得到应用。例如，对实践工程师极为实用的整个图解静力学问题都依赖于施陶特的《位置几何学》（*Geometrie der Lage*）。哈密尔顿的“变作用量原理”在天文学中得到了应用。复数、通用积分和积分中的一般定理为电磁学研究提供了便利。

1878 年，斯波蒂斯伍德（Spottiswoode）说[1]：“这些研究的实用性，在任何情况下都不能低估，也不可能事先想象到。例如，谁能想到形式演算或者置换理论会极大推动对普通方程式的认识呢？谁能想到阿贝尔函数和超椭圆函数将帮助我们认识曲线性质呢；或者算子微积分竟然会帮助我们求出地球形状？”

实际上，在 19 世纪以及整个数学史，研究的应用一直是影响数学发展的决定性因素。皮卡德说：“物理理论的影响不仅对要解决的问题的一般性质产生影响，甚至对解析变换的细节也产生了影响。就是因为这个原因，在最近的研究报告中，偏微分方程被称为格林公式，这个公式受到了英国物理学家格林原始公式的启发，动电学理论以及安培和高斯的研究都开启了重要的数学进展；曲线积分和曲面积分的研究从那时起就开始发展了，并且像斯托克斯（Stokes）公式（也可以称为安培公式）这样的公式首次出现在物理学的研究报告中。以基尔霍夫（Kirchhoff）和欧姆（Ohm）名字命名的一些电传导方程，和热传导方程极为相似，但在极限处经常给出一些不同条件。我们知道，有线电报通信技术基于电学研究中对傅里叶方程的深入讨论。很久之前，水动力学、电理论方程、麦克斯韦和赫兹的电磁学方程的研究中也讨论了上述方程，并出现了与上述例子相似的问题，虽然条件更加多样。”[2]

福赛斯也说过类似的话。他在 1905 年时说[3]：“接下来要提到，本世纪

---

〔1〕 William Spottiswoode, Inaugural Address before British Association, 1878, *Report*, p. 25.

〔2〕 *Congress of Arts and Science*, St. Louis, 1904, Vol. I, pp. 507-508.

〔3〕 *Report of the British Ass'n* (South Africa), 1905, London, 1906, p. 317.

(20世纪) 科学的最后一个特征，即学科数量的增加，显然学科彼此之间各不相同，但多多少少都应用了数学知识。也许最令人惊讶的是数学在纯粹思想研究中的应用。乔治·布尔1854年发表了专著《思想的规律》(*Laws of Thought*)，做到了这一点，尽管这超出了布尔的研究范围，但这部著作是一部经典，标志着一个新开始。在古诺 (Cournot) 和杰文斯 (Jevons) 的倡导下，政治经济学开始使用符号并发展出了图形方法，但是目前符号似乎只是用于阐述式的记录和表达，而不是积极建构。化学在现代精神影响下正引入数学理论中，维拉德·吉布斯在其关于化学系统平衡的研究报告引领了这一变化。尽管化学家发现，他开辟的这条道路遍布荆棘，但是他的努力却顺便推动了物理和化学实验结果之间的协调。一种新的一般统计理论体系正在建立之中。一个正在成长中的学派正在将这一理论体系应用于生物学研究。然而，这一学派的努力并没有得到所有生物学家的支持。去年 (1904年) 在剑桥举行了一场生物统计学家和部分生物学家之间的会议，从会议结果看，将来一旦生物统计学家陷入困境，必然会遭到猛烈抨击。”

现代数学的最大特点是倾向于研究广泛适用的命题。西尔维斯特说：“如今，孤立定理几乎无人重视，除非能够暗示一个未曾考虑过的新领域的存在，例如对陨石是从一些未被发现的行星中脱离的推测。”数学和其他科学一样，没有什么问题能够孤立考虑，而是始终与其他事物相关或是它们的副产物。连续性概念的发展在现代研究中起着主导作用。在几何学中，连续性原理对应思想和射影理论是现代几何学的基本概念。其中，极为令人瞩目的是，学者从与平面无穷远处的虚圆点的关系的角度研究了连续性。在代数中，线性变换和不变式理论以及同质性和对称性价值体现了现代代数思想。

贝克 (Baker)[1] 在1913年说过：“借助群可以给出一个完整的可解代数方程式的理论……但是群的理论，还有其他应用若存在四个量之间的交换群，四个量的六个差的乘积不变，且存在另一中心固定的规则四面体的旋转群，四面体角相互交换，两群相似。接着，我提到了一个历史事实：现在，著名微分方程超几何方程的所有解都可以用有限个项表示为代数函数，但是这一点到底

[1] *Report British Ass'n* (Birmingham), 1913, London, 1914, p. 371.

是何时做到的呢？有研究澄清了这一问题，并且在澄清时联系了另一个类似的群。对于任意线性微分方程，都必须要考虑当其自变量，从任意点开始，发生了所有可能偏移并最终返回到其初始值的情况下，方程的互换群……但是，有一个与迄今为止提到的群理论不同的群理论，其中变量可连续变化；从其次要的应用之一——我们所熟悉的齐次多项式不变量理论可以判断，这种群理论目前是使用最广泛的理论。此外，也许几何学理论中一些最深入的分析学研究正是此类群的特殊应用。”

19世纪和20世纪初，数学家重新审视了数学的基础理论，调整了基本原理。贝克说[1]：“科学研究中经常需要我们重新考虑术语的准确含义。由于所有测量都不可避免地要使用到数字和函数，所以数、连续性、无穷大、极限等概念的精确含义是研究中的基本问题。这些概念中有很多陷阱，例如构造一个在一区间所有点上都连续，但是在任何一点都没有确定的微分系数的函数。假设人性是连续的，我们能够确保人性在如此不确定的物质世界中是唯一的连续变量吗？在人生中的一些时刻，我们可以确切地说出，此刻我们的年龄是精确的多少年，多少天，多少小时甚至更少，如果我们从人生中抽去这些时刻，很明显我们仍然剩下很长时间的寿命；在理想条件下，假设我们选择的速度不受限制，不管我们究竟选出多少时刻，选择时的精度多么高，我们还是会有很长的寿命……这些计算有时会被与傅里叶使用的级数理论相联系。‘胆大妄为’的傅里叶将这些级数理论用于热传导研究。和其他学者一样，他把许多假设理所当然。问题在于他的理论中到底有多少这个问题让学者开始考虑实变量函数的精度，以及无穷级数的一致收敛的问题。比如，斯托克斯的早期论文中就研究了这些问题。这一问题还促使数学家给出了积分条件、多重积分的性质等的新表述。但是，这一问题直到现在仍然没有完全解决。

“另一个物理学发现对数学家造成严重困扰的问题是定积分的变分问题。有一些学者希望从最小作用量原理出发梳理整个世界物理史，没人会否认这一目标的宏大性。每个人都必定对这一定理感兴趣：在体积分处具有给定值的位势函数可以使某个特定积分（例如代表能量的积分）达到最小值。但是，人们

---

〔1〕 H. F. Baker, *loc. cit.*, p. 369.

同样也希望确保推导过程的逻辑不会遭到质疑。而且，为了解决上述定理相关的一些早期问题，尽管简单积分的最小值的最终充分条件似乎早已确定，并且可以应用到一些问题上，比如牛顿著名的最小阻力体问题，研究者却发现，该问题普遍不可能有任何确定解法。尽管汤姆森和狄利克雷提出了上述位势问题的相关原理，并且他们的原理由高斯进一步阐述，为黎曼所认可，甚至在今天的《自然哲学》(*Natural Philosophy*)标准论文中一直存在，但毫无疑问，该原理的原始形式什么也证明不了。因此，有必要对这一原理的理论基础进行重新研究。此处提到的另一个与此问题密切相关的问题是太阳系的稳定性。由于我对此了解并不多，此处不再赘述。但是对于他们的方法，到目前为止，我有另一种感觉理论数学家们对此问题如此感兴趣，足以说明他们多么渴望找到一种足够强大的方法，保证绝对严谨性。”

下面我们换一个角度审视对绝对严谨性的追求。贺拉斯·兰姆(Horace Lamb)在1904年称[1]:“如果一位旅客每逢过桥时，一定要亲自测试桥的每一部分是否完好，那他走不了多远；即使在数学领域，学者也必须冒些风险。众所周知，即使是在这个‘精确’思想的领域里，常常是研究者得出某发现后严格逻辑证明才给出，例如虚数理论以及分析学理论的典型例子——傅里叶定理。”

马克西姆·波赫(Maxime Bôcher)说[2]:“也许存在一种方法，且称之为‘乐观法’，用这种方法时，我们要么故意，要么本能地对某种可怕的可能性视而不见。所以，研究代数或解析几何的乐观主义者停下来反思片刻，他会说：‘我知道，我没有权利把零当除数；但是要除以的那个表达式还有可能取很多其他值，所以我就假设这次恶魔没有在我的分母的位置放上零。’这种方法在许多数学分支的迅速发展中发挥了重要作用。”

数学的定义

追求严谨性的阶段之一是重新定义数学。“数学即数量的科学”这个古老的想法，可以追溯到亚里士多德。法国哲学家和数学家，实证主义的创始人奥

[1] Address before Section A, British Ass'n, in Cambridge, 1904.

[2] Maxime Bôcher in *Congress of Arts and Science*, St. Louis, 1904, Vol. I, p. 472.

古斯特·孔德（Auguste Comte）修改了这一定义。由于数学中最受关注的度量往往不是直接而是间接的，如确定行星或原子的距离和大小的方法，因此他将数学定义为“间接测量的科学”。放弃这些定义的原因是，数个现代数学分支例如组理论、拓扑学、射影几何、数论和逻辑代数与数量和度量无关。凯瑟（Keyser）说[1]：“一方面，连续统的概念，或者按西尔维斯特的说法是现代数学分析的支柱。魏尔斯特拉斯、戴德金、乔治·康托尔和其他人建立了这一概念，但他们没有提及任何数字。所以，数和量的概念不仅相互独立，而且本质上完全不同。”或者，如果再往前追溯几个世纪，举一个定理作为例子，则可以引用德萨格的说法：“如果两个三角形的顶点位于相交于一点的三条直线上，则它们的边在一条直线上的三点相交。”这个美丽的定理与度量无关。

1870年，本杰明·佩尔斯在他的《线性结合代数》（*Linear Associative Algebra*）中说：“数学是一门得出必要结论的科学。”这一定义被认为太过宽泛，而且也需要阐明什么构成“必要的”结论。在一代数学家看来已经是结论性的定义，下一代数学家总是不太满意。根据当前的标准，所有任何自称准确的定义都必须依据于形式逻辑法，基于明确完整陈述的前提，而不能借助于直觉。[2] 数理逻辑学家包括乔治·布尔（George Boole）、佩尔斯、施罗德（Schröder）和皮亚诺等充分发展了数理逻辑学。皮亚诺和其追随者以及弗雷格（Frege）“列出了一个精确推理依赖的逻辑概念和法则的简短名单”。但是逻辑法则的有效性必须能够经受住实践的考验，不幸的是，对此我们可能永远无法得出定论。弗雷格和伯特兰·罗素（Bertrand Russell）各自独立地建立了一套算术理论，每个理论都从显而易见的逻辑法则出发。然后，罗素发现他的一些法则，虽然适用于非常普遍的逻辑类别，但会得出一些荒谬的结论，因而显然需要部分重构。不过话说回来，我们也只是在不断接近绝对严谨而已，不是吗？

坎普（Kempe）对数学的定义如下[3]：“数学是一门科学，我们可以通过它研究任何思想主题的特征，包含相同或不同的个体和多元性的观念。”十年

---

〔1〕 C. J. Keyser, *The Human Worth of Rigorous Thinking*, New York, 1916, p. 277.

〔2〕 Maxime Bôcher, *loc. cit.*, Vol. I, p. 459.

〔3〕 *Proceed. London Math. Soc.*, Vol. 26, 1894, p. 15.

后，马克西姆·波赫修改了坎普的定义[1]：“如果我们有某类对象和某类关系，并且我们研究的问题只是这些对象的有序组是否满足这些关系，则研究结果称为数学。”波赫指出，如果我们将数学的范围局限于精确数学或演绎数学，那么坎普的定义就和佩尔斯的定义一样宽泛。

伯特兰·罗素于1903年在剑桥的《数学原理》中将理论数学视为完全“由逻辑法则向逻辑法则的推理”。罗素给出的另一种定义看似自相矛盾，但实际上体现了现代数学某些方面的极端普遍性和微妙性：“数学是一门我们永远不知道自己在说什么，我们说的是否正确的科学。”[2] 帕培里茨（Papperitz，1892）、伊特尔森（Itelson，1904）和库杜拉（Couturat，1908）也给出了思路类似的定义。

---

〔1〕 M. Bôcher，*op. cit.*，p. 466.

〔2〕 B. Russell in *International Monthly*，Vol. 4，1901，p. 84.

综合几何

在18世纪末和19世纪初出现的几何学中的综合法和解析法之间的冲突现已结束，没有一方最终取得胜利。数学家发现，最好的做法不是偏向哪一方，而是两者之间的友好竞争，以及一方对另一方的启发。拉格朗日自夸称，自己在《分析力学》一书中成功避免了使用任何图形。但是从他的时代开始，力学就从几何学中获得了很多帮助。

几位学者几乎同时创建了现代综合几何。他们似乎都是因为想找到通用几何方法。当时的学生需要一种方法帮他们走出定理、推论、系论和问题的阿里阿德涅（Ariadne）女神的迷宫。法国数学家蒙日、拉扎尔·卡尔诺和彭赛列率先研究了综合几何；然后，德国数学家莫比乌斯（Mobius）和瑞士数学家雅各布·斯坦纳（Jacob Steiner）在这一领域硕果累累，最后法国的夏斯莱，德国的施陶特和意大利的克雷莫纳进一步完善了综合几何。

让·维克多·彭赛列（Jean Victor Poncelet）是法国梅兹（Metz）人，曾参加法国对俄战役。在克拉斯诺伊（Krasnoi）血流成河的战场上，他被误认为已死亡而被抛弃。之后，他被俘虏到萨拉托夫（Saratoff）。在那里，他无法接触到任何书籍，于是被迫回忆起了他在梅兹的公立高中和巴黎综合理工学院曾学习过的课程。在巴黎综合理工学院时，他偏爱研究蒙日、拉扎尔·卡尔诺和布里安桑的作品。在那里，他开始从基础起学习数学。他得出了一些发明，并因此声名卓著。和同在监狱里完成了大作的班扬（Bunyan）一样，他在监狱完成的数学著作广为传播，直到现在仍然具有巨大的价值。他于1814年回到法国，并于1822年发表了题为《射影性质论》（*Traité des propriélés projectives*）的著作，并在其中研究了图形的一些特性，这些特性并未因图形的投影而改变。在这本书中，射影不像蒙日那样通过规定方向的平行光线而实现，而是通过中心投影实现。就这样，他将德萨格、帕斯卡、牛顿和兰伯特之前使用的透视投影改进为一种更加有力的几何方法。彭赛列建立了所谓的连续性原理，该原理断言，当图形根据确定的规律变化时，图形属性在图形处于某个限定位置时也会保持不变。

达布说[1]："彭赛列不满足于投影方法所提供的帮助。为了得到虚元素，他建立了著名的连续性原理，但这也导致了他和柯西之间的漫长争论。这一原理经过适当阐释的话非常了不起，用处极大。不过，彭赛列拒绝承认，用解析几何能够简单得出这一原理，他的这一做法当然是错的；但是，话说回来，柯西也不愿意承认，他对此原理的反对虽然毫无疑问适用于某些超越图形，但他根本无法指出彭赛列对其原理的应用的问题。"热尔岗将该原理视为宝贵的研究工具。尽管如此，该原理还是需要严格的证明。[2] 研究几何连续性原理的过程中，彭赛列开始考虑在无穷大处消失或变成虚点和虚线的点和线。解析学方法纳入了理想的点和线，送给了纯几何一份大礼。其中虚数与实数的特性大致相同。彭赛列将德·拉·哈尔、塞尔乌瓦和热尔岗的一些思想阐述为一种常规方法，即"互反极"。他从"互反极"推导出了对偶原理。但是如果单独考虑对偶原理，那么这一发现应该算作热尔岗的成果。达布说，对偶原理的重要性"起初有点不清楚，但在热尔岗、彭赛列和普吕克之间的讨论已充分阐明了它的重要性。"它具有使一个命题与另一个完全不同方面的命题相对应的优势。"这实际上是一个全新的命题。为了证明这一命题，热尔岗发现了将研究报告的相关命题并置两栏的模式，并获得了巨大成功。"

约瑟夫·迪亚兹·热尔岗（Joseph Diaz Gergone）曾是炮兵军官，后来在尼姆（Nimes）的一所公立高中担任数学教授，后来在蒙彼里埃（Montpellier）的一所学校任教授。他解决了阿波罗尼奥斯问题，并声称解析法优于综合法。作为回应，彭赛列发表了一个纯粹的几何解法。热尔岗和彭赛列就谁先发现了对偶原理产生了激烈争执。毫无疑问，彭赛列先涉足了该领域，但热尔岗对这一原理有更深入的了解。一些几何学家，特别是布里安桑，对该原理的普遍适用

---

〔1〕 Congress of *Arts and Science*, St. Louis, 1904, Vol. I, p. 539.

〔2〕 E. Kötter, *Die Entwickelung der Synthetischen Geametrie von Monge bis auf Stavdt*, Leipzig, 1901, p. 123.

性表示怀疑。他们的争议导致热尔岗开始考虑曲线或曲面的种类及其阶数。[1]彭赛列在应用力学上投入了大量精力。1838 年，他加入了理学院，当选为力学教席教授。

达布表示："彭赛列的方法与解析几何相反，并没有受到法国解析学家的青睐。但是，彭赛列的方法重要且新颖，因此立即引起了不同角度的深入研究。"其中一些方法发表在了 1810 年至 1831 年由热尔岗在尼姆出版的《数学年鉴》(*Annales de mathématiques*) 上。在长达 15 年的时间里，这是世界上唯一一本专门研究数学的期刊。热尔岗"经常不顾投稿人的意愿，与他们商量改写论文，并且有时候会让他们或多或少说一些本不想说的话。热尔岗上任蒙彼里埃数学学会领导之后，被迫在 1831 年中止了他的期刊的出版，但这部期刊所获得的成功，培养出来的研究品味，正在产生积极影响。凯特勒 (Quételet) 在比利时创办了《数学与物理学术通讯》(*Correspondance mathématique et physique*)，克雷尔 (Crelle) 1826 年在柏林出版了他著名期刊的第一期，其中包含阿贝尔、卡尔·古斯塔夫·雅各比和斯坦纳的研究报告。"(达布)

与彭赛列同时代的德国几何学家奥古斯图·斐迪南·莫比乌斯 (Augustus Ferdinand Mobius)，是普鲁士舒尔普福塔 (Schulpforta) 人。他在哥廷根跟随高斯学习，也曾在莱比锡和哈勒学习。1815 年成为莱比锡一所大学的无薪大学教师 (报酬来自学生学费)。第二年，他成为学校的天文学特职教授，1844 年成为普通教授。他一直担任这个职位直到去世。他最重要的研究是几何学方面的一些发现，收录于《克雷尔杂志》(*Crelle's Journal*) 中，"以及他的著名著作《重心计算》(*Der Barycentrische Calcul*, 1827，莱比锡)。这是一部真正的原创作品，以思考深刻，理论优雅和论述严谨而著称"(达布)。顾名思义，这部书中的计算是基于重心的属性。[2] 点 S 是分别是位于点 A、B、C、D 的重物 a、b、c、d 的重心，表示为等式 $(a+b+c+d)S=aA+bB+cC+dD$。彭赛列的计算是四元数代数研究的开端，包含了格拉斯曼的奇妙理论体系的萌芽。我们发现，这部著作在指定线段时首次按字母 AB、BA 的顺序不同区分正负。三角形和四

〔1〕 E. Kötter, *op. cit.*, pp. 160-164.

〔2〕 J. W. Gibbs, "Multiple Algebra", *Proceedings Am. Ass'n for the Advanc. of Science*, 1886.

面体类似。莫比乌斯了解到始终可以通过赋予点 A、B、C 重量 α、β、γ，使平面上的任意第四个点 M 成为质心。在这一发现刺激下，莫比乌斯建立了一种新坐标系，在此坐标系中，点的位置由一个方程表示，线的坐标由坐标表示。借助这一坐标系，他用代数方法发现了许多主要表达不变性质的几何定理，例如关于非谐关系的定理。莫比乌斯还研究了静力学和天文学。他通过使三角形的边或角度超过 180°推广球面三角。

不仅是莫比乌斯，格拉斯曼也放弃了普通坐标系，并使用了代数解析法。在 19 世纪后期和 20 世纪初，这些思想被数学家尤其是雅典国立大学的数学家西帕利绍斯·斯泰法诺斯（Cyparissos Stéphanos），充分利用。维纳（Wiener）、塞格（Segre）、皮亚诺、阿谢利（Aschieri）、斯图迪（Study）、布拉利弗蒂（Burali-Forti）和格拉斯曼的儿子赫尔曼·格拉斯曼的研究涉及二元和三元线性变换，由小格拉斯曼整理到专著《平面射影几何点运算描述》（*Projektive Geometrie der Ebene unter Benutzung der punktrechnung dargestellt*，1909）中。

雅各布·斯坦纳（Jakob Steiner）是“自欧几里得之后最伟大的几何学家”。他出生于伯尔尼州的乌岑多夫，直到 14 岁才学习写作。18 岁时，他成为佩斯塔洛兹（Pestalozzi）的学生，后来在海德堡和柏林学习。当克雷尔于 1826 年开始创办以他自己的名字命名的著名数学期刊时，斯坦纳和阿贝尔就成为了主要投稿人。在卡尔·古斯塔夫·雅各比等人的影响下，1834 年，他进入了柏林大学，之后一直待到去世。当时，柏林大学专门为他设立了几何学讲席。去世前，他多年身体欠佳。

斯坦纳在 1832 年发表了他的《几何图形的相互依赖性的系统发展》（*Systematische Entwickelung der Abhiingigkeit geometrischer Gestalten von einander*，以下简称《系统发展》），这本书揭示了让世界上最多样化的现象（Erscheinungen）在空间世界中相互结合的有机体系。此书第一次在一开始即引入了对偶原理。这本书和施陶特的研究奠定了日后综合几何学研究的基础，之后综合几何学研究伴随着蒙日、彭赛列和热尔岗等人的杰出研究而达到高潮。他们的研究表明了几何方法的统一性。斯坦纳撰写此书的目的则是“揭示空间中最不同的几何形式之间的相互间联系的有机体系”，阐释“少量极为简单的基本关系，这些关系所揭示的理论体系能够使整个几何定理体系得以用简单但合乎逻辑的方式推导出来。”汉克尔说[1]：“根据这个美丽的定理，一条圆锥曲线可以由两个射影束相交（以及关于投影范围的双相关定理）生成。斯坦纳认可了对偶原理，从这一原理能轻易推导出一些重要曲线的大量性质。”他不仅显著完善了二次曲线和二次曲面的理论，在高次曲线理论研究中也做出了重要贡献。

在《系统发展》（1832）中，斯坦纳研究了以各种可能方式连接圆锥曲线上的六个点获得的图形，并证明在这个一笔画六芒星中，60 条“帕斯科线”三三穿过 20 个点（“斯坦纳点”）；而这些点四四位于 15 条线（“普吕克线”）上。斯坦纳的一个错误影响了这一定理的早期表述（1828），因此遭到普吕克的严厉批评。斯坦纳虽然后来给出了正确表述，但始终没有承认普吕克的批评。柯克曼（Kirkman）、凯利和萨蒙（Salmon）研究了一笔画六芒星的其他特性。三条六边形的帕斯卡线在一个新点（“柯克曼点”）相交。柯克曼点共有 60 个。对应于相交于斯坦纳点的三条帕斯卡线，有三个柯克曼点位于一条线（“凯利线”）上。有 20 条凯利线四四通过 15 个“萨蒙点”。1877 年，韦罗内塞（Veronese）和克雷莫纳发现了一笔画六芒星的其他特性。[2]

在斯坦纳的推动下，综合几何学取得了巨大进步。他思如泉涌，以至于经常没有时间记录证明方法。在他发表在《克雷尔杂志》的论文《论代数曲线一般属性》（*On Allgemeine Eigenschaften Algebraischer Curvenhe*）中，他给出了一些没有证明的定理。黑塞称，这些定理“就像费马的定理，让当代和后代数学家感到困惑”。至今为止，其中一些定理已经有数学家提供了一些解析法证明，但克雷莫纳最终通过综合法证明了所有这些定理。斯坦纳用综合法发现了三阶曲面的两个突出特性，即它包含二十七个直线和一个五面体，五面体的顶点为二重点，五面体的边为具有给定曲面的黑塞线。之后的数学家更充分地讨论该主题。斯坦纳用综合法研究了最大值和最小值，得出了当时超过了变分法分析能力的问题的解法。但是之后，有些数学家对他的推理过程提出批评。

---

〔1〕 H. Hankel, *Elemente der Projectivischen Geometrie*, 1875, p. 26.

〔2〕 G. Salmon, *Conic Sections*, 6th Ed. , 1874, Notes, p. 382.

斯坦纳将马尔法蒂问题推广到一般情况[1]。费拉拉大学（University of Ferrara）的乔瓦尼·弗朗西斯科·马尔法蒂（Giovanni Francesco Malfatti）于1803年提出了这个问题：从三面棱柱体中切出三个圆柱形孔，使圆柱体和棱柱体高度相同，而体积取到最大值。这个问题后来被简化为另一个现在通常被称为马尔法蒂问题的问题：在三角形中内接三个圆，使每个圆与三角形的两边和其他两个圆相切。马尔法蒂给出了一个解析解，斯坦纳给出了构造，但没有给出证明。他指出存在三十二种解法，并用三个圆代替三条线，将该问题进一步推广，并解决了三维空间中的类似问题。谢尔巴赫（Schellbach）、凯利和克莱布希（Clebsch）借助椭圆函数的加法定理给出了一般情况的解析解。1856年，都柏林圣三一学院的哈特（Hart）给出了斯坦纳的构造的简单证明。[2]

斯坦纳的论文《用直线和一定圆作图》（*Ueber die geometrischen Constructionen, Ausgeführtmittels der geraden Linie und eines festen Kreises*, 1833）非常有趣。他指出，只要作出一个定圆，就可以用直尺来实现所有二次图形构造。众所周知，所有线性结构都可以由直尺实现，而无需任何其他辅助手段。1868年，波恩的路德维希·赫尔曼·科图姆（1836—1904）和牛津大学的史蒂芬·史密斯（Stephen Smith）证明，三次图形构造则需要确定三个位置元素（点）。这两项研究获得了柏林科学院的斯坦纳奖。研究表明，如果一开始作的是一条圆锥曲线（而不是圆），那么所有此类构造都可以用直尺和圆规完成。布雷斯劳（Breslau）的数学家弗朗茨·伦敦（Franz London）于1895年证明，只要绘制一条固定的三次曲线，这些三次图形构造结构就只用直尺就能实现。[3]

布兹比尔杰（Bützberger）1914年指出[4]，斯坦纳早在1824年就在未出版的手稿中阐释了反演原理。1847年，刘维尔（Liouville）称其为倒半径的变换。斯坦纳之后，贝拉维蒂斯（Bellavitis）在1836年，斯图布斯（Stubbs）和英格拉姆（Ingram）在1842年、1843年，威廉·汤普森（开尔文勋爵）在1845年各自独立发现了这一原则。

---

〔1〕 Karl Fink, *A Brief History of Mathematics*, transl. by W. W. Bemanand D. E. Smith, Chicago, 1900, p. 256.

〔2〕 A. Wittstein, *zur Geschichle des Malfalli'schen Problems*, Nördlingen, 1878.

〔3〕 *Jahresb. d. d. Hath. Vereinigung*, Vol. 4, p. 163.

〔4〕 *Bull. Am. Math. Soc.*, Vol. 20, 1914, p. 414.

施坦纳的研究仅限于综合几何。他讨厌解析几何，拉格朗日也不喜欢几何。斯坦纳的《作品集》（*Gesammelte Werke*）于1881年和1882年在柏林出版。

米歇尔·夏斯莱（Michel Chasles）生于埃珀农（Epernon），1812年进入巴黎综合理工学院，毕业后最初做生意，但不久后他放弃从商，把所有的时间都投入到科学研究。1841年，他成为巴黎综合理工学院的大地测量学和力学教授。后来，他成为"巴黎科学院的高等几何学教授"。他在几何学方面有大量著述。1837年，他出版了一部了不起的著作《论几何方法发展与起源历史》（*Aperçu historique sur l'origine et le développement des méhodes en géométrie*），其中包含几何学历史的介绍。另外，附录中有一篇论文《论科学的两个基本原理》（*sur deux principes généraux de la Science*）。此书是一部标准的历史学著作，附录中包含单应性（共线）和对偶（互易）的一般理论。对偶性的发现者是热尔岗。夏斯莱引入了非调和比这一术语，对应于德国多贝维尔哈特尼斯（Doppelverhältniss）和克利福德的交比。夏斯莱和斯坦纳各自独立阐述了现代综合几何或射影几何的理论体系。后来，夏斯莱的许多研究报告发表在《巴黎综合理工学院学报》上。他给出了三次曲线的简化形式，与牛顿的形式的不同之处在于，可以从中射影出其他所有曲线的五条曲线相对于中心对称。1864年，他开始在《巴黎科学院通报》（*Comptes rendus*）发表文章，其中他通过"特征法"和"对应原理"解决了许多问题。例如，他确定了一个平面中两条曲线的交点数。特征法包含枚举几何的基础。

关于夏斯莱对虚数的使用，达布说："他在此处使用的方法确实新颖……但是，夏斯莱仅通过对称函数引入虚元素，因此当四个元素部分或者都不是实元素时，他无法定义四个元素的交比。如果夏斯莱能够建立虚元素的交比的概念，那么他在《高等几何》（*Géométrie supérieure*）新版第118页中所给出的公式将立即增添一个角作为交比的对数的定义，可惜他没有做到。"而拉盖尔凭借着这一定义给出了一个数学家长久以来试图解决的关系变换问题的完整解法，这一关系变换同时包含单应性和相互关系。凯利，亚历山大·冯·布里尔（Alexander von Brill），泽森，施瓦茨（Schwartz），哈尔芬（Halphen）进一步应用了对应原理。直到1879年，汉堡的数学家赫尔曼·舒伯特出版了《几何计数方法》（*Kalkülder Abzählenden Geometrie*）之后，夏斯莱这些原理的价值才全部体现出来。这本书熟练讨论了枚举几何的问题，即确定满足某些条件的系统的点、线、曲线等的数量。舒伯特将他的枚举几何扩展到 n 维空间。[1] 枚举几何的基本原理是舒伯特引入的“数量守恒”定律，但是斯图迪和科恩在1903 年发现这一定律并不总是有效。斯图迪和后来的数学家塞沃利研究了一个特定问题时考虑了线变换成四个点的给定群后的射影的数量。如果群的交比不是-1 的立方根，则射影数为 4，其他情况更多。讨论这一问题的最新著作是泽森的《几何计数方法》（*Abzählende Methoden der Geometrie*，1914）。

夏斯莱通过无穷远的虚球面圆将图形的非射影性质引入到射影几何中。[2] 值得注意的是，他在 1846 年用综合几何方法完全解决了椭圆体对外部点的吸引力的难题。这个著名的问题被数学家用综合法和解析法交替处理。麦克劳林用综合法获得的结果引起了轰动。然而，勒让德和泊松都表示，综合法的能力很快就会达到尽头。泊松于 1835 年通过解析法解决了这一问题。随后，夏斯莱基于共焦曲面的综合法让整个数学界大吃一惊。潘索（Poinsot）在研究报告中介绍了这些综合法和解析法的应用，并对解析法和综合法进行了评论：“可以肯定的是，两者都不能忽视。”

夏斯莱和斯坦纳的工作将综合几何提高至与解析几何同等的地位。

卡尔·乔治·克里斯汀·施陶特（Karl Georg Christian von Staudt）生于陶伯（Tauber）的罗滕堡（Rothenburg），去世时是埃尔郎根大学的教授。他留下了《位置几何》（*Geometrie der Lage*，1847，纽伦堡）以及《续论位置几何论》（*Beiträge zur Geometrie der Lage*，1856—1860，以下简称《续论》）两部巨著。他摆脱了代数公式和度量关系，特别是斯坦纳和夏斯莱的非调和比，创建了位置几何。位置几何本身是一门完整的学科，不涉及度量。施陶特证明，图形的射影性质不依赖于度量，在完全不提及度量的情况下就可以建立。在他的“投掷”（Würfe）理论中，他甚至在求点位置时给出了数字的几何定义。维也纳大学的古斯塔夫·科恩（Gustav Kohn）于 1894 年左右将投掷作为一个基本概念引入，它是几何构形的射影特性的基础。因此，根据对偶原理，图形投掷应该成对出现。互相投掷的图形等同于同等投掷的图形。施陶特的数值坐标在没有

---

〔1〕 Gino Loria，*Die Hauptsächlichslen Theorien der Geometrie*，1888，p. 124.

〔2〕 F. Klein，*Vergleickende Betracktungen über neuere geometrische Forschunger*，Erlangen，1872，p. 12.

引入距离的情况下就被定义为基本概念，对此，威特海德（Whitehead）在1906年说："这一结果的确立是现代数学思想的胜利之一。"

《续论》中包含射影几何的虚点，虚线和虚平面的第一个一般性理论，书中试图将一个对合与一确定方向结合起来表示虚点，两者均在通过该点的实线上。施陶特的方法虽然是纯粹的射影几何方法，但却与解析几何用实点和实线表示虚数的问题密切相关。科尔特（Kötter）说[1]："施陶特是第一个成功地使虚元素服从射影几何的基本定理的数学家，回到解析几何中，在几何学家看来，这是一种美满的结果。"长期以来，施陶特的位置几何被忽视了，毫无疑问，主要是因为他的著作内容被大大压缩。库尔曼推动了对这一问题的研究，他将他的图解静力学研究基于施陶特的著作。斯特拉斯堡（Strasbourg）的西奥多·雷耶（Theodor Reye）撰写了《位置几何》（*Geometrie der Lage*，1868），他解释了施陶特的著作。

马克西米利安·玛利给出了解析几何的虚数的系统图形表示，但他的工作方式与施陶特完全不同。科罗拉多学院的卢德（Loud）在1893年也独立进行了尝试。

路易吉·克雷莫纳（Luigi Cremona）出生于帕维亚，1860年成为博洛尼亚大学的高级几何教授，1866年在米兰大学担任几何学和图解静力学教授，1873年成为高级数学教授兼任位于罗马的工程学院的院长。他曾在罗马学习，对综合几何进行了成功研究，并受到夏斯莱著作的影响。后来，他承认施陶特是纯几何学的真正创始人。他在1866年发表的三次曲面的研究报告获得了柏林的斯坦纳奖的一半，另一半则授予了当时的布朗伯格（Bromberg）的数学家鲁道夫·施图姆。克雷莫纳使用枚举法获得了巨大成功。他研究了平面曲线、曲面、平面和立体空间的双有理变换。双有理变换的最简单的一类现称为"克雷莫纳变换"，在几何学、代数函数和积分的解析理论中都具有重要意义。诺特（M. Nöther）等其他数学家进一步研究了双有理变换。怀特对此问题的评论如下[2]："除了平面的线性变换或射影变换外还有柏林的数学家路德维希·伊玛努埃·马格努斯的二次反演，即通过三个基本点以及那些特殊的点将线变成圆

〔1〕 E. Kötter, *op. cit.*, p. 123.

〔2〕 *Bull. Am. Math. Soc.*, Vol. 24, 1918, p. 242.

锥形的变换，后者之后被研究者抛弃。克雷莫纳很快高度概括了这些变换，除了基本点的有限集合之外，平面上所有点都是一对一的。他发现，必须用一个有理曲线网来作为这一有限集合的中介。在这个有理曲线网，任意两条有理曲线都交于一个可变点和多个定点，这里的定点是普通点或多重点。此外，这些定点是基本点，本身会变换成奇异有理曲线，这些曲线的阶数为定点的重数。按类别将这些基本点按它们的几个重数分类，可发现逆变换的类数的集合与直接变换的类数的集合相同，但通常与不同的重数有关。克雷莫纳和凯利列出了这种低阶有理曲线网的表。之后，三个研究者同时宣布最普遍的克雷莫纳转换等同于马格努斯类型的二次变换，大大打开了数学家的视野。这似乎是一个巅峰，但是也让某些数学家的希望落空。克雷莫纳将他的曲线变换和曲线上的点的对应关系的理论扩展到三个维度，展示了如何进行各种各样的特定变换。但是，未来一定能够找到更一般的理论。”他对直纹面、二阶曲面、三阶空间曲线以及曲面的通用理论的研究受到了极大的关注。引起了胡克、墨卡托、拉格朗日、高斯等人的注意。因为和曲面一对一的对应必定是单行的，这就足够了。凯利、克莱布希、诺特等人发展了该理论。[1] 克雷莫纳的著作被索恩（Thorn）文理高中的教授马克西米利安·库尔茨（Maximilian Curtze）翻译成德语，《克雷莫纳的数学运算》（*The Opera matematiche di Luigi Cremona*）分别于1914年和1915年在米兰出版。

克雷莫纳有一位学生名叫乔瓦尼·巴蒂斯塔·古奇亚（Giovanni Battista Guccia）。他出生于巴勒莫，曾在罗马跟随克雷莫纳学习。1889年，他成为巴勒莫大学的特职教授，1894年成为普通教授。他非常关注曲线和曲面研究。他最著名的成就是在1884年参与成立了巴勒莫数学学会，并且是学会学报的负责人。这个学会现已成长为一个国际性组织，对意大利数学研究起到了有力的推动作用。

苏黎世理工大学教授卡尔·库尔曼（Karl Culmann）的《图解静力学》（*Die graphische Stalik*，苏黎世，1864）是一部划时代的著作。凭借着这部著作，图解静力学成为分析静力学的强大竞争对手。在库尔曼之前，巴黎的土木工程

---

〔1〕 *Proceedings of the Roy. Soc. of London*, Vol. 75, London, 1905, pp. 277-279.

师巴蒂雷米·爱德华·库西尼利研究了图解计算，但他使用的是透视法，而不是现代几何学方法。[1] 库尔曼是第一个试图将图解计算整理成完整系统的理论的数学家，将其与新几何的关系和分析力学与高等分析的关系等同。他利用可易图形的配极理论表示力与索多边形之间的关系。他在不离开两个图形的平面的情况下推断出了这一关系。但是，如果将多边形视为空间中线的射影，则这些线可以视为“空系统”的互反元素。克拉克·麦克斯韦在 1864 年实现了这一点。克雷莫纳进一步完善。图形演算已由德雷斯顿的数学家毛尔（Mohr）应用于弹性线以实现连续展成。亨利·埃迪（Henry Eddy）当时隶属于明尼苏达大学的罗斯综合理工学院，他在他所谓的“反应多边形”的帮助下，给出了在集中载荷下、桥梁最大应力问题的图解法。1871 年，巴黎的数学家莫里斯·列维（Maurice Levy）出版了《图形静力学》（*La Statique graphique*），该著作是对图形静力学的标准介绍。

画法几何由法国数学家蒙日发展为一门独立的数学分支，并由其继任者巴黎的数学家哈歇特、杜平、西奥多·奥利维尔（Théodore Olivier）、于勒·德·拉·古赫内里（Jules de la Gournerie）进一步详细阐述。不久后，其他国家的数学家也进行了研究。法国人将注意力主要集中到了曲面及其曲率的理论上。德国数学家和瑞士数学家包括卡尔·斯厄鲁（Karl Sruhe）的吉多·施雷伯（Guido Schreiber），柏林的数学家卡尔·波尔克（Karl Pohlke）[2]，维也纳的数学家约瑟夫·舒尔辛格（Josef Schlesinger），尤其是费德勒（Fiedler）将射影几何和画法几何相融合。

威廉·费德勒（Wilhehm Fiedler）是萨克森州（Saxony）开姆尼茨（Chemnitz）一个鞋匠的儿子。1853 年至 1864 年，他在开姆尼茨的一所技校教授数学和力学，研究了夏斯莱、拉梅、圣·维南（St. Venant）、彭赛列、斯坦纳、普吕克、施陶特、萨蒙、凯利和西尔维斯特的著作。他自学成才。在莫比乌斯的推荐下，莱普西奇大学（University of Leipsic）于 1859 年授予他中心射

---

〔1〕 A. Jay du Bois, *Graphical Statics*, New York, 1875, p. xxxii; M. d'Ocagne, *Traité de Nomographie*, Paris, 1899, p. 5.

〔2〕 F. J. Obenratich, *Geschichte der darstellenden und projectiven Geometrie*, Brünn, 1897, pp. 350, 352.

影的博士学位。这时，费德勒与萨蒙商议好出版萨蒙的《圆锥曲线》的德语详述版。这一版本出版于1860年。后来，费德勒分别于1862年、1863年，1873年，出版了萨蒙的《三维几何》《高等代数》和《高等平面曲线》的德语详述版。1864年，费德勒成为布拉格技术高中的教授，并从1867年开始一直在苏黎世联邦理工大学任职，直到1907年退休为止。费德勒的主要研究领域是画法几何。他的《画法几何》（*Darstellende Geometrie*，1871）的第三版中与施陶特的位置几何学有机结合。尤其是在1881年库尔曼逝世后，费德勒被批评在教学中过分强调几何构造。为此，卡尔斯鲁厄理工学院的克里斯蒂安·维纳（Christian Wiener）在他的画法几何学讨论中做了折中处理。有趣的是，费德勒在1870年将齐次坐标视为交比，在所有线性变换中均保持不变。这个想法早在1827年就由莫比乌斯提出，但至今仍未引起人们的注意。[1] 费德勒的《自传》（*Zyklographie*，1882）中提出了关于圆和球构造的问题。

贝拉维蒂斯在意大利将射影几何和画法几何相结合。阴影理论最初的研究者是上述的法国学者。在德国，慕尼黑的数学家路德维希·伯米斯特（Ludwig-Burmester）对其进行了最详尽的研究。

三角形和圆的初等几何

令人极为不解的是，19世纪期间，数学家本应找到三角形和圆形等简单图形的新定理，古希腊和之后的几何学家对它们进行了长期的细致的研究。欧拉在1765年证明，三角形的垂心、外心和重心共线都位于“欧拉线”上。俄克拉荷马大学（the University of Oklahoma）的高萨德（Gossard）在1916年证明，由给定三角形的欧拉线和任意两边组成的三个三角形的三根欧拉线与给定三角形成三角形三重透视，并且具有相同欧拉线。另外还有一项新研究也颇为引人注目，“九点圆”，这一发现被错误地归到欧拉名下。事实上，几位学者各自独立得出了这一发现，其中有英国学者本杰明·贝文（Benjamin Bevan）在雷波恩（Leibourn）主编的《数学文库》（*Leybourn Mathematical Repository*，第1卷，第18页，1804）提出了一个定理寻求证明方法，他几乎给出了九点圆。约

〔1〕 A. Voss，“Wilhelm Fiedler”，*Jahresb. d. d. Math. Vereinigung*，Vol. 22，1913，p. 107.

翰·巴特沃斯（John Butterworth）在《数学文库》中给出了证明方法。他本人还提出了一个问题，之后分别被他和约翰·惠特利（John Whitley）解决。从该问题的主旨来看，他们似乎知道所研究的圆通过所有九个点。布里安桑和彭赛列在热尔岗主编的《数学年鉴》的1821年版本中明确提到了这九个点。1822年，埃尔郎根文理高中的教授卡尔·威廉·费尔巴哈出版了一部小册子，在这部小册子中，他得到了九点圆，并证明了现以他的名字命名的定理——这个圆和内圆和外圆相接。德国人称其为“费尔巴哈圆”。迄今为止，这群优秀数学家中的最后一个发现者是戴维斯（Davies）。1827年，他在《哲学杂志》（*Philosophical Magazine*，第2卷，第29—31页）发表了一篇论文给出了九点圆。都柏林圣三一学院的安德鲁·塞尔·哈特扩展了费尔巴哈定理。他证明，与三个给定圆相接的圆可被分成四个圆，四个圆都与同一圆相接。

1816年8月，利奥波德·克雷尔（Leopold Crelle）在柏林发表了有关平面三角形特性的论文。他展示了如何找到三角形内的点 Ω，使其与顶点连线之间的角度（按相同次序取）相等，如图4-1所示。在相邻的图中，三个标记的角度相等。如果构造时使角 $\Omega' AC=\Omega' CB=\Omega' BA$，则可得到第二个点 Ω'，如图4-2所示。对这些新角度和新点的研究使克雷尔惊叹道：“三角形这种简单图形的特性简直无穷无尽，太棒了！其他图形可能没有多少未知的特性了！”普法塔（Pforta）的数学家卡尔·弗里德里希·安德里亚斯·雅各比（Karl Friedrich Andreas Jacobi）和他的一些学生也进行了研究，但是在他1855年去世后，他们的研究都被遗忘了。1875年，亨利·布洛卡（Henri Brocard）开始研究这一问题，数学家开始重新关注这一问题。法国、英格兰和德国的大量研究者随后进行了研究。不幸的是，一些名字被用来命名重要的点、线和圆的数学家并不总是首先研究它们属性的人。因此，虽然我们说“布洛卡点”和“布洛卡角”，但是历史研究表明，在1884年和1886年克雷尔和卡尔·弗里德里希·安德里亚斯·雅各比首先研究了这些点和线。不过，“布洛卡圆”确实是布洛卡自己创造的。在三角形 ABC 中，令 Ω 和 Ω' 为第一个和第二个“布洛卡点”。令 A' 为 $B\Omega$ 与 $C\Omega'$ 的交点，B' 为 $A\Omega'$ 和 $C\Omega$ 的焦点，C' 为 $B\Omega'$ 和 $A\Omega$ 的交点。穿过 A'、B'、C' 的圆是“布洛卡圆”。$A'B'C'$ 是“布洛卡第一三角形”。另一个类似的三角形 $A''B''C''$ 被称为布洛卡第二三角形。点 A''、B''、C'' 以及 Ω、Ω'

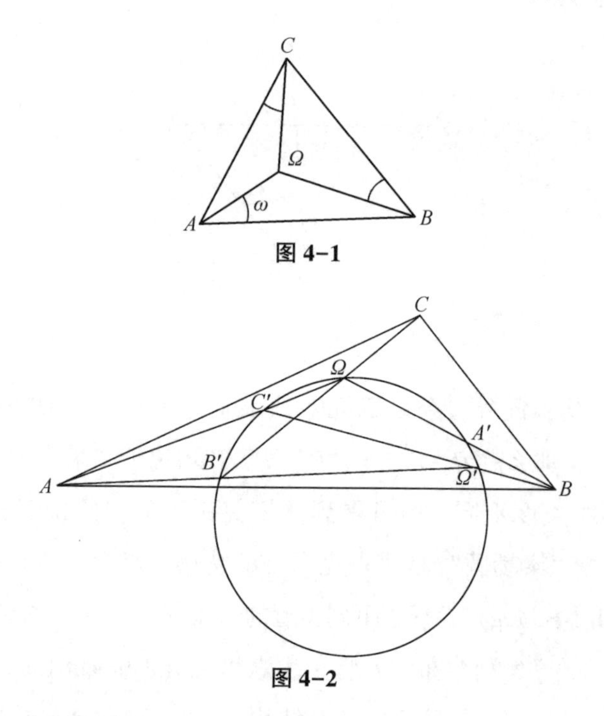

图 4-1

图 4-2

和另外两个点位于“布洛卡圆”圆周上。

1873 年，《数学年鉴》的编辑埃米尔·勒穆瓦纳（Émile Lemoine）呼吁学界注意平面三角形内的一个特定点，该点有过多种称呼，包括“陪位重心”，以勒穆瓦纳命名的“勒穆瓦纳点”，和用德国卡塞尔的数学家恩斯特·威廉·格雷伯（Ernst Wilhelm Grebe）命名的“格雷伯点”。如图 4-3 所示，$\angle ABO = a$，$\angle ACD = b$，如果绘制 CD 以使角度 a 和 b 成相等角度，则线 AB 和线 CD 中其中一条是另一条相对于角度 O 的逆平行线。AB 的等分线 OE 称为中线，AB 的反平行线 OF 称为类似中线（symmedian，symétriquede lamédiane 的缩写）。在英国伦敦大学学院的学者罗伯特·塔克（Robert Tucker）之后，三角形三个逆平行中线的交点称为三角形的“陪位重心”。苏格兰爱丁堡的数学家约翰·斯特金·麦凯（John Sturgeon Mackay）指出，虽然一些该点的特性是在 1873 年之后公开的，但是事实上在之前就已发现。

穿过陪位重心的三角形的逆平行线与三角形各边交于六点，六点在一个圆上。该圆称为“第二勒穆瓦纳圆”。“第一勒穆瓦纳圆”是“塔克圆”的特例，并且与“布洛卡圆”同心。“塔克圆”可以以如下方式定义。如图 4-4 所示，

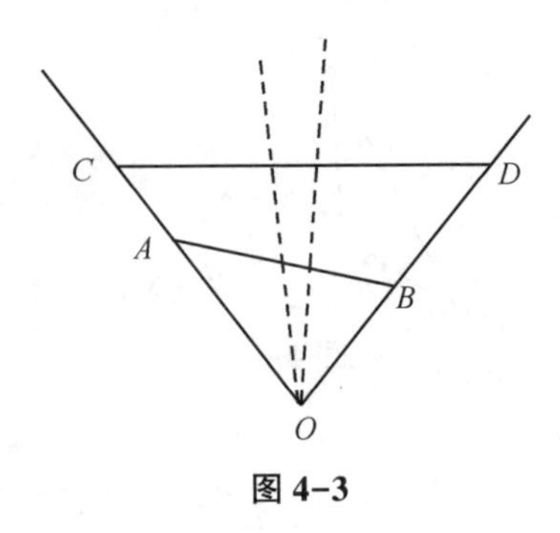

图 4-3

令 $DF' = FE' = ED'$；此外，令以下几对线彼此逆平行——AB 和 ED'，BC 和 FE'，CA 和 DF'，那么点 D，D'，E，E'，F，F'均位于“塔克圆”上。使长度相等的逆平行线长度不同，即可得到“塔克圆”簇。剑桥三一学院的泰勒（Taylor）发现的“泰勒圆”是“塔克圆”的特例。卢森堡的数学家约瑟夫·纽伯格（Joseph Neuberg）发现了不同类型的“麦凯圆”和“纽伯格圆”。1891年，德国柏林的数学家阿尔布雷希特·埃默里克（Albrecht Emmerich）撰写了有关该主题的一篇系统论著《布洛卡结构》（*Die Brocardschen Gebilde*，柏林，1891）。在当时发现的无数三角形和圆的新定理中，有许多都出现在了由哈佛大学的学者库利芝（Coolidge）的著作《论圆和球》（*Treatise on Circle and the Sphere*，牛津，1916）中。

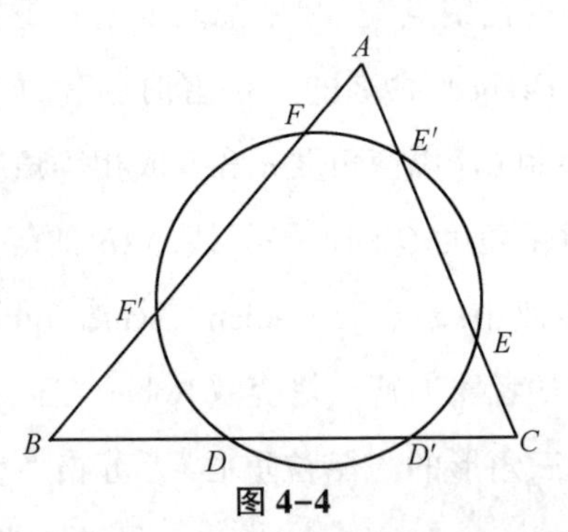

图 4-4

自 1888 年以来，勒穆瓦纳开发了一种称为几何图形学的理论体系，目的是用数值来衡量几何构造的简单性。库利芝称，这一理论体系是“最广为人知也是问题最少的测试几何构造简洁性的方法”；恩克（Emch）则表示：“只要无法指出这些方法到底如何能够简化几何构造或使其更精确，那就没有任何实用价值。”

约翰·盖克（John Gehrke）和班（Bang）在1897年提出了一条外接四面体的新定理。定理陈述如下：外接四面体的对边与包含它们的面的接触点处的所对的角相等。弗朗兹·梅耶、诺伯格和怀特在这一定理的基础上进行了进一步研究。[1]

连杆运动

直线运动的产生的问题源于蒸汽机设计中。詹姆斯·瓦特（James Watt）在1784年设计的“平行运动”和直线运动非常相似：在自由连接的四边形*ABCD*中，*AD*边固定，*BC*边上的点*M*以直线运动。*M*的轨迹曲线方程有时称为“瓦特曲线”，最早由法国工程师弗朗索瓦·玛利·德·普罗尼（François Marie de Prony）推导出。该曲线是六阶曲线，达布在1879年研究了这一曲线。塞缪尔·罗伯茨（Samuel Roberts）在1876年，雷恩赫德·穆勒（Reinhold Müller）在1902年研究了“三杆曲线”，这一曲线是“瓦特曲线”的推广。[2]

法国尼斯（Nice）的工兵上尉波塞利耶（Peaucellier）得出了一个关于连杆运动的美丽发现，引起了极大关注。1864年，他在《新年鉴》（*Nouvelles Annales*）中提出如何设计用于生成直线和圆锥曲线的复合式圆规问题。从他的言论可以明显看出，他本人有解决办法。1873年，他在《新年鉴》中发表了他的解法。波塞利耶的装置广受赞许，并获得了法兰西学院的“蒙第欧奖”（Prix Montyou）。此前很长时间，人们一直认为不可能产生精确的直线运动。但是最近有学者指出，另一位法国学者，斯特拉斯堡的萨鲁斯（Sarrus）先于波塞利耶发现了直线运动。他向巴黎科学院提交了一篇论文和一个模型。这篇没有任何数字的文章于1853年在《巴黎科学院通报》[3]中发表，彭赛列对此做了报告。但论文完全被遗忘，直到1905年，剑桥大学伊曼纽尔学院（Emmanuel College）的学者本奈特（Bennett）重新将此研究带回学界视野。[4]

---

〔1〕 *Bull. Am. Math. Soc.*, Vol. 14, 1908, p. 220.

〔2〕 G. Loria, *Ebene Curven* (F. Schütte), Vol. I, 1910, pp. 274-279.

〔3〕 *Comptes Rendus*, Vol. 36, pp. 1036, 1125. 此处，作者的名字拼成了“Sarrut,”但是阿奇巴尔德指出，这里的印刷存在错误。

〔4〕 见 *Philosoph. Magaz.*, 6. S., Vol. 9, 1905, p. 803.

ARSB 部分和 *ATUB* 部分的结构如图 4–5 所示：两部分各由三个平行水平铰链铰接，两组铰链方向不同，相互连接。因此，*A* 相对 *B* 做上下直线运动。一方面，萨鲁斯对直线运动问题的解法比波塞利耶的解法更为完善。因为，波塞利耶仅能使一个点做直线运动，而萨鲁斯的装置则能使整个 *A* 直线运动。阿奇巴德·巴尔（Archibald Barr）于 1880 年，布鲁奈朗德（Bruneland）于 1891 年，重新发明了萨鲁斯的装置。但直到今天，萨鲁斯的装置仍然几乎无人所知。

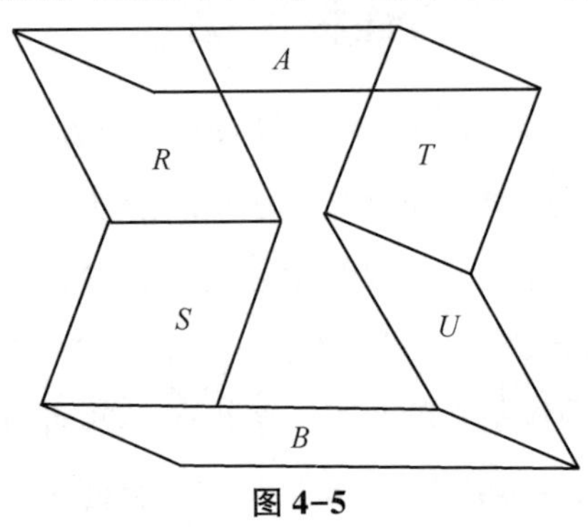

图 4–5

萨鲁斯的装置是三维的，而波塞利耶的装置是二维的。1871 年俄罗斯人利普钦（Lipkin）独立提出了直线运动的独立解法。他是彼得格勒大学的学者切比谢夫（Chebichev）的学生。1874 年，西尔维斯特对连杆运动产生兴趣，并在皇家学会上对此做了演讲。接下来几年中，几位数学家研究了联动装置。伍利奇的数学家哈特（Hart）将波塞利耶的七个连接杆减少到四个。西尔维斯特发明了一个新装置，现被称为“西尔维斯特联动装置”。

伦敦的大律师阿尔弗雷德·布雷·坎普（Alfred Bray Kempe）于 1876 年证明，可以找到一个连杆运动描述任何给定的代数曲线。他写了一本颇受欢迎的小册子，《如何画一条直线》（*How to Draw a Straight Line*，伦敦，1877）。塞缪尔·罗伯茨（Samule Roberts），凯利，伍尔西·约翰逊（Woolsey Johnson），敖德萨大学（University of Odessa）的学者利吉因（Liguine），巴黎综合理工学院的科尼克斯（Kœnigs）撰写了此主题的其他重要的论文。但是，描述给定曲线所需的联动装置的最小数量仍然有待解决。

平行线、非欧几何和 *n* 维几何

在 19 世纪，数学家对许多问题进行了重要拓展，包括数学的两个最古老

基本分支——初等代数和几何。几何学中的公理被彻底研究。数学家得出结论，由欧几里得公理定义的空间不是唯一可能的非矛盾空间。《几何原本》证明（第1卷，第27命题），“如果一条直线与另外两条直线相交，交角彼此相等，则这两条直线应彼此平行。”他无法证明在其他所有情况下这两条线都不平行，因此他假设这一命题正确，这一命题现在通常被称为第5“公理”，也有人称之为第11或第12“公理”。

但是后来出现了更简单、更明显的公理作为替代者。早在1663年，牛津大学的约翰·沃利斯就提出：“对于任何三角形，都可以绘制任意大的三角形，与给定三角形相似。”萨凯里（Saccheri）假定存在两个相似的不等边三角形。兰伯特、拉扎尔·卡尔诺、拉普拉斯和德尔别夫（Delboeuf）也提出了和沃利斯类似的假设。克莱罗假设了此类矩形的存在；波尔约假设不在同一直线上的任意三个点共圆；勒让德假设存在一个有限的三角形，该三角形的角度之和为两个直角；洛伦兹（Lorenz）和勒让德假设可以通过穿过一个角内的任意一点都可以作一条直线穿过角两边；道奇森（Dodgson）假设，在任何圆中，内接等边四边形都大于四边形外的任意线段。但是，最简单的假设可能是约瑟夫·费恩（Joseph Fenn）在都柏林发表他修订的《几何原本》版本（都柏林，1769），以及16年后由诺顿（Norton）的牧师威廉·拉德兰姆（William Ludlam）给出并由约翰·普雷费尔采纳的假设：两条相交直线彼此不能平行于相同直线。”值得注意的是，[1] 这一公理在普罗克鲁斯为《几何原本》（第1卷，第31命题）的注释中有明确说明。

但是，《几何原本》中的平行公设仍然是这本书的缺陷，为了消除这一缺陷，数学家花了最多的精力证明这一公设，经过数百年的绝望后却仍然没有结果，大胆的想法开始浮现在几位数学家的脑海中。是否可以在不承认平行公设的情况下建立几何学呢？当勒让德仍然努力通过严格证明来建立平行公理时，罗巴切夫斯基却发表了一份研究，其中假定该公理不成立。在这一研究之后还将有大量的此类论述发表，这些研究将会澄清几何学中的基本概念，极大地拓宽了几何学领域。

---

〔1〕 T. L. Heath, *The Thirteen Books of Euclid's Elements*, Vol. I, p. 220.

尼古拉斯·伊万诺维奇·罗巴切夫斯基（Nicholaus Ivanovich Lobachevski）生于俄罗斯下诺夫哥罗德（Nizhni Novgorod）的马卡里夫（Makarief），曾在喀山学习，并于1827年至1846年期间担任喀山大学的教授和校长。他关于几何基础的观点首先是在1826年2月于喀山大学的物理数学系提交的一篇论文中提出的。该论文从未发表，现已失传。他最早的出版物是1829年发表于《喀山学术通讯》（*Kasan Messenger*）的一篇论文。之后，他在《喀山大学学报》（*Gelehrte Schriften der Universität Kasan*）中发表了题为《包含完整平行理论的几何新基础理论》（*New Elements of Geometry, with a complete theory of parallels*）。由于用俄语书写，这项工作在其他国家不为人知，不过在俄罗斯国内也没有引起注意。1840年，他发表了一篇关于他的研究的简短声明，标题为《平行线理论几何研究》（*Geometrische Untersuchungen zur Theorie der parallellinien*）。罗巴切夫斯基构造了一个他所谓的"虚几何"，克利福德描述称，这种几何"非常简单，没有邪恶的欧几里得假设"。这种几何结构的一个显著部分是，过一点可在平面中绘制无数条与同一平面上给定线不相交的直线。匈牙利的波尔约父子独立推导了类似的几何体系，称其为"绝对几何"。

沃夫冈·波尔约（Wolfgang Bolyai de Bolya）出生于特兰西瓦尼亚（Transylvania）的塞克勒兰德（Szekler-Land）。在耶拿学习后，他去了哥廷根，在那里与当时19岁的高斯成为亲密朋友。高斯曾经说过，波尔约是唯一一个完全理解他的数学形而上学观点的人。波尔约成为马洛斯瓦萨海利宗教改革学院的教授。他在这所学校当了47年教师，他的学生中大部分都成了特兰西瓦尼亚大学的教授。这个非凡的天才的第一批出版物是戏剧和诗歌。身着老式种植者的工作服，他在私人生活方面和思维方式上都独具一格。他非常谦虚地说，他的坟墓上不能立纪念碑，只能种一棵苹果树，以纪念三个苹果：夏娃和巴黎的两个苹果把地球拖入了地狱，牛顿的苹果又把地球带回了天体的圈子。[1]他的儿子约翰·波尔约（Johann Bolyai）在军队受过教育，也是出色的数学家，此外还是优秀的小提琴手和专业的击剑手。他曾经接受十三名军官的挑战，在每次对决之后，都用小提琴弹奏一曲。最后，他将他们全部征服。

---

〔1〕 F. Schmidt，"Aus dem Leben zweier ungarischer Mathematiker Johann und Wolfgang Bolyai von Bolya"，*Grunert's Archiv*，48：2，1868. Franz Schmidt（1827—1901）是布达佩斯的一名建筑师。

沃夫冈·波尔约的主要数学著作是《向好学青年介绍理论数学基础的尝试》（*Tentamen juventutem studiosam in elementa matheseos puræ … introducendi*, 1832—1833），共两卷，书中最后附上了他的儿子约翰·波尔约撰写的附录。这 26 页附录足以让约翰·波尔约这个名字名留青史。约翰·波尔约本身什么研究也没发表，但留下了一千页的手稿。

尽管罗巴切夫斯基优先发表了发现，但可能是约翰·波尔约较先建立了他的理论体系。约翰·波尔约在 1825 年或之前就发现他的新几何学具有非矛盾性，罗巴切夫斯基是否在 1826 年做到了这一点令人怀疑。约翰·波尔约的父亲似乎是匈牙利唯一一个真正欣赏他儿子的成就的人。罗巴切夫斯基的研究在长达 35 年的时间里几乎被全部遗忘。最终，吉森大学（University of Giessen）的理查德·巴尔特泽（Richard Baltzer）于 1867 年将这些了不起的研究带入学界视野。

1866 年，胡埃尔（Hoüel）将罗巴切夫斯基的《平行线理论几何研究》译成法文。1867 年，约翰·波尔约所写的附录的法文译本发表。1891 年，当时在得克萨斯大学（University of Texas）的学者乔治·布鲁斯·霍尔斯泰德（George Bruce Halsted）分别把约翰·波尔约和罗巴切夫斯基的著述翻译成英文，引入美国。

事实上，发现了泛几何的不只是上述两位俄罗斯和匈牙利数学家。《向好学青年介绍理论数学基础的尝试》的一份副本被送到了老波尔约的从前的大学室友高斯那里。当时，他在哥廷根居住。这位德国数学之神惊讶地发现这篇论文解决了他本人早已开始研究的一个问题，但只是将这一问题留在了他的论文中。早在 1792 年，他就开始研究泛几何。他的信件表明，他在 1799 年试图由因及果推导出欧几里得体系。但是在接下来的三十年中的某个时间，他还是得出了罗巴切夫斯基和约翰·波尔约得出的结论。1829 年，他写信给贝塞尔，指出他“现在甚至更加坚信我们无法完全先验地发现几何学”，并且“如果说数字仅仅是思维的产物，那么空间则是超出我们思维的存在，我们无法先验地确定几何法则。”非欧几何这个术语的提出者是高斯。令人惊讶的是，它实际上第一次出现在 18 世纪。米兰的耶稣会教父热隆尼莫·萨凯里（Geronnimo Saccheri）于 1733 年撰写了《欧式几何全面辩护》（*Euclides ab omni naevo vindica-*

tus)〔1〕。他在 *AB* 同一侧绘制了两条相等垂线 *AC* 和 *BD*，并连接 *C* 和 *D*，他证明了 *C* 和 *D* 处的角度相等。这些角度必定是直角、钝角或锐角。他证明，这些叫为钝角时与《几何原本》第一卷第 17 命题相冲突：三角形的任意两角之和小于两个直角和，因此钝角假设不成立。若假设是锐角，则能由此推出一长串定理，其中一个是，在无穷远处相交的两条线可以在该点处垂直于同一直线，这被认为与直线本质相悖，因此，锐角的假设也被否定了。尽管对证明过程并不完全满意，他还是宣布，他“证明了”《几何原本》中的平行公设。早期的学者还有兰伯特也研究了这一问题，他于 1766 年撰写了一篇题为《论平行线理论》（*Zur Theorie der Parallellinien*）的论文，该论文发表于 1786 年的《莱比锡理论数学与应用数学杂志》（*Leipziger Magazin für reine und angewandle Mathematik*），其中：（1）平行公理在球面失效，三角形内角和大于两个直角；（2）为了更加直观地展示三角形内角和小于两个直角的几何体系，我们需要“虚球面”（伪球面）的帮助；（3）在内角和不等于两个直角的空间中，存在绝对度量（波尔约的自然长度单位）。兰伯特对钝角和锐角假说的有效性没有给出定论。

在高斯的同时代学者和学生中，研究平行理论的三位学者值得一提：斐迪南·卡尔·施维卡（Ferdinand Karl Schweikart），施维卡的侄子，马尔堡的法学教授弗朗兹·阿道夫·陶里努斯（Franz Adolf Taurinus），高斯 1809 年的学生，弗里德里希·路德维希·沃克特（Friedrich Ludwig Wachter）和丹茨格（Dantzig）教授。施维卡在 1818 年送给高斯一份《星形几何》（*Astral Geometry*）的手稿。在这份从未发表的手稿中，三角形内角和小于两个直角，并且其中使用了一个绝对长度单位。在他的劝说下，陶里努斯研究了这个主题。陶里努斯在 1825 年发表了《平行线理论》（*Theorie der Parallellinien*），在其中，他采取了萨凯里和兰伯特的立场。1826 年，他发表了《初等几何》（*Geometriæ prima elementa*）一书。在此书附录中，他使用包含虚半径的球面几何公式给出了非欧几何的重要三角公式，但这本书在当时没有引起任何重视。在愤慨之下，他烧掉了他修订的一个版本。沃克特的研究发现收录于 1816 年他写给高斯的一封信和 1817 年发表的《欧氏几何第十一公理证明》（*Demonstratio axiomatis geo-*

〔1〕哈斯泰德（Halsted）翻译的英语版本见 *Am. Math. Monthly*，Vols. 1-5，1894—1898.

metrici in Euclideis undecimi）中。在其他地方[1]，我们提到了勒让德在法国进行的关于平行线的当代研究。

克莱因回顾了高斯、罗巴切夫斯基和波尔约的研究，这些研究构成了非欧几何研究史的第一个阶段。在这个时期，初等几何的综合法很流行。第二阶段的代表性研究者有黎曼、亥姆霍兹（Hermann von Helmholtz）、李和贝尔特拉米。这一时期的数学家流行使用微分几何方法。1854 年，高斯从他的学生黎曼那里收到了一篇奇妙的论文，从全新的角度反思了几何学的基础理论。在对罗巴切夫斯基和波尔约的研究并不熟悉的情况下，黎曼提出了 n 重扩张量的概念，在假设每条线可以相互度量的情况下，他给出了可以实现 n 维流形的度量关系。黎曼将他的想法运用于太空，他教我们区分“无界性”和“无穷性”。根据他的说法，我们的头脑中有一个更加宽泛的空间概念，即非欧空间的概念。但是我们从经验中得知，我们的物理空间即使不是完全精确的希恩空间，也高度近似。黎曼的深刻研究直到 1867 年才提交到哥廷根学会（Göttingen Abhandlungen）。事实上，之前，托勒密、沃利斯、达朗贝尔、拉格朗日、普吕克和格拉斯曼已经有了 n 维空间的想法。达朗贝尔和拉格朗日已经有了时间是第四维的观念。大约在黎曼的论文发表的同时，亥姆霍兹和贝尔特拉米也发表了一些研究。从此以后，学者们开始热烈讨论这一主题。一些学者（例如贝拉维蒂斯）将非欧几何和 n 维空间视为数学的巨大讽刺和病态产物。亥姆霍兹在 1868 年发表了名为《几何学中的基础性事实》（*Thatsachen, welche der Geometrie zu Grunde liegen*）的论文，其中包含了黎曼的许多观点。亥姆霍兹在课程和发表在期刊的论文中都大力普及了该问题。他从叠合思想出发，假设刚体自由移动，绕轴旋转后返回其原始位置，过程中没有发生任何变化，证明了线元素的平方是微分方程中的一个二次齐次函数。[2] 李仔细研究了亥姆霍兹的发现，将黎曼—亥姆霍兹问题简化为以下形式：求有界区域中具有位移属性的空间的所有连续群。群有三类，分别概括了欧式几何、罗巴切夫斯基和约翰·波尔约

[1] D. M. Y. Sommerville, *Elem. of Non-Euclidean Geometry*, London, 1914, p. 15.
[2] D. M. Y. Sommerville, *op. cit.*, p. 195.

的几何体系和黎曼几何的特征。[1]

尤金尼奥·贝尔特拉米（Eugenio Beltrami），出生于意大利克雷莫纳，是布里奥希的学生。他曾是博洛尼亚大学的教授，是克雷莫纳的同事。他曾在比萨工作，是贝蒂（Betti）的同事。他还在帕维亚工作过，与卡索拉蒂（Casorati）是同事，并自1891年起在罗马度过了职业生涯的最后几年，他是当时“意大利最知名的分析学家之一”。贝尔特拉米在1868年撰写了一篇经典论文《非欧几何阐释》[*Saggio di interpretazione della geometria non-euclidea*，《数学期刊》（*Giorn. di Matem*）第6卷]，这是一篇解析几何论文（如果我们坚持严格区分综合几何和解析几何，其实在其他地方也应该提到这篇论文），他得出了一个非常了不起而又令人惊讶的结论，即非欧几何定理在恒定负曲率的曲面上部分实现。他还研究了正曲率恒定的曲面，并得出了一个有趣定理，即正曲率恒定的空间包含在负曲率恒定的空间中。贝尔特拉米、亥姆霍兹和黎曼的研究最终得出的结论是在恒定曲率的曲面上，我们可能有三种几何学——恒定负曲率曲面上的非欧几何，恒定正曲率曲面上的球面几何，以及零曲率曲面上的欧式几何。这三个几何学并不矛盾，属于一个体系，三位一体。克利福德在英国对超空间思想作出了精彩的阐述和推广。

威廉·金登·克利福德（William Kingdon Clifford）出生于埃克塞特（Exeter），曾在剑桥三一学院接受教育。从1871年直到他去世，他一直在伦敦大学学院的应用数学系担任教授。他过早的去世使得他几项出色的研究没有完成。其中包括他的论文《论轨迹分类》（*On Classification of Loci*）和《图论》（*Theory of Graphs*）。他讨论过复四元数，黎曼曲面的正则形式与剖分。此外，他还写过一本《动力学纲要》，不过内容并不完整。他还给出了“旋转”“扭曲”“喷射”“回旋”等动力学常用术语的准确定义。他和雷耶概括了曲线和曲面的极点理论。1878年他对轨迹进行了分类，这一曲线的一般研究，主要介绍了射影几何方向的 n 维空间研究。帕多瓦的数学家委罗内塞、都灵的数学家塞格、伯蒂尼（E. Bertini）、阿谢利、那不勒斯的数学家佩佐（Pezzo）继续了

[1] Lie, *Theorie der Transformationsgruppen*, Bd III, Leipzig, 1893, pp. 437-543; Bonola, *op. cit.*, p. 154.

这一方向的研究。

继贝尔特拉米的非欧几何研究之后，1871 年，菲利克斯·克莱因发表了这一问题的重要研究，他的研究是基于凯利的《齐次多项式第六研究报告》（*Sixth Memoir on Quantics*，1859）。19 世纪上半叶几何学的发展导致了该学科被划分为两个分支：一个是位置几何或画法几何，研究的是不受射影影响的特性；另一个是测量几何，其中距离、角度等基本概念会因射影而改变。凯利的《齐次多项式第六研究报告》通过对两点之间距离的定义再次将这些严格区分的分支合并。夏斯莱、彭赛列和拉盖尔已解决了是否有可能在射影（或线性变换）不变的情况下表示图形的度量属性的问题，但是直到这时凯利才通过将两点之间的距离定义为任意常数乘以非谐比的对数，从而给出一个通用解法，连接两点的线被基本二次曲线分开。这些研究应用了纯射影几何原理，标志着非欧几何发展的第三阶段。

克莱因扩展了非欧几何的概念，并证明平行公理不适用于射影几何。通过恰当选择距离度量定律，他从射影几何中推导出了球面几何、欧式几何和伪球面几何，并将其分别命名为椭圆几何、抛物几何和双曲几何。众多学者继续了他的研究，尤其是那不勒斯的数学家巴塔格里尼（Battaglini），都灵的数学家都维蒂欧（d'Ovidio），比萨的数学家阿谢利、凯利，慕尼黑的林德曼，哥廷根的谢林（Schering），克拉克大学（Clark University）的斯多利，图宾根的斯达尔（Stahl），慕尼黑的沃斯（Voss），霍姆舍姆·考克斯（Homersham Cox），布赫海姆（Buchheim）。[1] 适用于双曲空间的平行概念是欧几里得平行概念的唯一扩展，直到克利福德在椭圆空间中发现了具有欧式平行线大部分特性的直线。但这些直线与欧式平行线不同的是会产生偏离。如果两条直线与同一绝对右（或左）母线相交，则右（或左）平行。后来，克莱因和巴尔（Ball）对促进这些线的研究做出了广泛的贡献。更晚一些时候，波恩的数学家斯图迪，哈佛大学的库利芝，海德堡的数学家沃格特（W. Vogt）等人都研究了这一主题。他们所采用的方法有解析法、综合法、微分几何法和矢量分析法。[2] n 维几何研究主要从度量的视角进行，研究者众多，其中包括约翰·霍普金斯大学的西

[1] G. Loria, *Die haupisächlicksten Theorien der Geometric*, 1888, p. 102.

[2] *Bull. Am. Math. Soc.*, Vol. 17, 1911, p. 315.

蒙·纽科姆（Simon Newcomb），瑞士伯尔尼的数学家施莱夫利，加州大学（University of California）的斯特林海姆（Stringham），明斯特（Münster）的基林，约翰·霍普金斯大学的克雷格，德国波恩的数学家鲁道夫·利普西兹（Rudolf Lipschitz）。英国伯明翰的数学家希斯（Heath）和基林研究了这种空间中的运动学和力学。斯特林海姆，内布拉斯加州大学（University of Nebraska）的埃乐利·戴维斯（Ellery Davis），柏林的数学家雷恩赫德·霍普（Reinhold Hoppe）等研究了 n 维空间中的规则几何体。斯特林海姆给出了四维规则几何体在我们的空间中的射影的图片，而施勒格拉·哈根（Schlegelat Hagen）构造了此类射影的模型。达姆斯塔特（Darmstadt）的布里尔（Brill）发表的一系列模型中包含包根的模型，并且是其中最为奇特的几个。我们已经指出，如果存在第四维度，则可能发生一些此前认为是不可能的运动。这样的话，纽科姆证明，通过简单的挠曲就可以将闭合的壳里外翻面，并且不需要拉伸或撕裂。克莱因指出，绳子无法打成结。韦罗内塞证明，可以从封闭的房间中移走一个物体而无需破坏墙壁；佩尔斯证明，在四维空间中的物体在绕轴旋转时，如果不是同时绕两个轴旋转，就会失去一个维度。

毛里兹·帕西（Moritz Pasch）、吉瑟普·皮亚诺（Giusepe Peano）、马里奥·佩里（Mario Pieri）、大卫·希尔伯特（David Hilbert）、维布伦（Oswald Veblen）的研究开启了非欧几何研究的第四阶段。这一阶段的关注点主要是建立几何学（包括非欧几何形式）的基础公理体系。

超空间的几何学被通灵者和灵媒所利用。其中最为臭名昭著的人物是亨利·斯拉德（Henry Slade）。他使德国科学家泽尔勒（Zöllner）和他的小团体相信通灵理论，并向他给出了空间第四维度存在的通灵证明。在这些事件影响下，哲学家洛兹（Lotze）在其《形而上学》（*Metaphyisk*，1879）一书中更加严厉地批判了超空间和非欧几何的数学理论。

解析几何

在上一章中，我们尽力给出了综合几何快速发展的简要介绍。在某些情况下，我们还提到了一些解析几何作品。现代综合几何和现代解析几何有很多共同点，二者并称为“射影几何”。两种几何各有优势，前者连续不断地直接观察空间中的图形，具有非凡的魅力，而后者的优势在于，一种惯例一旦建立，往往会产生超出其本身的影响，这对新研究很有帮助。在德国，当斯坦纳和施陶特研究综合几何时，普吕克奠定了现代解析几何的基础。

朱利乌斯·普吕克（Julius Plücker）生于普鲁士的埃尔伯费尔德。在波恩、柏林和海德堡学习后，他花了很短的时间在巴黎聆听了蒙日和他的学生的课程。1826 年至 1836 年，他先后在波恩、柏林和哈勒（Halle）任职。然后，他在波恩成为物理学教授。直到 1846 年，他才开始对几何进行原创性研究。在 1828 年和 1831 年，他出版了他的《解析几何的发展》(*Analyticsch-Geometrische Enlywicklungen*)，书中共包含两卷。在书中，他采用了缩写形式［马恩河畔的沙隆的力学教授伊提杨那·鲍比里埃（Étienne Bobillier）也曾使用过，但是适用范围较小］，并避免了从几何角度考虑的烦琐的代数消元过程。在第二卷中，他通过解析方法得出了对偶原理。他的坐标系应用了对偶原理和齐次原则。他使用的齐次或三线坐标与莫比乌斯的坐标系非常相似。普吕克用解析演算和几何构造寻找证明方法。1835 年发表《解析几何体系》(*System der Analytischen Geometrie*)，根据无穷远点的性质，对三阶平面曲线进行了完整分类。1839 年的《代数曲线理论》(*Theorie der Algebraischen Curven*）除了列举了四阶曲线，还包含平面曲线奇点之间的解析关系，这些关系被统称为“普吕克方程”。他用普吕克方程解释了“彭赛列悖论”。凯利说，这些关系的发现是“现代几何研究中最重要的发现”。四个普吕克方程以不同形式表示。凯利研究了平面曲线高等奇点。加州大学的哈斯科尔（Haskell）于 1914 年从普吕克方程式中得出，m 阶曲线可能出现的尖点数量最多为$\frac{m\ (m-2)}{3}$能取的最大整数（除非 m 为 4 和 6，在这种情况下，最大值为 3 和 9），并且总是存在一条具有此数量奇点的自对偶曲线。

达布介绍了 19 世纪上半叶和中期各种几何研究间的关系[1]：夏斯莱、斯坦纳和之后的施陶特等人打算构建一种学说，和解析学相抗衡，并且希望这种学说能够获得同等地位。热尔岗、鲍比里埃、施图姆和最重要的普吕克完善了笛卡尔几何学，并构建了一种解析体系，这种解析几何体系足以帮助这些几何学家得出他们的发现。此外，鲍比里埃和普吕克发现了所谓的简化符号。热尔岗的《理论数学与应用数学年鉴》中最后一卷的一部分是鲍比里埃的原创研究成果。普吕克在他的第一部著作中继续发展了这一体系，之后，数学家们有意识地通过一系列研究建立了现代解析几何学的基础。正是多亏了他，我们才拥有切线坐标、三线坐标、齐次方程以及正则形式。正则形式的有效性已被常量方法所证明，这种方法有时会欺骗我们的眼睛，但有时却又如此有帮助。

在德国，普吕克的研究受到冷遇。德国学者将他的方法与斯坦纳和彭赛列的综合法比较后，宣称他的方法无效。普吕克和卡尔·古斯塔夫·雅各比的关系也并不友好。斯坦纳曾宣布，他将不再为克雷尔的期刊继续撰稿，除非普吕克不再继续向此期刊投稿[2]。就这样，普吕克的许多研究成果都发表在国外期刊上。他的研究在法国和英国的知名度比在他的祖国知名度更高。还有人指控普吕克尽管担任物理学会主席，却并非物理学家。这促使他放弃数学研究，并在之后将近 20 年的时间里将精力投入物理学。他在菲涅尔的波面磁性光谱分析方面取得了重要发现。但是在晚年，他找回了自己的初恋——数学，并有了新发现。他将空间视为由线条组成，创建了“新空间几何”。将一条直线作为具有四个任意参数的曲线，就能够得到空间中的所有直线。他将直线按一种单一关系连接，得到了线丛。接着他将它们按一种双重关系连接，得到了线汇。他在这个问题上的第一项研究在 1865 年提交到了皇家学会。1868 年，他的进一步研究出现在了《基于直线为空间元素的新空间几何理论》（*Neue Geom-*

[1] *Congress of Arts and Science*, St. Louis, 1904, Vol. 1, pp. 541, 542.
[2] Ad. Dronke, *Julius Plücker*, Bonn, 1871.

etrie des Raumes gegründet auf die Betrachtung der geraden Linie als Raumelement）。这一研究由菲利克斯·克莱因编辑整理，于普吕克去世后发表。普吕克的分析缺乏拉格朗日、卡尔·古斯塔夫·雅各比、黑塞和克莱布希的理论优雅性。多年以来，他一直没有跟上几何学的发展步伐，因此最后一部著作中，他的许多研究已经被其他学者的研究所囊括。但是，该作品包含了许多新研究。克莱因继续完善了普吕克未能完成的二次线丛理论，极大地扩展和补充了这位大师的思想。

路德维希·奥托·黑塞（Ludwig Otto Hesse）生于柯尼斯堡，在他的故乡的一所大学中，在贝塞尔、卡尔·古斯塔夫·雅各比、里歇洛（Richelot）和弗朗兹·恩斯特·诺依曼（Franz Ernst Neumann）指导下学习。1840 年，他获得博士学位后，成为柯尼斯堡的讲师，并于 1845 年在那里担任特职教授。他的学生中有布拉格的数学家海因里希·杜雷格（Heinrich Durége）、卡尔·诺依曼（Carl Neumann）、克莱布希和基尔霍夫。在柯尼斯堡的这段时间是黑塞研究成果最多的时期之一，他的每一项新发现都让其热情倍增。他首先研究的是二阶曲面，部分研究属于综合几何研究。他解决了由给定九个点构造此类曲面的任意第十个点的问题。圆锥曲线的类似问题已由帕斯卡借助六边形解决。此时，数学家面临的一个难题是消元问题。普吕克已发现，他的特殊方法在解析几何中的主要优势在于避免了代数消元。尽管黑塞展示了用行列式可以降低代数消元的难度，黑塞早期的一些研究发现，西尔维斯特已经先于他得出。西尔维斯特于 1840 年发表了他的析配消元法。黑塞将这些代数研究成果应用到三阶曲线解析研究中。通过线性置换，他将一种包含三个变量的三次型简化为仅包含四项的型，并得出了一个重要的行列式，这一行列式涉及三次型的第二个微分系数，称为“黑塞行列式”。“黑塞行列式”在不变式理论中起主导作用，凯利最早研究了该理论。黑塞表明，他的行列式为每条曲线都给出了另一条曲线，并且前者的二重点在后者上，或者说“黑塞曲线”上，对于曲面也是如此（克雷尔，1844）。三阶曲线上的许多最重要的定理都是黑塞的发现。他求出了 14 阶曲线，该曲线穿过 4 阶曲线的 28 个双切线的 56 个接触点。他关于该主题的研究报告（克雷尔，1855）与斯坦纳的同一主题的论文同时发表。

虽然黑塞的声誉日渐高涨，但他的收入却没有随之水涨船高，他几乎没有能力养活自己和家人。1855 年，他接受了哈勒大学的一个薪水更高的职位。1856 年，他去了海德堡大学，收入更为丰厚。在这里，他一直待到 1868 年。1868 年，他接受了慕尼黑的一所技术高中的邀请[1]。在海德堡，他改进和补充了先前的研究，并于 1861 年出版了《二阶曲面为主的空间解析几何讲义》(*Vorlesungen über die Analylische Geometrie des Raumes, insbesondere über Flächen 2. Ordnung*)。后来，他出版了更多的初等几何著作。在海德堡时，他还阐述了一条原理，即"转移原理"（Uebertragungsprincip）。据此原理，线中的每一对点都对应于平面中的一个点，并且该平面的射影几何都可以被还原回一条线中的点的几何。

凯利、萨蒙和西尔维斯特在英国继续了普吕克和黑塞的研究。早期研究解析几何的学者有英国人詹姆斯·布斯（James Booth），他的主要成果收录在了他的《一些新几何方法论》(*Treatise on Some New Geometrical Methods*) 中，以及都柏林的自然哲学教授詹姆斯·麦克库拉（James MacCullagh），他在二次曲面理论问题领域取得了一些有价值的发现。这些人对几何学发展的影响微不足道，因为当时不同国家之间的学术交流不像我们所想的那样完整。比如，我们此前曾提到过，法国数学家夏斯莱讨论了此前已由德国数学家斯坦纳研究过的问题，并且斯坦纳发表的研究大约五年前凯利、西尔维斯特和萨蒙已研究过。凯利和萨蒙在 1849 年求出了三次曲面中的直线，并研究了其主要特性，而西尔维斯特在 1851 发现了此类曲面的五面体。凯利将普吕克方程扩展为具有更高奇点的曲线。凯利、埃尔朗根（Erlangen）的数学家麦克斯·诺特(Max Nöther)、哈尔芬、巴黎数学家于勒·德·拉·古赫内里（Jules de la Gournérie），以及图宾根的布里尔得出的结论是，曲线的每个高阶奇点都等效于一定数量的简单奇点——节点、普通尖点、二重切线和拐点。西尔维斯特研究了"扭曲笛卡尔叶形线"，它是四阶曲线。乔治·亨利·哈尔芬（Georges Henri Halphen）生于鲁昂（Reuen），曾就读于巴黎综合理工学院，参加了普法战争，之后成为巴黎综合理工学院的校长和考官。他的研究主要涉及代数曲线和曲面的几何形状、微分不变式、拉盖尔不变式理论、椭圆函数及其应用。英国

---

[1] Gustav Bauer, *Gedächtnissrede auf Otto Ilesse*, München, 1882.

几何学家萨蒙出版了一系列优秀的教科书［《圆锥曲线》(*Conic Sections*)、《现代高等代数》(*Modern Higher Algebra*)、《高等平面曲线》(*Higher Plane Curves*)、《三维解析几何》(*Analytic Geometry of Three Dimensions*)］，极大地推动了新代数和几何方法知识的传播。苏黎世联邦理工学院的威廉·费德勒无偿将这些教科书翻译成德文版本。萨蒙的《三维几何》在第五版和第六版中增添了新内容，由都柏林圣三一学院的雷吉纳德·罗格斯（Reginald Rogers）于 1912 年至 1915 年出版。解析几何的下一位大师是克莱布希。

鲁道夫·弗里德里希·阿尔弗雷德·克莱布希（Rudolf Friedrich Alfred Clebsch）在普鲁士国王大学就读，在黑塞、里歇洛和弗朗兹·诺依曼指导下学习。1858 年到 1863 年，他在卡尔斯鲁厄理工学院担任理论力学系主任，对萨蒙著作的研究使他进入了代数和几何领域。1863 年，他接受了吉森大学的教职，并与彼时在埃尔朗根的保罗·高登一起工作。1868 年，克莱布希去了哥廷根，一直待到他去世。他先后研究了以下主题：数学物理学、变分和一阶偏微分方程、曲线和曲面的一般理论、阿贝尔函数及其在几何学中的应用、不变量理论和“曲面映射”（Flächenabbildung）[1]。他证明了西尔维斯特和斯坦纳阐述的五面体定理；他系统地使用“亏格”（Geschlecht）作为代数曲线分类的基本原理。“亏格”的概念在他之前已为阿贝尔和黎曼所熟知。在研究生涯初期，克莱布希已展示了如何将椭圆函数应用解决马尔法蒂问题。他使用的方法需要在几何学研究中使用高等超越函数，这一做法最终引导他得出了自己最伟大的发现。他不仅将阿贝尔函数应用于几何，并且将几何引入阿贝尔函数中。

克莱布希自由使用行列式。他对曲线和曲面的研究始于确定在四个连续点上相遇曲面的线的接触点。萨蒙证明了这些点位于表面与度数为 $11n-24$ 的派生表面的交点上，但是他的解法并不简便。克莱布希对此的研究是最漂亮的分析。

克莱布希首次彻底研究了如何在一个曲面上表示另一个曲面（曲面映射），从而使它们具有（1，1）对应关系的问题。在平面上表示球是一个古老的问题，曾引起托勒密、墨卡托、兰伯特、高斯和拉格朗日的注意。这个问题在地

［1］ Alfred Clebsch, *Versuch einer Darlegung und Würdigung seiner wissenschaftlichen Leistungen von einigen seiner Freunde*, Leipzig, 1873.

图绘制中的重要性显而易见。高斯率先在一个曲面上表示了另一个曲面，其中采取的视角能够更轻易地表现曲面特性。普吕克、夏斯莱和凯利在平面上表示了二次曲面几何；克莱布希和克雷莫纳在平面上表示了三次曲面几何。近些年也有学者以同样的方式研究了其他曲面，其中的重要人物有罗马的麦克斯·诺特、安戈洛·阿门南特（Angelo Armenante)、克莱因、乔治·科恩多尔佛(Georg Korndörfer)、那不勒斯的数学家埃多·卡波拉里（Ettore Caporali）以及泽森。但是，到目前为止有一个基本问题仍未得到彻底解决：哪些曲面可以在给定曲面上（1，1）对应表示？克莱布希研究了这个问题和曲线的类似问题。凯利和诺特研究了曲面之间的高等对应关系。黎曼为此提出的双有理变换理论，对几何学发展产生了重大影响。此外，曲面理论得到了巴黎索邦大学的约瑟夫·阿尔弗雷德·瑟雷（Joseph Alfred Serret)、达布、都柏林的约翰·凯西(John Casey）和威廉·罗伯茨（William Roberts）以及布雷斯劳的海因里希·斯克罗特（Heinrich Sckröter)、埃尔温·布鲁诺·克里斯托弗（Elwin Bruno Christoffel）等人的研究。其中，克里斯托弗一开始在苏黎世的一所大学担任教授，后来去了斯特拉斯堡。克里斯托弗研究过位势理论、克里斯托弗变换、极小曲面、非平面曲面的一般理论。1882 年，弗赖堡大学的朱利乌斯·魏加滕(Julius Weingarten）和亚琛（Aachen）的汉斯·冯·曼高多夫（Hans von Mangoldt）发展了他的曲面研究。此外，库默尔研究了四次曲面，而哈密尔顿研究的菲涅尔波形曲面是库默尔四次曲面的特例，具有十六个二重点和十六个奇异切面[1]。后面，我们将会对此全面介绍。

在这些几何研究者中，最著名的是让·加斯顿·达布（Jean Gaston Daboux)。他出生于尼姆。1870 年，他与坦纳以及波尔多（Bordeaux）的纪尧姆·于勒·胡埃尔（Guillaume Jules Hoüel）合作创办了《数学和天文学学报》(*Bulletin des sciences mathématiques et astronomiques*)。1900 年，他成为巴黎科学院的终身秘书长，在他去世后，皮卡德接替了他的职位。达布的研究丰富了综合几何、解析几何、无穷小几何以及理性力学和分析学的理论。他写了《曲面一般理论及无穷小分析的几何应用讲义》（*Leçons sur la théorie générale des surfaces*

〔1〕 A. Cayley, Inaugural Address, 1883.

et les applications geométriques du calcul infinitesimal，巴黎，1887—1896），以及《正交系统和曲线坐标讲义》（*Leçons sur les systèmes orthogonaux et les coordonnees curvilignes*，巴黎，1898）。他研究了三重正交曲面系、曲面变形以及可贴曲面卷缩、无穷小变形、曲面的球面表示、坐标移动轴、虚几何元素、各向同性圆柱体和可展曲面的使用〔1〕；他还引入了五角坐标。

艾森哈特（Eisenhart）说："达布强烈主张在几何学研究中使用虚构元素，他认为在几何学和分析学中都必须使用虚构元素。虚构元素在解决极小曲面问题中的应用给他留下了深刻印象。从一开始，他就在他的迷向直线论文中使用零球（各向同性圆锥）和一般各向同性球。在他关于曲面正交系统的第一本研究报告中，他展示了这种系统的曲面的包络面，它由一个方程定义，各向同性可展开……达布认为，是爱德华·康波斯库尔（Édouard Combescure）率先将运动学因素应用到曲面理论的研究中，并且使用了移动坐标轴。但是，是达布充分发掘了这种方法的潜力，并且系统地阐述和发展了这一方法……达布的能力是罕见的几何想象能力和分析能力的结合物。他反对仅使用几何推理来解决几何问题，也不认为应严格坚持使用解析法……与蒙日一样，他对自己的发现并不满意，但同时认为培养学生同样重要。和蒙日这位杰出的前辈一样，他培养了一大批几何学家，包括吉查德（Guichard）、克埃尼格（Koenigs）、克瑟拉（Cosserat）、德姆林（Demoulin）、茨采查（Tzitzeica）和德玛特雷（Demartres）。他们的杰出研究是对他的教学的最好贡献。"

为了更全面地了解近些年综合几何的发展，我们在此引用贝克在1912年在剑桥举行的国际数学家大会上的讲话〔2〕："高等平面曲线的一般理论……没有曲线亏格的概念是不可能建立的。因此，阿贝尔曾研究过可用于表示他的积分和的独立积分的数量，由此可知，他的这一研究可以说对一般平面曲线理论至关重要。而黎曼将双有理变换的概念视为基本原理，进一步表明了这一点。之后出现了两种研究思路，首先，克莱布希谈到了曲面不变量的存在，类似于

---

〔1〕 *Am. Math. Monthly*, Vol. 24, 1917, p. 354. 见 L. P. Eisenhart's "Darboux's Contribution to Geometry" in *Bull. Am. Math. Soc.*, Vol. 24, 1918, p. 227.

〔2〕 *Proceed. of the 5th Intern. Congress*, Vol. I, Cambridge, 1913, p. 49. 更多细节可查阅 H. B. Baker in the *Proceed. of the London Math. Soc.*, Vol. 12, 1912.

平面曲线的亏格。他用一个双积分定义了这个数字，它不会因曲面的双有理变换而改变。诺特进一步发展了克莱布希的理论，但布里尔和诺特也以几何形式阐述了阿贝尔和黎曼考虑超越因素得到的平面曲线的相应结果。然后，意大利的几何学家以非凡的才华继续了诺特的工作，并使其更加清晰完整。不过，诺特的论文并没有指出一个重要事实，即必须考虑具有两个亏格的曲面。关于这一阶段的研究，我们应提到凯利和泽森的研究。但是此时，法国正在涌现出另一股研究潮流。皮卡德正在发展曲面上的黎曼积分一重积分，而不是二重积分。皮卡德的书历经十年才完成出版，由此可知此任务之艰辛。当时许多人甚至认为，皮卡德的研究似乎不过是曲线的代数积分理论的低效模仿。但是从之后的历史看，皮卡德的书将成为几何学历史永远的里程碑。目前，几何学研究的两个流派，意大利的纯粹几何和法国的超越几何已经合流。这一结果至少在我看来是最重要的。”贝克提到的皮卡德的书是 1897 年和 1906 年与乔治·西马特（Georges Simart）联合出版的《独立变量代数函数理论》（*Théoriedes fonctions algébriques deux variablesindépendantes*）。

贝克之后继续列举了一些研究发现：意大利罗马的数学家吉多·卡斯泰尔诺沃（Guido Castelnuovo）证明，曲面上线性曲线系的特征序列的亏格不能超过曲面两个亏格的差。意大利博洛尼亚的数学家费德里戈·恩里克斯（Federigo Enriques）进一步证明，对于代数曲线系而言，特征序列是完整的。基于这一发现以及皮卡德的第二种积分理论，意大利帕帕多瓦的数学家弗朗西斯科·塞维里证明曲面上的第一类皮卡德积分的数量等于曲面亏格的差。贝克还提到了巴黎的数学家亨伯特（Humbert）和卡斯泰尔诺沃（Castelnuovo）。塞维里发展了皮卡德的第三种积分理论，用一组基本曲线线性表示了曲面上的任何曲线。恩里克斯证明，设 n 为基本曲面阶数，则 $n-3$ 阶伴随曲面与一平面交于该组曲线。如该组曲线不完整，则其亏格也不超过基本曲面的亏格之差。塞维里用几何方法证明了曲线系统的亏格等于曲面的亏格的差。先前，皮卡德使用超越几何方法，以皮卡德第一种积分的数量为假设已推导出了这一结果。恩里克斯和卡斯泰尔诺沃已证明，若一曲面上有一组曲线，其对应正则数 $2\pi-2-n$ 为负数，其中 π 是曲线的亏格，n 是该曲线组任意两曲线的交点数量，则该曲面可通过双有理变换转化为直纹面。比较平面曲线和三维曲面后，我们可以自然而然地得出结论：如果要确定例如 $m+1$ 个变量的有理关系，可以通过另外 m 个变量的有理函数代替这些变量，可以通过挑选另外 m 个变量使其作为 $m+1$ 个原始变量的有理函数。恩里克斯最近给出了 $m=3$ 时的情况。$m=3$ 时，上述结论不成立。在贝克给出的这份研究结果总结之外，我们应当补充他本人也有一些研究成果，特别是在三次曲面及其上的曲线的问题上。为了减少奇点，以上数学家使用了从高维空间射影的方法，克利福德在 1887 年首次使用了这一方法。

当时的一本出版物《几何关系理论》（*Die Lehre von den geometrischen Verwandtschaften*，1908—?）广泛讨论了共线和相互关系，共四卷，作者是布雷斯劳大学的鲁道夫·施图姆（Rudolf Stum）。

三次曲面上的直线最早由凯利和萨蒙在 1849 年研究[1]。凯利指出，存在一定数量的此类直线，而萨蒙发现此类直线正好有 27 条直线。西尔维斯特说："阿基米德曾在遗嘱中嘱咐，在其墓碑上刻上圆柱体、圆锥体和球体一样，我们这两位杰出的同胞大概也会在遗嘱中提出，在其墓碑上刻上三次曲面二十七线图。"事实上，当时的技术也能做到这一点，因为在 1869 年，克里斯蒂安·维纳就制作了一个三次曲线模型，上有 27 条实线。斯坦纳在 1856 年从纯粹几何的视角研究了三次曲面。克雷莫纳和施图姆后来也对此做了研究，二人分享了 1866 年的"斯坦纳奖"。安德鲁·哈特（Andrew Hart）发现了一种优雅的证明方法，但在 1858 年，瑞士伯尔尼的数学家施莱夫利（Schläfli）提出了一种表示法，受到广泛欢迎，这种方法即双六法。施莱夫利的双六定理由他自己和许多人证明如下：给定五条直线 a，b，c，d，e 均与直线 X 相交，那么五条线中的任意四条都与另一条相交。假设 A，B，C，D，E 是与（b，c，d，e），（c，d，e，a），（d，e，a，b），（e，a，b，c）和（a，b，c，d）分别相交的直线，那么 A，B，C，D，E 都将与 X 相交。

关于 27 条线的实际情况，施莱夫利首先考虑了将三次曲面进行分类，他的分类被凯利采用。1872 年，克莱布希用 27 条实线构建了对角线曲面的模型，而克莱因证明："根据连续性原理，具有四个锥顶点的特定曲面可以派生出所

[1] 此处参考了 A. Henderson，*The Twenty-seven Lines upon he Cubic Surface*，Cambridge，1911，其中有两位学者的传记和相关研究细节。

有形式的三阶实曲面。”他在1894年的芝加哥世界博览会上展示了一套完整的三次曲面模型。1869年，盖泽尔（Geiser）证明：“从三次曲面上一点向平行于位于该点的切面的射影平面上的射影，是四次曲线，并且可以以这种方式生成所有四次曲线。”亨德森（Henderson）说：“三阶簇理论或者四维空间中的三维弧形的理论，一直是意大利都灵的数学家科拉多·塞格（Corrado Segre，1887）的研究主题。这篇论文内容的深度和丰富之处在于由塞格的三阶簇相关命题及其可推导出平面四次线及其双切线帕斯卡定理，三次曲面及其上的27条直线，库默尔曲面及其十六个奇点的构型和平面，以及这些图形之间的联系相关的命题。卡斯泰尔诺沃和雷西蒙（Richmond）也对这个美丽且重要的轨迹在四维空间中的特性进行了研究。”

1869年，若尔当（Jordan）首次证明：“一阶超椭圆函数三等分问题的群与27次方程的群同构，一般三次曲面的27条线取决于该方程组。”1887年，克莱因成功将这个问题简化为另一个问题，而马什克（Maschke）、伯克哈特和威廷（Witting）完成了克莱因只是给出了研究纲要的工作。狄克森、库宁（Kühnen）、韦伯、帕斯卡、卡斯纳和穆尔也对这27条线的方程的伽罗瓦（Galois）群进行了研究。

对四阶曲面的研究不如对三阶曲面的研究彻底。1844年，斯坦纳到意大利旅行时，总结了四阶曲面的性质。这一现以他的名字命名的曲线后来为库默尔所注意。1850年，托马斯·威德尔[1]指出，通过六个定点的二次锥面的顶点的轨迹是四次曲面，而不是夏斯莱曾说的三次挠线。凯利1861年给出了该曲面的对称方程。随后，1861年，夏斯莱在著作中证明调和分割六个给定线段的锥面的顶点的轨迹也是四次曲面。凯利用四个二次曲面的雅可比矩阵发现了更通用的曲面。其中，威德尔曲面对应于四个二次曲面具有六个公共点的情况。贝特曼（1905）也研究了威德尔曲面的特性。威德尔曲面的平截面不是任意四次曲线，而是一条不变量会消失的曲线。弗兰克·莫雷（Frank Morley）证明该曲线包含无穷多个构型 *B*6，并与曲面上的所有线相交于构型 *B*6。

1863年和1864年，库默尔深入研究了四阶曲面。值得注意的是以他命名

〔1〕 *Camb. & Dublin Math. Jour.*，Vol. 5，1850，p. 69.

的曲面，该曲面有16个节点。莱比锡的卡尔·罗恩（Karl Rohn）已研究了可能具有的各种形状。这一曲面已经受到了许多数学家的关注，包括凯利、达布、克莱因、雷西蒙、博尔扎（Bolza）、贝克和哈奇森（Hutchinson）[1]。一段时间以来，人们就知道菲涅尔的波面就是库默尔的十六节点四次曲面，也知道具有某些一般性质的动态介质的曲面是一种库默尔曲面，可以通过均匀应变从菲涅尔曲面得出。贝特曼（Bateman，1909）将库默尔的四次表面作为波表面处理。一般库默尔曲面似乎是纯粹理想介质的波面。

康奈尔大学的夏普（Sharpe）和克雷格通过应用塞韦里1906年提出的理论，研究了能够使库默尔和威德尔曲面保持不变的双值变换。

自1862年以来，每逢一段时间就有学者对五次曲面进行研究，其中主要有克雷莫纳、施瓦茨、克莱布希、诺特、施图姆、达布、卡帕拉里、帕斯卡、约翰·希尔、贝塞特。但没有学者认真尝试过枚举这些曲面的不同形式。

蒙日、瑟雷、李等人考虑了具有各向同性母线的直纹面。普林斯顿大学的艾森哈特通过该面与一平面的交线以及该面的母线在平面上的射影的方向求出了该直纹面。这样一来，这种直纹曲面就可以由一个平面内取决于同一参数的一组线性元素求出。

虽然三次曲线的分类是牛顿所提出，并且它们的一般理论在两个世纪前就已经得到了较好研究。但直到斯坦纳和黑塞的时代，学者才开始大力研究四次曲线理论。欧拉、克莱默和华林的四次曲线分类被忽略，研究者进行了新的分类。部分研究者根据的是四次曲线亏格（Geschlecht），3、2、1、0等，其他依据的是凯利（1865）、泽森（1873）、克里斯蒂安·科隆（Christian Crone，1877）等人的拓扑学视角的研究。斯坦纳1855年和黑塞开始研究一般四次方程的28个二重切线，并发现了24个拐点。萨蒙也猜测到了这24个拐点的存在，泽森证明其中最多8个是实点。1896年，当时的布尔茅尔学院（Bryn Mawr College）的露丝·金特里（Ruth Gentry）枚举了“射影与无穷远线相交最少次数”的四次曲线的基本形式（包含近200张图）。

多年以来，四阶曲线一直受到关注。最近，弗兰克·莫雷（Frank Mor-

[1] Consult R. W. H. T. Hudson（1876—1904），*Kummer's Quartic Surface*，Cambridge，1905.

ley)、阿尔弗雷德（Alfred)、巴赛特（B. Basset)、维吉尔·施耐德（Virgil Snyder)、彼得·菲尔德（Peter Field）等人就特殊五次曲线写了大量文章。

热那亚大学（University of Genoa）的吉诺·洛里亚（Gino Loria）就几何学历史，尤其是曲线历史，著述广泛。他提出了泛代数曲线理论，该理论通常是超越曲线。根据定义，泛代数曲线必须满足某个微分方程。1905 年，戈麦斯·特谢拉（Gomes Teixeira）在马德里出版了题为《重要曲面研究》（*Tratado de las curvas especiales notsables*）的曲线参考书。

巴黎的拉格朗日、欧拉和让·巴普蒂斯特·玛利·梅斯尼埃（Jean Baptiste Marie Meusnier）首先将无穷小微积分应用曲面曲率计算。值得一提的是，梅斯尼埃军事生涯和其科学生涯一样令人瞩目。梅斯尼埃定理与在任意曲面上绘制的曲线有关，李发展了这一定理，1908 年，卡斯纳又进一步扩展了这一定理。蒙日和杜平的研究使高斯的发现黯然失色。高斯用新方法研究了这一问题，拓宽了几何学家的视野。他在《曲面一般研究》（*Disquisitiones gencrales circa superficies curvas*，1827）和 1843 年和 1846 年的《高等大地测量学研究》（*Untersuchungen über Gegenstäde der höheren Geodäsie*）中使用了这种方法。1827 年，他建立了如今人们所理解的曲率的概念。在高斯时代前后，欧拉、梅斯尼埃、蒙日和杜平提出了各种曲面曲率的定义，但是这些定义并没有得到普遍采用。从高斯的曲率度量可以得出约翰·奥古斯特·格鲁内特（Johann August Grunert）的定理，格鲁内特是格赖夫斯瓦尔德（Greifswald）大学的教授。他是 1841 年创办的《数学和物理学档案》（*Archiv der Mathematik und Physik*）。该定理内容为：过一点的所有法截线的曲率半径的算术平均值是在该点处曲率度量相同的球体的半径。吉森（Giessen）大学的学者海因里希·理查德·巴尔泽（Heinrich Richard Baltzer）使用行列式简化了高斯对曲率公式的推断[1]。高斯得出了一个有趣定理，即如果一个曲面在另一个曲面上展开（abgewickelt），则曲率度量在每个点都保持不变。明丁（Minding）肯定地回答，只有在曲率恒定的情况下，才能回答对应点具有相同曲率的两个曲面是否可以彼此展开的问题。1868 年，贝尔特拉米将恒定曲率曲面和负曲率曲面称为伪球形曲面。据他说，

---

〔1〕 August Haas, *Versuch einer Darstellung der Geschichte des Krümmungsmasses*, Tübingen, 1881.

这么称呼是为了"避免兜圈子"。曲率可变的情况研究起来很困难，明丁、奥西扬·波奈（Ossian Bonnet）和巴黎综合理工学院的约瑟夫·刘维尔（Joseph Liouville）研究了这一问题。高斯的曲率度量表示为曲线坐标的函数，推动了微分不变量或微分参数的研究，卡尔·古斯塔夫·雅各比、卡尔·诺依曼、詹姆斯·考克尔爵士（James Cockle）对此进行了研究。贝尔特拉米、李以及英国伦敦的数学家哈尔芬等人就此问题发展出一般理论。贝尔特拉米还表明了曲率度量与几何公理之间的联系。

1899年，法国雷恩（Rennes）的数学家克劳德·吉查德（Claude Guichard）公布了两个回转二次曲面定理，这两个定理开启了曲面变形理论的一个新纪元。吉查德和意大利的数学家路易吉·毕杨齐（Luigi Bianchi）沿着这条思路进行了研究。1902年出版的第二版《微分几何讲义》（*Lezioni di geometria differenziale*，比萨，1902）中的内容就体现了他们的研究思路。1908年，明斯特大学的雷恩赫德·李林塔尔（Reinhold Lilienthal）出版了另一本初等微分几何论著。他不仅用切线和曲率圆给出了一阶和二阶导数的几何解释，而且还重新研究了巴黎的数学家阿贝尔·特朗森（Abel Transon）提出的一个概念，这个概念从曲线畸变和畸变轴的角度给出了三阶导数的几何解释。后来的相关研究有普林斯顿大学的学者艾森哈特撰写的《曲线曲面微分几何论》（*Treatise on Differential Geometry of Curves and Surfaces*，1909），其中探讨了可移动轴（达布广泛使用的所谓"可移动三面形"）在挠曲线及挠曲面中的应用；艾森哈特给出了四种恒定曲率变换，发现者分别是雅典的数学家哈兹达基斯（Hatzidakis）、毕杨齐、隆德的数学家巴科隆（Bäcklund）和李。艾森哈特建立了任意曲面共轭曲线系变换为其他曲面共轭系的理论，以及共轭网在任意阶数空间二维展开中的变换[1]。

从蒙日和高斯的时代开始，初等微分几何就引起了数学家的关注，并且日益完善。但直到最近，研究者对射影微分几何，特别是曲面微分几何的关注还很少。哈尔芬从曲线方程 $y=f(x)$ 出发，求出了 y，$\frac{dy}{dx}$，$d^2y,'dx^2$ 等的函数，这些函数在 x 和 y 进行一般射影变换时保持不变。他早期提出的该问题的公式不

〔1〕 *Butl. Am. Math. Soc.*，Vol. 24，1917，p. 68.

对称且非齐次。威尔辛斯基使用一种偏微分方程组和半协变量的几何理论，得到了齐次型，哈尔芬后来也推导出了这种形式[1]。威尔辛斯基研究了曲线和直纹曲面的射影微分几何，这些曲面是他的空间曲线理论的前提条件。威尔辛斯基使用两个二阶线性齐次微分方程组研究直纹曲面。堪萨斯大学（University of Kansas）的学者斯托佛（Stouffer）将该方法的应用扩展到了五维空间[2]。伊利诺伊大学的丹顿（Denton）研究了可展曲面。达布的三重共轭系属于射影微分几何，它是三重正交系的推广概念。哈佛大学的学者加布里埃·马库斯·格林（Gabriel Marcus Green）研究了三重曲面系，一参数空间曲线族和非平面曲面上的共轭网以及其他方面的射影微分几何问题。

吉查德大大推动了超空间的射影微分几何研究，他引入了两个取决于两个变量的元素——网和线汇。自 1906 年以来，都灵的数学家科拉多·塞格，以及意大利的其他几何学家极大地丰富了超空间的微分几何理论，特别是都灵的吉诺·法诺和博洛尼亚的恩里克斯[3]，康奈尔的拉努莫（Ranum）以及当时在伊利诺伊州的西桑（Sisam）和麻省理工学院的穆尔（Moore）。

矢量分析在微分几何中的使用可以追溯到格拉斯曼和哈密尔顿，及其后继者泰特、麦克斯韦、布拉利弗蒂、罗特（Rothe）等。这些人引入了术语 grad（梯度）、div（散度）、rot（旋度）。1909 年，哥伦比亚大学学者爱德华·卡斯纳（Edward Kasner）在普林斯顿大学讲授“动力学微分几何”课程时，介绍了他借助解析变换进行的轨迹研究，其中，他主要采用了接触变换。

拓扑学

许多不同种类研究都被归入“拓扑学”。莱布尼茨首先研究了这一问题，后来欧拉也开始研究起拓扑学。当时，他对“七桥问题”产生了兴趣，即如何才能不重复、不遗漏地跨越柯尼斯堡的普雷格尔河（Pregel river）上的所有七

[1] 见 E. J. Wilczynski in *New Haven Colloquium*, 1905. New Haven, 1910, p. 156; also his *Projective Differential Geometry of Curves and Ruled Surfaces*, Leipzig, 1906.

[2] *Bull. Am. Math. Soc.*, Vol. 18, p. 444.

[3] 见 Enrico Bompiani in *Proceed. 5th Intern. Congress*, *Cambridge*, Cambridge, 1913, Vol. II, p. 22.

座桥梁，如图 4-6 所示。之后，高斯也研究了拓扑学。他的“纽结理论”（Verschlingungen）最近被哥廷根的利斯廷（Johann Benedict Listing），维也纳的奥斯卡·西蒙尼（Oskar Simony）和达姆斯塔特的丁格尔代（Dingeldeyey）等人在拓扑学研究时所采用。泰特受威廉·汤姆森（开尔文爵士）的涡旋原子理论影响也开始研究扭结。在研究多面体特性的柯克曼的影响下，泰特也开始用多面体法研究扭结，并给出了前十阶扭结的形式的数量。托马斯·彭宁顿·柯克曼（Thomas Penyngton Kirkman）[1] 生于曼彻斯特附近的博尔顿（Bolton）。少年时期，他被迫跟随父亲从事棉花和棉花废料交易。后来他离家出走，进入都柏林大学学习，之后成为兰开夏郡（Lancashire）的教区牧师。作为数学家，他几乎完全是自学成才。在涉及 i，j，k 之外的虚数的四元数和八元数时，群论和数学助记符上都有著述。他提出了著名的“十五个女学生”问题：15 个女学生结伴旅行 7 天，现在要如何给她们分组，使得任意两名女学生都曾被分到一组且只有一次分到一组。凯利和西尔维斯特研究了这一问题，斯坦纳的研究也涉及了这一问题。

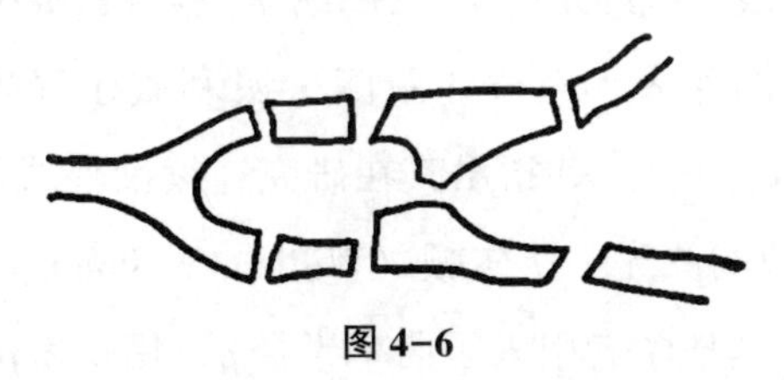

图 4-6

拓扑学还有一个独特的问题，地图着色问题，最早由莫比乌斯于 1840 年提出。弗朗西斯·古特里（Francis Guthrie）和德·摩根最早认真研究了这一问题。绘制任何地图需要多少种颜色，以使任意两个具有共同边界的国家颜色都不同？实验发现，四种颜色必要且充分，但很难证明。1878 年，凯利宣称他未能发现一般性证明办法。之后，坎普、泰特、杜伦大学（University of Durham）的学者黑伍德（Heawood）、克拉克大学的学者斯多利（Story）和哥本哈根的学者彼得森（Peterson）的证明都没有解决这一难题[2]。泰特的证明得出了一个有趣的结论，即四种颜色可能不足以在类似于环面的多连通曲面上绘制地

〔1〕 A. Macfarlane, *Ten British Mathematicians*, 1916, p. 122.

〔2〕 W. Ahrens, *Unterhaltungen und Spiele*, 1901, p. 340.

图。维布伦（1912）和伯克霍夫（Birkhoff，1913）对此类曲面上的地图以及一般地图问题进行了进一步研究。在亏格为零的曲面上，“并不确定四种颜色是否总是足够。”与此类似的一个问题考虑了每个国家沿一条线互相接触时的最大国家数量。洛萨·赫夫特（Lothar Heffter）1891年讨论这个难题，后来坎普和其他人在论文中阐述了这一问题。黎曼的拓扑学研究主要是确定在由无穷小畸变组合带来的变换中什么会保持不变。德国慕尼黑（Munich）的学者沃特·迪克（Walter Dyck）继续了他的研究，讨论了三维空间拓扑学。这类研究在现代数学中具有重要意义，特别是在对应关系和微分方程方面[1]。

内蕴坐标

由于反对使用任意笛卡尔坐标和极坐标，哲学家克劳斯（Krause）和彼得斯（Peters）建议是使用曲线固有的量，例如从定点测量的弧长 s，以及 s 末端的切线与一条固定切线所成的角度 φ。《归纳学史》（*History of the Inductive Sciences*，1837—1838）的作者，剑桥的威廉·威利威尔（Willam Williwell）于1849年引入了“本构方程”，并指出其在研究连续渐伸线和渐屈线中的用途。凯西在1866年，剑桥的威廉·沃尔顿（William Walton）、西尔维斯特在1868年使用了这一方法。其他学者引入了曲率半径 ρ，用 s 和 ρ 或 φ 和 ρ 代替 s 和 φ。欧拉和19世纪的几位数学家使用了坐标（φ，ρ），但坐标（s，ρ）使用的人最多。欧拉在1741年使用了这一坐标，西尔维斯特·弗朗索瓦斯·拉克瓦（Sylvestre François Lacroix）和托马斯·希尔（Thomas Hill，曾任哈佛大学校长）也使用过这一坐标。近些年来，那不勒斯大学（University of Naples）的埃内斯托·塞萨罗（Ernesto Cesàro）在他1896年发表的《内蕴几何》（*Geometria intrinseca*）中使用了这一坐标，该书在1901年由科瓦勒夫斯基（Kowalewski）译为德语，书名为《几何本质课程讲义》（*Vorlesungen über natürliche Geomet-*

---

〔1〕见 J. Hadamard，*Four Lectures on Mathematics delivered at Columbia University in* 1911，New York，1915，Lecture III.

ric)[1]。巴黎的数学家阿梅迪·曼海姆（Amédée Mannheim）继续了这一问题的研究，他是一把众所周知的计算尺的设计者。

将内蕴坐标或自然坐标应用于曲面的情况较少见。爱德华·卡斯纳（Edward Kasner）在1904年时说[2]："曲面理论可引入自然坐标以适应高斯提出的可弯曲但不可延展的曲面，其中等效的标准是适用性，或者按沃斯的更精确措辞说，等距同构。内蕴坐标必须不会由于弯曲而发生变化。完整等距群的最简单示例是以平面为典型代表的群，其中包括所有可展开的曲面。在这种情况下，可以通过消元微分和积分明确获得该群的方程。直到1866年，学者才发现与可展曲面类似的情况。随后，朱利乌斯·魏加藤运用他的渐屈线理论，成功求出了旋转悬链曲面和旋转抛物面的完整群，在二十年后，又成功求出了第四个用极小曲面定义的群。在过去的十年中，法国几何学家在这一领域的工作主要是任意抛物面研究（以及对任意二次曲面的一定程度的研究）。即使在这种限制条件众多并且看似简单的情况下，研究这一主题的困难也是巨大的。这些困难的最终解决将需要使用几乎全部现代分析学研究成果，并且需要发现新的方法，而这些无疑有更广泛的应用。例如，由此得出的研究结果和曲率恒定的曲面、等距曲面、巴克朗德（Backlund）变换以及二自由度运动理论相关。研究者主要有达布、古赫萨、毕杨齐、萨包（Thybaut）、克瑟拉（Cosserat）、赛尔文（Servant）、吉查德和拉菲（Raffy）。"

曲线的定义

乔治·康托尔发起的点集理论带来了曲线理论和内容含义的新观点。什么是曲线？卡米尔·若尔当（Camille Jordan）在他的《分析讲义》（*Cours d'analyse*）中暂时将其定义为"连续线"。威廉·杨和格拉斯·杨（Grace Young）在1906年出版的《点集论》的第222页中将"若尔当曲线"定义为"可以与直线的闭合段（a，z）的点相对应的连续的（1，1）对应的点构成的

---

[1] Our information is drawn from E. Wölffing article on "Natürliche Koordinaten" in *Bibliotheca mathematica*, 3. S., Vol. I, 1900, pp. 142-159.

[2] *Bull. Am. Math. Soc.*, Vol. 11, 1905, p. 303.

平面集合”。圆是闭合的若尔当曲线。若尔当提出了一个问题，即曲线是否有可能填满空间。皮亚诺回应称：“连续线”可以做到这一点，并在《数学分析》（*Mathmatische Annalen*，1890）第36卷中构造了这种所谓的“空间填充曲线”（“皮亚诺曲线”），进一步证实他的观点。从那以后，他的构造方式已经进行了多次改进，其中最引人注目的是穆尔（Moore）[1]和希尔伯特（Hilbert）的改进。1916年，宾夕法尼亚大学的穆尔证明了无论多么曲折的连续曲线的两个点，都可以通过一条完全位于曲线中的简单连续弧来连接。过于偏离我们的经验，将术语曲线应用于一个区域，似乎并不可取。因此，有必要给出更严格的定义。若尔当要求，曲线 $x=\varphi(t)$，$y=\psi(t)$，在区间 $a\leqslant t\leqslant b$ 内不应有二重点。肖恩福莱斯（Schönflies）将曲线视为一个区域的边界，维布伦（Veblen）根据阶数和线性连续对其进行定义。威廉·杨和格拉斯·杨在他们的点集理论中将一条曲线定义为一个平面的点集，该点在平面任何一处都不密集并且受到其他限制，但仍可能包含一个若尔当曲线弧的网络。

由于函数概念的泛化，一些以前具有闻所未闻的特性的曲线被创造出来。魏尔斯特拉斯[2]证明，当 a 为小于1的偶数，b 为大于1的正实数，乘积 ab 超过一定极限时，由 $y=\sum_{n=0}^{n=\infty} b^n$ 表示的连续曲线，魏尔斯特拉斯表示在其上任意一点都没有切线。换句话说，存在一个不具有导数的连续函数，这令人难以置信。但正如克里斯蒂安·维纳在1881年所解释的那样，该曲线在每个有限间隔内都有无数的震荡。1904年，斯德哥尔摩大学（University of Stockholm）的黑尔格·冯·科赫（Helge v. Koch）发现直观上看起来更简单的曲线（《数学学报》（*Acta math.*）第30卷，1906年，第145页），用初等几何方法构造且连续，但在任何点都没有切线；它的任意两点之间的弧长是无穷的。尽管已经有研究者用解析法表示出了该曲线，但奥地利维也纳数学家路德维希·波茨曼（Ludwig Boltzmann）发表于《数学年鉴》1898年第50期的所谓的H曲线尚未有人给出表示方法。这种曲线也是连续曲线，同样没有切线。图4-7显示了它的构造。波茨曼使用该曲线可视化气体动理论中的定理。

---

〔1〕 *Trans. Am. Math. Soc.*, Vol. I, 1900, pp. 72-90.

〔2〕 P. du Bois-Reymond “Versuch einer Klassification der willkürlichen Funktionen reeller Argumente”, *Crelle*, Vol. 74, 1874, p. 29.

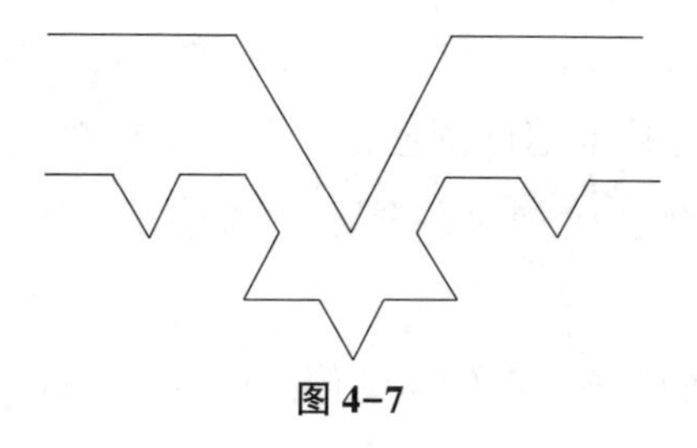

图 4-7

基本公设

在意大利，数学的基础理论，尤其是几何的基础理论受到了极大的关注。1889 年，皮亚诺提出了一种新颖观点，即几何元素像一般事物可定义，并提出了以下原则：未定义的符号越少越好。1897 年至 1899 年，他在卡塔尼奥斯（Cataniaus）的学生马里奥·佩里（Mario Pieri）仅使用了两个未定义的射影几何符号，但也使用了两个未定义的度量几何符号。1894 年，皮亚诺考虑了数学公理的独立性。到 1897 年，在皮亚诺的努力下，点是集合已经成为一条公设。哥廷根的学者大卫·希尔伯特（David Hilbert）在 1899 年发表了著名的《几何学原理》（*Grundlagen der Geometrie*），书中体现了皮亚诺的这些基本思想。此外，书中也包含希尔伯特自己的一些重要研究。1913 年，《几何学原理》第四个增补版发表。威尔逊（Wilson）高度评价了希尔伯特的研究："他首次或以一种全新的方式，精湛地处理了阿基米德公理、帕斯卡、德萨格的定理、线段和面积的分析等许多问题。我们应该说，希尔伯特开创了几何方法而非几何哲学的新时代。"[1] 希尔伯特 1899 年提出的空间并不包含我们所处的空间中的所有点，而是只包含那些用两个给定点和尺规可以构造出的点。庞加莱评论称，在他的空间中没有 10°角。因此，希尔伯特在《几何学原理》第二版中引入了完整空间的假设。这样一来，他的空间就与我们所处的空间相同。希尔伯特对非阿基米德几何学的研究非常有趣。在他的研究中，除了阿基米德的假设之外，希尔伯特所有的假设都成立，为此他创建了一个非阿基米德数字系统。这种非阿基米德几何最初由帕多瓦大学的几何学教授朱塞佩·韦罗内塞（Giuseppe Veronese）提出。我们的公共空间只是非阿基米德空间的一部分。布

〔1〕 *Bull. Am. Math. Soc.*，Vol. 11，1904，p. 77. 此处意大利学派的资料参考自此论文。

雷斯劳大学的奈瑟（Kneser）、哥本哈根的莫勒鲁普（Mollerup）分别于1902年、1904年提出了非阿基米德比例理论。希尔伯特在《几何学原理》中谈到了德萨格定理。1902年，芝加哥的穆尔顿概述了一种简单的非德萨格平面几何。

在美国，乔治·布鲁斯·霍尔斯泰德（George Bruce Halsted）在希尔伯特的研究基础上写作了《有理几何》（*Rational Geometry*，1904）。此书第二版修订版于1907年问世。一位希尔伯特的学生麦克斯·戴恩（Max Dehn）证明，省略了阿基米德公理（欧多克索斯）会产生一个半欧式几何，其中存在相似三角形，并且它们的内角和为两个直角，但过任意给定点可绘制与任意直线平行的无穷多的平行线。

意大利学派的学者，包括皮亚诺、马里奥·佩里、都灵的吉诺·法诺（Gino Fano），率先具体研究了射影几何所基于的公理体系。维也纳的学者西奥多·瓦伦（Theodor Vahlen）和斯特拉斯堡的学者弗里德里希·舒赫（Friedrich Schur）也对这个问题产生兴趣。研究画法几何的公理的学者主要是意大利和美国的数学家以及希尔伯特。皮亚诺以位于任意两点之间的点集为基本思想，引入了序的概念，而维拉蒂和罗素后来则基于关系的集合或一条直线上的点的集合的基本概念引入了序的概念。维布伦（1904）对研究单个三项序关系的性质时引入了序的概念。威特海德[1]曾谈到维布伦的方法："这种思路使问题明显简化，并且结合了前两种方法的优点。"希尔伯特有六个未定义的术语（点、直线、平面、之间、平行、全等）和21个假设，而维布伦只有术语（点之间），没有定义，而且仅有十二个假设。但是，根据维布伦公理推导基本定理更加困难。穆尔证明，满足维布伦公理第一到第八以及第十一公理的任何平面都是实数平面，并且包含一个连续曲线系。如将这些曲线视为直线，该平面是普通的欧几里得平面。

1907年，奥斯瓦尔德·维布伦和约翰·韦斯利·杨（J. W. Young）提出了一套完全独立的射影几何假设体系，其中将点和称为线的点的未定义类作为未定义元素。这些假设中有八个是一般射影空间的特征。加入第九个假设会准确

---

〔1〕 *The Axioms of Descriptive Geometry*, Cambridge, 1907, p. 2

产生射影空间[1]。

卡塔尼亚（Catania）的马里奥·佩里于1901年给出了基于“线”作为未定义元素并且“相交”作为未定义元素对之间的未定义关系的线几何公理。1914年，数学家海德里克（Hedrick）和密苏里大学（University of Missouri）的因戈尔德（Ingold）对此给出了更简单的形式。

博洛尼亚大学的恩里克斯以及维布伦和约翰·韦斯利·杨分别于1898年和1910年编写了基于这种公理体系的数学基础教科书。这些书籍极具概括性，并且富有科学性。

几何模型

1879年左右，冯·布里尔在达姆斯塔特的公司开始制造适合高年级学生使用的几何模型。该公司销售的早期模型中，许多都是在克莱因和亚历山大·冯·布里尔的指导下制造的，例如库默尔曲面、三次挠线、伪球面模型。自1890年左右起，这家公司被并入马丁·席林（Martin Schiling）在莱比锡的公司的名下。该公司1911年的目录描述了约400种型号的几何模型。1905年以来，莱比锡的特步纳（Teubner）的公司提供了由赫尔曼·维纳（Hermann Wiener）设计的模型，其中许多模型用于辅助教学。在这方面，慕尼黑大学教授沃特·迪克（Walter Dyck）的《数学和数学物理模型目录》（*Katalog mathematischer und mathematisch-physikalischer Modelle*）、《仪器和工具》（*Apparate und Instrumente*）是很有价值的。1914年，在纳皮尔三百周年庆典上，克鲁姆·布朗（Crum Browne）展示了各种模型，包括三次曲面和四次曲面的模型、交错曲面模型、规则几何体及其相关版式以及一些热力学模型。索默维尔（Sommerville）展示了四维图形在三维空间上的射影模型，开尔文勋爵的潮汐计算机说明了简单谐波运动的组合[2]。

---

〔1〕 *Bull. Am. Math. Soc.*，Vol. 14，1908，p. 251.

〔2〕 查阅 E. M. Horsburgh *Handbook of the Exhibition of Napier relics*，etc.，1914，p. 302.

代数

代数近来的发展可以从三个主要方面来考虑：基本定律的研究和新代数的诞生，方程式理论的发展以及所谓的现代高等代数的发展。

欧拉1749年在他的论文《方程虚根研究》（*Recherches sur les racines imaginaries des équations*）中概述了 a 和 b 都是复数的 ab 的一般理论，但未能引起其他数学家的注意。19世纪初，德国、英国、法国和荷兰的研究者阐述了一般指数幂理论。早期的正数对数理论中，对数定义与指数无关，这已经让人十分惊讶。但现在，令人更为惊讶的是，ab 的理论竟然取决于对数理论。从历史上看，对数概念出现得更早。柏林教授马丁·欧姆（Martin Ohm）提出了 ab 的一般理论。他的兄弟发现了“欧姆定律”。马丁·欧姆写作了一本备受批评的书籍《试图建立完全成功的数学体系的尝试》（*Versuch eines vollkommen consuccessen Systems der Mathematik*，纽伦堡，1822—1852）。欧姆在1823年第二版的第二卷中研究了前述问题。在发展了对数的欧拉理论之后，欧姆提出了 a^x，其中 $a=p+q\mathrm{i}$，$x=\alpha+\beta\mathrm{i}$。设 e^z 始终为单值，并令 $v=\sqrt{p^2+q^2}$，$\log a=\mathrm{L}v+(\pm 2m\pi+\varphi)\ \mathrm{i}$，他取 $a^x=\mathrm{e}^{x\log a}=\mathrm{e}^{\alpha\mathrm{L}v-\beta}\ (\pm 2m\pi+\varphi)$。$\{\cos[\beta\cdot\mathrm{L}v+\alpha(\pm 2m\pi+\varphi)]+\mathrm{i}\cdot\sin[\beta\mathrm{L}v+\alpha(\pm 2m\pi+\varphi)]\}$，其中 $m=0$，$+1$，$+2$，…，而L表示表对数。因此，一般幂具有无穷数量的值，但所有值均具有 $a+b\mathrm{i}$ 的形式。欧姆表示（1）当 x 是整数时，所有值（无穷多个）都相等；（2）当 x 是实有理数分数时，存在 n 个不同的值；（3）但当 x 是实数但并非有理数时，其中一些值相等，尽管存在无穷多个不同值；（4）当 x 是虚数时，这些值都各不相同。接下来，他提出一个问题：（A）$a^x\cdot a^y=a^{x+y}$，（B）$a^x\div a^y=a^{x-y}$，（C）$a^x\cdot b^x=(ab)^x$，（D）$a^x\div b^x=(a\div b)^x$，（E）$(a^x)^y=a^{xy}$ 怎样适用于一般指数 a^x 呢？他发现，（A），（B）和（E）是不完整的方程式，因为左侧比右侧多“很多很多”值，右侧的值（数量无穷多）都属于左侧的无穷个值的无穷倍。（C）和（D）是一般情况的完整方程。阿尔托纳（Altona）的研究者托马斯·克劳森（Thomas Clausen）未能认识到方程（E）的不完全，结果陷入了一个悖论（《克雷尔杂志》，1827 年，第 2 卷，第 286 页）。1869 年，卡塔兰以更简洁的形式陈述了这一悖论：$e^{2m\pi i}=e^{2n\pi i}$。其中 m 和 n 是不同整数。将两侧的项都升到幂$\frac{i}{2}$，就产生了荒谬的 $e^{-m\pi}=e^{-n\pi}$。欧姆引入了一种表示某些 a^x 特殊值的符号，但他没有特别引入现被称为“主值”的特殊值。否则，他对一般幂的处理主要是对当前幂的处理，当然，无理值的情况除外。欧姆进一步研究了以复数为底的一般对数。可以看出，欧拉对数充当了通向一般幂理论的阶梯。反过来，一般幂的理论推动了复数底数对数的更一般理论的形成。

《哲学汇刊》（1829，伦敦）中包含两篇有关一般幂和对数的文章一篇由约翰·格拉夫斯（John Graves）发表，另一篇由剑桥大学的约翰·沃伦（John Warren）撰写。格拉夫斯当时只有 23 岁，是威廉·哈密尔顿的同学。格拉夫斯后来成为一名知名法学家。哈密尔顿说，对格拉夫斯虚数思想的反思使他发现了四元数。格拉夫斯得出 $\log 1=(2m'\pi i)/(1+2m\pi i)$。因此，格拉夫斯声称，一般对数涉及两个任意整数，$m$ 和 m'，而不是欧拉所说的一个。由于格拉夫斯的理论不够清楚，他与德·摩根和皮考克进行了讨论，结果是，格拉夫斯撤回了论文标题中的陈述，并暗示欧拉理论存在错误。不过德·摩根也承认，如果格拉夫斯想要拓展对数思想以将 $e^{1+2m\pi i}$ 作为底数，那么他的推导过程并没有错误。文森塔特·里勒、邓肯·格里高利、德·摩根、哈密尔顿和帕加尼（Pagani）都进行了类似研究，但他们的一般对数系统以复数为底，因此被认为用处不大。[1] 接下来，我们停顿片刻了解一下德·摩根的生平。

奥古斯都·德·摩根（Augustus De Morgen）出生于马都拉斯（Madras），并在剑桥三一学院接受教育。针对他的出生年份（假设是在 19 世纪），他曾提出一个难题：“x^2 年，我 x 岁。”由于对英国国教提出疑问，他未能完成硕士学业，也无法参加基督教团契活动。据说他“从未在选举中投票，也从没去过下议院、塔楼或威斯敏斯特大教堂”。1828 年，他成为新成立的伦敦大学的一名教授，并在那里一直教学到 1867 年（除了 1831 到 1835 年这五年）。他是 1866 年成立的伦敦数学学会的第一任主席。他个性独特，富有男子气概，并且是一

---

〔1〕 更多资料和细节见 F. Cajori in *Am. Math. Monthly*, Vol. 20, 1913, pp. 175-182.

名知名教师。他的原创研究不仅推动了数学的进步，还进一步巩固了数学理论体系的逻辑基础。在学习研究的过程中，他敏锐地意识到，过往数学理论推导过程缺少严密性。他曾说：“我们知道，数学家对逻辑的关心不比逻辑学家对数学的关心多。数学和逻辑是精确科学的两只眼睛，然而数学家扔掉了逻辑学的眼睛，而逻辑学家则扔掉了数学的眼睛；每个人都相信一只眼睛比两只眼睛看得更清楚。”德·摩根对数学进行了逻辑分析，并研究了数学定律、符号和运算的逻辑分析。他著有《形式逻辑》和《双代数》，并与形而上学家威廉·哈密尔顿爵士和数学家威廉·罗汉·哈密尔顿爵士保持学术通信。德·摩根的研究范围之广在同时代的学者中极为罕见。没有一个问题因为无关紧要，没引起他的注意。《科克尔的算术学》（*Cocker's Arithmetic*）的作者和研究化圆为方的学者们受到的研究和微积分历史一样细致。在《一便士百科》（*Penny Cyclopædias*）和《英语百科》（*English Cyclopædias*）中收录有他的许多文章。在1838年首次印刷的《归纳法（数学）》［*Induction*（*Mathematics*）］一书中，显然“数学归纳法”这个名称第一次出现。托德亨特在他的代数中采用推广了这一名称。约翰·沃利斯1656年在其《无限算数》中使用“归纳法”一词。他使用了自然科学已知的“归纳法”。1686年，雅各布·伯努利批评他使用了一种没有逻辑约束力的方法，然后将其证明从 n 扩展到 $n+1$。这是数学归纳过程的几种起源之一。在沃利斯和德·摩根之间，数学家偶尔会使用“归纳法”一词，但是此时“归纳法”具有双重含义，（1）表示自然科学中已知的那种不完全归纳法，（2）表示从 n 到 $n+1$ 的证明。德·摩根的“数学归纳法”为后一种指定了一个不同的名称。德国数学家更习惯使用“vollständige Induktion”（数学归纳法）这个名字，戴德金在他的《数字是什么，数字应该是什么》（*Was Sind Und was sollen die Zahlen*，1887）使用了这个词之后，这个术语就在德国流行开来。1842年的德·摩根《微分》仍然是一部标准著作，并包含许多作者的原创研究。他为《都市百科全书》（*Encyclopædia Metropolitana*）写了《函数演算》（给出了符号推理的原理），讨论了概率论。他在《函数演算》中提议使用斜线（solidus）来打印文本中的分数；斯托克斯1880年采纳了这项建议。[1] 凯利曾写道："我认为'斜线'外观确实不错，有了这一工具，您一定成为打印机保护协会主席。"[2]

德·摩根的《悖论预算》（*Budget of Paradoxes*，伦敦，1872）一书非常有名。第二版由戴维·尤金·史密斯（David Eugene Smith）于 1915 年编辑。德·摩根分别在 1841 年，1842 年和 1847 年在《剑桥大学哲学学会学报》（*Trans. of the Cambridge Phil. Soc.*）上发表了《论代数理论基础》（*On the Foundation of Algebra*）等一系列研究报告。

乔治·皮考克和德·摩根认识到了与普通代数不同的代数存在的可能性。事实上，此类代数很快就被发现。但是，像非欧几何一样，其中一些代数的发现花费了很长时间。格拉斯曼、贝拉维蒂斯和佩尔斯的发现都是如此，但是哈密尔顿的四元数研究在英国很快就受到高度评价。这些代数能够帮助解释虚数的几何意义。

威廉·罗万·哈密尔顿（William Rowan Hamilton）生于都柏林，父母均为苏格兰人。幼年时，他在家中接受教育，授课主要内容是学习语言。据说 13 岁时，他就已经熟悉许多种语言。大约在这个时候，他偶然读到了牛顿的《通用算法》的副本。读完之后，他先后研究了解析几何学、微积分、牛顿的《原理》、拉普拉斯的《天体力学》。18 岁那年，他发表了一篇论文，纠正了拉普拉斯作品中的一个错误。1824 年，他进入都柏林的三一学院，并在 1827 年以本科生的身份被任命为天文学系主任。卡尔·古斯塔夫·雅各比在 1842 年曼彻斯特的英国数学协会的会议上见到了他。卡尔·古斯塔夫·雅各比在会议 A 区致辞时，称哈密尔顿为"你们国家的拉格朗日"。哈密尔顿的早期论文是关于光学的。在 1832 年，他借助数学工具研究了锥形折射。这一发现与维内尔（Verrier）和亚当斯（Adams）发现海王星的成就相提并论。之后，他写了一些关于变作用量原理（1827）和动力学的一般方法（1834—1835）的论文。他还讨论了求解五次方程、时距曲线、波动函数、微分方程的数值解。

---

〔1〕 G. G. Stokes, *Math. and Phys. Papers*, Vol. I. Cambridge, 1880, p. vii；另见 J. Larmor, *Memoir and Scie. Corr. of G. G. Stokes*, Vol. I, 1907, p. 397.

〔2〕 An earlier use of the solidus in designating fractions occurs in one of the very first text books published in California, viz., the *Definicion de las principales operaciones de arismética* by Henri Cambuston, 26 pages printed at Monterey in 1843. The solidus appears slightly curved.

哈密尔顿的主要发现是他的四元数，这是他的代数研究的最重要成果。1835年，他在《爱尔兰皇家学会学报》(*Transactions of the Royal Irish Academy*) 发表了他的《代数对理论》(*Theory of Algebraic Couples*) 一文。他认为代数"不仅是艺术，不只是语言，其主要本质并非数量的科学，而是数列的阶的科学"。时间在他看来是这种数列的画面。因此他将代数定义为"纯粹时间的科学"。他花费多年时间去思考应该将什么视为一组垂直有向线中每一对的乘积。最后，1843年10月16日的晚上，他与他的妻子一起在都柏林皇家运河边散步时，他突然产生了四元数的想法。之后，他用刀子在布劳姆大桥 (Brougham Bridge) 上的石头上刻上了公式 $i^2=j^2=k^2=ijk=-1$。一个月后，在爱尔兰科学院的全体会议上，他第一次介绍了四元数的概念。次年，他在《哲学杂志》上对这一发现进行了描述。哈密尔顿在研究这一理论的过程中有大量发现。他在都柏林的四元数课程的讲义内容于1852年发表。

1858年，泰特经人引荐结识了哈密尔顿，他们之间进行了学术通信。使哈密尔顿对四元数的研究回到沿着四元数微分、线性矢量函数和菲涅尔波面的思路。并且在泰特的引导下，他开始写作《四元数纲要》(*Elements of Quaternions*, 1866)。但是直到临终前，他都没有完成此书。此书仅印刷了500份。近些年来，哈密尔顿在邓辛克天文台 (Dunsink Observatory) 的继任者查尔斯·贾斯珀·乔利 (Charles Jasper Joly) 出版了此书的新版本。泰特自己也写了一本《四元数基础》(*Elementary Treatise on Quaternions*)，他原本计划于1859年出版，但事实上直到哈密尔顿的著作出版之前都没有出版。最终，此书于1867年出版。泰特的主要成就是对运算符号"∇"的发展。这一成就是在《四元数基础》的增订版中完成的。[1] 泰特邀请麦克斯韦评价他的四元数定理。麦克斯韦渐渐认识到了四元数运算处理物理问题的强大能力。"泰特展示了量 $S\nabla\sigma$、$V\nabla\sigma$、∇u 的真实物理意义。麦克斯韦使用的富有表达力的名称，收敛性（或发散性）和卷曲度，已经融入了电磁学理论的核心。"[2] 1913年，肖 (Shaw) 针对平坦或弯曲的 n 维空间，进一步推广了哈密尔顿的∇。里奇 (Ricci, 1892)、勒维·西维塔 (Levi-Civita, 1900)、马什克和因戈尔德 (1910) 也都

〔1〕 C. G. Knott, *Life and Scientific Work of peter Guthrie Tait*, Cambridge, 1911, pp. 143, 148.

〔2〕 C. G. Knott, *op. cit.*, p. 167.

做了相关研究。四元数理论从一开始就在英格兰备受瞩目，但在欧洲大陆受到的关注却较少。泰特的《四元数基础》在英国广泛传播了四元数理论。凯利、克利福德和泰特都做出了一些原创性研究，推动了这一理论的发展。但是，近年来，西尔维斯特在四元数方程组求解中取得的进展，但是四元数在物理上的应用并没有像预期的那样扩展。法国数学家雷桑特（Laisant）和于勒·胡埃尔（Jules Hoöel）对符号的更改被认为是一种错误，但是欧洲大陆研究进展缓慢也许有更深层次的原因，事实上，关于四元数乘积能否为矢量分析理论体系所必需，确实存在很大争议。物理学家声称，将矢量的平方取为负数有损计算的自然度。

关于四元数的价值，众说纷纭。泰特是四元数的热情拥护者。但他的好朋友开尔文勋爵宣称，“尽管它们的构思非常巧妙，但对于那些接触过它们的人来说，都是纯粹邪恶之物，包括麦克斯韦。”[1] 凯利在 1874 年写给泰特的信中说：“我非常欣赏 $d\sigma = uqd\rho q^{-1}$ 的方程式——这是袖珍地图的一个很好的例子。”凯利承认四元数公式的简洁性，但是必须先将其展开为笛卡尔形式，然后才能使用并理解。凯利在《爱丁堡皇家学会学报》（*Proceedings of the Royal Society of Edinburgh*）第二十卷发表了一篇论文《论坐标与四元数》（*On Co-ordinates versus Quaternions*）。作为回应，泰特发表了《论四元数方法的内在本质》。

为了更充分地满足物理学家的需求，吉布斯和麦克法兰各自提出了带有新符号的矢量代数。二人都给出了两个矢量乘积的定义，但是在他们的定义中，矢量平方为正。奥利弗·亥维赛（Oliver Heaviside）在电学研究中使用了第三种矢量分析体系。

哪种矢量分析的表示法最为可取仍然是一个备受争议的问题。学者提出的各种建议中最主要的是美国学派的主张，他们的主张是对吉布斯和德国-意大利学派的学者的建议最早的发展。不过，这种国别上的区别也并非那么明显。德国汉诺威的学者普兰德（Prandl）1904 年说：“经过长时间的考虑，我决定采用吉布斯的表示法，用 $a \cdot b$ 表示内（标量）积，$a \times b$ 表示为外（矢量）积。

[1] S. P. Thompson, *Life of Lord Kelvin*, 1910, p. 1138.

如果遵循这样的规则：在多项乘积中，外积必须在内积之前，内积在标量之前，那么就可以使用吉布斯的 $a \cdot b \times c$ 和 $ab \cdot c$ 表示法，同时不会有对其意义的质疑。"[1]

下面，我们将列出德国－意大利学派表示法和等效的美国学派的表示法（吉布斯表示法），德国－意大利学派表示法在前。内积表示分别是 $a \mid b$，$a \cdot b$；矢量乘积是 $\mid ab$，$a \times b$；另外其他表示法的区别有 abc，$a \cdot b \times c$；$ab \mid c$，$a \times b \times c$；$ab \mid cd$，$(a \times b) \cdot (c \times d)$；$ab^2$，$(a \times b)^2$；$ab \cdot cd$，$(a \times b) \times (c \times d)$。1904 年，梅姆克（R. Mehmke）说："无论是从逻辑上、方法论上，还是从实践上来说，德国－意大利学派的表示法都比吉布斯学派更好。"

1895 年，荷兰海牙的学者莫伦布鲁克（Molenbroek）和当时在美国耶鲁大学的学者木村（Kimura）的率先组织成立了促进四元数和相关数学系统研究国际协会（International Association for Promoting the Study of Quaternions and Allied Systems of Mathematics）。泰特当选为第一任主席，但由于健康状况不佳，谢绝了任命。爱丁堡大学的亚历山大·麦克法兰［1851—1913，后来去了得克萨斯大学和理海大学（Lehigh University）］担任协会秘书长直至去世。

1908 年罗马的国际数学家大会上任命了负责统一矢量表示法的委员会，但直到 1912 年剑桥国际数学家大会召开时，此问题尚未得出明确的结论。

1909 到 1912 年，意大利都灵的学者布拉里·福蒂、那不勒斯的学者马克龙戈（Marcolongo）、法国布尔日（Bourage）的学者康比利亚克（Comberiac）、德国斯特拉斯堡的学者蒂伯丁（Timerding）、克莱因、美国波士顿的学者威尔逊、皮亚诺、爱丁堡的诺特（Knott）、亚历山大·麦克法兰巴黎的学者卡瓦洛（Carvallo）和柏林的扬克（Jahnke）在《数学教学》对这一问题展开了广泛讨论。在美国，威尔逊和普尔（Poor）在 1916 年讨论了符号的相对值。

我们提到了普通物理学之外的两个主题，其中矢量分析已经得到解决。爱因斯坦的广义相对论被称为相对论及闵可夫斯基（Minkowski）对此理论的解读开辟了新的视角。如果将运动学视为四维空间几何学，该理论的一些奇怪后果就消失了。闵可夫斯基和在他之后的麦克斯·亚伯拉罕（Max Abraham）使

---

〔1〕 *Jahresb. d. d. Math. Vereinig.*, Vol. 13, p. 39.

用了矢量分析，但不多。闵可夫斯基通常更喜欢凯利的矩阵运算。加州大学的吉尔伯特·刘易斯（Gilbert Lewis）对矢量分析进行了更广泛的应用，他在将矢量分析推广到四维空间的过程中引入了格拉斯曼体系的某些原始特征。

根据普吕克（及其他学者）的观点，“挠子”（dyname）是一个施加到刚体上的一组力。英国数学家和法国数学家称之为“torsor”。1899 年，俄国人科捷尼科夫（Kotjelnikoff）在研究矢量射影理论时处理了这个问题。1903 年，斯图迪出版了他的著作《挠子几何学》（*Geometrie der Dynamen*），此书阐述了线几何和运动学，其中部分利用了群论，并将其推广到非欧空间。斯图迪声称他的理论体系比哈密尔顿的四元数和克利福德的复四元数具有更大的通用性。

赫尔曼·甘特·格拉斯曼（Hermann Günther Grassmann）生于施泰丁（Stettin），在他的故乡的一所文理高中读了几年书（他的父亲曾在这所学校任数学和物理老师），并在柏林学习了三年的神学。他的学术兴趣非常广泛。他以神学家的身份开始，研究过物理学，写文章讨论了德语、拉丁语和数学。他还编辑了一部政治学论文和传教论文，研究了语音规律，为《梨俱吠陀》（*Rig-Veda*）编写了一本词典，并翻译了此书，他还会用三种声部为民歌和声。另外，他的教师生涯也非常成功。与此同时，他还抚养了他的 11 个孩子中的 9 个。下面，我们将要介绍他了不起的数学研究成就。1834 年，他在柏林的一所工业学校接替了斯坦纳的数学教师职位，但 1836 年回到了施泰丁，在一所学校担任数学、科学和神学的老师。[1] 直到那时，他对数学的知识还局限于他从父亲那里学到的知识。他的父亲曾写过两本关于“几何”和“数论”的书。但是，他慢慢开始读了拉克鲁瓦、拉格朗日和拉普拉斯的作品。他注意到，拉普拉斯的结果可以通过他父亲著作中提出的一些新思想以更简洁的方法获得。他着手阐述了这种简化的方法，并将其应用于潮汐研究。就这样，他开始研究新几何解析法。1840 年，他的研究取得了长足进步。但是施莱尔马赫（Schleiermacher）的一部新著作又将他的注意力引向了神学。1842 年，他再次开始进行数学研究，并坚信他的新解析法非常重要。此时的他雄心勃勃，希望在大学获得数学教授的职位。不过，他从未成功做到这一点。1844 年，他出版

---

〔1〕 Victor Schlegel, *Hermann Grassmann*, Leipzig, 1878.

了经典著作《线性扩张论》(*Lineale Ausdehnungslehre*)。然而，书中充斥新奇概念和理论，描述方式过于笼统和过时，并且很抽象，以至于在出版之后的二十年对欧洲数学影响都不大。高斯、格鲁内特和莫比乌斯曾浏览过此书，对它赞不绝口，但同时也抱怨此书使用的术语很奇怪，并且“哲学统一性”不足。8年后，哥达（Gotha）的布莱特施耐德（Bretschneider）是唯一通读此书的人。格拉斯曼曾在《克雷尔杂志》上发表了一篇文章，借助他的方法给出了用几何方式构造任意代数曲线的方法。这篇文章足以令当时其他的几何学研究黯然失色，但仍未引起人们的注意。如果格拉斯曼将注意力转移到施莱尔马赫(Schleiermacher）的哲学、政治、语言学等其他主题上，我们是否应该感到惊奇？尽管如此，他的文章仍继续出现在《克雷尔杂志》中，并于1862年出现在他的《线性扩张论》的第二部分。第二部分不仅考虑了几何应用，还考虑了代数函数、无穷级数以及微分和积分，视野比第一部分更加广阔。但是第一部分受认可程度比第二部分更高。53岁时，这个神奇的人物放弃了数学，将精力投入到梵文的研究中，取得了哲学方面的成就，这些成就广受好评，不比数学方面的成就低。

几何加法，即四元数中由 $S\alpha\beta$ 和 $V\alpha\beta$ 表示的两个矢量的函数以及线性矢量函数，对于《线性扩张论》和四元数理论而言都是相同的。四元数是哈密尔顿的特有理论，而格拉斯曼除了矢量代数之外，还发现了广泛应用的几何代数，类似于莫比乌斯的《重心计算》(*Barycentrische Calcul*)，其中点是基本元素。格拉斯曼提出了“外积”“内积”和“开积”的概念。我们现在将“开积”称为矩阵。他的《线性扩张论》具有很大的可扩展性，没有维度数量限制。但直到最近几年，这一发现的重要性才开始获得认可。修订的第二版《线性扩张论》于1877年出版。查尔斯·佩尔斯用逻辑符号表示格拉斯曼的理论体系，辛辛那提大学的学者海德用英语撰写了第一本有关格拉斯曼微积分的教科书。

圣·维南、柯西、贝拉维蒂斯也有一些重要性不大的研究发现，但部分涵盖了格拉斯曼和哈密尔顿发现的光芒。圣·维南描述了矢量乘法，以及矢量和定向区域的加法；柯西的“谱系”是要进行组合乘法运算的单位，他以与格拉斯曼早期采用的方式将其应用于消元理论。朱斯托·贝拉维蒂斯（Giusto Bellavitis）分别于1835年和1837年在《计算科学年鉴》(*Annali delle Scienzehis calculus*）发表了《等力计算》（*calculus of æquipollences*）。贝拉维蒂斯多年担任帕多瓦大学的教授，他是一位自学成才的数学家。38 岁时，为了可以将时间用于科学工作。他在自己的家乡巴萨诺（Bassano）建立了一个办公室。

格拉斯曼思想的第一印象体现在赫尔曼·汉克尔的著作。汉克尔在 1867 年发表了他的《复数讲义》（*Vorlesungen über die Complexen Zahlen*）。汉克尔当时是莱比锡一所大学的一名讲师，曾与格拉斯曼有往来。汉克尔的“交错数”遵循他的组合乘法律。在考虑代数理论基础时，汉克尔确认了形式法则的永久性原则，该原则先前皮考克曾有所阐述，但并不完整。他的《复数讲义》起初没有多少人阅读。第一位解读了格拉斯曼理论的重要学者是德国哈格纳斯（Hagenas）的维克多·施莱格（Victor Schlegel）。施莱格曾是格拉斯曼在玛利安史蒂夫兹文理高中（Marienstifts-Gymnasium）的一位年轻同事。在克莱布希的鼓励下，施莱格撰写了《几何体系》（*System der Raumlehre*，1872—1875），其中解释了《线性扩张论》的基本概念和运算。

格拉斯曼的思想慢慢传播。1878 年，麦克斯韦向泰特写信道：“你知道格拉斯曼的《线性扩张论》吗？斯波蒂斯伍德在都柏林谈到它时，好像它比四元数更加重要。我没有了解过格拉斯曼的这个概念，但是我听爱丁堡的哈密尔顿爵士说过一句话，‘扩张越大，意图越小’。”

本杰明·佩尔斯大力推动了多重代数的研究。他的理论和哈密尔顿和格拉斯曼的理论一样，不是几何理论。本杰明·佩尔斯（Benjamin Pierce）生于马萨诸塞州塞勒姆（Salem），毕业于哈佛大学。他在本科期间进行的数学研究远远超出了大学课程的范围。保德维奇翻译和批注《天体力学》时，年轻的佩尔斯帮助他阅读了校样。1833 年，他开始担任哈佛大学教授，一直到他去世。几年来，他一直负责管理美国航海年历并且是美国海岸调查的负责人。他出版了一系列大学数学教科书，并撰写了《分析力学》（*Analytical Mechanics*，1855）。他与华盛顿的学者西尔斯·沃克（Sears Walke）一起计算了冥王星的轨道。他对线性结合代数的研究非常深刻。1864 年，美国科学促进协会第一次会议上宣读了他的第一篇相关论文。1870 年，他在朋友之间散发了他的一份研究报告的副本，但他对这个主题的兴趣似乎不大，因为该研究报告直到 1881 年才发表。本杰明·佩尔斯首先计算出了单代数的乘法表，后来计算出了双代数直到六维代数的乘法表。其中，六维代数包含 162 个代数。这 162 个代数均为确定数量的字母或单位 i，j，k，l 等的线性函数，其系数为普通解析量（实数或虚数），且它们每个二元组合 i^2，ij，ji……都等同于它们的线性函数，但受到结合律的限制。[1] 本杰明·佩尔斯的儿子，查尔斯·佩尔斯（Charles Pierce）也是数理逻辑领域最著名的学者之一。他证明了这些代数都是他先前通过逻辑分析发现的方代数的有缺陷的形式。他还为方代数设计了一个简单符号。四元数是此类方代数一个简单的例子。查尔斯·佩尔斯指出，在所有线性结合代数中，只有三个代数中的界限是明确的。它们是普通单代数、普通双代数和四元数，虚标量被排除在外。他证明了他父亲的代数可运算。西尔维斯特在约翰·霍普金斯大学开授了多个代数学相关课程，并将课程讲义内容发表在各种期刊上，其中主要研究矩阵代数。

虽然本杰明·佩尔斯对线性代数的比较研究在英国受到好评，德国学者却批评其理论含糊不清，并且分类原则过于任意。德国的爱德华·斯图迪（Eduard Study）、乔治·谢弗斯（Georg Scheffers）继续沿着这个方向写作。霍基斯（Hawkes）在 1902 年评价了本杰明·佩尔斯的线性结合代数研究，扩展了佩尔斯的方法，并充分表明其理论强大之处。[2] 1898 年，里昂大学（University of Lyonus）的学者埃利·嘉当（Élie Cardan）用特征方程证明了几个一般性定理。他研究了半单子代数以及伪零子代数。前者又被称为戴德金代数，后者也被称为幂零子代数。他证明，每个代数的结构都可以用双单位表示，其中第一个因子是二次项，第二个不是。亨利·塔伯（Henry Taber）也对本杰明·佩尔斯的研究结果进行了推广。奥利弗·哈兹莱特（Oliver Hazlett）给出了幂零代数的一种分类方法。

如上所示，佩尔斯使用矩阵理论推进了这一代数的发展。弗洛贝纽斯（Frobenius）和肖就此问题发表了一些论文。后者“证明代数的方程决定了代数的二次项单位和某些直接单位；并且，剩余单位形成了一个幂零元系统。该系统包含二次项，且可以简化为特定正则形式。因此，这些正则形式所使用的

---

〔1〕 A. Cayley, Address before British Association, 1883.

〔2〕 H. E. Hawkes in *Am. Jour. Math*, Vol. 24, 1902, p. 87. We are using also J. B. Shaw's *Synopsis of Linear Associative Algebra*, Washington, D. C., 1007, Introduction. Shaw gives bibliography.

结合单位的代数之下，代数成为子代数。弗洛贝纽斯证明每个代数都有戴德金子代数，戴德金子代数的方程包含代数方程中的所有因子。这是埃利·卡当的半单代数其余的单位形成幂零代数，其单位可以被正则化。更晚一些时候，肖将线性结合代数的一般定理扩展到具有无穷单位的代数。

除了矩阵理论外，连续群理论还被用于线性结合代数的研究。由庞加莱（1884）首次指出这种同构的存在；该方法之后，乔治·谢弗斯将代数分为四元代数和非四元代数，并列出了一直到第五阶的所有代数的完整列表。1893年，多尔帕特（Dorpat）的西奥多·莫里恩（Theodor Molien）证明了“四元代数包含独立的平方项，并且四元代数可以根据非平方项类型进行分类”（肖）。狄克森[1]给出了线性代数与连续群之间关系的基本说明。据他称，这一关系“使我们能够用一个学科的语言表述另一个学科的概念和定理，不仅使我们的知识总量翻了一番，而且还从一个新的角度展示了这两个学科，使我们对这两个学科有了更深入的理解”。矩阵理论最早由凯利于1858年在一本重要的研究报告中提出。西尔维斯特认为，这本研究报告开启了代数二世的统治。克利福德、西尔维斯特、塔伯、夏普曼（Chapman）进一步研究了这一问题。矩阵建立者实际上是哈密尔顿，他在《四元数课程讲义》中介绍了他的相关研究，但是他的这些研究没有凯利的理论更通用。后者没有在著作中提及威廉·哈密尔顿。

波兰数学家朗斯基（Hoëné Wronski）研究了行列式理论[2]。生活贫困的他是一名狂热的波兰民族主义者。他大部分时间居住在法国。因为性格自负，令人厌倦，他的追随者很少。但他对数学哲学的批评一针见血。[3] 他研究了行列式的四种特殊形式，不来梅的数学家海因里希·斐迪南·谢尔克（Heinrich Ferdinand Scherk）和海德堡的布莱蒙纳德·斐迪南·史威因斯（Bremenand Ferdinan Schweins）扩展了他的理论。1838年，刘维尔展示了托马斯·缪尔（Thomas Muir，1881）所谓“朗斯基行列式”的特殊形式的特性。巴黎

---

[1] *Bull. Am. Math. Soc.*, Vol. 22, 1915, p. 53.

[2] Thomas Muir, *The Theory of Determinants in the Historical Order of Development* [Vol. I], 2nd Ed., London, 1906; Vol. II, Period 1841 to 1860, London, 1911. 缪尔是当时英国开普殖民地的教育总长。

[3] 更多朗斯基介绍见 J. Bertrand in *Journal des Savants*, 1897, and in *Revue des Deux-Mondes*, Feb., 1897. 另见 *L'Intermédiaire des Mathématiciens*, Vol. 23, 1916, pp. 113, 164-167, 181-183.

数学家雅克·比奈（Jacques Binet）也关注了行列式理论。但柯西对该问题的研究最为重要。在一篇论文中，柯西提出了几个一般性定理。他还引入了行列式这个名称。高斯在研究函数时使用了这一术语。1826年，卡尔·古斯塔夫·雅各比开始使用行列式，并为行列式的强大功能提供了有力证明。1841年，他在《克雷尔杂志》中撰写了有关行列式的扩展研究报告，进一步普及了该理论。在英格兰，对代数形式线性变换的研究有力地推动了行列式的研究。凯利发现了斜对称行列式和普法夫行列式，并引入了行列式括号即一对我们都非常熟悉的直线。西尔维斯特（1851）和克罗内克（Kronecker），尤其是后者对行列式进行了更加广泛的研究，他们研究的行列式由给定行列式的元素构成。[1] 1846年凯利在研究彼此间存在$\frac{1}{2}n$（n+1）方程关系的n^2个元素的研究时，关注了正交行列式。克罗内克、布里奥希等人也关注了这一问题。西尔维斯特（1867）关注了行列式的最大值，哈达玛德（Hadamard，1893）对行列式的研究尤其值得注意，他证明行列式的平方永远不大于直线的范数积。

茨诺维兹（Czernowitz）的安东·普赫塔（Anton Puchta）和诺特分别在1878年和1880年证明，对称行列式可以表示为一定数量因子的乘积，这些因子在元素中呈线性。西尔维斯特和斯波蒂伍德分别在1851年和1856年研究了由行列式的子式形成的行列式。后来，加尼（Janni）、莱斯（Reiss）、都维蒂欧、皮凯、亨雅迪（Hunyadi）、巴比尔（Barbier）、范·威尔泽（Van Velzer）、内托（Netto）和弗洛贝纽斯等人也研究了这一问题。关于行列式的许多研究都属于特殊形式，西尔维斯特发现了“三对角行列式”；卡尔·古斯塔夫·雅各比，那不勒斯的尼克罗·特鲁迪（Nicoló Trudi），奈格尔巴赫（Nägelsbach）和加百列研究了柯西提出的“交替行列式”。勒贝格（Lebesgue），西尔维斯特和黑塞研究了卡尔·古斯塔夫·雅各比首先使用的“轴对称行列式”。格莱舍，斯考特（Scott），列日的尤金·查尔斯·卡塔兰和牛津的威廉·斯波蒂斯伍德（William Spottiswoode）发现了“循环行列式”。海德堡的塞弗斯（Zehfuss）发现了“中心对称行列式”。慕尼黑的纳赫雷内（Nachreiner）和甘特指出了行列式和连分数之间的关系。斯考特用汉克尔在其研究中使用了汉克尔的交错数。

---

〔1〕 E. Pascal, *Die Determinanten*, transl. by H. Leitzmann, 1900, p. 107.

弗莱德霍姆（Fredholm）给出了一类行列式，这种行列式在线性积分方程中的重要性和带有 n 个未知数的线性方程的普通行列式一样重要。希尔伯特也独立发现了这种行列式。他将这类行列式作为普通行列式的极限表达式。

1860 年，爱德华·福斯特诺（Eduard Fürstenau）在代数方程根的近似方法中引入了无穷行列式。这是一个重要发现。德国萨克森州（Saxony）的格里玛市（Grimma）的学者西奥多·科尔特茨施（Theodor Kötteritzsch）在求解无穷线性方程组的两篇论文中使用了无穷行列式［塞提施，《数学与物理杂志》(*f. Math. u. Physik*)，第 14 卷，1870］。华盛顿大学的乔治·威廉·希尔（George William Hill）在 1877 年独立引入了无穷行列式。1884 年和 1885 年，庞加莱注意到了希尔开发出的这些行列式，并对其进行了进一步研究。黑尔格·冯·科赫和厄哈德·施密特（Erhard Schmidt）后来在 1908 年介绍了他们的理论。

近年来，借助于所谓的行列式秩，研究者给出了一种线性方程组的优雅解法。特别值得一提的是，米勒（Miller）提出了一个充要条件：一致线性方程组中的给定未知数只有一个值，而其他未知数可以取无穷多个值。[1]

斯波蒂斯伍德（1851）、布里奥希（1854）、巴尔泽（Baltzer，1857）、甘特（Günther，1875）、多斯特（Dostor，1877）、斯考特（Scott，1880）、缪尔（1882）、哈努斯（Hanus，1886）、科瓦勒夫斯基（Kowalewski，1909）共同编撰了行列式的教科书。

现在在代数中普遍使用的“阶乘 n”的符号 $n!$ 是斯特拉斯堡的克里斯蒂安·克朗普（Christian Kramp）在 1808 年发现的。而黎曼最早使用符号≡表示恒等式。[2]

线性变换是现代高等代数的重要内容。它的发展主要是凯利和西尔维斯特的功劳。

亚瑟·凯利（Arthur Cayley）生于萨里的里士满，在剑桥三一学院接受教育。1842 年，他作为第一论辩人毕业。随后，他致力于法律研究和实践。在法庭学习时，他和萨蒙一起去了都柏林，听了威廉·哈密尔顿关于四元数的演

[1] *Am. Math. Monthly*, Vol. 17, 1910, p. 137.

[2] L. Kronecker, *Vorlesungen über Zahlentheorie*, 1901, p. 86.

讲。之后，他接受了剑桥大学萨德勒教授的职位，为了一个薪水微薄的工作放弃了一个待遇优厚的职业，但往好处想，这样一来他就能够将所有时间花在数学上。凯利还在读大学时就在《剑桥数学期刊》（*Cambridge Mathematical Journal*）上发表了他的数学论著。他的一些最杰出的发现是在他当律师时得出的。天才的凯利几乎涉足了理论数学中的所有领域，但他最重要的发现是用不变量理论创造了一个新的分析学分支。拉格朗日、高斯和布尔的著作中就出现了不变量理论的萌芽，其中布尔尤为明显，他在1841年证明不变性是判别式的一般性质，并将其应用于正交置换理论。凯利着手研究了如何先验地求出给定方程系数的什么函数具有不变性。一开始，他在1845年发现了所谓的"超行列式"拥有不变性。布尔得出了许多其他发现。之后，西尔维斯特开始在《形式微积分》的《剑桥数学期刊》和《都柏林数学期刊》（*Dublin Mathematical Journal*）上发表论文。此后，新发现接踵而至。当时，凯利和西尔维斯特都住在伦敦，他们经常交谈互相学习。通常很难确定到底哪些研究属于两人中的哪一个。1882年，西尔维斯特成为约翰·霍普金斯大学的教授时，凯利在那里举办了关于阿贝尔函数和theta函数的课程讲座。

凯利那些最超前的发现很少是直接得出的。他很少给出得出这些发现的最初线索。这样一来，他的论文阅读起来难以理解……他的语言风格直接，简洁且清晰。他曾受过的法律训练不仅影响了他的内容安排，而且影响了他的表达方式。结果就是，他的论文一板一眼，与西尔维斯特热情洋溢的论文产生奇特的对比。[1] 不过，奇怪的是，凯利对四元数几乎没有兴趣。

詹姆斯·约瑟夫·西尔维斯特（James Joseph Sylvester）生于伦敦。他的父亲叫亚伯拉罕·约瑟夫。他和他的长兄取了同一个美国名字西尔维斯特。大约16岁时，他解决了美国彩票承包商的一个经营问题，获得了500美元奖金。[2] 1831年，他进入剑桥大学圣约翰学院学习，并于1837年以第二论辩人身份毕业，当年乔治·格林（George Green）成绩排名第四。由于西尔维斯特有犹太

---

〔1〕 *Proceed. London Royal Society*, Vol. 58, 1895, pp. 23, 24.

〔2〕 H. F. Baker's Biographical Notice in *The Collected Math. Papers of J. J. Sylvester*, Vol. IV, Cambridge, 1912. 我们也参考了 P. A. MacMahon's notice in *Proceed. Royal Soc. of London*, Vol. 63, 1898, p. ix. 关于西尔维斯特在巴尔的摩的经历的更多细节，见 Fabian Franklin in *Johns Hopkins Univ. Circulars*, June, 1897; F.

血统，剑桥大学没有授予他学位。从 1838 年到 1840 年，他是现在的伦敦大学学院的自然哲学教授。1841 年，他成为弗吉尼亚大学的数学教授。之后，他有一次与两个学生争吵起来，冲突中他用一根金属尖拐杖打了其中一个学生，造成其轻伤。之后，他匆匆返回英国。1844 年，他开始担任精算师。1846 年，他成为内殿律师学院（Inner Temple）的一名学生，并于 1850 年成为一名律师。1846 年，他与凯利成为朋友。他们经常绕林肯律师学院（Lincoln's Inn）的院子走来走去。有时候，他们会讨论不变量理论，并且，凯利“经常有一些真知灼见。”西尔维斯特恢复了数学研究。他、凯利和威廉·哈密尔顿得出了牛顿之后最重要的一些数学发现。西尔维斯特和萨蒙也成为朋友，萨蒙的著作极大地推动了凯利和西尔维斯特的研究在数学界的普及。1855 年到 1870 年，西尔维斯特是伍利奇的皇家军事学院的教授，但作为初等教师，他的工作效率不高。传说，他的管家曾从家里追上他，交给他领结和领带。1876 年到 1883 年，他担任约翰·霍普金斯大学教授，在那里，他很高兴地以他最喜欢的方式教他想教的任何东西。1878 年，他成为《美国数学期刊》（*American Journal of Mathematics*）的第一任编辑。1884 年，他接替史密斯（Smith）成为牛津大学萨维尔几何学教授，该职位曾由亨利·布里格斯、约翰·沃利斯和埃德蒙·哈雷担任。

西尔维斯特有时会写诗自娱。他的《诗歌律》（*Law of Verse*）是一本有趣的小册子。他曾在巴尔的摩（Baltimore）的皮博迪学院（Peabody Institute）时朗读过他的罗莎琳德（Rosalind）诗歌。这首诗包含大约 400 行诗，其中全都用 Rosalind 押韵。开始，他首先阅读了他所有的注释，以免中断朗诵。但是单单朗读注释花了一个半小时。之后，他把这首诗读给了听众。

西尔维斯特的第一篇论文是关于菲涅尔的《光学理论》（*Optic Theory*，1837）的。[1] 两年后，他讨论了施图姆的一个令人印象深刻的定理。施图姆曾告诉他，该定理起源于复摆理论。在凯利的引导下，他对现代代数进行了重要研究。他撰文讨论了消元、变换和正则形式，给出了五个三次幂表示的三次曲面表达式，线性等价二次函数的子行列式之间的关系，其中暗示了不变因子

---

〔1〕 F. Cajori, *Teaching and History of Mathematics in the United States*, Washington, 1890, pp. 261-272.

的概念。1852 年，他发表了关于型演算原理的第一篇论文。1869 年，他在对赫胥黎的答复中声称数学是一门对观测归纳，发现和实验验证一无所知的科学。西尔维斯特曾介绍过他个人的一次经历：“我发现并发展了偶数次正则二元型理论，并且有一天晚上几乎弄清楚了奇数次形式的情况。那一晚，我在林肯律师学院的一个后勤部门坐着，拿着一瓶波尔多葡萄酒补身体。我算出来了，结果非常漂亮，但是感到痛苦不堪。我的大脑好像着火了一样，脚下没有感觉，就像跌入了冰桶一样。那天晚上，我们彻夜未眠。”

他对赫胥黎的回复很有趣，并且涉及数学研究中的心理活动的特征。1859 年，他开授了关于数字拆分的课程，但课程讲义直到 1897 年才出版。他在巴尔的摩再次撰文讨论了数字拆分。1864 年，他给出了牛顿法则的著名证明。西尔维斯特在巴尔的摩时证明了不变式中的一个基本定理，该定理构成了凯利著作的一个重要部分的基础。此前，数学家花费了四分之一世纪的时间都未能证明这一定理。另外，值得注意的是西尔维斯特关于切比谢夫方法的研究报告，该方法涉及一定范围内的全体质数，以及他的矩阵的潜根。他对不变量方程论、多元代数、数论、联动装置和概率的研究都做出了重要贡献。回到牛津大学后，他进行了人生最后的研究。研究对象是微分系数的倒数或函数，其形式不会因变量的某些线性变换和伴随行列式理论的推广而改变。1911 年，格林希尔（Greenhill）[1] 曾回忆起西尔维斯特将学界的兴趣吸引到反变的时候，这些过去“现在已经被人们遗忘了”。格林希尔：“有一天，西尔维斯特独自一人走在路上，对着天空质问道：‘反变理论是胡扯吗?’国王学院的贝里说，‘微分不变式理论全是胡扯!’自然而然，没人搭理他。之后，西尔维斯特本人很讨厌提起这件事。就这样，贝里得以免于被指责。但最近，我从航空工程学的视角研究了多边形内部的涡旋，比如查韦兹（Chavez）这样的旋风。很奇怪，有些情况的分析让我感觉有些陌生，不过最后我发现了熟悉的反变……相似中的差异和差异中的相似是科学的座右铭。”

在约翰·霍普金斯大学教授富兰克林（Franklin）协助下，《美国数学期刊》的几篇研究报告详细介绍了二元和三元齐次多项式。反变理论比哈尔芬

〔1〕 *Mathematical Gazette*, Vol. 6, 1912, p. 108.

(1878)的微分不变量理论涵盖范围更广。剑桥的哈蒙德(Hammond)、伍利奇的麦克马洪、福赛斯等人进一步发展了。西尔维斯特被称为“数学世界的亚当”(Mathematical Adam),因为他在数学中引入了许多名词,包括不变量、判别式、黑塞行列式、雅可比行列式。魏尔斯特拉斯的经验表明,训练有素的数学家会像小学生一样被数学符号所吸引或对其产生厌恶。魏尔斯特拉斯曾谈到,他一直密切关注西尔维斯特发表的代数形式理论论文,直到西尔维斯特开始使用希伯来文写作。这超出了他的能力范围,于是他就不再阅读西尔维斯特的论文了。[1]

凯利和西尔维斯特在英国发展了不变量理论。这一理论意义重大,在德国、法国和意大利得到了认真研究。赫尔密特发现了逆变式,以及以他的名字命名的反变定理,即“m 阶齐次多项式的系数中的每个 n 次协变量,都有一个对应的 n 阶齐次多项式的系数中的 m 次协变量。他还发现了五次多项式的斜不变式,这是任意斜不变式的第一个例子。此外,他发现了属于阶数为大于 3 的奇数的齐次多项式的线性协变量,并将其用于获取系数为不变量的典型齐次多项式表达式。另外,他发现了齐次多项式的相关协变量;它们构成了最简单的一组代数完整的系统,与线性完整的系统截然不同。”[2]

在意大利,布里奥希和法德·德·布鲁诺(Fad de Bruno)为不变量理论的发展做出了贡献,后者撰写了一本关于二元型的教科书(1876),其地位与萨蒙论文、克莱布希和高登的论著地位相当。

弗朗西斯科·布里奥希(Francesco Brioschi)于 1852 年成为帕维亚大学的应用数学教授,并于 1862 年受政府委托参与创办米兰工业大学(Instituto tecnico superiore at Milan),直到他去世为止,他一直在这所学校担任液压和分析系主任。他与阿贝·巴拿巴·托托里尼(Abbé Barnaba Tortolini)一起于 1858 年创办了《理论数学与应用数学年鉴》(*Annali di matematica pura ed applicata*)。他在帕维亚的学生中有克雷莫纳和贝尔特拉米的学生。沃特拉(Volterra)曾介

---

〔1〕 E. Lampe (1840—1918), in *Naturwissenschaftliche Rundschau*, Bd. 12, 1897, p. 361; quoted by R. E. Moritz, *Memorabilia Mathematica*, 1914, p. 180.

〔2〕 *Proceed. of the Roy. Soc. of London*, Vol. 45, 1905, p. 144. Obituary notice of Hermite by A. R. Forsyth.

绍过[1]布里奥希在1858年和另外两个意大利年轻人，后来的比萨大学教授恩里科·贝蒂（Enrico Betti）和后来的帕维亚大学教授费利斯·卡索拉蒂（Felice Casorati）与法国和德国最重要的数学家成为朋友的故事。"从科学意义上，意大利作为一个国家的存在"由这些友谊开始。"意大利分析学派的建立要归功于这三人的教学研究和奉献精神，归功于他们对前沿数学研究的推动，归功于他们在意大利与其他国家之间建立的友好的科学关系。"

凯利、西尔维斯特、萨蒙、赫尔密特和布里奥希提出的不变量的早期理论直到1858年才引起德国学者的注意，当时柏林技术高中的西格弗里德·海因里希·阿龙霍尔德（Siegfried Heinrich Aronhold）指出了黑塞1844年的三元三次型理论涉及不变量，因此借助不变量可以完善该理论。之后，艾森斯坦和斯坦纳发表了一些设计不变量思想的出版物，但是当时没有出现系统研究。1863年，阿龙霍尔德给出了不变量理论的系统的总体论述。他和克莱布希使用了自己的符号表示法，这种表示法不同于凯利的表示法。之后，德国不变量理论研究中采用了凯利的表示法。1868年，不变量研究开始在德国突飞猛进。当时克莱布希和高登讨论了二元型的类型，克罗内克和克里斯托弗研究了双线性形式，克莱因和李研究了与任意一组线性置换相关的不变量理论。保罗·高登（Paul Gorden）出生于埃尔朗根，并在当地一所大学担任教授。他写了一些关于有限群的论文，特别是关于168阶的单群及其相关曲线 $y^3z+z^3x+x^3y=0$ 的论文。他最著名的成就是证明了对于任何给定二元型都存在一组完整的共变量。[2] 虽然克莱布希在研究中希望设计出方法研究不变形式之间的关系，但阿龙霍尔德的主要目标是研究一种形式转换为另一种形式的等效性或线性变换。[3] 克里斯托弗继续沿着这条路线研究了下去，他证明，置换系数中包含的任意参数的数量等于该型的绝对不变量的数量。克罗内克进一步发展了魏尔斯特拉斯的研究，并产生了一些和若尔当的研究不一致的结果，达布在1874年给出了一个一般性定理的优雅证明方法，对克罗内克的研究进行了扩展。魏

---

〔1〕 *Bull. Am. Math. Soc.*, Vol. 7, 1900, p. 60.

〔2〕 *Nature*, Vol. 90, 1913, p. 597.

〔3〕 Franz Meyer, "Bericht über den gegenwärtigen Stand der Tnvariantentheorie" in the *Jahresb. d. d. Math. Vereinigung*, Vol. I, 1890-91, pp. 79-292. 见 p. 99.

尔斯特拉斯、克罗内克和弗洛贝纽斯应用双线性型变换解决“普法夫问题”：求出当变量进行一般点变换时，何时可以将两个给定的 n 项线性微分表达式彼此变换。维纳（1889），李（1885）和基林（1890）从群理论的角度研究了二次和双线性形式的不变性。施瓦茨（1871）和克莱因研究了有限二元群。施瓦茨开始研究如何找到“一类球面三角形，它们在球面上的对称重复产生了数量有限但位置不同的球面三角形”，并推导出了这类三角形的形式。在不知道施瓦茨和哈密尔顿所做研究的情况下，克莱因求出了所有有限二元线性群及其形式。克莱因采用黎曼对球面复杂变量的解释将变换表示为运动，并求出了使五种规则几何体与其自身以及其伴随形式重合的旋转群。规则四面体、八面体和二十面体分别需要 12、24 和 60 个旋转变换的群。克莱因研究了这些旋转群，并由二十面体群得出了一个二十面体方程，该方程与一般五次方程密切相关。克莱因将二十面体作为他的五次方程理论的中心。他在 1884 年在莱比锡发表的《二十面体和五次方程解法讲义》（*Vorlesungen über das Ikosaeder und die Auflösung der Gleichungen fünften Grades*）中说明了研究这一类方程。

福赫（《克雷尔杂志》，第 66 卷及 68 卷）在 1866 年及以后研究了与线性微分方程的相关有限置换群及其形式。如果方程只有代数积分，则该组是有限的，反之亦然。若尔当、克莱因和布里奥希继续了福赫对该主题的研究。克莱因在 1887 年结合不变量研究了有限三元群及更多元的群，使此二群成为求解一般六次方程及七次方程的基础。1886 年，科尔在克莱因的指导下，研究了六次方程，并将结果发表于《美国数学期刊》（第 8 卷）。克莱因使用的第二个群参考了马什克在 1890 年所研究的 140 条空间中的直线。

凯利和西尔维斯特发起了不变型间关系的研究。自 1868 年之后，这一问题一直是克莱布希和高登著作的重点研究领域。高登在《克雷尔杂志》（第 69 卷）中证明了单二元型的系统的有限性，即所谓的“高登定理”。即使是该定理后来有所简化，但简化后的版本也需要用到高登的证明方法。此外，该定理产生了求出现有系统的实用方法。皮亚诺 1881 年概括了该定理，并将其应用于由某些双二元型表示的“对应”。1890 年，希尔伯特仅使用有理方法证明了给定的 n 个不变量的一系列任意型中出现的不变量组的有限性。克拉克大学的斯托利对此证明进行了修改，他的证明具有一些优势。希尔伯特的研究涉及被称为“合冲”的关系的数量，在此之前，凯利、赫尔密特、布里奥希、雅典的学者史蒂夫诺斯（Stephanos）、哈蒙德、斯托（Stroh）和麦克马洪都对此进行了研究。

德国数学家高登、斯托和斯图迪进一步发展阿隆赫德和克莱布希引入的不变量理论中的符号。英国学者力图用图形表示法直观证明型理论中的表达方式。西尔维斯特 1878 年使用原子理论时正是这样做的，克利福德进一步应用了原子理论。麦克马洪在《不列颠大百科全书》（*Encyclopœdia Britannica*）第 11 版的“代数”一节中使用了不变量理论中的符号。1903 年，剑桥大学的格拉斯（Grace）和杨（Young）在他们的《不变量代数》（*Algebra of Invariants*，剑桥，1903）使用了不变量理论的符号。这些学者使用了若尔当伟大的不变量研究报告中的方法，并得出了一些新颖的结论。尤其值得一提的是，他们得出了“二元系统的不可约协变量的最大阶数的精确公式”。牛津大学的学者埃德温·埃利奥特（Edwin Elliott）通过一种非符号方法构建了二元代数形式的绝对正交伴随变量的完整合冲理论，而麦克马洪 1905 年出于相似目的采用了包含虚影的符号演算。尽管不变量理论在现代代数和解析射影几何中起着重要作用，研究者也一直很关注其在数论中的应用。例如，狄克森在 1913 年的麦迪逊学术研讨会（Madison Colloquium）上就介绍了他的相关研究。

舒伯特（Schubert，1793）、高斯、克罗内克、肖内曼（Sc-hönemann）、艾森斯坦（Eisenstein）、戴德金、弗洛奇（Floquet）、柯尼斯伯格、内托、佩隆（Perron）、鲍尔、杜马（Dumas）和布鲁伯格（Blumberg）都已研究了确定给定域中表达式的不可约性的标准。肖内曼和艾森斯坦的定理声称，如果多项式 $x^n+c_1x^{n-1}+\cdots+c_n$ 系数均为整数且素数 p 能够整除系数 c_1，c_2，…，c_n，但是 p^2 不会是 c_n，则在有理数域中此多项式不可约。这一定理可被视为之后学者研究的核心内容。弗洛奇和柯尼斯伯格（Königsberger）没有局限于多项式，还考虑了线性齐次微分表达式。布鲁伯格（Blumberg）提出了一条一般性定理，之前提出的定理都是这一定理的特殊情况。[1]

---

〔1〕 关于相关文献，见 *Trans. Am. Math. Soc.*，Vol. 17，1916，pp. 517-544.

方程理论和群论

值得我们注意的是，乔治·伯奇·杰拉德（George Birch Jerrad）在其专著《数学研究》（*Mathematical Researches*，1832—1835）中将五次方程式简化为三项式。杰拉德1827年从都柏林圣三一学院以本科生身份毕业。但直到1861年，学界才普遍了解到，这种约分瑞典学者埃兰德·塞缪尔·布林（Erland Samuel Bring）早在1786年就已进行，并在隆德大学的学术刊物上发表。布林和杰拉德都使用了茨恩豪森（Tschirnhausen）的方法。布林从未声称能够通过他的变换求出五次方程的一般代数解，但杰拉德提出了这一主张，并且是在阿贝尔和其他人证明了五次方程一般代数解不可能存在之后。1836年，威廉·哈密尔顿就杰拉德方法的有效性作了报告，并证明，通过他的方法，五次方程可以转换为四种三项式中的任何一种。哈密尔顿定义了这种方法对高次方程的适用范围。西尔维斯特研究了这一问题：若方程可以借助于不高于 i 次的方程式移除 i 个连续项，其最低次数可以是多少？他一直研究到 $i=8$ 的情况，求出了一系列数字，并将其命名为"哈密尔顿数字"。西尔维斯特发现的一种变换与杰拉德的变换同等重要，即将五次方程表示为三个五次幂的和。近年来，研究者对高次方程的协变量和不变量进行了很多研究。

拉格朗日、阿尔冈和高斯证明了方程理论的一个重要定理，即每个代数方程都有一个实根或一个复根。阿贝尔严格证明了五次或更高次一般代数方程无法用根式求解。在阿贝尔之前，意大利医生保罗·鲁菲尼（Paolo Ruffni）在其著作《方程一般理论》（*Teoria generale delle equazioni*，博洛尼亚，1799）及其他论文中发表了这一定理的证明；但鲁菲尼的证明遭到了他的同胞马尔法蒂的批评。拉扎尔·卡尔诺、勒让德和泊松在1883年发表的一份研究报告，讨论了柯西的一篇论文。这份报告提到了鲁菲尼的证明，将称其"论证模糊不清，得不到普遍认可。"[1] 阿贝尔评论称，鲁菲尼的论证过程并不总是那么严格。但柯西于1821年给鲁菲尼写信时称，他"充分证明了大于高于四次的一般方程不存在代数解"。[2] 赫克（Hecker）在1886年证明，鲁菲尼的证明总体框

---

〔1〕 E. Bortolotti, *Carteggio di Paolo Ruffuni*, Roma, 1906, p. 32.

〔2〕 E. Bortolotti, *Influenza dell'o Pera mat. dip. Ruffuni*, 1902, p. 34.

架合理，但某些细节上有误。1902 年，波托罗蒂[1]（Bortolotti）指出，鲁菲尼 1813 年《代数方程解反思》（*Reflessioni intorno alla soluzione dell'equazioni algebraiche*）中给出的证明实质上与之后皮埃尔·洛朗·旺策尔（Pierre Laurent Wantzel）[2] 所给出的证明基本相同。但是，旺策尔的简化版证明中只有第二部分与鲁菲尼的证明相似。第一部分模仿了阿贝尔的证明。旺策尔值得称道的一点是，他严格证明了仅使用直尺和圆规无法三等分任意角，并证明了求不可约三次方程的代数解时不可能避免“不可约情况”。旺策尔是巴黎综合理工学院的辅导教师，在学生时代，他在数学和语言方面表现都出色。圣·维南说：“他通常工作到深夜，然后开始读书。他只睡几个小时，为此交替使用咖啡和鸦片。并且直到他结婚前，他的饮食都很不规律。他天生身体强壮，所以对自己的体质有着强烈自信。他尽情地挥霍自己的身体，最终英年早逝。”

鲁菲尼的方程研究非常引人注目，因为其中包含了群的代数理论。[3] 鲁菲尼口中的“置换”对应于我们现在使用的术语“群”。他将群分为单群和复合群，后者分为可迁非本原群，不可迁非本原群，可迁本原群。他建立了一个重要的定理，现被称为“鲁菲尼定理”[4] 即一个群并不一定有一个这样一类子群，该子群阶次可以是该群阶次的任意除数。鲁菲尼的作品集在巴勒莫数学学会的主持下出版；第一卷出版于 1915 年，其中包括博洛尼亚的学者伊托·波托罗蒂（Ettore Bortolotti）的注释。赫尔密特给出了包含椭圆积分的五次方程的超越解（《巴黎科学院学报》，1858，1865，1866）。赫尔密特的第一本著作发表之后，克罗内克于 1858 年写给赫尔密特的信中给出了第二种解法，在该解法中获得了一个简单的六次分解式。

阿贝尔试图证明高次方程并不总是能够求出代数解，但有学者质疑到底哪些次数的方程可以用根式求解。高斯考虑圆的划分时讨论了这一类方程式。阿贝尔进一步发展了他的理论，证明了不可约方程解。如果一个不可约方程的次

---

[1] J. Hecker, *Ueber Ruffuni's Beweis* (Dissertation), Bonn, 1886.

[2] E. Bortolotti, *Influenza*, etc., 1902, p. 26. Wantzel's proof is given in *Nouvelles Annales Mathématiques*, Vol. 4, 1845, pp. 57-65. See also Vol. 21 pp. 117-127. The second part of Wantzel's Proof, involving substitution-theory, is reproduced in J. A. Serret's *Algébre supérieure*.

[3] H. Burkhardt, in *Zeitschr. f. Mathematik u. Physik*, Suppl., 1892.

[4] G. A. Miller, in *Bibliotheca mathematica*, 3. F. Vol. 10, 1900—1910, p. 318.

数为质数，且方程两个根中有一个根可以表示为另一个根的有理函数，则该方程必定可以用根式求解。如果不是素数，则解取决于较低次方程的解。黑塞从几何思路研究了是否存在有代数解的九次方程的问题，之前的群并未将此类方程包括在内。年轻的埃瓦里斯特·伽罗瓦（Évariste Galois）[1] 在巴黎大力推动了这一问题的研究。伽罗瓦出生于巴黎附近的布尔格·雷内（Bourg-la-Reine）。15 岁后，他开始展现出举世无双的数学天赋。他的人生短暂，却充斥着悲伤和困扰。巴黎综合理工学院的考官认识不到他的天赋，他满足不了他们提出的琐碎要求，两次被拒录。1829 年，他进入巴黎师范学校（巴黎高等师范学校前身）教书，当时，这所学校水平稍次。由于性格自负，举止傲慢，他不愿意详细解释分析过程，因此他在那所学校的教学也并不顺利。在 1830 年革命的动荡中，他被迫离开巴黎师范学校。在监狱里待了几个月后，他在一场决斗中被情敌所杀。他读起数学教科书像读小说一样快。他阅读了拉格朗日关于方程的研究报告以及勒让德、卡尔·古斯塔夫·雅各比和阿贝尔的著作。早在 17 岁那年，他就得出了他的最重要的成果。他提交给法兰西科学院的两份研究报告已失传。他的一份关于方程的小论文发表于《费吕萨克学术通告》（*Bulletin de Férussac*，1830，第 8 卷），其中似乎给出了某种一般理论的应用。在决斗的前一晚，他给奥古斯特·谢瓦里埃（Auguste Chevalier）写了一封信，介绍了他的研究，其中囊括了他所得出的发现。他请求谢瓦里埃公开此信，并请求“卡尔·古斯塔夫·雅各比或高斯判断这些研究的重要性而非其准确性。”在他的论文中发现的两个研究报告由刘维尔于 1846 年出版。斯坦纳于 1908 年在巴黎也出版了他的一部分手稿。通常，伽罗瓦并不能完全证明他的定理。刘维尔理解起伽罗瓦的思想也很吃力。几位学者试图为他的研究作注释，致力于填补伽罗瓦逻辑中的缺失部分。伽罗瓦于 1830 年最早在严格意义上使用“群”一词。他将群分为单群和复合群，并观察到没有任何合数阶小于 60 的单群。凯利在 1854 年，柯克曼和西尔维斯特在 1860 年使用了“群”一词[2]，伽罗瓦

---

[1] 伽罗瓦人生经历见 *Annales de l'école normale supérieure*, 3. S., Vol. XIII, 1896. 另见 E. Picard, *Oeuvres math. d'Évariste Galloit*, Paris, 1897; J. Pierpont, *Bulletin Am. Math. Soc.*, 2. S., Vol. IV, 1898, pp. 332-340.

[2] G. A. Miller in *Am. Math. Monthly*, Vol. XX, 1913, p. 18.

证明了一条重要定理，即每个不变子群都会产生一个特殊商群，该商群会表现出群的许多基本特性。他证明，每个代数方程式都有一组对应置换，这组置换反映了该方程式的基本特征。在1846年发表的一篇论文中，伽罗瓦建立了一个优雅的定理：不可约质数次方程能用根式求解的充要条件是该方程所有根在其中任意两个根式中为有理数。伽罗瓦使用置换群确定方程是否具有代数解。更早一些时候，阿贝尔已经使用置换群证明高于四次的一般方程不能用根式求解，这有力促进了群论的发展。接下来，柯西也进入了这一研究领域。伽罗瓦在他的椭圆函数理论中介绍了他在另一组方程即模方程上的重要研究结果。柯西被誉为有限群理论的奠基人。[1] 不过，拉格朗日、皮耶特罗·阿巴提（Pietro Abbati）、鲁菲尼、阿贝尔和伽罗瓦也做了一些基础性研究。柯西的第一篇著作发表于1815年，当时他证明了一个定理，即 n 次非对称函数的不同值的数量不能小于能够整除 n 的最大素数，且不会等于2。柯西在他的《物理数学和分析学练习》（*Exercises d´analyse et de physique mathématique*，1844）中以及在《法国科学院学报》（巴黎，1845—1846）中发表的文章中介绍了他伟大的群论研究。他没有使用“群”一词，而是使用（x y z u v w）和其他方法表示置换。他使用了“循环置换”“置换的阶”“恒等置换”“对换”“可迁”和“不可迁”等术语。1844年，他证明了现被称为“柯西定理”基本定理（伽罗瓦曾提出但未证明）：每个阶数可被给定质数 p 整除的群至少包含一个 p 阶子群。由西洛（Sylow）后来拓展了这一定理。柯西是第一个枚举次数不超过6的可能的群的阶的人，但他的列举并不完整。有时，他将注意力放在群的属性上，对群的应用不甚关注，因此迈出了抽象群研究的第一步。1846年，伽罗瓦的研究因两篇手稿的发表而更加广人所知。至少早在1848年，瑟雷就在巴黎教授群理论。1852年，比萨的恩里科·贝蒂在托托里尼的《理论数学与应用数学记录》（*Annali di Matematica Pura ed Applicata*）上首次发表了伽罗瓦方程组理论的严格说明，降低了普通大众理解该理论的难度。瑟雷《代数》的第三版（1866）是首次提到这一理论的代数教科书。

在英国，最早研究群理论的是亚瑟·凯利和威廉·哈密尔顿。1854年，凯

---

〔1〕 柯西群研究资料参考自 G. A. Miller in *Bibliothcca Mathematica*, Vol. X, 1909—1910, pp. 317-329, and that of Josephine E. Burns in *Am. Math. Monthly*, Vol. XX, 1913. pp. 141-148.

利在《哲学杂志》上发表了一篇论文中。一般认为，该论文是抽象群论的基础。尽管抽象群思想此前已出现在柯西的论文中，而且凯利的这一论文并不完全是抽象群研究。直到后来，克罗内克（1870）、韦伯（1882）和弗洛贝纽斯（1887）才给出抽象群的正式定义。从置换群到抽象群的过渡是一个渐进的过程。[1] 此处可以插一句，有限群理论在1854年之前有两个起源。一个是拉格朗日、鲁菲尼、阿贝尔和伽罗瓦的著作中的代数方程理论，另一个是数论。群论是欧拉一些幂剩余研究以及高斯一些早期工作的基础。最近有人指出，群思想确实是几何变换的基础，甚至《几何原本》的证明就有暗示。[2] 抽象群被认为与它们的任何应用相分离。

凯利通过四元虚数结合律说明了他1854年的论文。威廉·哈密尔顿七年前发现了四元数。1859年，凯利指出，单位四元数在相乘时会构成一个现称四元数群的8阶群。[3] 1856年，威廉·哈密尔顿在未使用群论术语的情况下，在他的一个新单根组研究中发现了由两个算子或元素生成的规则几何体的群的性质。他证明，这些群可以完全由两个生成算子的及其积的阶数来定义。

皮卡德这样表述这一问题："规则多面体，例如二十面体，是全世界都知道的几何体；但对于分析学家来说，是一个有限群，对应于多种规则多面体的制造方式。对所有类型的有限阶运动的研究引发了几何学家以及晶体学家的兴趣，其研究本质上可以回溯到行列式+1的三元线性置换的研究，并且也引导晶体学家总结出了络合物的三十二种对称系统。"

1858年，法兰西学院为群论研究设置了悬赏。尽管该奖项从未颁发，但却激起了学界的兴趣。1859年，南锡大学的埃米尔·莱昂纳德·马蒂厄（émile Léonard Mathieu）撰写了关于置换群的论文。巴黎高等理工大学的卡米尔·若尔当（Camille Jordan）在1860年也发表了一篇相关论文，并且之后继续发表了一系列论文。最终，他的研究随着《置换论》（*Traité des substitutions*，1870）的发表达到顶峰。若尔当于1861年在巴黎获得博士学位。他是《理论数学与

---

〔1〕 G. A. Miller，in *Bibliotheca Mathematica*，3. Ed.，Vol. XX，1909—1910，p. 326. 我们用到了米勒对数学史的简介。

〔2〕 H. Poincaré in *Monist*，Vol. 9，1898，p. 34.

〔3〕 G. A. Miller in *Bibliotheca Mathematica*，Vol. XI，1910—1911，pp. 314-315.

应用数学期刊》(*Journal de mathématiques pures et appliquées*)的编辑。他关于群的第一篇论文给出了一个基本定理，即与常规群 G 的每个置换都可置换的同样 n 个字母的置换的总数构成一个与 G 相似的群。若尔当提出了置换群的类的基本概念。他证明了构成因子的恒定性。他还证明，有一定数量的本原群，其类是一个大于 3 的给定数字；群可解的充要条件是其组成因子都是质数。[1] 若尔当的学生中，《数学家学术通告》(*L'Intermédiaire des mathématiciens*)的编辑埃德蒙·麦雷(Edmont Maillet)成就突出，为数学研究做出了巨大贡献。

在德国，克罗内克和戴德金最先了解了伽罗瓦的理论。克罗内克于 1853 年在《柏林科学院学报》(*Berichte of Berlin Academy*)发表的一篇文章中提到了这一点。1858 年，戴德金在哥廷根就这一问题开授了课程。1879 至 1880 年，内托在斯特拉斯堡开授了相关课程。罗马大学的朱塞佩·巴塔格里尼在 1885 年将他的《置换理论》(*Substitutions theorie*)翻译成意大利语。1892 年，当时在安娜堡(Ann Arbor)的科尔将其译成英语，进一步推广了该著作。

1862 至 1863 年，路德维希·西洛在挪威的克里斯蒂安尼亚(Christiania)开授了置换群课程，索菲斯·李(Sophus Lie)听了他的讲课。西洛拓展了柯西近 30 年前给出的一个定理，得到了被现称为“西洛定理”的定理：每个被 p^m 整除但不能被 p^{m+1} 整除的群(为素数)包含 p^m 阶的 $1+kp$ 个子群。大约 20 年后，柏林大学的乔治·弗洛贝纽斯(Georg Flobenius)进一步扩展了该定理，使子群的数目为 $kp+1$，k 为整数，即使该群的阶可被比 p^m 更高的 p 次幂整除也是如此。李通过将群概念显式应用到新领域，在创建连续群理论上迈出了重要一步。马里奥斯·索菲斯·李[2](Marius Sophus Lie)出生于挪威的北峡湾(Nordfjordeide)地区。1859 年，他进入克里斯蒂安尼亚大学学习。但直到 1868 年，这个大器晚成的青年才对数学产生浓厚兴趣。彭赛列和普吕克的著作唤醒了他的天赋。1869 与 1870 年之交的冬季，他遇到了克莱因。他们共同发表了一些论文。1870 年夏天，他们在巴黎与若尔当和达布联系密切。这段时间，李发现了能够将普通空间的直线变成球体的接触变换。就这样，他建立了

---

〔1〕 G. A. Miller in *Bibliotheca mathematica*, 3. S., Vol. X, 1909—1910, p. 323.

〔2〕 F. Engel in *Bibliotheca mathematica*, 3. S., Vol. I, 1900, pp. 166-204; M. Nöther in *Math. Annalen*, Vol. 53, pp. 1-41.

一种一般变换理论。

后来，普法战争爆发，克莱因离开了巴黎。李徒步穿越法国进入了意大利，但因被怀疑是间谍而被逮捕入狱一个月。后来，达布设法将他解救了出来。1872年，他成为克里斯蒂安尼亚大学的教授，终于可以将全部时间用于数学研究。1871年至1872年间，他开始研究一阶偏微分方程。1873年，他提出了变换群理论。根据该理论，可以将有限连续群应用于无穷小变换。他考虑了一种非常普遍且重要的变换，即接触变换，并将其应用于一阶和二阶偏微分方程理论。由于他的群论和积分理论无人问津，他于1876年回到最小曲面的研究，根据曲面最短线的变换群对曲面进行分类。1876年，一本新期刊《数学与科学档案》（*Archiv for Mathematik og Naturvidenskab*）创刊。从此，他能够迅速发表自己的研究成果。哈尔芬在1882年发表的微分不变量研究使李直接关注自己早期的研究及其更一般的情况。克莱因和梅耶于1884年劝说弗里德里希·恩格尔（Friedrich Engel）前往克里斯蒂安尼亚大学协助李编写《群变换理论》（*Theoryie der Transformations gruppen*，1888—1893）。1886年，李接受了莱比锡大学的教授职位。1889—1890年，他因劳累过度开始失眠，并患上抑郁症。他很快恢复了工作能力。但从那以后，即使是对自己最好的朋友，他也过于敏感，无法信任。在恩格尔协助下，他于1891年出版了无穷连续变换群理论的研究报告。1898年，他回到挪威，次年去世。李在莱比锡举办的有关差分研究的课程的讲义由他的学生乔治·谢弗斯于1891年出版。1895年，克莱因公开称，李和庞加莱是当今最活跃的两个数学研究者。以下是李在1895年发表的一篇文章中的引文，它展现了他的整个灵魂被群概念所渗透的过程[1]：“在本世纪（即19世纪），这些概念被称为置换和置换群，变换和变换群，运算和运算群，不变，微分不变曲线和微分参数作为数学中最重要的概念越来越清晰，而曲线作为单变量函数的代表在笛卡尔之后的两个世纪一直是最重要的数学研究对象。而另一方面，变换的概念在本世纪作为曲线和曲面研究的权宜之计首次出现，在过去的几十年中，一种一般变换理论逐渐建立，其基本要素由变换本身表示，而变换的级数，尤其是变换群的级数构成了研究对象。”

〔1〕 *Berichte d. Koenigl. Saechs. Gesellschaft*, 1895; translated by G. A. Miller in *Am Math. Monthly*, Vol. III, 1896, p. 296.

数学家菲利克斯·克莱因（Felix Clein）与李曾保持紧密联系，推进了群理论及其应用的研究。克莱因出生于普鲁士的杜塞尔多夫（Düsseldorf），并于1868年在波恩大学获得博士学位。在巴黎学习后。1871年，他成为哥廷根大学的讲师。1872年，他成为埃尔朗根大学教授。1875年，他去了慕尼黑技术高中。1880年，他成为莱比锡大学的教授。1886年，他成为哥廷根大学的教授。他不仅涉猎数学的各个分支，还活跃于组织工作。1872年，他还在埃尔朗根大学时发表的论文《近期几何研究比较》（*Vergleichende Betrachtungen über neuere geometrische Forschungen*）阐述了多种研究路线，非常知名。他是《科学大百科全书》（*Encyklopädieder Wissenschaften*）出版委员会委员以及第四卷力学部分的编辑。他还是《数学年鉴》（*Mathematische Annalen*，1877）的编辑，并于1908年担任了国际数学教育委员会主席。作为一名善于激励学生的数学老师，他对德国和美国的学生产生了广泛的影响。1912年左右，他因身体状况不佳而不得不中止在哥廷根的课程。但在1914年，一战的爆发使他再次活跃起来，就像法国大革命的爆发唤起了拉格朗日的斗志一样。克莱因再次开始授课。他一直强调，两种数学思想流派——直觉流派和将一切基于抽象逻辑的流派都非常重要。他认为，“用直觉理解和用逻辑研究不应相互排斥，而应相辅相成”。

泽拉夫斯基（Zorawski）在《数学学报》（第16卷，1892—1893）发表了一系列文章，进一步研究了李处理微分不变式的方法。哈斯金斯（Haskins）求出了任意阶数函数独立不变式的数目，而福赛斯得出了普通欧式空间的不变式。布尔茅尔学院的埃德蒙·莱特（Edmund Wright）研究了差分参数。[1] 1908年，斯图迪批评了李的有限连续群不变量理论的逻辑基础。恩格尔认为，斯图迪的批评部分正确。

帕多瓦的里奇和勒维·西维塔将最早由克里斯托弗给出的另一种微分不变量处理方法称为“协变量求导”（《数学年鉴》，第54卷，1901）。马什克[2]引入了第三种方法，他使用了与代数不变量类似的符号。

1916年，亨利·施泰格（Henry Stager）发表了《前12000个数字的西洛

〔1〕 此处参考了J. E. Wright's *Invariants of Quadratic Differential Forms*，1908，pp. 5-8.

〔2〕 *Trans. Am. Math. Soc.*，Vol. 1，1900，pp. 197-204.

因子表》(*A Sylow Factor Table for the first Twelve Thousand Numbers*),其中给出了直到 1200 的 $p(kp+i)$ 形式的除数,p 是大于 2 的质数,k 是正整数。这些除数有助于求出西洛子群的数量。

弗洛贝纽斯研究了可解群(韦伯的"亚循环群"),并证明,不能被质数平方整除的每个合数阶群都必须是复合群,并且所有这些群都可解。他们的自共轭子群及其商群的阶数不能被素数的平方整除。[1] 西洛、伯恩赛德、戴德金(他研究了他所谓的哈密尔顿群)都研究了可解群。大约在 1893 年至 1896 年期间,米勒和弗洛贝纽斯共同发现了一种证明给定群可解性的优雅方法。1895 年,霍尔德(Hölder)枚举了所有阶数不超过 479 的不可解群。1898 年,米勒列出了次数小于 25 的所有本原可解群的数目,以及可以表示为次数小于 12 的置换群的不可解群的数目。米勒(1899)和维罗纳(Verona)的学者安波托·斯加皮奥(Umberto Scarpio,1901)考虑了交换子和交换子子群的性质,并证明了可解性问题可以通过交换子子群解答。[2] 菲特(Fite)和恩斯特·温特(Ernst Wendt)也研究了交换子群。1896 年之后,柏林的学者弗洛贝纽斯研究了非阿贝尔群的特性,拉格朗日和狄利克雷在研究中利用阿贝尔群的特性。弗洛贝纽斯在 1901 年研究了可解群的特性。图卢兹(Toulouse)的勒·瓦瓦苏尔(Le Vavasseur)于 1901 年枚举了抽象群。米勒和林(Ling)1901 年列出了 11 次不可迁置换群,其中包括 1492 个不同的置换群,比 10 次不可迁置换群多 500 个。里斯(Riesz)证明,次数为 n 和阶数为 g 的本原群包含超过 $\frac{g}{x+1}$ 个次数较低的群;x 是 $n-1$ 次最大子群中的可迁置换的数量。这一结果与若尔当、波切特(Bochert)和米勒的本原群研究密切相关[3]。

1902 年,哈佛大学的亨廷顿(Huntington)简化了群的定义。他指出,通常的定义(例如韦伯代数中的定义)包含冗余成分。事实上,群的定义只需要

---

〔1〕 见 G. A. Miller's "Report of Recent Progress in the Theory of Groups of a Finite Order" in *Bull. Am. Math. Soc.*, Vol. 5, 1899, pp. 227-240.

〔2〕 G. A. Miller, "Second Report on Recent Progress in the Theory of Groups of Finite Order" in *Bull. Am. Math. Soc.*, Vol. 9, 1902, p. 108.

〔3〕 *Loc. cit.*, p. 118.

三个假设（有限群为四个）。他确定了这三个假设的相互独立性。[1] 亨廷顿和穆尔后来继续探讨了群的定义。1900 年，狄克森说[2]：“当群术语出现问题时，通过研究出现问题的群，就可以求出某个特征的解法或其固有困难的确切性质。就像化学家通过分析化合物来确定构成该化合物的最终元素一样，群理论家将给定问题的群分解为单群的链在求单群上面花费了大量精力。基林和嘉当（1894）完全解决了有限数量的参数问题。结果，除了五个孤立的群之外，所有这些单群都属于李所研究的系统，即一般射影群，线丛射影群和使不变量为非退化二阶曲面的射影群。无限连续群的相应问题有待解决。至于有限单群，这个问题已经从两个方向得到了解决。霍尔德[3]、科尔、[4] 伯恩赛德[5]和米勒都曾指出，只有少于 2000 个合数阶单群是先前已知的 60 阶、165 阶、360 阶、504 阶、660 阶，1092 阶单群。另一方面，研究者已经求出了有限单群的各种无穷系统。素数阶的循环群和 n 元（$n<4$）交错群早已被视作单群。在线性群的研究中已经发现了有限单群的其他已知系统。若尔当《置换论》（*Traé des substitutions*）在研究一般线性群，阿贝尔群和两个阿贝尔子群时发现了四个系统，参考域是相对于质数 p 的整数剩余集。可以使用 p^n 阶的伽罗瓦域（指定为 GF［p^n］）进行概括。贝蒂、马蒂厄和若尔当研究了伽罗瓦域中的线性置换群。但是这类群的结构在过去十年中才确定。穆尔（《美国数学学会学术通告》，1893 年 12 月）首先证明了伽罗瓦域中一元线性分数置换的简单性。随后不久，伯恩赛德也证明了这一点。若尔当的四个单群系统的完全推广以及三个新的三重无穷系统的确定已经由研究者完成（狄克森在 1896 年做到了这一点）。除了循环和交错群外，已知的有限系统在某些线性群的群合级数中，单群已被作为商群推导，芝加哥的肖滕菲尔斯（Schottenfels）女士表示，可以构造两个相同顺序的单群。

---

[1] *Bull. Am. Math. Soc.*，Vol. 8，1902，p. 296.

[2] 见 L. E. Dickson in *Compte vendu du II. Congr. intern.*，Paris，1900. Paris，1902. pp. 225，226.

[3] O. Hölder Proved in *Math. Annalen*，1892，that there are only two simple groups of composite order less than 200，viz.，those of order 60 and 168.

[4] F. N. Cole in *Am. four. Math.*，1893，found that there could be only three such groups between orders 200 and 661，viz.，of orders 360，504，660.

[5] W. Burnside showed that there was only one simple group of composite order between 661 and 1092.

若尔当研究了求不包括交错群的本原群的任意不同置换的最小次数（“类”），这一问题现被称为“若尔当问题”。波切特和麦雷继续研究了这一问题。波切特在1892年证明：如果 n 次置换群不包括交错群且不可迁，则其类超过$\frac{1}{4}n-1$，如果双重可迁，则其类超过$\frac{1}{3}n-1$，并且如果超过三重可迁，其类不少于$\frac{1}{2}n-1$。麦雷表示，当本原群次数小于202时，除非次数是质数的幂，否则无法通过将次数减1来获得其类。1900年，伯恩赛德表示，任意 p（p 是质数）个符号的可迁置换群均可解或双重可迁。

关于线性群，米勒在1899年提出：“线性群有广泛的直接应用，意义极其重要。由于普通置换群是一种非常特殊的情况，有限群可以用许多方式清晰表示为线性置换群，如何用最少的变量表示这种群？对于这一问题，数学家离给出完整的解法还很远。这个问题与确定所有可用少量变量表示的有限线性群问题密切相关。克莱因（1875）首次求出所有有限二元群，而若尔当（1880）和瓦伦蒂纳（Valentiner，1889）则独立研究了三元群。华纳发现了若尔当忽略的但又非常重要的360阶群。最近，朗德的威曼（Wimano）已证明，360阶群与六次交错群同构。海因里希·马什克（Heinrich Maschke）考虑了许多四元群，并特别建立了51840个线性置换的四元群的完整形式系统。海因里希·马什克出生于布雷斯劳，曾在柏林跟随魏尔斯特拉斯、库默尔和克罗内克学习，后来在哥廷根大学跟随施瓦茨、利斯廷（Listing）和克莱因学习。在克莱因的引导下，他研究了群论。1891年，他到了美国，在韦斯顿电子公司工作了一年后任教于芝加哥大学。

最早由克莱因研究的有限线性群后来被他用于扩展伽罗瓦代数方程的理论。相关研究收录在了他的《二十面体和五次方程解法讲义》。如上所述，克莱因求出了若尔当和瓦伦蒂纳1889年提出的两个变量及三个变量的线性群，以及任意数量变量的群。若尔当也研究过这一问题。古赫萨（1889）和意大利巴勒莫的学者巴格纳拉（Bagnera，1905）讨论了四个变量的特殊线性群。斯坦福大学的布利赫菲特（Blichfeldt）完全求出了不可迁群和单项群之外的四个变量的群。[1] 布利赫菲特说："在求 2 个、3 个或 4 个变量的群时，主要采用了四个不同的原理：(a) 克莱因的原始几何方法；(b) 得出丢番图方程的方法，可以通过解析方法（若尔当）或几何方法进行求解；(c) 需要用表示"同源性"和类似形式的变换的相对几何特性的方法（瓦伦蒂纳、巴格纳拉、米切尔）；(d) 从变换乘数属性开发的方法，且统一的根源（布利赫菲特）、比伯巴赫（L. Bieberbach）最近添加了一个新原理，虽然瓦伦蒂纳已经以某种形式使用了它。弗洛贝纽斯发现的群特征理论独立于这些原理。"

偶数阶和奇数阶有限群之间有明显的区别。[2] 正如伯恩赛德指出的那样，后者不接受不可逆的不可约表示，相同群除外。所有 3 个、5 个或 7 个符号的不可约奇数阶群均可解。1901 年，米勒证明，奇数阶群不可能是单群。伯恩赛德在 1901 年证明，次数小于 100 的奇数阶可迁群可解。里兹（Rietz）在 1904 将这最后一个结果扩展到次数小于 243 的群。伯恩赛德已证明，奇数阶单群的素数因子不能小于 7，40000 是奇数次群阶数的下限（假设是单群）。这些结果表明，也许不存在奇数阶单群。群（主要是抽象群）最近的研究者有狄克森、瓦瓦苏尔、波特朗（Potron）、奈科克（Neikirk）、弗洛贝纽斯、希尔顿、威曼（Wiman）、德·西古埃（de Séguier）、库恩（Kuhn）、洛威（Loewy）、布利赫菲特[3]、曼宁（Manning）等。伊利诺伊大学的米勒对抽象群进行了广泛研究。例如，在 1914 年，他证明了 64 阶群存在同构关系，从而表明非相关阿贝尔群可以具有同构的阿贝尔群。他还证明了存在 p^9 阶群同构群的阶次为 p 的幂，p 是任意素数[4]。他还证明了存在 128 阶 G 群，该群允许外部同构性将每个共轭运算集变为自身。米勒的其他研究成果包括：每个质数幂群的独立生成器数量是该群的不变式；一个可解替换群是西洛子群与另一个子群的直接乘积的充要条件，是其内部同构群将相应的西洛子群作为直接乘积的一个因数[5]。

韦伯在 1895 到 1896 年分两卷发行出版了著作《代数教程》（*Lehrbuch der*

---

[1] H. F. Blichfeldt's *Finite Collineation Groups*, Chicago, 1917, pp. 174–177.

[2] W. Burnside, *Theory of Groups of Finite Order*, 2. Ed., Cambridge, 1911, p. 503.

[3] 查询 G. A. Miller's "Third Report on Recent Progress in the Theory of Groups of Finite Order" in *Bull. Am. Math. Soc.*, Vol. 14, 1907. p. 124.

[4] *Bull. Ant. Math. Soc.*, Vol. 20, 1914, pp. 310, 311.

[5] *Ibid*, Vol. 18, 1912, p. 440.

Algebra)，在 1898 年和 1899 年出版了其修订版，分为三卷。《代数教程》是一部体现现代代数研究成果的作品。海因里希·韦伯（Heinrich Weber）出生于海德堡，并在海德堡大学、莱比锡大学和柯尼斯堡大学进行研究。自 1869 年以来，他先后担任海德堡大学、柯尼斯堡大学、柏林大学、马尔堡（Marburg）大学、哥廷根大学和（自 1895 年之后）斯特拉斯堡大学的教授。他是黎曼的作品集（1876；第 2 版，1892）的编辑。他曾研究代数、数论、函数论、力学和数学物理学。1911 年，他的天才女儿早逝，他为此悲伤不已。他的女儿曾将庞加莱的《科学的价值》（*Valeur de la science*）和其他法国著作翻译成德语。

牛顿和华林曾研究过的方程根幂的和的对称函数，最近由高斯、凯利、西尔维斯特和布里奥希进行了研究。凯利规定了对称函数的“权重”和“阶数”规则。

西尔维斯特、凯利、萨蒙、卡尔·古斯塔夫·雅各比、黑塞、柯西、布里奥希和高登进一步发展了消元理论。西尔维斯特提出了一种析配消元法（《哲学杂志》，1840 年），并在 1852 年建立了一个与该定理表示有关的定理。凯利对贝祖的消元法做了新的陈述，并建立了消元的一般理论（1852）。

巴黎笛卡尔学院教授埃德蒙·拉盖尔（Edmond Laguerre）对基于笛卡尔符号法则，特别是基于无穷级数应用的方程组理论做出了贡献。将符号规则应用于幂级数中发展的乘积 $f_2(x)=f_1(x)f(x)$，该幂级数收敛于 $|x|>a$，但相对于 $x=a$ 发散，由此可得出区间（0，a）中具有实系数 $f(x)$ 的多项式的实根数量的上限。尤其值得一提的是，他证明了如果 $e^{zx}f(x)$ 中的 z 取得足够大，则可以根据级数中的符号变化来求出正根的确切数目。匈牙利布达佩斯的两位学者米歇尔·费柯特（Michel Fekete）和乔治·波尔雅（Georg Pólya）出于相同的目的使用了 $\frac{f(x)}{(1-x)^n}$。[1]

方程理论引起了克罗内克（Leopold Kronecker）的注意。他出生在布雷斯劳附近的利格尼茨（Liegnitz），就读于家乡的文理高中。库默尔是他的老师。后来，他去了柏林跟随卡尔·古斯塔夫·雅各比、斯坦纳和狄利克雷学习。之后，他又回到了布雷斯劳，跟随库默尔学习。尽管 1844 年之后的 11 年中，他

〔1〕 *Bull. Am. Math. Soc.*, Vol. 20，1913，p. 20.

开始从事商业和财产管理，但他并没有忽略数学，他的名气也越来越高。1855年，他去了柏林，并于1861年开始在大学任教。他是一位善于引导学生并且非常有趣的老师。库默尔、魏尔斯特拉斯和克罗内克构成了柏林第二个数学学派的前身。这个学派在证明中强调严谨。克罗内克非常重视算术化，它尽可能避免所有空间表示，并且仅依靠数字，尤其是正整数。他在多个领域表现出非凡才能，并且展示出了开拓新领域的能力。“但是，”弗洛贝纽斯说[1]，“很明显，因为他在数字研究的不同领域取得了显著成就，他没有达到柯西和卡尔·古斯塔夫·雅各比在分析学，雷曼和魏尔斯特拉斯在函数理论或狄利克雷和库默尔在数论达到的水平。”克罗内克关于代数、方程式理论和椭圆函数的论文难以阅读。戴德金和韦伯对他的结果进行了补充，简化了克罗内克阐述。费恩说[2]：“克罗内克最出色的成就是他在各个领域之间建立的联系。其中，尤为引人注意的是，他通过会引出椭圆函数的复数乘法的奇异模在负定行列式的二次型理论和椭圆函数之间建立了联系。此外，他利用他的代数方程算术理论在数论和代数理论之间建立了联系。”他坚持认为分数和无理数的理论可以独立于整数建立。他说：“上帝创造了整数。其余是人类的工作。”后来，他甚至否认无理数的存在。他曾经自相矛盾地对林德曼说：“您对数字 π 的优美研究有什么用？为什么无理数明明不存在，您还要思考这些问题？”

1890年至1891年，克罗内克提出了带有数值系数的代数方程理论，但他并未公开发表相关研究。从克罗内克的演讲笔记中可以看出，普林斯顿大学的费恩（Fine）于1913年准备了一份研究，准备介绍克罗内克的未发表成果。[3]“所有读过克罗内克之后著作的人都对他的一个观点很熟悉。他认为，代数方程理论的最终形式必须仅基于有理整数，代数数被排除在外，只有这样的关系和运算才可以用有理数并最终用整数以有限术语表示。1890年至1891年的这些课程主要介绍了这一理论的研究进展，尤其是两个定理的证明，克罗内克用这两条定理代替通常所说的代数基本定理。”

---

〔1〕 G. Frobenius, *Gedächinissrede auf Leopold Kronecker*, Berlin, 1893, p. 1.

〔2〕 *Bull. Am. Math. Soc.*, Vol. I, 1892, p. 175.

〔3〕 *Bull. Am. Math. Soc.*, Vol. 20, 1914, p. 339.

数值方程解

雅克·查尔斯·弗朗库瓦·施图姆（Jacques Charles Franqois Stum）是瑞士日内瓦人，也是泊松在索邦大学的力学教席的继承者。他于1829年发表了一条著名定理，该定理可用于求方程在给定区间内的实根数量和情况。德·摩根曾说，这个定理“完整解决了一个难题，这个难题曾耗费笛卡尔时代以来所有领域研究者的精力”。施图姆在那篇论文中解释说，他有幸在傅里叶的研究成果尚未发表时就阅读这些手稿，而他自己的发现是对傅里叶提出的原理深入研究的结果。施图姆在1829年没有发表任何证明。1830年，维也纳的安得利亚斯·冯·埃廷豪森（Andreas von Ettinghausen）给出了证明。1832年，查尔斯·肖凯（Charles Choquet）和马蒂亚斯·梅耶（Mathias Mayer）在其著作《代数》（*Algèbre*）中再次给出了证明。1850年，施图姆自己也给出了证明。根据杜哈梅尔（Duhamel）的说法，施图姆的发现不是观察的结果，而是他在思考可以满足某些要求的函数类型时产生的想法。西尔维斯特曾说，施图姆在研究“复摆运动相关的力学时”，发现该定理在“紧盯着他（施图姆）”。杜哈梅尔和西尔维斯特都指出，他们直接从施图姆得到了一些相关信息。但是他们的说法并不相同。也许他们的说法都是正确的，但施图姆的脑海中却处于得出这一发现的不同阶段。[1]

根据施图姆定理，可以求出复根的数量，但不能确定其位置。柯西在一项出色的研究中打破了这一局限。他在1831年发现了一个通用定理，该定理揭示了在给定轮廓内的根数（实数或复数）。这个定理对读者的数学素养提出了更高的要求，因此，它的名气不如施图姆定理。但是，它吸引了施图姆、刘维尔和穆瓦尼奥等人的兴趣。

热米纳尔·丹德林（Germinal Dandelin）1826年在布鲁塞尔科学院的议事录中发表了一篇了不起的论文。其中，他列出了可以安全使用牛顿-拉夫森近似法的条件。不过，穆拉雷和傅里叶此前都已经完成了这一问题的研究。但幸运的是，他的论文的另一部分（第二增补部分）是新研究。其中，他描述了一

〔1〕 更多资料可查阅 M. Bôcher，“The published and unpublished Work of Charles Sturm on algebraic and differential Equations” in *Bull. Am. Math. Soc.*，Vol. 18，1912，pp. 1-18.

种用于方程求根的巧妙的新逼近法，实质上和著名的格拉夫方法相同。我们必须在这里补充一点，事实上，可以在更早的时候，即华林在 1762 年发表的《分析学杂论》找到格拉夫方法的基本思想。如果根位于 a 和 b 之间，$a-b>1$，a 在曲线凸侧上，则丹德林使 $x=a+y$，将该方程转换为根为 y 的方程。然后，他将 $f(y)$ 乘以 $f(-y)$，写出 $y^2=z$ 时，得到与原始方程次数相同的方程，但该方程的根是等式 $f(y)=0$ 的根的平方。他指出，可以重复进行此变换，以得到四次、八次和更高次的幂，从而使根的幂的模充分发散，以使变换后的方程可分解为多个多边形，多边形数量与模数不同的根的数量一样多。他解释了如何获得实根和虚根。丹德林的研究不幸埋没在皇家学院的书堆之中。我们只是偶然间发现了格拉夫方法的这一前身。后来，柏林科学院设立了一个奖项用于奖励虚根计算的实用方法的发现者。该奖项后来授予了苏黎世的数学教授卡尔·海因里希·格拉夫（Carl Heinrich Gräffe），因为他的论文于 1837 年在苏黎世发表，题为《高次数值方程求解》(*Die Auflösung der höheren numerischen Gleichungen*)。其中包含之前已提到著名的"格拉夫方法"。格拉夫遵循与循环级数法相同的原理，与哥廷根的莫里兹·阿布拉哈姆·斯特恩（Moritz Abraham Stern）和丹德林的方法的原理相同。通过向更高幂的对合，与较大根相比，较小根会消失。构造新方程的定律极其简单。例如，如果给定方程式的第四项的系数为 a_3，则第一变换方程式的对应系数为 $a_{\frac{2}{3}}-a_2a_4+2a_1a_5-2a_6$。在计算新系数时，格拉夫使用了对数。通过这种非同寻常的方法，可以同时找到所有实根和虚根，而无需事先求出实根的数量和每个根的位置。天文学家恩克（Encke）于 1841 年开始讨论格拉夫所忽略的等假根情况。1896 年，伊玛努埃·卡瓦洛(Emmanuel Carvallo）给出了一个丹德林-格拉夫方法的简化版。尽管卡瓦洛(Carvallo）当时还没看过丹德林的论文，但他的方法在某些方面与丹德林的方法相似。出于教学目的，古斯塔夫·鲍尔 1903 年发表的《代数讲义》中对此给出了有力的解释。

1860 年，菲尔斯特瑙（Fürstenau）借助无穷行列式给出了具有数值或文字系数的代数方程的任意确定实根的系数表达式。当时，这是第一次使用无穷行列式。1867 年，菲尔斯特瑙将他的研究成果扩展到了虚根。方程根逼近取决于丹尼尔·伯努利、欧拉、傅里叶、斯特恩、丹德林和格拉夫等人的研究基于的事实，即较小根的高次幂与较大根的高次幂相比可以忽略不计。施罗德（1870）、西格蒙德·甘特（Siegmund Günther，1874）和汉斯·奈格巴赫（Hans Naegelsbach，1876）阐述了菲尔斯特瑙的方法。

值得一提的是，1842年，英格兰纽卡斯尔（Newcastle）的托马斯·威德尔（Thomas Weddle）设计了求解数值方程的"威德尔方法"。连续逼近是通过乘法而不是加法来实现的。当方程次数很高并且缺少某些项时，该方法优点较为突出。这种方法在意大利和德国受到了一些关注。1851年，西蒙·斯皮策（Simon Spitzer）将其扩展到复根的计算。

无穷级数方程的解是18世纪最受瞩目的研究问题（托马斯·辛普森、欧拉、拉格朗日等），在19世纪也得到了相当大的关注。早期的研究者中有卡尔·古斯塔夫·雅各比（1830）、伍尔豪斯（Woolhouse，1868）、施罗姆米尔希（Schlömilch，1849），但他们的设备都不能满足实际计算的要求。后来的研究者旨在利用无穷级数同时计算所有根。迪特里希（Dietrich）在1883年和尼克拉索夫（Nekrasoff）在1887年在三项方程上都实现了这一点。1895年，纽约精算师埃莫利·麦克林托克（Emory McClintock）在一般方程上做到了这一点。麦克林托克是美国数学协会1890年到1894年的主席。他使用了他的差分演算推导出的级数。不过，这一级数也可以通过应用"拉格朗日级数"产生。麦克林托克研究的一个突出部分是他的"主导"系数理论。该理论内容缺乏准确性，因为没有给出确定系数是否为主导系数的标准，而这样一个标准既是必要的也是充分的。理海大学的普雷斯顿·兰伯特（Preston Lambert）在1903年使用麦克劳林的级数；1908年，他特别关注了收敛条件。他指出，只要知道（$t-1$）项方程的收敛条件，就可以给出t项方程的条件。在意大利，学者罗西（Rossi）和那不勒斯的学者阿尔弗雷德·卡波利（Alfredo Capelli）分别于1906年和1907年研究了兰伯特的一系列论文。对美国和意大利数学家的这些最新研究已将通过无穷级数方法确定数值方程的实根和虚根数量置于实用计算范围之内。这些方法本身表明了实根和虚根的数量，因此在这里可以像在丹德林—格拉夫方法中一样轻易避免应用施图姆定理。丹德林（1826）、高斯（1840，1843）、贝拉维蒂斯（1846）、约翰·拉伦勋爵（Lord John M'Laren，1890）等人已经对三项方程的求解给予了极大的关注。后三人使用的是和差的对数，这一类对数通常被称为“高斯对数”，雷欧奈（Leonell）在 1802 年最早提出可以使用这种对数解数值方程。冈德芬格（Gundelfinger）在 1884 和 1885 年将高斯方法扩展到四项方程，卡尔·法尔伯（Carl Faerber）和阿尔弗雷德·维纳（Alfred Wiener）分别于 1889 年和 1886 年完成了相同研究。达姆斯塔特的教授梅姆克将高斯方法拓展到任意方程式。1889 年，梅姆克发表了求解数值方程的对数图解法。1891 年，梅姆克给出了一种更接近算术方法的对数解法。就其理论基础而言，该方法本质上是牛顿-拉夫森方法和试位法的混合。梅姆克的关于计算方法的论文发表于《数学百科知识》（*Wissenschaften der mathematischen Encyklopädieder*，第 1 卷，第 938 页）。

幻方和组合分析

19 世纪后期，学者开始重新对构建幻方产生兴趣。讨论了这一问题的学者主要有霍纳（1871）、德拉克（Drach，873）、哈姆斯（Harmuth，1881）、巴尔（Ball，1893）、麦雷（1894）、拉基艾尔（Laquière，1880）、卢卡斯（Lucas，1882）、麦克林托克（1897）[1]。卢卡斯所谓“魔鬼”幻方被麦克林托克称为“全对角线”幻方。这些幻方和类似形式的幻方被弗罗斯特（Frost）称为“纳西克幻方”（Nasik squares）。美国电机工程师安德鲁斯（Andrews）编写了一本有趣的书《幻方和幻立方》（*Magic Squares and Cubes*，芝加哥，1908）。之后，麦克马洪的《组合分析》（*Combinatory Analysis*）第一卷（剑桥，1915）和第二卷（1916）也讨论了幻方。麦克马洪说：“实际上，幻方和数字的连接排列的整个主题乍一看似乎与其他纯粹数学分支完全无关。第二章和第三章的目的是表明幻方与其他数学领域之间的关系，此前还没有此类研究。这种联系的建立是通过某种微分运算和某种代数函数来实现的（第 1 卷第 8 页）。

“‘相遇问题’……可以用相同的方式讨论。读者将会很熟悉信与信封的老问题。某人给不同的人写了一定数量的信件，信封上地址都正确，但是信随机放置在信封中，现在请找出没有一个信件放入正确信封中的概率。与此概率问题相关的枚举是解决著名的拉丁方问题的第一步”（第 1 卷第 9 页）。

---

〔1〕 *Encyclopédic des sciences mathésm.* T. I，Vol. 2，1906，pp. 67-75.

拉丁方问题如下："将 n 个不同的字母 a，b，c（第1卷第9页）放在具有 n^2 格的正方形的每一行中，每一格只有一个字母，每列都包含所有字母。这个问题之所以有名，是因为从欧拉到凯利的时代，学者都认为数学分析无法解决这一问题，但可以通过微分算子法轻松解决。实际上，这是该方法最简单的例子之一。这一方法能够解决更加深奥的问题。"[1]

平面幻方的原理向三维空间的扩展引起了许多研究者关注。在这一领域最成功的是奥地利耶稣会的亚当·亚当安杜斯·科尚斯基（Adam Adamandus Kochansky，1686）、法国学者约瑟夫·索沃尔（Joseph Sauveur，1710）、德国休格尔（Th. Hugel，1859）和赫尔曼·谢夫勒（Hermann Scheffler，1882）。

在卷二中，麦克马洪少校（Major MacMahon）给出了剑桥大学的拉马努金（Ramanujan）发现的一组了不起的恒等式，这些恒等式可用于数字拆分，但尚未有严格的论证加以证明。

〔1〕 P. A. MacMahon，*Combinatory Analysis*，Vol. I，Cambridge，1915，p. ix.

分析学

本节，我们将会回顾微积分、变分法、无穷级数、概率、微分方程和积分方程研究。

19 世纪数学的批判和哲学流派的早期代表人物有一位是布拉格大学宗教哲学教授伯纳德·波尔查诺（Bernard Bolzano）。1816 年，他给出了二项式公式的证明，并对级数收敛性有清晰的认识。他对变量、连续性和极限持的看法前卫。他是康托尔的引路人。他的遗著《无穷悖论》（*Paradoxien des Unendlichen*，前言，1850）由他的学生普林霍恩斯基（Fr. Přihonsky）整理出版。波尔查诺的著作为数学家所忽视，直到汉克尔重新将该著作带回了学界视野。汉克尔说："在这一领域（无穷级数相关概念），一切条件他应有尽有，足以使他在这一问题上的研究与柯西处于同一水平，但是柯西能够用他特有的方法提炼自身思想，并以最恰当的方式表达出来，而他没有。"

波尔查诺仍然不为人所知，并且很快就被遗忘。施瓦茨 1872 年将波尔查诺视为魏尔斯特拉斯发现的推理方法的第一位发现者。1881 年，斯托尔茨（Stolz）公开声称，波尔查诺的所有著作都非常重要："这些著作在一开始就对较早的文献的贡献给出了公正而敏锐的批评。"〔1〕

柯西是一位数学的改革者，在他的同时代人中非常成功。

奥古斯丁-路易斯·柯西（Augustin-Louis Cauchy）〔2〕生于巴黎。幼年时，父亲负责教育他。他的父亲与拉格朗日和拉普拉斯有来往，这两位学者曾预言，柯西前途无量。在先贤祠中心学校学习时，他擅长古代古典研究。1805 年，他进入巴黎综合理工学院学习，两年后进入了巴黎高科桥路学院。1810 年，柯西去了卡昂大学。此时，他已具备了工程师能力。在卡昂时，他读了拉

〔1〕 Consult H. Bergman, *Das Philosophische Werk Bernard Bolzanos*, Halle, 1909.

〔2〕 C. A. Valson, *La Vie et les travaux du Baron Cauchy*, Paris, 1868.

普拉斯的《天体力学》和拉格朗日的《解析函数论》。出于健康考虑，他三年后返回巴黎。在拉格朗日和拉普拉斯的劝说下，他放弃了工程学而转向纯科学研究。我们发现他接下来在巴黎综合理工学院担任教授。1830 年，查理十世（Charles X）被驱逐，路易·菲利普（Louis Philippe）登基，恪尽职守的柯西不愿按新誓词宣誓。结果，他被剥夺了职务，自愿流亡。柯西在瑞士的福莱堡（Fribourg）恢复了研究，并于 1831 年在皮埃蒙特国王（Piedmont）劝说下，他接受了都灵大学特别为他设立的数学物理学教席。1833 年，他应流放的国王查理十世邀请，担任他的孙子波尔多公爵（Duke of Bordeaux）的老师。柯西因而有机会参观欧洲各地，并了解其作品的流传程度。查理十世授予他男爵头衔。1838 年他返回巴黎时，国王曾邀请他担任法兰西学院的校长。但这一职位需要立下的誓言让他拒绝接受这项任命。他曾被提名担任经度局成员，但被当局宣布资格无效。在 1848 年的政治事件中，宣誓暂停，柯西最终成为巴黎综合理工学院的教授。在建立法兰西第二帝国后，恢复了宣誓仪式。但柯西和阿拉戈（Arago）被特许免于参加。柯西是一个虔诚的基督教徒，他曾出版两本著作为耶稣会士辩护。

柯西是一位多产且研究深入的数学家。他发表研究成果迅速，并且编写了一些标准教科书，因而对广大数学家产生了比任何当代学者都更为直接的有益影响。他是将严谨性赋予分析的领导者之一。他的研究涵盖了虚数、级数、数论、微分方程、置换理论、函数理论、行列式、数学天文学、光学、弹性学等一系列领域，几乎涉及整个数学领域，理论数学和应用数学都包括在内。

在拉普拉斯和泊松的鼓励下，柯西于 1821 年发表了他的《皇家综合理工大学分析学讲义》（*Cours d'Analyse de l'École Royale Polytechnique*，以下简称《分析学讲义》），这是一部很有价值的著作。如果教科书的编者能够用心研究这本书，许多在基础教科书中长期存在的不严格的分析方法在半个世纪前就会被抛弃。柯西开启了“算术化”进程。他是首位认真尝试给出泰勒定理的严格证明的学者。通过考虑极限和关于函数连续性的新理论，他极大地改进了微分学基本原理的阐述。在他之前，达朗贝尔在法国强调了极限概念，在英格兰，牛顿、朱林、罗宾斯和麦克劳林强调了这一点。柯西的方法受到杜哈梅尔、胡埃尔（Hoüel）等人的青睐。德·摩根对基本原则的清晰阐释给予了特别关注。

柯西重新引入了对基本原理的明确阐述，特别是将函数积分作为和的极限，这一概念最初由莱布尼茨提出，但在一段时期内被欧拉错误定义为反向微分的结果。

变分法

柯西研究了变分法。自变分法在拉格朗日手中诞生以来，其基本原理长期以来一直保持不变。但是之后，开始有人研究讨论极限可变时二重积分的变化，并且通常涉及多积分的变化。高斯、泊松、圣彼得堡的学者米歇尔·奥斯特罗格拉德斯基（Michel Ostrogradski）分别于 1829 年、1831 年和 1834 年发表了相关研究，但是没有以一般方式求出在二重或三重积分情况下在极限处必须存在的方程的数量和形式。1837 年，卡尔·古斯塔夫·雅各比发表了一份研究报告，其中内容表明，确定最大值或最小值的存在需要求第二变分，而求第二变分需要求一个颇为困难的积分，这个积分包含在第一个变量的积分中，因此这个积分多余。卡尔·古斯塔夫·雅各比简短阐述了这个重要的定理，勒贝格、德劳奈（Delaunay）、弗里德里希·艾森洛尔（Friedrich Eisenlohr）、西蒙·斯皮策（Simon Spitzer）、黑塞和克莱布希进一步阐释和扩展了这一定理。斯特拉斯堡大学的皮埃尔·腓特烈克·萨鲁斯（Pierre Frederic Sarrus）的一份研究报告处理了求极限方程的问题，该极限方程必须与不定方程结合才能完全确定多个积分的最大值和最小值。凭借这篇论文，1845 年，萨鲁斯受到了法国科学院颁发的一个奖项。德劳奈的一篇论文受到了荣誉奖。柯西简化了萨鲁斯的方法。1852 年，帕维亚的加斯帕雷·梅纳尔迪（Gaspare Mainardi）试图展示一种区分最大值和最小值的新方法，并将卡尔·古斯塔夫·雅各比定理扩展到二重积分。梅纳尔迪和布里奥希在展示第二变分的项时，显示了行列式的价值。1861 年，剑桥圣约翰学院（St. John's College）的艾萨克·托德亨特（I-saac Todhunter）发表了他关于变分法研究史的宝贵著作，其中包括他自己的研究成果。1866 年，他发表了一项极为重要的研究，这项研究发展了不连续解的理论（勒让德讨论过特殊情况），并在这个问题进行了萨鲁斯对多个积分所做的工作。

以下是一些更重要的变分法论文的作者，以及论文出版时间：罗伯特·伍德豪斯，剑桥大学院凯斯学院（Caius College）研究员，剑桥，1810 年；理查德·阿巴汀（Richard Abbattin），伦敦，1837 年；都柏林圣三一学院前教务长约翰·休伊特·杰利特（John Hewitt Jellett），1850 年；瑞士阿尔高（Aargau）的乔治·威廉·施特劳奇（Georg Wilhelm Strauch），1849 年；巴黎的学者弗朗索瓦·穆瓦尼奥（François Moigno）和赫尔辛福斯大学（University of Helsingfors）的洛伦兹·莱纳德·林德尔（Lorentz Leonard Lindel），1861 年；路易斯·巴菲特·卡尔（Lewis Buffett Carll），1881 年。卡尔（1844—1918）是一名盲人数学家，1870 年毕业于哥伦比亚大学，并于 1891 年至 1892 年在那里担任数学助理。

在给定长度的所有平面曲线中，圆包含面积最大，在给定面积的所有闭合曲面中，球面包含体积最大，阿基米德和芝诺多罗斯（Zenodorus）就已考虑过这些定理，但直到 2000 年后，严格证明才由魏尔斯特拉斯和施瓦茨给出。斯坦纳认为他已经证明了圆的定理。在不同于圆的闭合平面曲线上，可以选择四个非周期点。通过依次连接侧边得到一个四边形，该四边形变形（凸部保持刚性）且其顶点呈周期性时，其面积会增大。因此，总面积增加了，圆的面积最大。德国图宾根的学者奥斯卡·佩隆（Oskar Perron）在 1913 年举例说明了这一证明的错误之处：现在我们来“证明”1 是最大的正整数，任意一个大于 1 的整数都不可能是最大的正整数，因为这个数字的平方大于其自身。因此，1 必然是最大的正整数。斯坦纳的“证明”不能证明所有给定长度的闭合平面曲线中必定存在面积最大的闭合曲线[1]。魏尔斯特拉斯给出了一个简单的一般存在性定理，该定理适用于连续（阶梯）函数的极值。施瓦茨于 1884 年首先通过魏尔斯特拉斯在变分法中得出的结果，严格证明了球体积最大的性质。1901 年，赫尔曼·闵可夫斯基（Hermann Minkowski）给出了基于几何定理的另一种证明。

帕维亚大学的学者恩斯特·帕斯卡（Ernst Pascal）于 1897 年如此评论变分法[2]：“可以说，这种进展（发现了未知函数必须满足的微分方程）与拉格朗日紧密相关。之后的分析学家主要将注意力转移到了其他更困难的变分法问

---

〔1〕见 W. Blaschke in *Jahresb. d. deutsch. Math. Vereinig.*, Vol. 24, 1915, p. 195.

〔2〕E. Pascal, *Die Variationsrechnung*, übers. v. A. Schepp, Leipzig, 1899, p. 5

题上。如果考虑到得到的公式的简单性，那么未知函数必须满足的微分方程这一问题已得到最终解决；但是如果考虑到公式推导的严谨性以及这些公式的适用范围，情况就完全不同了。之后的学者继续研究了这些问题。研究者发现，有必要证明作为这些公式基础的某些定理。早期的研究者将这些定理视为公理，但事实并非如此。”托德亨特、奥斯特罗格拉德斯基、卡尔·古斯塔夫·雅各比、贝特朗（Bertrand）、杜·布瓦·雷蒙（du Bois-Reymond）、厄德曼（Erdmann）和克莱布希率先研究了这些定理的证明。他们的深刻研究是该问题的历史转折点。魏尔斯特拉斯也研究了该问题。为了说明魏尔斯特拉斯与他人交流他的数学结果的方法，我们引用了博尔扎的以下评论[1]：“不幸的是，魏尔斯特拉斯的（变分法）研究结果仅在魏尔斯特拉斯（自 1872 年以来）的课程讲义中给出。因此，目前对魏尔斯特拉斯的研究结果和方法的了解非常缓慢……现在可以认为魏尔斯特拉斯的研究结果和方法众所周知，部分是通过他的学生的论文和其他出版物了解到的，部分是通过奈瑟的《变分法讲义》（*Lehrbuch der Variationsrechnung*，布伦瑞克，1900）。该书流传广泛，读者在柏林数学协会图书馆和哥廷根数学阅览室都可以借到。我毫不犹豫地使用了魏尔斯特拉斯的课程讲义的内容，就好像它们已经发表过一样。”魏尔斯特拉斯在第一变分和第二变分的研究中将现代数学的严谨性要求应用于变分法。他通过严格论证证明了前三个必要条件，并且证明了这些条件是作为所谓“弱”极值的充分条件，而且还将第一变分和第二变分理论扩展到考虑的曲线以参数形式表示的情况。他发现了所谓“强”极值的第四个必要条件，并给出了充分证明，其中，首次通过一种新方法给出了完整解法，并且这一方法基于“魏尔斯特拉斯构造”[2]。在魏尔斯特拉斯研究的刺激下，当时在多帕特大学的奈瑟进一步推动了这一问题的研究。奈瑟的理论将测地线的某些定理推广到极值的一般情况，而哥廷根大学的大卫·希尔伯特提出了“定积分极值的先验存在证明。这是一个重要发现，不光是在变分法领域，对微分方程理论和函数理论都具有深远影响”（博尔扎）。1909 年，博尔扎出版了他的变分法著作的德语增补版，其中包括维也纳的学者古斯塔夫·埃舍里希（Gustav Escherich）的研究结果，

[1] O. Bolza, *Lectures on the Calculus of Variations*, Chicago, 1904, pp. ix, xi.

[2] This summary is taken from O. Bolza, *op. cit.*, preface.

证明拉格朗日乘数法（multiplikator-regel）的希尔伯特方法以及赫尔辛福斯大学的林德伯格（Lindelberg）对等周问题的研究。大约在同一时间，哈达玛德出版了《莫里斯·弗莱歇特变分法研究》（*Calcul des variations recuellies par M. Fréchet*，巴黎，1910）。雅克·哈达玛德（Jacques Hadamard）出生于凡尔赛，是《巴黎高等师范学校科学年鉴》（*Annales scientifiques de l'école normale supérieure*）的编辑。1912 年，他接替了若尔当，成了巴黎综合理工学院的数学分析教席教授。在以上提到的书中，他将变分法视为一种新的、更加宽泛的“函数运算”的一部分。沃特拉在他的线函数研究中也遵循了这条研究路径。这一函数演算研究是由法国普瓦捷大学的莫里斯·弗莱歇特（Maurice Fréchet）发起的，奥斯古德、达布、古赫萨、泽莫罗（Zermelo）、施瓦茨、哈恩（Hahn）和美国学者汉考克（Hancock）、布里斯（Bliss）、海德里克、安德希尔（Underhill）、麦克斯·梅森（Max Mason）等都进行了一些关于变分法的杰出研究。布里斯和梅森系统地将魏尔斯特拉斯微积分理论扩展到了空间问题。

1858 年，莱登的学者戴维·比恩斯·德·哈安（David Bierens de Haan）出版了他的《定积分表》（*Tables d'Intégrales Définies*）。1862 年，他发表了他对相关基础理论的修订和考虑。《定积分表》中包含 8339 个公式。谢尔顿（Sheldon）在 1912 年对此书进行了严谨研究，结果表明，“若对哈安未提及的常数和函数施加适当限制，书中理论仍然正确。”

慕尼黑大学的古斯塔夫·斐迪南·梅耶（Gustav Ferdinand Meyer）于 1858 年将狄利克雷的关于定积分的讲义内容在一本著作中进行详细阐述。

级数收敛

无穷级数的历史生动地说明了新时代的显著特征，分析是在 19 世纪前 25 年开始的。牛顿和莱布尼茨认为有必要研究无穷级数的收敛性，但是除了莱布尼茨提出了交错级数的收敛性检验办法外，没有其他适当的标准检验其他级数的收敛性。欧拉和他的同时代人，大大拓展了级数的形式化处理，但却普遍忽略确定收敛性的必要性。现在已经众所周知，欧拉在无穷级数研究中有一些极为精彩的发现，但其实欧拉也得出了一些非常荒谬的结论，却已被忘得一干二净。那个时代研究的缺陷在德国的组合数学学派中体现得最为集中。这所现已不为人知的学派由卡尔·弗里德里希·兴登堡（Carl Friedrich Hindenburg）创建。19 世纪前十年，兴登堡的学生在德国许多大学中任职。高斯是第一位对无穷级数进行了严格研究并得出重要发现的数学家，他的研究主题与超几何级数有关。超几何级数从那时起就以沃利斯的名字命名。其实，欧拉在 1769 年和 1778 年从幂级数、二阶线性差分方程和定积分的三重视角研究了这一问题。高斯提出的标准解决了超几何级数在任意情况下的收敛性问题。涵盖一般情况是高斯研究的普遍特征由于研究方式怪异且证明过程异常严格，高斯的论文引起了当时数学家的兴趣。

柯西在普及研究成果方面更幸运，他在 1821 年发表的《代数分析》（*Analyse Algébrique*）中对级数进行了严格研究。当项数无限增加时，其总和未达到固定极限的所有级数称为发散级数。像高斯一样，他比较了几何级数，发现具有正项的级数是否收敛取决于第 n 个项的第 n 个根，或者第（$n+1$）个项与第 n 个项的比最终是小于还是大于 1。至于级数表达式最终变为 1 的某些情况，柯西建立了另外两个测试。他证明了包含负项的级数会在项的绝对值收敛时收敛，然后推导出了莱布尼茨的交错级数检验方法，他发现两个收敛级数的乘积不必然收敛。柯西定理表明，两个绝对收敛级数的乘积收敛至两个级数之和的乘积。半个世纪后被格拉兹（Graz）的梅尔滕斯（Mertens）证明，在两个收敛级数相乘，只有一个绝对收敛的情况下，这一定理仍然成立。

级数研究者中对旧方法最直言不讳的批评家是阿贝尔。他在写给朋友霍姆博（Holmboe）的信（1826）中对过往级数研究方法提出了严厉批评。即使对于现代学生，这封信读起来也非常有趣。在证明二项式定理的过程中，阿贝尔建立了一个定理，即如果两个级数及其乘积级数都收敛，那么乘积级数将收敛于两个给定级数之和的乘积。如果半收敛级数有一个通用的收敛标准，那么阿贝尔的定理将解决整个级数相乘问题。但我们并不具备这样的标准。于是，近些年来，慕尼黑的普林斯海姆（Pringsheim）和沃斯（Voss）建立了更多定理作为补充，这些定理在某些情况下通过将测试应用于更简单的相关表达式来避免测试乘积级数收敛性的必要性。普林斯海姆得出以下有趣的结论：两个条件收敛级数的乘积永远不可能绝对收敛，但是条件收敛级数甚至是发散级数乘以绝对收敛级数的乘积就可以得出绝对收敛性积。

阿贝尔和柯西的研究引起了极大轰动。有人说，在一次科学会议上，柯西提出他对级数的第一项研究，拉普拉斯立即匆匆赶回了家，闭关研究，直到在他的《天体力学》中研究了这一级数。然而，我们决不能就此得出结论，新观念一下子取代了旧观念。相反，只有经过长期的努力，新思想才会被普遍接受。直到1844年，在德·摩根一篇《发散级数》论文开篇词中还有下面这一评论："我相信，研究者公认，本文标题描述了学界目前唯一还存在的一个绝对准确性存在严重分歧的基本问题。"

《克雷尔杂志》第九卷发表了瑞士苏黎世的学者约瑟夫·路德维希·拉贝（Josef Ludwig Raabe）的研究，其中出现了更为精细的收敛和发散标准。之后，德·摩根给出了他的标准，这些标准收录在了他的《微积分入门例解》（*Elementary Illustrations of the Differential and Integral Calculus*）中。德·摩根建立了对数判别法，贝特朗也独立发现了该方法的一部分。奥西扬·波奈和贝特朗所给出的这些标准的形式比德·摩根的更为方便。从阿贝尔的遗书中可以看出，他先于以上研究者建立了对数判别法。波奈特认为对数判别法永远不会失效。但是杜·布瓦·雷蒙和普林斯海姆各自发现了明显收敛但对数判别法无法确定的级数。这一标准一直被称作普林斯海姆特殊标准，因为它们都取决于具有特殊函数 a^n，n^x，$n(\log n)^x$ 等的级数第 n 个项的比较。库默尔是最早建立一般性判断标准，并从更宽泛的视角考虑该问题的学者之一，针对这一问题的研究最终形成了常规数学理论。库默尔建立了一个定理，得出一个由两部分组成的检验标准。但之后研究者认为，第一部分多余。比萨的学者于力斯·蒂尼（Ulisse Dini）、杜·布瓦·雷蒙、科恩和普林斯海姆继续研究了一般性判断标准。杜·布瓦·雷蒙按照第 n 个一般项，或者第（$n+1$）个项与第 n 个项的比值将标准分为两类：第一类标准和第二类标准，库默尔方法是第二类标准。与此类似的第一类标准是普林斯海姆发现的。根据杜·布瓦·雷蒙和普林斯海姆分别建立的一般标准，可以得出所有特殊标准。普林斯海姆理论非常完备，除了提供第一类和第二类标准外，还提供了第三类全新标准以及第二类的广义标准，但是，它们仅适用于各项永不增加的级数。第三类主要考虑连续项或其倒数之差的极限。在广义第二类标准中，他不考虑两个连续项的比率，而是考虑任意两个项的比率（无论这两项相距多远），推导出了古斯塔夫·科恩和厄马科夫

(Ermakoff) 分别给出的两个标准。

在研究傅里叶级数时，研究者遇到了难题[1]。柯西是第一个感到有必要探究其收敛性的人。但是，狄利克雷发现他的研究方式不尽人意。狄利克雷首次彻底解决了此问题（《克雷尔杂志》，第9卷）。他们最终得出的结论是，无论何种情况，只要函数不变为无限，不具有无限多不连续点，且不具有无限多最大值和最小值时，傅里叶级数在各处都朝该函数的值收敛，不连续点除外。在不连续点处时，级数收敛于两个边界值的平均值。伯尔尼的施莱夫利和杜·布瓦·雷蒙对是否收敛于均值表示怀疑，但是，他们的质疑均没有充分根据。事实上，狄利克雷的条件是充分条件，但不必要。波恩的学者鲁道夫·利普西兹（Rudolf Lipschitz）证明，当不连续点无穷多时，傅里叶级数仍然表示函数，并给出了一个条件，当该条件成立时傅里叶级数代表具有无数个最大值和最小值的函数。狄利克雷认为，所有连续函数都可以在所有点上由傅里叶级数表示，这一观点得到了黎曼和汉克尔的认可，但被杜·布瓦·雷蒙和施瓦茨证明为错误。胡尔维茨展示了如何以另一个傅里叶级数表示两个普通傅里叶级数的乘积。库斯特曼（Küstermann）解决了双重傅里叶级数的类似问题，其中的涉及傅里叶常数的关系至关重要。帕瑟瓦（Parseval）研究了单变量函数的类似关系，并且在对所涉及傅里叶级数的收敛性的性质施加限制的条件下给出了证明。1893年，德·拉·瓦雷·普辛（de la Vallée Poussin）也给出一种证明，仅要求函数及其平方可积分。胡尔维茨1903年进一步研究了这一问题。之后，弗里格耶·里斯（Frigyes Riesz）和恩斯特·费舍尔（Ernst Fischer）对该问题的研究引起了人们的普遍兴趣[2]。

黎曼提出问题：函数必须具有什么性质，以便有一个三角级数，每当它收敛时，都朝函数值收敛。他为此找到了充要条件，但是，它们并不能确定该级数是否真正代表该函数。黎曼因柯西对定积分的定义的任意性，对其不认可，并给出了新定义。之后，他开始思考函数何时具有积分的问题。他的研究表明，连续函数不一定总是具有微分系数。魏尔斯特拉斯证明，此属性几大类函

---

〔1〕 Arnold Sachse, *Versuch einer Geschichic der Darstellung willkürlicher Funktionen einer variablen durch trigonometrische Reihen*, Göttingen, 1879.

〔2〕 此处总结了 *Bull. Am. Math. Soc.*, Vol. 22, 1915, p. 6.

数都具备，但是，这并不代表这些函数不能用傅里叶级数表示。魏尔斯特拉斯观察到，只有当级数在区间内一致收敛时，才能证明无穷级数的积分等于级数各项积分之和。这一观察结果动摇了傅里叶级数的某些结论。1847 年，剑桥大学的斯托克斯首先提出了一致收敛的问题；1848 年，菲利普·路德维希·塞德尔（Philipp Ludwig Seidel）首先研究了一致收敛的问题。塞德尔曾跟随贝塞尔、卡尔·古斯塔夫·雅各比、恩克和狄利克雷学习。1855 年，他成为慕尼黑大学的教授。后来，他因眼疾中止了教学科研活动。一致收敛在魏尔斯特拉斯的函数理论中非常重要。这样一来，就有必要证明表示连续函数的三角级数均匀收敛。哈雷的学者海因里希·爱德华·海涅（Heinrich Eduard Heine）完成了这一任务。后来，夏洛滕堡技术中学的教授康托尔和杜·布瓦·雷蒙对傅里叶级数进行了研究。

蒂尼对“简单一致收敛”作了定义，但并不严谨，该定义[1]如下：当级数与每个任意选择的正数 σ 和每个整数 m' 相对应，σ 取多小均可。不小于 m' 的整数 m 只有一个或几个，使该级数可视为在区间（a，b）上简单一致收敛。并且当 x 位于区间（a，b），$|R_m(x)|<5$。还有另一种收敛，“局部一致收敛”，有时也称“次一致收敛”，由博洛尼亚大学的塞萨·阿泽拉（Cesare Arzelà）在 1883 年提出。阿泽拉还提出了实变量函数的理论，并证明蒂尼的一个定理是连续函数收敛级数的连续性的充要条件。

概率论和统计学

与其他数学分支的迅猛发展相比，自拉普拉斯时代以来，概率论理论的发展显得微不足道。伯努利定理曾得到棣莫弗、斯特林、麦克劳林和欧拉的仔细关注，特别是拉普拉斯对其进行了逆向应用。假设已观察到一个事件在 m 次和在 μ 次试验中失败了 n 次，然后推断出每次试验中发生这种情况的可能性。这样获得的结果与使用贝叶斯定理得到的结果不完全一致。泊松在 1837 年于巴黎进行的概率研究中对该问题进行了研究，他在近似估计的基础上使用贝叶斯定理，获得了稳定结果。泊松和德·摩根进一步发展了他的概率论，以消除贝

[1] *Grundlagen, f. e. Theorie der Functionen*, by J. Lürothu. A. Schepp, Leipzig, 1892, p. 137.

叶斯定理涉及的模糊之处[1]。在研究中，他们使用了几个包含数量和比例完全不同的黑白球的瓮，并观察从任意一个瓮中抽出一个白球的概率。出于同样目的，约翰内斯·冯·克里斯（Johannes von Kries）的《概率计算原理》（*Prinzipien der Wahrscheinlich keitsrechnung*，弗莱堡，1886）中以六个相等立方体为例进行研究，其中一个立方体在一侧带有+号，另一个在两侧带有+号，第三个在三侧有+号，以此类推，最后一个所有六个侧面上都有+号。立方体没有+的其他所有面都标有 o。但是，丹麦精算师宾根在《数学期刊》（*Tidsskrift for Matematik*，1879）中发表研究，提出了对贝叶斯定理的反对意见，贝特朗也在《概率计算》（*Calcul des probabilités*，巴黎，1889）一书中提出了反对。此外，哥廷根天文台的索瓦尔德·尼柯莱·蒂勒（Thorwald Nicolai Thiele）在一部出版于哥本哈根的著作［英文版本以《观察论》（*Theory of Observations*，伦敦，1903）为题］中提出了批评意见，爱丁堡大学的乔治·克里斯塔尔（George Chrystal）和其他学者也有一些批评意见[2]。不过，直到 1908 年，丹麦哲学学者克罗曼（Kroman）仍然在为贝叶斯作辩护。因此，似乎学界在这一问题上尚未达成一致意见。根据已观察到的事件推测存在其他原因的概率，通常需要除观察到的事件所提供的证据之外的证据。一些逻辑学家以反概率解释了归纳法。例如，布鲁塞尔天文台的阿道夫·凯特勒（Adolphe Quetelet）说，让一个从未听说过潮汐的人去了大西洋沿岸，并连续几天看到海面上升，那么他有权得出的结论是，第二天大海将涨潮的概率为$\frac{m+1}{m+2}$。令 $m=0$，就可以看出这种观点基于一个完全没有根据的假设，即一个完全未知事件的发生概率是$\frac{1}{2}$，或者所有在研究中提出的理论中有一半是正确的。威廉·斯坦利·杰文斯（William Stanley Jevons）的《科学原理》（*Principles of Science*）和埃奇沃思（Edgeworth）的《数学心理学》（*Mathematical Psychics*）都将反概率理论作为归纳法的理论基础。拉普拉斯阐释了丹尼尔·伯努利的“道德期望”理论，但近些年来，法

〔1〕 *Encyclopædia Metrop.* II，1845.

〔2〕 这里我们参考了 Emanuel Czuber's *Entwickelung der Wahrscheinlichkeitstheorie* in the *Jahresb. d. deutsch. Mathematiker-Vereinigung*，1800，pp. 93-105；另见 Arne Fisher，*The Mathematical Theory of Probabilities*，New York，1915，pp. 54-56.

国研究者对此鲜有关注。贝特朗强调该理论不切实际；庞加莱 1896 年在巴黎出版的《概率论》中用寥寥数笔将其带过[1]。

近些年来，唯一值得一提的概率研究是“局部概率”问题。这一问题由英国、美国和法国的数学家提出并研究。蒲丰投针问题是最早的重要局部概率问题。拉普拉斯和维希军事学校的摩根·克罗夫顿（Morgan Crofton）考虑过这一问题，后者于 1868 年在《哲学汇刊》（第 158 卷）发表了一篇相关论文，并于 1885 年编写了第九版《不列颠百科全书》中的“概率”部分。埃米尔·巴比尔（Emile Barbier）也分别于 1860 年和 1882 年研究了这一问题。“局部概率”这一名称是克罗夫顿所提出的。在研究局部概率的过程中，他开始关注特定积分的评估。

值得注意的是西尔维斯特的四点问题：找出给定边界内随机获得的四个点形成内凹四边形的概率。英国的克拉克（Clarke）、麦科尔（McColl）、华生（Watson）、沃斯藤霍姆（Wolstenholme）、伍尔豪斯、法国的若尔当和勒莫埃（Lemoine）以及美国的赛茨（Seitz）也研究了局部概率问题。维也纳的学者伊曼纽尔·祖伯（Emanuel Czuber）在其《概率和均值》（*Warscheinlichkeiten und Mittelwerte*，莱比锡，1884）中进行了丰富的局部概率问题研究，泽尔（Zerr）在《教育时报》（*Educational Times*，第 55 卷，1891，第 137—192 页）中也发表了不少相关研究。那不勒斯的学者埃内斯托·塞萨罗（Ernesto Cesàro）特别关注了局部概率的基本概念[2]。

研究者的批评偶尔会基于概率原理，然而他们对理论结果缺乏信心，这促使几位科学家开始进行实验验证。蒲丰强调了实验的重要性。德·摩根、杰文斯、凯特勒、祖伯、沃尔夫（Wolf）进行了这类试验，实验结果与理论非常接近。在蒲丰投针问题中，理论概率值涉及 π。该表达式和类似表达式[3]已用于通过实验求 π 的值。约翰·斯图尔特·密尔（John Stuart Mill）、约翰·维恩（John Venn）和克里斯塔尔（Chrystal）尝试将概率论置于纯粹的实验基础上。楚布洛芬（Chuproffin）的一本小册子《作为知识的数据》（*Die Statistik als Wis-*

---

[1] E. Czuber, *op. cit.*, p. 121.

[2] 见 *Encyclopédie des sciences math.* I, 20 (1906), p. 23.

[3] E. Czuber, *op. cit.*, pp. 88-91.

senschaft）为密尔的归纳法提出了可靠的依据。实验法也引起了另一位俄罗斯学者波特基维茨（Bortkievicz）的注意。

1835 年至 1836 年，在泊松研究的带动下，巴黎科学院开始讨论道德问题是否可以用概率论来解决。纳维尔（Navier）认为可以，而潘索和杜平拒绝这一做法，称之为“一种对心灵的扭曲”；他们宣称概率论仅适用于能够将涉及事件清楚分开并计数的情况。约翰·斯图尔特·密尔（John Stuart Mill）也反对用概率解决道德问题。之后，法兰西学院的教授贝特朗和克雷斯（Kries）也讨论了这一问题[1]。

在概率论的各种应用中，一种与陪审团的定罪，法官的判决和选举结果有关的应用特别有趣。孔多塞侯爵、拉普拉斯和泊松研究了此问题。为了说明拉普拉斯通过组合投票求候选人价值的方法，克罗夫顿运用了随机划分直线的方法。但是，这个方法需要均匀覆盖从 0 到 100 的整个范围的值的先验分布。而经验表明，常态偏差律显示的分布更加准确。在这一问题上，卡尔·皮尔森（Karl Pearson）进行了一项最重要的研究[2]。他从一个包含 N 个成员的群体中随机抽取了 n 个个体作为样本，并得出了当这 n 个个体按其某个特征的大小排列时，第 p 个个体与第（$p+1$）个个体特征之间的平均差异的表达式。哥伦比亚大学的穆尔试图在有关工资效率的统计数据中回顾了皮尔森的理论［《经济杂志》（*Economic Journal*），1907 年 12 月］。

在统计学研究的早期阶段，伦敦上尉约翰·格朗托（John Graunt，1662）和普鲁士神职人员苏斯米尔希（Süssmilch，1788）等研究者以“政治算术”的名义进行此类研究。埃德蒙·哈雷、雅各布·伯努利、棣莫弗、欧拉、拉普拉斯等研究了概率论在统计学中的应用。比利时天文学家和统计学家、布鲁塞尔天文台的阿道夫·凯特勒（Adolphe Quetelet）在官方统计协会和统计机构的建立过程中起到了极大影响。凯特勒是“现代统计学的创始人”。他提出了“平均人”概念，“平均人身上的现象都对应于社会统计的平均结果”，“平均人是美丽的人”。但这一概念遭到了哈罗尔德·维斯特加德（Harold Westergaard，

---

〔1〕 Consult E. Czuber，*op. cit.*，p. 141；J. S. Mill，*System of Logic*，New York，8th Ed.，1884，Chap. 18，pp. 379-387；J. v. Kries，*op. cit.*，*pp.* 253-259.

〔2〕 “Note on Francis Galton’s problem”，*Biometrica*，Vol. I，pp. 390-399.

1890）和贝蒂隆（Bertillon，1896）的批评。德·傅维勒（de Foville）1907 年在他的“中间人”（Homo Medius）中，约瑟夫·雅各布（Joseph Jacobs）在他的“中间美国人”（the Middle American）和“平均英国人”（the Mean Englishman）中分别讨论了凯特勒的这一概念[1]。1833 年，凯特勒访问了大不列颠科学促进学会在英格兰的统计学分部。1835 年，他访问了伦敦统计学协会在英格兰的分部。不久后，1839 年，美国统计学学会成立。凯特勒对概率论在物理和社会科学中的应用的最重要研究收录在了写给萨克斯·科堡公爵和哥达公爵的一系列信件［《关于概率论的信件》（*Lettres sur lathéorie des Probabilités*），布鲁塞尔，1846］中。其中，他着重强调了“大数定理”。这一定理最早由泊松提出，并由德国学者雷克西斯（Lexis，1877），斯堪的纳维亚半岛的学者维斯特加德（Westergard）和卡尔·夏里尔（Carl Charlier），俄罗斯彼得格勒大学的帕夫努替·利沃维希·切比谢夫（Pafnuti Liwowich Chebichev）进一步研究。切比谢夫曾提出了一个有趣的问题：随机选择一个真分数，分子分母互质的概率有多大？

在不同的平均值中，德·摩根得出结论，算术平均值先验地表示概率最大的值。格莱舍指出了例外情况。费赫纳（Fechner）研究了可以应用“中位数”（在按大小排列的一系列数字中处于中心位置）的情况。“众数”由皮尔森于 1895 年提出，并被于尤德尼·尤尔（Udny Yule）使用。目前，这一概念已在德国和奥地利得到应用，用于确定工人的保险数额。雷克西斯、埃奇沃斯、维斯特加德、冯·波克维希（von Bortkewich）、费赫纳、冯·克里斯、祖伯、布拉西科（Blaschke）、加尔顿（Galton）、皮尔森、尤尔和伦敦的保雷（Bowley）探究了这一问题。一些学者认为，建立统计理论不仅不需要使用概率，而且这样做也不可取。持此类立场的学者包括纳普（Knapp）和盖利（Guerry）[2]。1912 年，俄罗斯精算师雅思特雷姆斯基（Jastremski）将雷克西斯的离散理论应用于检验医疗选择对人寿保险的影响。近些年来，维斯特加德和雷克西斯的学生冯·波克维希也出版了一些著名的书籍。早期的人口理论存在很多混乱之处。哈雷和一些 18 世纪的研究者都是在人口静止不变的假设下进行研究的。欧拉在研究中采用了这样的假设，即每年出生的婴儿按几何级数增长。莫瑟（Moser）在

---

〔1〕 见 Franz Žižek's *Statistical Averages*，transl. by W. M. Persons，New York，1913，p. 374.

〔2〕 *Encyklopädie d. Math. Wissensch*，ID 4a，p. 822.

1839 年批评了这一做法。1868 年，纳普（Knapp）将出生和死亡人数分别表示为时间和年龄的连续函数，他利用了图形表示。泽纳（Zeuner）于 1869 年引入了其他几何和分析辅助工具。1874 年，纳普进一步修改了他的理论，允许出现不连续变化。雷克西斯在其《人口理论》（*Theorie der Bevölkerungsstatistik*，斯特拉斯堡，1875）一书中也进行了类似研究。贝克分别于 1867 年和 1874 年研究了人口和死亡率测定的正式理论。维特斯坦（Th. Wittstein）在 1881 年也研究了这一问题。1877 年，雷克西斯引入了“离散”和“正态离散”的概念。威廉·雷克西斯（Wilhelm Lexis）于 1872 年成为斯特拉斯堡的教授，1884 年在布雷斯劳大学担任教授，1887 年在哥廷根大学担任教授。1893 年，他受邀任职于德国政府。

有着“天生的统计学家”美称的弗朗西斯·高尔顿爵士（Francis Galton）开启了统计方法在生物学中的应用。他的《自然遗传》（*Natural Inheritance*，1889）一书非常重要。他使用百分位数法，将四位分差作为离散度的衡量标准[1]。另外两名英国人卡尔·皮尔森和威尔登（Weldon）也进入了这一研究领域。皮尔森发现了用于生物学统计分析的通用数学方法。他提出了“众数”“标准差”和“变异系数”等术语。在他之前，存在错误的“正态曲线”被专门用于描述偶然事件的分布的情况。该曲线是对称的，但是自然现象中的分布有时并不对称。因此，皮尔森在 1899 年在《演化理论研究》（*Contributions to the Theory of Evolution*，1899）中提出了偏斜频率曲线。1890 年左右，孟德尔（Mendel）的遗传定律开始广为人知，包括丹麦植物学家乔安森（Johannsen）在内的研究者在将统计数据应用于遗传时作出了一些改变[2]。

罗杰·科特斯最早研究了观测数据的最有利组合。相关研究收录在了他的《调和计算》（*Harmonia mensurarum*，1722）的附录中。他将不同的权重赋予不同的观察结果。托马斯·辛普森在论文《通过实际采用大量观测的平均值表明其在天文学实践中优势的尝试》（*An attempt to show the advantage arising by taking the mean of a number of observations, in practical astronomy*）中使用算术平均

[1] G. Udny Yule, *Theory of Statistics*, 2, Ed., London, 1912, p. 154.

[2] *Quart. Pub. Am. Stat. Ass'n*, N. S., Vol. XIV, 1914, p. 45.

值[1]，拉格朗日和丹尼尔·伯努利也分别在1773年和1778年倡导了这一做法。1806年，勒让德率先发表了最小二乘原理，但没有给出证明。高斯很早就用了这一原理，但直到1809年才发表。1808年，罗伯特·阿德莱恩（Robert Adrain）首次在费城他个人出版的《分析学家》（*Analyst*）期刊中发表了概率定律，但其中存在偏误。在该定律的早期证明中，也许最令人满意的是拉普拉斯的证明。高斯给出了两种证明。第一种证明基于观测值算术平均值是最可能值的假设。拉普拉斯、恩克（1831）、德·摩根（1864）、希帕莱里（Siaparelli）、斯托恩（Stone，1873）和费莱罗（Ferrero，1876）都尝试证明这一假设。格莱舍对其中一些研究提出了正确批评[2]。基贝塞尔（1838）、哈根（Hagen，1837）、恩克（1853）、泰特（1867）、和克罗夫顿（1870）尝试基于观察到的偏误的性质建立高斯概率定律。贝特朗在其《概率计算》（*Calcul des Probabilités*，1889）[3] 中证明，取最可能值的算术平均值并非在所有情况下都与高斯概率定律相容，其他研究者也表明了这一点。最小二乘理论应用的主要研究者有高斯、彼得·安德里亚·汉森（Peter Andreas Hansen）、盖洛威（Galloway）、比耶奈梅（Bienaymé）、贝特朗、费莱罗（Ferrero）、皮兹蒂（Pizzetti）[4]。华盛顿的西蒙·纽科姆提出了"观测值组合的广义理论，这样，当重大错误的发生频率超过高斯概率定律的允许范围时，可以得到最佳结果"[5]。雷曼·费黑斯（Lehmann-Filhés）在1887年《天文学》（*Astronomische Nachrichtcn*，1887）中讨论了同一问题。

哈佛大学的本杰明·佩尔斯提出了一条可疑观测结果[6]的认可标准，得到了美国天文学家古尔德（Gould）、夏福奈（Chauvenet）和温罗科（Winlock）的赞同，但遭到英国天文学家艾尔（Air）的批评。学者大多认为，建立此类标准的理论基础并不存在。

---

[1] *Miscellaneous Tracts*, London, 1757.

[2] *Lond. Astr. Soc. Mem.* 39, 1872, p. 75; for further references, see *Cyklopädie d. Math. Wiss.*, ID2, p. 772.

[3] Consult E. L. Dodd, "Probability of the Arithmetic Mean, etc.", *Annals of Mathematics*, 2. S., Vol. 14, 1913, p. 186.

[4] E. Czuber, *op. cit.*, p. 179.

[5] *Am. Jour. Math.*, Vol. 8, 1886, p. 343.

[6] *Gould Astr. Jour.*, II, 1852.

丹尼尔·伯努利最初考虑将概率论应用于流行病学研究，更晚一些时候，引起了英国统计学家威廉·法尔（William Farr）、约翰·布朗里（John Brownlee）、卡尔·皮尔森和罗纳德·罗斯爵士（Sir Ronald Ross）的注意。皮尔森研究了正常和异常频率曲线。布朗里在1906年，格林伍德（Greenwood）在1911年和1913年，罗斯爵士在1916年已将这种曲线应用于流行病研究[1]。

部分学者从概率的角度研究了惠斯特纸牌游戏。威廉·波尔（William Pole）的相关研究收录在了《惠斯特的哲学》（*Philosophy of Whist*，纽约与伦敦，1883）一书中。这一问题是"十三点"纸牌游戏的推广。皮埃尔·德·蒙特莫尔1708年研究了"十三点"。

微分-差分方程

勒让德、泊松、拉克鲁瓦、柯西、布尔等人提出了区分一阶微分方程的奇解和特解的标准。*C*判别关系式引起了巴黎的数学家让·玛利·康斯唐特·杜哈梅尔（Jean Marie Constant Duhamel）和其他人的注意。但是在1870年左右，达布、凯利、卡塔兰（Catalan）、卡索拉蒂（Casorati）和其他人重新研究了整个奇解理论。研究者从几何学视角详细考虑了该问题，并且解释了拉格朗日方法无法产生奇解情况。但这些研究并不令人满意，因为并没有提供仅取决于微分方程的奇解的充分和必要条件，也没有提供取决于通解的奇解的充分条件和必要条件。在回归到布里奥特和布凯1856年的研究思路之后，吉森的数学家卡尔·施密特在1884年，普林斯顿大学的学者费恩在1890年分别给出了这一问题的最终答案，柏林的梅耶·哈姆布格（Meyer Hamburger）也给出了这一问题的解答。约翰·穆勒·希尔和福赛斯同样积极研究了这一问题。

拉格朗日和拉普拉斯首次用科学处理了偏微分方程。之后，蒙日、普法夫（Pfaff）、卡尔·古斯塔夫·雅各比、埃米尔·布赫（Émile Bour）、巴黎的数学家维勒（Weiler）、克莱布希、圣彼得堡的数学家科金（Korkine）、布尔、梅耶、柯西、塞莱（Serret）、李等研究了偏微分方程。1873年，甘德大学（University of Gand）的保罗·曼辛（Paul Mansion）以教科书的形式介绍了他们对

〔1〕*Nature*, Vol. 97, 1916, p. 243.

一阶偏微分方程的研究。此外，需要指出，约翰·弗里德里希·普法夫（Johann Friedrich Pfaff）在研究中表现出了敏锐的思考，他的研究发现标志着在这一问题上的决定性进步。他曾在哥廷根待过一段时间，是高斯的好朋友。后来，他在天文学家波德（Bode）手下工作。再后来他成为赫尔姆施泰特大学的教授，然后成为哈勒大学的教授。通过一种特殊的方法，普法夫发现了任意个变量的一阶偏微分方程的通积分。他从 n 个变量的一阶常微分方程的理论出发，首先给出了它们的通积分，然后将偏微分方程的积分视为前者的特殊情况，包含两个变量的任意阶微分方程的通积分。他的研究促使卡尔·古斯塔夫·雅各比提出了“普法夫问题”。根据哈密尔顿观察到的常微分方程（分析力学中）与偏微分方程之间的联系，卡尔·古斯塔夫·雅各比得出以下结论：普法夫方法需要一系列方程组的连续积分，但是除了第一个方程组之外的方程组完全是多余的。克莱布希从新视角考虑了普法夫问题，并将其简化为多个联立线性偏微分方程组，各方程组可以独立建立而无需任何积分。卡尔·古斯塔夫·雅各比实际上提出了一阶微分方程的理论。若求未知函数时，要求包含这些函数及其微分系数的积分会以规定方式达到最大值或最小值，那么首先需要该积分第一个变分消失。这样就产生了一些微分方程，其积分决定了未知函数。为了确定一个值是最大值还是最小值，必须检查第二个变量。这样就产生了另一个更加困难的微分方程。在较简单情况下，该微分方程的积分是由卡尔·古斯塔夫·雅各比从一个变量的微分方程的积分中巧妙地推导出来的。黑塞完善了卡尔·古斯塔夫·雅各比的解法，而克莱布希则将卡尔·古斯塔夫·雅各比的结果扩展到第二个变量。柯西给出了一种求解具有任意变量的一阶偏微分方程的方法，该方法已由法国的塞莱、贝特朗、波奈特、俄罗斯卡尔科夫大学（University of Charkow）的瓦西里·格里高叶维奇·伊姆申茨基（Wassili Grigorjewich Imshenetski）校正和推广。另外，柯西提出的这一命题至关重要：每个常微分方程都容许任何非奇点附近的积分，该积分在某个特定收敛圆内是伴生的，并且可通过泰勒定理展开。黎曼也采取了一个与该定理的视角联系紧密的研究角度。他认为，单个变量的函数由其奇点的位置和性质定义，并且将此概念应用于超几何级数满足的二阶线性微分方程。高斯和库默尔也研究了此方程。巴黎的数学家坦纳考虑了在无任何变量值限制时该方程的一般理论。他采用了福赫的线性微分方程方法，并找到了该方程的所有二十四个库默尔积分。巴黎大学数学分析教授爱德华·古赫萨（Édouard Goursat）继续进行了这项研究。他的研究涉及函数、伪椭圆积分和超椭圆积分、微分方程不变量和曲面理论。于勒·坦纳（Jules Tannery）于1875年成为索邦大学的力学教授，1884年成为巴黎高等师范学校的副校长。他的研究领域包括分析学和函数理论。

1908年，福赛斯[1]将偏微分方程情况简述如下：1862年，雅可比的一部遗作发表，这部著作研究了仅涉及一个独立变量的一阶偏微分方程或者一个此类方程组。可以说，我们有完整的方法对此类方程式进行形式积分，但是在二阶或更高阶偏微分方程的形式积分中，出现了新的困难，仅有极少数情况下可以直接积分。即使对于仅是二阶的此类方程，已知的一般积分类型也不多。本原元可通过变量之间的单个关系或通过包含可消除参数的多个方程式（例如勒让德、蒙日或魏尔斯特拉斯给出的最小曲面的不定积分的惯用形式）求出或通过涉及物理问题中出现的定积分的关系得到。“所有此类不定积分，”福赛斯说[2]：“都假设不可能直接进行积分，因此求此类不定积分时，需要使用一些特别的方法，而这些方法的理论基础有时并不完备。不过，这只是实践中的尝试，并且从某种意义上说，这些方法几乎都是间接的方法，混合了大量与不定积分无有机关系的形式运算。所以，在这种情况下，不定积分是否完全涵盖了属于该方程的所有积分？”安培在1815年提出了通积分的广义定义。这一定义的仅有的关系是由微分方程本身即其通过微分推导出的方程构成，仅存在于变量和因变量的导数之间，并且没有积分中的任意元素。出于种种原因，该定义并不完整。古赫萨在1898年提出的一个简单例子表明，满足安培的定义所有要求的积分并不普遍。通积分的第二个定义是达布在1889年根据柯西的存在定理给出的：若积分中包含的任意元素可通过特殊化产生柯西定理所建立的积分，则积分是通积分。根据福赛斯的观点，这一定义需要对显现及潜在的奇点进一步详细讨论。

构造二阶偏微分方程积分主要有三种方法，但均仅能在特殊情况下取得成

〔1〕 A. R. Forsyth in *Atti. del IV. Congr. Intern.*, *Roma*, 1908. Vol. I, Roma, 1909, p. 90.

〔2〕 A. R. Forsyth, *loc. cit.*, p. 90. 我们总结了这篇论文的内容。

功。1777 年，拉普拉斯给出了一种方法，这种方法适用于具有两个自变量的线性方程，可用于二阶以上方程。1872 年，达布和伊姆申奈茨基（Imshenetski）进一步改进了这一方法。安培提出了第二种方法。虽然其思想和形式都具有通用性，但这种方法依赖于个人能力。之后，波莱尔（Borel，1895）和威塔克（Whittaker，1903）继续研究了这一方法。第三种方法的发现者是达布。根据福赛斯的分类，这种方法包含蒙日和布尔早期著作的内容。1870 年，达布给出了这种方法。当时，它仅适用于两个自变量的情况，但经过改进，现已扩展到包含两个以上自变量的二阶以上方程。这种方法并非普遍有效，不过，福赛斯说："到目前为止，这是为二阶偏微分方程式进行形式积分设计的主要方法。许多数学家讨论了该方法，并进行了大量细微改进。不过，这一方法的实质始终未变。"

我们现在已经知道一些普通线性方程的不定积分可以由定积分或渐近展开表示。相关理论的主要研究者是庞加莱，波莱尔则研究了偏方程的相应情况。

黎曼于 1857 年指出，可以满足二阶齐次线性方程且包含有理系数的，由高斯超几何级数 F（α，β，γ，x）表示的函数可以用于任意线性微分方程求解[1]。柯西发现了求解此类方程的另一种方法（布里奥特和布凯改进了这一方法），这种方法需要将函数展开为幂级数。柏林学者拉萨鲁斯·福赫（Lazarus Fuchs）的研究证明了黎曼和柯西的微分方程思想的强大。福赫出生于德国波森省（Posen）附近的莫斯钦（Moschin），1884 年成为柏林大学教授。1865 年，福赫在线性微分方程的研究中结合了两种方法：一种是使用幂级数的方法。柯西、布里奥特和布凯曾详细介绍这一方法；另一种使用超几何级数，由黎曼提出。福赫通过这种方法的结合建立了新的线性微分方程理论[2]。柯西将函数展开为幂级数，并且利用极限运算最终推导出了存在定理。该定理本质上与微分方程一般定理基本相同。弗洛贝纽斯、皮亚诺、波赫分别于 1874 年、1889 年和 1901 年关注了线性微分方程的奇异点。证明存在定理的第二种方法是逐次逼近法。1864 年，卡克最早使用了这一方法。1870 年，福赫使用了这

---

〔1〕 L. Schlesinger, *Entwickelung d. Theorie d. linearen Differentialgleichungen seit* 1865, Leipzigand Berlin, 1909.

〔2〕 此处引用了施勒辛格的一份报告，此报告发表于 *Jahresb. d. d. Math. Vereinigung*, Vol. 18, 1909, pp. 133-266.

一方法。之后，庞加莱和皮亚诺也使用了这一方法。第三种方法使用了插值法，最初由柯西提出，并在 1887 年得到了沃特拉的特别关注。线性微分方程的一般理论引起了包括福赫和若尔当在内的许多研究者的关注。沃特拉、施勒辛格（Schlesinger）、坦纳、瓦伦伯格（Wallenberg）和其他许多人研究了解不确定的奇异位置。格赖夫斯瓦尔德大学（University of Greifswald）的路德维希·威廉·托梅（Ludwig Wilhelm Thomé）于 1877 年发现了他称之为正态积分的积分。1856 年，布里奥特和布凯首先注意到了在形式上满足微分方程的发散级数。庞加莱 1885 年率先深入研究了这一级数。他指出，这种级数可以渐近表示某些方程解。奈瑟（1896）、皮卡德（1896）、霍恩（1897）和亨伯格（1905）已研究了渐近表示。福赫研究了一种特殊线性微分方程，即“福赫型”，其系数为单值（eindeutig），并且其解没有不确定性点。研究发现，此类方程的系数是 x 的有理函数。阿贝尔、刘维尔和卡尔·古斯塔夫·雅各比率先进行了基于线性微分方程与代数方程类比的研究，后来阿佩尔（Appell，1880）和皮卡德继续了这一研究，他们受到了李的转换群理论以及法国、英国、德国和美国的研究者大军的影响。研究者此时开始考虑微分不变式。1857 年，拉梅（Lamé）研究了微分方程，赫尔密特（Ch. Hermite）于 1877 年继续了他的研究。不久之后，福克斯、布里奥希、皮卡德、米塔格·勒夫勒（Mittag-Leffler）和克莱因继续了他们的研究并扩大了研究范围。

19 世纪下半叶，分析学家关注了线性微分方程与代数函数的类比、反演问题、单值化问题以及涉及群论的问题。

哈尔芬和福赛斯发展的线性微分方程相关不变量理论与函数和群论密切相关。因此，已有研究者从微分方程本身而不是首先通过求解微分方程获得函数，再用函数的任何解析表达式来确定微分方程定义的函数的性质。起初，研究者没有研究变量取所有值时相应的微分方程积分的性质，只是满足于给定点附近的性质的研究。奇异点和普通点的积分性质完全不同。查尔斯·奥古斯特·阿尔伯特·布里奥特（Charles Auguste Albert Briot）和让·克劳德·布凯（Jean Claude Bouquet）都是巴黎学者。他们研究了微分方程在奇异点附近时形式为 $(x-x_0)\frac{\mathrm{d}y}{\mathrm{d}x}=\int xy$ 的情况。福赫推进了特殊线性方程的积分级数研究。庞加莱研究了非线性方程与一阶偏微分方程的相同问题。柯西和苏菲·科瓦勒夫斯基（Sophie Kovalevski）进一步研究了普通点的情况。科瓦勒夫斯基女士出生于莫斯科，是魏尔斯特拉斯的学生，后来成为斯德哥尔摩大学的数学分析教授。

亨利·庞加莱（Henri Poincaré）生于南锡（Nancy），并就读于当地的公立中学。虽然成绩名列前茅，他并没有表现出异常的早熟。1879 年，他先后在巴黎综合理工学院和法国国立高等矿业学院（École Nationale Supérieure des Mines）学习，并在巴黎大学获得博士学位。他成为卡昂大学（University of Caen）的数学分析讲师。1881 年，他担任了索邦大学的物理和实验力学教席，后来担任了数学物理学教席。蒂瑟朗（Tisserang）去世之后，他担任了数学天文学和天体力学的教席。尽管年纪并不算大，此时他已经出版了许多书籍和 1500 多份研究报告。也许柯西甚至欧拉的研究数量都没有他的多。潘勒维说，他的众多论文中每一篇都有狮子标记。庞加莱研究了数学、物理学、天文学和哲学。当时没有其他科学家能够研究如此广泛的领域。许多人将他视为当时最伟大的数学家。每年，他都会开授不同主题的课程。他的学生整理发表了这些课程讲义的内容。我们因而也得以了解到他在毛细现象、弹性、牛顿势、涡旋、热传播、热力学、光、电振荡、电光学、赫兹振荡、电学数学、运动学、流体质量平衡、天体力学、天文学一般研究以及概率论等领域的众多研究。他关于科学哲学的热门著作《科学与假设》（*La science l'hypothèse*，1902）、《科学的价值》（*La valeur de la science*，1905）、《科学和方法》（*Science et methode*，1908）已译成德语，部分也译成了西班牙文、匈牙利文和日文。乔治·布鲁斯·霍尔斯泰德（George Bruce Halsted）的英文译本于 1913 年出版，共一册。

事实上，本书对庞加莱研究的大量引用即可以表明，他几乎涉足了理论数学的每个分支。穆尔顿[1]说："现代著述，特别是数学分析领域各个分支的研究大量引用了他的定理，由此可看出庞加莱的论文的地位。此处对数学分析的强调并不代表他忽视了几何学、拓扑学、群、数论或数学基础理论的研究。事

---

〔1〕 *Popular Astronomy*，Vol. 207，1912. 我们也参考了 Ernest Lebon，*Henri poincaré*，*Biographie*，Paris，1909；"Jules Henri poincaré" in *Nature*，Vol. 90，London，1912，p. 353；George Sarton，"Henri poincaré" in *Ciel el Terre*，1913.

实上，他在所有这些领域及其他领域内都有著述；但之所以特别提到分析学，是因为该领域包括他从博士论文到很晚之后的微分方程研究，他对函数理论的贡献，以及他发现福赫函数和 theta 福赫函数。他对强大的现代分析学方法的应用令人瞠目结舌。”关于他的工作方法，波莱尔曾如此评论：“庞加莱的方法本质上是积极而有建设性的。他研究一个问题时，总是对过往研究史不甚关心，而是立即关注该问题的研究现状，然后发现了可以辅助解决这一问题的分析学新公式，接着匆匆推论出基本结果后就将注意力转向下一个问题。写完研究报告后，他一定要停一会儿，想一想如何改进阐述。但他从不会拘泥于教条性质的工作，他更希望把时间用于探索新领域。”庞加莱曾讲述过他得出第一个数学发现的经过：“在过去的两个星期中，我努力证明不存在类似于我所谓的福赫函数的函数。我一直没有一丝头绪，每天都坐在房间里的工作台上工作一两个小时，尝试了很多组合，但却没有得出任何结果。直到有一天晚上，我一反常态，喝了一些黑咖啡，结果无法入睡，但是却突然思如泉涌。我感到思维相互碰撞，最终其中两个紧紧相连，形成一个稳定的组合。到第二天早上，我已经建立了一类福赫函数，它们派生于超几何级数。整理这些研究结果只用了几个小时。”〔1〕

庞加莱的研究丰富了积分理论。他试图用总是收敛且不限于平面中特定点的展开来表示积分，不过这么做必须引入新的超越函数，因为旧函数仅允许对少量微分方程进行积分。就这样，庞加莱研究了线性方程。线性方程是当时最知名的数学问题之一，福赫、托梅、弗洛贝纽斯、施瓦茨、克莱因和哈尔芬等人已研究了给定点附近的情况。庞加莱的研究只限于具有有理代数系数的线性方程，这样，他就能够用福赫函数对它们进行积分〔2〕。他将这些方程分为不同的“族”。如果将此类方程式的积分进行一种特定变换，结果将是属于同一族的另一个方程的积分。由此产生的新超越函数非常类似于椭圆函数，不过后者的区域可以划分为平行四边形，每个平行四边形代表一个群，而前者可以划分为曲线多边形，因此一个多边形内部的函数情况也能够反映其他多边形内部

〔1〕 H. Poincaré, *The Foundations of Science*, transl. by G. B. Halsted, The Science press, New York and Garrison, N. Y., 1913, p. 387.

〔2〕 Henri Poincaré, *Notice sur les Travaux Scientifiques de Henri poincaré*, Paris, 1886, p. 9.

的函数的情况。庞加莱得出了他所谓的福赫群。此外，他发现福赫函数如椭圆函数一样，可以表示为两个超越函数（theta 福赫函数）的比率。如果使用虚系数，而不使用上述群中带有实系数的线性置换，可得到一种不连续群。他称之为克莱因群。福赫和庞加莱讨论了如何将该方法的非线性方程应用于线性方程。

这些线性微分方程引起了学界极大的兴趣。这些线性微分方程可以通过更简单的函数进行积分，例如代数函数、椭圆函数或阿贝尔函数。若尔当、阿佩尔和庞加莱对此进行了研究。

保罗·阿佩尔（Paul Appell）出生于斯特拉斯堡。1871 年，阿尔萨斯并入德国后，他移居到南锡并注销了德国国籍。后来，他在巴黎学习，并于 1886 年成为当地一所大学的力学教授。他的研究领域包括数学分析、函数论、无穷小几何和有理力学。

一个普通微分方程是否具有一个或多个满足某些最终条件或边界条件的解？如果是，这些解有什么特征？在过去的四分之一个世纪中，这些问题吸引了学界的关注。并且，研究者考虑了更加细致和深入的问题[1]。大卫·希尔伯特、马克西姆·波赫、威斯康星大学的学者麦克斯·梅森、都灵的学者毛罗·皮科恩（Mauro Picone）、斯特拉斯堡的学者米塞斯（Mises）、哥廷根的学者威尔（Weyl），尤其是伯克霍夫研究了存在定理、振荡性质、渐近表达式、展开定理等问题。在解决一维边界问题过程中，研究者已在一定程度上使用了积分方程。“但是，似乎这种方法在二维或更高维情况下的价值更大，尽管这些情况下仍然有许多问题有待处理。”

1859 年，布尔编写了一本微分方程的标准教科书，其中包括关于积分因子、奇解，特别是符号使用方法的新内容。

约翰·霍普金斯大学的托马斯·克雷格（Thomas Craig）发表了《线性微分方程论》（*A Treatise on Linear Differential Equations*，1889）。他选择了代数展示方法。赫尔密特和庞加莱追随了他的脚步，没有像克莱因和施瓦茨那样首选几何方法。皮卡德出版了著名的著作《分析论》（*Traité d'Analyse*），其兴趣集

〔1〕关于这段时期的更详细情况，可查阅 Maxime Bôcher in *proceed. of the 5th Intern. Congress, Cambridge*, 1912, Vol. I, Cambridge, 1913, p. 163.

中在微分方程的主题上。该书第二部也已出版。

18 世纪的数学家研究了简单差分方程，或者说“有限差分”。1882 年，庞加莱提出了渐近表示的新概念，并将之应用于线性差分方程。近年来出现了与之相关的新问题。此时看来，人们长久以来假设存在的自然界中的连续性只是一种想象，仿佛不连续代表了现实。“似乎几乎可以肯定，电是产生于我们现在称之为电子的颗粒。热量也很可能是产生于量子。”[1] 基于连续性假设的许多理论可能都只是一种估计。一些彼此相隔甚远的学者开始各自独立研究不受连续性过多束缚的齐次线性差分方程。1909 年，瑞典隆德大学的内尔斯·厄里克·诺郎德（Niels Erik Nörlund），巴黎高等师范学校的教授亨利·加尔布伦（Henri Galbrun），伊利诺伊大学的卡米凯尔（Carmichael）进入了这一研究领域。卡米凯尔使用了逐次逼近法以及吉查德的轮廓积分法的拓展方法。哈佛大学的基尔霍夫也做出了一些重要贡献。他证明了某些方程中间解和主解的存在，并在整个复数平面上求出了这些解的渐近形式。印第安纳大学的威廉姆斯（Williams）将齐次方程组的一些研究结果扩展了非齐次方程组[2]。

积分方程、微积分方程、一般分析、函数微积分

积分方程的发现源于 1911 年哈达玛德[3]总结的一些数学研究难题：“这些问题是 19 世纪许多广为人知的重要研究的目标，解决它们需要对几何方法的高明运用。狄利克雷问题就是其中的一个例子。为了解决这一问题，当时的研究者应用了各种各样的巧妙方法，但这一问题却迟迟未揭下其神秘面纱。直到 19 世纪最后几年，学者才最终厘清这一问题，理解了它的本质……因此，我们不妨问一句，研究者到底是用了什么方法发现了狄利克雷问题的新视角。这一新视角的最奇特之处在于，它将偏微分方程弃置一旁，而用一种新方程，即积分方程取而代之。这一方程的出现让狄利克雷问题像以前一样蒙上一层迷雾。与一般认识相悖的是，在现代分析学的许多情况中，积分运算比求导运算

[1] R. D. Carmichael in *Science*, N. S. Vol. 45, 1917, p. 472.

[2] *Trans. Am. Math. Soc.*, Vol. 14, 1913, p. 209.

[3] J. Hadamard, *Four Lectures on Mathematics delivered at Columbia University in* 1911, New York, 1915, pp. 12-15.

简单得多。有学者给出了积分方程的一个例子，其中未知函数以积分符号而不是微分符号书写。这样得到的方程比偏微分方程更容易处理。平面狄利克雷问题的对应积分方程为：$\phi(x) - \lambda\int_A^B \phi(y)K(x, y)\mathrm{d}y = f(x)$。其中 ϕ 是 x 在区间 (A, B) 的未知函数，f 和 K 是已知函数，λ 是已知参数。由多维空间中的椭圆方程能够得出相似的积分方程，但是包含多个积分和几个独立变量。在引入上述类型方程之前，椭圆偏微分方程研究举步维艰，仿佛每一步都会出现新难题……但是，这样的方程……能够迅速提供所有此类问题所需的结果……以前，在计算充满空气的房间的共振时，共振器的形状必须非常简单。然而，如果采用积分方程。我们只需要对函数 K 进行基本计算，然后将积分方程的一般方法应用于所计算函数。”

1900 年，斯德哥尔摩的学者埃里克·伊瓦尔·弗莱德霍姆又开辟了分析学研究的一个新视角。1898 年，他在斯德哥尔摩大学任教。后来，他与帝国保险局建立了合作。在 1900 年发表的《论狄利克雷问题新法》(*Sur une nouvelle méthode pour la résolution du roblème de Dirichlet*)[1] 一文中，他从线性方程组的直接推广角度研究了积分方程。积分方程和积分的关系与微分方程和微分的关系相同。在此之前，某些积分方程已经引起了阿贝尔、刘维尔和巴黎的尤金·卢谢（Eugène Rouché）的注意，但并没有受到重视。

1823 年，阿贝尔拓展了等时降线问题。该问题解法需要用到一个积分方程，该积分方程自此被指定为第一类积分方程。1837 年，刘维尔指出，可通过解一个积分方程求出二阶线性微分方程的特解，该类积分方程现已被指定为第二类积分方程。卡尔·诺依曼（1887）给出了第二类积分方程的解法。术语“积分方程”的提出者是杜·布瓦·雷蒙（《克雷尔杂志》，第 103 卷，1883 年，第 228 页）。他宣称：“运用现有的分析学理论处理此类方程似乎存在不可克服的困难。”积分方程的最新理论源于力学和数学物理学中的一些具体问题。自 1900 年以来，这些方程已被用于位势理论中的存在性定理研究。1904 年，斯特克洛夫（Stekloff）和希尔伯特在研究边界值和傅里叶级数相关问题时采用了这些定理，庞加莱在研究潮汐和赫兹波时也应用了这些定理。线性积分方程

---

[1] *Öfversigt af akademiens forhandlingar* 57，Stockholm，1900.

与线性代数方程有许多相似之处。虽然弗莱德霍姆使用代数方程理论仅为了提出一些独立证明的积分方程相关定理，希尔伯特在此问题的早期研究中遵循了代数理论结果取极限值的做法。希尔伯特引入了第一类积分方程和第二类线性积分方程的术语“核”。布雷斯劳的学者厄哈德·施密特（Erhard Schmidt）和意大利罗马的学者维托·沃特拉（Vito Volterra）推进了积分方程理论的发展。哈佛的马克西姆·波赫（1909），布拉格的格哈德·科瓦勒夫斯基（Gerhard Kowalewski，1900），布雷斯劳的阿道夫·奈瑟（Adolf Kneser，1911），巴黎学者拉莱斯科（Lalesco，1912），黑伍德（Heywood）和弗莱歇特（1912）等撰写了系统的积分方程著述。

马克西姆·波赫（Maxime Bôcher）出生于波士顿，1888 年毕业于哈佛大学。在哥廷根学习三年后，他回到哈佛，先后担任大学讲师，助理教授和数学教授。1909 至 1910 年，他担任了美国数学学会的主席。他的著作包括 1891 年出版的《位势论级数展开》（*Reihenentwickelungen der potential-theorie*，1894 年出版了增订版）和《施图姆方法讲义》（*Leçons sur les Méthodes de Stum*），其中包含作者于 1913 至 1914 年在索邦大学所授的讲义内容。

1913 年，沃斯强调了积分方程的价值[1]：“过去十年中……积分方程理论变得异常重要，因为通过这一理论可以解决一些微分方程理论问题。这些问题以前仅在特殊情况下才能够解决。关于这一理论，我们必须多说几句。该理论利用了具有无穷多个变量的二次型和具有无穷多个未知数的线性方程的无穷行列式。这一理论成功地为理论数学和应用数学，尤其是数学物理学的重大问题研究提供了新思路。”

自 1906 年以来，芝加哥大学的穆尔便在“一般分析”研究上取得了重要进展，并将其应用于线性积分方程理论[2]。他从不同理论的相似之处推断出，存在一种一般理论，各种相似理论都是该一般理论的特殊情形。他进而进行了“统一”。首先，他对自变量的概念进行了推广，用变量值域内的点的集合中的所有点定义自变量，而不是用给定区间内的所有点。然后，将无穷和有限数量变量的函数都纳入考虑。接着，他进一步归纳，提出了“通变量”的函数。弗

---

〔1〕 A. Voss, *Ueber das Wesen d. Math.*, 1913, p. 63.

〔2〕 见 *Proceed. 5th Intern. Congress of Mathematicians*, Cambridge, 1913, Vol. I, p. 230.

莱德霍姆、希尔伯特和施密特的理论是穆尔理论的特殊情况。

1911 年，伯克霍夫整体回顾了数学研究近期进展[1]：“自从希尔、沃特拉和弗莱德霍姆沿着线性方程组的方向开展研究以来，数学研究进展突飞猛进。研究者开始将函数视为广义点，将逐次逼近法视为函数变量的泰勒展开式，将变分视为最大值和最小值的普通代数问题的极限形式。在这种倾向的推动下，一只新的数学分支正在宾谢雷（Pincherle）、哈达玛德、希尔伯特、穆尔等人的领导下诞生。穆尔教授为此提出了一词，该术语被定义为‘函数的类的系统理论’。函数泛函演算等，涉及至少一个一般范围内的一般变量。他一直专注于该领域的最抽象问题的研究，考虑了绝对广义变量的函数。最近，弗莱歇特进行了类似研究（1906）。不过，他将自己局限于极限值有效的变量的概念。”阿德尔伯特学院（Adelbert College）的皮彻（Pitcher）和伊利诺伊大学的齐特顿（Chittenden）继续了穆尔的“一般分析”研究。穆尔在他的“一般分析”中定义了假设的“完全独立性”，引起了亨廷顿（Huntington）、比托（Beetle）、第恩斯（Dines）和加巴（Gaba）的进一步关注。

沃特拉讨论了一些积分微分方程，这些方程不仅涉及积分符号的未知函数，还涉及未知函数本身及其导数。沃特拉展示了这些方程在数学物理学中的用途。莱斯研究所（Rice Institute）的埃文斯（Evans）将柯西的偏微分方程存在定理扩展到“静态”积分微分方程，其中微分变量不同于积分变量。康奈尔大学的胡尔维茨讨论了混合型线性积分方程。

积分方程和点集研究的进展带动了现称泛函演算理论的发展，其中一部分是线的函数的理论。早在 1887 年，罗马大学的维托・沃特拉就建立了他所谓的曲线函数和取决于其他函数的函数的基本理论。如果一个量的值取决于一条曲线的弧的整体，则称此量为该线的函数。哈达玛德在其《变分法讲义》（*Leçons sur le calcul des variations*，1910）中称取值取决于其他函数的函数为“fonctionelles”（泛函），一些英国研究者称之为“functionals”（泛函）。莱斯研究所的格里弗斯・埃文斯，帕维亚大学的路易吉・西尼加拉（Luigi Sinigallia），罗马的乔瓦尼・吉奥吉（Giovanni Giorgi），芝加哥的施威泽（Schweitz-

〔1〕 *Bull. Am. Math. Soc.*，Vol. 17，1911，p. 415.

er)，剑桥的埃里克·内维尔（Eric Neville）关注了函数方程和函数方程组。内维尔解决了用五个圆盘盖住一个圆的难题。马修斯（Mathews）说[1]：“令人无法不感到遗憾的是，分析学研究成为英国数学的绝对主流。就不能出来一位数学家提出一条像彭赛列的内接多边形，或者是施陶特的二次曲面线构造的相关几何理论吗？”在函数方程理论中，“表示某种性质的单个方程或方程组被视为一类函数的定义，这些函数的特征，无论是共同特征还是个体特征，都作为方程的结果。”（范·弗莱）

有学者给出了傅里叶级数的重要概括：“在微分方程和积分方程研究中，我们在所谓的正交和双正交函数中拥有一类展开。在微分方程领域，这些函数中最重要的一类的一般性定义最早由哈佛大学的伯克霍夫于1907年明确给出。此外，他确立了其主要基本特性。自伴情况下的正交系统与函数的正交系统起到相同的作用。安那·佩尔（Anna Pell）建立的双正交系统定理与弗里格耶·里斯、恩斯特·费舍尔的正交系统定理相似。

无理数理论和集合理论

由于对严谨性的要求越来越高，一种新的非度量理论渐渐产生。用“数量”（quantity）一词指几何量（geinetrucak magnitude），并且在使用时不考虑数字（number），并且用“数量”指度量某个量的数字，这种做法令人不安。其他原因先撇在一边，毕竟没有可靠证据支持相同的运算规则同时适用于两者。从度量角度审视数字需要考虑整个测量理论。随着非欧几何的出现，这种研究视角遭遇了更大的困难。在试图建立数字的算术理论过程中，无理数引发了无数麻烦。像运算有理数一样运算无理数无法令人满意。到底什么是无理数？学界对其定义给予了极大关注，它们是某些特定有理数序列的极限。柯西在他的《分析学讲义》（1821，第4页）中说：“一个无理数是许多不同分数的极限，这些分数的值不断逼近这一极限值。”柯西也许满足于将无理数的存在基于几何学基础。如果他不是这样想的，他的论述就是循环论证。为简单起见，假设有一个有理数的展开，现在我们来定义极限和无理数。按照柯西的方

---

〔1〕 *Nature*, Vol. 97, 1916, p. 398.

式，我们可以说："赋予变量的连续值无限接近一个定值，直到与此定值间的差尽可能小时，此定值称为所有其他值的极限。"由于我们仍然局限于有理数，因此，这个极限即使不是有理数也是不存在的，是虚构的。如果现在我们将无理数定义为极限，那么我们的逻辑推理就会崩溃。这样看来，可以考虑通过算术方式定义无理数而不涉及极限。查尔斯·梅莱（Charles Méray）、魏尔斯特拉斯、戴德金和康托尔四人几乎同时各自完成了这一任务。梅莱的第一份研究发表于《学术协会期刊》[*Revue des sociétés savantes*，（2）4，1869，284]。他之后分别于1872年、1887年和1894年发表了研究。梅莱出生于法国的沙隆（Châlons），后来成为第戎大学（University of Dijon）的教授。魏尔斯特拉斯的研究最早由科萨克（Kossak）于1872年发表。同年，该研究发表在《克雷尔杂志》(第74卷，第174页)。海涅在和魏尔斯特拉斯的口头交流中已经了解到了他的这一研究。戴德金出版了《连续统与无理数》(*Stetigkeit und irrationale Zahlen*，布伦瑞克，1872)。1888年，他的《数字是什么？数字应该是什么?》发表。理查德·戴德金（Richard Dedekin）生于布伦瑞克，1854年在哥廷根大学学习。1858年到1862年，他是苏黎世理工学院的教授，继承了拉贝的职位；1863年到1894年，他是布伦瑞克工业大学的教授。他致力于数论研究。离开苏黎世之前，他已经研究出了《连续统与无理数》的基本内容。他还从事过函数理论研究。康托尔的第一份研究发表于《数学年鉴》(第5卷，1872年，第123页)[1]。乔治·康托尔（Georg Cantor）生于彼得格勒，1856年至1863年在德国南部居住，1863年至1869年在柏林学习。期间，他受到了魏尔斯特拉斯的影响。在柏林时，他表示支持这一观点：在数学中，恰当陈述问题比解决问题更为重要（In re mathernatica ars proponendi quæstionem pluris facienda est quam solvendi）。1869年，他成为哈勒大学的无薪讲师（薪资来自学生缴纳的学费）；1872年，他成为特职教授；1879年，他成为普通教授。晚年时，他一直身体状况不佳，曾受精神疾病困扰。但据说，他的精神疾病治愈后的那段时间是他最多产的时期，他的几乎所有论文都是集合理论研究。原定于1915年3月3日举行一场庆祝他的70岁生日的活动。但由于一战爆发，只有

---

〔1〕 细节见 *Encyclopédie des sciences mathématiques*，Tome I，Vol. I，1994，§ § 6-8，pp. 147-155.

少数德国朋友在哈勒聚会，向他致敬。

在梅莱和康托尔的理论中，无理数由有理数 a_1，a_2，a_3，…的无穷序列组成，且 $|a_n-a_m|<\varepsilon$，前提是 n 和 m 足够大。魏尔斯特拉斯的方法是这一定义的特例。戴德金将有理数系统中的每个“切”定义为一个数字，“开切”构成无理数。康托尔和戴德金提出了线性连续统的重要理论，该理论可以追溯到中世纪教会的神父和亚里士多德著作，它是跨越多个时代的一系列研究的巅峰。在现代连续统理论的支持下，“整数和分数的概念被置于完全独立于可测量量的基础上，纯粹分析仅被视为处理数字的方法，本质上与可测量量无关。就这样，分析基于算术基础之上后，其鲜明特征是要求研究者拒绝所有对空间、时间和运动的特殊直觉，以支持运算。”（霍布森）在整个 19 世纪中，一直有研究在推动数学的算术化，不过主要是在梅莱和克罗内克的时代。霍布森（Hobson）于 1902 年概括了魏尔斯特拉斯的理论的特征〔1〕：“该国一些常用的教科书在使用符号∞，好像它能够表示一个数字，并且在所有方面都与有限数一样。他们对积分的理论基础的处理让人觉得好像黎曼从没研究过这些问题。他们认为，是否采用双重极限的顺序无关紧要。此外，在其他许多方面，他们忽视了上个世纪（19 世纪）对一些理论的批评，也……

“在抽象几何的理想物体的领域中进行精确测量的理论并非直接源自直觉，但现在通常认为，建立这一理论前，需要独立研究数的本质和关系。在数的关系基于独立的理论建立之后，借助于同余原理或其他等效原理，研究者将这种方法应用于广度量或强度量的表示……毫无疑问，数字的这种完全分离，特别是从分数的分离和从量的分离将会颠覆历史认识和数学思想……极端算术学派（克罗内克很可能是其创立者）用整数表示所有现实问题，并且认为小数只是整数的派生品，为简化表示才引入。每个数学分析定理都应视为是给出了一个整数之间的关系式……

“早期的数学分析在研究极限存在，以及其在可测量数量方面应用中，存在这些困难，这些困难产生的真正原因在于彼时学者对数域的认识不足。当时认为，真正明确定义的数域只有有理数。而如今，常规分析将实数的连续统作

〔1〕*Proceed. London Math. Soc.*，Vol. 35，1902，pp. 117-139；见 p. 118.

为自变量的域，建立了无理数的纯算术定义，弥补了这一不足。该定义主要有以下三种形式：第一种是海涅和康托尔给出的形式，第二种是戴德金给出的形式，第三种是魏尔斯特拉斯给出的形式。前两种应用起来更为简单，并且基本上彼此等效；它们之间的区别在于，戴德金用所有有理数的一部分来定义无理数，海涅和康托尔的定义挑选了一个此类数字的收敛集合。这种定义方法带来的本质变化是，有理数方案被一个新的数的方案代替，这种新方案定义了每个有理数或无理数，并且可以用收敛的有理数集合以无穷多种方式展示这些有理数和无理数。利用数域的概念，就可以解决早期分析学在研究极限存在性方面的根本困难。我们只需要真正定义连续统的每个数字，使其本身表现出特定类别的收敛序列的极限……值得一提的是，集合收敛的标准具有以下特性：在单独使用了确定的有限数时，该集合不使用无穷小。过去，曾有研究者试图在默认先前提到的无理数算术定义的前提下，证明收敛集合极限的存在，但这种尝试注定失败……在这种数学分析的应用中（例如，曲线校正），曲线长度由内接多边形的固有序列的长度形成的集合定义……如果集合不收敛，则该曲线视为不可校正……

“事实上，已有研究证明，当变量的域不是连续统时，函数的许多属性，例如连续性、可微性都能够精确定义，只要域不是一个连续统，且需要假设域是完全域。在最近对非稠密完美集合的性质以及域为此类集合的变量函数的研究中，这种现象非常明显。”

自变量和函数的概念的阐释推动了集合论（德语 Mengenlehre，法语 théorie des ensembles，英语 theory of sets）的发展。此前，自变量的概念是基于几何连续统的幼稚概念。现在，自变量的概念被限制为从连续统中选择的某些值或点的集合。而术语函数更是注定要被赋予各种定义。傅里叶提出了一个定理，即任意函数都可用三角级数表示。狄利克雷认为一般函数概念等同于任一任意值的表。但是黎曼给出了一个在每个有理点都不连续的函数的解析表示的例子，这样一来函数就需要更全面的理论。汉克尔和杜·布瓦·雷蒙率先试图建立这样的理论。杜·布瓦·雷蒙的《一般函数理论》（*Allgemeine Funktionen theorieorie*）以哲学形式阐述了这一问题。但推进这一问题的研究，建立所必需的理论，还要等到康托尔。解决这一问题需要处理无限集合。虽然“无限”在过去两千多年中一直是备受关注的哲学问题，但康托尔的理论还是遭到长达十年的抵制。在那之后，数学界才接受了他的思想。当康托尔提出“可枚举”集合的概念时，集合理论作为一门科学便应运而生〔1〕。1870 年，康托尔开始发表著作；1883 年，他出版了自己的《一般集合理论基础》（*Grundlagen einer allgemeinen Mannichfaltigkeitslehre*）。1895 年和 1897 年，他在《数学年鉴》中发表了他的《超限数理论基础新研究》（*Beiträgezur Begründungder Transfiniten Mengenlehre*）〔2〕。这些研究不仅大大提高了数学研究中逻辑精确性，也推动了哲学领域极为显著的进步。

1885 年，坦纳使用康托尔的连续统理论，以进一步深入理解芝诺的反运动论点。保罗·坦纳（Paul Tannery）是于勒·坦纳（Jules Tannery）的兄弟，曾就读于巴黎综合理工学院，之后进入了国家制造工程师兵团。他经常白天从事商业活动，晚上进行科学史研究。1892 年到 1896 年，他担任法兰西学院的希腊语和拉丁哲学教席，但后来他未能获得科学史教席的任命，尽管他是当时法国最重要的历史学家，他对希腊科学家（尤其是丢番图）的研究了如指掌，他也关注了其他历史时期，特别是笛卡尔和费马时代的数学研究。他的研究主要由论文组成，现在以作品集重新出版。

1883 年，康托尔指出，每个集合，尤其是连续统，都可能是有序的。1904 年和 1907 年，泽莫罗证明了该定理。他的证明方法引起了广泛讨论，但未得到普遍认可。皮亚诺反对泽莫罗的证明，因为该证明基于一个表示连续统性质的假设（“泽莫罗公理”）。1907 年，泽莫罗提出了下列假设：“集合 S 被划分为子集 A，B，C，…，其中每个子集至少包含一个元素，但不包含任何共同元素，且包含至少一个子集 S，而子集 S 与各子集 A，B，C，…仅有一个共同元素”（《数学年鉴》，第 56 卷，第 110 页）。对此，皮亚诺反对称，不能无限次应用一条可以将某逻辑类别的成员归到该类别的武断规则。对此，威尔逊评论称：“两位权威学者提出了两种相互矛盾的假设，但是研究者可以自由采用其

〔1〕 A. Schoenflies, *Entwickelung der Mengenlehre und ihrer Anwendungen, gemeinsam mit Hans Hahn herausgegeben*, Leipzig, u. Berlin, 1913, p. 2.

〔2〕 由菲利普·鲁赫丹（Philip E. B. Jourdain）译成英文，并由开放法庭出版公司于 1915 年出版于旧金山。

认为更方便的一个。”戴德金、康托尔、伯恩斯坦、肖恩福莱斯、柯尼格（König）等人的研究都默认采用了泽莫罗的假设。然而，泽莫罗的证明遭到了庞加莱、波莱尔、拜耳（Baire）、勒贝格[1]的反对。1915年，慕尼黑的弗里德里希·哈托格斯（Friedrich Hartogs）给出了所有集合都可以有序排列的第三种证明。鲁赫丹对此证明不甚满意。1918年，他自己给出了一个证明（Mind，27，386-388），并宣布：“因此，任何集合都可以有序排列。泽莫罗‘公理’可以相当完全地证明，而哈托格斯的研究目标也已经实现。”

另一个悖论是由法国沙托鲁（Châteauroux）的于勒·安托万·理查德（Jules Antoine Richard）在1906年提出的：存在一个集合由0和1之间的十进制分数构成，并且这些分数可以用有限数量的词汇定义；与此同时，可以定义一个新的十进制分数，不包含在前述集合中。

伯特兰·罗素发现了另一个悖论，在其《数学原理》（1903，第364—368页，第101—107页）中给出。罗素借菲利普·鲁赫丹（Philip Jourdain）之口指出：“如果 w 是所有 x 项构成的类，而 x 的特点是本身并不是 x 的成员，那么，如果 w 是 w 的成员，则显然 w 并不是 w 的成员；而如果 w 不是 w 的成员，则显然 w 是 w 的成员。”[2] 这一悖论的一个例子是“埃庇米尼得斯难题”：埃庇米尼得斯是克里特岛人，他说，所有克里特岛人都是骗子。如果他的陈述是正确的，那么他就是骗子。庞加莱和罗素认为，此处产生悖论的原因是公开或暗示了“所有”。问题的难点在于“集合”（Menge）一词的定义。

有许多学者试图建立集合理论的理论基础，以排除出现的悖论和二律背反。其中值得一提的是泽莫罗1907年在《数学年鉴》（第65卷，第261页）中提出的七个限制性公理。

匈牙利数学家朱利乌斯·柯尼格（Julius König），在他的《逻辑，算术和集合理论新基础》（*Neue Grundlagen der Logik*, *Arithmetik und Mengenlehre*，1914）讲到，泽莫罗的选择公理（Auswahlaxiom）实际上是一个逻辑假设，而不是经典意义上的公理，必须与其他公理一起证明方能避免自相矛盾。他竭尽全力试图避免罗素和布拉利弗蒂的二律背反。关于集合理论相关逻辑和哲学问

---

[1] 见 *Bulletin Am. Math. Soc.*，Vol. 14，p. 438.

[2] P. E. B. Jourdain，*Contributions*，Chicago，1915，p. 20.

题的讨论，可查阅《函数理论讲义》（*Leçons sur la théorie des fonctions*，巴黎，1914，注 4）第二版，其中载有哈达玛德、波莱尔、勒贝格、拜耳讨论泽莫罗对线性连续统有序的证明的有效性的信件。1912 年，弗里泽尔（Frizell）在剑桥国际数学大会上给出了一组序数公理。

无限研究存在两个流派。康托尔证明连续统不可数。理查德（Richard）主张不存在不能用有限的词汇定义的数学实体。他表示，连续统是可数的。庞加莱声称，这种矛盾并不真实存在，因为理查德提出的并不是一个非谓项的定义[1]。庞加莱[2]在讨论无限的逻辑时指出，根据第一种学派，即实用主义者的观点，无限从有限中产生；存在无限的原因是存在无限的有限事物。根据第二种学派，即康托尔学派的观点，无限先于有限；通过分割出一小部分无限可获得有限。

对于实用主义者来说，一个定理除非能够证实，否则没有意义。他们拒绝接受间接证明；因此，泽莫罗证明了可以将空间转换为有序集合（wohlgeordnete Menge）之后，他们表示：好，那就转换吧！我们无法进行这种变换，因为有无限个运算符。对于康托尔主义者来说，数学事物的存在独立于思考它们的人。对于他们来说，基数不是什么谜。另一方面，实用主义者不确定任何集合是否都具有基数，当他们说连续统的势不是整数时，他们的意思是根本不可能在这两个集合之间建立对应关系，不能通过在空间中创建新点来破坏它们。一般来说，如果数学家之间达成了一致意见，那是因为问题的答案已经最终得到了确认。但是按照无穷大的逻辑，问题的答案是得不到最终确认的。

1912 年，阿姆斯特丹大学的布鲁沃（Brouwer）介绍了马努利（Mannoury）的观点：心理学家需要解释“为什么我们反对所谓的矛盾系统，也就是说，某些肯定命题和否定命题同时成立的系统”，“直觉主义者仅承认可数集的存在”，“即使有证据表明一个数学理论并不自相矛盾，可以用有限的词汇定义其概念，并且在应用中也不会导致社会关系的误解，直觉主义者也对该数学理论的准确性感到不放心。”[3] 1914 年，弗里泽尔（Frizell）证明，可数无限过程的域不

---

〔1〕 *Bull. Am. Math. Soc*，*Vol.* 17，1911，p. 193.

〔2〕 *Scientia*，Vol. 12，1912，pp. 1-11.

〔3〕 L. E. J. Brouwer in *Bull. Am. Math. Soc.*，Vol. 20，1913，pp. 84，86.

是一个封闭域。直觉主义者拒绝承认这一点，不过话说回来，“那些不受矛盾律约束的直觉主义者也不需要因此感到困扰。”穆尔描述了该领域的最新研究趋势[1]：“康托尔从线性连续函数的无穷多种函数和相应的奇点出发，基于以下概念建立了他的点类理论（Punktmengenlehre）：极限点、派生类、封闭类、完全类等，并基于以下概念建立了他的一般类理论（一般集合）：基数、序数、序类型。康托尔的这些理论的影响遍及整个现代数学体系。在基数和代数的算术，以及序数的函数理论的发展之时，存在着一种关于点集的函数理论，特别是关于完美点集和更一般的序类型的函数。

“在各种分析学的理论和应用中，连续实变量函数都缺乏严格的概括或类似形式。多变量函数是单个多组分变量的函数；势或力场的分布是曲线，曲面或区域上的位置的函数；变分的定积分的值是输入定积分的变量函数的函数，曲线积分是积分路径的函数；函数运算是一个或多个参数函数的函数；等等。

“多组分变量本身是组分的可变指数的函数。因此，有限实数序列的 x_1，…，x_n 是指数 i 的函数 x，即 $x(i)=x_i$（$i=1, 2, \cdots, n$）。类似地，无限实数序列：x_1，…，x_n，…是指数 n 的函数，即 $x(n)=x_n$（$n=1, 2, \cdots$）。这样，函数理论包含了 n 重代数以及序列和级数的理论。

“除了通过类比更简单的概念和理论，澄清和拓展概念和理论外，还有研究者直接对概念和理论进行推广。康托尔运动就是朝这个方向的发展。从情况 $n=1$ 到情况 $n=n$ 的有限概括在整个分析过程中都会出现。例如，在多自变量函数理论中，可数无限多变量的函数理论就是朝这个方向迈出的又一步[2]。事实上，还存在一个更通用的理论，时间可以追溯到1906年。弗莱歇特认识到各种特殊学说中的概念限制元素（数量点函数曲线等）所起的基本作用。他广泛应用了康托尔的点类理论和点类上的连续函数理论，并对其进行了抽象概括。弗莱歇特用为元素序列定义的极限概念研究了元素 p 的一般类 P，但元素 p 的本质没有具体说明，极限概念也没有明确定义。他只是根据特定条件，假设极限概念已定义。不过，对于一些特定的应用，满足相应条件的明确定义还是给出了……所考虑的函数是具有特定特征的变量 p 的函数 pt 或具有假定特征

〔1〕 *New Haven Colloquium*, 1906, New Haven, 1910, pp. 2-4.

〔2〕 D. Hilbert, 1906, 1900.

的值域 P 上的函数 μ。例如，极限、距离、压缩元素、指定特征的联系。”

穆尔在 1906 年给出的一般分析形式，考虑了一般值域 P 上的一般变量 p 的函数 μ，其中该一般变量包含变量和值域的每种定义明确的特殊情况。

在点集理论发展的早期，有人提出将类似于代表长度、面积、体积的数字与其相关联[1]。但由于具体做法任意性极大，研究者给出了一些不同的定义。1882 年，汉克尔和哈纳克（Harnack）于 1882 年提出了最早的定义。闵可夫斯基于 1900 年归纳了康托尔（1884）提出的另一种定义。1893 年，若尔当在他的《分析学讲义》中提出了更精确的标准。平面集的情况如下：若一平面被划分为边长为 s 的正方形，且若 S 是所有内部点都属于集合 p 的正方形的总和，$S+S'$ 是包含 p 的点的所有正方形的总和，那么，随着 s 接近于零，$S+S'$ 会收敛到极限 I 和 A。这两个极限分别称为“内部”和“外部”区域。如果 $I=A$，则 p“可测量”。1903 年，奥斯古德（Osgood）和勒贝格给出了外部区域不为零的平面曲线的示例。勒贝格拓展了波莱尔给出的另一种定义，以方便应用。此外，勒贝格和维塔利（Vitali）采用了泽莫罗公理，证明了不可测集的存在。

1903 年，波莱尔开始研究线集或平面集，但没有研究点集。阿斯克里（Ascoli）研究了曲线集。1906 年，弗莱歇特建立了曲线集一般属性，进一步推广了这一概念，但没有具体规定元素的性质。在这一研究推动下，他开始关注“泛函演算”。此前，这一概念已引起了研究者的注意。

近年来，所含未知元素是一个或多个函数的函数方程重新受到关注。18 世纪，达朗贝尔、欧拉、拉格朗日和拉普拉斯研究了部分函数方程[2]。之后，“泛函演算”出现，主要研究者有巴贝奇、赫歇尔和德·摩根。这一理论借助已知函数或符号求解函数方程。勒让德和柯西研究了方程 $f(x+y)=f(x)+f(y)$；沃尔比（Volpi）、哈梅尔（Hamel）和施马克（Schimmack）最近也对此进行了研究。柯西、施马克和安德拉德（Andrade）研究了其他方程，包括 $f(x+y)=f(x)\cdot f(y)$，$f(xy)=f(x)\cdot f(y)$，$\phi(y+x)+\phi(y-x)=2\phi(x)\cdot\phi(y)$，其中最后一个是达朗贝尔方程。查尔斯·巴贝奇、阿贝尔、施罗德、法卡斯（Farkas）、阿佩尔和范·弗莱克都有与此问题相关的研究。1912 年，

---

〔1〕 *Encyclopédie des sciences mathématiques*, Tome II, Vol. 1, 1912, p. 150.

〔2〕 *Encyclopedie des sciences mathémaliques*, Tome II, Vol. 5, 1912, p. 4.

博洛尼亚的宾谢雷说："某些函数方程研究得出了一些极为重要的分析学成果。引用微分或偏微分方程的理论足矣……最近，沃特拉研究了有限微分方程（简单微分方程或偏微分方程）、变分法、积分方程的理论……沃特拉最近研究的积分微分方程受到的关注和函数方程一样多。"

1902年，对点集理论的研究使勒贝格推广了黎曼的定积分定义。范·弗莱克提出，此推广需要一必要条件[1]："此（黎曼积分）积分接受有限数量的不连续点，且仅在特定的狭窄限制下才允许无限数量的不连续点的存在。一个完全不连续的函数——例如在积分区间内处处密集分布的有理点上等于0，并且在同样处处密集分布的有理点上等于1——是不可以求黎曼积分的。当数学家开始意识到定理可推导的分析学体系并不包含高度条理化的连续函数，这一限制条件对研究造成了极大阻碍。1902年，勒贝格凭借着其深刻的洞察力构筑了一个新积分。当黎曼积分可应用时，该积分与黎曼积分相同，但比黎曼积分要全面得多。例如，它能够应用于上面提到的完全不连续函数。事实证明，勒贝格的新积分是一个了不起的工具。也许可以将其比作现代的克虏伯大炮，因为它能轻易穿透以前无法打破的障碍。" 布里斯[2]对该运动的描述也颇具启发性："沃特拉在他的《线性函数讲义》（*Leqons sur les fonctions lignes*，1913）的引文中指出了以下领域的迅速发展：无限过程的概念、定积分极限的例子、积分方程求解以及从有限变量函数到直线函数的转变。在积分领域，由达布改进的黎曼经典积分非常完善，使用起来也很方便，在数学界长期以来一直备受关注。在学界看来，达布改进后的黎曼积分非常独特，足以作为问题的最终解决方案。然而，斯蒂尔杰斯（Stieltjes）和勒贝格的积分的出现动摇了研究者的信念。线性积分方程理论释放了一个信号，提醒数学家们重新检验和扩展沃特拉称之为从有限到无限的许多过程。应该指出，勒贝格积分只是积分理论造成的这种不安在个别领域的证据之一。斯蒂尔杰斯、威廉·亨利·杨（W. W. Young）、皮尔蓬特（Pierpont）、海灵格（Hellinger）、拉登（Radon）、弗莱歇特穆尔等人给出了其他的积分新定义。勒贝格、杨和皮尔蓬特的定义以

---

〔1〕 *Bull. Am. Math. Soc.*, Vol. 23, 1916, pp. 6, 7.

〔2〕 G. A. Bliss, "Integrals of Lebesgue", *Bull. Am. Math. Soc.*, Vol. 24, 1917, pp. 1 - 47. 另见 T. H. Hildebrandt, *loc. cit.*, Vol. 24, pp. 113-144，其中介绍了相关著作。

及斯蒂尔杰斯和海灵格的定义属于两种都相当清晰但又截然不同的类型，而拉登的定义则是勒贝格和斯蒂尔杰斯的积分的推广。弗莱歇特和穆尔研究了比线或高等空间的点集更广的范围内有效的定义，其中包括针对这些范围的特殊情况的其他范围。在一些复杂变换的帮助下，勒贝格和哈恩证明，斯蒂尔杰斯积分和海灵格积分可以表示为勒贝格积分……范・弗莱克……指出勒贝格积分可通过变换表示为斯蒂尔杰斯积分，这种变换比勒贝格曾用于相反目的的一种变换简单得多，并且弗莱克的变换获得的斯蒂尔杰斯积分用黎曼积分表示起来很容易。此外，斯蒂尔杰斯的原始“矩问题”或弗里格耶・里斯对其推广，很好地说明了斯蒂尔杰斯积分似乎比勒贝格积分更适合某些类型的问题，因此研究者最终得出的结论似乎是，至少就当前而言，应当对积分理论最终应保留哪一种或哪几种形式持保留意见。”

数理逻辑

鲁赫丹（Jourdain）总结了数理逻辑的历史，他说[1]：“莱布尼茨的研究和约翰・海因里希・兰伯特的研究联系密切。兰伯特试图建立关系逻辑，但并未成功。19 世纪中叶，乔治・布尔独立建立并发表了他著名的逻辑演算……德・摩根独立建立了一个逻辑演算体系，该体系以以下准则为指导思想：逻辑不应该只考虑某些类型的推断，而应该在一般意义上进行推断。后来，他建立了关系逻辑的所有基本要素。威廉・斯坦利・杰文斯批评和普及了布尔的著作；查尔斯・佩尔斯、克里斯汀・拉德-富兰克林（Christine Ladd-Franklin）夫人、戴德金、恩斯特・施罗德（Ernst Schröder）、赫尔曼和罗伯特・格拉斯曼、休・麦科尔（Hugh MacColl）、约翰・维恩（John Venn）等研究者发展了布尔和德・摩根很大程度上独立于他人建立的逻辑运算体系。不过，在戈特洛布・弗雷格（Gottlob Frege）、吉瑟普・皮亚诺（Guiseppe Peano）、贝特兰・罗素和阿尔弗雷德・诺斯・威特海德的工作中，我们找到了一种更接近莱布尼茨梦寐以求的通用语的方法。”下面我们将会介绍个中细节。

罗素说[2]：“布尔在一部名为《思想法则》（*The Laws of Thought*，1854）

〔1〕 *The Monist*, Vol. 26, 1916, p. 522.

〔2〕 *International Monthly*, 1901, p. 83.

的著作中发现了理论数学……他的著作涉及形式逻辑，这与数学是一回事。”乔治·布尔（George Boole）于1849年成为爱尔兰科克的皇后学院（Queen's College）的教授。他是林克恩人，自学成才。幼年时，他自学了古典语言[1]。在后来做教师时，他自学了现代语言并了解了拉格朗日和拉普拉斯的研究。他关于微分方程（1859）和有限差分的论文（1860）颇为重要。

休·麦科尔（Hugh MacColl）的视角不同于布尔。在研究概率论过程中，他建立了他的符号逻辑体系。布尔用字母表示特定命题成立时的情况，而麦科尔则将命题作为符号推理中的真实单位[2]。布尔代数将变量解释为命题时，受其影响，加州大学的路易斯（Lewis）提出了一个矩阵代数。

当数理研究成为逻辑符号的主要用途时，演算符号逻辑的重要性有所下降。不过，耶拿大学的弗里德里希·路德维希·戈特洛布·弗雷格（Friedrich Ludwig Gottlob Frege）还是进入了这一领域。在研究了算术学的基础理论之后，他提出问题：仅凭一般逻辑定律下结论能够得出什么结果？结果他发现一般语言不符合所需的精确性。因此，除了莱布尼茨以外，他对之前的研究者的相关工作一无所知。就这样，他设计了一套符号体系，并于1879年出版了《概念文字》（*Begriffsschrift*），并于1893年出版了《算术基础》（*Grundgesetze der Arithmetik*）。鲁赫丹说：“弗雷格批评数学家用‘集合’（Menge）一词来表示的做法，尤其是戴德金和施罗德两位学者从未将概念从属于概念与对象属于概念区分开。皮亚诺则对这一区别极为重视。实际上，它是皮亚诺思想体系的最典型特征之一。”德国卡尔斯鲁厄的学者恩斯特·施罗德于1877年出版了他的《代数逻辑》（*Algebra de Logik*），约翰·维恩在1881年出版了《符号逻辑》（*Symbolic Logic*）。

“皮亚诺第一本数理逻辑著作紧密遵循了施罗德1877年的一本著作的研究路线。皮亚诺的《基于格拉斯曼的线性扩张的几何演算研究》（*Calcolo geometrico secondo l'Ausdehnungslehre di H. Grassmann*，都灵，1888）是一部非常优秀的著作，其中对莫比乌斯、格拉斯曼等人的几何运算都给出了很好的阐述。此

---

〔1〕 见 A. Macfarlane，*Ten British Mathematicians*，New York，1916. Boole's *Laws of Thought* was republished in 1917 by the Open Court publ. Co.，under the editorship of P. E. B. Jourdain.

〔2〕 更多细节，见 Philip E. B. Jourdain in *Quarterly Jour. of Math.*，Vol. 43，1912，p. 219.

书开篇介绍了与普通代数和几何运算非常相似的演绎逻辑运算，后半部分有时会使用逻辑符号，尽管并不系统，皮亚诺后来的许多著作也是如此。”（鲁赫丹）1891 年，在皮亚诺的主持下，《数学杂志》（*Rivista di Matematica*）创刊，其中第一卷包含数理逻辑及其应用的相关文章，但对此类研究，《数学公式》（*Formulaire de mathématiques*）有更为充分的论述。这份期刊第一卷于 1895 年出版。估计，这份期刊以后会被当成数学研究的机密档案。因为其中论文完全以皮亚诺的表示法书写：皮亚诺在布拉利弗蒂、维维安尼亚（Viviania）、伯塔兹（Bettazzi）、吉蒂斯（Giudice）、卡斯特拉诺（Castellano）和法诺等的协作下创办了这一期刊。鲁赫丹说：“在后来的《数学公式》中，皮亚诺放弃了所有试图研究逻辑的本原命题的尝试；数学各分支中使用的逻辑原理或定理只是用尽可能少的篇幅进行了汇总。在《数学公式》最后一期（第 5 卷，1905）中，逻辑仅占 16 页，而数学理论（一个相当完整的研究集）则占 463 页。另一方面，在弗雷格和罗素的著述中，逻辑本原命题的精确枚举始终是最重要的问题之一。”在英格兰，贝特兰・罗素于 1903 年发表了《数学原理》（*Principles of Mathematics*），其中极力强调数理逻辑。1910 年，他与威特海德共同发表了《数学原理》（*Principia mathematica*）的第一卷。这是一部了不起的著作。罗素和威特海德的符号表示法主要仿照皮亚诺，逻辑分析遵循了弗雷格的研究，算术问题处理学习了康托尔，在讨论几何问题继承了施陶特、帕施（Pasch）、皮亚诺、马里奥・佩里和维布伦的思路。通过他们的逻辑类型理论，他们解决了布拉利弗蒂、柯尼格（König）、理查德（Richard）和罗素本人曾研究过的悖论。诺伯特・维纳（Norbert Wiener）在 1914 年和 1915 年简化了《数学原理》（*Principia mathematica*）中关系逻辑的一些内容。

在法国，这个问题的主要研究者是路易斯・库图拉特（Louis Couturat）。库图拉特在数学和语言哲学方面都享有很高声誉。他在巴黎时因一场车祸去世。他撰写了《莱布尼茨逻辑学》（*La logique de Leibniz*）和《逻辑学原理》（*Les principes des mathématiques*）。威特海德给出了逻辑布尔代数的公设集。1904 年，哈佛大学的亨廷顿（Huntington）和加州大学的伯恩斯坦（Bernste）对其进行了简化。鲁赫丹说：“例如，弗雷格的符号虽然在逻辑分析中比皮亚诺的要好得多，在实际使用中却远不及皮亚诺的符号它的国际性和表示数学定理的能力非常令人满意。罗素利用了弗雷格的思想，这一点在其后期著述中尤为明显。弗雷格的许多想法，罗素也独立产生过，但是在时间上晚于前者。并且，罗素尽可能地避免了修改皮亚诺的符号系统。然而，这样一来，符号表示变得过于复杂，但微积分的符号似乎必须要简单一些。布尔和其他研究者忽略了一些符号间的区别，建立起的符号体系满足这种简洁性的要求，虽然一种微妙的逻辑表明，这些区分很有必要。”[1]

1886 年，坎普讨论了符号逻辑和几何学的基本概念。后来，他在研究类的逻辑理论和点的几何理论之间的关系时进一步推动了这一问题的研究。1905 年，哈佛大学哲学教授约西亚·罗伊斯（Josiah Royce）重新阐释并拓展了该问题。罗伊斯认为，“精确科学关系的整个体系与符号逻辑的简单原理之间的联系远比迄今公认的更为紧密。”

关于逻辑演算的符号表示法的价值，学界存在分歧。沃斯说[2]：“据我所能得出的数理逻辑的实际应用结果，由于其公式的极端复杂，数理逻辑在所有实际应用中都遭遇了搁浅；我们可以毫不犹疑地说，同付出的努力相比，数理逻辑的应用可以说只是产生了一些微不足道的成果。只有在皮亚诺的《数学公式》中理论数学问题（即数之间的关系）的讨论中，数理逻辑才能显示其强大之处，并且很可能也找不到其他表示方式在这里代替数理逻辑。但甚至有人对此都表示怀疑。”

1912 年，热那亚皇家理工学院（Royal Technical Institute of Genoa）的阿莱桑德罗·帕多瓦（Alessandro Padoa）说[3]：“我不想告诉你们，莱布尼茨在这一问题上的立场颇为乐观，虽然他的思考让人看到了他的同情心，令人感动。莱布尼茨预言，这些研究将取得圆满成功。同时，他重申：‘我敢说，这将是人类需要做的最后的思考。当这个计划完成时，人要做的就是享乐，因为他们将拥有一种能够提升智力的工具。这种工具比望远镜更能拓展他们的视野。’十五年来，我一直全身心投入这一领域的研究，但我并不期待最终会有如此夸张的效果；但当我想到这位科学和哲学大师的坦率，想到他忘记了大多数人对

---

〔1〕 Philip E. B. Jourdain in *Quart. Jour. of Math.*, Vol. 41, 1910, p. 331.

〔2〕 A. Voss, *Ueber das Wesen der Mathematik*, Leipzig u. Berlin, 2. Aufl., 1913, p. 28.

〔3〕 *Bull. Am. Math. Soc.*, Vol. 20, 1913, p. 98.

幸福、金钱和名利的狂热追求，我就感到一丝欣喜。我们应该避免过度怀疑，毕竟无论何时何地，社会中总是有一群精英，希望能够摆脱这些欲望所带来的困惑和烦恼，投入浩瀚的知识海洋之中，虽然他们受到的约束总是比过去要少。随着思想的力量越来越强大和发展越来越迅速，他们的视野也变得更开阔。”

1914 年，埃米尔·布图斯（Emil Boutroux）主席在巴黎举行了一次国际数学哲学家大会。不幸的是，第一次世界大战将这一充满希望的新运动扼杀在摇篮之中。关于数学哲学的最新著作有温特（Winter）的《数理哲学方法》（*La méthode dans la Philosophie des mathématics*，巴黎，1911）；里昂·布朗斯维奇（Léon Brunschvicg）的《数学哲学之旅》（*Les étapes de la philosophie mathématique*，巴黎，1912）；以及肖（Shaw）的《数学哲学课程讲义》（*Lectures on the philosophy of Mathematics*，芝加哥和伦敦，1918）。

函数理论

19世纪，函数理论研究取得了巨大进步。在这一节的开始，我们将首先考虑一种由阿贝尔和卡尔·古斯塔夫·雅各比建立的特殊函数，椭圆函数。

尼尔斯·亨里克·阿贝尔（Niels Henrik Abel）出生于挪威的芬多埃（Findoé），曾在克里斯蒂安尼亚的一所教会学校学习，为报考大学做准备。一开始，他对数学兴趣并不大。但1818年那一年，霍姆博（Holmboe）成了他的老师。霍姆博经常在班级中分配一些新颖的数学问题供学生解决，勾起了阿贝尔的兴趣。像卡尔·古斯塔夫·雅各比和许多之后成为杰出数学家的年轻人一样，阿贝尔试图使用代数方法求解一般五次方程，在这过程中首次发现了自己的数学天分。1821年，他进入克里斯蒂安尼亚大学学习。当时，他仔细研究了欧拉、拉格朗日和勒让德的作品。他的椭圆函数反演的想法可以追溯到这个时候。由于他在数学研究方面的非凡成就，政府给他提供了一项津贴，使他可以继续在德国和法国学习。1825年，阿贝尔离开挪威，拜访了汉堡的天文学家舒马赫（Schumacher），并在柏林待了6个月。在那里，他与奥古斯特·利奥波德·克雷尔（August Leopold Crelle）关系密切，并结识了斯坦纳。在阿贝尔和斯坦纳的鼓励下，克雷尔于1826年创办了《克雷尔杂志》。阿贝尔开始整理他的研究，并准备发表。1824年，他首次发表了五次一般方程无法用根式求解的证明，当时证明叙述极为简略，并且难以理解。《克雷尔杂志》创办后，阿贝尔在第一卷中详细阐述了他的证明方法。他还研究了哪些方程可用代数方法求解，并由此推论出了一些重要的一般性定理，这些结果在他去世后发表。与此同时，伽罗瓦再次研究了这一领域。阿贝尔率先使用了现称“伽罗瓦预解式”的表达式；伽罗瓦称其想法来源于阿贝尔。阿贝尔展示了如何求解现称“阿贝尔方程”的方程。他还研究了无穷级数（特别是二项式定理。他在《克雷尔杂志》发表了二项式定理的严谨的一般性研究）、函数以及积分。由于当时数学分析方法普遍存在不严谨之处，他经常发现一些研究晦涩难懂，于是，他努力试图厘清这些松散的论证过程。他离开了柏林，在弗莱格堡（Freiberg）待了一段时间。在那里，外界的干扰减少了，他得以集中精力研究超椭圆函数和阿贝尔函数。1826年7月，阿贝尔离开德国，前往巴黎，此时，他还没有见过高斯！阿贝尔已经向高斯发送了他在1824年给出的证明，即五次方程无法用根式求解的证明，但是高斯从未留意过这份证明。这让阿贝尔感到高斯身上有一丝傲慢，于是，为人和善的阿贝尔没有前往哥廷根。后来柯西也给了他类似的感觉。阿贝尔在巴黎待了10个月。他在那里见到了狄利克雷、勒让德、柯西和其他人，但很少得到认可。他已经在克雷尔的期刊上发表了几本重要研究报告，但是当时在法国，这部期刊还鲜为人知，而阿贝尔谈论起自己的研究时也很谦虚。由于囊中羞涩，他在柏林短暂停留两天后就返回了家。在克里斯蒂安尼亚，他有一段时间教授过初等课程，当过讲师。最后，克雷尔在柏林为他谋得一个教职。但直到阿贝尔死在佛罗兰（Froland）后，这个消息才传到挪威[1]。据说，赫尔密特曾评论道："他留下的研究足以让数学家研究五十年到一百年。"

卡尔·古斯塔夫·雅各比与阿贝尔几乎同时发表了有关椭圆函数的研究。这个勒让德最喜欢的研究领域长期以来一直被忽视，但现在终于有一些非凡的发现来充实。阿贝尔认识到，反演第一类椭圆积分并将其作为幅度的函数（现称椭圆函数）能够大大便利研究。几个月后，卡尔·古斯塔夫·雅各比也认可了这一点。两人独立产生的第二个有重要意义的想法是虚数的引入。通过引入虚数，他们观察到，产生的新函数模拟了三角函数和幂函数。因为已有研究者表明三角函数只有实数周期，而幂函数只有虚数周期，因此，椭圆函数同时有两种周期。这两大发现是阿贝尔和卡尔·古斯塔夫·雅各比以各自的方式建立美丽的新理论大厦的地基。阿贝尔开发了用无穷级数或无穷乘积的商表示椭圆函数的奇特表达式，虽然这些都是很伟大的发现，但是相比于他对阿贝尔函数的研究则黯然失色。关于此类函数的阿贝尔定理以几种不同形式给出，其中最

---

〔1〕 C. A. Bjerknes, *Niels-Henrik Abel*, *Tableau de sa vie el de son action scientifique*, Paris, 1885. 另见 *Abel* （*N. H.*） *Mémorial publid d l'occasion du centenaire de sa naissance.* Kristiania ［1902］；或 *N. H. Abel. Sa vie et son Oeuvre*, par Ch. Lucas de pesloüan, Paris, 1906.

通用的一种，他在《论一类非常广泛的超越函数的一般特性的研究报告》(*Mémoire sur une propriété générale d'une classe très-étendue de fonctions transcendentes*，1826）中给出。关于这本研究报告的故事很有趣。到达巴黎几个月后，阿贝尔将其提交给了法国学院。柯西和勒让德对其进行了审查；但直到阿贝尔去世前，他们没有就此论文发表任何意见。1829 年，阿贝尔在《克雷尔杂志》发表了一份简短声明，介绍了他的发现，其中提到了这份研究报告。卡尔·古斯塔夫·雅各比看到了这份声明后，便询问勒让德这篇研究报告的处理情况。勒让德回应称，这篇论文写得不好，可读性太差，要求阿贝尔修改后提交，但阿贝尔没有理睬他们的要求。也有研究者认为，阿贝尔研究未受重视的原因出在研究报告本身。当时，法国科学院院士的主要学术兴趣在于应用数学，包括热学、弹力学和电学等领域。泊松在一份关于卡尔·古斯塔夫·雅各比《新椭圆函数理论基础》的报告中回忆称，傅里叶曾责备阿贝尔和卡尔·古斯塔夫·雅各比没有将主要精力放在热传播研究。卡尔·古斯塔夫·雅各比写信给勒让德称："的确，傅里叶先生认为数学研究的主要目的是服务公众，是解释自然现象；但是像他这样的哲学家应该明白，精神荣誉是科学的独有追求。从这个角度看，数学问题与世界运行体系的问题一样重要。"阿贝尔在 1823 年发表了一篇论文[1]，在研究一个力学问题，即一个等时曲线问题的特例时，他得出了一个现在所谓的积分方程。该问题的解取决于该方程的解。阿贝尔的问题是，求下降时间是垂直高度的给定函数的曲线。鉴于积分方程研究的最新进展，阿贝尔的这一问题具有重大的历史意义。刘维尔分别于 1832 年、1837 年和 1839 年独立发表了关于这条线的研究。1837 年，刘维尔指出，可以借助与阿贝尔的"第一类"积分方程略有不同的"第二类"积分方程，求特定微分方程的特解。

阿贝尔 1826 年的研究报告留在了柯西手中，直到 1841 年才出版。由于一次不寻常的事故，手稿在校样阅读之前就丢失了。该研究报告的内容在形式上属于积分研究。阿贝尔积分依赖于无理函数 y，该函数通过代数方程 $F(x, y) = 0$ 与 x 相联系。阿贝尔定理断言，此类积分的总和可以由一定数量的 p 个近似

---

〔1〕 N. H. Abel, *Oeuvres complétes*, 1881, Vol. 1, p. 11. 另见 p. 97.

积分表示，其中 p 仅取决于方程 $F(x, y)=0$ 的性质。后来，阿贝尔证明，p 是曲线 $F(x, y)=0$ 的亏格。椭圆积分的加法定理可从阿贝尔定理推导出。由阿贝尔引入并证明其具有多周期性的超椭圆积分是 $p=3$ 或 $p<3$ 时阿贝尔积分的特例。卡尔·古斯塔夫·雅各比、赫尔密特、雷欧·柯尼斯伯格（Leo Königsberger）、布里奥希、古赫萨、皮卡德和博尔扎（当时在芝加哥大学）研究了阿贝尔积分到椭圆积分的简化。卡尔·古斯塔夫·雅各比宣称，阿贝尔定理是19世纪最伟大的积分学研究成果。年迈的勒让德也十分钦佩阿贝尔的天才，称其为一座“不朽的丰碑”。英国摄影先驱威廉·亨利·福克斯·塔尔伯特（William Henry Fox Talbot）独立研究了一些阿贝尔定理的情况。他证明，该定理可从部分分式和方程根的对称函数推导出。[1]

阿贝尔的作品集已经出版了两版：第一版由克里斯蒂安尼亚的伯恩特·迈克尔·霍尔姆博（Berndt Michael Holmboe）出版。第二版由西洛和李在1881年出版。这位挪威年轻人在短暂的一生中，进入了不同的研究领域。阿贝尔的一些论文刺激了部分数学领域的发展，其中研究得出的一些部分阿贝尔在巴黎撰写的研究报告中曾得出，但是这些研究报告未能完成，也从未发表。这些受益于阿贝尔研究的论文的作者有哥本哈根的克里斯蒂安·于金森（Christian Jürgensen）、克里斯蒂安尼亚的奥勒·雅各布·布洛克（Ole Jacob Broch）、多帕的斐迪南·阿道夫·明丁（Ferdinand Adolf Minding）和罗斯海因（Rosenhain）。

高斯预测了阿贝尔和卡尔·古斯塔夫·雅各比的一些发现。在《算术探索》中，高斯观察到，他在分圆中使用的原理除适用于圆函数外，还适用于许多其他函数，尤其适用于依赖于积分 $\int \frac{\mathrm{d}x}{\sqrt{1-x^4}}$ 的超越函数。卡尔·古斯塔夫·雅各比[2]由此得出的结论是，高斯在30年前就考虑了椭圆函数的本质和特性，并发现了它们的双周期性。高斯作品集中的一些论文证实了这一看法。

卡尔·古斯塔夫·雅各布·雅可比（Carl Gustav Jacob Jacobi）生于波茨坦一个犹太家庭。像许多其他数学家一样。欧拉的著作是他的研究生涯的启蒙读

[1] G. B. Mathews in *Nature*, Vol. 95, 1915, p. 219.

[2] R. Tucker, “Carl Friedrich Gauss”, *Nature*, April, 1877.

物。在柏林大学学习时，他经常阅读课外书，学习数学。1825 年，他获得了博士学位。在柏林任教两年后，他当选为柯尼斯堡大学的特职教授，并于两年后成为该校的普通教授。在他的《新椭圆函数理论基础》出版之后，他旅行了一段时间，期间拜访了当时身在哥廷根的高斯，以及巴黎的勒让德、傅里叶和泊松。1842 年，他和他的同事贝塞尔参加了英国数学学会的一场学术会议，在那里，他们结识了一些英国数学家。卡尔·古斯塔夫·雅各比是一位了不起的老师。“在这方面，他与当代伟大的数学家高斯截然相反，后者不喜欢教书，什么都行，就是不擅长引导学生。”

卡尔·古斯塔夫·雅各比的早期研究围绕高斯的定积分近似方法、偏微分方程、勒让德系数和三次剩余。他读了勒让德的《练习》，其中给出了椭圆积分的说明。当他将书退回图书馆时，情绪低落地说，重要的书通常启发他产生新的想法，但是这次他没有任何想法。尽管起初研究进展缓慢，但后来他的研究却一发不可收拾。他在椭圆函数中的许多发现，阿贝尔也独立得出。卡尔·古斯塔夫·雅各比将他的第一项研究发表于《克雷尔杂志》。1829 年，他 25 岁，出版了他的《新椭圆函数理论基础》(*Fundamenta Nova Theorié Functionum Ellipticarum*)，其中概括了椭圆函数研究的主要成果，这项工作随即为他赢得了广泛声誉。然后，他进一步研究了 theta 函数，并向学生讲授了基于 theta 函数的椭圆函数的新理论。他建立了一种变换理论，进而得出了许多包含 q 的公式，该方程是由等式 $q=e^{-\frac{\pi k'}{k}}$ 定义的模的先验函数。他还因此考虑了两个新函数 H 和 θ。分别取两个不同参数后，这两个函数分别为函数 θ_1，θ_2，θ_3，θ_4[1]。1832 年，他发表了一份简短但很重要的研究报告。其中，他证明，对于任意类超椭圆积分，阿贝尔定理所参考的直接函数不是单变量函数，例如椭圆 s_n，c_n，d_n，而是 p 个变量的函数。雅各比特别讨论了 $p=2$ 的情况。在这种情况下，阿贝尔定理引用了两个包含两个变量的函数 $\lambda(u, v)$，$\lambda_1(u, v)$，并且事实上能够以代数方式由函数 $\lambda(u, v)$，$\lambda_1(u, v)$，$\lambda(u', v')$，$\lambda_1(u', v')$ 得出了 $\lambda(u+u', v+v')$ 和 $\lambda_1(u+u', v+v')$ 表达式的加法定理。可以认为，阿贝尔和卡尔·古斯塔夫·雅各比的这些研究报告建立了 p 个变量的阿贝尔函数的概念，

〔1〕 Arthur Cayley, Inaugural Address before the British Association, 1883.

并给出了这些函数的加法定理。魏尔斯特拉斯、皮卡德、科瓦勒夫斯基女士和庞加莱进行了有关阿贝尔函数的最新研究。卡尔·古斯塔夫·雅各比在微分方程、行列式、动力学和数论方面的工作在其他地方都有提及。

1842年，卡尔·古斯塔夫·雅各比去意大利待了几个月，以恢复健康。这时，普鲁士政府给了他一笔退休金，他搬到了柏林，在那里度过了他一生的最后几年。

迄今为止，我们提到过的对函数进行了广泛研究的人中还有查尔斯·赫尔密特（Charles Hermite），他生于法国洛林的迪厄兹（Dieuze）[1]，很早就表现出了非凡的数学才能。他不重视常规课程的学习，但是带着极大的热情阅读了欧拉、高斯和卡尔·古斯塔夫·雅各比的作品。1842年，他进入巴黎综合理工学院。由于身体瘦弱，他不得不使用拐杖，并且失去了分配工作的资格。因此，赫尔密特在学习了一年后就离开了。从他写给卡尔·古斯塔夫·雅各比的一封信中，我们可以看出他的数学天赋。但是由于必须为考试做烦琐的准备，他无法将精力集中于崇高的数学思考。1848年，他成为巴黎综合理工学院的入学考官和分析学辅导教师。他接替的是旺策尔（Wantzel）的职位。那一年，他与朋友约瑟夫·贝特朗的姐姐结婚。1869年，在47岁的时候，他成为教授，担任了符合其才能的职位。在索邦大学，他接替了杜哈梅尔的高等代数教授职位。之后，1876年之前，他一直在巴黎综合理工学院担任教席。1897年之前，他一直在索邦大学任职。多年来，他一直被视为法国首屈一指的数学家。赫尔密特不喜欢几何学，他的研究仅限于代数和分析。他曾讨论过数论，不变量和协变量、定积分、方程论、椭圆函数和函数论。他的《作品集》（*Oeuvres*）第三卷于1912年发表，由皮卡德整理编辑。在函数理论研究领域，自柯西之后，他是当时法国最重要的研究者。他在函数理论中使用了定积分，这一点具有颠覆性意义：这一做法开启伽马函数性质理论的建立过程。

基于雅可比的理论而非基于魏尔斯特拉斯理论的椭圆函数研究是赫尔密特的最爱之一。“他利用二元二次方程伴随变量间的会合，将椭圆积分约分为正则形式。他对模函数和模方程的研究至关重要。此外，赫尔密特发现了第二种伪周期函数。他在《巴黎科学院通报》（1877—1882）中发表了一篇堪称经典

[1] *Bull. Am. Math. Soc.*, Vol. 13, 1907, p. 182.

的研究报告，《论椭圆函数应用》（*Sur quelques application des fonctions elliptiques*）。在这篇研究报告中，他将这些函数应用于使用拉梅微分方程的非特殊形式的积分。椭圆函数被用于求解许多物理问题。

1858 年，赫尔密特引入变量 w 代替卡尔·古斯塔夫·雅各比的变量 q，并通过 $q=e^{i\pi\omega}$ 将 w 与 q 相联系，$w=\frac{ik'}{k}$。接着，他考虑了函数 $\phi(w)$，$\psi(w)$，$\chi(w)$[1]。亨利·史密斯（Henry Smith）视参数等于零的 theta 函数为 w 的函数。他称之为 omega 函数，函数 $\phi(w)$，$\psi(w)$，$\chi(w)$ 是其模函数。基尔的恩斯特·迈塞尔（Ernst Meissel），耶拿的托麦（Thomae），哥廷根的阿尔弗雷德·恩内珀（Alfred Enneper）进行了实参数和虚参数的 θ 函数的研究。布雷斯劳的施罗德（Schröter）在 1854 年给出两个 theta 函数乘积的一般公式。这些函数的研究者还有柯西、海德堡的柯尼斯伯格（生于 1837 年）、柯尼斯堡的弗里德里希·朱利乌斯·里歇洛（Friedrich Julius Richelot）、柯尼斯堡的约翰·乔治·罗森海因（John Georg Rosenhain）、伯尔尼的路德维希·施莱夫利（Ludwig Schléfli）进行了研究[2]。

勒让德将椭圆微分简化为其标准形式的方法引发了许多研究，其中最重要的研究者是魏尔斯特拉斯和里歇洛。椭圆函数的代数变换涉及卡尔·古斯塔夫·雅各比用三阶微分方程以及代数方程（他称之为“模方程”）表示的旧模和新模之间的关系。阿贝尔很熟悉模方程的概念，这一问题的真正重要的进展是之后的研究者的贡献。这些方程在代数方程理论中已极为重要，研究者有哈勒的路德维希·阿道夫·索恩科（Ludwig Adolph Sohncke）、马蒂厄（Mathieu）、柯尼斯伯格、比萨的贝蒂、巴黎的赫尔密特、昂热的鲁伯特（Joubert）、米兰的布里奥希、施莱夫利、施罗德、克莱夫的古德曼（Gudermann）、马林维尔德（Marienwerder）的卡尔·爱德华·吉兹拉夫（Carl Eduard Gétzlaff）。

菲利克斯·克莱因对模函数进行了广泛研究，讨论了介于两种极端类型之间的一种运算类型，即置换理论以及不变量和协变量理论。克莱因的学生罗伯

---

〔1〕 Arthur Cayley, Inaugural Address, 1883.

〔2〕 Alfred Enneper, *Elliptische Funktionen*, *Theorie und Geschichte*, Halle a/S, 1876.

特·弗里克（Robert Fricke）在著作中介绍了克莱因的理论。克莱因在他的《二十面体和五次方程解法讲义》（1884）中也介绍了他的这一极为大胆的研究。他在研究中将模函数作为一类特殊椭圆函数，并在描述一个模函数问题的推广问题时，将运算群学说作为基础。他在模函数问题的进一步研究中考虑了一类黎曼曲线。

阿贝尔将椭圆函数表示为双重无限乘积的商。但是，他没有严格考虑积的收敛性。1845 年，凯利研究了这一乘积，并为其建立了一个完整的理论，其中部分基于几何理论。他以此为整个椭圆函数理论的基础。艾森斯坦使用纯粹解析法讨论了一般的双重无限乘积，并得出了魏尔斯特拉斯对主要因子进行极大简化后的结果。魏尔斯特拉斯称一种涉及双重无限乘积的特定函数为 sigma 函数。这一函数是他的优雅椭圆函数理论的基础。1886 年，哈尔芬发表了《椭圆函数及其应用》（*Théorie des fonctions elliptiques et des leursapplications*），首次系统介绍了魏斯特拉斯的椭圆函数理论。伦敦的学者格林希尔（A. G. Greenhill）也给出了这些函数的应用。菲利克斯·克莱因拓展了超椭圆函数，类似于魏尔斯特拉斯对椭圆函数的拓展。

布拉格的布里奥特和布凯（1859），柯尼斯伯格，凯利和海因里希·杜雷格（Heinrich Durège）等出版了一些椭圆函数的标准著作。

阿道夫·戈培尔（Adolph Göpel）和约翰·乔治·罗森海因大大拓展了卡尔·古斯塔夫·雅各比对阿贝尔函数和 theta 函数的研究。戈培尔是德国波茨坦附近的一所文理高中的教授。罗森海因则是德国柯尼斯堡的一名学者。戈培尔的《一阶超越函数理论基础》（*Theorié transcendentium primi ordinis adumbratio levis*，《克雷尔杂志》，第 35 卷，1847）一文和罗森海因的几本研究报告通过类推单重 theta 函数，各自建立了所谓二重 theta 函数的双变量函数，并由这一函数建立了双变量阿贝尔函数理论。尽管在分析学、几何学和力学问题中二重 theta 级数越来越重要，戈培尔和罗森海因建立的 theta 关系理论三十年间一直没有任何发展。最终，波查特（Borchardt）研究了如何通过四个双变量 theta 函数之间的戈培尔四次关系表示库默尔曲面。韦伯、普利姆（Prym）、阿道夫·克莱泽（Adolf Krazer）和德雷斯顿的马汀·克劳斯（Martin Krause）的相关研究进一步开阔了学界视野。卡尔·威廉·波查特（Carl Wilhelm Borchardt）

生于柏林，曾跟随德国的狄利克雷和卡尔·古斯塔夫·雅各比以及法国的赫尔密特、夏斯莱和刘维尔等学习。后来，他成为柏林一所学校的教授，并接替克雷尔，担任《数学期刊》（*Journal für Mathematik*）的编辑。他人生中大部分时间都在研究行列式在数学研究中的应用。

弗里德里希·普利姆（Friedrich Prym）曾在柏林大学、哥廷根大学和海德堡大学学习。后来，他成为苏黎世理工大学教授，之后成为维尔茨堡大学的教授。他的研究兴趣在于函数理论。约翰·霍普金斯大学教授托马斯·克雷格（Thomas Craig）将凯利对双重 theta 函数的研究推广到四重 theta 函数。他是西尔维斯特的学生。在大学任教期间，他于 1879 至 1881 年与美国海岸和大地测量局（United States Coast and Geodetic Survey）保持合作。此外，他承担任《美国数学杂志》编辑多年。

黎曼从积分的最普通形式出发，考虑了其相对应的反函数（p 个变量的阿贝尔函数），将 p 个变量的 theta 函数定义为 p 元无穷幂级数的和，其一般项取决于 p 个变量。黎曼证明，阿贝尔函数与特征参数的 theta 函数存在代数关系，并给出了这一理论的最广泛的表述[1]。他根据复变函数理论的一般原理建立了多重 theta 函数理论。

在布里尔、埃尔朗根的诺尔特和慕尼黑的斐迪南·林德曼对黎曼-洛赫定理和剩余理论进行了研究之后，学界从阿贝尔函数中发展出了一种代数函数和代数曲线上的点群的理论。

函数一般理论

函数一般理论的历史始于新函数定义的采用。18 世纪之后，数学界开始采用下列定义：如果变量 y 和 x 之间存在方程，且可以根据 $-\infty$ 和 $+\infty$ 之间的任意 x 给定值计算 y，则称 y 为 x 的函数。我们已经看到，欧拉有时使用另一个更通用的定义。该定义被傅里叶采纳，并被狄利克雷翻译成分析学的语言：假如 x 在区间 x_0 至 x_1 取的每个值，y 具有一个或多个确定值，则 y 称为 x 的函数。在如此定义的函数中，y 和 x 之间不需要解析联系。此外，在这种函数中有必要

---

〔1〕 Arthur Cayley, Inaugural Address, 1883.

寻找可能的不连续点。集合理论建立后，这一函数定义得到进一步强调和推广。这样，研究者不再必须定义对应包含所有实数和复数的连续统中的每个点的函数，也无需定义对应区间中的每个点的函数。函数只需对应于某些特定点集的点定义函数。因此，如果对于点或数字 x 的任意集合中的每个点或数字，集合 y 中都有一个对应点或数字，则 y 是 x 的函数。

狄利克雷开始讲授位势理论讲义，进一步在德国普及了这一理论。1839年，高斯研究了位势。早在 1828 年，乔治·格林就在英国发表了他的相关研究报告。黎曼知道了狄利克雷的位势讲义。黎曼的位势研究使位势对整个数学体系至关重要。在介绍黎曼之前，我们必须先回顾柯西的研究。

傅里叶宣布任意给定函数都可用三角级数展开表示后，柯西给出了“连续”“极限值”和“函数”的概念的新表述。他在《分析学讲义》（1821）中说：“函数 $f(x)$ 在两个给定极限之间是连续的，如果对于这些极限之间的每个 x 值，$f(x+a)$ 与 $f(x)$ 的差值会减小到小于所有有限数”（第 2 章，第 2 节）。拉克鲁瓦和柯西的研究中有将函数概念从实际表示中解放出来的迹象[1]。尽管在早期著作中，柯西未能迅速认识到虚数变量的重要性，他以分析学形式深入研究了复变函数，而不是像魏塞尔、阿尔冈（J. R. Argand）和高斯那样，以几何形式研究了复变函数。他通过虚数域进行积分。欧拉和拉普拉斯宣布，二重积分的积分顺序无关紧要。但柯西指出，只有当要积分的表达式在区间内不确定时，这种说法才成立［《定积分理论研究报告》（*Mémoire sur la theorie des intégrales définies*），1814 年公布，出版于 1825 年］。

如果在复平面中的两条积分路径之间存在一个极点，则各积分之间的差可以用“函数留数”（1826）表示。这种表示法被称为留数计算，无疑极为重要。1846 年，柯西证明，如果在封闭区域内有 x 和 y 的连续函数 X 和 Y，那么 $\int(X\mathrm{d}x+Y\mathrm{d}y)=\pm\iint\left(\frac{\partial x}{\partial y}-\frac{\partial y}{\partial x}\right)\mathrm{d}x\mathrm{d}y$，其中左侧积分延伸出边界，而右侧积分在复平面的内部区域，柯西考虑了沿围绕“极点”的闭合路径的积分，然后考虑了沿另外一条闭合路径的积分，函数在这条路径所包围的直线上不连续。例

〔1〕 A. Brill und M. Nöther, “Entwicklung der Theorie der algebraischen Functionen in älterer und neuerer Zeit”, *Jahresb. d. d. Math. Vereinig.*, Vol. 3, 1892—1893, p. 162. 本书大量使用了此专著中的内容。

如，过 x 轴跨度变化为 $2\pi i$ 时的 $\log x(x>0)$。1837 年，柯西给出了他的级数理论的基本定理："只要 x 的模数小于使函数不再有限和连续的模数，函数就可以展开为幂级数。" 1840 年，有研究者基于中值定理给出了该定理的证明。柯西、施图姆和刘维尔讨论了函数的连续性是否足以确保其可扩展性，以及其导数是否必须连续的问题。1851 年，柯西得出结论，函数导数也必须具有连续性。$z=x+iy$ 时为单值的函数 $f(z)$ 被柯西称为 monotypique（单型）函数，后来又称之为 monodrome，而布里奥特和赫尔密特分别称之为 onotrope，uniforme。在德国数学家口中则是 eindeutig。当一个区域中的每个 z 仅具有一个导数值时，柯西称之为单值函数，若单值单演且不会变为无穷大，则柯西称之为 synectique（全纯）函数。布里奥特、布凯以及之后的法国研究者称之为 holomorph（全纯）函数，且当函数在区域内有"极点"时，称之为"亚纯"函数。

巴黎的学者洛朗（Laurent）和维克多・亚历山大・普伊索（Victor Alexandre Puiseux）精心阐述了柯西的部分函数理论。洛朗指出，在某些情况下变量升幂和降幂时，混合展开存在优势，而普伊索则证明，使用涉及变量分数幂的级数可能有一定优点。普伊索研究了具有一个复变量的多值代数函数及它们的分支点和周期模。

我们继续回顾黎曼在德国所做的研究。

乔治・弗里德里希・伯恩哈德・黎曼（Georg Friedrich Bernhard Riemann）生于汉诺威的布雷瑟伦茨（Breselenz）。他的父亲希望他学习神学，因此，他在哥廷根大学学习了语言学和神学。与此同时，他还听了一段的数学课程。发现自己对数学的偏爱后，他放弃了神学。1847 年，当时的柏林，数学界群星闪耀，有狄利克雷、卡尔・古斯塔夫・雅各比、斯坦纳和艾森斯坦等重量级数学家。在跟随高斯和斯特恩学习了一段时间之后，黎曼被吸引到了柏林。1850 年，他回到哥廷根大学，在韦伯的带领下学习物理学，并于次年获得博士学位。他当时发表的论文是《复变函数一般理论基础》（*Grundlagen für eine allgemeine Theorie der Funktionen einer veränderlichen complexen Grösse*），这一论文令高斯极为钦佩，黎曼的任教资格论文《论几何学基础假设》（*Über die Hypothesen welche der Geometrie zu Grunde liegen*）也是如此。在高斯和韦伯影响下，结局物理问题是他理论数学研究的主要动力。黎曼的博士后论文（写成于 1854 年，出版于 1867 年）研究了函数的三角级数表示。他继续了狄利克雷的研究，并取得了显著进步。柯西此前已经建立了定积分存在的判断标准，将积分定义为和的极限，并指出当函数连续时，这种极限总是存在。黎曼指出，这种极限的存在并不受函数的连续性限制。这是一个令人震惊的发现。黎曼的新标准将定积分置于完全独立于微积分和导数存在的基础上，这引发了对弧的面积和长度的研究，这些弧中有些可能不是我们直觉范围内的任何几何图形。半个世纪后，勒贝格和其他人进一步推广了定积分的概念。在阅读黎曼的作品时，读者能够感受到黎曼刚开始在哥廷根大学授课时的害羞与紧张，以及他第一次讲授微分方程课程时，发现竟然有八名学生来听课，他心中的惊喜。

后来，他在一个只有三个学生的班级讲授了阿贝尔函数。三名学生分别是谢林、比耶克内斯（Bjerknes）和戴德金。高斯死于 1855 年，他的职位被狄利克雷继承。后者去世后，1859 年，黎曼被任命为普通教授。1860 年，他去了巴黎，在那里结识了一些法国数学家。由于健康状况不佳，他去了意大利休养了三次。最后，他在意大利塞拉斯卡（Selasca）旅行时去世，葬于意大利比甘佐洛（Biganzolo）。

像黎曼的所有研究一样，他的函数研究极为深刻，并且影响深远。他的函数研究模式无疑代表着现代数学的方向。用范·弗莱克的话说就是[1]：“他（黎曼）和他的同时代的同胞魏尔斯特拉斯形成了奇怪的反差。黎曼将函数理论建立于一个属性而非算法之上，也就是把复平面上的函数拥有一个不同微分系数作为函数理论的基础。因此，从一开始，他的理论就摆脱了对特定方法（如泰勒幂级数）的依赖；他著名的 p 函数研究报告是整个族的函数之间相互关系的特色研究。”

黎曼为复变函数的一般理论奠定了基础。到那时为止，位势理论仅在数学物理学中使用过，他将其应用到纯数学中。因此，他根据偏微分方程 $\frac{\partial^2 u}{\partial x^2}+\frac{\partial^2 u}{\partial y^2}=\Delta u=0$ 建立了函数理论，该方程必须对 $z=x+iy$ 的解析函数 $w=u+iv$ 成立。狄利克雷证明（对于一个平面）总是有且只有一个 x 和 y 的函数，并且该函数满足 $u=0$，并且连同其前两阶的微分商，适用于所有给定单值连续区域内 x 和 y 的

[1] *Bull. Am. Math. Soc.*, Vol. 23, 1916, p. 8.

所有值，并且对于该区域的边界上的点都有任意给定值[1]。黎曼称之为“狄利克雷原理”。格林提出了相同的定理，威廉·汤姆森爵士用数学分析方法给出了证明。如果对于曲线上的所有点，u 为任意给出，而 v 是曲线内的任意给定点，则可得封闭曲面内所有点对应的 w 值。为了处理 z 的一个值有 n 个 w 对应值的复杂情况，并观察连续性的条件，黎曼发现了著名的“黎曼曲面”，它由 n 个重合平面或叶片构成，从一面到另一面的通道在分支点处形成，并且 n 张曲面一起形成一个多连通曲面，可以通过横截将其拆分成单连通曲面。这样，n 值函数 w 就成了一个单值函数。借助于克莱布希和弗莱堡的雅各布·卢罗思（Jacob Lüroth）的研究，克利福德将用于代数函数的黎曼曲面转化为正则形式，n 个叶片中仅最后两个多连通，然后将其转化为 p 孔几何体的表面。早在克利福德之前，托奈利（Tonelli）就已考虑过有 p 孔曲面，并且黎曼可能自己也使用过[2]。瑞士苏黎世数学家胡尔维茨讨论了一个问题：黎曼曲面在多大程度上取决于其叶数、分支点和分支线的分配。

黎曼的理论建立了一个标准，该标准可借助解析函数的不连续点和边界条件来求该解析函数，这样一来，无需数学表达式即可定义函数。为了表明两个不同的表达式实质相同，没有必要将一个表达式转换为另一个表达式，只证明在某些关键点的一致性即可。

黎曼的基于狄利克雷原理（汤姆森定理）的理论遭到了克罗内克、魏尔斯特拉斯等人的反对。因此，已有研究者尝试将黎曼的推测移植到魏尔斯特拉斯的基础更为牢固的方法上。后者建立的函数理论，不是从位势理论出发，而是从解析表达式和解析运算出发。两者都将其理论应用于阿贝尔函数，但是黎曼的研究范围更广[3]。

汉克尔按照黎曼在其任教资格论文中提出的一个建议撰写了论文《无穷小振荡与不连续函数》（*Unendlich oft oscillirende und unstetige Funktionen*，图宾根，1870），其中给出了允许存在一个积分但微分系数的存在存疑的函数。他假设，一点来回运动产生的连续曲线具有无数个无穷小振荡，因此在每个点上都呈现

---

〔1〕 O. Henrid “Theory of Functions”, *Nature*, Vol. 43, 1891, p. 322.

〔2〕 *Math. Annalen*. Vol. 45, p. 142.

〔3〕 O. Henrici, *Nature*, Vol. 43, 1891, p. 323.

出“奇点压缩”，但没有明确的方向或微分系数。这些新颖的观点遭到了严厉的批评，但最终被魏尔斯特拉斯严谨证明，他举出了一个完全不可导的连续曲线的著名例子。赫尔曼·汉克尔（Hermann Hankel）是德国人，曾就读于莱比锡一所文理高中，当时他在阅读古代数学家的原始著作过程中，学习古代语言，达到了学校在古代语言方面的要求。他在柏林跟随魏尔斯特拉斯和克罗内克学习，在莱比锡大学跟随莫比乌斯学习，之后又去了哥廷根大学跟随黎曼学习。后来，他成为埃尔朗根大学和图宾根大学的教授。他对他所研究问题的过往历史的重视增强了听众对他的课程的兴趣。1867 年，他的《数字体系中的复数理论》（*Theorie der Complex en Zahlensysteme*）问世。1874 年，他的遗作《古代和中世纪数学史》（*Geschichte der Mathematik Alterthum und Mittelalter*）出版，这是一本杰出的著作。

卡尔·魏尔斯特拉斯（Karl Weierstrass）出生于威斯特伐利亚州的一个村庄奥斯滕费尔德（Ostenfelde）。在帕德博恩（Paderborn）文理高中学习时，他对斯坦纳的几何研究产生了兴趣。因此，在进入波恩大学（University of Bonn）攻读法学后，他坚持自学数学，尤其是拉普拉斯的理论。不过，当时在波恩大学授课的威廉·迪斯特韦格（Wilhelm Diesterweg）和普吕克对他的研究产生影响。1839 年，他在一本学生笔记本中看到克里斯托弗·古德曼（Christof Gudermman）椭圆超越课程的讲义，于是去了明斯特，当时，他是唯一一名学习古德曼分析球体课程的学生。克里斯托弗·古德曼对双曲线函数的研究带来了函数 $\tan^{-1}(\sinh x)$ 的诞生，这一函数现称为“古德曼函数”。古德曼是魏尔斯特拉斯最喜欢的老师。之后，魏尔斯特拉斯在明斯特担任一所文理高中的老师，后来在普鲁士西部的德意志克朗（Deutsch-Krone）教授科学、体操和写作，最后在布劳恩斯堡（Braunsberg）从事阿贝尔函数研究。据说他有一次错过了早上 8 点的课，校长去他的房间找他，发现他正埋头研究一个问题。原来，他研究了一整夜，完全没意识到已经是第二天清晨了。他请求校长原谅他没能准时去上课，因为他希望不久后用他的一项重要发现震惊世界。在这所文理高中工作期间，他获得了柯尼斯堡大学授予的荣誉博士学位，以表彰他发表了诸多科学论文。1855 年，库默尔从布雷斯劳去了柏林。他提出意见，魏尔斯特拉斯有关阿贝尔函数的论文不足以说明魏尔斯特拉斯是为布雷斯劳大学培养年轻数学家的合适人选。因此，布雷斯劳大学任命了斐迪南·约阿希姆斯泰（Ferdinand Joachimsthal）。但是，1856 年，库默尔在皇家工业学院（Gewerbeakademie）替魏尔斯特拉斯找到了一个教职，并且在柏林大学也给他找到一个特职教授的工作。前者他一直任职到 1864 年。同年，他成了柏林大学的普通教授，接替了年迈的马丁·奥姆（Martin Ohm）的职位。那一年，库默尔和魏尔斯特拉斯组织了一次正式的数学研讨会，狄利克雷在此之前曾举办过一次私人研讨会。值得注意的是，魏尔斯特拉斯直到 49 岁那年（在这个岁数，许多科学家已经停止了创造性研究）才开始他的大学教授生涯。魏尔斯特拉斯、库默尔和克罗内克为柏林大学锦上添花。此前，柏林大学就因狄利克雷、斯坦纳和卡尔·古斯塔夫·雅各比等人的研究而闻名。现在魏尔斯特拉斯到来之后，对证明的严格性要求更是变得前所未有的高。克罗内克和魏尔斯特拉斯是数学算术化运动最坚定的鼓吹者。数的概念，尤其是正整数的概念将成为数学理论唯一的基础，而空间概念将不再视为基本概念。

早在 1849 年，魏尔斯特拉斯就开始研究阿贝尔积分，并发表相关成果。在 1863 年和 1866 年，他分别开授了阿贝尔函数和阿贝尔超越函数理论的课程。这些课程的讲义在他一生中都未获授权出版，但部分内容通过他的学生内托、肖特基（Schottky）、乔治·瓦兰汀（Georg Valentin）、柯尔特（Köter）、乔治·海特纳（Georg Hettner）和约翰内斯·诺布劳赫（Johannes Knoblauch）等人的研究而为人所知。海特纳和诺布劳赫整理了魏尔斯特拉斯关于阿贝尔超越函数理论的课程讲义，并将其收录于魏尔斯特拉斯研究集第四卷。1915 年，诺布劳赫整理了第五卷，其中主要是椭圆函数研究。魏尔斯特拉斯安排海特纳整理了波查特（Borchardt，1888）的著作，以及卡尔·古斯塔夫·雅各比作品集的最后两卷。自 1889 年以来，诺布劳赫就在柏林大学任教，他的主要研究领域是微分几何。因斯布鲁克大学（University of Innsbruck）的奥托·斯托尔茨（Otto Stolz）是魏尔斯特拉斯另一位杰出的学生。学界曾在很多年内一直未能完全厘清魏尔斯特拉斯的方法和结果，莱比锡的阿道夫·梅耶（Adolf Mayer）完成了这一任务。他手头的材料只有魏尔斯特拉斯二十四个小时的课程的讲义。梅耶研究过微分方程、变分法和力学。

1861 年，魏尔斯特拉斯有了一个了不起的发现。他发现了一个在某区间内连续却处处不可导的函数。杜·布瓦·雷蒙（du Bois Reymond）在《克雷尔杂志》（1874，第79卷，第2页）给出了这一函数。早在1835年，罗巴切夫斯基就在研究报告中证明了区分连续性和可微性的必要性[1]。尽管如此，魏尔斯特拉斯提出这一发现，还是震动了数学界，“汉克尔和康托尔借其奇点压缩原理可以构造这样一个函数的解析表达式，该函数在任意区间内都具有无限个振荡点，无限个微分系数完全不确定的点以及无限个不连续点，无论这个区间有多小。”（皮尔蓬特）达布给出了没有导数的连续函数的新例子。此前通常假定每个函数都有一个导数。安培是第一位尝试用解析法证明每个函数都有导数的人（1806），但他没有成功。在研究不连续函数时，达布严格建立了连续或不连续函数可积分的充要条件。他给出了一个始终收敛且连续的级数的例子，其中该级数各项积分形成的级数始终收敛，但并不表示该级数的积分。达布的这一新证据表明，在使用级数时必须小心谨慎[2]。

魏尔斯特拉斯理论的中心概念是“解析函数”。胡尔维茨[3]说，“解析函数的一般理论”这个名字适用于两种理论，即柯西、黎曼的理论以及魏尔斯特拉斯的理论。两种理论的函数定义不同。拉格朗日在他的《解析函数论》中试图证明一条不正确的定理，即每个连续（stetige）函数都可以展开为幂级数。当一个函数可展开为幂级数时，魏尔斯特拉斯称之为“解析函数”。这是魏尔斯特拉斯解析函数理论的中心思想。简单来说，解析函数的所有属性都包含在幂级数中，其系数为c_1，c_2，…，c_n。事实上，很久之前就有学者考虑了幂级数在收敛圆C上的情况。阿贝尔证明，若幂级数在收敛圆C上一点的值确定，则当变量沿着一条不接触圆的路径接近该点时，幂级数会朝该值均匀收敛。如果两个幂级数都包含一个复变量，收敛圆重叠，对于两圆共同区域的每个点，两个幂级数都具有相同的值，那么魏尔斯特拉斯将每个幂级数称为另一个幂级数的直接开拓。魏尔斯特拉斯使用这些级数，引入了幂级数单演系统的概念，接着给出了解析函数的更广泛的定义，在这一定义中，解析函数可以由幂级数单演系统定义。1872年，法国数学家梅耶独立给出了类似定义。在单值（ein-

〔1〕 G. B. Halsted's transl. of A. Vasiliev's *Address* on Lobacbevski，p. 23.

〔2〕 *Notice sur les Travaux Scientifiques de M. Gaston Dabourx*，Paris，1884.

〔3〕 A. Hurwitz in *Verh. des 1. Intern. Congr.*，*Zürick*，1897，Leipzig，1898，pp. 91-112.

deutige）函数的情况中，复平面中的点，或者在该系统中的幂级数的收敛圆之内，或者在之外。在前一种情况中，这些点整体构成函数的“连续域”（Stetigkeitsbereich）。这一域构成密集的“内部”点的集合；如果这个连续统给出，那么总是存在具有该连续域的单值解析函数。米塔格·勒夫勒率先证明了这一点。随后，隆戈（Runge）和斯泰克（Stäckel）也给出了证明。该域边界上的点被称为“奇异点”，本身构成一组点。魏尔斯特拉斯根据这些点的属性对函数进行了分类（1876 年）。吉查德（1883）和米塔格·勒夫勒也利用康托尔和斯德哥尔摩的邦迪森（Bendixson）和弗拉格曼（Phragmén）于 1879 到 1885 年提出的点集相关定理，研究了魏尔斯特拉斯的分类。因此，超限数开始在函数理论中发挥作用。单值解析函数积分为两类，一类中的奇异点构成一个可枚举的可数集（abzählbares），另一类中的不构成。

阿贝尔提出了一个问题，假设对于所有小于 r 的正值，幂级数收敛，求当 x 逼近 r 时，函数趋近的极限。弗洛贝纽斯和霍尔德（Hölder）于 1880 年提出了解决阿贝尔问题的建议。这是这一问题解决的第一次实质性进展，但是二人始终未能给出建立表达式收敛的充要条件。最终，在 1892 年，哈达玛德获得了包括弗洛贝纽斯和霍尔德的表达式在内的一组表达式，确定了它们在收敛圆上收敛的条件。那么，现在的问题是：若复变量 x 在常数 c_n 中是线性，且表示幂级数给出的函数；或 x 在常数 c_n 中是线性，且表示该函数在域 D 的一个分支，常数 c_n 在 D 内均匀收敛，在 D 外发散，如何求 x 的解析表达式。1895 年，波莱尔迈出了解决这一问题的第一步。他证明，表达式

$$\lim_{\omega=\infty} \sum_{\nu=0}^{\infty}(c_0 + c_1x + \cdots + c_\nu x^\nu)\mathrm{e}^{-w} \cdot \frac{w^{\nu+1}}{(\nu+1)!}$$

不仅在幂级数收敛圆的所有规则点（points réguliers）上收敛，而且在一个求和多边形之内也收敛。波莱尔认为，他的公式可用于求级数发散处的点的幂级数之和。斯德哥尔摩的学者格斯塔·马格努斯·米塔格·勒夫勒是《数学学报》的创始人[1]，他还是斯堪的纳维亚一所“数学研究所”（1916）的创始人。米塔格·勒夫勒拒绝接受其他学者对波莱尔研究结果的解读。米塔格·勒夫勒按

---

〔1〕 见 G. M. Mittag-Leffier in *Atti del IV Congr. Intern*, Roma, 1908. Roma, 1909, Vol. I, p. 69. 其中米塔格·勒夫勒总结了近年的研究成果。

照波莱尔的上述思路进行了重要研究。波莱尔的陈述暗示，他的公式将解析函数理论的范围扩展到了经典区域之外。米塔格·勒夫勒对此予以否认。1898年，米塔格·勒夫勒研究了一个比波莱尔的问题更一般的问题。如果射线 ap 绕角 2π 旋转，可变距离始终超过定值 l，则会生成一个曲面，米塔格·勒夫勒称此曲面为中心 a 的星（Stern）。如果一个确定的算术表达式在 E 内的每个区域都均匀收敛，但对于每个 E 外的点都发散，则星 E 是该算术表达式的收敛星（Konvergenzstern）。他证明，每个解析函数，都有一个对应的主星，并且对于一个给定星，都有无数对应的算术表达式。隆戈得出了同样的结果。波莱尔1912年提出的解析函数示例扩展了导数的概念，不通过所有相邻点，而是仅通过某些密集集合的点达到极限。该函数具有超出存在域的线性延拓。维旺迪（Vivanti）、马塞尔·里斯（Marcel Riesz）、伊瓦·弗雷德霍姆和弗拉格曼沿着波莱尔和米塔格·勒夫勒的思路研究了单演单值函数。

值得一提的是，当时分别在柏林大学和哥廷根大学的魏尔斯特拉斯和黎曼之间的活动也非常有趣。我们已看到，魏尔斯特拉斯通过幂级数定义了复变量函数，并且没有使用几何方法。而黎曼在数学物理学领域的研究最初则是某些微分方程的研究。1856年，黎曼的朋友敦促他发表自己的阿贝尔函数研究的摘要，“尽管研究内容还很粗糙”，但是魏尔斯特拉斯当时正在研究同一问题。黎曼的研究的发表，促使魏尔斯特拉斯放弃发表他在1857年提交给柏林学院的一份研究报告。原因正如他本人所说，“黎曼出版了关于同一问题的研究报告，该研究报告基于与我完全不同的理论基础，但并不能认定他的研究结果与我的研究完全一致。证明这一点并非易事，需要进一步研究，要花费很多时间；在解决了这一难题之后，有必要彻底重写论文。”1875年，魏尔斯特拉斯在写给施瓦茨的信中称：“我越是思考函数理论的原理，我就越发坚信，它必须基于代数理论。因此，不能将超越函数用于简单的基本代数定理，尽管这样做乍看之下很诱人，且尽管黎曼靠这种做法发现了代数函数的许多最重要特性。”这里所指的是黎曼对“汤姆森-狄利克雷原理”的使用。该原理有效性基于某个最小值定理。而魏尔斯特拉斯证明，该定理的论据并不可靠。

有人反对称，魏尔斯特拉斯的解析函数定义基于幂级数。而黎曼所采用的柯西的定义并不是。柯西的定义从一开始就要求采用最困难的极限理论形式。

柯西认为，一个函数如果具有单值微分系数，则为解析函数（即他所谓的“伴生”函数）。由柯西积分定理（Integralsatz）可得出结论，伴生函数不仅接受单值微分，还接受单值积分。意大利都灵的学者贾辛托·莫雷拉（Giacinto Morera）证明，组合函数可用单值积分定义。1883 年至 1895 年，法尔科（Falk）、古赫萨、乐奇（Lerch）、若尔当和普林斯海姆都进行了旨在严格表述柯西积分定理的最新研究。柯西定理可表示为：如果函数 $f(z)$ 在一个连续统内伴生，在这个连续统中每个简单闭合曲线形成一个区域的边界，那么如果积分 $\int f(z)\,\mathrm{d}z$ 延展到完全位于前述连续统内的整个闭合曲线上，则该积分始终为零。这里出现了一些问题：什么是曲线，什么是闭合曲线，什么是简单闭合曲线？

1832 年，卡尔·古斯塔夫·雅各比在他的《阿贝尔超越函数一般研究》（*Considerationes generales de transcendentibus Abelis*）中研究了解析函数，但是他的研究一直未受到关注，直到魏尔斯特拉斯开始梳理阿贝尔函数研究所需完成的任务。魏尔斯特拉斯认为，研究阿贝尔函数需要他像处理单变量函数时那样为多变量函数研究建立坚实的理论基础。就这样，他得到了零点的一条基本定理。他还阐明了另外一个定理，但没有给出证明。该定理称，每个单值的（eindeutig）有限区域内的亚纯函数都可以表示为两个积分函数，即两个连续收敛幂级数的商。1883 年，庞加莱证明了这个定理在两个变量时的情况，1895 年，波尔多（Bordeaux）的皮埃尔·库辛（Pierre Cousin）证明了不变量的情况。哈恩（1905）、布图斯（Boutroux，1905）、法伯（Faber，1905）和哈托格（Hartogs，1907）也研究了这个问题。

狄利克雷原理一再引起学界注意。皮卡德对其严谨性提出疑问[1]：“根据方程积分是否为解析的问题，极限采用的条件也极为不同。狄利克雷提出的问题是第一种情况；连续性的条件至关重要，问题的解通常不能从作为数据支集的连续统向两侧延长；第二种情况下，解有所不同，在这种情况下，与特性有关的这一支集的解决起主要作用，并且解的存在域的条件完全不同……从古代开始，人们就对自然界中的某种经济性感到困惑；其中比较早的例子是关于光传播时间经济性的费马原理。然后我们认识到力学一般方程对应于一个最小值

〔1〕 *Jahresb. d. d. Math. Vereinig*, Vol. 8, 1900, p. 185.

问题，或者更精确地说，一个变分问题，就这样我们得到了虚速度原理，哈密尔顿原理和最小作用量原理。接着又出现了许多问题，这些问题对应于某些定积分的最小值问题。这是非常重要的进步，因为在许多情况下，最小值的存在可以被视为显而易见，这样就能够证明解的存在。这种论证方式起到了巨大的帮助；最伟大的几何学家高斯在研究给定位势相对应的吸引物体的分布问题时，黎曼在研究他的阿贝尔函数理论时，都对这种论证方式颇为满意。然而，我们已注意到这种论证方式的危险性。最小值可能只是极限，具有必要连续性的函数不可能真正达到。因此，我们不再满足于采用这一长期以来都非常经典的思路。”

大卫·希尔伯特（David Hilbert）在 1899 年发表了如下讲话[1]：狄利克雷原理之所以出名，是因为其基础数学思想极为简单，并且在理论数学和应用数学中有不可否认的丰富应用及强大说服力。狄利克雷原理被认为只具有历史意义，不再用于解决边值问题。卡尔·诺伊曼感慨道，狄利克雷的这个美丽原理曾被频繁使用，但现在无疑已永远消失了。幸好，布里尔和诺特给了我们一丝希望。他们坚称，狄利克雷原理可以说是对自然的模仿，在未来某个时间可能会以改进形式，重获新生。希尔伯特随后着手改进狄利克雷原理。该原理涉及变分中的一个特殊问题。狄利克雷原理可如此概述：在 xy 平面上，在边界曲线的点上有长度表示边值的垂线。在由此获得的空间曲线所界定的曲面 $z = f(x, y)$ 中，选择一个使 $J(f) = \iint\left\{\left(\frac{\partial f}{\partial x}\right)^2 + \left(\frac{\partial f}{\partial y}\right)^2\right\}\mathrm{d}x\mathrm{d}y$ 的值最小的曲面。如变分所示，该曲面必然是位势曲面。黎曼用这一原理解决了边值问题解是否存在的问题。但是，魏尔斯特拉斯明确指出，在无限多个值中并不必然存在最小值。因此，最小曲面可能不存在。希尔伯特则如此概括狄利克雷原理：“只要给定边界条件的限制性假设条件得到满足，并且在必要时能够适当拓展变分问题的解的概念，那么每个变分问题都必然有解。”希尔伯特展示了如何将狄利克雷原理与案例用于寻找严格而又简单的存在性问题的证明。1901 年，海德里克和诺布（Noble）在撰写的论文中使用了狄利克雷原理。

詹姆斯·皮尔蓬特（James Pierpont）自 19 世纪柯西时代起就纵览了函数

---

〔1〕 *Bull. Am. Math. Soc.*， 2. *S.*， Vol 2，1904. p. 137.

理论的发展，他在 1904 年说[1]：“魏尔斯特拉斯和黎曼沿着两条截然不同的路线发展了柯西的理论。魏尔斯特拉斯从线性分析表达和一个幂级数研究出发，并将其函数定义为解析延拓的整体。他的研究不依赖于几何学或直觉，所有理论都是严格的算术运算；黎曼在高斯和狄利克雷的带领下成长，主要依赖于几何直觉。他的理论有两个值得注意的特征，以他的名字命名的多叶曲面以及共形映射的广泛使用。最早得到发展的函数理论主要是代数函数及其积分的理论。函数的一般理论是逐步发展起来的。长期以来，柯西、黎曼和魏尔斯特拉斯的学生沿不同的途径研究。柯西和黎曼的学派率先合并。由于他们所使用的方法严谨性大大提高，已经没有任何必要像魏尔斯特拉斯及其领衔的学派呼吁的那样，将幂级数作为函数理论的单一算法基础，因此，我们可以说，在 19 世纪末，只有一种函数理论和谐统一了三位大学者的思想。”

存在定理的研究，特别是代数函数理论和变分法中的存在定理的研究始于柯西。柯西认为，隐函数可以表示为幂级数，但意大利比萨的学者蒂尼（Dini）则证明不需要施加此限制。德国波恩的学者利普西兹（Lipsschitzitz）对隐函数进行了简化。美国旧金山的学者布里斯研究了隐函数集的存在定理，并于 1909 年在普林斯顿学术研讨会上做了报告。借助于一个叶的点，布里斯由一个普通点处的初始解推导出了一个类似于魏尔斯特拉斯的曲线分支的解析延拓的一个叶的解。

紧跟着黎曼的时代之后，代数函数理论迅速发展。然而，这一时期的代数函数理论研究部分属于几何性质的研究，并非纯粹的函数理论研究。布里尔和诺特[2]于 1894 年指出了代数函数理论的五个研究方向。第一个是黎曼和洛赫于 1862 至 1866 年采取的几何代数方向，克莱布希在 1863 年之后，高登在 1865 年之后，诺特和布里尔在 1871 年之后采取了这一研究方向。第二个是代数方向。克罗内克和魏尔斯特拉斯自 1860 年起开始研究这一方向，1872 年之后，这一方向更加广为人知。1880 年，克里斯托弗开始从事这一方向研究。第三个是不变量方向。1877 年以来，韦伯、诺特、克里斯托弗、克莱因、弗洛贝纽斯和肖特基等人采取了这个研究方向。第四个是算术方向。戴德金和韦伯从

---

〔1〕 *Bull. Am. Math. Soc.*, 2. *S.*, Vol 2, 1904, p. 137.

〔2〕 A. Brill and M. Noether, *Jahrb. d. d. Math. Vereinigung*, Vol. 3, p. 287.

1880年开始，克罗内克从1881年开始研究了这一方向。亨赛尔（Hensel）和其他一些学者也沿这一方向进行了研究。第五个是几何方向。塞格和卡斯泰尔诺沃自1888年沿这一方向进行了研究。

魏尔斯特拉斯的学生，柏林的赫尔曼·阿曼德斯·施瓦茨（Hermann Amandus Schwartz）给出了圆上各种不同曲面的共形映射（Abbildung）。此前，黎曼已给出了给定曲线与另一曲线共形的一般性定理。

在借助特定置换将一个以圆弧为边界的多边形变换为另一个以圆弧为边界的多边形时，施瓦茨推导出了一个重要微分方程 $\psi(u', t) = \psi(u, t)$，其中 $\psi(u, t)$ 是凯利所谓“施瓦茨导数”的表达式，这一表达式使西尔维斯特得出了微分不变量理论。施瓦茨在最小曲面上的研究，在超几何级数问题上的工作，对规定条件下重要偏微分方程解的存在性的思考，在数学史中都占有重要地位。

起初，模函数仅被视为由变换研究产生的椭圆函数的副产品。但在伽罗瓦和黎曼的划时代的研究发表之后，椭圆模函数在庞加莱和克莱因的努力下发展为独立理论，与数论、代数理论和综合几何紧密相关。1877年，克莱尔开始就此问题授课；他当时的学生迪克（Dyck）、约瑟夫·吉斯特（Joseph Gierster）和胡尔维茨（Hurwitz）都进行了相关研究。模函数研究的一个问题是确定线性群 $x^1 = \frac{\alpha x+\beta}{\gamma x+\delta}$ 的所有子群，其中 α、β、γ、δ 是整数，$\alpha\delta-\beta\gamma\neq 0$。克莱因的《二十面体讲义》（*Vorlesungen über das Ikosæder*，莱比锡，1884）研究了这一问题。罗伯特·弗里克出版的克莱因的《椭圆模函数理论讲义》（*Vorlesungen über die Theorie der Clliptischen Modulfunctionen*，1890，第二卷，1892）进一步拓展研究了这一问题。一般线性自守函数理论进一步概括了这一问题，这一理论的主要建立者是克莱因和庞加莱。1897年，罗伯特·弗里克和克莱因写了第一卷《亚纯函数理论讲义》（*Vorlesungen über die Theorie der Automorphen Functionen*）。但此书第二卷直到1912年才出版。在第二卷出版前，线性自守的一般理论遭到了魏尔斯特拉斯和康托尔的批评。之后，皮卡德和庞加莱发表了更为深入的研究成果。我们此前已指出，克莱因研究这些问题的出版物按照该问题出现的顺序排列。“从历史上讲，自守函数理论最初由规则几何体和模函数理论发展而来，至少这是克莱因在庞加莱早期的出版物及施瓦茨的知名研究影响下所走的道路。如果庞加莱考虑了赫尔密特的算术方法和福赫的涉及二阶线性微分方程解的单值反演（eindeutige Umkehr der Lösungen…）的理论，这些问题又可以追溯到数学哲学，规则几何体和椭圆模函数理论正是从这些领域发展而来。”庞加莱发表了关于这一问题的文章《论通过线性置换复制的单值函数》(*Sur les fuctions uniquis quise re produduentent des desslinéaires*，《数学学报》，第1卷)，《福赫函数研究报告》(*Mémoire sur les fonctions fuchsiennes*)，以及其他一系列历经多年写成的论文。近年来，柯比（P. Koebe）和布鲁沃在这一研究路线上有不少研究。

庞加莱自己以及里特（Ritter）和弗里克（1901）都研究了庞加莱级数给出自守型的解析表达式。

在以克莱因和庞加莱为主的研究者创建了单变量自守函数理论之后，有研究者对多复变量函数进行了类似的归纳，其中的先驱人物是皮卡德。其他研究者包括勒维・西维塔、布里斯、麦克米兰（MacMillan）和奥斯古德，他们于1913年在麦迪逊的一场学术讨论会上介绍了相关研究。查尔斯・埃米尔・皮卡德（Charles Emile Picard）对分析学的广泛研究已被反复提及，其《分析学论》(*Traité d'Analyseis*)一书众所周知。皮卡德出生于巴黎，就读于巴黎高等师范学校，曾受到达布的启发。1881年，他与赫尔密特的女儿结婚。皮卡德在图卢兹短暂停留了一段时间。1881年之后，他一直是巴黎高等师范学校和索邦大学的教授。

单值化

代数曲线或解析曲线的单值化，即将辅助变量取为独立变量，使单值(eindeutig)解析函数的点的纵坐标与自同构函数理论有机联系。1880年之后不久，克莱因和庞加莱引入了自守函数理论，并系统建立了代数曲线单值化思想。黎曼对现以其命名的曲面进行了可视化处理。之后，希尔伯特（1900）、奥斯古德、布罗登（Brodén）和乔安森（Johanson）对单值化进行了研究，均与庞加莱的理论相关。1907 年，庞加莱和柯比对单值化研究进行了重要概括。[1] 1901 年，希尔伯特将狄利克雷原理建立为单值化理论的坚实基础。柯比和哥廷根的库朗特（Courant）从此原理出发，推导出了单值化一般原理的新证明。

重要函数理论著作有《赫尔密特讲义》（*Cours de Ch. Hermite*）、坦纳的《单变量函数理论》（*Théoriedes Fonctions d'une variable seule*）、詹姆斯·哈克尼斯（James Harkness）和弗兰克·莫雷（Frank Morley）撰写的《函数理论》（*A Treatise of the Theory of Functions*）、福赛斯的《复变函数理论》（*Theory of Functions of a Complex Variable*）以及奥斯古德的《函数理论讲义》（*Lehrbuch der Funktionen theorie*）。

〔1〕 P. Koebe, *Atti del IV Congr.*, *Roma*, 1908, Roma, 1909, Vol. Ⅱ, p. 25.

数论

“数学是科学的女王，算术是数学的女王。”高斯曾有此断言。这位数学家彻底改变了数论。曾有人问拉普拉斯，谁是德国最伟大的数学家，拉普拉斯回答是普法夫。提问者说本以为答案会是高斯，没想到拉普拉斯却回答道：“普法夫是迄今为止德国最伟大的数学家；但高斯则是整个欧洲最伟大的数学家。”[1] 高斯是三大数学分析大师之一，其他两位是拉格朗日和拉普拉斯。在这三位同时代的数学家中，高斯最晚出生。前两个属于一个时代，而高斯则属于我们现在正在回顾的这个历史时期。他的著作标志着现代数学研究的开始。在他之前的数学家拥有着丰富的创造力，但论证往往缺乏严谨性，他则将两者成功地结合，恐怕要羡煞古希腊数学家。与拉普拉斯不同，高斯在写作时追求形式上的尽善尽美。他推导过程的优雅性足以媲美拉格朗日，严谨性却超越了这位伟大的法国数学家。他的思想极为丰富，经常一个想法紧接着另一个想法产生。结果，他甚至没有时间写下最简单的提纲。20 岁时，高斯就已经推翻了大量高等数学中的旧理论和旧方法，涉及高等数学所有分支；并且，他不费吹灰之力就发表了自己的成果，确定了自己的发现优先权；他是第一个对无穷级数进行严谨研究的数学家；他最早充分认识并强调其重要性，并系统地使用了行列式和虚数；他最早使用了最小二乘法；他最早观察到了椭圆函数的双周期性；他发明了日光望远镜，并与韦伯一起发明了双线磁力计和磁偏角测量仪；此外，他重建了整个磁学。

卡尔·弗里德里希·高斯（Karl Friedrich Gauss）[2] 是一个瓦工的儿子，出生于布伦维克（Brunswick）。他曾经开玩笑说，他还不会说话时就会计算了。幼年时，高斯的出色计算能力引起了约翰·马丁·巴特尔斯（Johann Martin

---

〔1〕 R. Tucker, “Carl Friedrich Gauss”, *Nature*, Vol. 15, 1877, p. 534.

〔2〕 W. Sartorius Waltershausen, *Gauss*, *zum Gedächtniss*, Leipzig, 1856.

Bartels）的注意。巴特尔斯后来成了多帕大学的一名数学教授。在他的推动下，布伦维克公爵（Duke of Brunswick）查尔斯·威廉（Charles William）了解到了高斯的能力。公爵承诺对男孩进行教育，然后将他送到卡罗莱纳姆学院（Collegium Carolinum）学习。高斯在语言方面的进步与在数学上的进步一样迅速。1795年，他前往哥廷根大学学习，但仍未决定研究语言学还是数学。亚伯拉罕·哥特哈夫·卡斯特纳（Abraham Gotthelf Kästner）当时是哥廷根大学的数学教授，现在因他的《数学史》（*Geschichte der Mathematik*，1796）而广为人知。他当时是高斯的老师，但是并不善于激励、引导高斯，不过卡斯特纳同时代的德国学者对他极为认可，高度赞赏他的数学水平和诗歌写作能力。高斯曾称，卡斯特纳是诗人中的第一位数学家，也是数学家中的第一位诗人。不到19岁时，高斯开始在一本笔记本上用拉丁语简短记录他的数学发现[1]。这本日记出版于1901年，其中包含146篇日志。第一篇日期为1796年3月30日，其中指出，他发现了一种作圆内接规则十七边多边形的方法。在这一发现的激励下，他开始更加努力地学习数学。他的研究完全独立于他的老师，当他还是哥廷根大学的一名学生时，他就得出了他一生中最重要的一些发现。高等算术是他最喜欢的研究领域。沃夫冈·波尔约（Wolfgang Bolyai）和他是一个小圈子的亲密朋友。在哥廷根大学完成学业后，他回到了布伦维克。1798年和1799年，他一直待在赫尔姆施塔特的一所大学，以使用那里的图书馆，并在那里结识了优秀的数学家普法夫。1807年，俄国沙皇邀请高斯前往俄罗斯科学院。但与此同时，奥尔伯斯想让他接任哥廷根大学天文台的负责人。于是，在奥尔伯斯的建议下，高斯谢绝了沙皇的邀请，前往哥廷根大学工作。很明显，高斯不愿意担任数学教席，更喜欢天文学工作，因为这样，他可以将所有时间都花在科学研究上。在不间断的工作中，他在哥廷根大学度过了自己的一生。1828年，他曾去柏林参加了一次科学家会议。此后，他再也没有离开过哥廷根，除了1854年，那一年，哥廷根和汉诺威之间开通了一条铁路。他为人意志坚强，但奇特的是，与此同时，他又具有孩童的好奇心。他很少与人交流，有时会感到烦躁。《高斯作品集》中，第十九卷计划于1916年出版，将介绍他的生平和

---

〔1〕 *Gauss' wissenschaftliche Tagebuch*，1796—1814. Mit Anmerkungen herausgeggeben von Felix Klein，Berlin，1901.

著述。

高斯《算术探索》（*Disquisitiones Arithmeticæ*，莱比锡，1801）开启了数论的新纪元。他的这一研究可以追溯至1795年拉格朗日和欧拉曾得出的一些研究结果。但是，由高斯最终也独立得出了这些结果。他在深入研究该问题时并不熟悉其伟大的前辈的著作。勒让德的《数论》（*Théoriedes Nombres*）出版时，《算术探索》已经出版。《算术探索》第四部分中给出的二次互反律是一条涉及整个二次剩余理论的定律。他在18岁之前通过归纳法发现了这一定律，在一年后给出了证明。之后，他了解到欧拉曾试图阐述该定理，但欧拉的版本并不完善，而勒让德曾试图证明这一定理，但显然遇到了无法克服的困难。在第五部分中，高斯给出了这一高等算术"珍珠"的第二种证明。1808年，他给出了第三种和第四种证明。1817年，他给出了第七种和第八种。也难怪他对二次互反律有特别的感觉。都灵大学的安戈洛·格诺奇（Angelo Genocchi）和卡尔·古斯塔夫·雅各比、艾森斯坦、刘维尔、维克多·阿梅迪·勒贝格（Victor Amédée Lebesgue）、库默尔、斯特恩、克里斯蒂安·泽勒（Christian Zeller）、马可格罗尼根（Markgröningen）、克罗内克（1899）、彼得格勒的维克托·雅科夫勒维奇·布尼亚科夫斯基（Victor Jacovlevich Bouniakovski）、哥廷根的恩斯特·谢林（Ernst Schering）、哥本哈根的朱利乌斯·彼得·克里斯蒂安·彼得森（Julius Peter Christian Petersen）、佩平（Pepin）、法比安·富兰克林（Fabian Franklin）、菲尔兹（Fields）等都给出了证明[1]。二次互反律"引人注目，不仅仅是因为其在许多数学分支中所发挥的重要作用，更是因为由它诞生了许多新方法。"（麦克马洪）用二元二次型表示数字是高斯的伟大成就之一。他通过引入全等理论建立了一种新算法。在卡尔·古斯塔夫·雅各比的时代之前，《算术探索》第四部分研究二次全等，第五部分讨论了二次形式，这两部分一直不受重视。但其中内容是此后一系列重要研究的起点。《算术探索》第七部分，也是最后一部建立了分圆理论，一开始，就得到了应有的热情认可。从那时起，这部分一直是课堂授课的内容。1872年，当时在布雷斯劳的保罗·巴赫曼（Paul Bachmann）出版了一部有关分圆多项式的标准著作。

---

〔1〕 O. Baumgart, *Ueber das Quadratische Reciprocitätsgesetz*, Leipzig, 1885.

在圆的分割和 n 边正多边形构造的方程中，n 是素数，仅当 $n-1$ 为 2 的幂时，方程可仅通过开平方求解。因此，可以用直尺和圆规通过以下方式构造质数 n 为 3、5、17、257、65、537、…时的这种正多边形，但当 n 是 7、11、13、…时，无法构造。结果也可以这样描述：古希腊人知道如何内接边数为 2^m，$2^m\times3$，$2^m\times5$，$2^m\times15$ 的规则多边形。高斯在 1801 年补充说，当边数为素数且形式为 $2^{2\mu}+1$ 时，仅用直尺和圆规构造是可能的。狄克森计算得出，$n\geqslant100$ 时，不可内接的多边形的数量是 24，$n\geqslant300$ 时是 37，$n\geqslant1000$ 时是 52，$n\geqslant100000$ 时是 206。

目前为止，已经有学者给出了规则内接多边形的三种经典构造方式：瑟雷在他的《代数》（*Algerbra*，第 2 章第 547 页）中给出了一种，施陶特在《克雷尔杂志》第二十四卷中提出了一种，第三种是吉哈德（Gérard）在《数学年鉴》（1897，第 48 卷）所提出。值得注意的是，吉哈德只使用了圆规。正如高斯概述的那样，里歇洛在构造规则 257 边多边形时，使用了解析方法，里歇洛的该研究发表于《克雷尔杂志》第九卷。施泰格里茨（Steglitz）的奥斯瓦尔德·赫尔密斯（Oswald Hermes）经过 10 年努力，构造出了 65537 边多边形；他的手稿如今存放在哥廷根大学的数学研讨室[1]。高斯计划在《算术》中写入八部分，但最后为节约出版费用，他没有写最后一部分。他的数论论文并未全部收入他的著作中。其中一些是他去世后才在其作品集中出版。他写了两本关于四次剩余理论的研究报告（1825 年和 1831 年），其中第二个研究报告包含一个四次互反的定理。

1801 年，巴勒莫的一名学者公布了谷神星的发现。在此影响下，高斯开始研究天文学。他求出的谷神星轨道的基本数据极为精确，在他的数据帮助下，奥尔博斯也独立发现了谷神星。高斯的计算使他声名远扬。1809 年，他出版了《天体运动力学》（*Theoria motus Corporumcœlestium*），其中讨论了如何在任意条件下，根据观察结果解决行星和彗星的运动问题。其中包含四个球面三角公式，现在通常称之为“高斯类比”。但实际上，此前，莱比锡的卡尔·布兰登·莫尔威德尔（Karl Brandon Mollweide）和让·巴蒂斯特·约瑟夫·德兰布

[1] A. Mitzscherling, *Das problem der Kreisteilung*, Leipzigu. Berlin, 1913, pp. 14, 23.

雷（Jean Baptiste Josph Delambre）已经出版了这四个公式，后者更早一些[1]。在天文台和地磁观测台辛勤工作多年后，高斯牵头建立了德国地磁研究联盟，旨在确保能够有研究者定期观测地磁。他参与了大地观测研究，并在1843年和1846年撰写了两份名为《论大地测量学的对象》（*Über Gegenstände der höheren Geodesie*，1813）的研究报告。他还撰文讨论了均匀椭圆体的吸引力。在1833年一份关于毛细引力的研究报告中，他解决了一个需要用到特定双积分的变分问题。这是解决此类问题的最早例子。高斯还讨论了光线通过透镜系统时的情况。

高斯的学生中有海因里希·克里斯蒂安·舒马赫（Heinrich Christian Schumacher）、克里斯蒂安·格林（Christian Gerling）、弗里德里希·尼柯莱、费尔丁和莫比乌斯、乔治·威廉·斯特鲁夫（Georg Weihelm Struve）、约翰·弗朗茨·恩克（Jophann Frantz Encke）。

高斯对数论的研究开创了一个学派，其中最早的学者有卡尔·古斯塔夫·雅各比。后者在《克雷尔杂志》发表了关于三次剩余的论文，提出了定理，但没有给出证明。在高斯发表了有关四次剩余的论文，给出了四次互反律，并且在研究了复数之后，卡尔·古斯塔夫·雅各比发现了类似的三次剩余的定律。通过椭圆函数理论，他得到了关于用2、4、6和8个平方数表示其他数字的优雅定理。接下来，我们来介绍狄利克雷，他介绍了许多高斯的研究，本身也有丰富的研究成果。

彼得·古斯塔夫·勒让·狄利克雷（Peter Gustav Lejeune Dirichlet）[2]出生于迪伦，曾在波恩的一所文理高中就读，之后在科隆的耶稣文理高中就读。1822年，他被拉普拉斯、勒让德、傅里叶、泊松和柯西的研究吸引到巴黎。那里的数学教育水平要比德国高得多，高斯是当时德国唯一一位伟大数学家。在巴黎时，他读了高斯的《算术探索》（*Disquisitiones Arithmeticæ*），深为折服。狄利克雷简化了其中的大部分内容，从而使数学家易于理解。1825年，他向法国科学院提交了一份关于某些五次不定方程不可能存在解的研究报告。他证

---

〔1〕 I. Todhunter，“Note on the History of Certain Formulae in Spherical Trigonometry”，*Philosophical Magazine*，Feb.，1873.

〔2〕 E. E. Kummer，*Gedächtnissrede auf Gustav peter Lejeune-Dirichlet*，Berlin，1860.

明，当 $n=5$ 时，费马方程 $x^n+y^n=z^n$ 不成立。但是，在他的证明中，有一部分是勒让德的研究成果。狄利克雷与傅里叶的相识促使他研究了傅里叶级数。他于1827年在布雷斯劳大学出任教职。1828年，他在柏林大学任职，并最终于1855年接替高斯在哥廷根大学的职位。之后，狄利克雷撰写了研究报告，《论数论中求平均值》（*Über die Bestimmung der Mittleren Werthe in der Zahlentheorie*，1849），其中给出了正负行列式的二元二次型的平均类数取决的一般原则（高斯最早研究了该问题）。再之后，格拉茨（Graz）的梅尔滕斯自1894年之后确定了几个数值函数的渐近值。狄利克雷对素数给予了一定关注。此前，高斯和勒让德已经给出了表示小于给定上限的素数数量的渐近值的近似表达式。但是，最后是黎曼在研究报告《论大小给定的质数个数》（*Über die Anzahl der primzahlen Unter einer gegebenen Grösse*，1859）中研究了素数的渐进频率的严谨研究。圣彼得堡大学前教授切比谢夫在不同方向上研究了这一问题，他在著名的研究报告《论素数》（*Sur les Nombres premiers*，1850）中确定了必定包含素数的对数之和且小于给定数字 x 的 P 有一个存在范围。[1] 他证明，如果 $n>3$，则在 n 和 $2n-2$（含）之间始终至少存在一个素数。该定理有时称为“贝特朗假设”，因为贝特朗先前为了证明置换群理论中的一个定理，采用了该假设。这篇论文基于非常基本的考虑，并且在这一方面与黎曼的论文形成鲜明对比，后者涉及微积分的抽象定理。之后的研究者还有庞加莱和西尔维斯特。其中，西尔维斯特对切比谢夫极限的压缩涉及素数的分布以及哈达玛德（获得1892年格兰德大奖）的研究。

黎曼提出了

$$\zeta(s)=\sum_{n=1}^{\infty}\frac{1}{n^s},\ (s=\sigma+ti)$$

的六个相关属性，他全部都无法证明[2]。1893年。哈达玛德证明了其中的三个，从而在黎曼的 zeta 函数中建立了零点的存在。德国但泽的冯·曼格特（von Mangoldt）在1895年证明了黎曼六个属性的第四个，1905年证明了第五

〔1〕 H. J. Stephen Smith “On the present State and prospects of some Branches of pure Mathematics”, *Proceed. London Math. Soc.*, Vol. 8, 1876, p. 17.

〔2〕 相关细节可查阅 E. Landau in *Proceed. 5th Intern. Congress*, Cambridge, 1912, Vol. 1, 1913, p. 97.

个。尽管梅尔滕斯和斯特耐克（Sterneck）在此问题研究上已经取得了进展，但剩下的一个命题，即$0\leqslant\sigma\leqslant1$时，根实部均为$\frac{1}{2}$，这一点仍未得到证明。如果$x$是一个正数，并且$\pi(x)$表示小于$x$的素数，那么兰道所说的“素数定理”（Primzahlsatz），$\pi(x)$与$\frac{x}{\log x}$的比率将随着x的增加无限接近于1。勒让德、高斯和狄利克雷猜到了这个定理。早在1737年，欧拉[1]给出了一个类似的定理，即$\sum\frac{1}{p}$近似$\log(\log p)$，求和范围包括所有不大于p的素数。1896年，比利时鲁汶大学的学者哈达玛德和普辛证明了质数定理。此外，斯德哥尔摩大学的黑尔格·冯·科赫，兰道（此时在哥廷根大学），剑桥大学的哈迪（Hardy）和利特尔伍德（Littlewood）也分别于1901年、1903年及1915年给出了质数定理的证明。哈迪还发现，实部为$\frac{1}{2}$的zeta函数有无穷个零点。兰道简化了哈迪给出的证明。

黎曼的zeta函数$\zeta(s)$由于其在素数理论中至关重要，首先得到了研究，但其重要性的另一方面体现在其在一般分析函数理论中的作用。1909年，兰道出版了他的《素数分布教学手册》（*Handbuch der Lehre von der Verteilung der Primzahlen*）。1912年，他宣布，当时的数学理论显然无法回答以下四个问题：（1）n^2+1的整数值是否代表n个素数？（2）哥德巴赫定理：对于任意一个大于2的偶数m，都存在素数p和p'，满足$m=p+p'$。（3）$2=p-p'$是否有无穷个素数解？（4）对于每个正整数n，在n^2和$(n+1)^2$之间是否至少有一个素数？

不同时期的数学家都曾枚举过素数。不同时期学者都曾出版过一些因子表，其中给出了每个不能被2、3或5整除的整数中的最小因子。1811年之前的因子表中的数字没有超过408000的。1811年，拉迪斯劳斯·谢纳克（Ladislaus Chernac）在荷兰的代芬特尔（Deventer）出版了《算术筛法》（*Cribrum arithmeticum*），其中的因子表给出了最高达1020000的因子。伯克哈特（Burckhardt）于1807年在巴黎发表了一份因子表，其中给出了数字从1到

[1] G. Eneström in *Bibliotheca mathematica*，3. S.，Vol. 13，p. 81.

1020000 的数字的因子，1814 年又发表了一份从 1020000 到 2028000 的因子表。1816 年，他又有一份因子表发表，范围从数字 2028000 到 3036000。詹姆斯·格莱舍（James Glaisher）于 1879 年在伦敦发表了一份因子表，数字为 3000000 至 4000000，1880 年的一份为数字 4000000 至 5000000，1883 年的一份为数字 5000000 至 6000000。扎克里亚斯·达斯（Zacharias Dase）于 1862 年在汉堡发布了一份因子表，数字为 6000001 至 7002000，1863 年发布的一份为数字 7002001 至 8010000，1865 年发布的一份为数字 8010001 至 9000000。1909 年，华盛顿的卡内基研究所发布了由加州大学的雷默（Lehmer）编写的一千万以内因子表。此外，莱默的早期出版物中存在错误。格莱舍在他的《因子表——前四百万》（*Factor Table. Fourth Million*，1879）中介绍了因子表历史的一些细节。

柯西对数论做出了其他贡献。例如，他展示了如何在给出一个解的情况下，在三个变量中找到二阶齐次不定方程的所有无限解。他建立了一个定理，即如果两个具有相同模数的同余式接受一个公共解，则该模数就是它们的结果的除数。法兰西学院教授约瑟夫·刘维尔（Joseph Liouville）主要研究了两个以及更多变量的二次型理论。也有学者沿着不同的方向研究了这一问题，结果证明，他们的路径自提出之后就是一个至关重要的研究切入点。1844 年，刘维尔证明了 e 抑或 e^2 都不可能是带有理系数的二次方程的根［《刘维尔期刊》(*Liouville's Journal*)，第 5 卷］。后来，利用带有理系数的代数方程式的根的连分数的收敛性，刘维尔确定了所谓的超越数的存在。超越数不可能是任何此类方程式的根，他还通过另一种方法证明了这一点。康托尔也提出了一种方法。柏林的斐迪南·哥特赫德·艾森斯坦（Ferdinand Gotthold Eisenstein）对此问题进行了深入研究。高斯对三元二次型进行了一定研究，但从二到三个未定元的扩展是哥特赫德·艾森斯坦的贡献。他在研究报告《高等算术新定理》（*Neue Theoreme der hözheren Arithmetic*）中，定义了不均匀行列式三元二次型的级数和一般性质；并分配了确定形式情况下任意阶或属的权重。但是没发表证明过程。在研究二元三次型理论时，他发现了分析学有史以来第一个协变量。他证明，与平方和表示数字有关的一系列定理在平方数的数量超过 8 时就停止了。艾森斯坦遗漏的许多证明后来由亨利·史密斯所补充。亨利·史密斯是英国为数不多的致力于高级算术研究的数学家之一。

亨利·约翰·史蒂芬·史密斯（Henry John Stephen Smith）〔1〕出生于伦敦，在牛津大学贝利奥尔学院（Balliol College）和拉格比公学（Rugby College）接受教育。1847年之前，他为了改善身体健康，远赴欧洲旅行，并聆听了阿拉戈在巴黎的课程。但那年之后，他再也没有缺席过牛津大学的一个学期。1849年，他在牛津大学获得了古典学和数学方面的最高荣誉，因此被评为“双第一”。有一个故事是关于他在古典学和数学之间的抉择。据说，他当时投掷了一枚硬币决定到底从事哪一个领域的研究。他终生未婚，没有家人打扰他从事科学工作。“不过，他在金钱问题上粗心大意，相比于合理管理收入，他更愿意参与股票投机。”〔2〕1861年，他当选为萨维利亚几何学教授。他关于数论的第一篇论文发表于1855年。他在十年间发表的数论研究结果都收录在了他的《报告》（*Reports*）——发表于1859年至1865年的英国数学家学会的学术期刊中。这些报告在阐述的清晰性、准确性和完善性方面足以作为典范。其中包含不少原创性研究，但是他自己发现的大部分结果发表于1861年和1867年的《哲学汇刊》中，其中主要研究线性不定方程和全等，以及三阶二次型的阶和属。他建立了 n 个未定元的二次型的一般情况的扩展所依赖的原理。他还为1864年和1868年的英国皇家学会学报撰写了两本研究报告。卡尔·古斯塔夫·雅各比，艾森斯坦和刘维尔曾提出一些用4个、6个、8个平方数，或其他简单二次型表示其他数字的定理。在他的第二本研究报告中，他表示，由他的论文中的原理可以推导出这些定理。艾森斯坦给出了5个平方数的情况的相关定理，但最终是史密斯给出了这些定理的完整表述，并给出7个平方数的相应定理。2个、4个、6个平方数的情况的解可以通过椭圆函数获得，但是当平方数的数量为奇数时，需要用到数论的特有方法。此类定理最多只到8个平方数的情况，史密斯补充完善了这一群的研究。由于对史密斯的研究一无所知，法国科学院为证明和完整阐述艾森斯坦的5个平方数的相关定理提供了悬赏，虽然史密斯15年前就完成了这一任务。1882年，他将一份论文寄到了法国科学院。第二年，法国科学院将奖项授予了他，但颁奖时，他已过世一个月。德

---

〔1〕 J. W. L. Glaisher in *Monthly Notices R. Astr. Soc.*, Vol. 44, 1884.

〔2〕 A. Macfarlane, *Ten British Mathematicians*, 1916, p. 98.

国波恩的闵可夫斯基当时获得了法国科学院的另一项大奖。数论研究促使史密斯开始思考椭圆函数问题，他还撰写了有关现代几何的文章。西尔维斯特继承了他在牛津大学的教席。史密斯曾采取反实用主义的研究立场，在一次祝酒时，他戏谑地说："祝理论数学永远对任何人都没有用处。"

柏林大学的教授恩斯特·爱德华·库默尔（Ernst Eduard Kummer）的研究与数论紧密相关。高斯介绍了狄利克雷对 $a+ib$ 形式的复数的研究。他和艾森斯坦以及戴德金进一步拓展了狄利克雷的研究。艾森斯坦使用方程 $x^3-1=0$ 和复数 $a+b\rho$（ρ 为 1 的立方根）代替方程 $x^4-1=0$ 的根。他的这一理论和高斯的数论观点相似。库默尔将艾森斯坦的理论推广到一般情况 $x^n-1=0$，并得到形式为 $\rho=a_1a_1+a_2a_2+a_3a_3+\cdots$ 的复数。a_i 是整实数，A_i 是上述方程的根。欧几里得的最大公约数理论不适用于此类复数，并且不能用定义一般整数的质因数的方式定义此类复数的质因数。为了克服这一困难，库默尔率先引入了"理想数"的概念。这些理想数已由圣彼得堡的佐洛塔列夫（G. Zolotarev）应用于解决阿贝尔留下的积分问题[1]。戴德金给出了一种新复数理论。在某种程度上，他偏离了库默尔的方法，并避免使用了理想数。狄利克雷的《数论讲义》（*Vorlesungen über Zahlen theoriea*）第二版中介绍了戴德金的这一理论。戴德金已将任何具有积分系数的不可约方程的根作为他的复数的单位。1893 年，克莱因使用几何方法处理了理想数，以简化这一理论。

费马的"最后定理"、华林定理

库默尔的理想数起源于他试图证明整数费马方程 $x^n+y^n=z^n(n>2)$ 不可解的尝试。之后，有研究者使用了更基本的手段，并且在证明此类方程不可解方面取得了一些进展。在 x，y，z 为无法被奇质数 n 整除的整数的情况下，巴黎数学家和哲学家苏菲·热尔曼（Sophie Germain）已证明 $n>100$ 时，此方程不可解。另外，勒让德、麦雷、迪米特里·米里曼诺夫（Dmitry Mirimanoff）及狄

---

〔1〕 H. J. S. Smith, "On the Present State and Prospects of Some Branches of Pure Mathematics", *Proceed. London Math. Soc.*, Vol. 8, 1876, p. 15.

克森分别证明了 $n>200$ 时，$n>223$ 时，$n>257$ 时，及 $n>7000$ 时，此方程不可解[1]。他使用了苏菲·热尔曼发现的方法，该方法需要求一个奇质数 p，使模数为 p 的方程 $x^n+y^n+z^n\equiv 0$ 无解，x^n、y^n、z^n 都不能被 p 整除，n 也不是任意整数的 n 次幂的模 p 的余数。库默尔的结果基于他参与建立的一套先进的代数理论。早期，他曾认为自己有完整的证明方法。他向狄利克雷展示了他的证明方法，但狄利克雷指出，尽管库默尔已证明，任意数字 $f(\alpha)$ 是不可分解因子的乘积，其中 a 是 1 的 n 次方根，n 是素数，但他仍然假设这种因式分解是唯一的[2]。经过多年研究，库默尔得出结论，这一因式分解并非唯一，因为 $f(\alpha)$ 的数域太小以至于其中无法存在真正的素数。狄克森说[3]，在这一研究推动下，库默尔发现了理想数，并且由于理想数的概念结构极为精细，“即使是优秀的研究者在处理时必须极为小心。不过，如今，理想数的重要性主要是其历史意义，因为我们现在已经有了更加简单且更具一般性的戴德金理论。”利用理想数，库默尔给出了一个费马大定理的证明，但他的证明排除了 n 取某些特定值的情况，这些值在 n 的较小值中很少见；且 n 没有低于 100 的值。因此，库默尔的方法并没有证明这一定理。1857 年，法国科学院因库默尔的复整数研究奖励给他 3000 法郎。

德国明斯特的学者威弗里希（Wieferich）在《克雷尔杂志》（第 136 卷，1909）中发表了一份研究，这份研究是库默尔之后的第一个重要进步。他证明如果 p 是素数，且 2^p-2 不能被 p^2 整除，则方程 $x^p+y^p=z^p$ 不能用不是 p 的倍数的正整数求解。德国夏洛滕堡（Charlottenburg）的瓦德玛·米斯纳（Waldemar Meissner）发现，当 $p=1093$，或者是 2000 之前的非质数时，2^p-2 可被 p^2 整除。日内瓦的学者米里曼诺夫（Mirimanoff）、弗洛贝纽斯、哥廷根大学的黑克（Hecke）、伯恩斯坦、福特万格勒（Ph. Furtwängler）、波恩尼赛克（Bohnicek）和费城的学者凡蒂沃（Vandiver）进一步推动了费马大定理一般情况证明的研究。达姆斯塔特的数学家沃夫斯科洛夫（Wolfskehl）于 1908 年将自己的遗产

---

〔1〕 见 L. E. Dickson in *Annals of Mathematics*, 2. S., Vol. 18, 1917, pp. 161-187. 另见 L. E. Dickson in *Atti del IV. Congr. Roma*, 1908, Roma, 1909, Vol. II, p. 172.

〔2〕 *Festschrift z. Feier des* 100. *Geburtstages Eduard Kummers*, Leipzig, 1910, p. 22.

〔3〕 *Bull. Am. Math. Soc.*, Vol. 17, 1911, p. 371.

十万马克捐赠给向哥廷根科学学会（Känigliche Gesellschaft der Wissenschaften），作为对费马最后定理的完整证明的奖项。也许这项奖项对学者产生了更多激励，从那以后，已经有学者发表了数百种错误证明。《数学与物理学档案》的“讨论区”部分有许多对未能发表的流产证明的反思。

在20世纪初，另一个著名定理“华林定理”也在证明上取得了重要进展。1909年，威弗里希证明了该定理的一部分，即每个正整数等于不超过9个正立方数的总和。他还证明，每个正整数等于不超过37个正四次幂的总和（华林认为不超过19个）。而希尔伯特于1909年证明，对于每一个大于2的整数 n（华林曾介绍过 $n>4$ 时的情况），每个正整数都可以表示为正 n 次幂的总和，n 次幂范围仅取决于 n 的取值。胡尔维茨、麦雷、弗莱克和坎普纳求出了这一范围的上限。坎普纳在1912年证明，存在无穷多个不小于 $4\cdot 2^n$ 个正 2^n 次幂和的数字，其中 $n\geqslant 2$。

其他近期研究与数域

库默尔的研究吸引了他的学生克罗内克（Leopold Kronecker）的注意，他继续了库默尔的研究，并将其应用于代数方程。另一方面，已有其他学者努力在数论研究中利用现代高等代数理论。明斯特的保罗·巴赫曼继续了赫尔密特的研究，给出三元二次型自同构的算术公式[1]。巴赫曼是《数论》（*Zahlentheorie*）中几卷知名内容的作者，这几卷分别写于1892、1894、1872、1898和1905年。西伯（Seeber）解决了正三元二次型和定三元二次型的等价性问题，以及艾森斯坦所提出的此种形式的算术自同构问题。维尔茨堡（Würzburg）的爱德华·塞林（Eduard Selling）已研究了更难的三元不定方程的等价性问题。至于四次或更多未定元的二次型，几乎无人研究过。赫尔密特表明，具有积分系数和给定判别式的二次方程的非等价类数有限，而圣彼得堡的佐洛塔列夫和亚历山大·科金（Alexander Korkine）则研究了二次方程的极小值。史密斯（Smith）结合二元二次型，建立了一个定理，即如果两个真本原型的共同不变式消失，则其中一个真本原型的行列式由另一个真本原型的行列式以本原形式

〔1〕 *Bull. Am. Math. Soc.*，Vol. 17，1911，p. 371.

表示。

三一学院的格莱舍和西尔维斯特的最新研究表明了算术和代数定理之间的可互换性。西尔维斯特提出了一种数字拆分理论。他的学生，现在纽约的富兰克林（Franklin）和在美国专利局工作多年的审查员乔治·史蒂森·伊莱（George Stetson Ely）为其做了补充。

通过引入“理想数”，库默尔进入了数论领域。戴德金和克罗内克研究了超级域（Oberkörper），由超级域可轻松得出给定数域的属性，就这样，他们为数论开辟了一个新的广阔领域。超级域与代数和函数理论密切相关。回想一下伽罗瓦的有理数域，这一问题在方程式理论中的重要性立即显而易见。黎曼的研究阐明了数论与函数理论之间的相互关系。在他的研究中，质数的频率取决于某个解析函数的零点，并且 e 和 π 的超越性是指数函数的算术性质。1883 年至 1890 年，克罗内克发表了关于一些椭圆函数的重要研究，其中包含一些极为优雅的算术定理。基于理想的概念，戴德金将库默尔的研究结果推广到代数数的一般情形的方法。戴德金和克罗内克的方法的一个共同特征是都引入了复合模量。马修斯（Mathews）[1] 说，实际上，将克罗内克和戴德金的方法结合起来很方便。各种域中最重要的是伽罗瓦域。希尔伯特广泛研究了这一问题。克罗内克建立了一个定理，即所有阿贝尔域都是分圆域，韦伯和希尔伯特也证明了这一定理。希尔伯特编写的一份重要报告《代数数域理论》（*Theorie der algebraischen Zahlkörper*），于 1894 年[2]出版。希尔伯特首次建立了一般数域理论，然后建立了特殊域，即伽罗瓦域、二次域、圆域（Kreiskärper）和库默尔域等理论。福特（Fueter）[3] 1911 年发表了一份报告，介绍了之后的相关研究。该领域尚未提及的研究者中最重要的有伯恩斯坦、福特万格勒、闵可夫斯基、赫尔密特和胡尔维茨。韦伯的《代数教程》（*Lehrbuch der Algebra*，1899，第二卷）、索默尔（Sommer）的《数论讲义》（*Vorlesungen über Zahlentheorie*，1907）和赫尔曼·闵可夫斯基的《丢番图逼近》（*Diophantische Approximationen*，莱比锡，1907）都对该理论进行了介绍。闵可夫斯基分别用几何语言

---

〔1〕 Art. “Number” in the *Encyclop. Britannica*, 11th ed., p. 857.

〔2〕 *Jahresbericht d. d. Math. Vereinigung*, Vol. 4, pp. 177-546.

〔3〕 *Loc. cit.*, Vol, 20, pp. 1-47.

和算术语言介绍了最新的和过往的研究。他对格的使用为代数理论和某些新发现的证明提供了几何条件。

柯尼斯堡的库恩·亨赛尔（Kurn Hensel）在他的《代数数理论》（*Theorie der algebraischen Zahlen*，1908）和《数论》（*Zahlen theorie*，1913）中提出了一种新的强大的代数数问题解决方法。他的方法类似于解析函数理论中的幂级数方法。他采用任意质数 p 的幂数展开式进行幂次幂化。p-adic 数论在 1913 年的书中被推广为 g-adic 数论，其中 g 是任意整数[1]。

大数因式分解是一个难题。保罗·希尔霍夫（Paul Seelhof）、巴黎的弗朗索瓦·爱德华·阿纳托尔·卢卡斯（François Edouard Anatole Lucas）、弗图内·郎德利（Fortuné Landry）、卡宁海姆（Cunningham）、劳伦斯（Lawrence）和莱默（Lehmer）研究了这一问题。

超越数和无穷大

基于先前刘维尔的计算结果，赫尔密特于 1873 年在《巴黎科学院通报》（第 77 卷）中证明 e 是超越数。而林德曼 1882 年（柏林科学院学报）证明了 π 是超越数。赫尔密特证明，$ae^m+be^n+ce^r+\cdots=0$ 不可能成立，其中 m，n，r，…和 a，b，c，…是整数；林德曼证明，当 m，n，r，…和 a，b，c，…是代数数时，该方程不存在；如果 x 是代数数，则 $e^{ix}+1=0$ 尤其不能存在。因此，π 不能是代数数。但是，只有当连续开平方根得到的 a 是某种特殊类型的代数数时，才能借助直尺和圆规从点（0，0）和（1，0）开始构造点（a，0）。因此，无法构造点（π，0），并且“化圆为方”是不可能的。赫尔密特和林德曼的证明涉及复积分。魏尔斯特拉斯（1885）、斯蒂尔杰斯（1890）、希尔伯特、胡尔维茨和高登（《数学年鉴》，1896，第 43 卷）、梅尔滕斯（1896）、瓦雷宁（Th. Vahlen，1900）、韦伯、恩里克斯和霍布森（Hobson，1911）等给出了简易证明方法。

从刘维尔、麦雷、法伯、奥布雷、坎普纳的研究中可以明显看出，e 和 π 之外还有许多其他超越数。他们给出了定义超越数的无穷级数的新形式。1913

〔1〕 *Bull. Am. Math. Soc.*，Vol. 20，1914，p. 259.

年，美国明尼阿波利斯（Minneapolis）的鲍尔（Bauer）和斯罗宾（Slobin）建立了一条有趣的定理，即只要自变量是非零代数数，三角函数和双曲函数就代表超越数，反之亦然，只要函数是代数数，则参数就是超越数[1]。

19世纪，实无穷的概念发生了根本性变化。直到1831年，高斯仍然说："我不认为，我们在应用无穷大时，可以认为无穷大已得到了彻底研究。数学研究绝不能允许这种做法。无穷大只是一种说法，其实质含义是某些比率无限接近的极限[2]。"高斯同时代的学者柯西同样拒绝接受实无穷存在，他受到了18世纪意大利都灵的哲学家热蒂尔（Gerdil）神父的影响[3]。1886年，康托尔持截然相反的立场。他说："尽管位势概念和实无穷概念之间存在本质上的区别，但前者代表一个变化的有限量，并且会增长到超出所有有限极限的范围，而后者则是超出了所有有限量的固定常量，但它们经常被混淆……由于对这种不合理的实无穷的厌恶和伊壁鸠鲁唯物主义思想的影响，无穷大在科学界引发了广泛恐慌。高斯的一封书信就是当时这种现象的典型体现。但在我看来，对合理的实无穷给予非批判性否决并不可行，因为这样做同样与事物本质相悖。我们需要尊重事物原本面目。"[4]

1904年，皮卡德表达了自己的看法[5]，"自从数字的概念建立，研究者就发现它深不可测。现在，我们仍然在思考，数字包含的两个概念，基数和序数，到底哪一个先于另一个。也就是说，所谓的数的概念是否先于序的概念，抑或相反。几何逻辑学家忽略了太多这些问题中的心理因素。倒是有些未开化的种族给我们上了一课，似乎我们能从这些研究中得出结论：基数才是重点。"

---

〔1〕 *Rendiconti d. Circolo Math. Di Palermo*, Vol. 38, 1914, p. 353.

〔2〕 C. F. Gauss, Brief on Schumacher, *Werke*, Bd. 8, 216; quoted from Moritz, *Mcmorabilia mathematica*, 1914, p. 337.

〔3〕 见 F. Cajori, "History of Zeno's Arguments on Motion", *Am. Math. Monthly*, Vol. 22, 1915, p. 114.

〔4〕 G. Cantor, Zum problem des actualen Unendlichen, *Natur und Offenbarung*, Bd. 32, 1886, p. 226; quoted from Moritz, *Memorabilia mathematica*, 1914, p. 337.

〔5〕 *Congress of Arts and Science*, St. Louis, 1904, Vol. I, p. 498.

应用数学

天体力学

尽管18世纪末，拉普拉斯在天体力学领域有了一系列美丽的发现，但在19世纪初，研究者却发现了一个似乎超出数学分析能力的问题。在这一世纪的第一天，意大利的学者朱塞佩·皮亚齐（Giuseppe Piazzi）公开了谷神星（Ceres）的发现。该发现在哲学家黑格尔（Hegel）发表论文之后就在德国广为人知，该论文证明了无法进行这种发现的先验条件。从皮亚齐观察到的行星位置来看，旧方法计算出它的轨道并不令人满意。解决这一问题需要等到天才的高斯。他设计了一种计算椭圆轨道的方法，该方法没有偏心和小倾角的假设。他的《天体运动力学》进一步发展了这一办法。天文学家奥尔博斯借助高斯的数据重新发现了这颗新行星，他不仅通过自己的天文学研究促进科学，而且通过辨别和指导天文学的追求来探索贝塞尔的才华。

弗里德里希·威廉·贝塞尔〔1〕（Friedrich Wilhelm Bessel）是威斯特伐利亚（Westphalia）的明登（Minden）的本地人。对数字的热爱和对拉丁语法的厌恶使他选择经商。15岁那年，他在不来梅（Bremen）成了一名学徒文员。并且在将近7年的时间里，他全天致力于掌握其业务细节以及部分夜生活。希望有一天成为贸易远征的“超级货”。他对海上观察产生了兴趣。他用自己建造的六分仪和一个普通的钟表确定了不来梅的纬度。他的成功启发了他进行天文学研究。在他从睡眠中抢走的几个小时里，他无偿地接连完成了一项工作。从以前的观察中，他算出了哈雷彗星的轨道。贝塞尔向奥尔博斯介绍了自己，并向他提交了计算结果，奥尔博斯立即将其发表。在奥尔博斯的鼓励下，贝塞

〔1〕 *Bessel als Bremer Handlungslehrling*, Bremen, 1890.

尔抛弃了富裕生活的前景，选择了清贫与繁星，并成为李林塔尔（Lilienthal）的施罗德（Schröter）的天文台的助手。四年后，他成为肯尼斯堡（Känigsberg）新天文台的负责人。[1] 在缺乏足够的数学教学力量的情况下，贝塞尔被迫教授数学课程，以帮助学生为天文学研究打下数学基础。1825 年，卡尔·古斯塔夫·雅各比到来之后，他不再需要承担这项工作。贝塞尔被誉为现代实用天文学和大地测量学的创始人。作为天文观察者，他高耸于高斯之上，但作为数学家，他为这位同时代的伟大天才数学家所折服。在贝塞尔的论文中，《太阳运动引发的行星摄动研究》（*Untersuchung des Theils der Planctarischen Störungen, welcher aus der Bewegung der Sonne entsteh*）极为值得关注，1824 年，他介绍了一类先验函数 $J_n(x)$，该函数经常用于应用数学，被称为“贝塞尔函数”。他给出了它们的主要属性，并构造了用于评估的表。此前已提到，贝塞尔函数在更早的数学文献中已出现。[2] 零阶函数出现在丹尼尔·伯努利（1732）和欧拉关于悬挂于一端的重弦的振动论文中。欧拉（1764）在一篇关于拉伸弹性膜的振动的论文中，完成了第一类贝塞尔函数和整数阶的所有函数。1878 年，瑞莱（Rayleigh）勋爵证明，贝塞尔函数是拉普拉斯函数的特殊情况。格莱舍通过贝塞尔函数说明了，从物理问题中产生的数学分支通常“缺乏易流动性或形式上的同质性，而这正是数学理论的一般特征”。卡尔·西奥多·安格（Carl Theodor Anger），1856 年创办《数学与物理杂志》的德雷斯顿学者奥斯卡·施罗米尔希（Oskar Schlömilch），波恩的利普西兹，莱比锡的诺依曼，慕尼黑的尤金·洛梅尔（Eugen Lommel），剑桥圣约翰学院的伊萨克·托德亨特研究了这些函数。

拉普拉斯的接班人中有以下几人：西蒙·丹尼斯·泊松（Simion Denis Poisson），他于 1808 年撰写了一部经典的《行星运动研究报告》（*Mémoire sur les inégalites séculaires des moyens mouvements des planètes*）；都灵的乔瓦尼·安东尼奥·阿梅多·普拉纳（Giovanni Antonio Amaedo Plana），他是拉格朗日的外甥，于 1811 年出版了《椭球体吸引力理论研究报告》（*Memoria sulla teoria*

---

〔1〕 J. Frantz, *Festrede aus Veranlassung von Bessel's hundertjährigen Geburtstag*, Känigsberg, 1884.

〔2〕 Maxime Bôcher, “A bit of Mathematical History”, *Bull. of the N. y. Math. Soc.*, Vol. II, 1893, p. 107.

dell'attrazione degli sferoidi ellitici)，推动了月球理论的研究；哥达的学者彼得·安德里亚·汉森（Peter Andreas Hansen），他曾是通登（Tondern）的钟表匠，后来成了舒马赫（Shumacher）在阿尔托纳（Altona）的助手，最后成了哥达天文台的负责人。他曾讨论过许多天文学问题，但主要围绕月球理论，他在他的著作《月球轨道新研究基础》（*Fundamenta nova investigations orbitæ veræ quam Luman Perlustrat*，1838）以及随后的一些研究中详细阐述了他的月球理论，这些研究采用了涵盖范围广泛的月球表。格林尼治的皇家天文学家乔治·比德尔·艾里（George Biddel Airy）于 1826 年发表了《月球和行星数学理论》（*Mathematical Tracts on the Lunar and Planetary Theories*），后来他的研究得到了极大的扩展；莱比锡的学者奥古斯特·斐迪南·莫比乌斯（August Ferdinand Mobius）1842 年写作了《天体力学基础》（*Elemente der Mechanik des Himmels*）；巴黎的学者乌尔宾·让·约瑟夫·勒威耶（Urbain Jean Joseph Leverrier）写作了《天文学研究》（*Recherches Astronomiques*），部分内容是天体力学理论的新表述，勒威耶因其对海王星的理论发现而闻名；剑桥大学的亚当斯（Adams）像勒威耶一样独立计算出了海王星的轨道，1853 年，亚当斯指出拉普拉斯对月球平均运动的长期加速现象的解释仅占观测到的加速度的一半；巴黎索邦大学的力学教授查尔斯·尤金·德劳奈［Charles Eugène Delaunay，生于 1816 年，1872 年于瑟堡（Cherbourg）溺水身亡］解释了月球的剩余的加速现象的大部分，拉普拉斯的理论未能解释这一现象，即使是亚当斯追踪潮汐摩擦影响后修正了拉普拉斯的理论之后还是如此。潮汐摩擦是伊玛努埃·康德（Immanuel Kant），罗伯特·梅耶（Robert Mayer）和肯塔基州的威廉·费雷尔（William Ferrel）先前独立提出的理论。剑桥大学的乔治·达尔文对潮汐摩擦的研究非常出色。

乔治·霍华德·达尔文爵士（George Howard Darwin）是博物学家查尔斯·达尔文（Charles Darwin）的儿子，毕业于剑桥三一学院。他是 1868 年的第二论辩人，穆尔顿勋爵（Lord Moulton）是当年的第一论辩人。乔治·达尔文于 1875 年开始发表潮汐摩擦理论在太阳系演化中的应用方面的重要论文。他发现，地月系统在演化模式在太阳系中非常特别。他追溯了过往地球和月球形状的变化，发现它们曾经结合成一个梨形。1885 年《数学学报》第七卷发表的庞加莱的一篇论文对此理论进行了证实。这篇论文也阐释了交换稳定原则。庞加莱和乔治·达尔文的研究最终推导出了相同的梨状形态，庞加莱在研究时由后往前推演，达尔文则由前向后。这个不断变化的梨状形态的稳定性的问题在晚年时一直困扰着达尔文。他的一个学生，剑桥三一学院的詹姆斯·詹森斯（James Jeans）继续对此问题进行了研究。

乔治·达尔文开始他的研究的同时，华盛顿航海年历办公室的乔治·威廉·希尔（George William Hill）开始研究月球。希尔出生于纽约的尼雅克（Nyack），1859 年毕业于罗格斯学院（Rutgers College），从毕业到 1892 年一直担任航海历办公室的助手，之后他辞职从事进一步的研究工作，这使他与众不同。1877 年，他发表了《月球理论研究》（*Researches on Lunar Theory*），其中他放弃了三体问题的常规程序方式，而该问题是三体问题的扩展。根据欧拉的建议，希尔将有限质量的地球置于一位置，使其与无穷大质量的太阳距离无穷远，而与无穷小质量的月亮距离有限远。在所采用的限制下，表示月球运动的微分方程相当简单[1]，在实际中很有用。"正是希尔的这一思想深刻地改变了天体力学的整体观。庞加莱将其作为 1887 年关于三体问题的著名获奖论文的基础，随后将他的工作扩展到三卷本第 1892—1899 年的《新世纪的法国》。乍看起来，达尔文很少关注希尔的论文；达尔文经常谈到他在吸收他人研究成果方面存在困难。但是在 1888 年，他向现任耶鲁大学教授布朗（Brown）推荐了希尔的研究。乔治·达尔文似乎也没有仔细研究芝加哥大学张伯伦（Chamberlin）和穆尔顿的"行星假设"。乔治·达尔文和庞加莱的鲜明对比是，乔治·达尔文并不仅仅针对他们感兴趣的数学进行研究，而庞加莱和他的一些应用数学追随者"对现象的兴趣比对被研究者使用的数学过程的兴趣要小。他们不希望检查或预测物理事件，而是要采用天文学家或物理学家用来检查其性质，论证有效性的特殊功能类别，微分方程或系列，以及必须对结果施加的限制"（布朗）。

西蒙·纽科姆（Simon Newcomb）是杰出的数学天文学家。他是一名乡村教师的儿子，出生于法国新斯科舍省（Nova Scotia）的华莱士（Wallace）。虽然他在哈佛大学的劳伦斯科学学院学习过一年，但他基本上是自学成才。在剑

---

〔1〕 此处参考了 E. W. Brown's article in *Scientific Papers by Sir G. H. Darwin*，Vol. V，1916，pp. xxxiv–iv.

桥大学时，他与佩尔斯、古尔德、郎科尔（Runkl）和萨福德（Safford）有往来。1861 年，他被任命为美国海军教授。1877 年，他成为美国星历表和航海年历办公室的主管。他担任此职长达 20 年。1884 到 1895 年期间，他还是约翰·霍普金斯大学的数学和天文学教授，以及《美国数学期刊》的编辑。他的研究主要集中于方位天文学，并取得了杰出成就。他是理论与观察的比较大师，善于从大量观察中推导出他需要的结果，并将其作为与理论进行比较的基础。作为 1897 年《航海年鉴》（*Nautical Almanac*）的补充，他出版了《四内行星基础研究》（*Elements of the Four Inner Planets*）和《天文学的基本常数》（*Foundametal Constants of Astronomy*），这些文献汇总了纽科姆的生平研究。[1]为了揭示木星和土星的运动，纽科姆回顾了希尔的研究。如今，除木星和土星外，所有行星表的出版物均以纽科姆的名字命名。这些表取代了勒威耶的表。纽科姆花费了大量时间研究月球。他研究了汉森月球表中的错误并继续了德劳奈的月球研究。我们此前已简单提及了希尔的月球研究，以及他在一篇优美的论文中对某些缩写的可能贡献，这些缩写月球在行星直接作用下的长周期运动的计算，并详细确定了由地球形状导致的月球运动偏差，他还计算了某些月球运动相关不等式。

拉普拉斯首先从数学角度讨论了土星环，后者证明了均质实心环不可能处于平衡状态；1851 年，佩尔斯提出了土星环的不稳定性。他证明，即使是绕土星的不规则的实心环也不能达到平衡。麦克斯韦研究了这些环的机理，并获得了亚当奖。他得出结论，它们由未连接粒子的集合组成，就这样“在数学上在 17 世纪首次提出，18 世纪卡西尼和托马斯·莱特（Thomas Wright）再次提出的一个想法”。[2]

布朗在《美国数学学会学报》（第 16 卷，1910，第 353 页）提出了一个由拉普拉斯提出的方法，另一个方法由高斯提出。拉普拉斯的方法虽然具有理论上的优势，但由于在第二次近似中只能部分使用一次近似的结果，因此缺乏实用性，必须在很大程度上重新研究。为避免寻找小行星和彗星轨道的烦琐工作，奥尔博斯和高斯设计了更快速的方法进行二次近似。约翰·弗朗茨·恩克

---

〔1〕 E. W. Brown in *Bull. Am. Math. Soc.*, Vol. 16, 1910, p. 353.

〔2〕 W. W. Bryant, *A History of Astronomy*, London, 1907, p. 233.

（Johann Franz Encke，1791—1865）、弗朗西斯科·卡里尼（Francesco Carlini，1783—1862）、贝塞尔、汉森，尤其是维也纳的西奥多·冯·奥波泽（Theodor von Oppolzer）改进和简化了高斯的方法。改进后的方法被天文学家沿用至今。在高斯方法的新研究中，最原始的是耶鲁大学的维拉德·吉布斯的研究，该研究采用了矢量分析。尽管相当复杂，但即使在初次近似时也能产生显著的准确性。1905 年，格拉兹的弗里施奥弗（Frischauf）修改了吉布斯的方法。拉普拉斯的方法因其优雅而吸引了数学家。它受到了柯西、巴黎天文台的安东尼·于万·维拉索、巴黎的罗道夫·拉道（Rodolphe Radau）、莱比锡的布朗斯（Bruns）和庞加莱的关注。保罗·哈泽（Paul Harzer）以及特别是加州大学的阿明·奥托·勒什纳（Armin Otto Leuschner）在使拉普拉斯方法可用于快速计算方面取得了惊人的进展。勒什纳从一开始就采用地心坐标，并在最初的近似中考虑了扰动体的影响。它同样适用于行星轨道和彗星轨道。[1]

三体问题

自拉格朗日时代以来，已有学者用种种方法研究了三体问题，并取得了一些决定性进展。其中一些学者希望更进一步，找到更完整的解法。最近，隆德（Lund）天文台的卡尔·夏里尔（Carl Charlier）修改了基于三体相对距离不变（黑塞称之为三体问题简化版）的拉格朗日特解，其中相互距离被距重心的距离所取代。[2] 这种新形式没有明显优势。“对拉格朗日解法的理论兴趣增长，”洛维特（Lovett）说，“根据桑德曼（Sundman）定理，一般问题中的三体越趋向于同时发生碰撞，它们越倾向于相互具有拉格朗日配置；……太阳-木星-小行星系统的等边三角形点附近发现了三个小行星 1906T. G.，1906V. Y.，1907 X. M. 后，学界重新燃起了对它们的兴趣。柏林的所有三个……雷曼-费黑斯、霍普和奥托·吉欧贝克（Otto Dziobek）已经将精确的解法推广到了三个或三个以上天体位于直线或多边形或多面体的顶点情况。拉格朗日定理最有趣的扩展是卡桑（Kasan）的班纳奇耶维茨（Banachievitz）和穆尔顿给出的。1912 年，

---

〔1〕 更多介绍见 A. O. Leuschner in *Science*，N. S.，Vol. 45，1917，pp. 571-584.

〔2〕 此处参考了 E. O. Lovett's “The Problem of Three Bodies” in *Science*，*N. S.*，*Vol.* 29，1909，pp. 81-91.

庞加莱指出，基于圆环表示法（但在开普勒变量中），如果某个几何定理证实（后来由哈佛大学的伯克霍夫证实），存在一定限制的三体问题有无限个周期解。伯克霍夫[1]拓展了这些结果。所谓三体问题的等腰三角形解法（即周期解，其中两个天体质量有限的且相等，而第三个天体沿一条直线运动并与另两个天体距离始终相等）在1907年、1911年和1914年分别得到了意大利特里维索（Treviso）的吉里奥·帕瓦尼尼（Giulio Pavanini），美国芝加哥的麦克米兰（MacMillan）和加拿大安大略的布坎南（Buchanan）的关注。希尔在其对月球理论的研究中，于1877年将其添加到拉格朗日周期解中。105年以来，这一直是唯一的解法，另一个周期解可以作为研究月球轨道的起点。洛维特说："凭借这些研究报告，他为新动力天文学打下了基础，而庞加莱为该学科打下了深厚的数学理论基础。"在一项研究中，他于1889年获得了奥斯卡二世（Oscar II）国王颁发的奖项，他后来进一步完善了这一理论。穆尔顿说，庞加莱的原始研究报告中"包含一个错误，该错误是由斯德哥尔摩的弗拉格曼发现的，但只影响了关于渐近解的存在的讨论；帮助纠正这一部分，庞加莱完全认可弗拉格曼的纠正但是毫无疑问将奖金颁发给庞加莱是正确的。"继续了希尔和庞加莱的研究的学者主要有布朗、乔治·达尔文、穆尔顿、斯德哥尔摩的雨果·吉尔登（Hugo Gyldén）、潘勒维、夏里尔（Charlier）、斯特朗格莱恩（Strömgren）和勒维·西维塔。在他们的研究中，稳定性问题也备受关注。18世纪的数学家们强调了太阳系是否稳定的普遍问题。魏尔斯特拉斯在生命的最后几年重新研究了这一问题，并投入了大量精力。行星坐标的表达式完全不收敛或仅在有限的时间内收敛。除了已知的周期性变化的复杂混合之外，也许还有少量的变化剩余，其性质使系统最终将被破坏。

目前这一问题还没有严谨的答案，但是庞加莱证明纯粹周期性运动存在解法。因此，在这些解法中，至少不会发生碰撞或无限偏离中心质量的灾难。庞加莱得出了一个令人吃惊的发现，即一些用来计算太阳系天体位置的级数是发散的。对发散级数给出足够准确的结果的原因的考察产生了渐近级数理论，该理论现已应用于许多函数的表示。该级数的最终差异是否会导致太阳系稳定性

---

〔1〕 *Bull. Am. Math. Soc.*，Vol 20，1914，p. 292.

的质疑？吉尔登认为自己已经解决了这一难题，但庞加莱表示，这一难题仍未得到充分解决。在庞加莱的领导下，布朗为 n 体问题的稳定性建立充分的条件。勒维·西维塔制定了一些准则，其中使稳定性取决于与周期函数相关的特定点变换的稳定性。他证明了木星轨道周围存在不稳定区域。已经发现天体力学中的新方法可用于计算某些小行星的扰动。芬兰赫尔辛福斯的卡尔·桑德曼在研究报告中介绍了他的三体问题研究，其中包含一些实质性进展，该研究报告获得了 1913 年巴黎学院奖，勒维·西维塔和其他学者继续了这一问题的研究。

在三体问题的变换和简化中，“一个主要的作用是由十个已知的积分，即重心运动的六个积分，角动量的三个积分和能量的积分构成的。在这种简化中进一步取得进展的问题与布朗斯、庞加莱和潘勒维的不存在定理极为相关。布朗斯证明了 n 体问题除了十个经典积分之外还没有代数积分。而庞加莱证明了其他统一分析积分的不存在。”研究了这些不存在定理的还有潘勒维、格拉维（Gravé）和波林（Bohlin）。

皮卡德表示[1]：“这些令人景仰的研究教会他们（分析家）的最重要一课是，这一问题的难度难以想象；但是，通过研究特定解法，例如周期解和已使用的渐近解。可能，如果不是实践的需要，如果不是为了避免失败，分析学永远不会在未取得最终胜利的情况下，放弃一个已捷报连连的研究领域。现代函数思想的新生理论或复兴理论有这个经典的 n 体问题更能发挥它们威力的美妙领域吗？”

在 19 世纪数学天文学的宝贵教科书中，以下著作在列：威廉·肖夫奈（William Chauvenet）的《球形和实用天文学手册》（*Manual of Spherical and practical Astronomy*，1863）、剑桥大学的罗伯特·曼因（Robert Main）的《实用天文学和球形天文学》（*Practical and Spherical Astronomy*）、安娜堡的詹姆斯·华生（James Watson）编写的《理论天文学》（*Theoretical Astronomy*，1868）、巴黎综合理工学院的雷萨尔（Resal）的《天体力学基础》、法耶的《巴黎综合理工学院天文学讲义》（*Cours d'Astronomie de l'École Polytechnique*）、蒂瑟兰

〔1〕 *Congress of Arts and Science*，St. Louis，1904，Vol. I，p. 512.

(Tisserand）的《天体力学论》(*Traité Mécanique Céleste*)、奥波泽的《轨道测定讲义》(*Lehrbuch der Bahnbestimmung*)、吉欧贝克的《行星运动数学理论》(*Mathematische Theorien der Planetemascheenorzio*)，哈灵顿（Harrington）和休西(Hussey）将吉欧贝克的这本书译成了英文。

通用力学

19 世纪，学界逐渐认识到了用几何方法解决力学问题的优势。潘索、夏斯莱和莫比乌斯得出了几何力学方面最重要的发现。路易·潘索（Louis Poinsot）毕业于巴黎综合理工学院，并且是法国公共教学高级委员会的多年成员。他于1804 年出版了《统计学基础》(*Éléments de Statique*)。这项工作是最早的合成力学介绍书籍。引人注目的是，这是最早包含对偶概念的书籍。潘索在他 1834 年出版的旋转理论研究中应用了对偶。他在几何表示中使用固定平面上滚动的椭圆。他的这种表示方式极为优雅，表明他对旋转运动的性质有清晰认识。西尔维斯特对此构造进行了扩展，以测量椭球在平面上的旋转速度。

罗伯特·斯塔威尔·巴尔爵士（Sir Robert Stawell Ball）最近曾用几何方法处理过一类特殊动力学问题。当时，他是爱尔兰的天文学家，后来是剑桥的郎丁天文学与几何学教授。他的方法发表在《螺旋理论》(*Theory of Screws*，都柏林，1876）中，并在之后的论文中也给予了介绍。克利福德在双四元数的相关主题中也采用了现代几何理论。曼彻斯特的学者亚瑟·布赫海姆（Arthur Buchheim）的研究表明，格拉斯曼的《线性扩张论》提供了椭圆形空间中简单螺旋计算所需的所有必要工具。贺拉斯·兰姆（Horace Lamb）将螺旋理论应用于流体中任意固体的稳定运动问题。

自从拉格朗日、泊松、哈密尔顿爵士、卡尔·古斯塔夫·雅各比和卡乐夫斯基（Koalevski）等人的研究以来，关于力学方程式的积分和变化的理论力学取得了显著进步。拉格朗日建立了运动方程的“拉格朗日形式”，给出了任意常数变化的理论，不过效果并不如泊松的理论。[1] 泊松迈出了拉格朗日之后的第一步，关于任意常数变化的理论和积分方法由此得到了显著发展。之后是

---

〔1〕 Arthur Cayley，“Report on the Recent progress of Theoretical Dynamics”，*Report British Ass'n*for 1857，p. 7.

哈密尔顿爵士的研究。他由波动理论推导出，动态微分方程的积分与某些一阶二次偏微分方程的积分有关，最后，他发展出了先前基于发射理论概念的几何光学。1833 年和 1834 年的《哲学汇刊》包含哈密尔顿的论文，其中包含哈密尔顿几年前建立的变作用量原理和特征函数在力学上的首次应用。哈密尔顿的第一篇论文的标题表明了哈密尔顿向自己提出的对象，即发现一个函数的方法表示，通过该函数可以实际表示所有积分方程。他为运动方程式获得的新形式的重要性不亚于议事录中所宣称的形式。哈密尔顿的积分方法由卡尔·古斯塔夫·雅各比摆脱了不必要的复杂性，然后由他应用于确定一般椭球上的大地测量线。借助于椭圆坐标，雅可比对偏微分方程进行了积分，并以两个阿贝尔积分之间的关系的形式表示了大地测量方程。卡尔·古斯塔夫·雅各比将极限乘子理论应用于动力学微分方程。动力学微分方程只是卡尔·古斯塔夫·雅各比考虑的一类微分方程。沿着拉格朗日、哈密尔顿和卡尔·古斯塔夫·雅各比进行的动态调查由刘维尔、阿道夫·德斯伯维斯（Adolphe Desboves）、阿米昂斯（Amiens）、瑟雷、施图姆、米歇尔·奥斯特罗格拉德斯基、贝特朗、威廉·费希伯恩·登肯（William Fishburn Donkin）进行。牛津大学的布里奥希促成了正则积分体系理论的发展。

苏菲·科瓦列夫斯基（Sophie Kovalevski）女士对固体天体绕定点运动的理论做了重要补充。她发现了运动微分方程可积分的新情况。通过使用两个自变量的 theta 函数，她用一个引人注目的示例说明了如何利用函数理论解决力学问题。她是莫斯科人，在魏尔斯特拉斯手下获得了哥廷根的博士学位。从 1884 年直到她去世，她一直是斯德哥尔摩大学的高等数学教授。上面提到的研究在 1888 年获得了法国科学院的伯丁奖，由于该论文的特殊优点，该奖奖金翻了一番。

动力系统的动能表达式有三种流行形式：拉格朗日方程、哈密尔顿方程和拉格朗日方程修正形式。其中，某些速率被省略。动能以第一种形式表示为速度的齐次二次函数，即系统坐标的时变。在第二种形式中，作为系统动量的齐次二次函数。第三种形式，最近由剑桥的爱德华·约翰·劳斯（Edward John Routh，1831）与他的“无视坐标”理论一起阐述，剑桥大学的巴塞特（Basset）也阐释了此理论。这一理论对解决多孔固体运动有关的流体动力学问题和其他物理学分支的问题非常重要。

力学相似性原理在实际应用中已经非常重要。通过这一原理，可以从模型的表现确定较大规模构造的机器的变化。该原理首先由牛顿（《原理》第2卷第8节命题23）提出，并由贝特朗从虚速度原理中得出。它的一个推论应用于造船业，以英国海军建筑师威廉·弗鲁德（William Froude）的名字命名，但法国工程师腓特烈克·里希（Frédéric Reech）也对此原理做过说明。

现在，动力学问题研究与19世纪有明显不同。克莱罗、欧拉、达朗贝尔、拉格朗日和拉普拉斯用万有引力定律解释了天体的轨道和轴向运动，并解决了一个重大问题。这一问题不需要考虑摩擦阻力。到此时，物理学已大大受益于动力学研究。研究中出现的问题通常由于摩擦存在而变得复杂。与一个世纪前的天文学问题不同，这些指的是物质和运动现象。这些现象通常被直接观察所掩盖。开尔文勋爵是解决此类问题的伟大先驱。当他还是剑桥大学的一名本科生时，他在海边度假期间，通过研究陀螺理论进行了这类研究，而都柏林学院的约翰·休伊特·杰利特在《摩擦理论》（*Treatise on the Theory of Friction*，1872）中和阿奇博尔德·史密斯（Archibald Smith）对此仅做了部分解释。

19世纪的重要力学标准著作有卡尔·古斯塔夫·雅各比的《动力学讲义》（*Vorlesungen ber Dynainik*），由克莱布希编辑，1866年；基尔霍夫的《数学物理学讲义》（*Vorlesungen über mathematische physik*，1876）；本杰明·佩尔斯的《分析力学》（*Analytic Mechanics*，1855）；索莫夫（Somoff）的《力学理论》（*Theoretische Mechanik*，1879）；泰特和斯蒂尔（Steele）的《粒子动力学》（*Dynamics of a particle*，1856）；乔治·明钦（George Minchin）的《静力学》（*Treatise on Statics*）；劳斯的《刚体动力学》（*Dynamics of a System of Rigid Bodies*）；施图姆的《巴黎综合理工学院力学讲义》（*Cours de Mécanique de l'Écolepoly technique*）。其中，乔治·明钦是印度理工学院的教授。

1898年，克莱因指出了英国和大陆数学研究之间存在的分离，例如，从劳斯的《刚体动力学》的内容可以看出，该研究包含了英格兰数学家在此领域20年的研究，但与同时期德国数学家的研究相比，都是一些具体问题和应用问题。为了在德国学生中普及这些宝贵研究，劳斯的著作被威斯巴登宁1898年的阿道夫·谢普（Adolf Schepp）翻译成德语。劳斯在处理系统的小振动方面的成就尤为突出。线性微分方程与常数系数的积分技术得到了高度发展，只是新建立的理论的有效性在某种程度上可能需要仔细研究。克莱因和索默菲尔德（Sommerfeld）在《陀螺理论》（*Theorie des Kreisels*，1897—1910）中完成了这一任务。这最后一部著作着重介绍了顶部理论，该理论可以追溯到18世纪。

1744年，色森登上了一艘船，以测试由顶部抛光表面提供人造地平线的实用性。法国航海家们最近又研究了这个想法。[1] 色森的顶部于1755年由哈勒的塞格纳（Segner）提出，以对陀螺的理论进行精确的描述，这一思想在1765年由欧拉以及后来由拉格朗日更加充分地接受。欧拉考虑了光滑的水平面上的运动。后来，利普斯塔特（Lippstadt）的潘索、泊松、卡尔·古斯塔夫·雅各比、基尔霍夫、爱德华·劳特纳（Eduard Lottner）、威廉·海斯（Wilhelm Hess）、麦克斯韦、劳斯、克莱因和索默菲尔德都研究了这一问题。1914年，格林希尔（Greenhill）编写了一份陀螺仪理论报告[2]，该报告对工程师的兴趣比克莱因和索姆菲尔德的借助复变函数理论建立的陀螺理论更为直接。陀螺作用的最新实际应用包括1907年路易斯·布伦南（Louis Brennan）在伦敦皇家学会展出的鱼雷、布伦南（Brennan）的单轨系统，以及由美国工程师埃尔默·斯佩里（Elmer Sperry）和德国奥托·施利金（Otto Schlickin）设计的稳固船只和飞机。

在抛物线与理论抛物线路径的偏离问题中，有两个问题特别令人关注。一个是地球的自转造成抛物线在北半球向右微偏；泊松（1838）和费雷尔（Ferrel，1889）对此进行了解释。另一个是弹丸的旋转。牛顿在网球运动中观察到了这一点。他用这种线性来解释他的光粒理论中的某些现象。本杰明·罗宾斯和欧拉也知道这种现象。1794年，柏林学院为解释这种现象提供了奖励，但半个多世纪以来没有出现令人满意的解释。泊松在1839年研究了大气摩擦对旋转球体的影响，但最终承认摩擦不足以解释偏差。旋转球体上的空气压力差也需要引起注意。柏林的学者马格努斯（Magnus）在波根多夫的《年鉴》中给出了一个一般认为有效的解释。1853年8月8日，泰特以高尔夫球为例解

---

〔1〕 见 A. G. Greenhill in *Verkandl. III. Intern. Congr.*, *Heidelberg*，1904，Leipzig，1905，p. 100. 此处总结了这篇论文的内容。

〔2〕 *Advisory Committee for Aeronautics*，*Reports and Memoranda*，No. 146，London，1914.

决了这一问题。

彼得·古思里·泰特（Peter Guthrie Tait）生于达尔凯斯（Dalkeith），曾在剑桥大学学习，1854 年以第一论辩人身份毕业。这一结果令人惊讶，因为当年，斯蒂尔（Steele）的考试成绩总体领先。泰特在 1854 至 1860 年间担任贝尔法斯特大学的数学教授，在那里，他研究了四元数。从 1860 年到去世，他在爱丁堡担任自然哲学教授。泰特发现了高尔夫球飞行问题，给出了精确描述即近似解法。他的一个儿子是一名出色的高尔夫球手。当泰特开始对高尔夫球长途飞行的秘密进行解释时，他遭到了嘲笑。在 1887 年《自然》（第 36 卷，第 502 页）中，他证明，“旋转”在其中起着重要作用。马格努斯（1852）通过实验确定了这一点。泰特说：“在到达抛物线顶端时，球的上部向前移动得比中心快，因此，球的前部由于旋转而下降，球本身朝那个方向倾斜。底切时，它的旋转恰好相反，因此，它趋向于向上而不是向下偏离，尽管有这种效果，向上的趋势通常会使球的路径（在其路线的一部分中）向上凸出，虽然有重力的影响……”泰特解释了下旋的影响，不仅延长了行进距离，而且还延长了飞行时间。他的发现的实质是，没有旋转，球就不能很好地抵抗重力，有了旋转球就可以行进很远的距离。他很喜欢这项运动。而亥姆霍兹（1871 年时在苏格兰）则“在这个小洞里看不到任何乐趣”。

1898 年泰特进一步推广了约瑟夫斯问题，并规定了 n 个人时的规则，当每次第 m 个人被挑出后，剩下的 v 个人将被保留。

从拉普拉斯和高斯至今，许多研究报告都考虑了物体从静止状态坠落至地球表面附近时产生的偏差。所有研究者都同意，此物体相对于从初始点垂下的铅垂线会向东偏斜，但是关于沿子午线测得的偏差却存在分歧。拉普拉斯没有发现子午线存在偏差，高斯则发现有朝向赤道的微小偏差。最近，这个问题引起了美国学者的注意。华盛顿卡耐基研究所所长伍德沃德（Woodward）于 1913 年发现了反向赤道的偏离。1914 年，芝加哥大学的穆尔顿发现了一个公式，该公式显示会向南偏离。自 1901 年以来，位于圣路易斯（St. Louis）的华盛顿大学的洛夫（Röver）曾在多篇文章中对这一问题进行过说明，这些文章表明会向南偏离。他宣称“尚无适合地球所有地方的位势函数”，“高斯公式、孔特·德·斯巴尔（Comte de Sparre）的三个公式［刘（Lyou），1905］、穆尔顿教授的公式以及我的第一个公式，是我的通用公式的所有特例。”[1]

流体运动

构成流体运动理论基础的方程式在拉格朗日时代就已完整提出，但这些方程实际得出的解却很少，而且主要是非旋转类型的运动。解决流体运动问题的一种有效方法是图像法。1843 年，剑桥大学彭布罗克学院的斯托克斯提出了这种方法。在开尔文爵士发现电子图像之前，图像法几乎没有受到关注。斯托克斯、希克斯（Hicks）和路易斯（Lewis）拓展了该理论。

乔治·加布里埃·斯托克斯（George Gabriel Stokes）生于爱尔兰斯莱戈郡（Sligo）的斯克瑞恩（Skreen）。1837 年，维多利亚女王登基那一年，他迁居伦敦。他几乎没有间断地在那里居住了 66 年。在彭布罗克学院（Pembroke College）时，他的数学能力引起了人们的注意。1841 年，他以第一论辩人的身份毕业。并且，他也是史密斯奖的第一位获得者。他以应用数学领域的研究而闻名。1845 年，他发表了关于“运动中的摩擦”的研究报告。介质在任意点附近的一般运动都被分为三个组成部分：纯平移运动、纯旋转运动和纯应变运动。23 年后，亥姆霍兹得出了类似结果。在将他的结果应用于流体时，斯托克斯得出了一般动力学方程。此前，纳维尔和泊松基于特殊假设曾得出这一方程。斯托克斯和格林都是法国应用数学学派的追随者。斯托克斯将他的方程式应用到声音传播研究中。他证明，使声音的强度随着时间的增加和速度的降低而减小，特别是对于高音而言。他认为弹性固体方程式中的两个弹性常数是独立的，不能像泊松理论那样简化为一个。斯托克斯的立场得到了开尔文勋爵的支持，现在似乎已被普遍接受。1847 年，斯托克斯重新审视了振荡波理论。另一篇论文是关于流体内部摩擦对摆运动的影响。他认为空气的黏度与密度成正比，后来麦克斯韦证明，这一观点是错误的。1849 年，他在衍射研究中将以太视为弹性固体。他赞成菲涅尔的光波理论，而不是大卫·布鲁斯特支持的广德微粒理论。在 1862 年关于双重折射的报告中，他将柯西、麦克库拉和格林（Green）的工作相联系，假设以太的弹性起源于变形，他推断，麦可库拉的理

[1] 见 *Washington University Studies*, Vol. Ⅲ, 1910, pp. 153—168.

论与力学定律背道而驰，但是最近拉默（Larmor）已证明，麦可库拉的方程式可以基于以下假设解释：不是变形，而是旋转。斯托克斯写了傅里叶级数和平面上半收敛展开式中任意常数的不连续性。他对流体力学和光学的贡献是至关重要的。1849 年，开尔文勋爵提出了流体力学特有的最大和最小定理，此定理随后扩展到一般的动力学问题。

亥姆霍兹于 1856 年开创了流体力学的新纪元，他研究了均质，不可压缩，无度的流体中旋转运动的显著特性。他表明，这种介质中的涡流流线可能具有许多结和扭曲，但要么是环形的，要么末端在介质的自由曲面上，并且可分割。这些结果使开尔文勋爵认识到了在其上建立原子理论新形式的可能性，根据该理论，每个原子都是非摩擦性以太中的涡旋环，因此，该物质必须在时间和实质上都是永久的。剑桥大学的汤姆森（Thomson，生于 1856 年）在其经典著作《涡环运动》（*Motion of Vortex Rings*）中讨论了涡流埋论，该论文于 1882 年获得亚当斯奖。亨利・罗兰（Henry Rowland）和乔城天文台（Kew Observatory）的查理斯・克里（Charles Chree）也发表了有关涡流理论的论文。

亥姆霍兹、基尔霍夫、普拉图（Plateau）和瑞莱勋爵讨论了喷气问题；斯托克斯、开尔文勋爵、科普克（Köpcke）、格林希尔和贺拉斯・兰姆讨论了流体在流体中的运动；纳维尔、泊松、圣・维南、斯托克斯、布雷斯劳大学的奥斯卡・埃米尔・梅耶（Oskar Emil Meyer）、斯代夫诺（Stefano）、麦克斯韦、利普西兹、克雷格、亥姆霍兹和贝塞特都研究了黏性流体理论。这一领域的研究存在很大的困难，因为与理想流体的确定性程度不同，这是由于摩擦理论不足，以及将小面积上的斜压力与速度微分联系起来的困难。

流体中的波浪一直是英国数学家最喜欢的领域。泊松和柯西的早期研究是针对由扰动原因任意作用于一小部分流体而产生的波的研究。1786 年左右，拉格朗日给出了矩形横截面通道的长波速度的近似值，1839 年，格林给出了三角形截面通道的长波速度的近似值，爱丁堡的菲利普・克兰德（Philip Kelland）给出了任意等截面通道的长波速度近似值。乔治・艾里爵士（Sir George Airy）在《潮汐与波浪》（*Wide and Waves*）专著中没有给出近似值，而是给出了矩形等截面通道的长波理论所取决的精确方程。但是他没有给出通用解法。邓迪大学学院的麦可旺（McCowan）对此问题进行了更全面的讨论，并针对某些情况提供了准确而完整的解法。长波理论最重要的应用是解释河流和河口的潮汐现象。

1845年，厄恩肖（Earnshaw）率先提出了孤波的数学处理方法。后来，斯托克斯也提出了他的方法。但是第一个声音近似理论是由布辛斯奇（Boussinesq）于1871年提出的，他获得了其形式的方程式，以及与实验相符的速度值。瑞莱和约翰·麦可旺勋爵给出了其他近似方法。关于深水波，曼彻斯特大学的奥斯本·雷诺兹（Osborne Reynolds）在1877年对以下事实进行了动力学解释：一组这样的海浪前进的速度仅为单个海浪的一半。

克里斯蒂安尼亚（1873）的乔治·格林（1833）、克莱布希（1856）和卡尔·安东·比耶克内斯的一系列工作解决了椭圆体在流体中的一般运动问题。开尔文勋爵、基尔霍夫和贺拉斯·兰姆研究了固体在液体中的自由运动。在这些研究完成之后，学界已对流体中单个固体的运动有了深入了解，但是两个固体的情况还没有得到充分研究。希克斯研究了这一问题。

确定旋转液球体的振荡周期与月球起源有关。从黎曼和庞加莱的研究来看，乔治·达尔文的研究似乎反驳了拉普拉斯的假说，即月亮与地球以圆环形式分开，因为角速度对于稳定性而言太大了。乔治·达尔文没有发现不稳定的情况。

收缩静脉的解释一直是一个有争议的问题，但是通过应用由弗洛德和瑞莱勋爵提出的动量原理，这一观点得到了更好的理解。瑞莱还考虑了波的反射，不是在两种均匀介质分离的表面上过渡是突然的，而是在两种介质之间的过渡是突然的。

19世纪上半叶，美国气象学家兼铁路设计师威廉·莱德菲尔德（William Redfield）和华盛顿的詹姆斯·波拉德·埃斯佩（James Pollard Espy）首次深入研究了地球表面的风循环。在他的推动下，美国气象局（the United States Weather Bureau）开始运作。柏林的海因里希·威廉·杜夫（Heinrich Wilhelm Dove）也研究了这一问题，后来，英国少将威廉·里德爵士（William Reid）也加入了他们。他在西印度群岛建立了飓风的循环理论。英国海军陆战队司令亨利·皮丁顿（Henry Piddington）收集了用于描述海上风暴过程的数据，并发明了“飓风”一词。其他研究者还有耶鲁大学的伊利亚·鲁米斯（Elias Loomis)。但是，威廉·费雷尔（William Ferrel）对大气中各种运动间的奇妙关联的理解最为深刻。费雷尔出生于美国佐治亚州富尔顿县（Fulton County），长于一个农场。尽管成长环境对学习不利，但对知识的强烈渴望促使男孩掌握了一门又一门学科。后来，他进入宾夕法尼亚州的马歇尔学院（Marshall College）学习，并于1844年毕业于伯塔尼学院（Berthany College）。他在做教师的时候对气象学和潮汐研究产生了兴趣。1856年，他写了一篇有关“海风和海流”的文章。次年，他开始向《航海年鉴》投稿。1858年，他发表了数学论文《流体和固体相对于地球表面的运动》（*The motion of fluids and solids relative to the earth's surface*）。此后，该学科进一步扩展，涵盖了旋风、龙卷风、水龙卷等现象的相关数学理论。1885年，他的《气象学最新进展》（*Recent Advances in meteorology*）出版。维也纳的朱利乌斯·哈安（Julius Hann）认为，费雷尔“比其他任何一位如今在世的物理学家或气象学家对大气物理学的贡献都大”。

柏林的维纳·西蒙斯（Werner Siemens）提出了另一种关于大气整体循环的理论，其中尝试将热力学应用于气流。亥姆霍兹提出了一种重要的新观点，他得出结论，当两个气流沿不同方向一个从另一个上吹过时，必须以与在海面上形成波相同的方式产生风波系统。他和图宾根的安东·奥伯贝克（Anton Oberbeck）表明，当海浪的长度达到16到33英尺（4.9~10米）时，气流的长度必须达到10到20英里（16~32千米），并且与深度成比例。因此，重叠层混合得更加彻底，并且它们的能量将被部分耗散。亥姆霍兹从旋转的水动力方程式中得出了其中原因，即从赤道区域观察到的速度在例如20°或30°的纬度上要比未经研究的运动要小得多。其他对大气环流理论的重要贡献者有布伦瑞克大学的麦克斯·缪勒（Max Müller）和帕维亚大学的路易吉·德·马奇（Luigi de Marchi）。费雷尔和雷耶寻求大气在重新凝结期间散发出的热量中大气扰动能量的来源。维也纳大学的马克斯·马古莱斯（Max Margules）于1905年证明，这种热能对风的动能没有任何贡献，而当较冷的空气处于较低水平时，能量的来源是在气柱重心的降低中找到的。[1] 不对称旋风分离器学者的重要研究者有路易吉·德·马奇。反气旋的研究者有波士顿附近的蓝山天文台

〔1〕 *Encyklopädie der Math. Wissenschaften*, Bd. VI, 1, 8, 1912, p. 216.

(Blue Hill Observatory）的亨利·克莱顿（Henry Clayton)、维也纳的朱利乌斯·哈安，华盛顿的比格罗（Bigelow）和维也纳的马克斯·马古莱斯。

声学和弹性

1860年左右，学界对声学研究热情重燃。18世纪，丹尼尔·伯努利、达朗贝尔、欧拉和拉格朗日已阐述了管道和振动弦的数学理论。19世纪上半叶，拉普拉斯纠正了牛顿关于气体中声速的理论，泊松从数学角度讨论了扭转振动；泊松、索菲·热尔曼和查理斯·威特斯通（Charles Wheatstone）研究了科拉蒂尼（Chladni）的数据。托马斯·杨和韦伯兄弟提出了声的波动理论。赫歇尔（Herschel）爵士为1845年的《大都市百科全书》(*Encyclopädia Metropolitana*, 1845）撰写了声学数学理论部分。亥姆霍兹的实验和数学研究具有划时代的意义。在他和瑞莱的手中，傅里叶级数受到了应有的重视。亥姆霍兹给出了节拍、差异音和求和音的数学理论。作为振动理论的一部分，剑桥的瑞莱勋爵（约翰·威廉·斯特鲁特，生于1842）对声学进行了广泛的数学研究。尤其值得一提的是他对球形障碍物对声波产生的扰动以及与流体射流不稳定相关的现象（例如敏感火焰）的讨论。1877年和1878年，他分两卷出版了《声音理论》(*The Theory of Sound*)。牛津大学的威廉·费希伯恩·登肯（William Fishburn Donkin）在英国研究了此问题的相关数学研究。耶鲁大学的吉布斯于1898年提出了一个关于傅里叶级数的有趣观点。米歇尔逊（Michelson）和芝加哥大学的斯特拉纳特（Strattonat）通过谐波分析实验表明，随着 n 的增加，级数 $\sum \frac{(-1)1^{n+1}\sin(nx)}{n}$ 的160个项之和使曲线上某些意想不到的小塔求和。吉布斯通过研究 n 和 x 的变化顺序证明（《自然》，第59卷，第606页)，这些现象不是由于机器的缺陷，而是真正的数学现象。这些现象现称为“吉布斯现象”，并且受到马克西姆·波赫（Maxime Bücher)、格伦沃尔（Gronwall)、威尔（Weyl）和卡尔斯劳（Carslaw）的进一步关注。

弹性理论[1]主要是19世纪的研究。在1800年之前，还没有尝试过为弹性固体的运动或平衡建立一般方程。特殊的假设解决了特定的问题。詹姆士·伯

---

〔1〕 T. Todhunter, *History of the Theory of Elasticity*, edited by Karl Pearson, Cambridge, 1886.

努利研究了弹性薄片。丹尼尔·伯努利和欧拉研究了振动棒；拉格朗日和欧拉研究了弹簧和圆柱的平衡。19世纪最早的研究是由英国的托马斯·杨（杨氏弹性模量），法国的比奈（Binet）和意大利的普拉纳（Plana）主要拓展和纠正了早期研究。在1820年和1840年之间，现代弹性理论大体建立。这几乎完全是法国学者的功劳，其中的贡献者有纳维尔、泊松、柯西、苏菲·热尔曼女士、菲利克斯·撒瓦特（Félix Savart）。伯克哈特（Burkhardt）说："关于固体弹性理论的开创有两种观点。一种观点认为菲涅尔的波动理论起到了确定性的推动作用，另一种观点则认为一切应当追溯到刚度的技术理论（Festigkeits theorie），这一理论的研究者代表是纳维尔。弹性理论的所有维度都不应忽略。一如既往，真相始终居于中间：柯西是应变压力和压力固定位基本概念的主要贡献者，但他借鉴了菲涅尔和纳维尔的研究。"

西蒙·丹尼斯·泊松[1]（Siméon Dennis Poison）生于皮蒂维耶（Pithiviers）。年幼时，他的家人把他交给一个护士照料。他经常提起，有一天，他的父亲（一个普通士兵）来看他，护士刚好不在。父亲发现，护士为了保护他的儿子免受地面游荡的肮脏食肉动物的伤害，用细绳把他的儿子挂在墙上的钉子上。泊松又说，这么挂着时，他的身体一活动，他就会来回摆动，所以，他从小就对钟摆十分熟悉。钟摆研究占据了他人生的很大一部分时间。他的父亲本打算将他送去学医，但他对此极为不满。终于，17岁时，在父亲的允许下，他进入了巴黎综合理工学院学习。他的才华引起了拉格朗日和拉普拉斯的注意。18岁时，在勒让德的建议下，他写了一份有限差分的研究报告。之后，他很快成为学校的讲师，并终身担任各种政府的科学职务和教授职务。他编写了约400份出版物，主要涉及应用数学。他的《力学论》（*Traité de Mécanique*，1811和1833，两卷）是一部标准著作。他研究了热学数学理论、毛细现象、判断的概率、电和磁的数学理论、物理天文学、椭球吸引力、定积分、级数以及弹性理论。他是当时公认的顶尖分析学家之一。据说，1802年，一个年轻人即将参军时，请求泊松帮他保管价值相当于100美元的金钱。泊松说："好，放那吧。我有很多事要忙。"于是，年轻人将钱袋子放在了架子上。然后，泊

〔1〕 Ch. Hermite, "Discours prononcé devant le président de la République", *Bulletin des sciences mathématiques*, XIV, Janvier, 1890.

松将贺拉斯的一本书压在了钱袋上，将其藏起来。二十年后，这名士兵返回索要钱袋，但泊松却什么也记不起了。他气愤质问："你说，你把钱交到我手里了?"士兵回答："不是，我放在了架子上，然后你把这本书放在了上面。"随后，那个士兵拿开了那本布满灰尘的书籍，发现了二十年前的钱袋。

他在弹性方面的工作可比肩柯西，仅次于圣·维南。他的足迹几乎踏遍了弹性的所有领域，并且他提出的许多问题都是新问题。他首先成功地处理了圆盘的平衡和运动。除了使用较早的研究者的定积分以外，他还偏好使用有限求和。基尔霍夫反对泊松提出的弹性板的边界值条件。但是开尔文勋爵和泰特的《自然哲学论》解释了泊松和基尔霍夫的边界条件之间的差异，调和了二者的理论。

柯西对弹性理论做出了重要贡献，开创了应力理论，并且从相邻分子对分子施加的力过渡到考虑某一点在一点的小平面上的应力。他先于格林和斯托克斯给出了具有两个常数的各向同性弹性方程。意大利学者加布里奥·比奥拉（Gabrio Piola）根据拉格朗日的《分析力学》原理介绍了这一弹性理论。这种方法很明显优于泊松和柯西的理论。哥廷根的威廉·韦伯（Wilhelm Werber）首先用实验研究了温度对应力的影响，随后杜哈梅尔从数学角度研究了这一问题。他以泊松的弹性理论为前提，在允许温度变化的情况下研究了公式的形式变化。韦伯也是第一个进行弹性后应变实验的人。其他科学家还进行了其他重要实验，这些实验揭示了更广泛的现象，并需要更全面的理论。布拉格大学的弗朗兹·约瑟夫·冯·格斯特纳（Franz Joseph von Gerstner）和伦敦大学的伊顿·霍奇金森（Eaton Hodgekinson）研究了布景，而后者是英格兰物理学家。法国的路易斯·约瑟夫·维卡特（Louis Josph Vicat）则在绝对强度方面进行了广泛的实验。维卡波德（Vicatbold）批评了挠曲的数学理论，因为他们没有考虑剪力和时间因素。结果，圣·维南提出了一种更真实的挠曲理论。彭赛列推进了复原力和凝聚力理论。

加布里埃·拉梅（Gabriel Lamé）生于图尔（Tours），毕业于巴黎综合理工学院。他与克拉佩隆（Clapeyron）和其他人一起被邀请到俄罗斯监督桥梁和道路的建设。回国后，他于1832年当选为巴黎综合理工学院物理学教授。随后，他在巴黎担任了各种工程学教职和教授职位。作为工程师，他积极参与了法国

第一条铁路的建设。拉梅将他的出色数学才能主要用于数学物理学。在四本著作《超越数及等温曲面反函数讲义》(*Leçons sur les fonctions inverses des transcendantes et les surfaces isothermes*)、《论曲线坐标及其不同应用》(*Sur les coordonnges curvilignes et leurs diverses applications*)、《论热的解析》(*Sur la théorie analytique de la chaleur*)、《论固体弹性数学理论》(*Sur la théorie mathématique de l´élasticité des corps solides*, 1852)及他的各种研究报告中，他都表现出出色的分析能力；但是由于对物理学联系不够，他对弹性和其他物理问题所做的贡献有所降低。在考虑某些条件下椭球内部的温度时，他采用了类似于拉普拉斯函数的函数，并以“拉梅函数”的名称而闻名。一个以拉梅命名的弹性问题，即研究球形弹性包络在平衡载荷作用下在球形球表面上的平衡条件，确定位移是唯一完全通用的问题。弹性可以说是完全解决了。他对广义弹性方程的推导和变换，以及它们在双折射中的应用，都值得称赞。他证明，矩形和三角形膜与数论中的问题有关。

伯克哈特[1]认为，法国数学物理学的经典时期(约1810—1835)的重要性常常被低估，但是最终在拉梅的领导下，选择了一个错误的方向。“他(拉梅)被自己对代数的偏好误导了。他倾向于研究理论数学而不是应用数学；他甚至要求技术人员研究数论，原因是四边长可通约的矩形板的单音需要解一个不定二次方程。”

继续我们对弹性研究史的概述。我们观察到，拉梅、弗朗兹·诺依曼、麦克斯韦研究了光弹性。斯托克斯、威尔泰姆(Wertheim)、克劳修斯(Clausius)和耶莱特(Jellett)对“少弹性系数”和“多弹性系数”的问题提出了一些看法。长期以来，弹性学家一直在这个问题上分成两个派系。纳维尔和泊松认为，各向同性的弹性体只有一个弹性系数，但是受到了柯西的质疑，并且遭到了格林和斯托克斯的严厉批评。

圣·维南是桥梁和堤坝工程师。他毕生都致力于弹性理论的应用研究。像维卡(Vicat)这样的实用工程师对理论家的指控使圣·维南将理论对实践的指导作为研究重点。他的前任犯下的许多错误已被发现。他通过考虑滑移来修正

---

[1] *Jahresb. d. d. Math. Vereinigung*, Vol. 12, 1903, p. 564.

挠曲理论，通过引入第三弯矩修正双曲率弹性杆理论，并通过发现原始平面截面的变形来修正扭转理论。他关于扭转的结果上有许多精美的图形插图。他指出，在杆的侧面没有力作用的情况下，如果通过确定的定律将端力分布在端面上，则可以解决挠曲和扭转问题。克莱布希在《弹性教材》（*Lehrbuch der Elasticität*，1862）中指出，对于没有端力的侧向力来说，这个问题是可逆的。克莱布希[1]将研究扩展到非常细的杆和非常薄的板。圣·维南考虑了在组合式火炮的科学设计中出现的问题，他的解法与拉梅的解法大不相同，后者由兰肯（Rankine）推广，并被枪支设计者广泛使用。在圣·维南将克莱布希《弹性教材》译成法语的过程中，他广泛地开发了应变和应力的双后缀表示法。尽管通常是有利的，但是这种表示法是烦琐的，并且未被普遍采用。伦敦大学学院优生学加尔顿教授卡尔·皮尔森在其早期的数学研究中，研究了光束弯曲的普通理论应用的允许极限。

弹性数学理论仍然未确立。不仅科学家仍然被划分为“恒常数”和“多常数”两个学派，而且在其他重要问题上也存在意见分歧。弹性的众多现代研究者中，有贝桑松（Besançon）的教授埃米尔·马蒂厄（Émile Mathieu）、法兰西学院的莫里斯·列维（Maurice Levy）、巴塞特、格拉斯哥的开尔文勋爵、巴黎的布辛斯基，以及乔城天文台的负责人查尔斯·克里等学者。开尔文勋爵将固体的弹性定律应用于研究地球的弹性，这是海洋潮汐理论的重要组成部分。如果地球是固体，则由于太阳和月亮的吸引，其弹性与重力协同作用而产生相反的变形。拉普拉斯展示了如果地球仅靠重力抵抗变形，地球将如何运转。拉梅研究了只有在弹性发挥作用的情况下实心球才会发生变化。开尔文勋爵将这两个结果结合起来，并与实际变形进行了比较。开尔文勋爵以及后来的乔治·达尔文计算出，地球对潮汐变形的抵抗力几乎与钢铁一样大。西蒙·纽科姆最近通过对观测到的纬度周期性变化及其他因素的研究证实了这一结论。对于理想情况下的坚硬地球来说，周期为 360 天，但如果像钢一样坚硬，则为 441 天，观测周期为 430 天。

早期的弹性教科书有梅耶（Meyer）编辑的拉梅、克莱布希、温克勒

---

〔1〕 Alfred Clebsch, *Versuch einer Darlegung und Würdigung seiner wissenschaftlichen Leistungen von einigen seiner Freunde*, *Leipzig*, 1873.

(Winckler)、比尔（Beer）、马蒂厄、伊伯特森（Ibbetson）和诺依曼的著作。

近年来，随着现代分析学的发展，特别是积分方程研究的推进，弹性和位势的数学分析理论得以建立。在某些给定曲面的条件下，均质各向同性体弹性理论的静态问题得到了许多学者的研究，其中最为重要的有斯德哥尔摩的弗莱德霍姆、卡塔尼亚大学的洛里塞拉（Lauricella)、那不勒斯的马克龙戈和苏黎世的赫尔曼·威尔。科尔和都灵的波吉奥（Boggio）也研究了这一问题，虽然思路有所不同[1]。

球谐函数的发展与吸引力和弹性研究紧密相关。勒让德将他的早期带谐函数研究成果应用于旋转几何体吸引力研究。拉普拉斯于 1782 年撰写了一篇研究报告，在此报告中，他使用了球谐函数求近似球体的位势。这两篇研究之后，法国经济学家和改革家奥林德·罗德里格斯率先取得了进一步突破，他在 1816 年给出了 p^n 的公式。后来，埃沃利（Ivory）和卡尔·古斯塔夫·雅各比各自独立推导了这一公式。高斯将其命名为"Kugelfunktion"（球谐函数)。在德国，卡尔·古斯塔夫·雅各比、狄利克雷、柯尼斯堡大学的物理学和矿物学教授弗朗兹·恩斯特·诺依曼（Franz Ernst Neumann)、弗朗兹·诺依曼的儿子卡尔·诺依曼（Carl Neumann)，埃尔温·布鲁诺·克里斯托弗（Elwin Bruno Christoffel)、斯特拉斯堡的戴德金、慕尼黑的古斯塔夫·鲍尔（Gustav Bauer、西普鲁士的埃尔宾（Elbing）的古斯塔夫·梅勒（Gustav Mehler）和基尔（Kiel）的卡尔·巴尔（Karl Baer）也都为这一理论的发展做出了重要贡献。哈勒大学的爱德华·海涅（Eduard Heine）尤其活跃，他是《球谐函数手册》(*Handbuch der Kugelfunktionen*，1861 年第一版发表，1878 至 1881 年第二版发表）的作者。伯尔尼大学的施莱夫利是瑞士研究这一领域的最重要数学家，在比利时，是列日大学的尤金·卡塔兰；在意大利，是贝尔特拉米；在美国，是哈佛大学的比耶利（Byerly)；在法国，是泊松、拉梅、斯蒂尔杰斯、达布、赫尔密特、保罗·马蒂厄（Paul Mathieu)，以及巴黎综合理工学院的教授赫尔曼·洛朗（Hermann Laurent)。他们和德国研究者竞相得出一些发现。在大不列颠，球谐函数引起了开尔文勋爵和泰特的关注，他们在 1867 年的《自然哲

[1] 见 *Rendiconti del Circolo Math. di Palermo*，Vol 39，1915，p. 1.

学》（*Natural Philosophy*）中发表了相关研究。曼彻斯特的威廉·尼文（William Niven）爵士、诺尔曼·费雷尔（Norman Ferrers）、剑桥大学的霍布森、牛津大学的拉夫（Love）等也对此问题给予了关注。

光、电、热和势

黎曼曾表示，在有证据支持微分方程的发现之前，物理学并不存在。即使从本节的内容看来也是如此，虽然这一节只是对数学物理学的进展给出了零碎的概述。惠更斯首先提出了光的波动理论，这一理论在很大程度上依赖于数学的力量：通过数学分析，光波动理论的假设推导出了最终结果。托马斯·杨[1]（Thomas Young）是第一个解释光干涉和声干涉原理的人，也是第一个提出光波横向振动原理的人。杨的解释并没有得到广泛计算的支持，因而关注者寥寥。后来，奥古斯丁·菲涅尔（Augustin Fresnel）运用了比杨更强大的数学分析能力研究了光的波动理论之后，学者才渐渐坚定对波动理论的信念。菲涅尔的一些数学假设并不令人满意。因此，拉普拉斯、泊松以及其他属于严谨数学学派的学者起初不愿考虑该理论。他们的反对促使菲涅尔投入更大的努力进行研究。阿拉戈是第一位接受菲涅尔研究成果的重要学者。杨和菲涅尔解释了偏振和双折射后，他们终于争取到了拉普拉斯的支持。泊松从菲涅尔公式得出了看似自相矛盾的推论，即发光点照射的小圆盘必然投射出阴影，并且阴影中心处有一亮点。但事实证明确实如此。另一位伟大的数学家哈密尔顿也研究了光波动说，他根据菲涅尔公式预测了锥形折射，汉弗莱·劳埃德（Humphrey Lloyd）用实验验证了他的理论。但是，这些预言并不能证明菲涅尔公式的正确性。因为其他光的波动理论也可能做出这些预言。比奥特、格林、卡尔·诺依曼、基尔霍夫、麦克库拉、斯托克斯、圣·维南、埃米尔·萨劳（Émile Sarrau）、哥本哈根的路德维希·洛伦兹（Ludwig Lorenz）和开尔文勋爵等人的著作为波动理论奠定了坚实的动力学基础。在波动理论中，格林等学者认为，发光以太是不可压缩的弹性固体，原因是流体不能传播横向振动。但是，根据格林的观点，这种弹性固体以无限大的速度传递纵向扰动。不过，与此同时，斯

---

〔1〕 Arthur Schuster, "The Influence of Mathematics on the Progress of Physics", *Nature*, Vol. 25, 1882, p. 398.

托克斯称，以太的作用可能就像是扰动有限情况下的流体一样，或者说光传播中扰动无穷小情况中的弹性固体。菲涅尔假定不同介质中的以太密度不同，但弹性相同，而卡尔·诺依曼和麦克库拉假定所有以太的密度均匀但弹性不同。在后一种假设下，如菲涅尔的理论中所述，振动方向位于偏振平面，而不是垂直于偏振平面。

尽管以上试图解释介质所有光学性质的研究者都推测这些性质是以太刚度或密度的差异引起的，但还有另一种学派与此同时也在发展，该学派认为物质分子和以太之间的相互作用是产生折射和散射的主要原因[1]。该学派的主要研究者有布辛奇、塞尔梅耶（Sellmeyer）、亥姆霍兹、洛梅尔、克特勒（Ketteler）、乌瓦吉（Voigt）和开尔文勋爵。其中，开尔文勋爵在约翰·霍普金斯大学授课时介绍了他的相关研究。这个学派或前述学派都未能成功解释所有现象。麦克斯韦建立了第三个学派。他提出了电磁理论，该理论最近得到了广泛发展，稍后将再次提及。根据麦克斯韦的理论，振动的方向并非完全位于偏振平面上，也不是位于与偏振平面垂直的平面上，而是在两个平面中都发生了某些情况，一个平面上是磁振动，另一个平面上是电振动。菲兹格拉德（Fitzgerald）和都柏林的学者特鲁通（Trouton）验证了麦克斯韦的电磁波实验的结论。

最近，对光学数学理论研究和实验有贡献的研究者中，必须提及约翰·霍普金斯大学的物理学教授亨利·奥古斯都·罗兰（Henry Augustus Rowland），他提出了凹面光栅理论。另外，米歇尔逊在光干涉方面也做了重要工作，并在天文测量中应用了干扰法。

电磁学数学理论中最重要的函数是“位势”。1773 年，拉格朗日首次求重力引力时使用了这一术语。不久之后，拉普拉斯给出了著名的微分方程$\frac{\partial^2 V}{\partial x^2}+\frac{\partial^2 V}{\partial y^2}+\frac{\partial^2 V}{\partial z^2}=0$。泊松扩展了这一方程，他用$-4\pi k$代替方程右边的零，这样一来这一方程不仅适用于吸引物体外部某一点，而且适用于任意位置。最早将位势函数应用于引力问题之外的其他学者是乔治·格林（Geroge Green）。他将其引

〔1〕 R. T. Glazebrook，“Report on Optical Theories”，*Report British Ass'n for* 1885，p. 213.

入了电磁学数学理论。格林自学成才，最初是一名面包师，去世时是剑桥大学凯斯学院的研究员。1828 年，他在诺丁汉（Nottingham）自费出版了论文《论数学在电磁理论中的应用》(*Essay on the application of mathematical analysis to the theory of electricity and magnetism*)，大约印刷了 100 份。直到 1846 年，开尔文勋爵将其发表于《克雷尔杂志》(第 44 卷和第 45 卷)，但是甚至在英国国内都没有引起数学家的注意。它包含了现称“格林定理”的位势研究方法。同时，开尔文勋爵、夏斯莱、施图姆和高斯重新发现了格林发现的所有一般定理。格林提出了术语“位势函数”。哈密尔顿称之为“力函数”一词。1840 年左右，高斯推广了该函数，他将其简单地称为位势。格林的著述涉及流体平衡、椭球体吸引力、声光的反射和折射。他的研究涉及泊松先前考虑的问题。高斯证明了卡尔·诺依曼所说的“平均值的高斯定理”，然后考虑了位势的最大值和最小值的问题[1]。

威廉·汤姆森（William Thomson，之后被授予爵士头衔，又称开尔文勋爵）对电磁学研究做出了巨大贡献。他出生于爱尔兰的贝尔法斯特，但具有苏格兰血统。他和他的兄弟詹姆斯（James）曾在格拉斯哥学习。从那里他进入剑桥，并于 1845 年以第二论辩人的身份毕业。22 岁那年，开尔文勋爵成为格拉斯哥大学自然哲学教授，之后一直担任这一职位直到他去世。因其出色的数学和物理成就，他被封为爵士，并于 1892 年被任命为开尔文勋爵。他深受傅里叶和其他法国数学家的数学物理学的影响。在傅里叶给出的固体热传导的数学原理的帮助下，他掌握了电线中电流的扩散，并解决了跨大西洋电报信号传输中出现的问题。1845 年，开尔文勋爵去了巴黎。此时，拉普拉斯、勒让德、傅里叶、萨迪·卡尔诺、泊松和菲涅尔都已不在世。开尔文勋爵见到了刘维尔，并将现已广为人知的格林的研究报告（1828）交给了他。他还遇到了夏斯莱、比奥、雷格诺特（Regnault）、施图姆、柯西和福考特（Foucault）。柯西试图劝说他皈依天主教。一天晚上，施图姆激动地去拜访他，他大声喊道：“你们有格林的研究报告。”论文写好了，施图姆急不可耐地读了起来。他喊道：“啊！看看我的研究吧！”当看到格林先于他提出了等效分布定理的公式之后，

---

〔1〕更多细节见 Max Bacharach，*Geschichle der Potentialtheorie*，Göttingen，1883.

施图姆从椅子上跳了起来。开尔文勋爵的位势理论研究具有划时代的意义。他在1848年发现了所谓的“狄利克雷原理”，比狄利克雷还要早一些。他与泰特共同编写了著名的《自然哲学论》(*Treatise of Natural Philosophy*，1867)。作为数学家，他是最坚定的直觉派。理论数学家经常对开尔文勋爵的“直觉”数学表示怀疑。他曾说：“不要将数学研究想象得艰难而艰苦，排斥常识。数学理论仅仅是常识抽象化后的结果。”然而，即使是数学，他也有不喜欢的东西。1845年，在英国数学协会一场会议中，他会见了哈密尔顿，阅读了他的第一篇四元数论文，也许有人以为开尔文勋爵会欢迎这种新的分析方法，但事实并非如此。他没有使用四元数。他与泰特因为四元数的优点争吵了38年。[1] 开尔文勋爵提出了一种新的非常优雅的综合方法，即电图像理论和电反演方法。利用这些方法，开尔文勋爵确定了碗状物中的电流分布，这是一个之前认为无法解决的问题。在此之前，主要是泊松和普拉纳研究了导体上的静电分布。1845年，弗朗兹·诺依曼从楞次（Lenz）定律中发展出了电磁感应的数学理论。1855年，开尔文勋爵通过数学分析预测，莱顿罐通过线性导体的放电在某些情况下将会出现一系列衰减振荡。这是华盛顿的约瑟夫·亨利（Joseph Henry）首次通过实验建立的。开尔文勋爵研究了海底电缆中的静电感应。贺拉斯·兰姆和查尔斯·尼文用数学方法确定了不同种类金属片对感应的屏蔽效果的差异。韦伯的主要研究方向是电动力学。1851年，亥姆霍兹给出了一种描述不同情况下应电流路径的数学理论。古斯塔夫·罗伯特·基尔霍夫（Gustav Robert Kirchhoff）[2] 曾是海德堡大学和布雷斯劳大学教授，自1875年以来，他一直在柏林大学任教授。他研究了扁平导体上的电流分布以及线性导体网络各分支的电流强度。

詹姆斯·克拉克·麦克斯韦（James Clerk Maxwell）在电磁学领域掀起了革命性变化。他出生在爱丁堡附近，进入爱丁堡大学学习，成为凯尔和福布斯的学生。1850年，他去了剑桥的三一学院，并以第二论辩人身份毕业。劳斯是当年的第一论辩人。麦克斯韦于1856年成为剑桥大学的讲师，并于1860年成为伦敦国王学院的教授。1865年，他从职位退休。1871年，他重返工作，成

---

〔1〕 S. P. Thompson, *Life of William Thomson*, London, 1910, pp. 452, 1136—1139.

〔2〕 W. Voigt, *Zum Gedächtniss von G. Kirchhoff*, Göttingen, 1888.

为剑桥大学的物理学教授。麦克斯韦不仅将迈克尔·法拉第（Michael Faraday）的实验结果转化为数学语言，而且建立了光的电磁理论，这一理论已由赫兹（Hertz）的实验证实。麦克斯韦的第一项研究发表于 1864 年。1871 年，他的伟大著作《电磁论》（*Treatise on Electricityu and Magnestism*）出版。他从基于纯粹动力学原理的一组一般方程出发建立了一套电磁理论，并且用这些方程可以求出电场的状态。电磁理论是对承受电磁力的电介质中的应力和应变的数学讨论。瑞莱勋爵、汤姆森（Thomson）、罗兰德、格拉兹布鲁克（Glazebrook）、亥姆霍兹、波茨曼、亥维赛、波因丁（Poynting）推动了电磁理论的发展。赫尔曼·冯·亥姆霍兹（Hermann von Helmholtz）出生于波茨坦，曾学习医学，并在柏林的一家慈善医院任助理，之后做过军队的外科医生、解剖学老师，并且在柯尼斯堡、海德堡和波恩当过生理学教授。1871 年，他以物理学教授的身份前往柏林，接替了马格努斯的职位。1887 年，他成为新成立的帝国物理技术研究所（Physikalisch-Technische Reichsanstalt）的所长。年仅 26 岁时，他出版了现在广为人知的小册子《论力的保持》（*Über die Erhaltung der Kraf*）。他在《音感》（*Tonempfindung*）上的著作写于海德堡。他去了柏林后，主要研究电学和流体力学方面的问题。亥姆霍兹希望在韦伯、弗朗兹·诺依曼、黎曼和克劳修斯的理论以及法拉第和麦克斯韦的理论之间选择一个方向进行试验。前四位研究者试图用电流的两个部分力之间的作用力解释电动现象。强度不仅取决于距离，还取决于速度和加速度。麦克斯韦和法拉第则放弃了距离，而是考虑了介电质中的应力和应变的影响。亥姆霍兹实验中偏爱英国学者的理论。他撰文讨论了异常散射，并在电动力学和流体动力学之间建立了类比关系。瑞莱勋爵比较了电磁问题与力学类似问题，提出了衍射的动力学理论，并将拉普拉斯系数应用于辐射理论。罗兰德对斯托克斯的衍射论文做了一些修正，并考虑了任意电磁干扰和光的球形波的传播。亥维赛从数学角度对电磁感应进行了研究，他表明，这种现象对电缆来说是一种好处。亥维赛和波因丁在对麦克斯韦理论的解释和发展中取得了卓越的数学结果。亥维赛的大部分论文自 1882 年以来就已发表，涵盖领域广泛。

拉普拉斯的毛细吸力理论研究留下一部分缺陷，即固体对液体的作用，以及两种液体之间的相互作用。高斯用动力学研究完善了拉普拉斯的理论。他提出了液体和固体之间接触角的规则。弗朗兹·恩斯特·诺依曼建立了液体中类似的规则。之后的毛细现象数学理论的研究者中，最重要的是瑞莱勋爵和马蒂厄。

海尔布隆（Heilbronn）的一名医师，罗伯特·梅耶（Robert Mayer）提出了伟大的能量守恒原理。哥本哈根的路德维希·科尔丁（Ludwig Colding）、焦耳（Joule）和亥姆霍兹之后也独立建立了这一原理。詹姆斯·普雷斯柯特·焦耳（James Prescott Joule）通过实验确定了热功当量。1847 年，亥姆霍兹将能量转换和守恒的概念应用于物理学各个分支，从而将许多众所周知的现象联系在一起。这些研究导致热的微粒学说被抛弃。实践中产生的问题对热学问题进行数学处理。热力学的产生源于用数学方法算出可从蒸汽机获得多少功的尝试。巴黎的萨迪·尼古拉斯·莱昂哈德·卡尔诺（Sadi Nicolas Léonhard Carnot）是微粒理论的拥护者，率先推动了这一理论的发展。1814 年，一本包含现以他的名字命名的原理的著作出版。尽管克拉佩隆强调了卡尔诺的工作的重要性，但直到开尔文勋爵提出后，该原理才得到普遍认可。开尔文勋爵指出，有必要修改卡尔诺的论证过程，以与新热学理论相一致。开尔文勋爵在 1848 年证明，由卡尔诺的这一原理可得出绝对温标的概念。1849 年，他发表了《用雷格诺特实验的数值结果解释卡尔诺的热动力学理论》（*An account of Carnot's theory of the motive power of heat, with numerical results deduced from Regnault's experiments*）。1850 年 2 月，当时在苏黎世大学（后来在波恩大学任教授）的鲁道夫·克劳修斯（Rudolph Clausius）就同一主题向柏林学院递交了论文，该论文包含了普罗透斯的热力学第二定律。同月，格拉斯哥大学工程学与力学教授威廉·约翰·兰肯（William John Rankine）在爱丁堡皇家学会宣读了他的一篇论文。在这篇论文中，他宣称热的本质在于分子的旋转运动，并得出一些克劳修斯先前得出的结果。克劳修斯并没有提到热力学第二定律。但在随后的论文中，他宣称可以从他第一篇论文中包含的方程式中得出这一定律。他对热力学第二定律的证明也遭到了质疑。1851 年 3 月，开尔文勋爵发表了论文，其中详尽地证明了热力学第二定律。他在看过克劳修斯的研究之前就得出了这一定律。克劳修斯给出的这项定律的表述遭到了很多批评，兰肯、西奥多·万德（Theodor Wand）、泰特和托尔弗·普雷斯顿（Tolver Preston）都指出了他的表述的问题。有研究者试图从通用力学原理推导出这一定律，但经过反复努力仍未成功。就这样，开尔文勋爵、克劳修斯和兰肯成功建立了热力学。早在 1852 年，开尔文勋爵就发现了能量耗散定律。后来，克劳修斯也推动了这一定律。后者用熵来表示不可转化的能量，然后指出宇宙的熵总是趋向于增长到最大。兰肯使用热力学函数一词表示熵。法国科尔马的学者古斯塔夫·阿道夫·希恩（Gustav Adolph Hirn）和亥姆霍兹（单环和多环系统）也进行了热力学研究。耶鲁大学的吉布斯设计了用于研究热力学关系的重要图形方法。

乔西亚·维拉德·吉布斯（Josiah Willard Gibbs）生于康涅狄格州的纽黑文（New Haven），大学毕业后头五年主要在耶鲁大学研究数学。1866 至 1867 年，他在巴黎度过了冬天，1867 至 1868 年的冬天，他去了柏林。1868 至 1869 年，他又选择在海德堡过冬，学习物理学和数学。1871 年，他当选为耶鲁大学数学物理学教授。“从物理分析中矢量符号对吉布斯的吸引力可以看出他对几何或图形的直接偏好，麦克斯韦同样对此有所偏爱，虽然不如吉布斯那么强烈。”吉布斯于 1873 年受到萨迪·卡尔诺和开尔文勋爵以及特别是克劳修斯的影响，编写了有关热力学关系的图形表示的论文，其中能量和熵是变量。他讨论了熵温度图和熵体积图，体积能量熵表面在麦克斯韦热理论中进行了描述。吉布斯制定了平衡和稳定性的能量熵准则，并以适用于复杂的解离问题的形式表达了它。皮卡德说，化学研究似乎在数学化，“吉布森曾发表过一篇讨论化学系统均衡的著名论文，从这篇论文中就可以明显看出这一点。这部论文深入运用了数学解析法，需要化学家花费一番工夫才能明白其中代数语言所描述的重要化学定律。”

1902 年，吉布斯的《统计力学基本原理》发表，该书特别关注了热力学的理性基础。现代气体动力学理论主要是克劳修斯、麦克斯韦和波茨曼的工作。“在阅读克劳修斯一书时，我们似乎是在阅读力学；在阅读麦克斯韦时，以及在波茨曼最有价值的著作中，我们似乎是在阅读概率论。”麦克斯韦和波茨曼是“统计动力学”的创造者。当他们直接处理物质分子时，吉布斯考虑“对事先完全定义好的理想相似机械系统的明确庞大集合进行了统计，然后将这一理想讨论中得出的精确结果与已经确定的热力学原理进行了比较。[1] 克劳修斯、鲁尔曼（Rühlmann）和庞加莱分别于 1875 年和 1892 年出版了重要的热动力学著作。

在研究能量耗散定律和最小作用量原理时，数学和形而上学是在共同的基础上相遇的。最小作用量原理最早是由莫培督于 1744 年提出的。两年后，他宣布这是自然界的普遍定律，也是关于上帝存在的第一个科学证明。但他给出的证据不够充分，莱比锡的柯尼格猛烈批评了他的理论，欧拉则坚决捍卫这一理论，拉格朗日关于最小作用量原理的认识成为分析力学之母，但他的陈述并不准确，正如贝特朗在《分析力学》第三版中所指出的那样。最小作用量原理的形式，由哈密尔顿给出，并由弗朗兹·诺依曼、克劳修斯、麦克斯韦和亥姆霍兹扩展到电动动力学。为了使该原理服从所有可逆过程，亥姆霍兹将“运动势能”的概念引入其中。以这种形式，原理具有普遍有效性。

热力学理论的一个分支是气体动力学理论。克劳修斯、麦克斯韦、路德维希·波茨曼等人用数学方法建立了这一理论。关于物质动力学理论的第一个建议可以追溯到希腊人的时代。这里要提到的最早的著作是 1738 年的丹尼尔·伯努利的著作。他将气体归因于气体的巨大速度，通过分子轰击解释了气体的压力，并根据他的假设推导了波义耳定律。一个多世纪后，焦耳（1846），克罗尼格（Krönig，1856）和克劳修斯（1857）提出了他们的想法。焦耳在开始进行热实验时就放弃了对这一主题的猜测。克罗尼格用动力学理论解释了由焦耳实验确定的事实，即在不做任何外部功的情况下，气体的内部能量不会因膨胀而改变。克劳修斯迈出了重要的一步，假设分子可以具有旋转运动，并且分子中的原子可以相对移动。他假设分子之间作用的力是其距离的函数，温度仅取决于分子运动的动能，并且在任何时候彼此之间如此接近以至于彼此可感知的相互影响的分子数量是相对较小，以至于可以忽略不计。他计算了分子的平均速度，并解释了蒸发。克劳修斯和麦克斯韦针对巴艾思-巴劳特（Buy's-Ballot）和埃米尔·约赫曼（Emil Jochmann）对他的理论的异议，给出了令人满意的回应。但在一种情况下，必须做出另外的假设。麦克斯韦亲自提出了求平均

---

〔1〕 *Proceed. of the Royal Soc. of London*，Vol. 75，1905，p. 293.

分子数的问题，该分子的速度在给定的极限之间。为此，他的表达构成了以他命名的速度分布的重要规律。根据该定律，分子根据其速度的分布由与根据经验的分布、根据其误差的大小相同的公式（在概率论中给出）确定。麦克斯韦从克劳修斯的常数推导出的平均分子速度与克劳修斯的平均分子速度不同。麦克斯韦从他的分配法则中首次得出此平均值并不严格。梅耶（1866）给出了一个声音推导。麦克斯韦预测，只要波义耳定律成立，度系数和导热系数就与压力无关。他关于度系数应与绝对温度的平方根成正比的推论似乎与钟摆实验的结果不一致。通过假设分子之间的排斥力与距离的五次方成反比，驱使他改变了气体动力学理论的基础。动力学理论的奠基者曾假设气体分子是坚硬的弹性球体。但是麦克斯韦在1866年第二次提出该理论时，假设分子的运动方式类似力心。他重新展示了速度分布规律。但波茨曼指出证明在论点上存在缺陷，并得到了麦克斯韦的认可。他在1879年的论文中采用了分布函数的某种形式，目的是用数学方法解释在克鲁克斯辐射计中观察到的效应。波茨曼给出了麦克斯韦速度分布定律的严格一般证明。

气体动力学理论中的基本假设都没有根据概率定律得出与观察结果非常接近的结果。波茨曼通过假设分子之间的力根据与先前假定的不同定律起作用来建立气体的动力学理论。克劳修斯、麦克斯韦及其前辈将碰撞中分子的相互作用视为排斥，但波茨曼认为它们可能具有吸引力。焦耳和开尔文勋爵的实验支持后一种假设。

在后来的动力学理论研究中，开尔文勋爵不赞成麦克斯韦和波茨曼的一般定理，他声称系统两个给定部分的平均动能必须与这些部分的自由度数之比成正比。

近年来，气体动力学理论受到的关注较少。自从物理学建立了量子假说以来，人们就认为气体动力学理论体系解释能力不足。

相对论

相对论是一个极为深刻又令人震惊的理论。根据以太静止的理论，可以预测，当光的路径与地球在其轨道上的运动方向平行时，光向前和向后传播给定距离所需时间与路径垂直于地球运动方向时不同。然而，1887年，米歇尔逊和莫雷（Moreley）通过实验发现，这种时间差并不存在。不仅如此，该实验和其他实验的结果表明，仅通过在地球上的观测无法检测地球在太空中的运动。为了解释米歇尔逊和莫雷的实验结果，并同时保留以太理论，洛伦兹在1895年提出了“收缩假设”。根据该假设，移动固体在纵向上略有收缩。菲兹格拉德独立产生了同样的想法。1904年，洛伦兹在哥伦比亚大学授课时，希望通过研究将运动系统的电磁方程式简化为静止系统的电磁方程式。他引入了新的自变量代替 x，y，z，t，即 $x'=\lambda\gamma(x-vt)$，$y'=\lambda y$，$z'=\lambda z$，$t'=\lambda\gamma\left(t-\frac{v}{c^2}x\right)$。其中 γ 取决于光速 c 与移动物体速度 v，而 λ 是一个数值系数，当 $v=0$ 时 $\lambda=1$，在“洛伦兹变换”中，洛伦兹的基本方程式保持不变。1906年，庞加莱将此变换用于电子动力学和万有引力研究。[1] 1905年，爱因斯坦在《物理学年鉴》（*Annalen der Physik*，第17卷）中以一对移动系统的完全互易或等效为目标，从下至上研究了整个问题。其中，他仔细考虑了两个相距遥远的地方“同时发生的”事件；他成功地为洛伦兹变换提供了有力的支持和惊人的诠释。爱因斯坦为现代“相对论”开辟了道路。1907年，他全面建立了这一理论。在他的理论中，一个基本观点是质量和能量成正比。为将引力现象纳入他的理论，爱因斯坦假设质量和重量也成比例以推广他的理论。这样一来，比如说，一束光线就会被物质吸引。格罗斯曼（Grossmann）1913年建立了爱因斯坦理论的数学部分，其中采用了二次微分型和帕多瓦的格里戈利奥·里奇（Gregorio Ricci）的绝对微积分。1908年，赫尔曼·闵可夫斯基公开读了一份《空间与时间》（*Raum und Zeit*）的讲义，其中，他提出，他坚持认为，从实验出发建立的时空新观念应该是这样的：“时间和空间本身会消逝于阴影，两者只有通过一种结合才能保持独立。”我们一定是在某个特定的时间，注意到一个地方，并且一定是在一个特定的地方，注意到一个时间。他将值 x，y，z，t 的系统称为“世界点”（Weltpunkt）；物质在四维空间中的存在路径就是一条“世界线”。拉格朗日在他的《解析函数论》中早就想到了将时间作为第四维的想法，达朗贝尔在狄德罗的《百科全书》[2]（1754）中的文章“维度”（Dimen-

---

〔1〕 L. Silberstein, *The Theory of Relativity*, London, 1914, p. 87.

〔2〕 R. C. Archibald in *Bull. Am. Math. Soc.*, Vol. 20, 1914, p. 410.

sion）中也想到了这一点。赫尔曼·闵可夫斯基研究了光波传播的微分方程。赫尔曼·闵可夫斯基（Hermann Minkvsky）生于俄罗斯的阿莱克星顿，曾在柯尼斯堡大学和柏林大学等处学习，在波恩大学和柯尼格斯堡大学担任副教授，并于 1895 年晋升为柯尼斯堡大学的正式教授；1896 年，他进入苏黎世理工大学任教；1903 年，他进入哥廷根大学。闵可夫斯基从爱因斯坦给出的相对论原理出发，引入四维流形或时空世界，从而赋予了洛伦兹变换极大重要性。之后，许多学者包括克莱因（1910）、赫夫特（1912）、布里尔（1912）和蒂伯丁（Timerding，1912）等，直观地展示了这种重要性。克莱因说："现代物理学家所谓的"相对论"是第四维时空区不变量 x，y，z，t（闵可夫斯基时空）与定自直射变换群即"洛伦兹群"的关系的理论。[1] 阿尔弗雷德·罗布（Alfred Robb）于 1914 年就"锥序"给出了一个新颖且精彩的介绍。罗布在证明中力求精确，建立了一个包含 21 个假设的理论体系。在该体系中，空间理论被吸收到时间理论中。博洛尼亚的学者费德里戈·恩里克斯在他的《科学问题》(*Problems of Science* ，1906）中对相对论力学和几何公理进行了哲学讨论。此书于 1914 年由凯特琳·罗伊斯（Katharine Royce）译为英文。恩里克认为，某些光学现象和电光学现象似乎与经典力学原理特别是牛顿的作用和反作用原理直接矛盾。但恩里克接着说："物理学研究不是对经典力学进行更精确的验证，而是对其科学原理进行修正。我们先验地认为，经典力学的理论不够灵活。"

俄国数学家弗拉基米尔·瓦里卡克（Vladimir Varicák）发现，罗氏几何是最适合描述相对论物理学的数学方法。他探讨了光学现象以及埃伦费斯特（Ehrenfest）和波恩的悖论的解法。从这一视角出发，波莱尔在 1913 年推断出相对论的新结果。瓦里卡克的理论的优点之一是，它可以保证旧物理原理与新物理原理并行不悖。里昂的学者鲁吉尔（Rougier）[2] 提出了这么一个问题：是否可以说罗氏几何在物理上是正确的，而欧式几何是错误的吗？答案是否定的。他解释称，可以用普通几何学讨论相对论。洛伦兹和爱因斯坦就这么做了。或者，可以按照闵可夫斯基的方式在我们的三个时空维度中增加第四个虚

〔1〕 Klein in *Jahresb. d. d. Math. Verein.* , Vol. 19，1910，p. 287.

〔2〕 *L'Enseignement Mathématique*，Vol. XVI，1914，p. 17.

构维度。或者可以使用后来由波士顿的威尔逊和路易斯（Lewis）[1] 建立的力学和电磁学的非欧几何学理论。这些解释每一种都有其特殊优点。

图算法

古代和中世纪都出现了使用简单图形表进行计算的情况。球面三角形的图形解法在希帕克[2]和17世纪的奥特雷德[3]的时代很流行。埃德蒙·温盖特（Edmund Wingate）的《比例线的构造和使用》（*Construction and Use of the Line of Proportion*，伦敦，1628）描述了一种双刻度。在该刻度上，数字由直线一侧的空格表示，而相应的对数由直线另一侧的空格表示。[4] 蒂奇（Tichy）在他的《对数图像》（*Graphische Logarithmentafeln*，维也纳，1897）和《玛格丽特的经度表和时间表》（*Longitude Tables and Horary Tables of Margetts*，伦敦，1791）中采用了这种做法。普歇（Pouchet）在他的《线性算术》（*Arithmétique linéaire*，鲁昂，1795）中更系统地实践了这种想法。1842年，巴黎工程师雷昂·拉朗（Léon Lalanne）发表了《对数图像变形》（*Anamorphose logarithmique*），其中点到原点的距离不一定与实际值成比例，但是可能与适当选择的它们的其他函数成比例。在 $Z_1Z_2=Z_3$ 中，变量 Z_1 和 Z_2 分别与直线 $x=\log Z_1$，$y=\log Z_2$ 对应，而 $x+y=\log Z_3$，最后一个式子代表垂直于坐标轴间角二等分线的直线。1884年，根特大学的马索（Massau）和1886年的拉勒马德（Lallemand）沿这条路线研究取得了进展。苏格兰上校帕特里克·维尔（Patrick Weir）1889年给出了一个方位图，该图出现的时间早于球面三角列线图。但是真正创造图算法的学者是巴黎综合理工学院的莫里斯·德·奥卡涅（Maurice d'Ocagne），他的第一项研究发表于1891年。他在1899年发表了《图算法论》（*Traité de nomographie*）。他推广了变形原理，“考虑了用两组平行于坐标轴的直线表示的方程式和一组不受限制的直线表示的方程式的情况，以及不受此限制的三组直线的情况。”德·奥卡涅研究了用一组圆表示的方程。他引入

---

〔1〕 *Proceed. Am. Acad. of Arts and Science*，Vol. 48，1912.

〔2〕 A. von Braunmühl，*Geschichte der Trigonometrie*，Leipzig，Vol. I，1900，pp. 3，10，85，191.

〔3〕 F. Cajori，*William Oughtred*，Chicago and London，1916.

〔4〕 F. Cajori，*Colorado College Publication*，General Series 47，1910，p. 182.

了共线点法，通过该方法，“可以用图算法表示三个以上变量的方程，相比之下，用以前的方法表示起来极为不便。”[1]

数学表

由于研究者在天文和大地测量中获得的数据精度越来越高，并且希望能够进一步消除对数表中的误差，数学家们开始重新计算对数表。爱尔兰爱丁堡的爱德华·桑（Edward Sang）于1871年发布了一个200000以内的数字的常用对数表，精确到小数点后第七位。其中结果主要来自他的未出版的10037以内的素数和20000以内合数的对数表，以及100000至370000的数字的对数表，前者精确到第28位，后者精确到第15位。[2] 1889年，佛罗伦萨地理研究所（Geograophi cal Institute of Florence）发行了维加《索引典》的影印版，其中的对数表精确到了第10位。维加重新计算了弗拉克的表，但是他的最后一位数字不可靠。1891年，法国政府发布了8位数对数表，这些表格是根据18世纪末在瑞奇·德·普罗尼（Riche de Prony）的监督下计算的但未出版的《地籍表》（*Tables du Cadastre*），共14位，但最后两位不正确）得出的。这些表给出了直到120000的数字的对数，并每隔10个百进制秒给出一个正弦值和正切值，象限按百进制划分。[3] 关于方法和公式的选用，普罗尼咨询了勒让德和其他数学家。之后，他将主要计算过程都委托给了专业计算者，并有“擅长加法”的助手专门负责运用差分法填写表格的其余部分。对此，德·奥卡涅评论称：“这么做很奇怪。要知道这些助手大多数以前是理发师，因为粉状假发不流行了失去了生计。”

1891年，德·蒙第则贝尔·坦波莱尔在巴黎发表了一份一直到125000的数字的对数表（8位）以及间隔为周角的百万分之一的正弦和正切（7位或8位）的对数表，其中数据几乎完全来自初始的10位计算。杜菲尔德（Duffield）在1895年至1896年的《美国海岸与大地测量报告》（*the U. S.*

---

〔1〕 D'Ocagne in *Napier Tercentenary Memorial Volume*, London, 1915, pp. 279 - 283. See also D'Ocagne, *Le calcid simplifie*, Paris, 1905, pp. 145-153.

〔2〕 E. M. Horsburgh, *Napier Tercentenary Celebration Handbook*, 1914, pp. 38-43.

〔3〕 此处信息和其他类似信息都参考自 J. W. L. Glaisher in *Napier Tercentenary Memorial Volume*, London, 1915, pp. 71-73.

Coast and Geodetic Survey）中发表了 10 个一直到 100000 的对数表。1910 年，他发表了一直到 200000 的 8 位对数表和间隔为一个六十进制秒的三角函数表。包辛格（Bauschinger）和斯特拉斯堡的彼得斯（Peters）为了计算这些表，建造了一个特殊的机器。1911 年，巴黎的安多耶（Andoyer）出版了间隔为 10 个六十进制秒的正弦和正切的对数表，精确到第 14 位。该表完全由安多耶自己重新计算得出，没有任何个人或机械协助。

近年来，对正弦和余弦的自然值的表的需求不断增加。1911 年，彼得斯在柏林发布了这样一个表格，该表格从 0°扩展到 90°，间隔为 10 个六十进制秒（前六度间隔为一个六十进制秒），精确到 21 位。由雷蒂库斯首次计算并于 1613 年发布的大量自然值表在对数发现后就被抛弃，但现在又被重新拾起，因为机器在计算中的使用不断增加，而雷蒂库斯的表更适合直接使用机器进行计算，而无需求助于对数。

近年来，角度十进制再次引起人们的注意。1900 年，孟克向德国数学家弗莱尼根（Vereinigung）作了报告。[1] 为什么在实用三角学中度数比弧度好？因为由于三角函数的周期性，我们经常不得不加上和减去 π 或 2π。这两个无理数让人希望避而远之。使用六十进制数字的古巴比伦人曾经按六十进制划分天、小时、分钟和角度，这种做法曾经很和谐，但是如今看起来不再理想。不过，在角度测量中，十进制系统的提倡者之间也存在一些意见分歧，即应为十进制选择什么单位。1864 年，在巴黎经度局的一次会议上，伊万 · 魏拉索（Yvon Villarceau）建议按十进制划分整个周角。1896 年，布凯 · 德 · 拉 · 格里普（Bouquet de la Gryep）则建议用十进制划分半个周角。梅姆克认为，无论划分的对象是什么，角度的算术四则运算都将大大简化，使用三角函数表插值都会更容易，圆弧长度计算会更简单。如果直角是划分的单位，则通过减去整数 1，2，3，…即可将大角度减小为相应的锐角。求补角或余角的工作量也较小。胡尔朗德（Hoüeland）声称，有一种构造三角函数表的更便利方式，德朗布尔（Delambre）承诺，可以通过改进使观测更加方便。尽管如此，目前尚无研究者表示要使用十进制角度，即使在法国也没有。

---

〔1〕见 *Jahresb. d. d. Math. Vereinigung*，Leipzig，Vol. 8，Part 1，1900，p. 139.

意大利物理学家吉瑟普·泽奇尼·雷欧奈利（Guiseppe Zecchini Leonelli）在他的《对数理论》（*Théorie des logarithmes*，波尔多，1803）中首次提出了一种非常专业的对数，即所谓的“高斯对数”，给出了 log$a$ 和 log$b$ 已知时，log（a+b）和 logab 的值；第一张高斯对数表由高斯于 1812 年发表于扎克（Zack）创办的《地球与天体研究促进月度学术通讯》（*Die Monatliche Correspondenz zur Beförderung der Erd- und Himmels-Kunde*）。这是一个 5 位对数表。最近新算出的表有柏林大地测量研究所的卡尔·布雷米克（Carl Bremiker）、达姆斯塔特的西格蒙德·冈德芬格（Sigmund Gundelfinger）和康奈尔大学的乔治·威廉·琼斯的 6 位对数表，以及维特斯坦的 7 位对数表。

在介绍双曲函数和指数函数时，我们提到了 1832 年明斯特的克里斯托弗·古德曼（Christoph Gudermann）出版的 log 10 sinh x 和 log 10 cosh x 的 7 位表，1890 年基尔的威廉·里格夫斯基（Wilhelm Ligowski）出版的 5 位对数表，贝克和范·奥斯特朗德（Van Orstrand）在其《史密森尼数学表》（*Smithsonian Mathematical Tables*，1909）给出的 5 位对数表。里戈夫斯基（1800）、布劳（Burrau，1907）、达勒（Dale）、贝克和范·奥斯特朗德出版了 sinh x 和 cosh x 的表。格莱舍和纽曼（Newman）分别在剑桥大学《哲学汇刊》（第 13 卷，1883）中发表了 loge^x 和 e^x 的表。贝克和范·奥斯特朗德也给出了这些函数的表。

另外，让人感兴趣的是，与三角函数一起使用的术语 radian（弧度）到底起源于何处。1873 年 6 月 5 日，这一术语在贝尔法斯特女王学院的詹姆斯·汤姆森提出的考试题中首次出现。詹姆斯·汤姆森（James Thomson，开尔文勋爵的兄弟），他早在 1871 年就使用了该术语，而在 1869 年，当时在圣安德鲁大学的学者托马斯·缪尔在 rad，radial 和 radian 之间犹豫不决。在咨询了詹姆斯·汤姆森的意见之后，缪尔在 1874 年采用了 radian。[1]

计算器、求积仪和积分仪

布莱斯·帕斯卡于 1641 年发明了最早的计算器，但仅可用于加法运算。巴黎艺术与装饰音乐学院保存着帕斯卡计算器的三种模型。莱布尼茨提出了，

---

〔1〕 *Nature*, Vol. 83, *pp.* 156, 217, 459, 460.

可以使这种机器适应这样一种机制，即能够快速重复相加同一数字，从而进行机械乘法运算。据说，已经制造完成的两台莱布尼茨计算器中，一台（完成于1694年?）保存在汉诺威图书馆。1820年，托马斯·德·科尔马（Thomas de Colmar）提出了和莱布尼茨相同的想法并制造出了他的计算器。哈恩（Hahn）也发明了一台计算器，不过用途更窄，第一台样机1774年在斯图加特（Stuttgart）建造。

1887年，巴黎万国博览会首次展出了一种不通过重复加法而是直接通过乘法表实现乘法运算的机器。这种毫无疑问的原创设计是年轻的法国人里昂·波莱（Léon Bollée）的发现，他在改进汽车方面也做出了重要贡献。在他的计算器中，有一块装有多个适当长度舌片的计算板，这些舌片构成一种乘法表，直接在计算机的记录设备工作。1892年，施泰格（Steiger）在一台名为“百万富翁”的机器中实践了这一想法，进行了较为简单的阐述。[1] 1892年，俄国工程师欧德纳（Odhner）发明并制造了一种被广泛使用的计算器，这种计算器被称为“布朗斯维加计算器”（Brunsviga Calculator），这种计算器是“针轮和凸轮盘”的类型，这种计算器的设想最早可以追溯到波勒努斯（Polenus）和莱布尼茨。起源于美国的巴罗斯记数加法两用机（Burroughs Adding and Listing），以及1887年由旧金山的多尔·菲尔特（Dorr Felt）发明的计算器（comptometer）。

穆勒（Müller）于1786年首次想到可以利用各种命令的功能差异来计算的自动运算机器，但是在巴贝奇时代之前，并没有学者思考过具体设计并且进行实际制造。查尔斯·巴贝奇（Charles Babbage）大约在1812年发明了一种称为“差分机”的机器。该机器的建造始于1822年，前后持续了20年。英国政府出资17000英镑，巴贝奇本人出资6000英镑。但是由于与政府之间的误解，“差分机”的研发工作在接近完成时停止。在巴贝奇的设计的启发下，斯德哥尔摩的乔治·舒尔茨（Georg Scheutz）和爱德华·舒尔茨（Eduard Scheutz）父子也制造了一种差分机，该发动机被阿尔巴尼的达德利天文台（Dudley Observ-

---

〔1〕 D'Ocagne in the *Napier Tercentenary Memorial Volume*, London, 1915, pp. 283 - 285. 细节见 D'Ocagne, *Le calcul simplifié*, Paris, 1905, pp. 24 - 92; *Encyklopädie d. Math. Wiss.*, Bd. I, Leipzig, 1898—1904, pp. 952 - 982; E. H. Horsburgh, *Napier Tercentenary Celebration Handbook*, Edinburgh, 1914, "Calculating Ma. chines" by J. W. Whipple, pp. 69 - 135.

atory）所收购。

1833年，巴贝奇开始设计他的“分析机”。但他去世之前，该机器只组装了一小部分。该机器旨在用于针对任意给定变量值评估任意代数公式。1906年，查尔斯·巴贝奇的儿子亨利·巴贝奇组装完成了分析机的一部分，并发布了一个包含π的25个倍数的表以展示其工作成果，这些倍数的值取到小数点后第29位[1]。

多位学者各自独立设计了求积仪，并且形式各不相同。赫尔曼（Hermann）很可能在1814年设计出了一种求积仪。1824年，佛罗伦萨的数学家戈奈拉（Gonella）发明了一种求积仪。约1827年，瑞士伯尔尼的约翰·奥比科夫[2]（Johannes Oppikoffer）也发明了一种求积仪，巴黎的恩斯特（Ernst）制造了一台相应样机。约1849年，维也纳的维特利（Wetli）也制造了一台样机。德国哥达的天文学家彼得·安德里亚·汉森改进了维特利的样机。1851年，北爱尔兰爱丁堡的爱德华·桑（Edward Sang）制造了一台样机，克拉克·麦克斯韦、詹姆斯·汤姆森和开尔文勋爵改进了桑的样机。所有这些都是极点求积仪。最著名的极点求积仪是雅各布·阿姆斯勒（Jakob Amsler）以及苏黎世的科拉迪（Coradi）制造的极点求积仪。阿姆斯勒曾在苏黎世大学（University of Zurich）任职，后来成为精密测量仪器制造商。他于1854年发明了极点求积仪，并于1856年发表了对此机器的描述。

阿布当克·阿巴卡诺维兹（Abdank Abakanovicz）在1878年发明了另一种被称为“积分仪”的有趣仪器，弗农·博伊斯（Vernon Boys）1882年也独立发明了这一仪器。当指针绕需求面积的图形的外围移动时，这些仪器就会绘制出一条相应的“积分曲线”。最近，那不勒斯大学的数学家帕斯卡（Pascal）经过研究发明了更多新的积分仪。1911年，他为微分方程求积设计了一个极式积分仪。

---

〔1〕 *Napier Tercentenary Celebration Handbook*, 1914, p. 127.

〔2〕 Morin, *Les Appareils d'Intégration*, 1913. 见 E. M. Horsburgh, *op. cit.*, p. 190.

附录　中国数学发展史

数学是世界上最通用的语言。1+1 的结果在中国是 2，在俄罗斯是 2，在美国也是 2，它不会因为地理位置、语言文字的不同而产生不同的结果。由于经贸、文化广泛交流，各国数学已经融合，而在具有悠久历史的中国，数学也曾取得很多辉煌的成就，为世界数学发展做出了卓越的贡献。

接下来我们浅谈一下中国数学发展史。以中国数学是否引入、融合西方数学为节点，可以将中国数学发展时期分为两个时期——中国古代传统数学和明清时期与西方数学融合后的数学。中国古代传统数学有两个发展高峰期，其中，著作《九章算术》《周髀算经》《算学启蒙》等，杰出的数学家祖冲之、贾宪、杨辉、秦九韶等，都对当时世界数学的发展起到了自己独特的作用。

中国古代数学的萌芽原始公社末期，当时的人们已经有了计数的概念，创造了结绳计数的方法。在西安半坡出土的陶器上，也有三角形以及方形图案。而对当时世界数学发展起到划时代意义的，是春秋时期已经得到普遍应用的算筹记数法和十进位值制（算筹的产生年代已不可考，但可以确定，算筹在春秋时期已经很普遍），与当时其他古老民族的记数法相比，中国古代十进位制的算筹记数法的优越性是显而易见的。但是，由于古代的算筹实际上就是在人们需要记数和计算的时候，通过摆放一根根同样长短和粗细的小棍子而得出结果，因此人们需要将小棍子放在一个随身携带的布袋里，这种记数方法在之后的发展中被其他方法所替代。

在现存的中国古代数学著作中，《周髀算经》与《九章算术》时间相近，但《周髀算经》的成书年代更早，据考应不晚于公元前 2 世纪的西汉时期。《周髀算经》涉及的一些内容包括分数运算、勾股定理及其在天文测量中的应用，最主要成就应该是介绍并证明了勾股定理。

《九章算术》是谈论中国古代数学绕不开的一部著作，其成书年代据考在公元前 1 世纪，但其关于数学的内容却非常丰富，经西汉的张苍、耿寿昌增补和整理，全书总结了战国、秦、汉时期的数学成就。

将秦汉称为中国古代数学发展的第一个高峰时期，是因为《九章算术》在当时世界数学上的地位。其给出的完整的线性方程组的解法，西方直到 17 世纪才由莱布尼兹提出；书中给出的勾股数问题的通解公式，西方直到 3 世纪才由丢番图取得相近的结果。

魏晋时期，中国古代数学最主要的成就，是祖冲之和其儿子祖暅，在刘徽开创的探索圆周率的精确方法的基础上，首次将圆周率精算到小数点后七位，比西方发现早了一千年；“祖暅原理”也称“祖氏原理”，也就是在求复杂几何体的体积时使用的一个原理，西方直到 17 世纪才由意大利数学家卡瓦列里发现。西方人把它称之为“卡瓦列里原理”，然而，他的发现要比祖暅晚一千多年。

秦九韶的“大衍求一术”，是中世纪世界数学的最高成就之一，在世界数学史上具有非常重要的地位，至今仍然被引用于中外的数学教科书中。“大衍求一术”是一次同余方程组问题的解法，现在称为中国剩余定理，秦九韶在他举世闻名的数学巨著《数书九章》中，对此类问题的解法做了系统的论述，但原稿几乎流失，书名也不确切。明永乐年间，解缙在主持纂修《永乐大典》时，记书名为《数学九章》。一百多年后，王应麟修改为《数书九章》。

中国数学史上的另一个伟大成就——“杨辉三角”，它由杨辉研究得出，杨辉与秦九韶、李冶、朱世杰并称“宋元数学四大家”。“杨辉三角”是二项式系数在三角形中的一种几何排列，杨辉把二项式系数进行了图形化。“杨辉三角”是世界上对幻方进行的最早的系统性研究和记录，在欧洲帕斯卡于 1654 年发现这一规律，所以又叫“帕斯卡三角形”，帕斯卡的发现比杨辉要迟近四百年。

除此之外，宋朝具有重要贡献的数学家还有贾宪，他是中国 11 世纪上半叶（北宋）的杰出数学家，著有《黄帝九章算法细草》《释锁算书》等书。尽管他的著作都已失传，但他对数学的重要贡献，如“贾宪三角”和“增乘开方法”等，都被南宋数学家杨辉引用在《详解九章算法》中，并极大地推动了当时中国数学的发展。“贾宪三角”原名为“开方作法本元图”，因被杨辉辑录，也被称为“杨辉三角”，被贾宪在1050年前后首先使用并进行高次开方运算。“增乘开方法”的发展，使解方程有了完善的方法，也出现了中国数学的又一项杰出创造——“天元术”，金代数学家李冶在其著作《测圆海镜》《益古演段》中，系统地介绍了如何用“天元术”建立二次方程。

元代需要特别提及的数学家朱世杰，他在当时“天元术”的基础上，发展出“四元术”——四元高次多项式方程，还创造了消元求解的方法，享有“中世纪世界最伟大的数学家”之誉。在数学上，朱世杰全面地继承并发展了秦九韶、李冶、杨辉的数学成就，写出了《算学启蒙》《四元玉鉴》等著名作品，其中《算学启蒙》作为一部通俗的数学名著，曾流传海外，影响了朝鲜、日本数学的发展，也把中国古代数学推向了一个更高的境界。

之后明清时代的数学进入低谷，并未产出能与《数书九章》《四元玉鉴》相媲美的数学著作。而由于西方数学的引进，中国古代数学进入了与西方数学融合的时代。17世纪，由徐光启与利玛窦共同翻译的《几何原本》（前6卷），在很大程度上影响了中国数学的发展。19世纪，中国引入了解析几何、微积分、概率论等近代数学知识。20世纪，中国古代数学经过与西方数学的融合之后，开始进入繁荣发展时期。

华罗庚，在国际上，以华氏命名的数学科研成果有“华氏定理”“华氏不等式”等；陈景润，于1973年发表的（1+2）的详细证明，被公认为对哥德巴赫猜想研究做出了极大贡献。

除了上述两人，现代中国还有一大批优秀的数学家，推动中国数学走向世界。20世纪以来，中国数学进入了空前的发展繁荣期，研究队伍不断扩大，研究论文与专著也在快速增长。我国数学家不仅在自己的领域发光发热，还为当今的世界数学研究做出了贡献。